# Lehrbuch der Elektrotechnik

## II. Band:

## Rechenverfahren und allgemeine Theorien der Elektrotechnik

Von

**Dr.-Ing. Günther Oberdorfer**

ordentl. Professor an der Technischen Hochschule
Berlin-Charlottenburg

Zweite, verbesserte Auflage

Mit 128 Bildern

München und Berlin 1941
Verlag von R. Oldenbourg

Druck von R. Oldenbourg, München
Printed in Germany

## Vorwort zum Zweiten Band.

Der zweite Band des vorliegenden Lehrbuches behandelt die »Mathematik des Elektrotechnikers«. Man könnte zunächst der Meinung sein, dieser Abschnitt gehöre an die Spitze des ganzen Werkes, um ihm das rechnerische Rüstzeug von Anfang an sicherzustellen. Für die Unterbringung erst in einem zweiten Band erschienen mir folgende Gesichtspunkte maßgebend.

Dieser zweite Band soll kein Mathematiklehrbuch sein; solche gibt es in großer Zahl und bester Ausführung für alle hier besprochenen Gebiete. Der interessierte Leser wird sich nach wie vor zur vollständigen Ausbildung in diesem oder jenem mathematischen Spezialgebiet dieser Bücher bedienen müssen. Im allgemeinen liegt aber der Fall doch so, daß der in der Praxis stehende Elektrotechniker gar nicht die Zeit und vielleicht auch nicht die Lust hat, sich Spezialkenntnisse aus mathematischen Werken anzueignen, von denen er vorerst gar nicht weiß, in welchem Umfang er sie mit Nutzen wird gebrauchen können. Außerdem sind diese Werke in einer dem Techniker oft schwer verständlichen Sprache des Mathematikers geschrieben, die ja zur exakten Darstellung des Gebietes erforderlich, für den vorliegenden Fall aber zunächst entbehrlich gehalten wird, wenigstens so lange, bis man erkannt hat, worum es sich dreht und was das betreffende Verfahren zu leisten vermag. Für diesen Zweck erscheint es wünschenswert, auch den rein mathematischen Teil soweit als möglich in der Sprache des Elektrotechnikers zu beschreiben. In diesem Sinne hielt ich die vorausgehende Besprechung der Grundlagen im ersten Band für vorteilhaft, zumal der dort in Anwendung gekommene mathematische Apparat nur kaum über das Maß hinausgeht, das man bei Elektroingenieuren im Durchschnitt voraussetzen darf. An den wenigen Stellen, wo dies doch der Fall ist, wurde ausdrücklich auf den zweiten Band verwiesen, ohne dadurch — wie ich glaube — die Lesbarkeit zu beeinträchtigen.

Was also meiner Ansicht nach im einschlägigen Schrifttum bisher fehlte, war ein ausgesprochen für den Elektroingenieur geschriebenes mathematisches Buch, das möglichst alle für ihn praktisch in Betracht kommenden Verfahren enthält, sich — unter Preisgabe vielleicht von manchen exakten Beweisführungen — bei jedem Verfahren aber so weit bescheidet, daß dessen Wesen und Brauchbarkeit leicht erkannt und das Verfahren selbst ohne weiteres Studium auf einfachere Fälle angewendet werden kann. Damit muß es möglich sein, ohne große Schwierigkeiten einen gediegenen Überblick über das ganze in Frage kommende Gebiet zu erhalten und im Bedarfsfalle sofort den richtigen Weg zu spezieller Ausbildung zu finden.

Schwieriger war es vielleicht, den Umfang der einzelnen Verfahren in Ansehung ihrer Bedeutung für den Elektrotechniker und unter Berücksichtigung ihrer Schwierigkeiten zu begrenzen. Ich habe mich bemüht, dies soweit zu tun, daß der Gesamtumfang dieses zweiten Bandes in üblichen Grenzen geblieben ist. Demgemäß glaubte ich, mich im ersten Teil, der sich mit den elementaren Rechnungen, der Differential- und Integralrechnung und den Differentialgleichungen befaßt, möglichst kurz halten zu können, da diese Verfahren ja ausführlich in den mittleren und höheren Schulen besprochen werden. Auch die komplexe Rechnung und die räumliche Vektorrechnung habe ich auf das den Elektroingenieur interessierende Maß beschränkt, wenn auch hier die Grundlagen etwas ausführlicher behandelt sind.

In einem zweiten Teil habe ich die mit der Elektrotechnik bevorzugt in Verbindung stehenden Verfahren gesammelt. Hier wird die bereits im ersten Band verwendete komplexe Zeitvektorrechnung mit ihren Erweiterungen der Ortskurventheorie und symmetrischen Komponentenrechnung systematisch besprochen. Es finden ferner die Fouriersche Zerlegung, die Heavisidesche Operatorenrechnung und die neuerdings stark an Bedeutung gewinnende Laplacetransformation ihren Platz. Auch der Matrizenrechnung (Tensorrechnung), die in Amerika bereits vielfach in Gebrauch steht und die in nächster Zeit sicherlich sehr stark an Bedeutung gewinnen wird, ist ein längeres Kapitel eingeräumt worden.

Im dritten Teil habe ich endlich einige ausschließlich in der elektrotechnischen Anwendung bestehende Theorien aufgenommen, die Zweipol- und Vierpoltheorie, eine Einführung in die Theorie der Kettenleiter und die Anwendung der konformen Abbildung in der Elektrostatik. Wegen ihrer allgemeinen Bedeutung für die Stark- und Schwachstromtechnik nimmt dabei die Vierpoltheorie den größten Platz in Anspruch. Eine Bevorzugung einer der beiden Zweige der Elektrotechnik ist aber nicht eingetreten.

Die Art der Schrifttumsangabe ist die gleiche wie im ersten Band. Es sind demnach — hier bei jedem größeren Kapitel — immer nur ganz wenig Literaturangaben gemacht worden, damit sich der Leser im Falle des Wunsches einer Weiterbildung nicht vor einer Unzahl von Werken sieht, aus denen er erst nicht weiß, welches er am besten wählen soll. Ausdrücklich sei auch hier wiederum darauf hingewiesen, daß die nicht genannten Werke damit keineswegs abfällig beurteilt sein sollen; sie sind im Literaturverzeichnis der genannten nachzulesen und werden dadurch jedem Interessenten zugänglich.

Die Herausgabe dieses Bandes fällt in eine Zeit höchster deutscher Bewährung. Möge er in diesem Sinne auch auf seinem Gebiet zur Förderung und Weiterbildung unseres Elektrotechnikerstandes ein wenig beitragen und recht viele Freunde finden!

Dem Verlag habe ich für sein gezeigtes Entgegenkommen zu meinen Wünschen über die Ausgestaltung des Buches bestens zu danken.

Berlin, im April 1941. **Der Verfasser.**

## Vorwort zur zweiten Auflage.

Mit einiger Spannung übergab ich vor einem Jahr den zweiten Band meines Lehrbuches der Öffentlichkeit, hatte er doch keinerlei Vorbild und war daher vorerst nicht abzusehen, wie das gewählte Ausmaß und die Beschränkung der einzelnen Gebiete beurteilt werden wird. Die gute Aufnahme in der Fachwelt beweist mir, daß der eingeschlagene Weg im großen und ganzen richtig war und ein tatsächliches Bedürfnis nach einem Buch des vorliegenden Charakters bestanden hat. Die Zeit seit dem Erscheinen der ersten Auflage ist allerdings noch so kurz, daß sich viele Fachgenossen mit dem Inhalt noch nicht vollständig auseinandersetzen konnten und vielleicht noch manche wertvolle Anregung aussteht.

Eine sehr ernst zu nehmende Anregung erhielt ich in der Hinsicht, die einzelnen Verfahren durch Rechenbeispiele zu beleben. Ich habe natürlich schon vor Herausgabe der ersten Auflage an diese Möglichkeit zu größerer Verständlichkeit gedacht, von ihr aber aus den folgenden Gründen Abstand genommen. Erstens würde die Aufnahme von Beispielen, wenn sie tatsächlich von praktischem Wert sein sollen, den Umfang des Buches übermäßig stark erweitern, und zweitens könnten die Beispiele vor der Kenntnis des dritten Bandes im wesentlichen doch nur mehr oder minder rein mathematische Beispiele sein. Die sich darbietende Gelegenheit, als Zahlenbeispiele Aufgaben der praktischen Elektrotechnik heranzuziehen, könnte nicht ausgenützt werden. Ich habe mich daher entschlossen, einen besonderen Band mit Rechenbeispielen zu verfassen, in dem es möglich sein wird, auf die einzelnen Aufgaben so weit einzugehen, daß der Leser nicht nur eine wirklich brauchbare Anleitung in den einzelnen Rechenverfahren bekommt, sondern aus den gestellten Problemen auch Nutzen für das elektrotechnische Studium ziehen kann.

Der vorliegende Band konnte somit im wesentlichen unverändert beibehalten bleiben und wurde nur in einigen wenigen Punkten verbessert. Die Gleichungen für die Bahnkurven wurden auf ein Normalachsensystem umgeändert. Eine Ergänzung erfuhr noch der Abschnitt über Reaktanzvierpole, in dem noch die Frequenzabhängigkeit der verlustbehafteten Kettenleiter und ihrer Wellenwiderstände kurz behandelt wurden.

Mai 1941. **Der Verfasser.**

# Inhaltsverzeichnis.

# I. Rein mathematische Rechenverfahren der Elektrotechnik.

## A. Einige elementare Hilfsmittel.

### 1. Gleichungen.

Wie schon im Vorwort ausgeführt wurde, kann es nicht Zweck dieses Bandes sein, eine vollständige Einführung in Belange der Mathematik zu geben, sei es auch unter der Beschränkung auf das Anwendungsgebiet der Elektrotechnik. Das gilt im besonderen noch von diesem ersten Abschnitt, der sich auf ein Gebiet erstreckt, das einerseits der Großzahl der Leser bestens bekannt ist und andererseits aus der vorhandenen, ausgezeichneten und sehr ausgedehnten Literatur jederzeit mühelos erworben werden kann. Immerhin bilden aber gerade die elementaren Grundlagen die Ausgangsstelle für die höheren Verfahren, und es erscheint daher zweckmäßig, jene Regeln zusammenzustellen, deren richtig verstandene Anwendung auf den schwierigeren Gebieten von ausschlaggebender Bedeutung ist. In diesem Sinne möge die Beschränkung und Unvollständigkeit dieses ersten Abschnittes gewertet werden, der uns vor allem auch mit der Sprache vertraut machen soll, mit der die späteren Untersuchungen beschrieben werden.

Das erste praktische, mathematische Problem, das dem angehenden Techniker unterläuft, ist wohl die Gleichung, und zwar als Gleichung mit einer und mit mehreren Unbekannten. Von besonderer Wichtigkeit sind dabei die linearen Gleichungen und die algebraischen Gleichungen höheren Grades.

Lineare Gleichungen sind solche, in denen $n$ Unbekannte in der ersten Potenz und mit einem konstanten Faktor multipliziert in einer Summe erscheinen, also allgemein

$$a_{11} x_1 + a_{12} x_2 + \ldots + a_{1n} x_n = b_1 \quad \ldots \ldots \quad (1)$$

Ihre Lösung erfolgt im allgemeinen auf elementarem Wege und erfordert das Vorhandensein $n$ voneinander unabhängiger Gleichungen. Eine wesentliche Vereinfachung kann im Lösungsgang durch die Anwendung der Determinantenrechnung erzielt werden, der ein eigenes Kapitel gewidmet sein soll. Über den sonst üblichen elementaren Vorgang braucht hier wohl nichts gesagt zu werden.

Zu den algebraischen Gleichungen höheren Grades genügen hier ebenfalls einige Bemerkungen über die Gleichungen mit nur einer Unbekannten. Sie lassen sich immer auf die Form bringen

$$x^n + a_{n-1} x^{n-1} + a_{n-2} x^{n-2} + \ldots + a_1 x + a_0 = 0 \quad . \; . \; . \; (2)$$

Ist $x = a$ eine Wurzel der Gleichung, d. h. eine der $n$ Lösungen, so läßt sich leicht zeigen, daß das Polynom (2) durch das Produkt aus $x - a$ und einem neuen, um eine Einheit im Grad niedrigeren Polynom dargestellt werden kann. Ist nämlich $a$ vorerst eine beliebige Zahl und dividiert man das Polynom (2) durch $x - a$, so erhält man zunächst ein Polynom des $(n-1)$ten Grades — es soll etwa mit $P_{n-1}$ bezeichnet sein — und einen Restbetrag $\frac{R}{x-a}$. Das Polynom (2) kann also auch in der Form

$$(x - a) P_{n-1} + R = 0 \quad . \; . \; . \; . \; . \; . \; . \; . \; . \; . \; (2a)$$

geschrieben werden. Soll nun $a$ tatsächlich eine Lösung der Gleichung (2) sein, diese also nach dem Einsetzen für $x = a$ identisch verschwinden, so muß nach der zweiten Form (2a) für diesen Fall $R = 0$ sein, die Division durch $x - a$ also aufgehen.

Nach der Division verbleibt also ein Polynom $P_{n-1}$, das genau so behandelt werden kann. Liegt insbesondere eine Wurzel $x = b$ vor, so ergibt die Division durch $x - b$ ein weiteres Polynom $P_{n-2}$ vom nächstniedrigeren Grad, so daß

$$(x - b) P_{n-2} = 0$$

oder vom ursprünglichen Gleichungspolynom ausgehend

$$(x - a)(x - b) P_{n-2} = 0$$

wird. Bei fortgesetzter Zerlegung in Faktoren erhält man schließlich die Form

$$(x - a)(x - b) \ldots (x - k) = 0 \quad . \; . \; . \; . \; . \; . \; . \; . \; (3)$$

worin $a, b, \ldots k$ die $n$ Wurzeln der vorgelegten Gleichung bedeuten. Sind die Koeffizienten $a_{n-1}, a_{n-2} \ldots a_0$ reell — was vorläufig angenommen sei —, so sind die Wurzeln reell oder komplex, wobei aber beim Auftreten komplexer Wurzeln immer je zwei konjugierte Wertepaare vorhanden sind. Unter den Wurzeln können auch gleiche auftreten, die dann »mehrfache« Wurzeln genannt werden.

Besonders einfach liegt der Fall bei den quadratischen Gleichungen

$$x^2 + a_1 x + a_0 = 0 \quad . \; . \; . \; . \; . \; . \; . \; . \; . \; . \; (4)$$

Sind $x_1$ und $x_2$ die beiden Wurzeln der Gleichung, so ist

$$(x - x_1)(x - x_2) = 0 \quad . \; . \; . \; . \; . \; . \; . \; . \; . \; (5)$$

oder

$$x^2 - x(x_1 + x_2) + x_1 x_2 = 0,$$

woraus

$$x_1 + x_2 = -a_1$$
$$x_1 x_2 = a_0.$$

Ferner

$$(x_1 - x_2)^2 = (x_1 + x_2)^2 - 4\,x_1 x_2 = a_1^2 - 4\,a_0,$$

also

$$x_1 - x_2 = \sqrt{a_1^2 - 4\,a_0}$$

und mit oben

$$x_1 = -\frac{a_1}{2} + \frac{1}{2}\sqrt{a_1^2 - 4\,a_0} \quad \ldots\ldots\ldots \quad (6\text{a})$$

bzw.

$$x_2 = -\frac{a_1}{2} - \frac{1}{2}\sqrt{a_1^2 - 4\,a_0} \quad \ldots\ldots\ldots \quad (6\text{b})$$

Die Wurzeln sind reell, wenn

$$a_1^2 > 4\,a_0.$$

Im umgekehrten Fall

$$a_1^2 < 4\,a_0$$

sind sie konjugiert komplex. Im Grenzfall

$$a_1^2 = 4\,a_0$$

liegen zwei gleiche reelle Wurzeln

$$x_1 = x_2 = -\frac{a_1}{2}$$

vor.

Von ausschlaggebender Wichtigkeit für die Lösung algebraischer Gleichungen ist die Ermittlung der Wurzelfaktoren. Leider sind diese nicht immer leicht zu finden; es werden dann vorzugsweise graphische oder Näherungsmethoden anzuwenden sein [1]*). Dabei wird die Ermittlung wesentlich vereinfacht, wenn Näherungswerte für einzelne Wurzeln bekannt sind. Soweit sich solche nicht direkt aus der Form der Gleichung (2) darbieten, sind folgende Richtlinien zur Auffindung von Näherungswerten nützlich:

Ist $n$ gerade und $a_0$ negativ, dann liegen mindestens eine positive und eine negative reelle Wurzel vor; bei positivem $a_0$ läßt sich dagegen nichts über das Vorhandensein reeller Lösungen aussagen. Ist dagegen $n$ ungerade, so existiert eine reelle Wurzel mit dem entgegengesetzten Vorzeichen zu $a_0$.

Für weitere Hinweise zur Auffindung von Näherungswerten sei auf das einschlägige Schrifttum, insbesondere [2] verwiesen. Nur ein Beispiel möge zur Erläuterung kurz angeführt werden. Es seien die Wurzelfaktoren des Polynoms

$$P = x^3 + 2{,}5\,x^2 - 8{,}5\,x - 10 = 0$$

---

*) Die Zahl bedeutet einen Hinweis auf das am Ende des Abschnittes genannte Schrifttum.

gesucht. Da $n$ ungerade und $a_0$ negativ ist, existiert also auf jeden Fall eine positive reelle Wurzel, die offensichtlich zwischen 2 und 3 liegt. Wählt man etwa $x = 2$ als Näherungslösung, so kann man zunächst die Division

$$\begin{aligned}(x^3 + 2{,}5\,x^2 - 8{,}5\,x - 10) : (x - 2) = x^2 + 4{,}5\,x + 0{,}5 \\ 4{,}5\,x^2 - 8{,}5\,x \\ + 0{,}5\,x - 10 \\ - 9\end{aligned}$$

durchführen, woraus also

$$P = (x - 2)\,(x^2 + 4{,}5\,x + 0{,}5) - 9$$

Die Division geht nicht auf, es verbleibt vielmehr ein Rest —9. Die Zahl $+2$ ist eben keine Wurzel, $(x - 2)$ die Abweichung vom genauen Wurzelwert. Bildet man nun weiter

$$\begin{aligned}(x^2 + 4{,}5\,x + 0{,}5) : (x - 2) = x + 6{,}5 \\ 6{,}5\,x + 0{,}5 \\ 13{,}5\end{aligned}$$

so wird

$$\begin{aligned}P &= (x - 2)\,[(x - 2)\,(x + 6{,}5) + 13{,}5] - 9 = \\ &= (x - 2)^2\,(x + 6{,}5) + (x - 2)\,13{,}5 - 9\end{aligned}$$

Schließlich kann man noch setzen

$$x + 6{,}5 = (x - 2) + 8{,}5$$

so daß

$$P = (x - 2)^3 + (x - 2)^2\,8{,}5 + (x - 2)\,13{,}5 - 9 = 0$$

Ist nun $x = 2$ sehr nahe an der Lösung, dann ist $x - 2$ klein, und es können die höheren Potenzen vernachlässigt werden. Es ergäbe sich dann aus

$$\begin{aligned}(x - 2)\,13{,}5 &= 9 \\ x &= 2{,}667\end{aligned}$$

oder wenn man das quadratische Glied noch mitberücksichtigt

$$x = 2{,}509$$

Man könnte nun die Division mit

$$x - 2{,}667 \quad \text{oder} \quad x - 2{,}509$$

nochmals durchführen und erhielte so einen noch genaueren Wert, mit dem das Verfahren unter Umständen wiederholt werden würde, solange bis eine gewünschte Genauigkeit erreicht ist. Wir versuchen zunächst noch mit $x - 2{,}5$. Es wird

$$\begin{aligned}(x^3 + 2{,}5\,x^2 - 8{,}5\,x - 10) : (x - 2{,}5) = x^2 + 5\,x + 4 \\ 5\,x^2 - 8{,}5\,x \\ + 4\,x - 10 \\ 0.\end{aligned}$$

Hier geht die Division auf; wir haben also zufällig den genauen Wurzelwert erhalten. Da ferner sofort zu sehen ist, daß

$$x^2 + 5x + 4 = (x + 1)(x + 4)$$

ist, ergibt sich die gesamte Zerlegung

$$x^3 + 2{,}5x^2 - 8{,}5x - 10 = (x - 2{,}5)(x + 1)(x + 4)$$

**Schrifttum.**

[1]. Lorentz, Joos, Kaluza: Höhere Mathematik für den Praktiker. Joh. Ambrosius Barth, Leipzig 1938.

[2]. C. Runge u. H. König: Vorlesungen über numerisches Rechnen. Julius Springer, Berlin 1924.

## 2. Determinanten.

Der Determinantenbegriff erscheint zunächst immer beim Lösungsverfahren linearer Gleichungen. Um ihn möglichst klar zu bekommen, sei von der Lösung zweier linearer Gleichungen mit zwei Unbekannten ausgegangen. Es wären also gegeben die Gleichungen

$$\left.\begin{aligned} a_{11}x + a_{12}y &= a_{10} \\ a_{21}x + a_{22}y &= a_{20} \end{aligned}\right\} \quad \ldots\ldots\ldots\ldots \quad (1)$$

mit den Konstanten $a_{11}$, $a_{12}$, $a_{10}$, $a_{21}$, $a_{22}$, $a_{20}$.

Eine Lösung gelingt durch Subtraktion der beiden Gleichungen, nachdem zuerst die erste mit $a_{22}$ und die zweite mit $a_{12}$ multipliziert wurde. Es ergibt sich

$$(a_{11}a_{22} - a_{21}a_{12})\,x = a_{10}a_{22} - a_{20}a_{12} \quad \ldots\ldots \quad (2)$$

was auch in der Form

$$\begin{vmatrix} a_{11} & a_{12} \\ a_{21} & a_{22} \end{vmatrix} x = \begin{vmatrix} a_{10} & a_{12} \\ a_{20} & a_{22} \end{vmatrix} \quad \ldots\ldots\ldots \quad (2a)$$

geschrieben werden kann, wenn man vereinbart, daß

$$\begin{vmatrix} a_{11} & a_{12} \\ a_{21} & a_{22} \end{vmatrix} = a_{11}a_{22} - a_{12}a_{21} \quad \ldots\ldots\ldots \quad (3)$$

bedeuten soll. Man nennt dann die im quadratischen Schema angeordneten Koeffizienten die Determinante dieser Koeffizienten. Diese selbst bilden die Elemente, die also in zwei horizontalen Zeilen und zwei vertikalen Spalten angeordnet sind. Die Diagonale $a_{11}\,a_{22}$ heißt Hauptdiagonale, die andere Nebendiagonale.

Geht man von einem System dreier linearer Gleichungen

$$\left.\begin{aligned} a_{11}x + a_{12}y + a_{13}z &= a_{10} \\ a_{21}x + a_{22}y + a_{23}z &= a_{20} \\ a_{31}x + a_{32}y + a_{33}z &= a_{30} \end{aligned}\right\} \quad \ldots\ldots\ldots \quad (4)$$

aus, so findet man leicht eine entsprechende Darstellung

$$\begin{vmatrix} a_{11} & a_{12} & a_{13} \\ a_{21} & a_{22} & a_{23} \\ a_{31} & a_{32} & a_{33} \end{vmatrix} x = \begin{vmatrix} a_{10} & a_{12} & a_{13} \\ a_{20} & a_{22} & a_{23} \\ a_{30} & a_{32} & a_{33} \end{vmatrix} \quad \ldots\ldots \quad (5)$$

wenn die jetzt dreireihige Determinante für die Entwicklung

$$\begin{vmatrix} a_{11} & a_{12} & a_{13} \\ a_{21} & a_{22} & a_{23} \\ a_{31} & a_{32} & a_{33} \end{vmatrix} = a_{11}(a_{22}a_{33} - a_{23}a_{32}) - a_{21}(a_{12}a_{33} - a_{13}a_{32}) + \\ + a_{31}(a_{12}a_{23} - a_{13}a_{22}) \quad (5\text{a})$$

steht. Bei $n$ Gleichungen stößt man dann auf eine entsprechende $n$-reihige Determinante.

Eine $n$-reihige Determinante — oder Determinante $n$-ten Grades — kann nun ganz allgemein auf $n$ Determinanten $(n-1)$-ten Grades zurückgeführt werden. Es gehört nämlich zu jedem Element der $n$-reihigen Determinante eine $(n-1)$-reihige, die so erhalten wird, daß man die Zeile und Spalte, denen das betrachtete Element angehört, streicht. Der verbleibende Rest bildet dann die dem Element zugeordnete Unterdeterminante. Man findet nun den Wert einer Determinante, indem man die Summe bildet aus den Produkten der Elemente einer Spalte mit den jeweils zugeordneten Unterdeterminanten. Dabei sind die Unterdeterminanten mit positivem oder negativem Vorzeichen einzuführen, je nachdem ob die Summe der Zeilen- und Spaltennummer gerade oder ungerade ist. Es ist also

$$\begin{vmatrix} a_{11} a_{12} \ldots a_{1n} \\ a_{21} a_{22} \ldots a_{2n} \\ \vdots \\ a_{n1} a_{n2} \ldots a_{nn} \end{vmatrix} = a_{11} \begin{vmatrix} a_{22} a_{23} \ldots a_{2n} \\ a_{32} a_{33} \ldots a_{3n} \\ \vdots \\ a_{n2} a_{n3} \ldots a_{nn} \end{vmatrix} - a_{21} \begin{vmatrix} a_{12} a_{13} \ldots a_{1n} \\ a_{32} a_{33} \ldots a_{3n} \\ \vdots \\ a_{n2} a_{n3} \ldots a_{nn} \end{vmatrix} + \ldots$$

$$+ (-1)^{n+1} a_{n1} \begin{vmatrix} a_{12} & a_{13} \ldots\ldots a_{1n} \\ a_{22} & a_{23} \ldots\ldots a_{2n} \\ \vdots & \\ a_{n-1,2} & a_{n-1,3} \ldots a_{n-1,n} \end{vmatrix} \quad . . (6)$$

Jede Unterdeterminante kann durch fortgesetzte Zerlegung auf weitere niedrigeren Grades zurückgeführt werden. Bezeichnet man zur Vereinfachung der Schreibweise die zum Element $a_{ij}$ gehörige Unterdeterminante mit $A_{ij}$ und die Hauptdeterminante mit $D$, so ist also auch

$$D = a_{11} A_{11} + a_{21} A_{21} + \ldots + a_{n1} A_{n1} \quad \ldots\ldots \quad (6\text{a})$$

Man kann aber ebensogut »nach den Elementen einer Zeile entwickeln« und überzeugt sich leicht von der Richtigkeit der dann erhaltenen Beziehung

$$D = a_{11} A_{11} + a_{12} A_{12} + \ldots + a_{1n} A_{1n} \quad \ldots\ldots \quad (6\text{b})$$

Dies geht unmittelbar aus dem allgemeinen und leicht beweisbaren Satz hervor, daß eine Determinante ihren Wert behält, wenn man die Zeilen mit den Spalten bei Belassung ihrer Reihenfolge vertauscht

$$\begin{vmatrix} a_{11} & a_{12} & \dots & a_{1n} \\ a_{21} & a_{22} & \dots & a_{2n} \\ \vdots & & & \\ a_{n1} & a_{n2} & \dots & a_{nn} \end{vmatrix} = \begin{vmatrix} a_{11} & a_{21} & \dots & a_{n1} \\ a_{12} & a_{22} & \dots & a_{n2} \\ \vdots & & & \\ a_{1n} & a_{2n} & \dots & a_{nn} \end{vmatrix} \quad \dots \dots \quad (7)$$

Auf elementarem Wege lassen sich ferner noch die folgenden Sätze ableiten:

Eine Determinante ändert ihr Vorzeichen — bei gleichbleibendem Wert —, wenn man zwei Zeilen oder zwei Spalten vertauscht.

Sind in einer Determinante zwei Zeilen oder zwei Spalten gleich, so ist die Determinante gleich Null.

Eine Determinante wird mit einer Zahl multipliziert, indem man alle Elemente einer Reihe mit der Zahl multipliziert.

Der Wert einer Determinante bleibt unverändert, wenn man sämtliche Elemente einer Reihe um ein beliebiges Vielfaches der entsprechenden Elemente einer Parallelreihe vermehrt.

So findet man zum Beispiel aus

$$\begin{vmatrix} 4 & 1 & -3 & 5 \\ -2 & 2 & 6 & -9 \\ 7 & -4 & 8 & 3 \\ -1 & -5 & 6 & 3 \end{vmatrix}$$

durch Multiplikation der zweiten Spalte mit —4, 3 und —5 und Addition zur ersten, zweiten und vierten Spalte

$$\begin{vmatrix} 0 & 1 & 0 & 0 \\ -10 & 2 & 12 & -19 \\ 23 & -4 & -4 & 23 \\ 19 & -5 & -9 & 28 \end{vmatrix} = \begin{vmatrix} +10 & -12 & +19 \\ 23 & -4 & 23 \\ 19 & -9 & 28 \end{vmatrix}$$

Durch Addition der verdoppelten zweiten Spalte zur ersten wird daraus

$$\begin{vmatrix} -14 & -12 & 19 \\ 15 & -4 & 23 \\ 1 & -9 & 28 \end{vmatrix}$$

woraus durch Multiplikation der dritten Zeile mit 14 und —15 und Addition zur ersten und zweiten Zeile

$$\begin{vmatrix} 0 & -138 & 411 \\ 0 & 131 & -397 \\ 1 & -9 & 28 \end{vmatrix} = \begin{vmatrix} -138 & 411 \\ 131 & -397 \end{vmatrix} = \begin{vmatrix} -138 & -3 \\ 131 & -4 \end{vmatrix} = 945.$$

In dieser Art kann leicht die numerische Berechnung von Determinanten vorgenommen werden, wie ja auch das Beispiel zeigt.

Aus dem eben beschriebenen Satz ergibt sich unmittelbar der folgende:

Sind die entsprechenden Elemente zweier Parallelreihen einander gleich oder proportional, so ist die Determinante gleich Null. In diesem Falle ergibt nämlich die sinngemäße Anwendung der vorhin beschriebenen Regel eine Reihe mit lauter Nullen. Die Determinante verschwindet dann, wie man sich durch Entwicklung nach den Elementen dieser Reihe überzeugen kann.

Wir haben den Determinantenbegriff aus der Aufgabe der Lösung eines Systems linearer Gleichungen abgeleitet und können nun den allgemeinen Lösungsansatz angeben. Liegt das System von $n$ linearen Gleichungen

$$\left.\begin{array}{l} a_{11} x_1 + a_{12} x_2 + \ldots + a_{1j} x_j + \ldots + a_{1n} x_n = a_{10} \\ a_{21} x_1 + a_{22} x_2 + \ldots + a_{2j} x_j + \ldots + a_{2n} x_n = a_{20} \\ \vdots \\ a_{i1} x_1 + a_{i2} x_2 + \ldots + a_{ij} x_j + \ldots + a_{in} x_n = a_{i0} \\ \vdots \\ a_{n1} x_1 + a_{n2} x_2 + \ldots + a_{nj} x_j + \ldots + a_{nn} x_n = a_{n0} \end{array}\right\} \quad . \; . \; (8)$$

vor, so ist durch diese zunächst die Koeffizientendeterminante

$$D = \begin{vmatrix} a_{11} & a_{12} & \ldots & a_{1n} \\ a_{21} & a_{22} & \ldots & a_{2n} \\ \vdots & & & \\ a_{n1} & a_{n2} & \ldots & a_{nn} \end{vmatrix}$$

gegeben. Multipliziert man die Gleichungen der Reihe nach mit den Unterdeterminanten $A_{1j}, A_{2j} \ldots A_{nj}$ der Elemente der $j$-ten Spalte, so ergibt sich das System

$$\begin{array}{l} a_{11} A_{1j} x_1 + a_{12} A_{1j} x_2 + \ldots a_{1j} A_{1j} x_j + \ldots + a_{1n} A_{1j} x_n = a_{10} A_{1j} \\ a_{21} A_{2j} x_1 + a_{22} A_{2j} x_2 + \ldots a_{2j} A_{2j} x_j + \ldots + a_{2n} A_{2j} x_n = a_{20} A_{2j} \\ \vdots \\ a_{i1} A_{ij} x_1 + a_{i2} A_{ij} x_2 + \ldots a_{ij} A_{ij} x_j + \ldots + a_{in} A_{ij} x_n = a_{i0} A_{ij} \\ \vdots \\ a_{n1} A_{nj} x_1 + a_{n2} A_{nj} x_2 + \ldots a_{nj} A_{nj} x_j + \ldots + a_{nn} A_{nj} x_n = a_{n0} A_{nj}. \end{array}$$

Addiert man diese Gleichungen, so erhält man $n$ Summen der Form

$$x_j \sum a_{ij} A_{ik} \quad (i, j, k = 1, 2 \ldots n).$$

Nun ist aber die Entwicklung

$$\sum a_{ij} A_{ik} = a_{1j} A_{1k} + a_{2j} A_{2k} + \ldots + a_{nj} A_{nk}$$

für alle $j \neq k$ Null. Multipliziert man nämlich die Elemente einer Spalte ($j$) mit den Unterdeterminanten einer anderen Spalte ($k$), so entstehen Produktsummen, in welchen die Elemente einer Spalte ($k$) fehlen und die einer anderen Spalte ($j$) doppelt auftreten. Nach dem

Vorhergehenden verschwindet aber eine solche Determinantenentwicklung mit zwei gleichen Spalten.

Die Summe der $j$-ten Reihe ergibt dagegen mit $j = k$ die normale Entwicklung

$$x_j (a_{1j} A_{1j} + a_{2j} A_{2j} + \ldots + a_{nj} A_{nj}) = x_j D$$

der Koeffizientendeterminante nach den Elementen der $j$-ten Spalte.

Auf der rechten Seite erhält man die Summe

$$a_{10} A_{1j} + a_{20} A_{2j} + \ldots + a_{n0} A_{nj} = D_j.$$

Das ist aber eine Determinante, die sich ergibt, wenn man in der Koeffizientendeterminante die Koeffizienten der $j$-ten Spalte durch die rechtsstehenden Glieder $x_{10}, x_{20} \ldots x_{n0}$ ersetzt. Durch Addition der $n$ Gleichungen wird also schließlich

$$x_j D = D_j$$

und daraus die etwa gesuchte Unbekannte

$$x_j = \frac{D_j}{D} \quad \ldots \ldots \ldots \ldots \quad (9)$$

Voraussetzung zur Lösungsmöglichkeit ist die Bedingung

$$D \neq 0 \quad \ldots \ldots \ldots \ldots \quad (10)$$

Ist dies nicht der Fall, dann liegen keine $n$ voneinander unabhängigen Gleichungen vor, sondern es sind nach dem Früheren zwei Zeilen, also die linken Seiten zweier Gleichungen des gegebenen Systems einander verhältnisgleich.

Ein kleines Beispiel möge noch den Lösungsvorgang dem Verständnis näherbringen. Es seien die drei Gleichungen gegeben

$$\begin{aligned} 5x_1 - 6x_2 - \phantom{2}x_3 &= 23 \\ 8x_1 + 9x_2 - 2x_3 &= -2 \\ 3x_1 - 8x_2 + 7x_3 &= 53. \end{aligned}$$

Die Koeffizientendeterminante ist

$$D = \begin{vmatrix} 5 & -6 & -1 \\ 8 & 9 & -2 \\ 3 & -8 & 7 \end{vmatrix} = \begin{vmatrix} 0 & 0 & -1 \\ -2 & 21 & -2 \\ 38 & -50 & 7 \end{vmatrix} = \begin{vmatrix} 2 & 19 \\ -38 & -12 \end{vmatrix} = 722 - 24 = 698.$$

Es wird ferner

$$D_1 = \begin{vmatrix} 23 & -6 & -1 \\ -2 & 9 & -2 \\ 53 & -8 & 7 \end{vmatrix} = \begin{vmatrix} 23 & -6 & -1 \\ -48 & 21 & 0 \\ 214 & -50 & 0 \end{vmatrix} =$$

$$= \begin{vmatrix} 6 & -21 \\ 114 & -50 \end{vmatrix} = 2 \cdot 3 \begin{vmatrix} 1 & -7 \\ 57 & -50 \end{vmatrix} = 6\,(399 - 50) = 2094$$

$$D_2 = \begin{vmatrix} 5 & 23 & -1 \\ 8 & -2 & -2 \\ 3 & 53 & 7 \end{vmatrix} = \begin{vmatrix} 5 & 23 & -1 \\ -2 & -48 & 0 \\ 38 & 214 & 0 \end{vmatrix} =$$

$$= \begin{vmatrix} 2 & 36 \\ 38 & -14 \end{vmatrix} = -28 - 1368 = -1396$$

$$D_3 = \begin{vmatrix} 5 & -6 & 23 \\ 8 & 9 & -2 \\ 3 & -8 & 53 \end{vmatrix} = \begin{vmatrix} 5 & -6 & 23 \\ 11 & 1 & 51 \\ 3 & -8 & 53 \end{vmatrix} =$$

$$= \begin{vmatrix} 71 & 0 & 329 \\ 11 & 1 & 51 \\ 91 & 0 & 461 \end{vmatrix} = \begin{vmatrix} 71 & -26 \\ 91 & 6 \end{vmatrix} = 426 + 2366 = 2792.$$

Es wird also

$$x_1 = \frac{2094}{698} = 3; \quad x_2 = -\frac{1396}{698} = -2; \quad x_3 = \frac{2792}{698} = 4.$$

Sind die rechten Seiten der Gleichungen (8) sämtlich Null, so spricht man von homogenen, linearen Gleichungen. Da dann alle Determinanten $D_j$ verschwinden, ergibt sich zunächst die triviale Lösung

$$x_1 = x_2 = \ldots = x_n = 0.$$

Von Null verschiedene Wurzeln erhielte man dagegen bei $D = 0$, womit aber nach dem Früheren gesagt ist, daß eine der Gleichungen von den übrigen abhängig ist, also nur mehr $n - 1$ voneinander unabhängige Gleichungen bestehen. Es können dann also die Unbekannten nicht mehr ermittelt werden. Dagegen wird es aber möglich, die Verhältnisse derselben zu einer der Unbekannten anzugeben, wie man sich leicht überzeugt, wenn man alle Gleichungen durch ein und dieselbe Unbekannte dividiert, wodurch man ein System von $n - 1$ nichthomogenen Gleichungen mit den Verhältnissen als Unbekannten erhält.

**Schrifttum.**

Netto E.: Die Determinanten. 2. Aufl., B. G. Teubner, Berlin 1925, Bd. 9 der Sammlung mathem.-physik. Lehrbücher.

Fischer P.: Determinanten. 3. Aufl., Walter de Gruyter, Leipzig 1932, Bd. 402 der Sammlung Göschen.

## 3. Arithmetische und geometrische Reihen.

Eine arithmetische Reihe ist eine solche, bei der jedes folgende Glied um denselben Betrag größer ist als das vorhergehende. Bezeichnet man die Differenz zweier Glieder mit $d$, so ist also die Reihe bestimmt durch die Elemente

$$\begin{aligned} a_1 &= a_1 \\ a_2 &= a_1 + d \\ a_3 &= a_2 + d = a_1 + 2d \\ &\vdots \\ a_n &= a_1 + (n-1)\,d \quad \ldots\ldots\ldots \quad (1) \end{aligned}$$

Man findet die Summe einer arithmetischen Reihe

$$S_a = a_1 + (a_1 + d) + (a_1 + 2d) + \ldots + [a_1 + (n-1)\,d]$$

indem man zunächst die verkehrt angeschriebene Reihe

$$S_a = [a_1 + (n-1)\,d] + [a_1 + (n-2)\,d] + \ldots + a_1$$

addiert. Je zwei übereinander stehende Glieder ergeben dann immer den Wert

$$2\,a_1 + (n-1)\,d$$

was also $n$-mal gebildet die doppelte Summe $2\,S_a$ ergibt. Es ist demnach

$$S_a = n\left(a_1 + \frac{n-1}{2}\,d\right) = n\,\frac{a_1 + a_n}{2} \quad \ldots\ldots \quad (2)$$

Bei der geometrischen Reihe wird jedes Glied aus dem vorhergehenden durch Multiplikation mit einem konstanten Faktor $r$ gewonnen. Es ist also

$$\begin{aligned} a_1 &= a \\ a_2 &= a_1\,r = a\,r \\ a_3 &= a_2\,r = a\,r^2 \\ &\vdots \\ a_n &= a\,r^{n-1} \quad \ldots\ldots\ldots \quad (3) \end{aligned}$$

Die Summe einer geometrischen Reihe

$$S_g = a + a\,r + a\,r^2 + \ldots + a\,r^{n-1}$$

wird gefunden, indem man von ihr die mit $r$ multiplizierte Reihe

$$S_g\,r = a\,r + a\,r^2 + a\,r^3 + \ldots + a\,r^n$$

abzieht. Es kürzen sich dann rechts alle Glieder bis auf $a$ und $ar^n$, so daß

$$S_g\,(1-r) = a - a\,r^n$$

und

$$S_g = a\,\frac{1-r^n}{1-r} = a\,\frac{r^n-1}{r-1} = \frac{a_n\,r - a_1}{r-1} \quad \ldots\ldots \quad (4)$$

Ist

$$-1 < r < +1,$$

dann kann auch die Summe einer unendlichen Reihe ermittelt werden, da diese offenbar gegen einen Grenzwert konvergiert. Aus (4) erhält man sofort

$$S_\infty = \frac{a}{1-r} \quad \ldots\ldots\ldots \quad (4a)$$

## 4. Einfache Funktionen.

### a) Allgemeines.

Der Begriff der Funktion kann hier als bekannt vorausgesetzt werden. Die Funktion gibt das Gesetz an, durch das zwei Veränderliche miteinander verbunden sind. Jede Änderung der einen Veränderlichen $x$ zieht dann eine bestimmte Veränderung auch der zweiten Veränderlichen $y$ nach sich. Man sagt $y$ ist eine Funktion von $x$ und schreibt

$$y = f(x) \quad \ldots \ldots \ldots \ldots \quad (1)$$

Natürlich ist auch umgekehrt

$$x = g(y) \quad \ldots \ldots \ldots \ldots \quad (2)$$

$x$ eine Funktion von $y$. Vertauscht man die Veränderlichen $x$ und $y$ miteinander, so erhält man mit

$$y = g(x)$$

die zu (1) »inverse« Funktion. Dieser Umkehrungsvorgang wird auch Inversion genannt.

Nicht immer liegt die Funktion in der »expliziten« oder »entwickelten« Form (1) oder (2) vor; sie stellt sich vielmehr auch häufig in der »impliziten« oder »unentwickelten« Form

$$F(x, y) = 0 \quad \ldots \ldots \ldots \ldots \quad (3)$$

dar. Der Funktionsbegriff kann ferner auch mehr als zwei Veränderliche enthalten.

Liegt eine Funktion zweier Veränderlicher in expliziter Form vor, dann kann die Funktion bekanntlich in einem kartesischen Koordinatensystem durch eine Kurve dargestellt werden. Zur Auffindung der Kurve sind verschiedene Werte des Funktions-»Argumentes« $x$ zu wählen und die zugehörigen Werte von $y$ auszurechnen. Jedes solche Wertepaar bestimmt dann einen Punkt in der $xy$-Ebene; alle zusammen ergeben die durch die Funktion bestimmte Kurve. Das Bild 1 zeigt zum Beispiel die graphische Darstellung der Funktion

$$y = x^3.$$

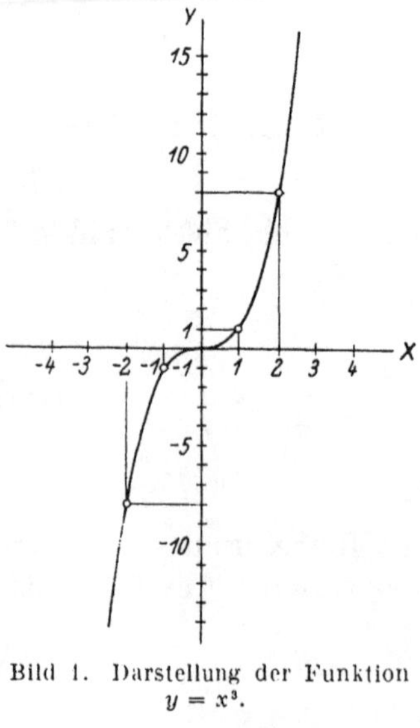

Bild 1. Darstellung der Funktion $y = x^3$.

Liegen drei Veränderliche vor, dann kann man in bekannter Weise die dritte Veränderliche in der Normalenrichtung zur $xy$-Ebene auftragen und erhält damit eine räumliche Fläche.

Oft ist es zweckmäßig, die Darstellung nicht durch die kartesischen Koordinaten $x$, $y$, sondern über den Abstand $r$ des durch $x$, $y$ gegebenen Punktes vom Ursprung der Darstellungsebene und dem Winkel $\varphi$ des Abstandstrahles mit der $x$-Achse vorzunehmen. Diese beiden Größen $r$ und $\varphi$, die im Bild 2 eingezeichnet sind, heißen die Polarkoordinaten der Kurve. Man findet auch sofort die Beziehungsgleichungen

$$r = \sqrt{x^2 + y^2} \quad \ldots \quad (4)$$

$$x = r \cos\varphi \quad \ldots\ldots \quad (5)$$

$$y = r \sin\varphi \quad \ldots\ldots \quad (6)$$

$$\varphi = \operatorname{arc\,tg} \frac{y}{x} \quad \ldots \quad (7)$$

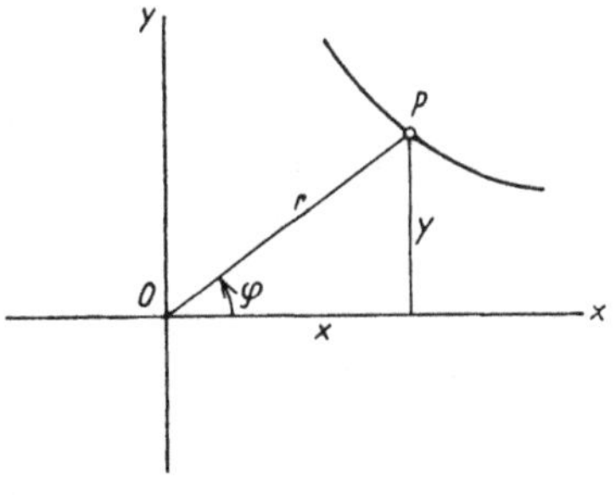


Bild 2. Polarkoordinaten.

Ähnliche Überlegungen führen bei drei Veränderlichen zu Kugel- und Zylinderkoordinaten.

Um nun eine gute Übersicht über die uns interessierenden Funktionen zu gewinnen, sei etwa die folgende Klasseneinteilung vorgenommen.

Einteilung der wichtigsten Funktionen.

| | | |
|---|---|---|
| algebraische | rationale (Sonderfall: lineare) | ganze |
| | | gebrochene |
| | irrationale | |
| transzendente | Exponentialfunktionen (Sonderfall: Hyperbelfunktionen) | |
| | logarithmische | |
| | zyklometrische | |

In den folgenden Abschnitten sollen die angeführten Funktionen kurz beschrieben werden.

### b) Ganze rationale Funktionen.

Sie sind die einfachste Form der algebraischen Funktionen. Algebraische Funktionen sind dabei solche, in denen die Veränderlichen durch algebraische Rechenoperationen verbunden sind, das sind Addition, Subtraktion, Multiplikation, Division, Radizieren, Potenzieren. Kommt dabei die Veränderliche nur in Potenzen mit ganzen Exponenten vor, so spricht man von rationalen Funktionen. Bleibt die Veränderliche in der ersten Potenz, so tritt der Sonderfall einer linearen Funktion auf. Unter den rationalen Funktionen werden die Funktionen

$$y = a_n x^n + a_{n-1} x^{n-1} + \ldots + a_1 x + a_0 \quad \ldots\ldots \quad (1)$$

ganze, rationale Funktionen (Polynome) genannt, weil bei ihnen keine Divisionen vorkommen. $n$ bezeichnet dann den Grad der Funktion.

Die rechte Seite der Gleichung (1) entspricht dem Polynom (2) des Kapitels 1. Setzt man dieses also gleich $y$, und zeichnet man die Kurve $y = f(x)$, so ergeben die Schnittpunkte mit der $x$-Achse ($y = 0$) die reellen Wurzeln der Gleichung $f(x) = 0$, und zwar mit einer der Zeichnung entsprechenden Genauigkeit. Diese können dem im 1. Kapitel beschriebenen Verfahren zur Auffindung der Wurzelfaktoren zugrunde gelegt werden. Man kann dann oft noch mit Vorteil von einer Hilfszerlegung Gebrauch machen, bei der dieses Polynom in zwei Teile zerlegt wird, von denen mindestens der eine leicht gezeichnet werden kann. Zum Beispiel

$$y = y_1 + y_2 = (a_n x^n + a_{n-1} x^{n-1} + \dots + a_2 x^2) + (a_1 x + a_0).$$

Bei $y = 0$ ist dann $y_1 = -y_2$, und man erhält die gesuchten Wurzeln, wenn man die Kurve

$$y_1 = a_n x^n + a_{n-1} x^{n-1} + \dots + a_2 x^2$$

mit der Geraden

$$y_2 = -a_1 x - a_0$$

zum Schnitt bringt.

Das Bild 3 zeigt beispielsweise die so erfolgte Lösung der Gleichung

$$y = 0{,}5\, x^2 - 0{,}25\, x - 1{,}5 = 0.$$

Man findet die zwei Wurzeln

$$x_1 = 2; \qquad x_2 = -1{,}5.$$

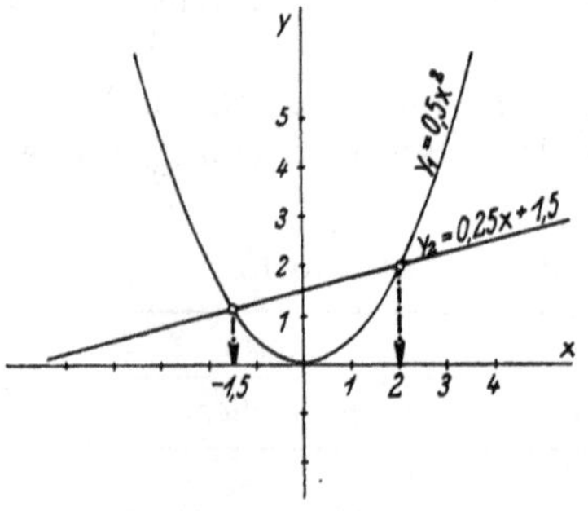


Bild 3. Lösung der Gleichung $y = 0{,}5\, x^2 - 0{,}25\, x - 1{,}5 = 0$.

Sind alle Koeffizienten $a_i = 0$ bis auf $a_0$ und $a_1$, dann erhält man die ganze lineare Funktion

$$y = a_1 x + a_0.$$

Sie hat die bemerkenswerte Eigenschaft, daß ihre Inversion

$$y = \frac{x - a_0}{a_1} = \frac{1}{a_1} x - \frac{a_0}{a_1}$$

wiederum eine ganze lineare Funktion ist.

## c) Gebrochene rationale Funktionen.

Unter einer gebrochenen rationalen Funktion versteht man den Quotienten aus zwei ganzen rationalen Funktionen oder eine Summe mehrerer solcher Quotienten. Die Funktion hat also die Form

$$y = \frac{b_m x^m + b_{m-1} x^{m-1} + \dots + b_1 x + b_0}{a_n x^n + a_{n-1} x^{n-1} + \dots + a_1 x + a_0} \quad \dots\dots \quad (1)$$

Sie läßt sich immer auf den Fall zurückführen, daß $m$ kleiner als $n$ ist und Zähler und Nenner keinen gemeinsamen Faktor haben. Ist diese Voraussetzung nicht erfüllt, dann kann man einesteils die Division zum Teil ausführen ($m > n$) und andererseits durch den gemeinsamen Faktor kürzen. Im ersten Fall entsteht dann die Summe aus einer ganzen und einer gebrochenen rationalen Funktion.

Von besonderer Bedeutung in der Behandlung gebrochener rationaler Funktionen ist die Zerlegung in Partialbrüche, die wie folgt vorgenommen wird. Gegeben ist die Funktion

$$y = F(x) = \frac{\varphi(x)}{f(x)} \quad \ldots \ldots \ldots \ldots \quad (2)$$

wobei angenommen sei, daß der Grad von $\varphi$ niedriger ist als der von $f$ und kein gemeinsamer Faktor vorhanden ist. Es kann dann ferner durch den Faktor $a_n$ der höchsten Potenz von $x$ dividiert werden, so daß man

$$f(x) = x^n + a_{n-1} x^{n-1} + \ldots + a_1 x + a_0 \quad \ldots \ldots \quad (3)$$

setzen kann. Für dieses Polynom können durch Nullsetzen

$$f(x) = 0$$

die Wurzeln $a, b, c \ldots$ gefunden werden. Im allgemeinen können die einzelnen Wurzeln auch mehrfach auftreten. Es ist dann

$$f(x) = (x-a)^\alpha (x-b)^\beta \ldots (x-n)^\nu \quad \ldots \ldots \quad (4)$$

wobei $a$ eine $\alpha$-fache, $b$ eine $\beta$-fache usw. Wurzel ist. Führt man das in die Gleichung (2) ein, so ergibt sich die Summendarstellung

$$\left.\begin{aligned} y = F(x) = &\frac{A_\alpha}{(x-a)^\alpha} + \frac{A_{\alpha-1}}{(x-a)^{\alpha-1}} + \ldots + \frac{A_1}{x-a} + \\ &+ \frac{B_\beta}{(x-b)^\beta} + \frac{B_{\beta-1}}{(x-b)^{\beta-1}} + \ldots + \frac{B_1}{x-b} + \\ &\vdots \\ &+ \frac{N_\nu}{(x-n)^\nu} + \frac{N_{\nu-1}}{(x-n)^{\nu-1}} + \ldots + \frac{N_1}{x-n} \end{aligned}\right\} \quad . . \quad (5)$$

worin $A_i, B_i \ldots N_i$ noch zu bestimmende Konstante sind. Man findet diese, wenn man die rechte Seite wieder auf den Nenner $f(x)$ bringt und die Koeffizienten gleicher Potenzen von $x$ auf der linken und rechten Seite der Gleichung gleichsetzt. Die so erhaltenen Beziehungen reichen zur Ermittlung der gesamten Konstanten aus.

Als Beispiel sei die Funktion

$$F(x) = \frac{\varphi(x)}{f(x)} = \frac{3x^5 - 22x^4 + 78x^3 - 128x^2 + 103x - 50}{x^6 - 8x^5 + 21x^4 - 16x^3 - 13x^2 + 24x - 9}$$

betrachtet. Nach Aufsuchen der Wurzeln des Nennerpolynomes ergibt sich

$$f(x) = (x-1)^3 (x+1) (x-3)^2,$$

was hier sofort angegeben werden kann, da der Versuch $x = 1$ dreimal und $x = -1$ einmal der Gleichung $f(x) = 0$ genügt. Nach Division durch $(x-1)^3 (x+1)$ bleibt dann

$$x^2 - 6x + 9 = (x-3)^2.$$

Es ist also der Ansatz zu machen

$$y = F(x) = \frac{A_3}{(x-1)^3} + \frac{A_2}{(x-1)^2} + \frac{A_1}{x-1} + \frac{B_1}{x+1} + \frac{C_2}{(x-3)^2} + \frac{C_1}{x-3}$$

oder wenn man auf den gemeinsamen Nenner $f(x)$ bringt

$$\varphi(x) = (x+1)(x-3)^2 [A_3 + A_2(x-1) + A_1(x-1)^2] + \\ + B_1(x-1)^3(x-3)^2 + (x-1)^3(x+1)[C_2 + C_1(x-3)].$$

Das ergibt ausgerechnet

$$\begin{aligned} 3x^5 - 22x^4 + 78x^3 - 128x^2 + 103x - 50 = \\ &= x^5(A_1 + B_1 + C_1) + \\ &+ x^4(A_2 - 7A_1 - 9B_1 + C_2 - 5C_1) + \\ &+ x^3(A_3 - 6A_2 + 14A_1 + 30B_1 - 2C_2 + 6C_1) + \\ &+ x^2(-5A_3 + 8A_2 - 2A_1 - 46B_1 + 2C_1) + \\ &+ x(3A_3 + 6A_2 - 15A_1 + 33B_1 + 2C_2 - 7C_1) + \\ &+ 9A_3 - 9A_2 + 9A_1 - 9B_1 - C_2 + 3C_1 \end{aligned}$$

oder

$$\begin{aligned} A_1 + B_1 + C_1 &= 3 \\ -A_2 + 7A_1 + 9B_1 - C_2 + 5C_1 &= 22 \\ A_3 - 6A_2 + 14A_1 + 30B_1 - 2C_2 + 6C_1 &= 78 \\ 5A_3 - 8A_2 + 2A_1 + 46B_1 - 2C_1 &= 128 \\ 3A_3 + 6A_2 - 15A_1 + 33B_1 + 2C_2 - 7C_1 &= 103 \\ -9A_3 + 9A_2 - 9A_1 + 9B_1 + C_2 - 3C_1 &= 50, \end{aligned}$$

woraus man leicht findet

$$\begin{aligned} A_3 &= -2 \\ A_2 &= 0 \\ A_1 &= 0 \\ B_1 &= 3 \\ C_2 &= 5 \\ C_1 &= 0 \end{aligned}$$

Es ist also

$$y = F(x) = \frac{-2}{(x-1)^3} + \frac{3}{(x+1)} + \frac{5}{(x-3)^2}.$$

In genau der gleichen Weise geht man vor, wenn die Nennerfunktion nur einfache Wurzeln hat. Es vereinfacht sich dann mit

$$\alpha = \beta = \ldots = \nu = 1$$

die Rechnung wesentlich. Als Beispiel diene die Funktion

$$y = F(x) = \frac{\varphi(x)}{f(x)} = \frac{4x^2 + 5x + 3}{x^3 + 2x^2 - x - 2}.$$

Man findet sofort

$$x^3 + 2x^2 - x - 2 = (x + 1)(x - 1)(x + 2)$$

$$F(x) = \frac{A}{x+1} + \frac{B}{x-1} + \frac{C}{x+2} =$$

$$= \frac{A(x^2 + x - 2) + B(x^2 + 3x + 2) + C(x^2 - 1)}{(x + 1)(x - 1)(x + 2)}$$

und

$$4x^2 + 5x + 3 = x^2(A + B + C) + x(A + 3B) - 2A + 2B - C,$$

also

$$\begin{aligned} A + B + C &= 4 \\ A + 3B &= 5 \\ 2A - 2B + C &= -3, \end{aligned}$$

woraus

$$2B - C = 1$$

und

$$\begin{aligned} A &= -1 \\ B &= 2 \\ C &= 3. \end{aligned}$$

### d) Irrationale Funktionen.

Kommt die Veränderliche $x$ unter einem oder mehreren Wurzelzeichen vor, dann spricht man von einer irrationalen Funktion. Zu diesen Funktionen ist hier im allgemeinen Teil zunächst nichts Besonderes zu sagen.

### e) Exponentialfunktionen.

Es sind dies in der einfachsten Form die Funktionen

$$y = a^x \quad \text{und} \quad y = e^x,$$

wobei im zweiten Fall die Konstante $a$ den speziellen Wert

$$a = e = 2{,}7182818 \quad \ldots \ldots \quad (1)$$

annimmt, der bekanntlich als Basis des sog. natürlichen Logarithmensystems dient. Es ist dann

$$\ln a^x = x \ln a \quad \ldots \ldots \quad (2)$$

und insbesondere

$$\ln e^x = x \quad \ldots \ldots \quad (3)$$

Die Exponentialfunktion nimmt bei Werten von $a > 1$ rasch mit $x$ zu; bei negativen $x$ werden bald sehr kleine Werte erreicht. Die Funktion bleibt aber bei positivem $a$ immer positiv. Die Zahlentafel I zeigt die Abhängigkeit in graphischer Darstellung.

Einen außerordentlich wichtigen Sonderfall bilden die zusammengesetzten Exponentialfunktionen

$$\frac{1}{2}(e^x - e^{-x}) = \mathfrak{Sin}\, x \quad \ldots\ldots\ldots\ldots \quad (4)$$

$$\frac{1}{2}(e^x + e^{-x}) = \mathfrak{Cof}\, x \quad \ldots\ldots\ldots\ldots \quad (5)$$

als die vornehmlichsten Vertreter der Hyperbelfunktionen. Neben dem Hyperbelsinus (Sinus hyperbolicus) und Hyperbelcosinus werden noch die Hyperbeltangente und Cotangente

$$\mathfrak{Tg}\, x = \frac{\mathfrak{Sin}\, x}{\mathfrak{Cof}\, x} = \frac{e^x - e^{-x}}{e^x + e^{-x}} \quad \ldots\ldots\ldots \quad (6)$$

$$\mathfrak{Ctg}\, x = \frac{\mathfrak{Cof}\, x}{\mathfrak{Sin}\, x} = \frac{e^x + e^{-x}}{e^x - e^{-x}} \quad \ldots\ldots\ldots \quad (7)$$

definiert.

Aus den Definitionsgleichungen ersieht man sofort die weiteren Beziehungen

$$\mathfrak{Cof}\, x + \mathfrak{Sin}\, x = e^x \quad \ldots\ldots\ldots \quad (8)$$

$$\mathfrak{Cof}\, x - \mathfrak{Sin}\, x = e^{-x} \quad \ldots\ldots\ldots \quad (9)$$

$$\mathfrak{Cof}^2 x - \mathfrak{Sin}^2 x = 1 \quad \ldots\ldots\ldots \quad (10)$$

Der zahlenmäßige Verlauf der Hyperbelfunktionen kann der Zahlentafel II entnommen werden.

Bemerkenswert ist, daß der Hyperbelkosinus stets positiv und größer bzw. mindestens gleich 1 ist, während der Hyperbelsinus jeden positiven oder negativen Zahlenwert annehmen kann.

Von einiger Bedeutung für unsere Zwecke sind noch die Additionstheoreme

$$\mathfrak{Sin}\,(\alpha \pm \beta) = \mathfrak{Sin}\,\alpha\, \mathfrak{Cof}\,\beta \pm \mathfrak{Cof}\,\alpha\, \mathfrak{Sin}\,\beta \quad \ldots\ldots \quad (11)$$

$$\mathfrak{Cof}\,(\alpha \pm \beta) = \mathfrak{Cof}\,\alpha\, \mathfrak{Cof}\,\beta \pm \mathfrak{Sin}\,\alpha\, \mathfrak{Sin}\,\beta \quad \ldots\ldots \quad (12)$$

**Schrifttum.**

Jedes ausführlichere Mathematiklehrbuch. Formelzusammenstellungen und Zahlentafeln:

1. Hütte: Des Ingenieurs Taschenbuch, Bd. I.
2. Emde, F.: Tafeln elementarer Funktionen. B. G. Teubner, Leipzig, 1940.

### f) Logarithmische Funktionen.

Die Umkehrung der einfachen Exponentialfunktion

$$y = a^x$$

ist die einfache logarithmische Funktion

$$x = \log_a y \quad \ldots\ldots\ldots\ldots \quad (1)$$

wobei der Zeiger am Logarithmuszeichen die Basis angibt.

Die Grundrechenregeln des Logarithmierens sind als bekannt vorausgesetzt. Sie führen die Multiplikation und Division auf eine Addition und Subtraktion, Potenz und Wurzel auf Produkt und Quotienten zurück.

Wird als Basis die Zahl 10 gewählt, so erhält man die im numerischen Rechnen gebräuchlichen Briggschen Logarithmen. In den Naturwissenschaften verwendet man dagegen in erster Linie die natürlichen Logarithmen, die mit der Zahl $e$ als Basis aufgebaut sind. Es gelten dann die Beziehungen

$$\ln a = 2{,}3026 \log_{10} a \quad \text{und} \quad \log_{10} a = 0{,}4343 \ln a \quad . \; . \; . \; . \quad (2)$$

Von Wichtigkeit sind die Grenzwerte

$$\ln 1 = 0 \quad . \; . \; . \; . \; . \; . \; . \; . \; . \; . \; . \; . \quad (3)$$

und

$$\ln 0 = -\infty \quad . \; . \; . \; . \; . \; . \; . \; . \; . \; . \; . \quad (4)$$

Die Logarithmusfunktion liegt in der graphischen Darstellung als Inverse zur Exponentialfunktion spiegelbildlich zu dieser bezogen auf die Winkelsymmetrale des ersten Quadranten. Sie ist für den natürlichen Logarithmus in der Zahlentafel I eingetragen.

### g) Trigonometrische Funktionen.

Sie werden wegen ihrer Beziehungen zum Kreis auch Kreisfunktionen genannt. Ihre elementaren Definitionen werden als bekannt vorausgesetzt. Man stellt sie gerne am »Einheitskreis« dar (Bild 4)

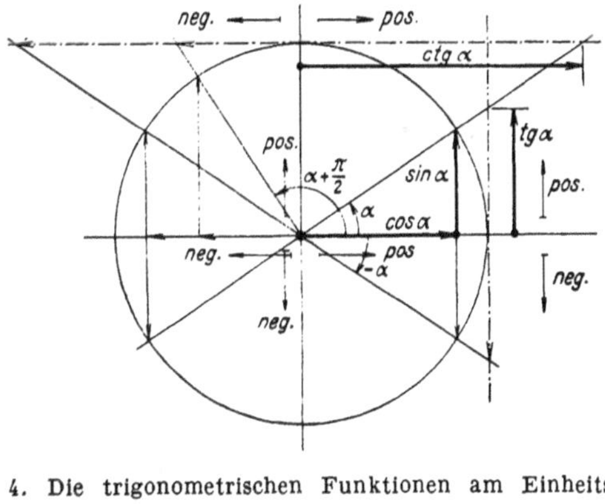


Bild 4. Die trigonometrischen Funktionen am Einheitskreis.

und hat damit den Vorteil, sowohl den Zahlenwert der Funktionen bestimmter Winkel $\left(30^0, 45^0, 60^0 \ldots \text{ oder } \frac{\pi}{6}, \frac{\pi}{4}, \frac{\pi}{3} \ldots\right)$ als auch deren Vorzeichen und das der Supplement- und Komplementwinkel sofort ablesen zu können. Aus dem Bild 4 findet man unmittelbar für die ausgezeichneten Winkel

| $\alpha$ | | 0 | 30 | 45 | 60 | 90 | 180 | 270 | 360 |
|---|---|---|---|---|---|---|---|---|---|
| | in Graden | 0 | 30 | 45 | 60 | 90 | 180 | 270 | 360 |
| | im Bogenmaß | 0 | $\pi/6$ | $\pi/4$ | $\pi/3$ | $\pi/2$ | $\pi$ | $3/2\,\pi$ | $2\,\pi$ |
| sin $\alpha$ | | 0 | $\frac{1}{2} = 0{,}5$ | $\frac{1}{\sqrt{2}} = 0{,}707$ | $\frac{1}{2}\sqrt{3} = 0{,}866$ | $+1$ | 0 | $-1$ | 0 |
| cos $\alpha$ | | $+1$ | $\frac{1}{2}\sqrt{3} = 0{,}866$ | $\frac{1}{\sqrt{2}} = 0{,}707$ | $\frac{1}{2} = 0{,}5$ | 0 | $-1$ | 0 | $+1$ |
| tg $\alpha$ | | 0 | $\frac{1}{\sqrt{3}} = 0{,}577$ | $+1$ | $\sqrt{3} = 1{,}732$ | $\infty$ | 0 | $\infty$ | 0 |
| ctg $\alpha$ | | $\infty$ | $\sqrt{3} = 1{,}732$ | $+1$ | $\frac{1}{\sqrt{3}} = 0{,}577$ | 0 | $\infty$ | 0 | $\infty$ |

Dabei hängen Bogenmaß $x$ und Gradeinteilung $\alpha$ wie folgt zusammen

$$x = \frac{\pi}{180}\,\alpha.$$

Aus dem Bild liest man ferner sofort folgende Beziehungen ab:

$$\left.\begin{aligned} \sin(-x) &= -\sin x \\ \cos(-x) &= +\cos x \\ \operatorname{tg}(-x) &= -\operatorname{tg} x \\ \operatorname{ctg}(-x) &= -\operatorname{ctg} x \end{aligned}\right\} \quad \ldots\ldots\ldots\ldots \quad (1)$$

$$\left.\begin{aligned} \sin\left(x + \frac{\pi}{2}\right) &= +\cos x \\ \cos\left(x + \frac{\pi}{2}\right) &= -\sin x \\ \operatorname{tg}\left(x + \frac{\pi}{2}\right) &= -\operatorname{ctg} x \\ \operatorname{ctg}\left(x + \frac{\pi}{2}\right) &= -\operatorname{tg} x \end{aligned}\right\} \quad \ldots\ldots\ldots\ldots \quad (2)$$

$$\left.\begin{aligned} \sin\left(x - \frac{\pi}{2}\right) &= -\cos x \\ \cos\left(x - \frac{\pi}{2}\right) &= +\sin x \\ \operatorname{tg}\left(x - \frac{\pi}{2}\right) &= -\operatorname{ctg} x \\ \operatorname{ctg}\left(x - \frac{\pi}{2}\right) &= -\operatorname{tg} x \end{aligned}\right\} \quad \ldots\ldots\ldots\ldots \quad (3)$$

$$\left.\begin{aligned} \sin(x \pm \pi) &= -\sin x \\ \cos(x \pm \pi) &= -\cos x \\ \operatorname{tg}(x \pm \pi) &= +\operatorname{tg} x \\ \operatorname{ctg}(x \pm \pi) &= +\operatorname{ctg} x \end{aligned}\right\} \quad \ldots\ldots\ldots\ldots \quad (4)$$

Geht man also bei den Funktionen sin und cos mit dem Winkel um $2\pi$ oder ein Vielfaches davon weiter, so erreichen die Funktionen immer wieder ihren Ausgangswert. Sie sind also periodische Funktionen und machen sie daher in hervorragendem Maße geeignet zur Beschreibung periodischer Vorgänge. Die Zahl $2\pi$ wird ihre Periode genannt. Man erkennt aus (4), daß die Funktionen tg und ctg eine Periode $\pi$ haben.

Man kann jetzt auch allgemein schreiben

$$\left.\begin{aligned} \sin(x \pm k\pi) &= \begin{cases} -\sin x & \text{für ungerade } k \\ +\sin x & \text{für gerade } k \end{cases} \\ \cos(x \pm k\pi) &= \begin{cases} -\cos x & \text{für ungerade } k \\ +\cos x & \text{für gerade } k \end{cases} \\ \operatorname{tg}(x \pm k\pi) &= \operatorname{tg} x \\ \operatorname{ctg}(x \pm k\pi) &= \operatorname{ctg} x \end{aligned}\right\} \quad \ldots \quad (5)$$

wobei $k$ alle ganzen Zahlen von 0 bis $\infty$ annehmen kann.

Von besonderer Wichtigkeit sind noch die Beziehungen

$$\sin^2 x + \cos^2 x = 1 \quad \ldots \ldots \quad (6)$$

und die Additionstheoreme

$$\sin(\alpha \pm \beta) = \sin\alpha\cos\beta \pm \cos\alpha\sin\beta \quad \ldots \quad (7)$$

$$\cos(\alpha \pm \beta) = \cos\alpha\cos\beta \mp \sin\alpha\sin\beta \quad \ldots \quad (8)$$

$$\sin\alpha \pm \sin\beta = 2\sin\frac{\alpha \pm \beta}{2}\cos\frac{\alpha \mp \beta}{2} \quad \ldots \quad (9)$$

$$\cos\alpha + \cos\beta = 2\cos\frac{\alpha + \beta}{2}\cos\frac{\alpha - \beta}{2} \quad \ldots \quad (10a)$$

$$\cos\alpha - \cos\beta = -2\sin\frac{\alpha + \beta}{2}\sin\frac{\alpha - \beta}{2} \quad \ldots \quad (10b)$$

Alle sonstigen Beziehungen zwischen den Winkelfunktionen mögen dem reichlichen einschlägigen Schrifttum entnommen werden. Die Beziehungen zu den Exponentialfunktionen, im besonderen zu den hyperbolischen Funktionen sind komplexer Natur und werden später beschrieben werden.

Der Verlauf der Kreisfunktionen kann der Zahlentafel III entnommen werden. Beachtlich ist noch, daß für kleine Winkel in erster Annäherung

$$\sin x = \operatorname{tg} x = x$$

gesetzt werden kann. Ebenso ist in der Nähe von $\frac{\pi}{2}$

$$\cos x = \operatorname{ctg} x.$$

### h) Zyklometrische Funktionen.

Die inversen Funktionen zu den trigonometrischen Funktionen heißen **zyklometrische** Funktionen. Sie geben den Bogen an, für den die trigonometrische Funktion gegeben ist und werden so bezeichnet, daß man dem Zeichen der betreffenden trigonometrischen Funktion noch das Wörtchen arc (arcus) vorsetzt. Es bedeutet dann z. B.

$$y = \operatorname{arc} \sin x \quad \ldots \ldots \ldots \ldots \quad (1)$$

daß der Bogen $y$ gesucht ist, dessen Sinus den Wert $x$ hat. Es folgt also aus obigem Ansatz

$$x = \sin y.$$

Die Arcusfunktionen sind wegen der Periodizität der trigonometrischen Funktionen unendlich vieldeutig. Zu einem bestimmten Wert $x$ ist also allgemein

$$\left.\begin{aligned} \operatorname{arc} \sin x &= y \pm k\, 2\pi \\ \operatorname{arc} \cos x &= y \pm k\, 2\pi \\ \operatorname{arc} \operatorname{tg} x &= y \pm k\pi \\ \operatorname{arc} \operatorname{ctg} x &= y \pm k\pi \end{aligned}\right\} \quad \ldots \ldots \ldots \quad (2)$$

und damit $y$ um ein beliebiges, ganzzahliges Vielfaches von $2\pi$ bzw. $\pi$ veränderbar.

Aus Bild 4 findet man wiederum die Beziehungen

$$\left.\begin{aligned} \operatorname{arc} \sin (-x) &= -\operatorname{arc} \sin x \\ \operatorname{arc} \cos (-x) &= \pi - \operatorname{arc} \cos x \\ \operatorname{arc} \operatorname{tg} (-x) &= -\operatorname{arc} \operatorname{tg} x \\ \operatorname{arc} \operatorname{ctg} (-x) &= \pi - \operatorname{arc} \operatorname{ctg} x \end{aligned}\right\} \quad \ldots \ldots \ldots \quad (3)$$

und

$$\operatorname{arc} \sin x + \operatorname{arc} \cos x = \frac{\pi}{2} \quad \ldots \ldots \ldots \quad (4)$$

### i) Die Funktion sign $x$.

Zur Darstellung unstetiger Funktionen eignet sich vorzüglich die Funktion

$$y = \operatorname{sign} x \quad \ldots \ldots \ldots \ldots \quad (1)$$

sign $x$ bedeutet, daß das Vorzeichen von $x$ zu nehmen ist. Die Funktion (1) liefert also für

$$\begin{aligned} x &< 0, \quad y = -1 \\ x &> 0, \quad y = +1 \end{aligned}$$

Im Ursprung $x = 0$ springt der Funktionswert von $-1$ auf $+1$. Bei

$$y = \operatorname{sign} (x - a)$$

liegt die Unstetigkeitsstelle im Punkt $x = a$. Ist

$$y = f(x) \operatorname{sign} (x - a),$$

dann ist für den Bereich $x < a$ das Spiegelbild der Funktion $f(x)$ zu zeichnen. An der Unstetigkeitsstelle $x = a$ springt $y$ von $-f(a)$ auf $+f(a)$.

Mit Hilfe der Funktion sign $x$ lassen sich also beliebige Funktionen mit Unstetigkeitsstellen in geschlossener Form darstellen.

# B. Differential- und Integralrechnung.

## 1. Differentialrechnung.

### a) Allgemeines.

Es kann nicht Aufgabe dieses Buches sein, die Differential- und Integralrechnung auch nur einigermaßen erschöpfend zu behandeln. Das Vorhandensein ausführlichen und besten Schrifttums macht dies auch völlig überflüssig. Es soll daher im Nachstehenden lediglich versucht werden, jene Grundlagen möglichst übersichtlich zusammenzustellen, die für das Verständnis der späteren Kapitel gebraucht werden.

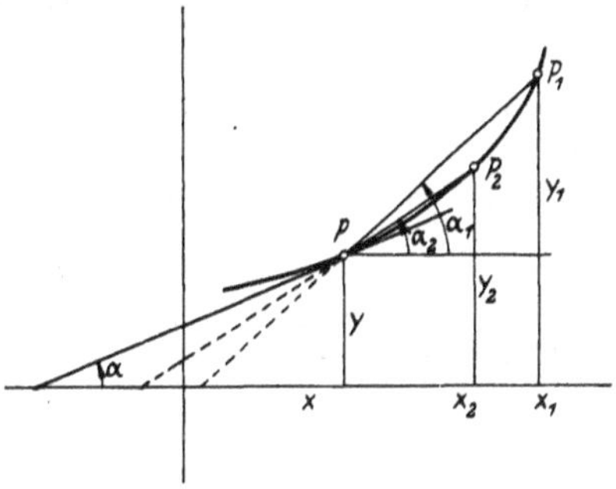

Bild 5. Zur Definition der Differentialquotienten.

Zunächst ist es erforderlich, den Begriff des Differentiales und des Differentialquotienten möglichst klar herauszuschälen. Dazu soll eine Betrachtung an einem in dem Bild 5 dargestellten Kurvenstück der Kurve $y = f(x)$ dienen. Es soll die »Neigung« der Kurve in irgendeinem Punkt $(x, y)$ bestimmt werden. Diese wird gekennzeichnet durch die Lage der Tangente an die Kurve in diesem Punkt, insbesondere also durch den Winkel $\alpha$ oder einer Funktion desselben, etwa $\operatorname{tg} \alpha$. Läßt sich nun für $\alpha$ eine Beziehung aus der Kurvengleichung finden?

Zunächst kann man auf der Kurve einen weiteren Punkt $P_1$ annehmen. Man findet dann für die Neigung der Sehne $P P_1$ den Ausdruck

$$\operatorname{tg} \alpha_1 = \frac{y_1 - y}{x_1 - x} = \frac{\Delta y}{\Delta x},$$

worin $\Delta x$ und $\Delta y$ die Differenzen der Koordinaten der beiden Punkte bedeuten. Die rechte Seite wird dann auch Differenzenquotient genannt. Läßt man den Punkt $P_1$ — der natürlich auch links von $P$ hätte angenommen werden können — gegen $P$ rücken, so durchläuft die Sehne immer kleinere Werte (z. B. bei $P_2$), bis sie schließlich bei unendlicher Annäherung an $P$ und Verlängerung nach beiden Seiten zur Tangente wird. Der Grenzwert

$$\lim_{\Delta x \to 0} \frac{\Delta y}{\Delta x} = \operatorname{tg} \alpha = \frac{d y}{d x} = f'(x) \quad \ldots \ldots \ldots \quad (1)$$

des Differenzenquotienten für verschwindendes $\Delta x$ ergibt dann die Tangente des Neigungswinkels der Kurventangente im Punkte $P$. Er ist im allgemeinen von der Lage des Punktes $P$ abhängig, also selbst wieder eine Funktion von $x$. Man nennt diese Funktion die abgeleitete Funktion oder einfach Ableitung oder erste Ableitung von $f(x)$ und bezeichnet sie mit $f'(x)$. Die im Verschwinden begriffenen Differenzen $\Delta x$, $\Delta y$ werden dann durch die Zeichen $dx$, $dy$ ersetzt, die die Angabe des Grenzüberganges überflüssig machen, da das Zeichen $d$ selbst schon die Operation des Grenzüberganges gegen Null darstellt. $dx$, $dy$, die Differentiale genannt werden, sind also »unendlich kleine« Größen, die gegen endliche Größen vernachlässigt werden können. Ihr Quotient — der Differentialquotient — kann aber durchaus endlich sein.

Aufgabe der Differentialrechnung ist es in erster Linie, zu den verschiedenen vorgegebenen Funktionen ihre Differentialquotienten zu finden. So wird beispielsweise zu

$$y = f(x) = a x^2 + b x \quad \ldots \ldots \ldots \ldots \quad (2)$$

$$f'(x) = \lim_{\Delta x \to 0} \frac{f(x + \Delta x) - f(x)}{\Delta x}$$

$$= \lim_{\Delta x \to 0} \frac{a x_1^2 + b x_1 - a x^2 - b x}{x_1 - x} = \lim_{\Delta x \to 0} [a(x_1 + x) + b].$$

Nach dem Grenzübergang $\Delta x = 0$ oder $x_1 = x$ wird also

$$y' = f'(x) = 2 a x + b \quad \ldots \ldots \ldots \ldots \quad (3)$$

Es besteht also ein bestimmter Zusammenhang zwischen der ursprünglichen Funktion (2) und ihrer Ableitung (3), der für die verschiedenen Funktionen in bestimmte Regeln gekleidet werden kann.

Nicht immer muß aber ein Differentialquotient existieren, d. h. es muß nicht immer zu einer unendlich kleinen Änderung von $x$ auch eine unendlich kleine Änderung von $y$ gehören. Es gibt Funktionen, die an einer oder mehreren Stellen so gestaltet sind, daß einer unendlich kleinen Änderung von $x$ eine endliche oder unendlich große Änderung von $y$ entspricht. In der Kurvendarstellung tritt dann an dieser Stelle ein Sprung oder eine Ecke auf. Funktionen, bei denen dies nicht der Fall ist, bei denen also an allen Stellen ein endlicher Differentialquotient existiert, heißen stetige Funktionen. Die anderen sind unstetig oder haben zumindest Unstetigkeitsstellen.

Als Beispiel einer unstetigen Funktion sei die Funktion

$$y = \frac{1}{x - a} \quad . \quad . \quad . \quad . \quad . \quad . \quad . \quad . \quad . \quad . \quad . \quad . \quad . \quad (4)$$

betrachtet. Es wird

$$y' = \lim_{\Delta x \to 0} \frac{\frac{1}{x_1 - a} - \frac{1}{x - a}}{x_1 - x} = \lim_{\Delta x \to 0} \frac{\frac{x - x_1}{(x_1 - a)(x - a)}}{x_1 - x} = -\frac{1}{(x - a)^2} \quad (5)$$

Der Differentialquotient wird für $x = a$ unendlich, die Funktion selbst ebenfalls, und zwar $+\infty$, wenn man sich von $x > a$ und $-\infty$, wenn man sich von $x < a$ der Unstetigkeitsstelle $x = a$ nähert. Die graphische Darstellung der Funktion zeigt Bild 6.

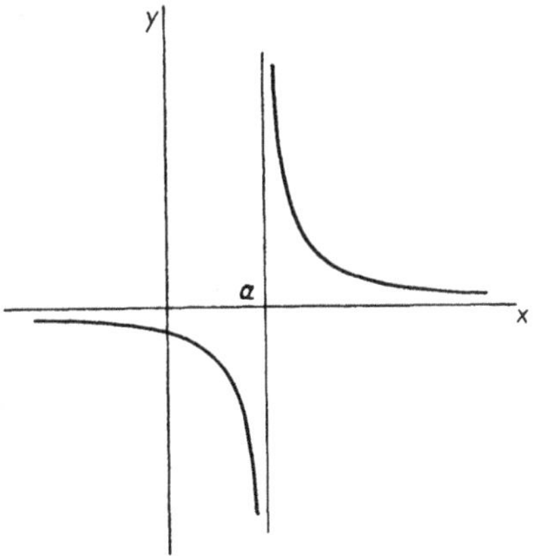

Bild 6. Die Funktion $y = \frac{1}{x - a}$.

Da die Ableitung $f'$ einer Funktion $y = f(x)$ im allgemeinen wieder eine Funktion von $x$ ist, kann man von ihr wiederum die Ableitung bilden. Man erhält so die höheren Ableitungen

$$y'' = f''(x) = \frac{d}{dx}\left(\frac{dy}{dx}\right) = \frac{d^2 y}{dx^2}$$

$$y''' = f'''(x) = f^{(3)}(x) = \frac{d^3 y}{dx^3}$$

$$\vdots$$

$$y^{(n)} = f^{(n)}(x) = \frac{d^n y}{dx^n}$$

die man auch als zweite, dritte ... $n$-te Ableitung der Funktion $y = f(x)$ bezeichnet und deren übliche Schreibweisen oben angegeben sind.

Die Bedeutung des zweiten Differentialquotienten in der Kurvendarstellung liegt darin, daß die Kurve bei $y'' > 0$ in dem betrachteten Punkt nach oben konkav (alle benachbarten Punkte liegen oberhalb der Tangente) und bei $y'' < 0$ nach oben konvex (alle benachbarten Punkte liegen unterhalb der Tangente) ist. Ist $y'' = 0$, dann liegt ein Wendepunkt vor und $y'$ bestimmt die Neigung der Wendetangente. Diese Erkenntnis ermöglicht die Berechnung der Größt- und Kleinstwerte einer Funktion. In der Kurvendarstellung sind das offenbar die Punkte mit horizontaler Tangente. Um sie zu finden, braucht man also nur den ersten Differentialquotienten der gegebenen Funktion Null zu setzen. Ein Maximum liegt dann vor, wenn die Kurve in dem betrachteten Punkt konvex nach oben, ihr zweiter Differentialquotient an dieser Stelle also negativ ist. Dagegen gibt $y'' > 0$ das Vorhandensein eines Minimums an dieser Stelle an.

**Schrifttum.**

Das Schrifttum über die Differential- und Integralrechnung ist sehr umfangreich. Es seien daher nur drei Werke herausgegriffen, deren Studium gerade dem Elektroingenieur sehr empfohlen werden kann, ohne damit aber den Wert anderer Werke irgendwie schmälern zu wollen.

Kiepert, Stegemann: Grundriß der Differential- und Integral-Rechnung. 14. Aufl. Jaehnecke, Leipzig 1920.

Joos, Kaluza: Höhere Mathematik für den Praktiker. Joh. Ambrosius Barth, Leipzig 1938.

Rothe, R.: Höhere Mathematik für Mathematiker, Physiker und Ingenieure. 4 Teile. B. G. Teubner, Leipzig 1931/35.

## b) Differentialquotienten einfacher Funktionen.

### *α) Einige Differentiationsregeln.*

1. Ist die Funktion

$$y = C \qquad (1)$$

eine Konstante, dann ist sofort einzusehen, daß

$$y' = \frac{dC}{dx} = 0 \qquad (2)$$

da ja (1) eine Gerade parallel zur $x$-Achse beschreibt, deren Neigung $\operatorname{tg} \alpha = 0$ ist.

2. Ist die Konstante $C$ Faktor einer Funktion $f(x)$, so ergibt sich

$$y' = \frac{d}{dx} C f(x) = C f'(x) \qquad (3)$$

unmittelbar aus der Grenzübergangsbildung nach dem vorhergehenden Abschnitt, da dort $C$ als gemeinsamer Faktor herausgehoben werden kann.

3. Ebenso einfach ist die Ableitung einer Summe mehrerer Funktionen zu finden. Für zwei Summanden wird

$$y' = \frac{d}{dx}[f(x) \pm g(x)] = \lim_{\Delta x \to 0} \frac{f(x+\Delta x) - f(x) \pm [g(x+\Delta x) - g(x)]}{\Delta x} =$$

$$= \lim_{\Delta x \to 0} \frac{f(x+\Delta x) - f(x)}{\Delta x} \pm \lim_{\Delta x \to 0} \frac{g(x+\Delta x) - g(x)}{\Delta x},$$

also

$$\frac{d}{dx}[f(x) \pm g(x)] = f'(x) \pm g'(x) \qquad (4)$$

was sich analog auf mehrere Summanden erweitern läßt. Man schreibt gerne auch mit

$$f(x) = u$$

$$g(x) = v$$

$$\frac{d}{dx}(u + v) = u' + v' \qquad (4a)$$

4. Wichtig ist auch die Ableitung des Produktes

$$y = u v = f(x) g(x)$$

zweier Funktionen von $x$. Man findet

$$y' = \lim_{\Delta x \to 0} \frac{f(x + \Delta x) g(x + \Delta x) - f(x) g(x)}{\Delta x} =$$

$$= \lim_{\Delta x \to 0} \frac{g(x + \Delta x) [f(x + \Delta x) - f(x)] + f(x) [g(x + \Delta x) - g(x)]}{\Delta x} =$$

$$= g(x) f'(x) + f(x) g'(x),$$

also

$$\frac{d(u v)}{d x} = \frac{d}{d x} f(x) g(x) = u' v + v' u = g(x) f'(x) + f(x) g'(x) \qquad (5)$$

Setzt man

$$u v = w$$

dann kann man sofort auch

$$\frac{d(w z)}{d x} = \frac{d(u v z)}{d x} = v z \frac{d u}{d x} + u z \frac{d v}{d x} + u v \frac{d z}{d x} \quad . \; . \; . \quad (5a)$$

entwickeln.

5. Den Differentialquotienten des Quotienten

$$y = \frac{u}{v} = \frac{f(x)}{g(x)}$$

findet man durch Differenzieren des Produktes

$$\frac{d}{d x}(y v) = \frac{d u}{d x} = v \frac{d y}{d x} + y \frac{d v}{d x} = v \frac{d y}{d x} + \frac{u}{v} \frac{d v}{d x},$$

woraus

$$\frac{d y}{d x} = y' = \frac{d}{d x}\left(\frac{u}{v}\right) = \frac{v \frac{d u}{d x} - u \frac{d v}{d x}}{v^2} \quad . \; . \; . \; . \; . \; . \quad (6)$$

6. Ist

$$y = f[g(x)] = f(u),$$

$y$ also die Funktion einer Funktion von $x$, dann führt eine stufenweise Differentiation zum Ziel. Zunächst kann man das Differenzenverhältnis $\frac{\Delta y}{\Delta x}$ darstellen als

$$\frac{\Delta y}{\Delta x} = \frac{\Delta y}{\Delta u} \frac{\Delta u}{\Delta x}.$$

Beim Grenzübergang $\Delta x \to 0$, bei dem auch $\Delta u \to 0$ wird, erhält man

$$\frac{d y}{d x} = \frac{d y}{d u} \frac{d u}{d x} \quad . \; . \; . \; . \; . \; . \; . \; . \; . \; . \; . \quad (7)$$

worin $y$ als Funktion von $u$ aufgefaßt werden kann, wie es ja oben auch angeschrieben ist. Es ist also

$$\frac{d}{dx} f[g(x)] = \frac{d f(u)}{d u} \frac{d u}{d x} \quad \ldots \ldots \ldots \quad (7a)$$

7. In ähnlicher Form kann man auch eine Differentiationsvorschrift finden, wenn $x$ und $y$ Funktionen einer dritten, parametrischen Veränderlichen sind, also etwa

$$x = f_1(t)$$
$$y = f_2(t)$$

Es führt dann eine der vorigen analoge Setzung von Differenzenquotienten nach dem Grenzübergang zu

$$\frac{d y}{d x} = \frac{\frac{d y}{d t}}{\frac{d x}{d t}} = \frac{f_1'(t)}{f_2'(t)} \quad \ldots \ldots \ldots \quad (8)$$

worin beide Ableitungen $f'$ nach $t$ zu bilden sind.

*β) Die wichtigsten Ableitungen einfacher Funktionen.*

1. Die Ableitung ganzer rationaler Funktionen macht zunächst Anwendung vom Additionssatz 3 des vorigen Kapitels. Des weiteren wird aber noch der Differentialquotient einer Potenz benötigt. Im Beispiel, Gleichung (2) und (3) der Seite 34 wurde bereits die Beziehung

$$\frac{d x^2}{d x} = 2 x$$

entwickelt. Man erhält durch entsprechende Ausweitung leicht die allgemeine Beziehung

$$\frac{d x^n}{d x} = n x^{n-1} \quad \ldots \ldots \ldots \quad (1)$$

womit die Differentiation von Polynomen durchgeführt werden kann. Zum Beispiel wird für

$$y = 3 x^4 - 2 x^3 + 5 x^2 - x + 9$$
$$y' = 12 x^3 - 6 x^2 + 10 x - 1.$$

2. Dies gilt aber weit allgemeiner auch für irrationale Funktionen, indem der Exponent $n$ irgendwelche Zahlenwerte annehmen kann. So ist beispielsweise für

$$y = \sqrt{x} = x^{\frac{1}{2}} \quad \ldots \ldots \ldots \quad (2)$$

$$y' = \frac{1}{2} x^{-\frac{1}{2}} = \frac{1}{2\sqrt{x}} \quad \ldots \ldots \ldots \quad (2a)$$

oder

$$y = \frac{1}{\sqrt{x^3}} = x^{-\frac{1}{3}} \quad \ldots\ldots\ldots\ldots \quad (3)$$

$$y' = -\frac{1}{3\,x\sqrt[3]{x}} \quad \ldots\ldots\ldots\ldots \quad (3a)$$

3. Bei den gebrochenen Funktionen kann man entweder die Regel 5 für die Ableitung eines Quotienten anwenden oder eine Zerlegung in Partialbrüche vornehmen und dann gliedweise differenzieren. Als Beispiel diene die Funktion

$$y = \frac{13 - x}{x^2 + 4\,x - 5}.$$

Die direkte Differentiation liefert

$$y' = \frac{-(x^2 + 4\,x - 5) + (x - 13)(2\,x + 4)}{(x^2 + 4\,x - 5)^2} = \frac{x^2 - 26\,x - 47}{(x^2 + 4\,x - 5)^2}.$$

Nach der Partialbruchzerlegung wird dagegen

$$y = \frac{13 - x}{x^2 + 4\,x - 5} = \frac{2}{x - 1} - \frac{3}{x + 5}$$

und

$$y' = -\frac{2}{(x - 1)^2} + \frac{3}{(x + 5)^2} = \frac{x^2 - 26\,x - 47}{(x - 1)^2\,(x + 5)^2},$$

was mit obigem Wert identisch ist.

4. Den Differentialquotient der logarithmischen Funktion

$$y = \log x$$

erhält man wie folgt:

$$y' = \lim_{\Delta x \to 0} \frac{\log(x + \Delta\,x) - \log x}{\Delta\,x} = \lim_{\Delta x \to 0} \frac{1}{\Delta\,x} \log\left(1 + \frac{\Delta\,x}{x}\right) =$$

$$= \lim_{\Delta x \to 0} \frac{1}{x} \log\left(1 + \frac{\Delta\,x}{x}\right)^{\frac{x}{\Delta x}}.$$

Nun ist

$$\frac{x}{\Delta\,x} = n$$

eine Zahl, die mit $\Delta\,x \to 0$ unendlich wird. Da aber andererseits, wie später noch ausgeführt werden wird,

$$\lim_{n \to \infty} \left(1 + \frac{1}{n}\right)^n = e,$$

ist, so wird also

$$y' = \frac{d}{dx}\,{}^{a}\!\log x = \frac{1}{x}\,{}^{a}\!\log e = \frac{1}{x \ln a} \quad \ldots\ldots \quad (3)$$

wo noch die Basis des Logarithmus mit $a$ bezeichnet wurde.

Im besonderen ist dann

$$\frac{d}{dx} \ln x = \frac{1}{x} \quad \ldots\ldots\ldots\ldots \quad (4)$$

5. Es ist nun auch leicht, die Ableitung der Exponentialfunktion

$$y = a^x$$

zu finden. Man bildet zunächst den Logarithmus

$$\ln y = x \ln a$$

und erhält nach dem Differenzieren

$$\frac{1}{y}\frac{dy}{dx} = \ln a,$$

woraus

$$\frac{dy}{dx} = \frac{d a^x}{dx} = a^x \ln a \quad \ldots\ldots\ldots\ldots \quad (5)$$

Im besonderen wird

$$\frac{d e^x}{dx} = e^x \quad \ldots\ldots\ldots\ldots \quad (6)$$

Die $e$-Potenz bleibt also beim Differenzieren unverändert.

6. Die Differentialquotienten der Hyperbelfunktionen ergeben sich sofort aus den Gleichungen (4), (5), (6) und (7) des Kapitels A/4/e. Es wird im einzelnen

$$\frac{d}{dx} \mathfrak{Sin}\, x = \frac{1}{2}(e^x + e^{-x}) = \mathfrak{Cos}\, x \quad \ldots\ldots\ldots\ldots \quad (1)$$

$$\frac{d}{dx} \mathfrak{Cos}\, x = \frac{1}{2}(e^x - e^x) = \mathfrak{Sin}\, x \quad \ldots\ldots\ldots\ldots \quad (2)$$

$$\frac{d}{dx} \mathfrak{Tg}\, x = \frac{\mathfrak{Cos}^2 x - \mathfrak{Sin}^2 x}{\mathfrak{Cos}^2 x} = \frac{1}{\mathfrak{Cos}^2 x} = 1 - \mathfrak{Tg}^2 x \quad \ldots\ldots \quad (3)$$

$$\frac{d}{dx} \mathfrak{Ctg}\, x = \frac{\mathfrak{Sin}^2 x - \mathfrak{Cos}^2 x}{\mathfrak{Sin}^2 x} = -\frac{1}{\mathfrak{Sin}^2 x} = 1 - \mathfrak{Ctg}^2 x \quad \ldots \quad (4)$$

7. Für die trigonometrischen Funktionen findet man aus

$$y = \sin x$$

$$y' = \lim_{\Delta x \to 0} \frac{\sin(x + \Delta x) - \sin x}{\Delta x} = \lim_{\Delta x \to 0} 2\,\frac{\sin\frac{\Delta x}{2}}{\Delta x} \cos\left(x + \frac{\Delta x}{2}\right)$$

oder

$$y' = \frac{d}{dx} \sin x = \cos x \quad \ldots\ldots\ldots \quad (1)$$

da ja für kleine $\Delta x$

$$\frac{\sin \frac{\Delta x}{2}}{\frac{\Delta x}{2}} = 1.$$

In gleicher Weise wird

$$\frac{d}{dx} \cos x = -\sin x \quad \ldots\ldots\ldots \quad (2)$$

und

$$\frac{d}{dx} \operatorname{tg} x = \frac{1}{\cos^2 x} = 1 + \operatorname{tg}^2 x \quad \ldots\ldots\ldots \quad (3)$$

beziehungsweise

$$\frac{d}{dx} \operatorname{ctg} x = -\frac{1}{\sin^2 x} = -(1 + \operatorname{ctg}^2 x) \quad \ldots\ldots \quad (4)$$

Man erkennt, daß die Funktionen $\operatorname{tg} x$ und $\operatorname{ctg} x$ an den Stellen $x = (2k+1)\frac{\pi}{2}$ bzw. $x = k\pi$ $(k = 0, 1, 2 \ldots)$ unstetig sind.

8. Die Differentialquotienten der zyklometrischen Funktionen findet man am schnellsten aus den inversen Kreisfunktionen. Ist im allgemeinen die Ableitung der Funktion

$$y = f(x)$$

zu suchen, jene der inversen Funktion

$$x = \varphi(y)$$

bekannt und

$$\frac{dx}{dy} = \varphi',$$

so wird

$$y' = \frac{dy}{dx} = f'(x) = \frac{1}{\frac{dx}{dy}} = \frac{1}{\varphi'} \quad \ldots\ldots\ldots \quad (1)$$

Im vorliegenden Fall ist

$$y = \operatorname{arc} \sin x$$

$$x = \sin y$$

$$\frac{dx}{dy} = \cos y = \sqrt{1 - \sin^2 y} = \sqrt{1 - x^2},$$

also

$$\frac{dy}{dx} = \frac{d}{dx} \arcsin x = \frac{1}{\sqrt{1-x^2}} \quad . \quad . \quad . \quad . \quad . \quad . \quad . \quad . \quad (2)$$

Eigentlich müßte man die Wurzel mit positivem und negativem Vorzeichen anschreiben. Wir wollen uns aber auf den Bogenbereich von $-\frac{\pi}{2}$ bis $+\frac{\pi}{2}$ beschränken, für den $dy$ und $dx$ gleiches Vorzeichen haben und auf den man immer durch Differenzbildung über $\pi$ oder $2\pi$ kommen kann.

In ganz analoger Weise findet man nun auch

$$\frac{d}{dx} \arccos x = -\frac{1}{\sqrt{1-x^2}} \quad . \quad . \quad . \quad . \quad . \quad . \quad . \quad . \quad (3)$$

Das Vorzeichen gilt hier für den Bogenbereich von 0 bis $\pi$.

Es wird ferner auf dem gleichen Wege

$$\frac{d}{dx} \operatorname{arc\,tg} x = \frac{1}{1+x^2} \quad . \quad . \quad . \quad . \quad . \quad . \quad . \quad . \quad . \quad . \quad (4)$$

und

$$\frac{d}{dx} \operatorname{arc\,ctg} x = -\frac{1}{1+x^2} \quad . \quad . \quad . \quad . \quad . \quad . \quad . \quad . \quad (5)$$

9. Die Funktion $\operatorname{sign}(x-a)$ ist konstant $+1$ oder $-1$, ihr Differentialquotient

$$\frac{d}{dx} \operatorname{sign}(x-a) = 0 \quad . \quad . \quad . \quad . \quad . \quad . \quad . \quad . \quad . \quad . \quad (1)$$

also Null.

Im allgemeinen Fall

$$f(x) \operatorname{sign}(x-a)$$

ist die Funktion überall differenzierbar (wenn es $f(x)$ ist) bis auf die Stelle $x = a$. Der Differentialquotient ist dann

$$f'(x) \quad \text{für} \quad x > a$$
$$-f'(x) \quad \text{für} \quad x < a$$

Es ist also

$$\frac{d}{dx} f(x) \operatorname{sign}(x-a) = f'(x) \operatorname{sign}(x-a) \quad . \quad . \quad . \quad . \quad . \quad (2)$$

Die Funktion $\operatorname{sign}(x-a)$ verhält sich demnach bei der Differentiation wie eine Konstante.

### c) Differentialquotienten höherer Ordnung.

Über die Darstellung und Definition der Differentialquotienten höherer Ordnung ist bereits das Erforderliche auf S. 35 gesagt worden.

Man kann die Differentialquotienten höherer Ordnung einfach so finden, daß man den ersten Differentialquotienten differenziert, den so erhaltenen zweiten nochmals und so fortsetzt, bis die geforderte Ordnung erreicht ist. Für manche Überlegungen ist es aber recht vorteilhaft, schon vorher zu wissen, welchen grundsätzlichen Formen die höheren Differentialquotienten zustreben, weshalb nachfolgend eine kurze Übersicht der Differentialquotienten $n$-ter Ordnung für einige elementare Funktionen gegeben sei. Man überzeugt sich leicht durch $n$-faches Differenzieren von der Richtigkeit der Formeln.

Es ist also insbesondere

$$\frac{d^n}{d x^n} x^m = \binom{m}{n} n! \; x^{m-n} = m(m-1)(m-2)\ldots(m-n+1)\, x^{m-n} \quad (1)$$

$$\frac{d^n}{d x^n} a^x = a^x (\ln a)^n \quad (2)$$

$$\frac{d^n}{d x^n} e^x = e^x \quad (3)$$

$$\frac{d^n}{d x^n} \ln x = (-1)^{n-1}(n-1)! \frac{1}{x^n} = 1\cdot 2\cdot 3\ldots(n-1)\frac{(-1)^{n-1}}{x^n} \quad (4)$$

$$\frac{d^n}{d x^n} \sin x = \sin\left(x + n\frac{\pi}{2}\right) \quad (5)$$

$$\frac{d^n}{d x^n} \cos x = \cos\left(x + n\frac{\pi}{2}\right) \quad (6)$$

$$\frac{d^n}{d x^n}(u v) = v\frac{d^n u}{d x^n} + \binom{n}{1}\frac{d v}{d x}\frac{d^{n-1} u}{d x^{n-1}} + \ldots + \binom{n}{n-1}\frac{d^{n-1} v}{d x^{n-1}}\frac{d u}{d x} + \frac{d^n v}{d x^n} u \quad (7)$$

d) Partielle Differentiation.

Ist eine Größe $z$ als Funktion zweier Veränderlicher $x$ und $y$

$$z = f(x, y) \quad (1)$$

gegeben, so erleidet diese bereits eine »partielle« Veränderung, wenn nur eine der beiden Größen $x$ oder $y$ geändert wird. Man kann dann wieder die Grenzwerte

$$\lim_{\Delta x \to 0} \frac{f(x + \Delta x, y) - f(x, y)}{\Delta x}, \quad \lim_{\Delta y \to 0} \frac{f(x, y + \Delta y) - f(x, y)}{\Delta y}$$

bilden und bezeichnet sie als die partiellen Differentialquotienten

$$\frac{\partial z}{\partial x} = \frac{\partial}{\partial x} f(x, y) \quad \text{und} \quad \frac{\partial z}{\partial y} = \frac{\partial}{\partial y} f(x, y)$$

der Funktion $f(x, y)$ nach $x$ oder nach $y$.

Der Differentialquotient $\frac{\partial f}{\partial x}$ gibt also die Änderung der Funktion je Einheit der Größe $x$ an, wenn diese allein verändert wird. In geometrischer Deutung (siehe Bild 7) ist dies die Funktionsänderung je Längeneinheit beim Fortschreiten in der $x$-Richtung. Die Änderung auf der unendlich kleinen Strecke $dx$ ist dann

$$\frac{\partial f}{\partial x}\, d x.$$

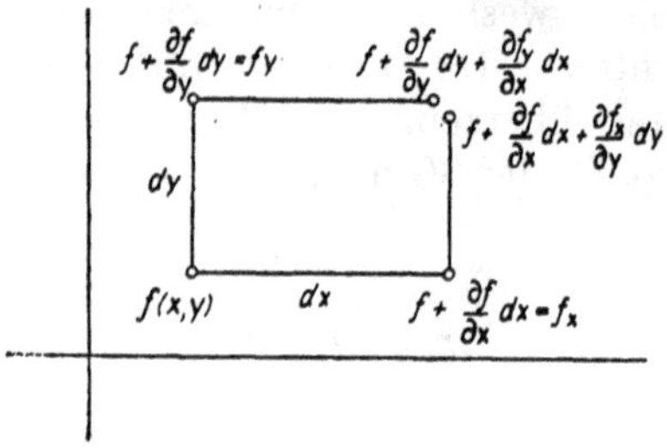


Bild 7. Zur Definition des totalen Differentiales.

Ebenso würde man beim Fortschreiten in der $y$-Richtung, also bei einer alleinigen Veränderung von $y$ erhalten

$$\frac{\partial f}{\partial y}\, d y.$$

Macht man die beiden Schritte hintereinander, dann erhält man eine »totale« Änderung der Funktion

$$d z = \frac{\partial f}{\partial x} d x + \frac{\partial}{\partial y}\left(f + \frac{\partial f}{\partial x} d x\right) d y = \frac{\partial f}{\partial x} d x + \frac{\partial f}{\partial y} d y + \frac{\partial}{\partial y}\left(\frac{\partial f}{\partial x}\right) d x\, d y$$

oder

$$d z = \frac{\partial f}{\partial y} d y + \frac{\partial}{\partial x}\left(f + \frac{\partial f}{\partial y} d y\right) d x = \frac{\partial f}{\partial y} d y + \frac{\partial f}{\partial x} d x + \frac{\partial}{\partial x}\left(\frac{\partial f}{\partial y}\right) d x\, d y$$

je nachdem ob man zuerst den $x$- oder den $y$-Schritt gemacht hat. In beiden Fällen tritt aber die gegen $dx$ und $dy$ unendlich kleine Größe $\frac{\partial^2 f}{\partial x\, \partial y}\, dx\, dy$ auf, die in höherer Ordnung (wegen des Produktes $dx\, dy$) verschwindet als $dx$ und $dy$ und daher gestrichen werden kann. Damit wird aber das totale Differential der Funktion (1)

$$d z = \frac{\partial z}{\partial x} d x + \frac{\partial z}{\partial y} d y \quad \ldots \ldots \ldots \ldots (2)$$

was natürlich sinngemäß auch auf Funktionen mehrerer Veränderlicher ausgedehnt werden kann.

Man kann nun auch leicht den Differentialquotienten der Funktion (1) nach einer Veränderlichen $t$ bestimmen. Da die partiellen Differentialquotienten in der Gleichung (2) von $t$ unabhängig sind, liefert die Differentiation der Gleichung (2) unmittelbar

$$\frac{d z}{d t} = \frac{\partial z}{\partial x} \frac{d x}{d t} + \frac{\partial z}{\partial y} \frac{d y}{d t} \quad \ldots \ldots \ldots \ldots (3)$$

Für $t = x$ wird

$$\frac{d z}{d x} = \frac{\partial z}{\partial x} + \frac{\partial z}{\partial y} \frac{d y}{d x} \quad \ldots \ldots \ldots \ldots (4)$$

was also auch auf nicht entwickelte (implizit gegebene) Funktionen $f(x, y) = 0$ angewendet werden kann, wobei natürlich $\frac{dz}{dx} = 0$ wird.

Beispielsweise gilt für

$$x^2 + 2\,xy - y^2 = 0$$
$$2x + 2y + 2\,xy' - 2\,yy' = 0$$
$$y' = \frac{dy}{dx} = \frac{y + x}{y - x}.$$

Durch nochmalige Differentiation der partiellen Ableitungen erster Ordnung entstehen partielle Ableitungen höherer Ordnung. Für die Funktion $z = f(x, y)$ bestehen folgende Möglichkeiten:

$$\frac{\partial}{\partial x}\left(\frac{\partial z}{\partial x}\right) = \frac{\partial^2 z}{\partial x^2}; \qquad \frac{\partial}{\partial y}\left(\frac{\partial z}{\partial x}\right) = \frac{\partial^2 z}{\partial y\, \partial x}$$
$$\frac{\partial}{\partial x}\left(\frac{\partial z}{\partial y}\right) = \frac{\partial^2 z}{\partial x\, \partial y}; \qquad \frac{\partial}{\partial y}\left(\frac{\partial z}{\partial y}\right) = \frac{\partial^2 z}{\partial y^2}.$$

Eine ähnliche Überlegung, wie sie bei der Ableitung des Begriffes des totalen Differentiales angewendet wurde, führt hier zur Erkenntnis

$$\frac{\partial^2 f}{\partial x\, \partial y} = \frac{\partial^2 f}{\partial y\, \partial x}.$$

Es ist also die Reihenfolge der Differentiation gleichgültig. Dies gilt natürlich in gleicher Weise für höhere Differentialquotienten

$$\frac{\partial^{(m+n)} f}{\partial x^m\, \partial y^n} = \frac{\partial^{(m+n)} f}{\partial y^n\, \partial x^m}.$$

Es soll noch ein für die Anwendungen wichtiger Fall besprochen werden. Gegeben sei eine Funktion

$$z = f(x, y),$$

dann sind im allgemeinen die partiellen Differentialquotienten

$$\frac{\partial z}{\partial x} = F_x(x, y) \quad \text{und} \quad \frac{\partial z}{\partial y} = F_y(x, y)$$

selbst wieder Funktionen von $x$ und $y$. Bildet man nun die zweiten partiellen Differentialquotienten nach der anderen Veränderlichen, so ist

$$\frac{\partial F_x}{\partial y} = \frac{\partial^2 z}{\partial x\, \partial y} = \frac{\partial F_y}{\partial x}.$$

Liegen also umgekehrt zwei Funktionen $F_1$ und $F_2$ von $x$ und $y$ vor und ist

$$\frac{\partial F_1}{\partial y} = \frac{\partial F_2}{\partial x} \quad \dots\dots\dots\dots \quad (5)$$

so ist das ein Kriterium dafür, daß eine Funktion $z = f(x, y)$ derart bestimmt werden kann, daß

$$F_1 = \frac{\partial f}{\partial x} \quad \text{und} \quad F_2 = \frac{\partial f}{\partial y} \quad \ldots \ldots \ldots (6)$$

also die vorliegenden Funktionen die partiellen Ableitungen dieser gemeinsamen Funktion $f$ sind.

Anders ausgedrückt ist die Gleichung (5) ein Kriterium dafür, ob eine gegebene Größe

$$F_1\,dx + F_2\,dy$$

ein totales Differential $dz$ einer Funktion

$$z = f(x, y)$$

ist. Beispielsweise ist

$$2\,xy^3\,dx + 3\,x^2y^2\,dy$$

ein totales Differential, denn es ist

$$\frac{\partial F_1}{\partial y} = 6\,x\,y^2 \quad \text{und} \quad \frac{\partial F_2}{\partial x} = 6\,x\,y^2.$$

Man findet leicht

$$f(x, y) = x^2\,y^3,$$

woraus tatsächlich

$$df = 2\,xy^3\,dx + 3\,x^2y^2\,dy.$$

## 2. Integralrechnung.

### a) Allgemeines.

Die Integralrechnung ist die Umkehrung zur Differentialrechnung. Ihre Aufgabe ist es, die zur gegebenen Ableitung $f'(x)$ gehörige Funktion $f(x)$ zu finden. Es soll also $f(x)$ so ermittelt werden, daß

$$\frac{d}{dx} f(x) = f'(x)$$

wird, was bekanntlich in der Form

$$f(x) = \int f'(x)\,dx \quad \ldots \ldots \ldots \ldots (1)$$

geschrieben wird, wo das Zeichen $\int$ bedeutet, daß $f(x)$ das Integral des Differentiales $f'(x)\,dx$ ist.

Da Differentiation und Integration entgegengesetzte Rechenoperationen sind, heben sie sich gegenseitig auf und es ist daher

$$\int d f(x) = f(x) \quad \ldots \ldots \ldots \ldots (2)$$

und

$$\frac{d}{dx} \int f'(x)\,dx = f'(x) = \frac{d}{dx} f(x) \quad \ldots \ldots \ldots (3)$$

Man kann also jede durchgeführte Integration dadurch überprüfen, daß man das Ergebnis differenziert, wobei wiederum der Ausdruck unter dem Integralzeichen erscheinen muß.

Daraus ergibt sich aber sofort, daß

$$\int f'(x)\,dx = f(x) + C \quad \ldots\ldots\ldots\ldots (4)$$

ist, wobei $C$ eine beliebige, frei wählbare Konstante bedeutet. Differenziert man nämlich zur Überprüfung, dann fällt die Konstante fort, gleichgültig welchen Wert man ihr beigelegt hat. Die Konstante heißt Integrationskonstante; ihr Bestehen zeigt an, daß jede Integration im allgemeinen $\infty$ viele Ergebnisse gibt. Deutet man $f(x)$ als Gleichung einer Kurve, dann gibt ja $f'(x)$ die Neigung der Tangente an. Die Konstante $C$ bedeutet aber eine Parallelverschiebung der Kurve in der Richtung der $y$-Achse. Dabei bleiben die Neigungswinkel der Tangenten natürlich ungeändert, so daß damit das Auftreten der frei wählbaren Integrationskonstante eine einfache Erklärung findet. Man kann die Kurve aber auch sofort fixieren, wenn man einen Punkt festlegt, beispielsweise den Punkt, für den die Funktion $f(x)$ verschwindet. Diese Forderung wird bei physikalischen Aufgaben durch die Art des vorliegenden Problems meist gegeben sein. Ist dieser Punkt etwa durch den Wert $x = a$ bestimmt, so wird aus

$$\int f'(x)\,dx = f(x) + C$$

$$0 = f(a) + C$$

oder

$$\int_a f'(x)\,dx = f(x) - f(a) \quad \ldots\ldots\ldots\ldots (5)$$

Man nennt dann $a$ die »untere Grenze« des Integrals und schreibt sie unten am Integralzeichen an.

Man kann dem Integral noch eine übersichtliche, geometrische Deutung geben. Liegt nach Bild 8 eine Kurve

$$y = f(x)$$

vor und will man den Inhalt des Flächenstückes $A\,a\,x\,X$, das die Kurve mit den Ordinaten in $a$ und $x$ mit der $x$-Achse bildet, bestimmen, so findet man zunächst, daß dieser selbst eine Funktion von $x$, etwa $F(x)$ sein muß, da er sich ja gleichzeitig mit $x$ ändert. Es ist also der Inhalt der Fläche $A\,a\,x\,X$

$$F = F(x),$$

ferner jener von $A\,a\,x_1\,X_1$

$$F_1 = F(x + \Delta x)$$

und daher die Differenzfläche $X\,x\,x_1\,X_1$

$$\Delta F = F_1 - F = F(x + \Delta x) - F(x).$$

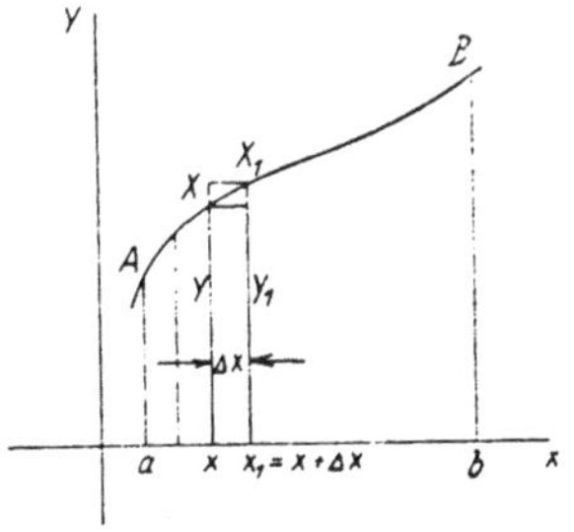


Bild 8. Zur Deutung des Integralbegriffes.

Nun ist aber offenbar

$$y \Delta x < \Delta F < y_1 \Delta x$$

und

$$dF = \lim_{\Delta x \to 0} \Delta F = y\,dx.$$

Es wird also

$$y = \frac{dF}{dx} = \lim_{\Delta x \to 0} \frac{F(x + \Delta x) - F(x)}{\Delta x} = F'(x)$$

und

$$F = \int dF = \int y\,dx = \int f(x)\,dx = F(x).$$

Es ist also das Integral einer Funktion $f(x)$ deutbar als unendliche Summe der Differentiale $f(x)\,dx$ und damit in der geometrischen Deutung als Inhalt der von der Kurve mit der $x$-Achse eingeschlossenen Fläche.

Setzt man nun wieder $x = a$, dann soll nach der früheren Voraussetzung das Integral verschwinden (die Fläche Null sein); $x = a$ ist also dann tatsächlich der Ausgangspunkt der Summenbildung und

$$F(x) - F(a) = F_a^x$$

die Fläche zwischen den Ordinaten bei $x = a$ und $x = x$. Will man die bestimmte Fläche zwischen den »Grenzen« $x = a$ und $x = b$ haben, so wird

$$F_a^b = F(b) - F(a),$$

was dann in der Form

$$F = \int_a^b f(x)\,dx = F(b) - F(a) \quad . \; . \; . \; . \; . \; . \; . \; . \quad (6)$$

geschrieben wird. $F$ heißt dann das bestimmte Integral der Funktion $f(x)$, $a$ und $b$ beziehungsweise seine untere und obere Grenze. Man erhält offensichtlich das bestimmte Integral aus dem unbestimmten, indem man in diesem einmal die obere und dann die untere Grenze einsetzt und die beiden Werte subtrahiert. Die Integrationskonstante fällt dabei fort. Es ist also

$$\int_a^b f(x)\,dx = [F(x) + C]\big|_{x=b} - [F(x) + C]\big|_{x=a} = F(x)\Big|_a^b = F(b) - F(a) \quad (7)$$

Diese Ableitung liefert sofort die Erkenntnis, daß bei einer Vertauschung der Grenzen das Integral sein Vorzeichen ändert, also

$$\int_a^b f(x)\,dx = -\int_b^a f(x)\,dx \quad . \; . \; . \; . \; . \; . \; . \; . \; . \; . \quad (8)$$

ist. Es ist ebenfalls unmittelbar einzusehen, daß

$$\int_a^b f(x)\,dx = \int_a^c f(x)\,dx + \int_c^b f(x)\,dx \quad . \; . \; . \; . \; . \; . \; . \quad (9)$$

die Integration also in Teilintegrationen über Zwischenbereiche zerlegt werden kann.

## b) Integrale einfacher Funktionen.

### *α) Einige Integrationsregeln.*

1. Genau so wie bei der Differentiation lassen sich auch für die Integration einige wichtige Grundregeln ableiten. Sie ergeben sich zum Teil als Umkehrungen der erhaltenen Differentiationsregeln. So liefert beispielsweise die Gleichung (3) des Kapitels B/1/b/α sofort das Integral

$$\int A\,f(x)\,dx = A\int f(x)\,dx = A\,F(x) + C \quad . \; . \; . \; . \; . \quad (1)$$

wenn

$$f(x) = F'(x)$$

was auch für die weiteren allgemeinen Gleichungen gelten soll.

2. Aus Gleichung (4) wird ferner

$$\int [f(x) + g(x)]\,dx = \int f(x)\,dx + \int g(x)\,dx = F(x) + G(x) + C \quad (2)$$

was natürlich auch wieder in der Form

$$\int (u + v)\,dx = \int u\,dx + \int v\,dx \quad . \; . \; . \; . \; . \; . \; . \quad (2a)$$

geschrieben werden kann.

3. Die Gleichung (5) für das Produkt liefert durch Integration

$$\int d(uv) = uv = \int u'v\,dx + \int v'u\,dx$$

oder

$$\int u\,v'\,dx = uv - \int u'v\,dx \; . \; . \; . \; . \; . \; . \; . \; . \; . \quad (3)$$

ein Vorgang, der mit **partieller Integration** bezeichnet wird und einfacher auch noch wie folgt geschrieben werden kann

$$\int u\,dv = uv - \int v\,du \quad . \; . \; . \; . \; . \; . \; . \; . \; . \quad (3a)$$

Ein Beispiel möge den Wert dieses Verfahrens zeigen. Es sei das Integral

$$\int \sin^n x\,dx$$

zu bestimmen. Man findet mit

$$u = \sin^{n-1} x; \qquad dv = \sin x\,dx = d(-\cos x)$$

$$\begin{aligned}\int \sin^n x\,dx &= -\sin^{n-1} x \cos x + (n-1)\int \sin^{n-2} x \cos^2 x\,dx = \\ &= -\sin^{n-1} x \cos x + (n-1)\int \sin^{n-2} x\,(1 - \sin^2 x)\,dx = \\ &= -\sin^{n-1} x \cos x + (n-1)\int \sin^{n-2} x\,dx - (n-1)\int \sin^n x\,dx.\end{aligned}$$

Bringt man den letzten Summanden auf die linke Seite und kürzt man durch $n$, so wird hieraus

$$\int \sin^n x\,dx = -\frac{1}{n}\sin^{n-1} x \cos x + \frac{n-1}{n}\int \sin^{n-2} x\,dx \quad . \; . \quad (4)$$

Damit ist bei positiven $n$ das gegebene Integral auf ein einfacheres zurückgeführt. Mit der Gleichung (4) erhält man für die Integration also eine **Reduktionsformel**, deren fortgesetzte Anwendung schließlich zur endgültigen Lösung führt. Für $n = 2$ ist

$$\int \sin^2 x\,dx = -\frac{1}{2}\sin x \cos x + \frac{1}{2}\int dx = -\frac{1}{2}\sin x \cos x + \frac{x}{2} + C,$$

ferner für $n = 3$

$$\int \sin^3 x\,dx = -\frac{1}{3}\sin^2 x \cos x + \frac{2}{3}\int \sin x\,dx = -\frac{1}{3}(\sin^2 x + 2)\cos x + C.$$

Bei richtiger Wahl von $u$ und $dv$ ist so eine direkte Integration nicht ganz einfacher Funktionen oft leicht möglich oder zumindest durch eine Reduktionsformel auf ein einfacheres Integral zurückführbar.

4. Manchmal gelingt eine Vereinfachung des gegebenen Integrales dadurch, daß man durch eine **Substitution** eine neue Veränderliche einführt. Ist das Integral

$$\int f(x)\,dx$$

zu bilden und setzt man

$$x = g(u); \quad dx = g'(u)\,du$$

so wird

$$\int f(x)\,dx = \int f(g(u))\,g'(u)\,du + C,$$

was bei geeigneter Substitution einfacher sein kann.

Es sei zum Beispiel das Integral

$$\int (a + bx)^n\,dx$$

zu berechnen. Mit

$$(a + bx) = u; \quad b\,dx = du$$

wird

$$\int (a + bx)^n\,dx = \frac{1}{b}\int u^n\,du = \frac{u^{n+1}}{b(n+1)} = \frac{(a+bx)^{n+1}}{b(n+1)},$$

wobei die Lösung des Grundintegrales

$$\int u^n\,du = \frac{u^{n+1}}{n+1}$$

dem nächsten Kapitel vorweggenommen wurde.

Sehr fruchtbar ist oft auch eine trigonometrische Substitution, wie etwa das folgende Beispiel zeigt

$$\int \frac{dx}{x\sqrt{x^2 - a^2}} = \int \frac{\cos u \dfrac{\sin u}{\cos^2 u}}{a\sqrt{\dfrac{1}{\cos^2 u} - 1}}\,du = \frac{1}{a}\int du$$

$$= \frac{1}{a}u + C = \frac{1}{a}\arccos\frac{a}{x} + C.$$

*β) Die wichtigsten Integrale einfacher Funktionen.*

1. Zunächst führt ein Vergleich mit der entsprechenden Differentiationsgleichung für das Integral einer Potenz zu

$$\int x^n \, dx = \frac{x^{n+1}}{n+1} \quad \ldots\ldots\ldots\ldots \quad (1)$$

Damit ist die Integration ganzer rationaler Funktionen als Summe der Integrale der einzelnen Glieder des gegebenen Polynoms durchführbar.

2. Einfache irrationale Funktionen können auf die gleiche Weise integriert werden. Zum Beispiel

$$\int \frac{dx}{\sqrt{a+bx}} = \int (a+bx)^{-\frac{1}{2}} \, dx =$$
$$= \frac{1}{b} \int (a+bx)^{-\frac{1}{2}} \, d(a+bx) = \frac{2}{b} \sqrt{a+bx} + C \quad (2)$$

In komplizierteren Fällen versuche man, das Integral durch Anwendung der partiellen Integration oder mit Hilfe einer geeigneten Substitution auf einfachere Formen zurückzuführen.

3. Bei den gebrochenen rationalen Funktionen führt wieder eine Partialbruchzerlegung zum Ziel. Man kommt dann auf Integrale der Form

$$\int \frac{dx}{(x-a)^n},$$

wenn es sich um eine $n$-fache Wurzel handelt. Durch die Substitution

$$x - a = u; \quad dx = du$$

findet man

$$\int \frac{dx}{(x-a)^n} = \int \frac{du}{u^n} = \frac{u^{1-n}}{1-n} = \frac{-1}{(n-1)(x-a)^{n-1}} + C \quad . \; . \; (3)$$

Für eine einfache Wurzel ($n = 1$) wird diese Beziehung unbrauchbar; hier führt die elementare Logarithmusfunktion zum Ziel, wie anschließend gezeigt wird.

Ergibt die Partialbruchzerlegung eine komplexe Wurzel, dann ist auch ihre konjugierte Wurzel vorhanden und man faßt die beiden vorteilhaft zusammen und erhält so für ein Teilintegral der Summe

$$\int \frac{p + qx}{(a + bx + x^2)^n} \, dx.$$

Durch Substitution und Anwendung der partiellen Integration erhält man die Rekursionsformel

$$\int \frac{p + q x}{(a + b x + x^2)^n}\, d x = -\frac{q}{2(n-1)(a + b x + x^2)^{n-1}} + \\ + \left(p - \frac{b q}{2}\right) \int \frac{d x}{(a + b x + x^2)^n} \quad (4a)$$

Hierin ist wieder

$$\int \frac{d x}{(a + b x + x^2)^n} = \frac{x + \frac{b}{2}}{2(n-1)\left(a - \frac{b^2}{4}\right)(a + b x + x^2)^n} + \\ + \frac{2n - 3}{2(n-1)\left(a - \frac{b^2}{4}\right)} \int \frac{d x}{(a + b x + x^2)^{n-1}} \quad (4b)$$

und schließlich

$$\int \frac{d x}{a + b x + x^2} = \frac{1}{\sqrt{a - \frac{b^2}{4}}} \operatorname{arc\,tg} \frac{\frac{b}{2} + x}{\sqrt{a - \frac{b^2}{4}}} + C \quad . \; . \quad (4c)$$

wenn $a > \frac{b^2}{4}$.

Ist $a < \frac{b^2}{4}$, dann ist $a - \frac{b^2}{4}$ durch $\frac{b^2}{4} - a$ und arc tg durch 𝔄𝔯 𝔗𝔤 zu ersetzen. Für den Sonderfall

$$a = \frac{b^2}{4}$$

wird

$$\int \frac{d x}{a + b x + x^2} = -\frac{1}{\frac{b}{2} + x} + C \quad . \; . \; . \; . \; . \; . \quad (4d)$$

4. Von besonderer Wichtigkeit sind wieder die logarithmischen Funktionen. Vorerst erhält man sofort aus der entsprechenden Gleichung für den Differentialquotienten

$$\int \frac{d x}{x} = \ln x + C = \ln c x \quad . \; . \; . \; . \; . \; . \; . \; . \quad (5)$$

worin

$$C = \ln c$$

gesetzt wurde.

Für das Integral des Logarithmus erhält man durch partielle Integration

$$\int \ln x \, d x = x \ln x - x + C \quad . \; . \; . \; . \; . \; . \; . \; . \quad (6)$$

Ein hierher gehöriges Beispiel ist das mit Hilfe der Partialbruchzerlegung lösbare Integral

$$\int \frac{dx}{x^2-1} = \frac{1}{2}\int \frac{dx}{x-1} - \frac{1}{2}\int \frac{dx}{x+1} = \frac{1}{2}\ln\frac{x-1}{x+1} + C \qquad \text{(7a)}$$

worin $x > 1$ angenommen wurde. Ist $x < 1$, dann wird

$$\int \frac{dx}{1-x^2} = \frac{1}{2}\int \frac{dx}{1+x} + \frac{1}{2}\int \frac{dx}{1-x} = \frac{1}{2}\ln\frac{1+x}{1-x} + C \qquad \text{(7b)}$$

Bei Integralen, in deren Wert Logarithmen auftreten, hat man darauf zu achten, sie so anzuschreiben, daß die Größe, deren Logarithmus in der Rechnung erscheint, positiv sein muß.

5. Für die Exponentialfunktion findet man als Umkehrung zur Differentiationsregel

$$\int a^x\,dx = \frac{a^x}{\ln a} + C \;.\;.\;.\;.\;.\;.\;.\;.\;.\;.\;. \quad (8)$$

Im besonderen ist wieder

$$\int e^x\,dx = e^x + C \;.\;.\;.\;.\;.\;.\;.\;.\;.\;.\;. \quad (9)$$

Hierher gehören auch die Reduktionsformeln

$$\int x^n e^x\,dx = x^n e^x - n\int x^{n-1} e^x\,dx \;.\;.\;.\;.\;.\;.\;.\;.\;.\;. \quad (10)$$

$$\int \frac{e^x}{x^n}\,dx = -\frac{e^x}{(n-1)\,x^{n-1}} + \frac{1}{n-1}\int \frac{e^x}{x^{n-1}}\,dx \;.\;. \quad (11)$$

deren erste sofort durch eine partielle Integration erhalten wird, während sich die zweite dadurch ergibt, daß man die erste Reduktionsformel umgekehrt anwendet, nachdem man vorher $n$ durch $-(n-1)$ ersetzt hat. Die Gleichung (11) versagt für $n = 1$. Das Integral

$$\int \frac{e^x}{x}\,dx,$$

das dann entsteht, läßt sich nicht mehr durch elementare Funktionen in geschlossener Form darstellen. Dasselbe gilt auch, wenn der Exponent von $e$ negativ ist, nämlich

$$\int \frac{x^n}{e^x}\,dx = -\frac{x^n}{e^x} + n\int \frac{x^{n-1}}{e^x}\,dx \;.\;.\;.\;.\;.\;.\;.\;.\;.\;.\;. \quad (10a)$$

und

$$\int \frac{1}{x^n e^x}\,dx = \frac{1}{(n-1)\,x^{n-1} e^x} + \frac{1}{n-1}\int \frac{1}{x^{n-1} e^x}\,dx \;. \quad (11a)$$

6. Die Grundintegrale der Hyperbelfunktionen ergeben sich wieder aus den Gleichungen für die Exponentialfunktion sowie denen für die Ableitungen zu

$$\int \mathfrak{Sin}\, x\, dx = \mathfrak{Cos}\, x + C \quad \ldots \quad (12)$$

$$\int \mathfrak{Cos}\, x\, dx = \mathfrak{Sin}\, x + C \quad \ldots \quad (13)$$

$$\int \frac{1}{\mathfrak{Sin}^2 x}\, dx = -\mathfrak{Ctg}\, x + C \quad \ldots \quad (14)$$

$$\int \frac{1}{\mathfrak{Cos}^2 x}\, dx = \mathfrak{Tg}\, x + C \quad \ldots \quad (15)$$

$$\int \mathfrak{Tg}\, x\, dx = \int \frac{\mathfrak{Sin}\, x}{\mathfrak{Cos}\, x}\, dx = \int \frac{d\, \mathfrak{Cos}\, x}{\mathfrak{Cos}\, x} = \ln \mathfrak{Cos}\, x + C \quad \ldots \quad (16)$$

ebenso

$$\int \mathfrak{Ctg}\, x\, dx = \ln \mathfrak{Sin}\, x + C \quad \ldots \quad (17)$$

7. Bei den trigonometrischen Funktionen liefert der Vergleich mit den Formeln für die Ableitungen

$$\int \sin x\, dx = -\cos x + C \quad \ldots \quad (18)$$

$$\int \cos x\, dx = \sin x + C \quad \ldots \quad (19)$$

$$\int \frac{1}{\sin^2 x}\, dx = -\operatorname{ctg} x + C \quad \ldots \quad (20)$$

$$\int \frac{1}{\cos^2 x}\, dx = \operatorname{tg} x + C \quad \ldots \quad (21)$$

$$\int \operatorname{tg} x\, dx = -\int \frac{d \cos x}{\cos x}\, dx = -\ln \cos x + C \quad \ldots \quad (22)$$

$$\int \operatorname{ctg} x\, dx = \int \frac{d \sin x}{\sin x} = \ln \sin x + C \quad \ldots \quad (23)$$

Von Bedeutung sind ferner die Reduktionsformeln

$$\int \sin^n x\, dx = -\frac{\sin^{n-1} x \cos x}{n} + \frac{n-1}{n} \int \sin^{n-2} x\, dx \quad \ldots \quad (24)$$

$$\int \cos^n x\, dx = \frac{\sin x \cos^{n-1} x}{n} + \frac{n-1}{n} \int \cos^{n-2} x\, dx \quad \ldots \quad (25)$$

die man leicht durch partielle Integration findet. Ist $n$ negativ, dann liefert der Austausch von $n$ gegen $-(n-2)$ die Reduktionsformeln

$$\int \frac{dx}{\sin^n x} = -\frac{\cos x}{(n-1)\sin^{n-1} x} + \frac{n-2}{n-1} \int \frac{dx}{\sin^{n-2} x} \quad \ldots \quad (26)$$

$$\int \frac{dx}{\cos^n x} = \frac{\sin x}{(n-1)\cos^{n-1} x} + \frac{n-2}{n-1} \int \frac{dx}{\cos^{n-2} x} \quad \ldots \quad (27)$$

Die Gleichungen versagen wieder für $n = 1$. Für diesen Wert wird

$$\int \frac{dx}{\sin x} = \int \frac{d\frac{x}{2}}{\sin\frac{x}{2}\cos\frac{x}{2}} = \int \frac{d\,\mathrm{tg}\frac{x}{2}}{\mathrm{tg}\frac{x}{2}} = \ln \mathrm{tg}\frac{x}{2} + C \quad . \; . \quad (28)$$

und daraus

$$\int \frac{dx}{\cos x} = \int \frac{d\left(x + \frac{\pi}{2}\right)}{\sin\left(x + \frac{\pi}{2}\right)} = \ln \mathrm{tg}\left(\frac{x}{2} + \frac{\pi}{4}\right) + C \quad . \; . \; . \; . \quad (29)$$

Wichtig sind ferner die Gleichungen

$$\int \sin x \cos x\, dx = \left\{\begin{array}{l} \int \sin x\, d\sin x = \frac{1}{2}\sin^2 x + C_1 \\ -\int \cos x\, d\cos x = -\frac{1}{2}\cos^2 x + C_2 \\ \frac{1}{4}\int \sin 2x\, d(2x) = -\frac{1}{4}\cos 2x + C_3 \end{array}\right\} \quad . \; . \; . \; . \quad (30)$$

die untereinander gleichwertig sind und weiteres

$$\int e^{ax}\sin bx\, dx = \frac{1}{a}\int \sin bx\, de^{ax} = \frac{\sin bx}{a}e^{ax} - \frac{b}{a}\int e^{ax}\cos bx\, dx$$

$$\int e^{ax}\cos bx\, dx = \frac{\cos bx}{a}e^{ax} + \frac{b}{a}\int e^{ax}\sin bx\, dx,$$

woraus

$$\int e^{ax}\sin bx\, dx = \frac{a\sin bx - b\cos bx}{a^2 + b^2}e^{ax} + C \quad . \; . \; . \; . \quad (31)$$

$$\int e^{ax}\cos bx\, dx = \frac{a\cos bx + b\sin bx}{a^2 + b^2}e^{ax} + C \quad . \; . \; . \; . \quad (32)$$

Sehr oft lassen sich trigonometrische Funktionen in Substitutionen verwenden. Beispielsweise wird in

$$\int \frac{dx}{\sqrt{x^2+1}} \quad \text{und} \quad \int \frac{dx}{\sqrt{x^2-1}}$$

durch

$$x = \mathrm{tg}\,\varphi \quad \text{bzw.} \quad x = \frac{1}{\cos\varphi}$$

$$\int \frac{dx}{\sqrt{x^2+1}} = \int \frac{d\varphi}{\cos\varphi} = \ln \mathrm{tg}\left(\frac{\varphi}{2} + \frac{\pi}{4}\right) + C = \ln\left(\mathrm{tg}\,\varphi + \frac{1}{\cos\varphi}\right) +$$
$$+ C = \ln\left(x + \sqrt{x^2+1}\right) + C \quad . \; . \; . \quad (33)$$

$$\int \frac{dx}{\sqrt{x^2-1}} = \int \frac{d\varphi}{\cos\varphi} = \ln\left(\frac{1}{\cos\varphi} + \mathrm{tg}\,\varphi\right) + C = \ln\left(x + \sqrt{x^2-1}\right) + C \quad (34)$$

Den Gleichungen (10) und (11) entsprechend sind auch hier noch die Reduktionsformeln

$$\int x^n \sin x\, dx = -x^n \cos x + n \int x^{n-1} \cos x\, dx \quad . \quad . \quad . \quad . \quad (35)$$

und

$$\int x^n \cos x\, dx = x^n \sin x - n \int x^{n-1} \sin x\, dx \quad . \quad . \quad . \quad . \quad . \quad (36)$$

von Bedeutung. Für negatives $n$ wird daraus durch Umkehrung

$$\int \frac{\sin x}{x^n}\, dx = -\frac{\sin x}{(n-1)\, x^{n-1}} + \frac{1}{n-1} \int \frac{\cos x}{x^{n-1}}\, dx \quad . \quad . \quad (37)$$

und

$$\int \frac{\cos x}{x^n}\, dx = -\frac{\cos x}{(n-1)\, x^{n-1}} - \frac{1}{n-1} \int \frac{\sin x}{x^{n-1}}\, dx \quad . \quad . \quad (38)$$

Für $n = 1$ versagen die Entwicklungen; die Integrale

$$\int \frac{\sin x}{x}\, dx \quad \text{und} \quad \int \frac{\cos x}{x}\, dx$$

sind durch elementare Funktionen nicht mehr in geschlossener Form darstellbar. Ihre bestimmten Formen

$$Si\, x = \int_0^x \frac{\sin x}{x}\, dx \quad . \quad . \quad . \quad . \quad . \quad . \quad . \quad . \quad . \quad . \quad (39)$$

und

$$Ci\, x = -\int_0^x \frac{\cos x}{x}\, dx \quad . \quad . \quad . \quad . \quad . \quad . \quad . \quad . \quad . \quad (40)$$

werden Integralsinus und Integralkosinus genannt. Sie lassen sich durch Potenzreihen darstellen.

8. Für die zyklometrischen Funktionen liefern die Differentiationsgleichungen unmittelbar

$$\int \frac{dx}{\sqrt{1-x^2}} = \text{arc} \sin x + C_1 = -\text{arc} \cos x + C_2 \quad . \quad . \quad . \quad (41)$$

$$\int \frac{dx}{1+x^2} = \text{arc tg}\, x + C_1 = -\text{arc ctg}\, x + C_2 \quad . \quad . \quad . \quad (42)$$

Durch partielle Integration wird ferner

$$\int \text{arc} \sin x\, dx = x\, \text{arc} \sin x - \int \frac{x}{\sqrt{1-x^2}}\, dx = x\, \text{arc} \sin x + \sqrt{1-x^2} + C \quad . \quad . \quad . \quad (43)$$

und ebenso

$$\int \text{arc} \cos x\, dx = x\, \text{arc} \cos x - \sqrt{1-x^2} + C \quad . \quad . \quad . \quad . \quad (44)$$

sowie

$$\int \operatorname{arc\,tg} x\,dx = x \operatorname{arc\,tg} x - \int \frac{x}{1+x^2}\,dx = x \operatorname{arc\,tg} x - \frac{1}{2}\ln(1+x^2) + C \quad \ldots (45)$$

und

$$\int \operatorname{arc\,ctg} x\,dx = x \operatorname{arc\,ctg} x + \frac{1}{2}\ln(1+x^2) + C \quad \ldots (46)$$

### c) Mehrfachintegrale.

Ähnlich, wie bei der Ermittlung des Flächeninhaltes eine Summe aus unendlich schmalen Flächenstreifen $y\,dx = dF$, nämlich das Integral

$$\int dF = \int y\,dx$$

zu bilden ist, muß man auch vorgehen, wenn das von einer räumlichen Fläche umschlossene Volumen gesucht wird. Man hat dann aber unendlich schmale Prismen

$$dV = dF \cdot z$$

zu summieren, also das Integral

$$V = \int dV = \int z\,dF$$

zu bilden. Ist nach Bild 9 der Bereich der Volumenbildung durch die Parallelen zu den Darstellungsebenen in den Abständen $x_1$, $x_2$, $y_1$, $y_2$ gegeben, also das Volumen des Körpers $x_1\,x_2\,y_1\,y_2\,X_1\,X_2\,Y_1\,Y_2$ zu suchen, so kann man offenbar auf zwei Wegen hierzu kommen. Man sucht entweder zuerst den Inhalt der Zwischenfläche $A\,a\,b\,B$

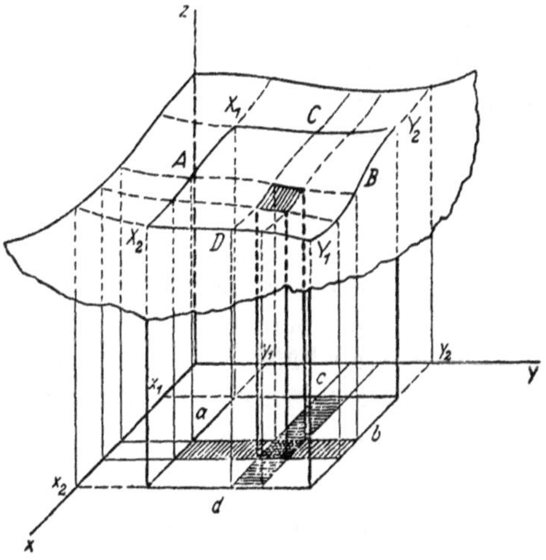

Bild 9. Zur Deutung des Doppelintegrales.

$$F_x = \int_{y_1}^{y_2} z\,dy$$

für konstantes $x$ und summiert dann in der $x$-Richtung nach

$$V = \int_{x_1}^{x_2} F_x\,dx$$

oder man wählt zuerst die Zwischenfläche $C\,c\,d\,D$ bei konstantem $y$ und erhält dann

$$F_y = \int_{x_1}^{x_2} z\,dx$$

und

$$V = \int_{y_1}^{y_2} F_y\,dy.$$

In beiden Fällen erhält man offenbar den gleichen Grenzwert, wenn $dx$ und $dy$ gegen Null gehen. Es ist also

$$V = \int_{y_1}^{y_2} \left( \int_{x_1}^{x_2} z\,dx \right) dy = \int_{x_1}^{x_2} \left( \int_{y_1}^{y_2} z\,dy \right) dx,$$

was man auch einfacher

$$V = \int_{x_1}^{x_2} \int_{y_1}^{y_2} f(x, y)\,dx\,dy$$

schreibt, worin noch

$$z = f(x, y)$$

eingeführt wurde. Das so definierte »Doppelintegral« ist dann so zu lesen, daß zunächst die Integration nach der einen Veränderlichen bei konstanter zweiter und hierauf die Integration des erhaltenen Zwischenintegrales nach der zweiten Veränderlichen bei konstanter erster durchzuführen ist. Welche Veränderliche als erste angesehen wird, ist dabei gleichgültig.

Liegen mehrere Veränderliche vor, dann erhält man auf gleiche Weise Mehrfachintegrale, die sinngemäß zu behandeln sind wie die Doppelintegrale. Ein näheres Eingehen im Rahmen dieses Buches erübrigt sich aber.

## 3. Reihen.

### a) Allgemeines.

Die zwei elementaren Reihen, die arithmetische und geometrische Reihe, wurden bereits in einem früheren Kapitel behandelt. Sie sind die einfachsten Fälle der Summen- und Produktreihe, die für Funktionen (Funktionenreihen) in die beiden Grundformen

$$y = \sum_n a_n f_n(x) = a_0 + a_1 f_1(x) + a_2 f_2(x) + \ldots \quad (1)$$

und

$$y = \prod_n a_n f_n(x) = a_0 \cdot a_1 f_1(x) \cdot a_2 f_2(x) + \ldots \quad (2)$$

gebracht werden können. Beide Formen sind für die Darstellung transzendenter Funktionen, ihre Ableitungen und Integrale von großer Wichtigkeit. Besondere Bedeutung haben dabei die Potenzreihe

$$y = a_0 + a_1 x + a_2 x^2 + \ldots \quad (3)$$

und die trigonometrische Reihe

$$y = a_0 + a_1 \cos x + a_2 \cos 2x + \ldots \quad (4)$$

erlangt.

Besteht die Reihe aus unendlich vielen Gliedern, dann hat man sich vor allem mit der Frage der Konvergenz oder Divergenz der Entwicklung zu befassen. Eine unendliche Reihe heißt konvergent, wenn die Summe $S_n$ der $n$-gliedrigen Reihe mit unendlich anwachsender Gliederzahl $n$ einem endlichen Grenzwert $S$ zustrebt

$$\lim_{n \to \infty} S_n = S,$$

Bei genügend großer Gliederzahl ist dann der Unterschied

$$R_n = S - S_n$$

der Summe der unendlichen und der endlichen Reihe so klein, daß die Berechnung der durch die Reihe dargestellten Funktion nach einer gewissen Gliederzahl abgebrochen werden kann. Die Differenz $R_n$ heißt das Restglied der Reihe. Man kann also die Konvergenz einer Reihe auch so untersuchen, daß man prüft, ob das Restglied

$$\lim_{n \to \infty} R_n = 0$$

gegen Null geht, wenn man die Gliederzahl unendlich anwachsen läßt.

### b) Taylorsche und Mac-Laurinsche Reihe.

Ersetzt man in der ganzen rationalen Funktion

$$f(x) = a_n x^n + a_{n-1} x^{n-1} + \ldots + a_1 x + a_0$$

die Variable $x$ durch $x + h$, so erhält man auf der rechten Seite nach Durchrechnung der Potenzen eine Reihe

$$f(x + h) = F_0(x) + F_1(x) h + F_2(x) h^2 + \ldots + F_n(x) h^n,$$

die man nach Potenzen von $h$ ordnen kann. Durch fortgesetzte Differentiation findet man für die Koeffizienten

$$F_0(x) = f(x)$$

$$F_1(x) = \frac{1}{1!} f'(x)$$

$$F_2(x) = \frac{1}{2!} f''(x)$$

$$\vdots$$

$$F_n(x) = \frac{1}{n!} f^{(n)}(x),$$

so daß

$$f(x + h) = f(x) + \frac{h}{1!} f'(x) + \frac{h^2}{2!} f''(x) + \ldots + \frac{h^n}{n!} f^{(n)}(x) \quad . \quad . \quad (1)$$

Ist $f(x)$ keine ganze rationale Funktion, dann muß der Entwicklung (1) noch ein Restglied $R$ angefügt werden. Die Entwicklung selbst heißt Taylorsche Reihe.

Setzt man in der Entwicklung (1) $x = a$ und $h = x - a$, dann erhält man eine zweite Form der Taylorschen Reihe

$$f(x) = f(a) + \frac{x-a}{1!} f'(a) + \frac{(x-a)^2}{2!} f''(a) + \ldots + \frac{(x-a)^n}{n!} f^{(n)}(a) + R \quad (2)$$

Für das Restglied findet man den Ausdruck

$$R = \frac{h^{n+1}}{(n+1)!} f^{(n+1)}(x + \vartheta h) \quad . \quad . \quad . \quad . \quad . \quad . \quad . \quad . \quad (1\,a)$$

beziehungsweise

$$R = \frac{(x-a)^{n+1}}{(n+1)!} f^{(n+1)}[a + \vartheta (x-a)] \quad . \quad . \quad . \quad . \quad . \quad (2\,a)$$

dessen Ableitung hier übergangen sei. $\vartheta$ ist dabei eine positive Zahl kleiner als 1

$$0 < \vartheta < 1 \quad . \quad . \quad . \quad . \quad . \quad . \quad . \quad . \quad . \quad . \quad . \quad . \quad (3)$$

$a$ ist ein Wert von $x$, für den $f(x)$ $n$-mal differenzierbar ist. Kann dieser Null gesetzt werden, so ergibt sich die Mac-Laurinsche Reihe

$$f(x) = f(0) + \frac{x}{1!} f'(0) + \frac{x^2}{2!} f''(0) + \ldots + \frac{x^n}{n!} f^{(n)}(0) + R \quad . \quad . \quad (4)$$

mit dem Restglied

$$R = \frac{x^{n+1}}{(n+1)!} f^{(n+1)}(\vartheta x) \quad . \quad . \quad . \quad . \quad . \quad . \quad . \quad . \quad (4\,a)$$

Mit Hilfe dieser Sätze lassen sich Funktionen in Potenzreihen entwickeln, die auch das Integrieren von Funktionen ermöglichen, die auf anderem Wege nur schwer oder vielleicht gar nicht rechnerisch integrierbar sind.

Als einfachster Fall einer konvergierenden Reihe haben wir bereits die unendliche, geometrische Reihe kennengelernt. Es war die Summe einer solchen Reihe

$$S_\infty = \frac{a}{1-r} = a + ar + ar^2 + \ldots,$$

wobei man sich leicht überzeugt, daß die rechte Seite aus der Entwicklung

$$f(r) + \frac{r}{1!} f'(r) + \frac{r^2}{2!} f''(r) + \ldots = \frac{a}{1-r} + \frac{r}{1} \frac{a}{(1-r)^2} + \frac{r^2}{1 \cdot 2} \frac{2\,a}{(1-r)^3} + \ldots$$

abgeleitet werden kann, wenn man $r = 0$ setzt, wie es die Mac-Laurinsche Reihe verlangt.

### c) Spezielle Potenzreihen.

Mit Hilfe der gewonnenen Entwicklungen können nun leicht die wichtigsten einfachen Potenzreihen abgeleitet werden. So ist beispielsweise für $f(x) = e^x$ mit $f^{(n)}(x) = e^x$ und $f(0) = f^{(n)}(0)$

$$e^x = 1 + \frac{x}{1!} + \frac{x^2}{2!} + \frac{x^3}{3!} + \ldots \quad . \quad . \quad . \quad . \quad . \quad . \quad . \quad . \quad (1)$$

denn das Restglied

$$R = \frac{x^{n+1}}{(n+1)!} e^{\vartheta x} = \frac{x}{1} \frac{x}{2} \frac{x}{3} \cdots \frac{x}{n+1} \cdot e^{\vartheta x}$$

wird für unendlich großes $n$ Null. Man erkennt dies sofort aus der obigen Gleichung, wenn man bedenkt, daß für jeden Nenner, der größer als $x$ ist, der Wert des Teilbruches kleiner als 1 wird. Einer endlichen Zahl ($x$) von Faktoren größer als 1 stehen also unendlich viele ($n - x$) Faktoren kleiner als 1 gegenüber, so daß das Gesamtprodukt beliebig klein ausfällt und

$$\underset{n \to \infty}{R} = 0$$

wird.

Setzt man $x = 1$, so erhält man eine Reihe für die Zahl $e$

$$e = 1 + \frac{1}{1!} + \frac{1}{2!} + \frac{1}{3!} + \cdots \qquad (1a)$$

Für die Exponentialfunktion ergibt die Mac-Laurinsche Entwicklung

$$a^x = 1 + \frac{x}{1!} \ln a + \frac{x^2}{2!} (\ln a)^2 + \cdots \qquad (2)$$

Das Restglied ist wiederum für $n = \infty$ Null, was sich aus

$$R = \frac{x^{n+1}}{(n+1)!} (\ln a)^{n+1} = \frac{\ln a^x}{1!} \frac{\ln a^x}{2!} \frac{\ln a^x}{3!} \cdots$$

genau so wie vorher beweisen läßt.

Von besonderer Bedeutung ist auch die »Binomialreihe«. Man erhält für

$$f(x) = (1 \pm x)^n$$

$$\begin{aligned} f(0) &= 1 \\ f'(0) &= \pm n (1 \pm x)^{n-1}|_{x=0} = \pm n \\ f''(0) &= + n (n-1) (1 \pm x)^{n-2}|_{x=0} = + n (n-1) \\ &\vdots \end{aligned}$$

Es läßt sich nachweisen, daß das Restglied für

$$x < 1$$

verschwindet. Der Beweis sei hier unterlassen. Für diesen Bereich ist also

$$(1 \pm x)^n = 1 \pm \binom{n}{1} x + \binom{n}{2} x^2 \pm \binom{n}{3} x^3 + \cdots \qquad (3)$$

Diese Entwicklung hat für jedes $n$ Gültigkeit, so daß zum Beispiel

$$\frac{1}{\sqrt{a + bx}} = \frac{1}{\sqrt{a}} \left(1 + \frac{b}{a} x\right)^{-\frac{1}{2}} = \frac{1}{\sqrt{a}} \left(1 - \frac{1}{2} \frac{b}{a} x + \frac{1 \cdot 3}{2 \cdot 4} \frac{b^2}{a^2} x^2 - \frac{1 \cdot 3 \cdot 5}{2 \cdot 4 \cdot 6} \frac{b^3}{a^3} x^3 + \cdots\right).$$

Für die logarithmischen Funktionen erhält man zunächst leicht zu

$$\begin{aligned} f(x) &= \ln(1+x) \\ f(0) &= 0 \\ f'(0) &= 1 \\ f''(0) &= -1 \\ f'''(0) &= 1\cdot 2 \\ f''''(0) &= -1\cdot 2\cdot 3 \\ &\vdots \end{aligned}$$

$$ln(1+x) = x - \frac{x^2}{2} + \frac{x^3}{3} - \frac{x^4}{4} + \dots \qquad (4)$$

wobei die Reihe im Bereich

$$-1 < x < +1$$

konvergent ist. Für negative $x$ wird also

$$\ln(1-x) = -x - \frac{x^2}{2} - \frac{x^3}{3} \dots \qquad (4a)$$

Durch Subtraktion der beiden Reihen erhält man ferner

$$\ln\frac{1+x}{1-x} = 2\left(x + \frac{x^3}{3} + \frac{x^5}{5} + \dots\right) \qquad (5)$$

Ersetzt man jetzt $x$ durch $\frac{x}{2a+x}$, so wird

$$\ln\frac{2(a+x)}{2a} = \ln(a+x) - \ln a$$

und

$$\ln(a+x) = \ln a + 2\left[\frac{x}{2a+x} + \frac{1}{3}\left(\frac{x}{2a+x}\right)^3 + \frac{1}{5}\left(\frac{x}{2a+x}\right)^5 + \dots\right] \qquad (6)$$

wobei

$$a > 0 \quad \text{und} \quad x > -a$$

sein muß. Setzt man jetzt statt $x$, $x-a$, so erhält man schließlich auch

$$\ln x = \ln a + 2\left[\frac{x-a}{x+a} + \frac{1}{3}\left(\frac{x-a}{x+a}\right)^3 + \frac{1}{5}\left(\frac{x-a}{x+a}\right)^5 + \dots\right] \qquad (7)$$

worin $a$ beliebig, also auch gleich 1 gesetzt werden kann. Dann wird aber

$$\ln x = 2\left[\frac{x-1}{x+1} + \frac{1}{3}\left(\frac{x-1}{x+1}\right)^3 + \frac{1}{5}\left(\frac{x-1}{x+1}\right)^5 + \dots\right] \qquad (8)$$

Für die Hyperbelfunktionen findet man sofort aus den $e$-Potenzreihen

$$\mathfrak{Sin}\, x = \frac{1}{2}(e^x - e^{-x}) = \frac{x}{1!} + \frac{x^3}{3!} + \frac{x^5}{5!} + \dots \qquad (9)$$

und

$$\mathfrak{Cof}\, x = \frac{1}{2}(e^x + e^{-x}) = 1 + \frac{x^2}{2!} + \frac{x^4}{4!} + \cdots \quad . \quad . \quad . \quad (10)$$

Auf die gleiche Weise gelingt auch eine Reihenentwicklung der trigonometrischen Funktionen. Es wird

$$\sin x = \frac{x}{1!} - \frac{x^3}{3!} + \frac{x^5}{5!} - \frac{x^7}{7!} + \cdots \quad . \quad . \quad . \quad . \quad . \quad . \quad . \quad (11)$$

und

$$\cos x = 1 - \frac{x^2}{2!} + \frac{x^4}{4!} - \frac{x^6}{6!} + \cdots \quad . \quad . \quad . \quad . \quad . \quad . \quad . \quad (12)$$

Damit möge die Besprechung der grundlegenden Entwicklungen der Reihentheorie abgeschlossen werden. Ein weiteres Eingehen in diesem Buche ist mit Rücksicht auf das bestehende, sehr reichhaltige und meist leicht verständlich gehaltene Schrifttum nicht vertretbar. Insbesondere gilt dies für das umfangreiche Gebiet der Konvergenzkriterien und der Entwicklung einer großen Anzahl von Potenzreihen für mehr oder weniger erweiterte Funktionsformen, wie sie da und dort auftreten können. Als kurzer Schrifttumsauszug mögen die im vorhergehenden Kapitel 1a genannten Arbeiten gelten, die selbst wieder ausführliche Literatur nennen. Als sehr brauchbare Formelsammlung hat sich wiederholt auch der erste Band der Hütte bewährt.

Weitere speziellere Reihen, sowie im besonderen auch die Fourierschen Reihen, sollen einem späteren Kapitel vorbehalten werden, da diese so stark mit dem Anschauungsmaterial der Elektrotechnik verknüpft sind, daß sie besser in der Anwendung auf die Elektrotechnik besprochen werden, als in einem rein mathematisch gehaltenen Abschnitt.

## 4. Differentialgleichungen.

### a) Gewöhnliche Differentialgleichungen.

#### *α) Differentialgleichungen erster Ordnung.*

##### 1. Trennung der Veränderlichen.

Differentialgleichungen sind Gleichungen, die neben den Veränderlichen auch deren Differentialquotienten enthalten. Sie heißen gewöhnliche Differentialgleichungen, wenn sie keine partiellen Differentialquotienten enthalten. Sie sind ferner von der ersten Ordnung, wenn nur Ableitungen erster Ordnung vorkommen.

Die einfachste Art ihrer Lösung ist schon besprochen worden. Die Aufgabe der Integralbildung

$$\int f(x)\, dx = F(x) = y,$$

wie sie im Abschnitt 2 dieses Kapitels beschrieben wurde, bedeutet ja nichts anderes als das Aufsuchen der Lösung der Differentialgleichung

$$\frac{dy}{dx} = f(x) = F'(x).$$

Liegt also im einfachsten Falle die Differentialgleichung in der Form

$$\frac{dy}{dx} = f(x) \quad \ldots \ldots \ldots \ldots \quad (1)$$

vor, dann kann die Integration nach den elementaren Integrationsregeln vorgenommen werden. In der Lösung

$$y = \int f(x)\, dx + C \quad \ldots \ldots \ldots \ldots \quad (2)$$

tritt dann wieder eine Integrationskonstante auf, die gegebenenfalls aus Nebenbedingungen des vorliegenden Problems bestimmt werden kann. Die Gleichung (2) heißt dann die allgemeine Lösung, während man bei einem bestimmten Wert von $C$ von einer partikulären Lösung spricht. Da die Konstante $C$ zunächst beliebig angenommen werden darf, kann man sie auch als Parameter in der Lösung auffassen. Man erhält dann für jedes $C$ eine Kurve, die gegenüber den anderen in der $y$-Richtung parallelverschoben ist. Das partikuläre Integral stellt also eine Kurve dieser Schar dar.

Läßt sich die gegebene Differentialgleichung auf die Form

$$\frac{dy}{dx} + \frac{f(x)}{g(y)} = 0 \quad \ldots \ldots \ldots \ldots \quad (3)$$

bringen, dann kann man nach Umformung auf

$$f(x)\, dx + g(y)\, dy = 0 \quad \ldots \ldots \ldots \quad (3a)$$

also »Trennung der Variablen« leicht eine Integration durchführen. Es wird

$$\int f(x)\, dx + \int g(y)\, dy + C = 0 \quad \ldots \ldots \ldots \quad (4)$$

Die Trennung der Variablen wird auch noch möglich, wenn die Differentialgleichung die Form

$$f_1(x)\, g_1(y)\, dx + f_2(x)\, g_2(y)\, dy = 0 \quad \ldots \ldots \quad (5)$$

hat; denn man erhält nach entsprechender Division

$$\frac{f_1(x)}{f_2(x)}\, dx + \frac{g_2(y)}{g_1(y)}\, dy = 0,$$

was ja der Form (3a) entspricht.

### 2. Exakte Differentialgleichungen.

Liegt eine Differentialgleichung von der Form

$$F(x, y)\, dx + G(x, y)\, dy = 0 \quad \ldots \ldots \ldots \quad (1)$$

vor, dann gelingt eine einfache Integration, wenn die linke Seite ein vollständiges Differential einer Funktion $f(x, y)$ darstellt. Es muß dann aus

$$df(x, y) = \frac{\partial f}{\partial x} dx + \frac{\partial f}{\partial y} dy$$

$$F = \frac{\partial f}{\partial x} \quad \text{und} \quad G = \frac{\partial f}{\partial y}$$

oder nach nochmaliger partieller Differentiation nach $y$ und $x$

$$\frac{\partial F}{\partial y} = \frac{\partial G}{\partial x} \qquad \ldots\ldots\ldots\ldots (2)$$

sein. Ist also die Bedingung (2) erfüllt, dann wird

$$f(x, y) + C = 0 \qquad \ldots\ldots\ldots\ldots (3)$$

die Lösung der Differentialgleichung (1). Man findet dann aus $F = \frac{\partial f}{\partial x}$

$$f(x, y) = \int F(x, y)\, dx + C(y) \qquad \ldots\ldots\ldots (4)$$

wobei $y$ als Konstante und die Integrationskonstante daher allgemein als Funktion von $y$ angesehen werden muß. Durch partielle Differentiation nach $y$ wird daraus

$$\frac{\partial f}{\partial y} = \int \frac{\partial F(x, y)}{\partial y} dx + \frac{\partial C(y)}{\partial y} = G(x, y),$$

woraus wieder

$$C(y) = \int \left[ G(x, y) - \int \frac{\partial F(x, y)}{\partial y} dx \right] dy.$$

Setzt man dies in (4) ein, dann wird

$$f(x, y) = \int F(x, y)\, dx + \int \left[ G(x, y) - \int \frac{\partial F(x, y)}{\partial y} dx \right] dy + C_1 = 0 \qquad (5)$$

Man hätte ebensogut von $G = \frac{\partial f}{\partial y}$ ausgehen können und dann die gleichwertige Lösung

$$f(x, y) = \int G(x, y)\, dy + \int \left[ F(x, y) - \int \frac{\partial G(x, y)}{\partial x} dy \right] dx + C_2 = 0 \qquad (6)$$

erhalten.

Als Beispiel sei etwa die Differentialgleichung

$$(2\,xy + 1)\, dx + (x^2 - 1)\, dy = 0$$

vorgelegt. Hier ist tatsächlich

$$\frac{\partial F}{\partial y} = \frac{\partial G}{\partial x} = 2\,x,$$

also

$$\int \frac{\partial F}{\partial y} dx = \int 2\,x\, dx = x^2$$

$$\int \left[ G - \int \frac{\partial F}{\partial y} dx \right] dy = \int (x^2 - 1 - x^2)\, dy = -\,y$$

$$\int F\, dx = \int (2\,x\,y + 1)\, dx = y\,x^2 + x$$

und damit

$$f(x, y) = x^2 y + x - y + C.$$

Das gleiche Ergebnis hätte natürlich die Auswertung der Gleichung (6) geliefert. Zur letzten Teilintegration

$$\int (2\,x\,y + 1)\,dx = y\,x^2 + x$$

sei noch hingewiesen, daß hierin $y$ als Konstante angesehen werden muß, da ja die Integration nach $x$ allein ausgeführt werden soll.

### 3. Integrierender Faktor.

Ist im vorhergehenden Abschnitt die Bedingung (2) nicht erfüllt, dann gelingt es zuweilen durch Multiplikation der Differentialgleichung mit einem passend gewählten Faktor, diese in ein vollständiges Differential umzuwandeln. Dieser Faktor ist im allgemeinen selbst eine Funktion von $x$ und $y$ und wird der integrierende Faktor genannt. Er bestimmt sich aus

$$F(x, y) \cdot v(x, y)\,dx + G(x, y) \cdot v(x, y)\,dy = 0$$

und

$$\frac{\partial (F \cdot v)}{\partial y} = \frac{\partial (G \cdot v)}{\partial x} \quad \ldots\ldots\ldots\ldots (1)$$

mit Hilfe der Differentialgleichung

$$F\frac{\partial v}{\partial y} - G\frac{\partial v}{\partial x} + \left(\frac{\partial F}{\partial y} - \frac{\partial G}{\partial x}\right) v = 0 \quad \ldots\ldots (2)$$

Die Lösung dieser partiellen Differentialgleichung ist nicht immer ganz einfach.

In vielen praktisch vorkommenden Fällen ist aber eine Vereinfachung möglich. Ist nämlich

$$\frac{1}{G}\left(\frac{\partial F}{\partial y} - \frac{\partial G}{\partial x}\right) = \varphi(x) \quad \ldots\ldots\ldots\ldots (3)$$

nur eine Funktion von $x$ allein, dann kann auch $v$ als Funktion von $x$ allein angegeben werden, wie man aus Gleichung (2) sofort sieht, wenn man durch $Gv$ dividiert. Es wird dann

$$\frac{1}{v}\frac{dv}{dx} = \frac{d}{dx}\ln v = \frac{1}{G}\left(\frac{\partial F}{\partial y} - \frac{\partial G}{\partial x}\right) = \varphi(x),$$

da ja $\frac{\partial v}{\partial y} = 0$ ist. Damit erhält man

$$\ln v = \int \varphi(x)\,dx$$

und

$$v = e^{\int \varphi(x)\,dx} \quad \ldots\ldots\ldots\ldots (4)$$

In gleicher Weise kann man auch $v$ als alleinige Funktion von $y$ anschreiben, wenn

$$\frac{1}{F}\left(\frac{\partial G}{\partial x} - \frac{\partial F}{\partial y}\right) = \psi(y) \quad . \quad . \quad . \quad . \quad . \quad . \quad . \quad . \quad . \quad (5)$$

eine Funktion von $y$ allein ist. Es wird dann

$$v = e^{\int \psi(y)\, dy} \quad . \quad . \quad . \quad . \quad . \quad . \quad . \quad . \quad . \quad . \quad . \quad (6)$$

Als Beispiel sei etwa die Gleichung

$$\frac{1 + 2x}{2} y^2 dx + x y\, dy = 0$$

kurz besprochen. Hier ist.

$$\frac{\partial F}{\partial y} = (1 + 2x)\, y; \qquad \frac{\partial G}{\partial x} = y$$

$$\frac{1}{G}\left(\frac{\partial F}{\partial y} - \frac{\partial G}{\partial x}\right) = \frac{1}{x y}(y + 2 x y - y) = 2 = \varphi(x)$$

$$\int \varphi(x)\, dx = \int 2\, dx = 2x,$$

also

$$v = e^{2x}.$$

Damit wird die Ausgangsgleichung zu

$$\frac{1 + 2x}{2} e^{2x} y^2 dx + x y e^{2x} dy = 0$$

und

$$\int \frac{\partial F}{\partial y} dx = y\left(\frac{e^{2x}}{2} + x e^{2x} - \frac{e^{2x}}{2}\right) = x y e^{2x}$$

$$\int \left[G - \int \frac{\partial F}{\partial y} dx\right] dy = \int [x y e^{2x} - x y e^{2x}]\, dy = 0$$

und

$$f(x, y) = \int F\, dx = \int \frac{1 + 2x}{2} e^{2x} y^2 dx = y^2 \int \left(\frac{e^{2x}}{2} + x e^{2x}\right) dx,$$

woraus

$$f(x, y) = \frac{x y^2 e^{2x}}{2} + C_1 = x y^2 e^{2x} + C.$$

Dieses Ergebnis hätte auch nach Division der Ausgangsgleichung durch $x y^2$ und Trennung der Variablen gefunden werden können. Das Beispiel wurde deshalb so gewählt, daß der Leser eine einfache Überprüfungsmöglichkeit hat.

#### 4. Die lineare Differentialgleichung.

Die lineare Differentialgleichung hat die Form

$$\frac{dy}{dx} + X_1 y + X_2 = 0 \quad . \quad . \quad . \quad . \quad . \quad . \quad . \quad . \quad . \quad . \quad (1)$$

$X_1$ und $X_2$ sind dabei lediglich Funktionen der Veränderlichen $x$. Man könnte die Gleichung zunächst gemäß der Beschreibung im vorhergehenden Paragraphen lösen. Es wird nämlich aus

$$(X_1 y + X_2)\,dx + dy = 0$$

$$\frac{\partial F}{\partial y} = X_1, \qquad \frac{\partial G}{\partial x} = 0,$$

also

$$\varphi(x) = X_1,$$

so daß also ein integrierender Faktor

$$v = e^{\int X_1\,dx}$$

besteht. Damit wird

$$(X_1 y + X_2)\, e^{\int X_1\,dx}\, dx + e^{\int X_1\,dx}\, dy = 0,$$

woraus

$$\int \frac{\partial F}{\partial y}\, dx = \int X_1\, e^{\int X_1\,dx}\, dx = e^{\int X_1\,dx}$$

$$\int\left[G - \int \frac{\partial F}{\partial y}\, dx\right] dy = \int \left(e^{\int X_1\,dx} - e^{\int X_1\,dx}\right) dy = 0$$

und

$$f(x, y) = \int F\, dx = \int (X_1 y + X_2)\, e^{\int X_1\,dx}\, dx$$

oder

$$f(x, y) = y\, e^{\int X_1\,dx} + \int X_2\, e^{\int X_1\,dx}\, dx + C = 0 \quad \ldots\ldots \quad (2)$$

was auch in der Form

$$y = \left(C - \int X_2\, e^{\int X_1\,dx}\, dx\right) e^{-\int X_1\,dx} \quad \ldots\ldots \quad (2\text{a})$$

geschrieben werden kann.

Auf die lineare Differentialgleichung (1) läßt sich auch die Bernoullische Differentialgleichung

$$\frac{dy}{dx} + X_1 y + X_2 y^n = 0 \quad \ldots\ldots \quad (3)$$

zurückführen. Durch die Substitution

$$y^{1-n} = z \quad \ldots\ldots \quad (4)$$

und

$$(1-n)\, y^{-n} \frac{dy}{dx} = \frac{dz}{dx}$$

wird nach Division der Gleichung (3) durch $y_n$

$$\frac{dz}{dx} + (1-n)\, X_1 z + (1-n)\, X_2 = 0 \quad \ldots\ldots \quad (5)$$

was also genau dem Typus (1) entspricht.

Ein häufiger Sonderfall tritt noch auf, wenn $X_2 = 0$ ist. Man spricht dann von homogenen Differentialgleichungen. Die übrigen linearen Differentialgleichungen werden demgemäß auch inhomogen genannt.

Für die homogene Differentialgleichung

$$\frac{dy}{dx} + X(x) \cdot y = 0 \quad \ldots\ldots\ldots\ldots \quad (6)$$

findet man leicht eine Lösung durch Trennung der Variablen. Es ist dann

$$\frac{dy}{y} + X \cdot dx = 0$$

und

$$y = C e^{-\int X\,dx} \quad \ldots\ldots\ldots\ldots \quad (7)$$

Vergleicht man dies mit der Lösung der inhomogenen Differentialgleichung, Formel (2a), so erkennt man, daß diese sich zusammensetzt aus einem partikulären Integral ($C = 0$) und dem Integral der zugehörigen homogenen Differentialgleichung.

### *β) Differentialgleichungen höherer Ordnung.*

#### 1. Differentialgleichungen zweiter Ordnung.

Eine Differentialgleichung zweiter Ordnung liegt vor, wenn sie neben den Veränderlichen $x$, $y$ und dem Differentialquotienten $\frac{dy}{dx}$ noch die zweite Ableitung $\frac{d^2 y}{dx^2}$ enthält. Hier liegen die Verhältnisse wesentlich schwieriger als bei den Differentialgleichungen erster Ordnung, so daß eine rationelle direkte Lösung nur in einfacheren Fällen möglich ist. In schwierigeren Fällen führt meist eine entsprechende Potenzreihenentwicklung zum Ziel.

In den Fällen, in denen die Differentialgleichung

$$F\left(x, y, \frac{dy}{dx}, \frac{d^2 y}{dx^2}\right) = 0 \quad \ldots\ldots\ldots\ldots \quad (1)$$

$x$ und $y$, oder nur $y$, oder nur $x$ nicht enthält, führt die Substitution

$$\frac{dy}{dx} = p \quad \ldots\ldots\ldots\ldots \quad (2)$$

auf Differentialgleichungen erster Ordnung, nämlich

$$F\left(p, \frac{dp}{dx}\right) = 0$$

$$F\left(x, p, \frac{dp}{dx}\right) = 0$$

$$F\left(y, p, \frac{dp}{dy}\right) = 0.$$

Hierin ist

$$\frac{d^2 y}{d x^2} = \frac{d p}{d x} = \frac{d p}{d y}\frac{d y}{d x} = p\frac{d p}{d y}$$

verwendet worden. Setzt man in der so erhaltenen Zwischenlösung für $p$ wieder $\frac{d y}{d x}$, so entsteht neuerdings eine Differentialgleichung erster Ordnung, die nunmehr endgültig integriert werden kann.

Besonders einfache Fälle sind dabei

$$\frac{d^2 y}{d x^2} = F(x) \quad \text{. . . . . . . . . . . . . (3)}$$

$$\frac{d^2 y}{d x^2} = F(y) \quad \text{. . . . . . . . . . . . . (4)}$$

$$\frac{d^2 y}{d x^2} = F\left(\frac{d y}{d x}\right) \quad \text{. . . . . . . . . . . . . (5)}$$

mit den Lösungen

$$y = \int \left[\int F(x)\, d x\right] d x + C_1 x + C_2 \quad \text{. . . . . . (3a)}$$

$$x = \int \frac{d y}{\sqrt{C_1 + 2\int F(y)\, d y}} + C_2 \quad \text{. . . . . . . (4a)}$$

$$\left.\begin{aligned} x &= \int \frac{d p}{F(p)} + C_1 \\ y &= \int \frac{p\, d p}{F(p)} + C_2 \end{aligned}\right\} \quad \text{. . . . . . . . . . . . . (5a)}$$

Bei den Gleichungen (5a) erhält man dann $y = f(x)$ durch Eliminieren von $p$.

Von besonderer Wichtigkeit sind die linearen Differentialgleichungen zweiter Ordnung. Zunächst interessieren insbesondere die homogenen Gleichungen mit konstanten Koeffizienten. Sie haben die allgemeine Form

$$a_2 \frac{d^2 y}{d x^2} + a_1 \frac{d y}{d x} + a_0 y = 0 \quad \text{. . . . . . . . (6)}$$

Es sind dies die typischen Gleichungen der freien Schwingungen. $a_0$ bis $a_2$ sind dabei Konstante und im Falle einer Schwingung, die Variable $x$ die Zeit.

Die Lösung erfolgt durch den versuchsweisen Ansatz

$$y = A e^{\alpha x} \quad \text{. . . . . . . . . . . . . (7)}$$

Dieser ergibt mit

$$a_2 \alpha^2 A e^{\alpha x} + a_1 \alpha A e^{\alpha x} + a_0 A e^{\alpha x} = 0$$

die sog. »charakteristische Gleichung«

$$a_2 \alpha^2 + a_1 \alpha + a_0 = 0 \quad \ldots\ldots\ldots\ldots \quad (8)$$

Diese quadratische Gleichung liefert im allgemeinen zwei Wurzeln $\alpha_1$ und $\alpha_2$, die also zu je einer partikulären Lösung gehören und ihrerseits zwei Konstante $A_1$ und $A_2$ erfordern. Wegen der Linearität ist die allgemeine Lösung gleich der Summe der beiden Teillösungen, also

$$y = A_1 e^{\alpha_1 x} + A_2 e^{\alpha_2 x} \quad \ldots\ldots\ldots\ldots \quad (9)$$

wobei noch

$$\alpha_1, \alpha_2 = -\frac{a_1}{2 a_2} \pm \sqrt{\frac{a_1^2}{4 a_2^2} - \frac{a_0}{a_2}} \quad \ldots\ldots\ldots \quad (10)$$

Die Konstanten $A_1$ und $A_2$ ergeben sich aus den Grenzbedingungen des vorliegenden Problems. Für die Form der Lösungsfunktion sind vor allem die Exponenten $\alpha_1$ und $\alpha_2$ bestimmend. Wie die Gleichung (10) zeigt, treten hier zwei Hauptfälle ein, je nachdem ob der Ausdruck unter dem Wurzelzeichen positiv oder negativ ist.

Ist $\frac{a_1^2}{4 a_2^2} > \frac{a_0}{a_2}$, dann sind die Wurzeln reell und die Gleichung (9) die endgültige Lösung der Differentialgleichung.

Ist $\frac{a_1^2}{4 a_2^2} < \frac{a_0}{a_2}$, dann gibt es imaginäre Wurzeln und $\alpha_1$ und $\alpha_2$ werden komplex. Es ist dann

$$\alpha_1, \alpha_2 = -\beta \pm j\gamma,$$

worin $j = \sqrt{-1}$ ist. Die Lösung kann dann umgeformt werden auf

$$y = e^{-\beta x}(A_1 e^{j\gamma x} + A_2 e^{-j\gamma x}) \quad \ldots\ldots\ldots \quad (10\text{a})$$

eine Form, die später noch als gedämpfte Schwingung erkannt werden wird.

Der Grenzfall $\frac{a_1^2}{4 a_2^2} = \frac{a_0}{a_2}$ bietet nichts grundsätzlich Neues. Er bildet einen Sonderfall der reellen Lösung.

Es wäre reizvoll, diese Schwingungsgleichungen ausführlich zu besprechen. Sie spielen aber in der Elektrotechnik in dieser Form keine so große Rolle, da man hier besser komplex rechnet. Es soll daher in diesem allgemeinen Abschnitt zunächst auf die Schwingungstheorien nicht näher eingegangen werden.

Ist die vorgelegte Differentialgleichung nicht homogen, sondern enthält sie noch ein Glied, das eine Funktion von $x$ ist, ein sog. Störungsglied, dann muß man — wie bereits im vorigen Kapitel angegeben wurde — zunächst trachten, eine partikuläre Lösung zu finden, zu der man dann nur noch das Integral der zugehörigen homogenen Differentialgleichung zu addieren hat, um die allgemeine Lösung zu erhalten.

Sind die Koeffizienten der linearen Differentialgleichung nicht konstant, sondern selbst Funktionen von $x$, also

$$\frac{d^2 y}{d x^2} + X_1 \frac{d y}{d x} + X_2 \cdot y = X_3 \quad \ldots \ldots \ldots \quad (11)$$

so versuche man, zunächst ein partikuläres Integral der zugehörigen homogenen Gleichung zu finden. Bezeichnet man dieses mit $u = u(x)$ und setzt man

$$y = u v$$

$$\frac{d y}{d x} = v u' + u v'$$

$$\frac{d^2 y}{d x^2} = v u'' + 2 u' v' + u v'',$$

so wird nach dem Einsetzen in (11)

$$u v'' + 2\left[u' + u \frac{X_1}{2}\right] v' + \left[u'' + u' X_1 + u X_2\right] v = X_3$$

oder da

$$\frac{d^2 u}{d x^2} + X_1 \frac{d u}{d x} + X_2 u = 0$$

$$u v'' + 2\left[u' + u \frac{X_1}{2}\right] v' = X_3 .$$

Setzt man jetzt noch

$$u^2 v' = w$$

$$u^2 v'' + 2 u u' v' = w',$$

so erhält man schließlich mit

$$w' + X_1 w = u X_3 \quad \ldots \ldots \ldots \ldots \quad (12)$$

eine lineare Differentialgleichung erster Ordnung, aus der zunächst $w$ und hierauf $v$ und damit $y$ gefunden werden kann.

### 2. Differentialgleichungen höherer Ordnung.

Es liegt völlig außerhalb des Rahmens dieses Buches, die Differentialgleichungen höherer Ordnung auch nur halbwegs ausführlich zu besprechen. Es sollen die Untersuchungen daher lediglich auf die linearen Differentialgleichungen $n$-ter Ordnung ausgedehnt werden. Diese haben die allgemeine Form

$$X_0 \frac{d^n y}{d x^n} + X_1 \frac{d^{n-1} y}{d x^{n-1}} + \ldots + X_{n-1} \frac{d y}{d x} + X_n y = X \quad . \; . \quad (1)$$

Ist das »Störungsglied« $X(x) = 0$ Null, dann heißt die Differentialgleichung wieder homogen.

Für die homogene Differentialgleichung gilt wieder, daß, wenn $y_1$ und $y_2$ zwei partikuläre Lösungen sind, $C_1 y_1 + C_2 y_2$ ebenfalls eine

Lösung ist, wovon man sich übrigens durch Einsetzen sofort leicht überzeugen kann. Da die homogene lineare Differentialgleichung $n$-ter Ordnung $n$ Lösungen hat, lautet das allgemeine Integral

$$y = C_1 y_1(x) + C_2 y_2(x) + \ldots + C_n y_n(x) \quad \ldots \quad (2)$$

Ist nun $Y$ ein partikuläres Integral der Differentialgleichung (1), so kann man $y = Y + u$ schreiben und in (1) einsetzen. Da $Y$ allein schon die Gleichung befriedigt, bleibt noch die homogene Differentialgleichung

$$X_0 \frac{d^n u}{d x^n} + X_1 \frac{d^{n-1} u}{d x^{n-1}} + \ldots + X_n u = 0 \quad \ldots \quad (3)$$

übrig. Um also die allgemeine Lösung zu (1) zu finden, benötigt man ein partikuläres Integral und die allgemeine Lösung der homogenen Differentialgleichung. Kennt man ein partikuläres Integral $y_1$ der homogenen Differentialgleichung, so setze man wieder $y = v y_1$ und $\frac{dv}{dx} = w$. Nach dem Einsetzen in die Differentialgleichung liefert dies dann mit

$$y = C_1 y_1 \int w_1 dx + C_2 y_1 \int w_2 dx + \ldots + C_n y_1 \quad \ldots \quad (4)$$

das allgemeine Integral zu (3).

Als Beispiel sei die homogene lineare Differentialgleichung

$$(2x+3)^3 \frac{d^3 y}{dx^3} - 8(2x+3)\frac{dy}{dx} + 32 y = 0$$

betrachtet, deren Lösung zwar wieder auf anderem Wege schneller zu finden ist, die aber gerade hier als Beispiel für vorteilhafte Substitutionen recht lehrreich sein dürfte. Man findet unschwer die partikuläre Lösung

$$y_1 = (2x+3)^2$$

Es wird dann mit

$$\begin{aligned} y &= v(2x+3)^2 \\ y' &= v\,4(2x+3) + v'(2x+3)^2 \\ y'' &= v\,8 + v'\,8(2x+3) + v''(2x+3)^2 \\ y''' &= v'\,24 + v''\,12(2x+3) + v'''(2x+3)^2 \end{aligned}$$

$$v'''(2x+3)^5 + v''\,12(2x+3)^4 + v'[24(2x+3)^3 - 8(2x+3)^3] - v[32(2x+3)^2 - 32(2x+3)^2] = 0,$$

woraus mit

$$v' = w$$

$$w'' + w'\frac{12}{2x+3} + w\frac{16}{(2x+3)^2} = 0$$

eine homogene lineare Differentialgleichung zweiter Ordnung erhalten wird. Setzt man jetzt

$$2x + 3 = 2t$$
$$dx = dt,$$

so wird

$$w'' + w'\frac{6}{t} + w\frac{4}{t^2} = 0.$$

Dies ist eine »eindimensionale« Differentialgleichung, deren jedes Glied die gleiche Dimension (hier —1) hat. Dabei wird der zweiten Ableitung die Dimension —1, der ersten die Dimension 0 und den Veränderlichen eine Dimension gemäß ihrem Exponenten beigelegt $\left(\frac{6}{t}\right.$ hat also auch die Dimension —1, ebenso $\left.\frac{4w}{t^2}\right)$. Eine solche eindimensionale Differentialgleichung kann vereinfacht werden durch die Substitutionen

$$\left.\begin{array}{l} t = e^{\vartheta} \\ w = z\,e^{\vartheta} \end{array}\right\} \quad \ldots\ldots\ldots\ldots \quad (5)$$

Es ist dann

$$w' = \frac{dw}{dt} = \frac{dw}{d\vartheta}\,\frac{d\vartheta}{dt} = \left(\frac{dz}{d\vartheta}\,e^{\vartheta} + z\,e^{\vartheta}\right)e^{-\vartheta} = \frac{dz}{d\vartheta} + z$$

und

$$w'' = \frac{d^2w}{dt^2} = \left(\frac{d^2z}{d\vartheta^2} + \frac{dz}{d\vartheta}\right)e^{-\vartheta}$$

Das gibt eingeführt

$$\left(\frac{d^2z}{d\vartheta^2} + \frac{dz}{d\vartheta}\right)e^{-\vartheta} + \left(\frac{dz}{d\vartheta} + z\right)6\,e^{-\vartheta} + z\,e^{\vartheta}\,4\,e^{-2\vartheta} = 0$$

oder

$$\frac{d^2z}{d\vartheta^2} + 7\frac{dz}{d\vartheta} + 10\,z = 0.$$

Das ist also eine homogene lineare Differentialgleichung mit konstanten Koeffizienten, für die der Ansatz

$$z = C\,e^{\alpha\vartheta}$$

gemacht werden kann. Damit wird nach dem Einsetzen und Kürzen durch $C e^{\alpha\vartheta}$

$$\alpha^2 + 7\alpha + 10 = 0$$

mit den beiden Lösungen

$$\alpha_1 = -2 \qquad \text{und} \qquad \alpha_2 = -5.$$

Es ist also

$$z = C_1'\,e^{-2\vartheta} + C_2'\,e^{-5\vartheta}$$

und

$$w = z\,e^{\vartheta} = C_1'\,e^{-\vartheta} + C_2'\,e^{-4\vartheta} = \frac{dv}{dx},$$

ferner

$$\vartheta = \ln t = \ln \frac{2x+3}{2},$$

womit

$$\frac{dv}{dx} = C_1'' (2x+3)^{-1} + C_2'' (2x+3)^{-4}.$$

Die Nenner 2 und $2^4$ sind dabei in die neuen Konstanten einbezogen worden. Nunmehr wird

$$v = C_1 \ln (2x+3) + C_2 (2x+3)^{-3} + C_3,$$

und damit

$$y = v (2x+3)^2 = (2x+3)^2 [C_1 \ln (2x+3) + C_3] + \frac{C_2}{2x+3}.$$

Liegt ganz allgemein das vollständige Integral der homogenen Differentialgleichung (3) in der Form

$$y = \sum_1^n C_i y_i \quad \ldots \ldots \ldots \ldots \quad (6)$$

vor, dann erhält man auch das allgemeine Integral zur vollständigen Differentialgleichung (1) durch »Variation der Konstanten«. Bei diesem Verfahren sucht man die Integration der inhomogenen Differentialgleichung auf eine Integration der homogenen zurückzuführen. Zu diesem Zwecke werden die Konstanten $C_i$ der Lösung (6) als Funktionen von $x$ aufgefaßt. Bildet man dann die erste Ableitung zu (6), so ist

$$y' = \sum_1^n C_i y_i' + \sum_1^n C_i' y_i.$$

Da nun die Konstanten $C_i$ unbekannt sind, kann man für sie noch eine Bedingung frei wählen. Es soll etwa angenommen werden, daß die $C_i$ so gewählt werden, daß

$$\sum_1^n C_i' y_i = C'_1 y_1 + C_2' y_2 + \ldots + C_n' y_n = 0 \quad \ldots \ldots \quad (7)$$

wird. Dann ist

$$y' = \sum_1^n C_i y_i'.$$

Verfährt man bei der zweiten Ableitung ebenso, so wird mit

$$\sum_1^n C_i' y_i' = 0 \quad \ldots \ldots \ldots \ldots \quad (8)$$

$$y'' = \sum_1^n C_i y_i''.$$

Da $n$ Konstante vorliegen, können $(n-1)$ solche Bedingungsgleichungen aufgestellt werden, so daß

$$\sum_1^n C_i' \, y_i^{(n-2)} = 0 \quad \ldots \ldots \ldots \ldots \quad (9)$$

und

$$y^{(n-1)} = \sum_1^n C_i \, y_i^{(n-1)}.$$

Beim $n$-ten Differentialquotienten bleibt dann aber

$$y^{(n)} = \sum_1^n C_i \, y_i^{(n)} + \sum_1^n C_i' \, y_i^{(n-1)} \quad \ldots \ldots \quad (10)$$

Führt man die so erhaltenen Ausdrücke für die Differentialquotienten in die Ausgangsgleichung (1) ein, so erhält man

$$X_0 \sum_1^n C_i \, y_i^{(n)} + X_1 \sum_1^n C_i \, y_i^{(n-1)} + \ldots + X_{n-1} \sum_1^n C_i \, y_i' + X_n \sum_1^n C_i \, y_i$$
$$+ X_0 \sum_1^n C_i' \, y_i^{(n-1)} = X.$$

Nun sind aber alle $y_i$ ja Lösungen der homogenen Differentialgleichung, so daß die linke Seite bis auf das letzte Glied verschwindet. Es bleibt dann die Gleichung

$$X_0 \sum_1^n C_i' \, y_i^{(n-1)} = X \quad \ldots \ldots \ldots \ldots \quad (11)$$

die mit den $(n-1)$ Gleichungen (7) bis (9) die Errechnung der Ableitungen der $n$ Koeffizienten $C_i$ ermöglicht. Sie ergeben sich als Funktionen von $x$, so daß die Koeffizienten selbst durch eine einfache Integration

$$C_i = \int C_i'(x) \, dx + A_i \quad \ldots \ldots \ldots \ldots \quad (12)$$

ermittelt werden können. Das vollständige Integral der inhomogenen Differentialgleichung ergibt sich dann durch Einsetzen dieses Ausdruckes in die Gleichung (6). Es wird

$$y = \sum_1^n A_i \, y_i + \sum_1^n y_i \int C_i'(x) \, dx \quad \ldots \ldots \quad (13)$$

Das ist also tatsächlich auch die Summe aus dem allgemeinen Integral der homogenen Differentialgleichung und einem partikulären Integral der vollständigen Differentialgleichung, das durch den zweiten Summanden angegeben ist.

Im vorhin angeführten Beispiel wäre mit $X(x)$ als Störungsfunktion zu bilden

$$C_1'(2x+3)^2\ln(2x+3)+C_2'\frac{1}{2x+3}+C_3'(2x+3)^2=0$$

$$C_1'2(2x+3)[1+2\ln(2x+3)]-C_2'\frac{2}{(2x+3)^2}+C_3'4(2x+3)=0$$

$$(2x+3)^3\left\{C_1'4[1+2+2\ln(2x+3)]+C_2'\frac{8}{(2x+3)^3}+C_3'8\right\}=X(x)$$

woraus nach einiger einfacher Umformung

$$C_1'=\frac{X(x)}{12(2x+3)^3}$$

$$C_2'=\frac{X(x)}{36}$$

$$C_3'=-\frac{X(x)}{36}\,\frac{1+3\ln(2x+3)}{(2x+3)^3}.$$

Ist beispielsweise

$$X(x)=36(2x+3)^3,$$

so wird

$$C_1=\int 3\,dx=3x+A_1$$

$$C_2=\int(2x+3)^3\,dx=\frac{1}{8}(2x+3)^4+A_2$$

$$C_3=-\int[1+3\ln(2x+3)]\,dx=\frac{3}{2}(2x+3)[1-\ln(2x+3)]-x+A_3$$

und damit das allgemeine Integral der vollständigen Differentialgleichung

$$y=A_1(2x+3)^2\ln(2x+3)+A_2\frac{1}{2x+3}+A_3(2x+3)^2+$$

$$+3x(2x+3)^2\ln(2x+3)+\frac{(2x+3)^3}{8}$$

$$+\frac{3}{2}(2x+3)^3[1-\ln(2x+3)]-x(2x+3)^2,$$

wobei die erste Zeile wieder das allgemeine Integral der homogenen Differentialgleichung bedeutet und der Rest ein partikuläres Integral der vollständigen Differentialgleichung darstellen muß, das sich übrigens noch in der einfacheren Form

$$\frac{(2x+3)^2}{8}[18x+39-36\ln(2x+3)]$$

anschreiben läßt. Man überzeugt sich leicht durch Einsetzen, daß dies tatsächlich ein partikuläres Integral der vollständigen Differentialgleichung ist.

Einfacher ist im allgemeinen der Fall, wo in der nichthomogenen Differentialgleichung konstante Koeffizienten vorliegen. Die Gleichung hat dann die Form

$$\sum_1^n a_i\, y^{(i)} = X \quad \ldots\ldots\ldots\ldots \quad (14)$$

Auch hier ergibt der Ansatz

$$y = e^{\alpha x} \quad \ldots\ldots\ldots\ldots \quad (15)$$

partikuläre Integrale. Setzt man die $n$ Differentialquotienten dieses Ansatzes

$$y^{(i)} = \alpha^i\, e^{\alpha x}$$

in die homogene Differentialgleichung

$$\sum_1^n a_i\, y^{(i)} = 0 \quad \ldots\ldots\ldots\ldots \quad (16)$$

ein, so erhält man nach Kürzen durch $e^{\alpha x}$ die »charakteristische« Gleichung $n$-ten Grades

$$a_n\, \alpha^n + a_{n-1}\, \alpha^{n-1} + \ldots + a_1 \alpha + a_0 = 0$$

aus der die $n$ Wurzeln $\alpha_1 \ldots \alpha_n$ berechnet werden können. Damit ist das allgemeine Integral der homogenen Differentialgleichung

$$y = \sum_1^n A_i\, e^{\alpha_i x} \quad \ldots\ldots\ldots\ldots \quad (17)$$

bestimmt. Das allgemeine Integral der inhomogenen Differentialgleichung erhält man dann wieder durch Variation der Koeffizienten.

Zum Schlusse dieses Kapitels sei noch ein Verfahren erwähnt, das man versucht, wenn die anderen zu keiner Lösung führen, nämlich die Integration durch Reihen. Löst man die gegebenen Differentialquotienten nach ihrer höchsten Ableitung $y^{(k)}$ auf, so kann man aus

$$y^{(k)} = F\,(x, y, y' \ldots y^{(k-1)})$$

durch fortgesetzte Differentiation eine beliebige Zahl höherer Ableitungen $y^{(k+1)}$, $y^{(k+2)} \ldots y^{(n)}$ bestimmen, die im allgemeinen Funktionen derselben Veränderlichen wie $F$ sein werden. Da ferner bei der Lösung $k$ Integrationskonstanten auftreten müssen, kann man über diese etwa wie folgt verfügen. Es soll bei $x = 0$

$$\begin{aligned} y &= C_0 \\ y' &= C_1 \\ &\vdots \\ y^{(k)} &= C_k \end{aligned}$$

sein. Dann stellen sich aber sämtliche Ableitungen auch über der $k$-ten Ordnung für $x = 0$ als Funktionen dieser Konstanten dar, und man kann sie in die Mac-Laurinsche Reihenentwicklung

$$y = f(0) + f'(0)\frac{x}{1!} + f''(0)\frac{x^2}{2!}\dots$$

einsetzen, die dann das allgemeine Integral der Differentialgleichung darstellt, vorausgesetzt, daß die Reihe konvergiert.

Als Beispiel diene etwa die Gleichung

$$\frac{d^2 y}{d x^2} + a x y = 0.$$

Durch fortgesetzte Differentiation wird

$$\begin{aligned} &y''' + a x y' + a y = 0 \\ &y^{(4)} + a x y'' + 2 a y' = 0 \\ &y^{(5)} + a x y''' + 3 a y'' = 0 \\ &\vdots \end{aligned}$$

und damit für $x = 0$

$$\begin{aligned} y &= C_0 \\ y' &= C_1 \\ y'' &= 0 \\ y''' &= -a C_0 \\ y^{(4)} &= -2 a C_1 \\ y^{(5)} &= 0 \\ &\vdots \end{aligned}$$

In die Mac-Laurinsche Reihe eingesetzt, liefert dies die Lösung

$$y = C_0 + C_1 x - a C_0 \frac{x^3}{3!} - 2 a C_1 \frac{x^4}{4!} + 4 a^2 C_0 \frac{x^6}{6!} + 2 \cdot 5 a^2 C_1 \frac{x^7}{7!} + \dots$$

oder geordnet

$$y = C_0 \left(1 - \frac{a x^3}{3!} + \frac{4 a^2 x^6}{6!} - \frac{4 \cdot 7 \cdot a^3 x^9}{9!} + \dots\right) +$$

$$+ C_1 \left(\frac{x}{1!} - \frac{2 a x^4}{4!} + \frac{2 \cdot 5 a^2 x^7}{7!} - \frac{2 \cdot 5 \cdot 8 a^3 x^{10}}{10!} + \dots\right).$$

Oft genügt es, zur gegebenen Differentialgleichung den Lösungsansatz

$$y = \sum_0^\infty a_i x^i = a_0 + a_1 x + a_2 x^2 + \dots \qquad (18)$$

einer allgemeinen Potenzreihe zu machen. Man erhält dann durch Einsetzen in die Differentialgleichung eine Rekursionsformel für die Koeffizienten der Potenzreihe, womit diese bestimmt ist. Man muß sich dann aber nachträglich davon überzeugen, daß die Reihe konvergiert. Manchmal ist es auf diese Weise auch möglich, das allgemeine Integral der Differentialgleichung zu finden. Der Ansatz (18) liefert differenziert

$$\left.\begin{aligned}
\frac{dy}{dx} &= a_1 + 2\,a_2\,x + 3\,a_3\,x^2 + \ldots = \sum_0^\infty (i+1)\,a_{i+1}\,x^i \\
\frac{d^2 y}{dx^2} &= 2\,a_2 + 2\cdot 3\,a_3\,x + 3\cdot 4\,a_4\,x^2 + \ldots = \sum_0^\infty (i+1)\,(i+2)\,a_{i+2}\,x^i \\
&\vdots \\
\frac{d^n y}{dx^n} &= \sum_0^\infty \binom{i+n}{n}\, n!\; a_{i+n}\,x^i
\end{aligned}\right\} \quad (19)$$

mit welchen Werten man dann in die gegebene Differentialgleichung eingehen muß.

Als Beispiel sei die Differentialgleichung

$$x\frac{d^2 y}{dx^2} + \frac{dy}{dx} + x\,y = 0,$$

die »Besselsche Differentialgleichung nullter Ordnung« gewählt. Zunächst ist aus (19)

$$x\frac{d^2 y}{dx^2} = 2\,a_2\,x + 2\cdot 3\,a_3\,x^2 + 3\cdot 4\,a_4\,x^3 + \ldots = \sum_0^\infty (i+1)\,(i+2)\,a_{i+2}\,x^{i+1}$$

$$x\,y = a_0\,x + a_1\,x^2 + a_2\,x^3 + \ldots = \sum_0^\infty a_i\,x^{i+1}$$

$$\frac{dy}{dx} = a_1 + 2\,a_2\,x + 3\,a_3\,x^2 + \ldots = a_1 + \sum_0^\infty (i+2)\,a_{i+2}\,x^{i+1}$$

$$\Sigma\,[(i+1)\,(i+2)\,a_{i+2} + (i+2)\,a_{i+2} + a_i]\,x^{i+1} + a_1 = 0,$$

woraus

$$a_1 = 0$$

und

$$a_{i+2} = -\frac{a_i}{(i+2)^2}.$$

Ist nun etwa noch die Anfangsbedingung $x = 1$, $y = 1$ vorgeschrieben, so wird

$$\begin{aligned}
a_0 &= 1 \\
a_1 &= a_3 = a_5 = \ldots = 0 \\
a_2 &= -\frac{1}{4} = -\left(\frac{1}{2}\right)^2 \\
a_4 &= \left(\frac{1}{2}\right)^2 \frac{1}{4^2} = \left(\frac{1}{2}\right)^4 \cdot \frac{1}{4} = \frac{\left(\frac{1}{2}\right)^4}{2!^2} \\
a_6 &= -\left(\frac{1}{2}\right)^6 \frac{1}{6^2} = -\frac{\left(\frac{1}{2}\right)^6}{3!^2} \\
&\vdots \\
a_{2n} &= (-1)^n \frac{\left(\frac{1}{2}\right)^{2n}}{n!^2}
\end{aligned}$$

und

$$y = 1 - \frac{\left(\frac{x}{2}\right)^2}{1!^2} + \frac{\left(\frac{x}{2}\right)^4}{2!^2} - \frac{\left(\frac{x}{2}\right)^6}{3!^2} + \ldots = \sum_0^\infty \frac{(-1)^n}{n!^2} \left(\frac{x}{2}\right)^{2n}.$$

## b) Partielle Differentialgleichungen.

### α) *Partielle Differentialgleichungen erster Ordnung.*

Kommen in Differentialgleichungen partielle Differentialquotienten vor, dann spricht man von partiellen Differentialgleichungen. Die Ordnung der höchsten vorkommenden Ableitung bestimmt dann wieder die Ordnung der Differentialgleichung. In der Natur der Verwendung partieller Differentialquotienten liegt es ferner, daß diese Gleichungen mehr als eine unabhängige Variable enthalten. Bei $n$ unabhängig Veränderlichen müssen dann $n$ Gleichungen für eine vollständige Lösung gleichzeitig gegeben sein. Man spricht dann von simultanen partiellen Differentialgleichungen.

Die Theorie der partiellen Differentialgleichungen ist sehr weit entwickelt worden. Es würde zu weit führen, hier auch nur einigermaßen in mathematisch einwandfreier Form darauf einzugehen. Es sollen daher nur einige wichtige und typische Fälle betrachtet werden, die auch für die Elektrotechnik von Bedeutung sind.

Zunächst genügt die Beschränkung auf zwei unabhängig Veränderliche $x$ und $y$. Die Differentialgleichung hat dann die allgemeine Form

$$F\left(x, y, z, \frac{\partial z}{\partial x}, \frac{\partial z}{\partial y}\right) = 0 \quad \ldots \ldots \ldots \ldots (1)$$

Ihre Lösung ist eine Funktion

$$f(x, y, z, C_1, C_2) = 0 \quad \ldots \ldots \ldots \ldots (2)$$

der drei Veränderlichen, die noch zwei willkürliche Konstante $C_1$ und $C_2$ enthält. Differenziert man nämlich diese Funktion nach $x$ und $y$, so werden

$$\left.\begin{aligned} \frac{df}{dx} &= \frac{\partial f}{\partial z} \cdot \frac{\partial z}{\partial x} + \frac{\partial f}{\partial x} = 0 \\ \frac{df}{dy} &= \frac{\partial f}{\partial z} \cdot \frac{\partial z}{\partial y} + \frac{\partial f}{\partial y} = 0 \end{aligned}\right\} \quad \ldots \ldots \ldots \ldots (3)$$

und damit zwei weitere Gleichungen zu (2) erhalten, die zusammen mit dieser die Elimination der beiden Konstanten ermöglicht, so daß die vorgelegte Differentialgleichung (1) erhalten wird. Die Funktion (2) heißt dann ein vollständiges Integral der partiellen Differentialgleichung (1). Es enthält immer soviel willkürliche Konstante als unabhängige Variable auftreten.

Es gibt noch eine andere Lösungsmöglichkeit. Werden nämlich die Größen $C_1$ und $C_2$ nicht als Konstante angesehen, sondern selbst wieder als Funktionen von $x$ und $y$, dann ist

$$\frac{df}{dx} = \frac{\partial f}{\partial z} \cdot \frac{\partial z}{\partial x} + \frac{\partial f}{\partial x} + \frac{\partial f}{\partial C_1}\frac{\partial C_1}{\partial x} + \frac{\partial f}{\partial C_2}\frac{\partial C_2}{\partial x} = 0$$

$$\frac{df}{dy} = \frac{\partial f}{\partial z} \cdot \frac{\partial z}{\partial y} + \frac{\partial f}{\partial y} + \frac{\partial f}{\partial C_1}\frac{\partial C_1}{\partial y} + \frac{\partial f}{\partial C_2}\frac{\partial C_2}{\partial y} = 0$$

zu setzen. Zusammen mit (3) muß also

$$\frac{\partial f}{\partial C_1}\frac{\partial C_1}{\partial x} + \frac{\partial f}{\partial C_2}\frac{\partial C_2}{\partial x} = 0$$

$$\frac{\partial f}{\partial C_1}\frac{\partial C_1}{\partial y} + \frac{\partial f}{\partial C_2}\frac{\partial C_2}{\partial y} = 0$$

sein. Aus diesen Gleichungen wird

$$\frac{\partial f}{\partial C_1} = \frac{\begin{vmatrix} 0 & \frac{\partial C_2}{\partial x} \\ 0 & \frac{\partial C_2}{\partial y} \end{vmatrix}}{\begin{vmatrix} \frac{\partial C_1}{\partial x} & \frac{\partial C_2}{\partial x} \\ \frac{\partial C_1}{\partial y} & \frac{\partial C_2}{\partial y} \end{vmatrix}} = 0$$

$$\frac{\partial f}{\partial C_2} = \frac{\begin{vmatrix} \frac{\partial C_1}{\partial x} & 0 \\ \frac{\partial C_1}{\partial y} & 0 \end{vmatrix}}{\begin{vmatrix} \frac{\partial C_1}{\partial x} & \frac{\partial C_2}{\partial x} \\ \frac{\partial C_1}{\partial y} & \frac{\partial C_2}{\partial y} \end{vmatrix}} = 0.$$

Außer den trivialen Lösungen

$$\frac{\partial f}{\partial C_1} = 0 \quad \text{und} \quad \frac{\partial f}{\partial C_2} = 0,$$

die zum sog. singulären Integral der Differentialgleichung führen, werden diese Gleichungen noch durch die Bedingung

$$\begin{vmatrix} \frac{\partial C_1}{\partial x} & \frac{\partial C_2}{\partial x} \\ \frac{\partial C_1}{\partial y} & \frac{\partial C_2}{\partial y} \end{vmatrix} = 0 \quad . \quad . \quad . \quad . \quad . \quad . \quad . \quad . \quad . \quad . \quad . \quad . \quad (4)$$

erfüllt. Die Größen $C_1$ und $C_2$ sind also nicht unabhängig voneinander, sondern in einer Funktion

$$C_2 = \varphi(C_1) \quad \dots\dots\dots\dots \quad (5)$$

miteinander verknüpft (siehe S. 19). Es wird jetzt

$$\frac{df}{dC_1} = \frac{\partial f}{\partial C_2}\frac{\partial \varphi}{\partial C_1} + \frac{\partial f}{\partial C_1} = 0 \quad \dots\dots\dots \quad (6)$$

Aus den Gleichungen (5) und (6) können nach willkürlicher Wahl der Funktion $\varphi$ die Größen $C_1$ und $C_2$ ermittelt werden. Das Integral enthält dann an Stelle willkürlicher Integrationskonstanten eine willkürliche Funktion $\varphi(x, y)$. Dieses Integral heißt das allgemeine Integral der vorgelegten Differentialgleichung. Um es zu finden, suche man also vorerst das vollständige Integral und ersetze die Größen $C_1$ und $C_2$ mit Hilfe der Gleichungen (5) und (6) durch die willkürliche Funktion $\varphi$.

Wichtig sind wieder die linearen partiellen Differentialgleichungen

$$P\frac{\partial z}{\partial x} + Q\frac{\partial z}{\partial y} = R \quad \dots\dots\dots\dots \quad (7)$$

worin $P$, $Q$ und $R$ Funktionen von $x$, $y$ und $z$ bedeuten. Ist die Lösung dieser Differentialgleichung

$$z = f(x, y)$$

oder

$$f(x, y) - z = F(x, y, z) = 0 \quad \dots\dots\dots \quad (8a)$$

so kann die Gleichung (7) auch geschrieben werden

$$P\frac{\partial F}{\partial x} + Q\frac{\partial F}{\partial y} + R\frac{\partial F}{\partial z} = 0 \quad \dots\dots\dots \quad (7a)$$

Es läßt sich leicht zeigen, daß für diese Gleichung die Lösung der gewöhnlichen Differentialgleichungen

$$\frac{dx}{dt} = P, \quad \frac{dy}{dt} = Q, \quad \frac{dz}{dt} = R$$

oder

$$\frac{dx}{P} = \frac{dy}{Q} = \frac{dz}{R} \quad \dots\dots\dots\dots \quad (9)$$

maßgebend ist, worin $t$ eine Hilfsveränderliche darstellt. Sind nämlich die Lösungen zu (9) die beiden Funktionen

$$\left.\begin{array}{l} F_1(x, y, z) = C_1 \\ F_2(x, y, z) = C_2 \end{array}\right\} \quad \dots\dots\dots\dots \quad (10)$$

so werden die totalen Differentialquotienten

$$\frac{dF_1}{dt} = \frac{\partial F_1}{\partial x}\frac{dx}{dt} + \frac{\partial F_1}{\partial y}\frac{dy}{dt} + \frac{\partial F_1}{\partial z}\frac{dz}{dt} = P\frac{\partial F_1}{\partial x} + Q\frac{\partial F_1}{\partial y} + R\frac{\partial F_1}{\partial z} = 0$$

$$\frac{dF_2}{dt} = \frac{\partial F_2}{\partial x}\frac{dx}{dt} + \frac{\partial F_2}{\partial y}\frac{dy}{dt} + \frac{\partial F_2}{\partial z}\frac{dz}{dt} = P\frac{\partial F_2}{\partial x} + Q\frac{\partial F_2}{\partial y} + R\frac{\partial F_2}{\partial z} = 0.$$

Die Funktionen (10) genügen also der Differentialgleichung (7a) und stellen somit vollständige Integrale dar. Zur Ermittlung des allgemeinen Integrales ist dann nach (5) nur noch eine allgemeine Funktion

$$\Phi(F_1 F_2) = 0 \quad \text{oder} \quad F_2 = \varphi(F_1) \quad . \quad . \quad . \quad . \quad . \quad (11)$$

zu setzen.

Ein einfaches Beispiel möge das Gesagte unterstützen. Es sei die partielle Differentialgleichung

$$(x-1)\frac{\partial z}{\partial x} + (y-1)\frac{\partial z}{\partial y} = 2yz$$

zu integrieren. Aus (9) wird

$$\frac{dx}{x-1} = \frac{dy}{y-1} = \frac{dz}{y\,2z}$$

und damit

$$\ln(x-1) = \ln(y-1) + \ln C_1$$

$$\frac{x-1}{y-1} = C_1$$

$$\int \frac{y}{y-1}\,dy = y + \ln(y-1) = \frac{1}{2}\ln z + \ln C_2$$

$$\ln e^y (y-1) = \ln C_2 \sqrt{z}$$

$$\frac{e^y (y-1)}{\sqrt{z}} = C_2.$$

Die allgemeine Lösung lautet also

$$\Phi\left(\frac{x-1}{y-1}, \frac{y-1}{\sqrt{z}} e^y\right) = 0$$

oder explizite

$$z = (y-1)^2 e^{2y} \Psi\left(\frac{x-1}{y-1}\right).$$

## *β) Partielle Differentialgleichungen zweiter Ordnung.*

### 1. Allgemeines.

Zeigte schon die Besprechung der einfachsten partiellen Differentialgleichung die größeren Schwierigkeiten gegenüber den gewöhnlichen Differentialgleichungen, so wachsen diese noch bedeutend an, wenn partielle Differentialgleichungen höherer Ordnung zu lösen sind. Von besonderer Bedeutung für Physik und Technik sind die linearen, partiellen Differentialgleichungen zweiter Ordnung. Sie sollen in ihren wichtigsten Formen im folgenden kurz besprochen werden. Auf das Eingehen in höhere Ordnungen sowie eine genauere Besprechung auch der Differentialgleichungen zweiter Ordnung kann wohl im Rahmen dieses Buches verzichtet werden.

Die linearen, homogenen, partiellen Differentialgleichungen zweiter Ordnung haben die allgemeine Form

$$A\frac{\partial^2 z}{\partial x^2} + 2B\frac{\partial^2 z}{\partial x\,\partial y} + C\frac{\partial^2 z}{\partial y^2} + D\frac{\partial z}{\partial x} + E\frac{\partial z}{\partial y} + F = 0 \quad . \; . \; (1)$$

$A$ bis $F$ sind dabei reelle, stetige Funktionen von $x$ und $y$. Durch Einführung geeigneter neuer Veränderlicher lassen sie sich immer auf eine der drei Normalformen

$$\left.\begin{array}{ll} \frac{\partial^2 z}{\partial x\,\partial y} + a\frac{\partial z}{\partial x} + b\frac{\partial z}{\partial y} + c\cdot u = 0 & \text{hyperbolische Form} \\ \frac{\partial^2 z}{\partial x^2} + \frac{\partial^2 z}{\partial y^2} + a\frac{\partial z}{\partial x} + b\frac{\partial z}{\partial y} + c\,u = 0 & \text{elliptische Form} \\ \frac{\partial^2 z}{\partial x^2} + a\frac{\partial z}{\partial x} + b\frac{\partial z}{\partial y} + c\cdot u = 0 & \text{parabolische Form} \end{array}\right\} \quad . \; . \; (2)$$

bringen.

Die wichtigsten, einfachen, partiellen Differentialgleichungen entstammen bestimmten Grundproblemen der Physik und Technik, und es werden diese Grundtypen dann gerne nach diesen Problemen benannt. Dieser Praxis folgend sei auch die Einteilung der nächsten Abschnitte vorgenommen, ohne damit etwa eine Beschränkung der Gültigkeit der Gleichungen auf das genannte Gebiet allein behaupten zu wollen.

### 2. Gleichungstypus $\frac{\partial^2 u}{\partial x^2} + \frac{\partial^2 u}{\partial y^2} = 0$.

Diese Gleichung ist als Laplacesche oder Potentialgleichung bekannt[1]). Man schreibt sie auch mit dem »Laplaceschen Operator« $\triangle$:

$$\triangle u = \frac{\partial^2 u}{\partial x^2} + \frac{\partial^2 u}{\partial y^2} = 0 \quad . \; . \; . \; . \; . \; . \; . \; . \; . \; . \; (1)$$

Sie wird durch jede Funktion der komplexen Veränderlichen

$$z = x + j\,y$$

befriedigt[2]). Diese Funktion ist dann selbst eine komplexe Größe und kann daher in der Form

---

[1]) Siehe auch Bd. *I*.

[2]) $j = \sqrt{-1}$.

$$u = f(z) = \varphi(x, y) + j\,\psi(x, y) \quad \ldots\ldots\ldots (2)$$

angeschrieben werden. Es wird nunmehr

$$\frac{\partial f}{\partial x} = \frac{d f}{d z}\frac{\partial z}{\partial x} = \frac{d f}{d z} = \frac{\partial \varphi}{\partial x} + j\frac{\partial \psi}{\partial x}$$

$$-j\frac{\partial f}{\partial y} = -j\frac{d f}{d z}\frac{\partial z}{\partial y} = \frac{d f}{d z} = -j\frac{\partial \varphi}{\partial y} + \frac{\partial \psi}{\partial y}.$$

Es ist also

$$\frac{\partial \varphi}{\partial x} + j\frac{\partial \psi}{\partial x} = -j\frac{\partial \varphi}{\partial y} + \frac{\partial \psi}{\partial y}$$

oder

$$\left.\begin{aligned} \frac{\partial \varphi}{\partial x} &= \frac{\partial \psi}{\partial y} \\ \frac{\partial \psi}{\partial x} &= -\frac{\partial \varphi}{\partial y} \end{aligned}\right\} \quad \ldots\ldots\ldots (3)$$

Aus diesen sog. Cauchy-Riemannschen Differentialgleichungen folgt durch nochmalige Differentiation

$$\frac{\partial^2 \varphi}{\partial x^2} + \frac{\partial^2 \varphi}{\partial y^2} = 0$$

$$\frac{\partial^2 \psi}{\partial x^2} + \frac{\partial^2 \psi}{\partial y^2} = 0.$$

Damit ist erwiesen, daß $f(z)$ tatsächlich ein Integral der Differentialgleichung (1) ist, da der reelle und imaginäre Bestandteil der Funktion für sich der Differentialgleichung genügt.

Es ist noch eine andere Form dieser Lösung angebbar. Setzt man zunächst

$$\xi = x + j\,y \qquad \text{und} \qquad \eta = x - j\,y,$$

so läßt sich zeigen, daß die Lösung auch in der Form

$$u = f(z) = \Phi(\xi) + \Psi(\eta) = \Phi(x + j\,y) + \Psi(x - j\,y) \quad \ldots (4)$$

angegeben werden kann. Es ist nämlich

$$\frac{\partial f}{\partial x} = \frac{\partial f}{\partial \xi}\frac{\partial \xi}{\partial x} + \frac{\partial f}{\partial \eta}\frac{\partial \eta}{\partial x} = \frac{\partial f}{\partial \xi} + \frac{\partial f}{\partial \eta}$$

$$\frac{\partial f}{\partial y} = \frac{\partial f}{\partial \xi}\frac{\partial \xi}{\partial y} + \frac{\partial f}{\partial \eta}\frac{\partial \eta}{\partial y} = j\frac{\partial f}{\partial \xi} - j\frac{\partial f}{\partial \eta}$$

$$\frac{\partial^2 f}{\partial x^2} = \frac{\partial^2 f}{\partial \xi^2} + 2\frac{\partial^2 f}{\partial \xi\,\partial \eta} + \frac{\partial^2 f}{\partial^2 \eta}$$

$$\frac{\partial^2 f}{\partial y^2} = -\frac{\partial^2 f}{\partial \xi^2} + 2\frac{\partial^2 f}{\partial \xi\,\partial \eta} - \frac{\partial^2 f}{\partial \eta^2}$$

und in die Differentialgleichung eingesetzt

$$\frac{\partial^2 f}{\partial \xi \, \partial \eta} = 0 \quad . \; . \; . \; . \; . \; . \; . \; . \; . \; . \; . \quad (5)$$

Die Lösung dieser Differentialgleichung ist aber die Gleichung (4), wie man sich sofort durch Einsetzen überzeugen kann.

Da die Potentialgleichung bei der Besprechung der konformen Abbildung noch eingehend erläutert wird, sei für das Weitere auf dieses Kapitel verwiesen, zumal hier auch von der komplexen Rechnung weitgehendst Gebrauch gemacht werden muß.

**3. Gleichungstypus** $\frac{\partial^2 y}{\partial t^2} = a^2 \frac{\partial^2 y}{\partial x^2}$.

Die Gleichung

$$\frac{\partial^2 y}{\partial t^2} = a^2 \frac{\partial^2 y}{\partial x^2} \quad . \; . \; . \; . \; . \; . \; . \; . \; . \; . \; . \quad (1)$$

ist die Differentialgleichung der schwingenden Saite. Allgemeiner ist vielleicht die Bezeichnung Wellendifferentialgleichung. Ihre Herleitung ist ebenso wie die der weiteren Beispiele hier ohne Belang. Die Lösung kann auf verschiedene Weise erfolgen. Setzt man nach D'Alembert

$$a t = j u,$$

so wird aus (1)

$$\frac{\partial^2 y}{\partial u^2} = -\frac{\partial^2 y}{\partial x^2},$$

womit die Gleichung auf den vorigen Typus zurückgeführt ist. Die allgemeine Lösung ist dann also

$$y = \Phi(x + a t) + \Psi(x - a t) \quad . \; . \; . \; . \; . \; . \; . \; . \quad (2)$$

mit den willkürlichen Funktionen $\Phi$ und $\Psi$. Für besondere Fälle sind dann noch die Rand- und Anfangsbedingungen zu berücksichtigen, womit die Funktionen $\Phi$ und $\Psi$ bestimmt werden.

Ein zweiter Lösungsweg stammt von Bernoulli und Euler, der natürlich zum gleichen Ergebnis, aber in völlig verschiedener Form gelangt. Die Lösung führt hier auf unendliche trigonometrische Reihen, die in einem späteren Kapitel über Fouriersche Reihen behandelt werden, so daß sich hier eine Vorwegnahme erübrigt.

**4. Gleichungstypus** $\frac{\partial^2 u}{\partial t^2} = a^2 \left( \frac{\partial^2 u}{\partial x^2} + \frac{\partial^2 u}{\partial y^2} \right)$.

Die Gleichung

$$\frac{\partial^2 u}{\partial t^2} = a^2 \left( \frac{\partial^2 u}{\partial x^2} + \frac{\partial^2 u}{\partial y^2} \right) \quad . \; . \; . \; . \; . \; . \; . \; . \; . \; . \quad (1)$$

tritt bei der schwingenden Membran auf. Zu einer Lösung gelangt man am einfachsten durch den Ansatz

$$u = U(u) \cdot T(t) \quad \ldots\ldots\ldots\ldots \quad (2)$$

wobei $U$ und $T$ beziehungsweise reine Funktionen von $u$ und $t$ sind.

In die Differentialgleichung eingesetzt, liefert dieser Ansatz

$$\frac{1}{T}\frac{d^2 T}{dt^2} = a^2 \frac{1}{U}\left(\frac{\partial^2 U}{\partial x^2} + \frac{\partial^2 U}{\partial y^2}\right).$$

Da hierin die linke Seite nicht von $x$, $y$, die rechte nicht von $t$ abhängt, müssen beide Seiten einer konstanten Zahl — etwa $-K^2 a^2$ — gleich sein, und es spaltet sich daher die Gleichung in die beiden Beziehungen

$$\frac{d^2 T}{dt^2} + a^2 K^2 T = 0$$

und

$$\frac{\partial^2 U}{\partial x^2} + \frac{\partial^2 U}{\partial y^2} + K^2 U = 0.$$

Die letzte Gleichung läßt sich wieder durch Einführung von

$$U = X(x) \cdot Y(y)$$

spalten in

$$\frac{d^2 X}{d x^2} + K_1^2 X = 0$$

und

$$\frac{d^2 Y}{d y^2} + K_2^2 Y = 0,$$

wobei

$$K_1^2 + K_2^2 = K^2.$$

Damit ist die Lösung auf die Integration gewöhnlicher Differentialgleichungen zurückgeführt. Das Hauptproblem bildet dann wieder die Berücksichtigung der Anfangs- und Randbedingungen.

### 5. Gleichungstypus $\frac{\partial y}{\partial t} = a^2 \frac{\partial^2 y}{\partial x^2}$.

Bei der räumlichen, nichtstationären Wärmeleitung oder der räumlichen Diffusion tritt eine partielle Differentialgleichung von der Form

$$\frac{\partial u}{\partial t} = a^2\left(\frac{\partial^2 u}{\partial x^2} + \frac{\partial^2 u}{\partial y^2} + \frac{\partial^2 u}{\partial z^2}\right)$$

auf. Ist das Problem eindimensional, erfolgt also die Diffusion oder Wärmeleitung in einem zylindrischen Körper, so vereinfacht sich die Gleichung auf

$$\frac{\partial y}{\partial t} = a^2 \frac{\partial^2 y}{\partial x^2} \quad \ldots\ldots\ldots\ldots \quad (1)$$

Es läßt sich sofort ein partikuläres Integral

$$y = C e^{\alpha x + \beta t} \quad . \quad . \quad . \quad . \quad . \quad . \quad . \quad . \quad . \quad . \quad . \quad (2)$$

angeben, das die Konstanten $C$, $\alpha$ und $\beta$ enthält. Diese sind nun wieder so zu wählen, daß den Anfangs- und Randbedingungen Genüge geleistet wird.

Das Randproblem hängt von den speziellen Bedingungen stark ab und führt hier meist zu trigonometrischen Reihenentwicklungen.

**6. Gleichungstypus** $\frac{\partial^2 y}{\partial x^2} = a \frac{\partial^2 y}{\partial t^2} + 2b \frac{\partial y}{\partial t} + c y.$

Die Gleichung

$$\frac{\partial^2 y}{\partial x^2} = a \frac{\partial^2 y}{\partial t^2} + 2b \frac{\partial y}{\partial t} + c y \quad . \quad . \quad . \quad . \quad . \quad . \quad . \quad . \quad (1)$$

spielt als sog. Telegraphengleichung in der Elektrotechnik eine große Rolle. Setzt man zunächst

$$y = e^{-\frac{b}{a} t} \cdot u \quad . \quad . \quad . \quad . \quad . \quad . \quad . \quad . \quad . \quad . \quad . \quad (2)$$

und

$$\delta^2 = b^2 - a c \quad . \quad . \quad . \quad . \quad . \quad . \quad . \quad . \quad . \quad . \quad . \quad (3)$$

so wird

$$\frac{\partial y}{\partial t} = -\frac{b}{a} e^{-\frac{b}{a} t} u + e^{-\frac{b}{a} t} \frac{\partial u}{\partial t} = e^{-\frac{b}{a} t} \left( \frac{\partial u}{\partial t} - \frac{b}{a} u \right)$$

$$\frac{\partial^2 y}{\partial t^2} = \frac{b^2}{a^2} e^{-\frac{b}{a} t} \cdot u - 2 \frac{b}{a} e^{-\frac{b}{a} t} \frac{\partial u}{\partial t} + e^{-\frac{b}{a} t} \frac{\partial^2 u}{\partial t^2}$$

$$= e^{-\frac{b}{a} t} \left( \frac{\partial^2 u}{\partial t^2} - 2 \frac{b}{a} \frac{\partial u}{\partial t} + \frac{b^2}{a^2} u \right)$$

und

$$\frac{\partial^2 u}{\partial x^2} = a \frac{\partial^2 u}{\partial t^2} + \left( c - \frac{b^2}{a} \right) u$$

oder

$$a \frac{\partial^2 u}{\partial t^2} - \frac{\partial^2 u}{\partial x^2} = \frac{\delta^2}{a} u \quad . \quad . \quad . \quad . \quad . \quad . \quad . \quad . \quad . \quad (4)$$

Ist die »Verzerrungszahl« $\delta$ gleich Null, dann entsteht der Typus der Differentialgleichung der schwingenden Saite.

Setzt man noch

$$\left. \begin{aligned} \xi &= \frac{\delta}{2a} (t + x\sqrt{a}) \\ \eta &= -\frac{\delta}{2a} (t - x\sqrt{a}) \end{aligned} \right\} \quad . \quad . \quad . \quad . \quad . \quad . \quad . \quad . \quad . \quad . \quad (5)$$

oder

$$t = \frac{a}{\delta}(\xi - \eta)$$

$$x = \frac{\sqrt{a}}{\delta}(\xi + \eta),$$

so wird

$$\frac{\partial u}{\partial t} = \frac{\partial u}{\partial \xi}\frac{\partial \xi}{\partial t} + \frac{\partial u}{\partial \eta}\frac{\partial \eta}{\partial t} = \frac{\delta}{2a}\left(\frac{\partial u}{\partial \xi} - \frac{\partial u}{\partial \eta}\right)$$

$$\frac{\partial u}{\partial x} = \frac{\partial u}{\partial \xi}\frac{\partial \xi}{\partial x} + \frac{\partial u}{\partial \eta}\frac{\partial \eta}{\partial x} = \frac{\delta}{2\sqrt{a}}\left(\frac{\partial u}{\partial \xi} + \frac{\partial u}{\partial \eta}\right)$$

$$\frac{\partial^2 u}{\partial t^2} = \frac{\delta^2}{4a^2}\left(\frac{\partial^2 u}{\partial \xi^2} - 2\frac{\partial^2 u}{\partial \xi \partial \eta} + \frac{\partial^2 u}{\partial \eta^2}\right)$$

$$\frac{\partial^2 u}{\partial x^2} = \frac{\delta^2}{4a}\left(\frac{\partial^2 u}{\partial \xi^2} + 2\frac{\partial^2 u}{\partial \xi \partial \eta} + \frac{\partial^2 u}{\partial \eta^2}\right)$$

und gemäß Gleichung (4)

$$a\frac{\partial^2 u}{\partial t^2} - \frac{\partial^2 u}{\partial x^2} = \frac{\delta^2}{a}u = -\frac{\delta^2}{4a}4\frac{\partial^2 u}{\partial \xi \partial \eta}$$

oder

$$\frac{\partial^2 u}{\partial \xi \partial \eta} + u = 0 \quad \ldots\ldots\ldots\ldots (6)$$

Die Lösung dieser Differentialgleichung ist wieder in erster Linie ein Problem der Randbedingungen. Sie soll hier nicht weiter verfolgt werden, da die Lösung der wichtigen Telegraphengleichung und ihre ausführliche Besprechung im dritten Band noch erfolgen wird, wenn auch dann vorteilhaft die komplexe Rechnung heranzuziehen sein wird. Erwähnt sei hier vielleicht nur noch die Eigentümlichkeit, daß neben $u$ auch $v = \frac{\partial u}{\partial \xi}$ und $w = \frac{\partial u}{\partial \eta}$ Lösungen sind, da ja durch neuerliche partielle Differentiation der Gleichungen

$$\frac{\partial v}{\partial \eta} + u = 0 \quad \text{und} \quad \frac{\partial w}{\partial \xi} + u = 0:$$

$$\frac{\partial^2 v}{\partial \xi \partial \eta} + v = 0 \quad \text{und} \quad \frac{\partial^2 w}{\partial \xi \partial \eta} + w = 0$$

wird.

**Schrifttum.**

Hort, Thoma: Die Differentialgleichungen der Technik und Physik. 3. Aufl. Joh. Ambr. Barth, Leipzig 1938.

Rothe, R.: Höhere Mathematik. Teil III. B. G. Teubner, Leipzig 1935.

Horn J.: Einführung in die Theorie der partiellen Differentialgleichungen. Berlin 1929.

# C. Geometrische Darstellung.

## 1. Kartesische Koordinaten.

### a) Zweidimensionale Darstellung.

Die meisten der bisher besprochenen Rechenverfahren lassen eine darstellungsgeometrische Deutung zu. Diese ist zum Teil auch schon zur Veranschaulichung einzelner Begriffe herangezogen worden, so daß hierüber nicht mehr viel zu sagen ist. Die Darstellung erfolgt in der nach zwei aufeinander senkrecht stehenden Achsen orientierten Ebene, in welcher die Werte der beiden Veränderlichen $x$ und $y$ als Koordinaten eines Punktes gedeutet werden. Der funktionale Zusammenhang

$$y = F(x)$$

oder

$$F(x, y) = 0$$

stellt dann bekanntlich eine Kurve in dieser Ebene dar.

Manchmal ist es zweckmäßig, das Koordinatensystem zu verschieben oder zu drehen. Während die Verschiebung einfach dadurch berücksichtigt wird, daß zu den $x$-Koordinaten die Größe $-a$ und zu den $y$-Koordinaten die Größe $-b$ addiert wird, wenn $a$ und $b$ die Verschiebung des Ursprungs um $a$ in der $x$-Richtung und $b$ in der $y$-Richtung bedeuten, wird die Koordinatentransformation durch Drehung etwas umständlicher. Aus dem Bild 10 läßt sich aber der Zusammenhang der »alten« mit den »neuen« Koordinaten sofort ablesen. Es ist

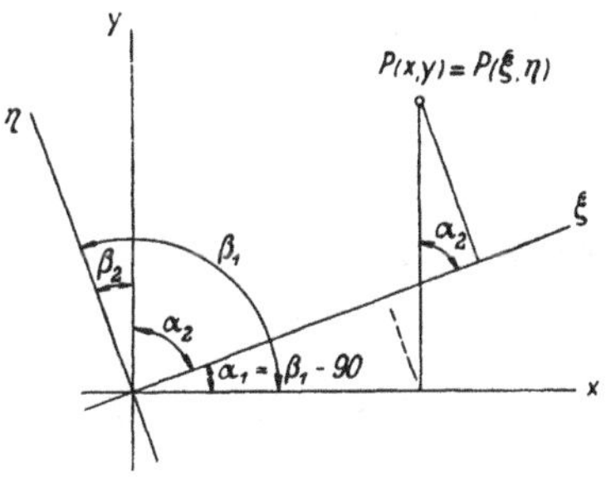


Bild 10. Koordinatentransformation durch Drehung.

$$\left.\begin{aligned} \xi &= x \cos \alpha_1 + y \cos \alpha_2 \\ \eta &= x \cos \beta_1 + y \cos \beta_2 \end{aligned}\right\} \quad . \quad . \quad (1)$$

worin ganz allgemein die Richtungskosinusse der neuen Achsen in bezug auf die alten eingeführt sind[1]). Man findet umgekehrt ebenso

$$\left.\begin{aligned} x &= \xi \cos \alpha_1 + \eta \cos \beta_1 \\ y &= \xi \cos \alpha_2 + \eta \cos \beta_2 \end{aligned}\right\} \quad . \quad . \quad . \quad . \quad . \quad . \quad . \quad . \quad . \quad (1a)$$

Die Transformation erfolgt also nach einem linearen Gleichungssystem.

Über die Bedeutung der Differentiale und der Ableitung wurde bereits im Kapitel über Differentialrechnung das Erforderliche gesagt. Insbesondere erwies sich die erste Ableitung der gegebenen Funktion als die Tangente des Neigungswinkels der Kurventangente.

---

[1]) Im vorliegenden Fall ist natürlich $\alpha_1 = \beta_1 - 90$, $\beta_2 = \alpha_1$ und $\alpha_1 + \alpha_2 = 90$.

Ist in der vorgelegten Funktion

$$F(x, y, p) = 0 \qquad \qquad (2)$$

noch ein Parameter $p$ vorhanden, so gehört zu jedem Wert desselben eine Kurve. Die Gleichung stellt somit eine Kurvenschar dar. Es liegt häufig die Aufgabe vor, zur gegebenen Schar die Schar der sie rechtwinklig schneidenden Kurven — die orthogonalen Trajektorien — aufzusuchen. Diese Aufgabe kann wie folgt gelöst werden.

Der Neigungswinkel $\alpha$ der Tangente an eine Kurve der Schar (2) ist gegeben durch

$$\operatorname{tg} \alpha = \frac{dy}{dx}$$

jener der Schar

$$f(\xi, \eta, q) = 0 \qquad \qquad (3)$$

der orthogonalen Trajektorien durch

$$\operatorname{tg} \beta = \frac{d\eta}{d\xi}.$$

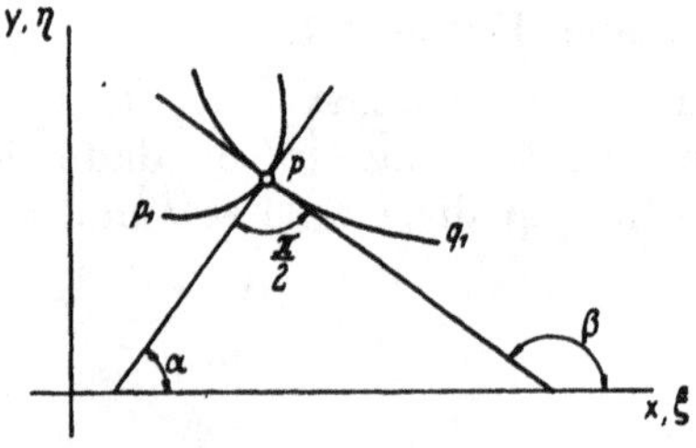

Bild 11. Orthogonale Trajektorien.

In den Schnittpunkten soll nun (siehe Bild 11)

$$\beta = \alpha + \frac{\pi}{2}$$

oder

$$\operatorname{tg} \beta = \operatorname{tg}\left(\alpha + \frac{\pi}{2}\right) = -\cot \alpha,$$

womit

$$\frac{d\eta}{d\xi} = -\frac{dx}{dy}.$$

Nun ist aber

$$dF = \frac{\partial F}{\partial x} dx + \frac{\partial F}{\partial y} dy = 0$$

oder

$$-\frac{dx}{dy} = \frac{\frac{\partial F}{\partial y}}{\frac{\partial F}{\partial x}},$$

womit

$$\frac{d\eta}{d\xi} = \frac{\frac{\partial F}{\partial y}}{\frac{\partial F}{\partial x}}.$$

Da im Schnittpunkt aber $\xi = x$ und $\eta = y$ ist, wird die Gleichung der Trajektorien zu einer Kurve $p_1$ der Schar (2)

$$\frac{\partial F}{\partial \eta} d\xi = \frac{\partial F}{\partial \xi} d\eta \quad \ldots\ldots\ldots\ldots (4)$$

Soll aber nicht nur die eine, sondern alle Kurven der Schar senkrecht geschnitten werden, dann muß diese Differentialgleichung immer für den gewählten Parameterwert bestimmt werden, der also aus (2) zu eliminieren und in (4) einzusetzen ist. Soll man also die orthogonalen Trajektorien zu (2) bestimmen, so hat man nur aus den Gleichungen

$$F(\xi, \eta, p) = 0 \quad \text{und} \quad \frac{\partial F}{\partial \eta} d\xi = \frac{\partial F}{\partial \xi} d\eta \quad \ldots\ldots\ldots (5)$$

den Parameter $p$ zu eliminieren. Die Integration der so entstehenden Differentialgleichung $G\left(\xi, \eta, \frac{d\eta}{d\xi}\right)$ liefert die gesuchte Schar (3), in der der Parameter $p$ als Integrationskonstante auftritt.

b) Dreidimensionale Darstellung.

Die Ausweitung der Begriffe der zweidimensionalen, ebenen Fläche auf den dreidimensionalen Raum führt zunächst auf eine Orientierung nach drei aufeinander senkrecht stehenden Achsen oder einem rechtwinkligen Dreikant, das durch eine $xy$-, eine $yz$- und eine $zx$-Ebene bestimmt wird. Jeder Punkt des Raumes ist dann durch seine drei Koordinaten $x$, $y$, $z$ gegeben.

Wird wieder das Koordinatensystem verändert, dann ist eine entsprechende Koordinatentransformation vorzunehmen. Bei einer Parallelverschiebung erhalten dabei die Koordinaten Summanden wie bei der Transformation in der Ebene, die sich aus den Komponenten der Ursprungsverschiebung ergeben. Bei einer reinen Drehung gehen die Transformationsgleichungen in die den Gleichungen des vorigen Kapitels entsprechende Formen

$$\left.\begin{aligned} \xi &= x \cos\alpha_1 + y \cos\alpha_2 + z \cos\alpha_3 \\ \eta &= x \cos\beta_1 + y \cos\beta_2 + z \cos\beta_3 \\ \zeta &= x \cos\gamma_1 + y \cos\gamma_2 + z \cos\gamma_3 \end{aligned}\right\} \quad \ldots\ldots\ldots (1)$$

über, worin $\alpha_i$, $\beta_i$, $\gamma_i$ die Richtungswinkel der neuen $\xi$-, $\eta$- und $\zeta$-Achse gegen die alten $x$-, $y$- und $z$-Achsen sind. Natürlich gilt auch hier wieder umgekehrt

$$\left.\begin{aligned} x &= \xi \cos\alpha_1 + \eta \cos\beta_1 + \zeta \cos\gamma_1 \\ y &= \xi \cos\alpha_2 + \eta \cos\beta_2 + \zeta \cos\gamma_2 \\ z &= \xi \cos\alpha_3 + \eta \cos\beta_3 + \zeta \cos\gamma_3 \end{aligned}\right\} \quad \ldots\ldots\ldots (2)$$

Ist $z$ eine Funktion der beiden unabhängig Veränderlichen $x$ und $y$

$$z = f(x, y),$$

so stellt diese Gleichung eine allgemeine Fläche dar, da durch sie zu jedem Punkt der $x$-, $y$-Ebene eine bestimmte Ordinate $z$ angegeben wird.

Liegen zwei Flächen

$$F(x, y, z) = 0 \quad \text{und} \quad G(x, y, z) = 0$$

vor, dann ergibt ihr gleichzeitiges Bestehen ihre Schnittlinie, also die Gleichung einer allgemeinen Raumkurve.

Hat die vorgelegte Gleichung die Form

$$z = F\left(\sqrt{x^2 + y^2}\right) \quad . \; . \; . \; . \; . \; . \; . \; . \; . \; . \quad (3)$$

dann ist die durch sie dargestellte Fläche eine Rotationsfläche mit der $z$-Achse als Rotationsachse, da jetzt $z$ für alle gleichen Abstände von dieser Achse, nämlich

$$r = \sqrt{x^2 + y^2},$$

— das sind konzentrische Kreise um die $z$-Achse — denselben Wert hat.

Diese elementaren Betrachtungen genügen im allgemeinen für das Gebiet der Elektrotechnik, so daß ein weiteres Eingehen auf die analytische Geometrie des Raumes unterbleiben kann.

## 2. Polarkoordinaten.

Sehr häufig ist es vorteilhafter, die Lage eines Punktes in der Darstellungsebene nicht durch seine kartesischen Koordinaten, sondern durch den Abstand vom Ursprung und den Richtungswinkel dieses »Radiusvektors« zu kennzeichnen. Nach Bild 12 ist dann der Zusammenhang dieser »Polarkoordinaten« von den kartesischen sofort ablesbar mit

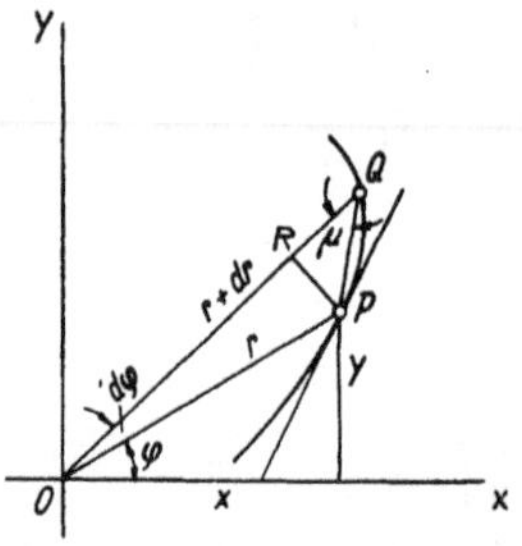

Bild 12. Polarkoordinaten.

$$\left.\begin{aligned} x &= r\cos\varphi \\ y &= r\sin\varphi \\ r &= \sqrt{x^2 + y^2} \\ \operatorname{tg}\varphi &= \frac{y}{x} \end{aligned}\right\} \quad . \; . \; . \; . \; . \quad (1)$$

Damit ist der Übergang von einem zum anderen Koordinatensystem jederzeit möglich.

Eine ebene Kurve erscheint jetzt durch die Gleichung

$$r = f(\varphi) \quad . \; . \; . \; . \; . \; . \; . \; . \; . \; . \; . \; . \quad (2)$$

gegeben. Es entsteht sofort wieder die Frage nach der Tangente. Sie ergibt sich als Grenzwert der Sehne $PQ$ bei verschwindendem Winkel $d\varphi$. Es ist nun

$$OR = r; \quad RQ = dr; \quad PR = r\,d\varphi$$

und damit bei unendlicher Annäherung des Punktes $Q$ an $P$ nach Bild 12 und 13

$$\operatorname{tg}\mu = \frac{PR}{QR} = \frac{r\,d\varphi}{dr}.$$

Damit wird

$$\operatorname{tg}\alpha = \operatorname{tg}(\varphi+\mu) = \frac{\operatorname{tg}\varphi + \frac{r\,d\varphi}{dr}}{1-\operatorname{tg}\varphi\frac{r\,d\varphi}{dr}} =$$

$$= \frac{\sin\varphi\cdot dr + r\cos\varphi\cdot d\varphi}{\cos\varphi\cdot dr - r\sin\varphi\cdot d\varphi} \quad (3)$$

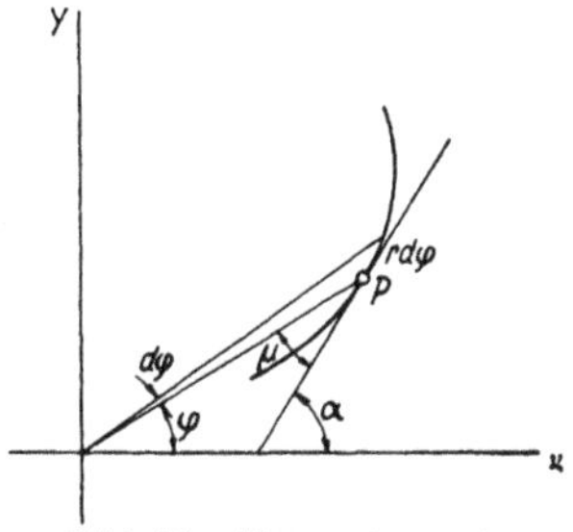

Bild 13. Kurventangente in Polarkoordinaten.

Diese Gleichung erhält man auch durch direktes Differenzieren der Gleichungen (1). Es wird

$$\left.\begin{aligned} dx &= \cos\varphi\cdot dr - r\sin\varphi\cdot d\varphi \\ dy &= \sin\varphi\cdot dr + r\cos\varphi\cdot d\varphi \end{aligned}\right\} \quad \ldots\ldots\ldots \quad (4)$$

Der Quotient ergibt bekanntlich die Tangente des Richtungswinkels, die, wie ersichtlich, mit Gleichung (3) übereinstimmt.

Zur Ermittlung der orthogonalen Trajektorien kann sinngemäß zum Verfahren bei kartetischen Koordinaten vorgegangen werden. Ist die Kurvenschar

$$F(r, \varphi, p) = 0 \quad \ldots\ldots\ldots\ldots \quad (5)$$

gegeben, dann ist die Tangente unter dem Winkel $\mu$ gegen den Radiusvektor geneigt, wobei

$$\operatorname{tg}\mu = \frac{r\,d\varphi}{dr}$$

ist. Für die orthogonale Trajektorie wäre

$$\operatorname{tg}\bar{\mu} = \frac{\bar{r}\,d\bar{\varphi}}{d\bar{r}},$$

wenn sie durch die überstrichenen Koordinaten beschrieben wird. Nun soll aber wieder

$$\bar{\mu} - \mu = \frac{\pi}{2}$$

sein. Also

$$\operatorname{tg}(\bar{\mu}-\mu) = \infty = \frac{\operatorname{tg}\bar{\mu} - \operatorname{tg}\mu}{1+\operatorname{tg}\bar{\mu}\operatorname{tg}\mu}$$

und

$$1 + \operatorname{tg}\bar{\mu}\operatorname{tg}\mu = 1 + \frac{\bar{r}\,d\bar{\varphi}}{d\bar{r}}\cdot\frac{r\,d\varphi}{dr} = 0.$$

Nun ist aber aus (1)

$$\frac{d\varphi}{dr} = -\frac{\frac{\partial F}{\partial r}}{\frac{\partial F}{\partial \varphi}},$$

also

$$1 - r\frac{\bar{r}\,d\bar{\varphi}}{d\bar{r}}\frac{\frac{\partial F}{\partial r}}{\frac{\partial F}{\partial \varphi}} = 0$$

oder, da im Schnittpunkt wieder $\bar{r} = r$ und $\bar{\varphi} = \varphi$ ist,

$$\frac{\partial F}{\partial \varphi} - r^2 \frac{\partial F}{\partial r}\frac{d\varphi}{dr} = 0 \quad \ldots\ldots\ldots\ldots \quad (6)$$

Wird aus dieser und der Gleichung (5) der Parameter eliminiert, so erhält man die Differentialgleichung der orthogonalen Trajektorienschar.

Die Ermittlung der von einer in Polarform gegebenen Kurve eingeschlossenen Fläche erfolgt wieder ähnlich der bei kartesischen Koordinaten. Man erkennt unmittelbar, daß hier die Fläche des von zwei unendlich benachbarten Radiusvektoren der Länge $r$ und der Basis $r\,d\varphi$ gebildeten Dreieckes

$$dF = \frac{1}{2} r^2\, d\varphi$$

ist. Die gesamte, zwischen den Grenzen $\varphi_1$ und $\varphi_2$ eingeschlossene Fläche ist dann durch das bestimmte Integral

$$F = \frac{1}{2}\int_{\varphi_1}^{\varphi_2} r^2\, d\varphi = \frac{1}{2}\int_{\varphi_1}^{\varphi_2} [f(\varphi)]^2\, d\varphi \quad \ldots\ldots\ldots \quad (7)$$

gegeben.

Von Wichtigkeit sind auch wieder die partiellen Ableitungen und die Differentialquotienten höherer Ordnung. Sie sind nach den bekannten Regeln zu bilden. Als Beispiel sei die Aufgabe gestellt, die Laplacesche Operation

$$\frac{\partial^2}{\partial x^2} + \frac{\partial^2}{\partial y^2} = 0$$

in Polarkoordinaten darzustellen. Aus (1) findet man zunächst durch Differenzieren nach $x$

$$1 = \frac{\partial r}{\partial x}\cos\varphi - r\sin\varphi\frac{\partial \varphi}{\partial x}$$

$$0 = \frac{\partial r}{\partial x}\sin\varphi + r\cos\varphi\frac{\partial \varphi}{\partial x}.$$

Multipliziert man die erste dieser beiden Gleichungen mit $\cos\varphi$, die zweite mit $\sin\varphi$ und addiert man beide, so wird daraus

$$\frac{\partial r}{\partial x} = \cos\varphi \quad \ldots\ldots\ldots\ldots \quad (8a)$$

Nach verkehrter Multiplikation und Subtraktion erhält man dagegen

$$\frac{\partial \varphi}{\partial x} = -\frac{\sin\varphi}{r} \quad \ldots\ldots\ldots\ldots \quad (8b)$$

Nach einer Differentiation nach $y$ wird auf die gleiche Weise

$$\left.\begin{aligned} \frac{\partial r}{\partial y} &= \sin\varphi \\ \frac{\partial \varphi}{\partial y} &= \frac{\cos\varphi}{r} \end{aligned}\right\} \quad \ldots\ldots\ldots\ldots \quad (9)$$

Sind nun die partiellen Ableitungen $\frac{\partial}{\partial x}$ und $\frac{\partial}{\partial y}$ einer Funktion $F(r, \varphi)$ zu bilden, so wird zunächst

$$\frac{\partial F}{\partial x} = \frac{\partial F}{\partial r}\frac{\partial r}{\partial x} + \frac{\partial F}{\partial \varphi}\frac{\partial \varphi}{\partial x} = \frac{\partial F}{\partial r}\cos\varphi - \frac{\partial F}{\partial \varphi}\frac{\sin\varphi}{r}$$

$$\frac{\partial F}{\partial y} = \frac{\partial F}{\partial r}\frac{\partial r}{\partial y} + \frac{\partial F}{\partial \varphi}\frac{\partial \varphi}{\partial y} = \frac{\partial F}{\partial r}\sin\varphi + \frac{\partial F}{\partial \varphi}\frac{\cos\varphi}{r}.$$

Nach nochmaliger Differentiation wird

$$\frac{\partial^2 F}{\partial x^2} = \frac{\partial^2 F}{\partial r^2}\cos^2\varphi - 2\frac{\partial^2 F}{\partial r\,\partial\varphi}\frac{\sin\varphi\cos\varphi}{r} + \frac{\partial^2 F}{\partial \varphi^2}\frac{\sin^2\varphi}{r^2} + $$
$$+ \frac{\partial F}{\partial r}\frac{\sin^2\varphi}{r} + 2\frac{\partial F}{\partial \varphi}\frac{\sin\varphi\cos\varphi}{r^2}$$

$$\frac{\partial^2 F}{\partial y^2} = \frac{\partial^2 F}{\partial r^2}\sin^2\varphi + 2\frac{\partial^2 F}{\partial r\,\partial\varphi}\frac{\sin\varphi\cos\varphi}{r} + \frac{\partial^2 F}{\partial \varphi^2}\frac{\cos^2\varphi}{r^2} + $$
$$+ \frac{\partial F}{\partial r}\frac{\cos^2\varphi}{r} - 2\frac{\partial F}{\partial \varphi}\frac{\sin\varphi\cos\varphi}{r^2}.$$

Addiert man diese zwei Gleichungen, so erhält man

$$\frac{\partial^2 F}{\partial x^2} + \frac{\partial^2 F}{\partial y^2} = \frac{\partial^2 F}{\partial r^2} + \frac{1}{r^2}\frac{\partial^2 F}{\partial \varphi^2} + \frac{1}{r}\frac{\partial F}{\partial r} \quad \ldots\ldots \quad (10)$$

Der Laplaceschen Operation

$$\frac{\partial^2}{\partial x^2} + \frac{\partial^2}{\partial y^2} = 0$$

in kartesischen Koordinaten entspricht also in Polarkoordinaten die Operation

$$\frac{\partial^2}{\partial r^2} + \frac{1}{r^2}\frac{\partial^2}{\partial \varphi^2} + \frac{1}{r}\frac{\partial}{\partial r} = 0 \quad \ldots\ldots\ldots \quad (11)$$

Ist die Funktion von $\varphi$ unabhängig, dann vereinfacht sich die Operation auf

$$\frac{\partial^2}{\partial r^2} + \frac{1}{r} \frac{\partial}{\partial r} = 0 \quad \ldots\ldots\ldots\ldots \quad (11\text{a})$$

Von Bedeutung ist ferner noch manchmal der Ausdruck für das Linienelement $ds$ einer Kurve. Während in kartesischen Koordinaten einfach

$$ds^2 = dx^2 + dy^2$$

ist, wird hier nach Quadratur von (4)

$$ds^2 = dr^2 + r^2 d\varphi^2 \quad \ldots\ldots\ldots\ldots \quad (12)$$

### 3. Weitere räumliche Koordinatensysteme.

a) Zylinderkoordinaten.

Bei Vorgängen, die sich in ausgesprochen zylindrischen Körpern abspielen, wird die Rechnung oft wesentlich vereinfacht, wenn an Stelle der kartesischen, Zylinderkoordinaten eingeführt werden. Das Bild 14 zeigt den Zusammenhang der Zylinderkoordinaten $r$, $\varphi$, $z$ mit den kartesischen Koordinaten $x$, $y$, $z$. Es ist

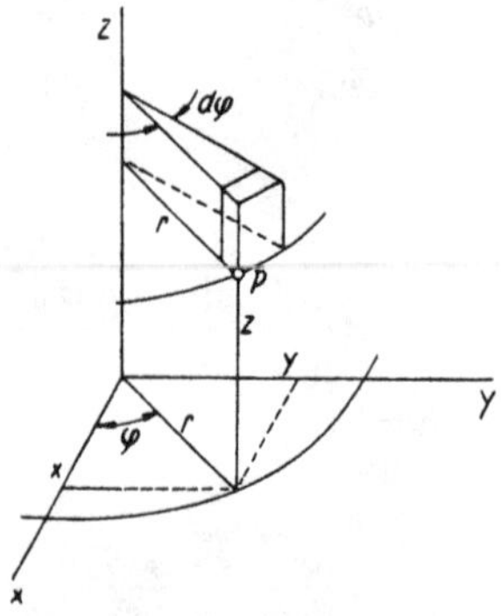


Bild 14. Zylinderkoordinaten.

$$\left.\begin{aligned} x &= r \cos \varphi \\ y &= r \sin \varphi \\ z &= z \end{aligned}\right\} \quad \ldots\ldots \quad (1)$$

$$\left.\begin{aligned} r^2 &= x^2 + y^2 \\ \varphi &= \operatorname{arc\,tg} \frac{y}{x} \end{aligned}\right\} \quad \ldots\ldots \quad (1\text{a})$$

Das Raumelement hat den Inhalt

$$d\tau = r \cdot dr \cdot d\varphi \cdot dz \quad \ldots \quad (2)$$

Für den Laplaceschen Operator findet man leicht

$$\Delta = \frac{\partial^2}{\partial x^2} + \frac{\partial^2}{\partial y^2} + \frac{\partial^2}{\partial z^2} = \frac{\partial^2}{\partial r^2} + \frac{1}{r} \frac{\partial}{\partial r} + \frac{1}{r^2} \frac{\partial^2}{\partial \varphi^2} + \frac{\partial^2}{\partial z^2} \quad \ldots \quad (3)$$

Er ergibt sich aus dem analogen Ausdruck für Polarkoordinaten in der Ebene, wenn man noch das Glied $\frac{\partial^2}{\partial z^2}$ addiert, da bei den Zylinderkoordinaten in jedem ebenen Schnitt parallel zur $r$, $\varphi$-Ebene ($x$, $y$-Ebene) Polarkoordinaten vorliegen.

Einige weitere wichtige Ausdrücke werden bei der Vektorrechnung behandelt werden.

b) Kugelkoordinaten.

Bei Vorgängen in vorwiegend kugelförmigen Gebilden werden mit gleichem Erfolg Kugelkoordinaten verwendet (Bild 15). In diesem Falle ist

$$\left.\begin{aligned} x &= r \sin \vartheta \cos \varphi \\ y &= r \sin \vartheta \sin \varphi \\ z &= r \cos \vartheta \end{aligned}\right\} \quad . \; . \; . \; . \; (1)$$

$$\left.\begin{aligned} r^2 &= x^2 + y^2 + z^2 \\ \vartheta &= \operatorname{arc} \cos \frac{z}{r} \\ \varphi &= \operatorname{arc} \operatorname{tg} \frac{y}{x} \end{aligned}\right\} \quad . \; . \; . \; . \; (2)$$

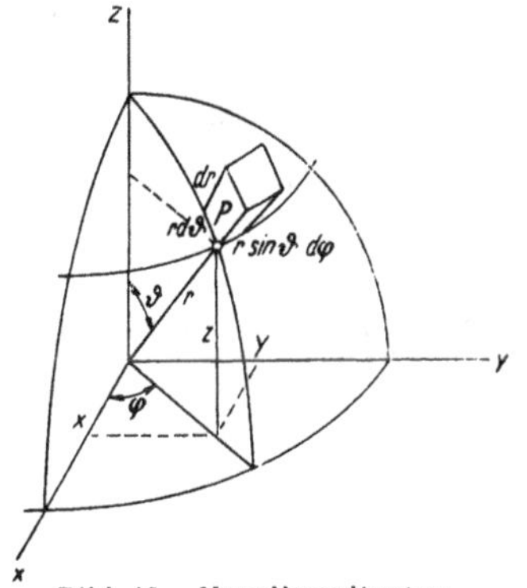


Bild 15. Kugelkoordinaten.

Das Raumelement hat den Inhalt

$$d\tau = r^2 \sin \vartheta \cdot dr \cdot d\vartheta \cdot d\varphi \quad . \; . \; (3)$$

Für den Laplaceschen Operator erhält man nach einiger elementarer Zwischenrechnung, die hier aber übergangen sei,

$$\Delta = \frac{\partial^2}{\partial r^2} + \frac{2}{r} \frac{\partial}{\partial r} + \frac{1}{r^2 \sin^2 \vartheta} \frac{\partial^2}{\partial \varphi^2} + \frac{1}{r^2} \frac{\partial^2}{\partial \vartheta^2} + \frac{1}{r^2} \operatorname{ctg} \vartheta \frac{\partial}{\partial \vartheta} \qquad (4)$$

Weitere Eigenschaften der Kugelkoordinaten werden im Kapitel über die Vektorrechnung besprochen werden.

## D. Komplexe Rechnung.

### 1. Grundlagen der komplexen Rechnung.

Die Verwendung komplexer Zahlen in der praktischen Mathematik hat sich namentlich in der Elektrotechnik als außerordentlich fruchtbar erwiesen. Es ist heute die theoretische Behandlung mancher Gebiete dieses Zweiges der Technik ohne die komplexe Rechnung kaum noch denkbar. Unter diesen Umständen erscheint es besonders wichtig, vor allem in den grundlegenden Verfahren volles Verständnis zu besitzen. Es möge damit die eingehendere Behandlung auch der Grundlagen gerechtfertigt erscheinen.

Eine komplexe Zahl ist die Summe aus einer reellen und einer imaginären Zahl. Imaginäre Zahlen sind diejenigen, die sich als Quadratwurzeln negativer Zahlen ergeben. Sie sind nicht weiter durch rationale oder irrationale Zahlen darstellbar, lassen sich aber immer als Vielfaches der imaginären Einheit

$$j = \sqrt{-1} \quad . \; . \; . \; . \; . \; . \; . \; . \; . \; . \; . \; . \; (1)$$

angeben[1]). Man schreibt dann also die imaginäre Zahl $\sqrt{-4}$ auch in der Form

$$\sqrt{-4} = \sqrt{-1}\sqrt{4} = j\sqrt{4} = \pm 2j.$$

Die komplexe Zahl

$$z = x + jy \qquad (2)$$

besteht aus einem reellen Teil $x$ und einem imaginären Teil $jy$, worin natürlich $y$ selbst wieder reell ist. Sie ist eine Art höhere Zahl, die zu ihrer Bestimmung der Nennung zweier Zahlenangaben bedarf. Diese beiden Teilzahlen können sich niemals vermischen und erscheinen zunächst durch $j$ so voneinander getrennt, als ob sie etwa in verschiedenen Farben geschrieben wären. Umgekehrt macht also die komplexe Zahl zum Unterschied von den reellen Zahlen gleichzeitig zwei Aussagen, und es ist offenbar ein wesentlicher Vorteil der komplexen Rechnung darin zu suchen, daß zwei solcher Aussagen in die mathematische Behandlung nur mit einer einzigen Zahl eingehen.

Besonders deutlich geht das Gesagte aus der geometrischen Darstellung komplexer Zahlen hervor. Reeller und imaginärer Bestandteil der komplexen Zahlen können, da sie sich ja niemals vermischen, als Koordinaten eines Punktes der Darstellungsebene aufgefaßt werden. Orientiert man die Ebene nach Gauß durch zwei aufeinander senkrecht stehende Achsen, so wie es auch bei der kartesischen Darstellung gemacht wurde, so ist es möglich, jedem Wertepaar $x, y$ einen bestimmten Punkt zuzuordnen. Dies geschieht in der kartesischen Darstellung durch die Angabe zweier Zahlenwerte, z. B.

$$x = 3, \qquad y = 2.$$

Es ist aber nicht möglich, die beiden Angaben in eine zu vereinigen, denn die Angabe $3 + 2$ verliert hier ihren Sinn, da sie ja zur Summenbildung (5) veranlassen würde, die für die Darstellung ohne Bedeutung wäre. Es ginge dies etwa nur, wie schon erwähnt, durch Anschreiben der Zahlen in Farben. Zur etwa roten $x$-Achse würden dann alle roten Zahlenangaben als Abszissen und zur grünen $y$-Achse alle grünen Zahlenangaben als Ordinaten gehören.

Genau so kann man aber die Trennung auch durchführen, wenn man alle Größen, die als Ordinaten der $y$-Achse zugeordnet sind, mit dem Faktor $j$ versieht, also zu imaginären Zahlen macht. Der obengenannte Punkt wäre dann durch die Zahl $3 + j\,2$ bestimmt. Man erklärt hier im Gegensatz zur reellen $x$-Achse die $y$-Achse zur imaginären Achse und orientiert die so erhaltene Gaußsche Zahlenebene nach einer reellen und imaginären Achse. Der Faktor $j$ ist dabei zu-

[1]) In der Mathematik ist hier das Symbol $i$ gebräuchlich; in der Elektrotechnik wurde es durch $j$ ersetzt, um Verwechslungen mit dem Momentanwert des Stromes zu vermeiden.

nächst reines Unterscheidungsmerkmal, etwa wie die Grünfärbung. Wie im folgenden gezeigt wird, bringt aber die Senkrechtstellung der beiden Achsen aufeinander — sie können ja vorerst auch schräg zueinander oder in irgendeiner anderen Form gewählt worden sein — erst den entscheidenden Faktor in das ganze Verfahren. Jetzt ist nämlich, wie gezeigt werden soll, $j$ nicht mehr reiner Unterscheidungsfaktor, sondern durch seine Einführung ist die Möglichkeit gegeben, das ganze Gebiet der komplexen Rechnung auf die Darstellung anzuwenden, weil umgekehrt die komplexe Rechnung selbst auf der Definition der komplexen Zahl in der Gaußschen Zahlenebene beruht.

Die Verhältnisse lassen sich sehr leicht an Hand des Bildes 16 überblicken. Der Punkt $P$ ist gegeben durch seine Koordinaten $x$ und $y$ oder durch die komplexe Zahl

$$z = x + j\,y.$$

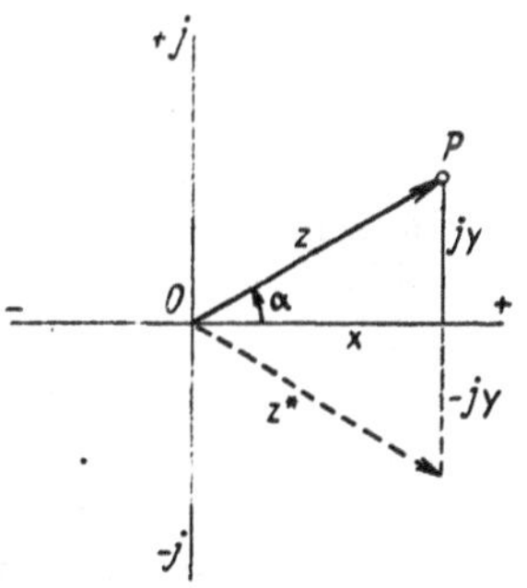

Bild 16. Gaußsche Zahlenebene.

Diese Zahl gibt mit ihrem Zahlenwert $|z|$ gleichzeitig die Entfernung vom Ursprung an, kann also auch als eine Komponente eines Polarkoordinatensystems gewertet werden, deren zweite Komponente der Richtungswinkel $\alpha$ ist. Damit ergeben sich aber sofort die folgenden Beziehungen

$$\left.\begin{aligned} x &= |z| \cos\alpha \\ y &= |z| \sin\alpha \end{aligned}\right\} \quad \ldots\ldots\ldots\ldots \quad (3)$$

$$|z| = \sqrt{x^2 + y^2} \quad \ldots\ldots\ldots\ldots \quad (4)$$

$$z = x + j\,y = |z|\,(\cos\alpha + j\sin\alpha) \quad \ldots\ldots\ldots \quad (5)$$

Besonders die letzte Beziehung ist sehr wichtig. Sie läßt sich noch wesentlich einfacher darstellen. Dazu soll die Exponentialreihe $e^x$, Gleichung (1) des Abschnittes B/3/c dienen. Ersetzt man dort $x$ durch $j\alpha$, so wird

$$e^{j\alpha} = 1 + \frac{j\alpha}{1!} + \frac{(j\alpha)^2}{2!} + \frac{(j\alpha)^3}{3!} + \ldots .$$

Nun ist aber

$$j^2 = -1, \quad j^3 = -j, \quad j^4 = +1, \quad \ldots,$$

so daß

$$e^{j\alpha} = \left(1 - \frac{\alpha^2}{2!} + \frac{\alpha^4}{4!} - \frac{\alpha^6}{6!} + \ldots\right) + j\left(\frac{\alpha}{1!} - \frac{\alpha^3}{3!} + \frac{\alpha^5}{5!} - \ldots\right).$$

Ein Vergleich mit den Gleichungen (11) und (12) liefert dann unmittelbar die Eulersche Gleichung

$$e^{j\alpha} = \cos\alpha + j\sin\alpha \quad \ldots\ldots\ldots\ldots \quad (6)$$

so daß also jetzt auch

$$z = x + jy = |z|\, e^{j\alpha} \quad \ldots\ldots\ldots \quad (7)$$

geschrieben werden kann.

Diese Darstellung läßt noch eine weitere Deutung der komplexen Zahl zu. Sie bestimmt nämlich die vom Ursprung zum Punkt $P$ »gerichtete« Strecke für die $P$ dann lediglich den Endpunkt bedeutet. Solche mit Zahlenwert und Richtung behafteten Größen heißen Vektoren, wenn sie im besonderen von einem Punkte eines Darstellungsraumes ausgehen, Ortsvektoren. Der ebene Ortsvektor[1])

$$\mathfrak{z} = z e^{j\alpha} = x + jy \quad \ldots\ldots\ldots \quad (7a)$$

ist dann in der Polarform durch seinen Betrag (Modul) $z$ und seinen Richtungswinkel (Argument) $\alpha$ oder in der Komponentenform durch seine reelle ($x$) und imaginäre Komponente ($y$) gegeben. Dabei ist der Richtungswinkel immer von der reellen Achse aus entgegen dem Uhrzeigersinn zu zählen.

Aus den bisherigen Definitionen und Regeln geht hervor, daß zwei komplexe Zahlen nur dann einander gleich sein können, wenn sowohl die reellen als auch die imaginären Teile oder die Beträge und Richtungswinkel für sich genommen gleich sind. Jede Gleichung zwischen komplexen Größen zerfällt somit in zwei voneinander unabhängige reelle Gleichungen.

Zu jeder komplexen Zahl kann man ferner eine »konjugiert« komplexe Zahl angeben, deren Realteil gleiches, aber deren Imaginärteil entgegengesetztes Vorzeichen hat. Zu

$$z = x + jy$$

gehört die konjugiert komplexe Zahl

$$z^* = x - jy.$$

Der konjugiert komplexe Ortsvektor $\mathfrak{z}^*$ ist dann das Spiegelbild des Ortsvektors $\mathfrak{z}$ bezüglich der reellen Achse. Das Produkt zweier konjugiert komplexer Zahlen

$$zz^* = (x + jy)(x - jy) = x^2 + y^2$$

ist reell. Im Bild 16 ist der konjugiert komplexe Vektor zu $\mathfrak{z}$ eingetragen.

## 2. Grundrechenregeln für komplexe Zahlen.

### a) Addition und Subtraktion.

Aus den grundlegenden Erläuterungen des vorangehenden Abschnittes kann man bereits die Regeln für die Addition und Subtraktion komplexer Zahlen entnehmen. Sind die Zahlen

---

[1]) Soll der Vektorcharakter einer Größe besonders hervorgehoben werden, dann bezeichnet man ihn häufig mit anderen Schriftarten, vor allem mit deutschen Buchstaben. $z$ ist dann der Zahlenwert von $\mathfrak{z}$.

$$z_1 = x_1 + j\,y_1 \quad \text{und} \quad z_2 = x_2 + j\,y_2$$

gegeben, so ist ihre Summe

$$z = z_1 + z_2 = (x_1 + x_2) + j\,(y_1 + y_2) = x + j\,y \quad . \; . \; . \; . \; (1)$$

wieder eine komplexe Zahl, deren Koordinaten sich als Summe der entsprechenden Koordinaten der Summanden errechnen. Das Entsprechende gilt natürlich auch für die Differenz mit umgekehrtem Vorzeichen. Als Vektor aufgefaßt ist

$$\mathfrak{z} = \mathfrak{z}_1 \pm \mathfrak{z}_2 = (x_1 \pm x_2) + j\,(y_1 \pm y_2) = x + j\,y \quad . \; . \; . \; (1\,\mathrm{a})$$

was im Bild 17 graphisch dargestellt ist. Die Summe oder Differenz ist also wieder ein Vektor der Darstellungsebene, der so erhalten wird, daß man die beiden Teilvektoren mit positivem oder negativem Vorzeichen aneinanderreiht.

Es braucht nicht erläutert zu werden, daß diese Regel auch auf eine beliebige Zahl von Teilvektoren ausgedehnt werden kann.

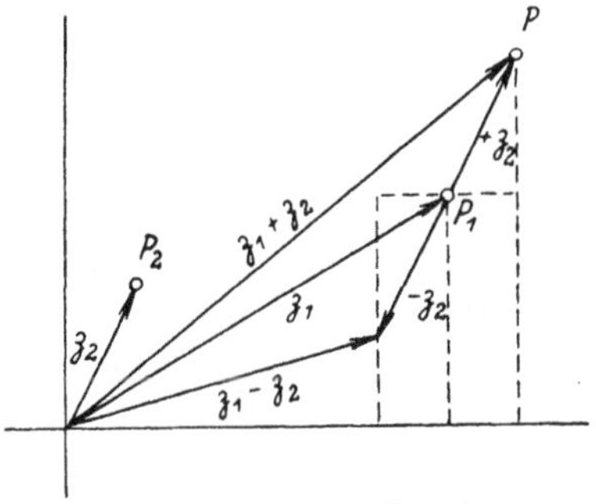

Bild 17. Addition im Komplexen.

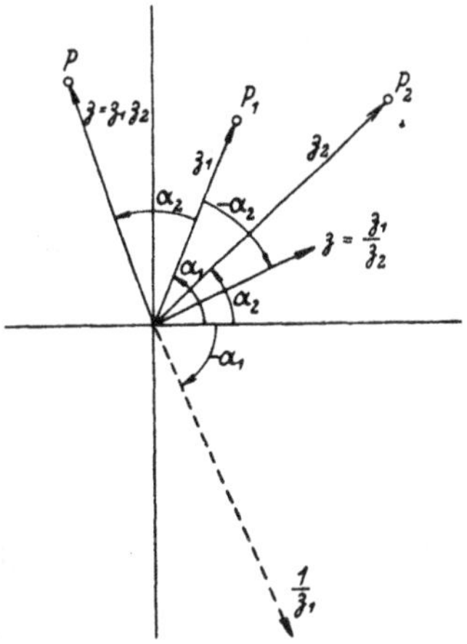

Bild 18. Multiplikation im Komplexen.

b) Multiplikation und Division.

Zur Untersuchung des Produktes komplexer Zahlen geht man besser von der Polarform aus. Das Produkt der beiden komplexen Zahlen

$$z_1 = |z_1|\, e^{j\alpha_1} \quad \text{und} \quad z_2 = |z_2|\, e^{j\alpha_2}$$

ist dann

$$z_1\, z_2 = |z_1|\,|z_2|\, e^{j\,(\alpha_1 + \alpha_2)} = |z|\, e^{j\alpha} \quad . \; . \; . \; . \; . \; . \; . \; . \; (1)$$

oder in Vektorform

$$\mathfrak{z}_1\, \mathfrak{z}_2 = z_1\, z_2\, e^{j\,(\alpha_1 + \alpha_2)} = z\, e^{j\alpha} = \mathfrak{z} \quad . \; . \; . \; . \; . \; . \; (1\,\mathrm{a})$$

Es liefert also, wie auch im Bild 18 dargestellt ist, einen neuen Vektor mit dem Produkt der Beträge als neuen Betrag, und der Summe der Richtungswinkel als neuen Richtungswinkel. Sieht man die eine Zahl als Ortsvektor, die zweite bloß als komplexe Zahl an, so ist das Ergebnis natürlich das gleiche, nur formal kann mit

$$\mathfrak{z}_1 z_2 = \mathfrak{z}\, e^{j\alpha} = \mathfrak{z}_1 |z_2|\, e^{j\alpha_2} = (|z_1|\, |z_2|)\, e^{j(\alpha_1+\alpha_2)}$$

auch gesagt werden, daß der Vektor gemäß $|z_2|$ »gestreckt« (verkürzt) und um $\alpha_2$ »verdreht« wurde. Man spricht dann wohl auch allgemein von einer Drehstreckung. Für $\alpha_2 = 0$ handelt es sich nur um eine Streckung, für $|z_2| = 1$ um eine reine Drehung.

Handelt es sich um die Bildung des Quotienten

$$\mathfrak{z} = \frac{\mathfrak{z}_1}{\mathfrak{z}_2} = \frac{|z_1|\, e^{j\alpha_1}}{|z_2|\, e^{j\alpha_2}} = \frac{|z_1|}{|z_2|}\, e^{j(\alpha_1-\alpha_2)} = \mathfrak{z}' e^{j\alpha} \quad \ldots\ldots \quad (2)$$

beziehungsweise

$$\frac{\mathfrak{z}_1}{z_2} = \mathfrak{z}\, e^{j\alpha} = \frac{\mathfrak{z}_1}{|z_2|}\, e^{-j\alpha_2},$$

so ist sinngemäß der Quotient der Beträge unter der Differenz der Richtungswinkel aufzutragen. Der Ortsvektor wird jetzt wieder »drehgestreckt«, wenn auch in sinngemäß gegenteiliger Art (siehe Bild 18).

Die Erweiterung auf das allgemeine Produkt beliebig vieler Faktoren bietet keine Schwierigkeiten.

Ein Sonderfall tritt ein, wenn

$$\mathfrak{z} = \frac{1}{\mathfrak{z}_1} = \frac{1}{z_1}\, e^{-j\alpha_1} \quad \ldots\ldots\ldots\ldots \quad (3)$$

zu bilden ist. Es ergibt sich dann ein zu $z_1$ bezüglich der reellen Achse spiegelbildlich gelegener und auf den reziproken Betrag geänderter Vektor. Man nennt ihn den zu $\mathfrak{z}_1$ inversen Vektor und den ganzen Vorgang Inversion. Im Bild 18 ist der inverse Vektor zu $\mathfrak{z}_1$ eingezeichnet.

## c) Potenzierung und Radizierung.

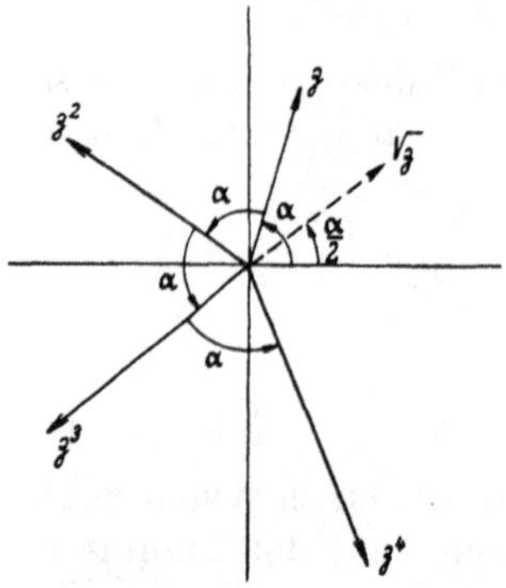

Bild 19. Potenzieren im Komplexen.

Die Polarform liefert sofort

$$\mathfrak{z}^n = z^n e^{jn\alpha} \quad \ldots\ldots \quad (1)$$

und

$$\sqrt[n]{\mathfrak{z}} = \mathfrak{z}^{\frac{1}{n}} = \sqrt[n]{z}\, e^{j\frac{\alpha}{n}} = z^{\frac{1}{n}}\, e^{j\frac{1}{n}\alpha} \quad \ldots \quad (2)$$

Eine komplexe Größe wird also potenziert, indem man den Betrag potenziert und das Argument mit dem Potenzexponenten multipliziert.

Die geometrische Deutung kann dem Bild 19 entnommen werden, dem wohl nichts hinzugefügt zu werden braucht.

## 3. Funktionen einer komplexen Größe.

### a) Allgemeine Grundlagen.

Ist in

$$z = x + j\,y \quad . \quad . \quad . \quad . \quad . \quad . \quad . \quad . \quad . \quad . \quad . \quad (1)$$

$x$ und $y$ veränderlich, dann heißt $z$ eine komplexe Veränderliche. Jede Funktion

$$w = f(z) = f(x + j\,y) = u(x, y) + j\,v(x, y) \quad . \quad . \quad . \quad . \quad . \quad (2)$$

dieser Veränderlichen ist dann im allgemeinen selbst wieder komplex und besteht aus einem reellen Bestandteil $u$ und einem imaginären $v$, die Funktionen von $x$ und $y$ sind. Eine solche Funktion heißt stetig, wenn der Grenzwert

$$\lim_{\Delta z \to 0} [f(z + \Delta z) - f(z)] = 0$$

für unendlich kleines $\Delta z$ verschwindet. Dabei ist $\Delta z$ ein kleiner Vektor, der die nächste Umgebung von $z$ beschreibt. Man nennt dann wieder

$$f'(z) = \lim_{\Delta z \to 0} \frac{f(z + \Delta z) - f(z)}{\Delta z}$$

den Differentialquotienten der komplexen Funktion $f(z)$, der von der Art der Annäherung vom Punkt $z + \Delta z$ nach $z$ unabhängig sein muß. Da $\Delta z$ ein Vektor (eine komplexe Zahl) ist, sind hier unendlich viele Annäherungen möglich. Besteht ein derartiger, von der Wahl von $\Delta z$ unabhängiger Grenzwert, dann heißt die Funktion $f$ differenzierbar. Existiert in allen Punkten eines Bereiches einer Funktion eine Ableitung, so wird diese Funktion in diesem Bereich analytisch genannt.

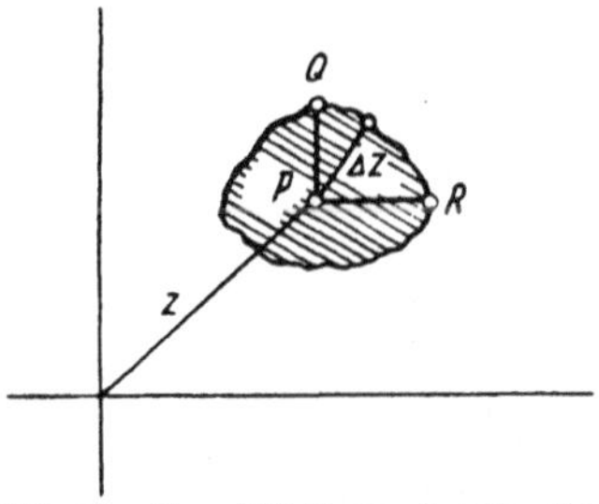


Bild 20. Zur Ableitung der Cauchy-Riemannschen Differentialgleichungen.

Man findet nun leicht eine Bedingungsgleichung für das Vorhandensein einer Ableitung. Im Bild 20 ist ein Punkt $z$ mit der Umgebung $z + \Delta z$ gezeichnet. Von den beliebigen Annäherungen an $z$ seien die beiden $R \to P$ und $Q \to P$ parallel zu den Achsen gewählt. Es ist dann im ersten Fall

$$f'(z) = \lim_{\Delta z \to 0} \frac{\Delta_x u + j\,\Delta_x v}{\Delta x} = \frac{\partial w}{\partial x} = \frac{\partial u}{\partial x} + j\,\frac{\partial v}{\partial x} \quad . \quad . \quad . \quad . \quad (3)$$

im zweiten Fall dagegen

$$f'(z) = \lim_{\Delta y \to 0} \frac{\Delta_y u + j\,\Delta_y v}{j\,\Delta y} = \frac{\partial w}{j\,\partial y} = \frac{1}{j}\,\frac{\partial u}{\partial y} + \frac{\partial v}{\partial y} \quad . \quad . \quad . \quad (4)$$

worin die Zeiger $x$ und $y$ am Differenzenzeichen andeuten sollen, daß die Annäherung nur in der einen Richtung erfolgt ist. Durch Gleichsetzen erhält man jetzt die Bedingungsgleichungen

$$\left.\begin{aligned} \frac{\partial u}{\partial x} &= \frac{\partial v}{\partial y} \\ -\frac{\partial u}{\partial y} &= \frac{\partial v}{\partial x} \end{aligned}\right\} \quad \ldots\ldots\ldots\ldots \quad (5)$$

für das Vorhandensein einer Ableitung. Diese äußerst wichtigen Gleichungen heißen die Cauchy-Riemannschen Differentialgleichungen.

Die Beziehungen (5) lassen noch eine wertvolle Deutung zu. Faßt man nämlich die Größen $u$ und $v$ wieder als Koordinaten einer Gaußschen Zahlenebene auf, dann werden allen Punkten $x$, $y$ der »$z$-Ebene« über die Funktion $f$ Punkte $u$, $v$ der »$w$-Ebene« zugeordnet. Jeder Figur der $z$-Ebene entspricht eine bestimmte Figur der $w$-Ebene. Man sagt dann, daß die $z$-Ebene durch die Funktion $f$ auf die $w$-Ebene abgebildet wird. Eine besonders wichtige Art der Abbildung ist die konforme Abbildung, die in einem eigenen Abschnitt behandelt werden wird.

Durch eine dem eben beschriebenen Grenzübergang entsprechende Entwicklung kann man die Cauchy-Riemannschen Differentialgleichungen auch für Polarkoordinaten bekommen. Es wird dann

$$\left.\begin{aligned} \frac{\partial u}{\partial r} &= \frac{1}{r}\frac{\partial v}{\partial \varphi} \\ \frac{\partial v}{\partial r} &= -\frac{1}{r}\frac{\partial u}{\partial \varphi} \end{aligned}\right\} \quad \ldots\ldots\ldots\ldots \quad (5a)$$

**Schrifttum.**


Knopp, K.: Funktionentheorie, Sammlung Göschen, Nr. 668.

Osgood, W. F.: Lehrbuch der Funktionentheorie. B. G. Teubner, Leipzig. Sammlung von Lehrbüchern der mathematischen Wissenschaften. Band XX/1[1]).

Rothe, Ollendorf, Pohlhausen: Funktionentheorie und ihre Anwendung in der Technik. J. Springer, Berlin 1931.


## b) Analytische Funktionen.

Analytische Funktionen sind bereits definiert worden als Funktionen, die im betrachteten Bereich eine Ableitung haben. Das Kriterium hierfür bildet die Erfüllung der Cauchy-Riemannschen Differentialgleichungen. Es sollen nun in der Folge die wichtigsten elementaren, analytischen Funktionen kurz beschrieben werden.

1. Die logarithmische Funktion muß erst definiert werden, da die Bedeutung des Logarithmus einer imaginären oder komplexen Zahl zunächst noch offen steht. Schreibt man $z$ in der Polarform, so wird

$$\ln z = \ln |z|\, e^{j\alpha} = \ln |z| + j\,\alpha = \ln |z| + j \operatorname{arc} z \quad \ldots\ldots \quad (1)$$

---

[1]) Ein mathematisches Lehrbuch, das den einschlägigen Stoff sehr ausführlich, aber für den Durchschnittsingenieur nicht leicht lesbar behandelt.

Das ist der sog. Hauptwert des Logarithmus, da offenbar der Winkel $\alpha$ um ein beliebiges, ganzzahliges Vielfaches von $2\pi$ vermehrt werden kann. Denn dies bewirkt ja eine Drehung von $\mathfrak{z}$ um $n$ mal $360^0$, wobei es immer wieder zur Deckung kommt. Allgemein wäre also zu schreiben

$$\ln z = \ln |z| + j(\alpha + 2n\pi) \quad \text{. . . . . . . . (1a)}$$

Aus (1) wird

$$u = \ln \sqrt{x^2 + y^2}$$

$$v = \text{arc tg} \frac{y}{x}$$

also

$$\frac{\partial u}{\partial x} = \frac{x}{x^2 + y^2}; \quad \frac{\partial u}{\partial y} = \frac{y}{x^2 + y^2}$$

$$\frac{\partial v}{\partial x} = -\frac{y}{x^2 + y^2}; \quad \frac{\partial v}{\partial y} = \frac{x}{x^2 + y^2}$$

Die Cauchy-Riemannschen Differentialgleichungen sind also erfüllt; $\ln z$ ist demnach eine analytische Funktion.

Für die Ableitung der logarithmischen Funktion findet man leicht aus Gleichung (3) des vorhergehenden Kapitels

$$\frac{dw}{dz} = \frac{\partial w}{\partial x} = \frac{\partial u}{\partial x} + j\frac{\partial v}{\partial x} = \frac{x}{x^2 + y^2} - \frac{jy}{x^2 + y^2} = \frac{x - jy}{x^2 + y^2} = \frac{1}{x + jy}$$

oder

$$\frac{d \ln z}{dz} = \frac{1}{x + jy} = \frac{1}{z} \quad \text{. . . . . . . . . . (2)}$$

Nunmehr ist es auch möglich, für die Ableitung in Polarkoordinaten Formeln anzugeben. Allgemein wäre

$$\frac{dw}{dz} = \frac{\partial w}{\partial r}\frac{\partial r}{\partial z} + \frac{\partial w}{\partial \varphi}\frac{\partial \varphi}{\partial z},$$

wenn die Annäherung nach $z$ auf irgendeinem Wege erfolgen würde. Im besonderen muß für eine analytische Funktion dieser Grenzwert aber auch auf dem Wege in der Richtung $r$ oder senkrecht dazu erreicht werden. Die beiden Summanden auf der rechten Seite obiger Gleichung müssen also auch einzeln dieser Forderung genügen. Es wird dann mit

$$z = r e^{j\varphi}; \quad r = z e^{-j\varphi}; \quad \varphi = -j \ln \frac{z}{r}$$

$$\frac{\partial r}{\partial z} = e^{-j\varphi}; \quad \frac{\partial \varphi}{\partial z} = -j\frac{1}{z} = -j\frac{e^{-j\varphi}}{r}$$

$$\frac{dw}{dz} = e^{-j\varphi}\frac{\partial w}{\partial r} = -j\frac{e^{-j\varphi}}{r}\frac{\partial w}{\partial \varphi} \quad \text{. . . . . . . . . (3)}$$

wobei zur Kennzeichnung der Differentiation nach Polarkoordinaten die Bezeichnungen $r$ und $\varphi$ beibehalten wurden. Es ist natürlich hier

$$r = |z| \quad \text{und} \quad \varphi = \alpha$$

2. Die Potenz

$$w = z^n \quad \ldots\ldots\ldots\ldots \quad (4)$$

ist ebenfalls eine analytische Funktion. Es sind nämlich aus

$$z^n = |z|^n e^{j n \alpha} = |z|^n (\cos n \alpha + j \sin n \alpha)$$

$$\frac{\partial u}{\partial r} = \frac{\partial u}{\partial |z|} = n\, |z|^{n-1} \cos n \alpha$$

$$\frac{\partial v}{\partial \varphi} = \frac{\partial v}{\partial \alpha} = n\, |z|^n \cos n \alpha = r \frac{\partial u}{\partial r}$$

$$\frac{\partial v}{\partial |z|} = n\, |z|^{n-1} \sin n \alpha$$

$$\frac{\partial u}{\partial \alpha} = -n\, |z|^n \sin n \alpha = -|z| \frac{\partial v}{\partial |z|}$$

und damit die Cauchy-Riemannschen Differentialgleichungen erfüllt.

Die Ableitung ergibt sich zu

$$\frac{dw}{dz} = e^{-j\alpha} \frac{\partial w}{\partial |z|} = n\, |z|^{n-1} e^{j\alpha(n-1)}$$

also

$$\frac{d z^n}{d z} = n\, z^{n-1} \quad \ldots\ldots\ldots\ldots \quad (5)$$

3. Die Exponentialfunktion

$$w = e^z = e^{x+jy} = e^x e^{jy} \quad \ldots\ldots\ldots \quad (6)$$

ist analytisch wegen

$$\frac{\partial u}{\partial x} = \frac{\partial}{\partial x} (e^x \cos y) = e^x \cos y$$

$$\frac{\partial v}{\partial y} = \frac{\partial}{\partial y} (e^x \sin y) = e^x \cos y = \frac{\partial u}{\partial x}$$

$$\frac{\partial v}{\partial x} = \frac{\partial}{\partial x} (e^x \sin y) = e^x \sin y$$

$$\frac{\partial u}{\partial y} = \frac{\partial}{\partial y} (e^x \cos y) = -e^x \sin y = -\frac{\partial v}{\partial x}$$

Die Ableitung ist

$$\frac{dw}{dz} = \frac{\partial w}{\partial x} = e^x e^{jy}$$

also mit

$$\frac{d e^z}{d z} = e^z \qquad (7)$$

so zu bilden wie im Reellen. Genau so wird auch

$$\frac{d a^z}{d z} = \frac{d}{d z} e^{z \ln a} = a^z \ln a \qquad (8)$$

Auch die Hyperbelfunktionen sind als analytische Funktionen der Exponentialfunktion analytisch, da für analytische Funktionen der Satz gilt:

»Eine analytische Funktion einer analytischen Funktion ist selbst wieder analytisch. Insbesondere ist auch die Summe und das Produkt zweier analytischer Funktionen analytisch.«

Für die Ableitungen ergeben sich die gleichen Bildungsgesetze wie im Reellen.

4. Für die Kreisfunktionen findet man zunächst aus dem Eulerschen Satz

$$e^{\pm j z} = \cos z \pm j \sin z$$

woraus

$$\left.\begin{aligned} \sin z &= \frac{e^{jz} - e^{-jz}}{2j} \\ \cos z &= \frac{e^{jz} + e^{-jz}}{2} \end{aligned}\right\} \qquad (9)$$

definiert sind. Die Kreisfunktionen sind also ebenfalls analytische Funktionen. Ihre Ableitungen werden wie im Reellen gebildet. Beispielsweise ist

$$\frac{d \sin z}{dz} = \frac{1}{2j}(j e^{jz} + j e^{-jz}) = \frac{e^{jz} + e^{-jz}}{2} = \cos z.$$

Die Darstellung als $e$-Potenz läßt eine unmittelbare Beziehung zwischen den Kreis- und hyperbolischen Funktionen erkennen. Es ist

$$\left.\begin{aligned} \mathfrak{Sin}\, z &= \frac{e^z - e^{-z}}{2} = j \sin(-jz) = \mathfrak{Sin}\, x \cos y + j\, \mathfrak{Cof}\, x \sin y \\ \mathfrak{Cof}\, z &= \frac{e^z + e^{-z}}{2} = \cos(-jz) = \mathfrak{Cof}\, x \cos y + j\, \mathfrak{Sin}\, x \sin y \end{aligned}\right\} \qquad (10)$$

$$\left.\begin{aligned} \sin z &= -j\, \mathfrak{Sin}\, jz = \sin x\, \mathfrak{Cof}\, y + j \cos x\, \mathfrak{Sin}\, y \\ \cos z &= \mathfrak{Cof}\, jz = \cos x\, \mathfrak{Cof}\, y - j \sin x\, \mathfrak{Sin}\, y \end{aligned}\right\} \qquad (11)$$

wie sich sofort durch Anwendung der Additionstheoreme auf die Winkelfunktionen nachweisen läßt.

Diese Beziehungen sind oft wertvoll, wenn man zur Ausrechnung der hyperbolischen oder der Kreisfunktionen mit komplexem Argument keine komplexen Tafeln[1]) zur Verfügung hat. Als Sonderfall wird

$$\left.\begin{aligned}\mathfrak{Sin}\, j\, y &= j \sin y \\ \mathfrak{Cof}\, j\, y &= \cos y\end{aligned}\right\} \quad \ldots\ldots\ldots\ldots \quad (10a)$$

$$\left.\begin{aligned}\sin j\, y &= j\, \mathfrak{Sin}\, y \\ \cos j\, y &= \mathfrak{Cof}\, y\end{aligned}\right\} \quad \ldots\ldots\ldots\ldots \quad (11a)$$

### c) Konforme Abbildung.

Das Prinzip der konformen Abbildung bestreicht ein weites Gebiet der komplexen Rechnung. Es kann nicht Aufgabe dieses Buches sein, hierüber erschöpfende Auskunft zu erteilen. Vielmehr soll vorsätzlich eine Beschränkung auf das in der Elektrotechnik praktisch vorkommende Gebiet, das ist in erster Linie auf die Untersuchung elektrostatischer Felder, statthaben. Da dieses Problem ein ausgesprochenes Anwendungsgebiet der Elektrotechnik darstellt, wird es im dritten Hauptteil des Buches zu besprechen sein. Hier sollen demnach nur jene Grundlagen angeführt werden, die im unmittelbaren Zusammenhang mit der Beschreibung analytischer Funktionen stehen.

Es liegen also die beiden Gaußschen Zahlenebenen

$$z = x + j\, y \quad \ldots\ldots \quad z\text{-Ebene}$$

und

$$w = u + j\, v \quad \ldots\ldots \quad w\text{-Ebene}$$

vor, und es bestehe eine Funktion

$$w = f(z) \quad \ldots\ldots\ldots\ldots\ldots \quad (1)$$

die die Koordinaten der einen mit jenen der anderen Ebene in bestimmte Beziehung bringt. Die Funktion $f$ »bildet dann die $z$-Ebene auf die $w$-Ebene ab«. Es sollen nun die Eigenschaften dieser Abbildung untersucht werden. Zunächst sei angenommen, daß die Abbildungsfunktion eine analytische Funktion ist. Dann ergeben wegen der Differenzierbarkeit unendlich nahe gelegene Punkte der $z$-Ebene wieder unendlich nahe gelegene Punkte der $w$-Ebene. Entsprechende Punkte der beiden Ebenen und je ein benachbarter Punkt sind mit den Koordinatendifferentialen im Bild 21 angegeben. Für den Punkt 1 gilt dann

$$w_1 = f(z_1) \quad \ldots\ldots\ldots\ldots\ldots \quad (2)$$

und mit Hilfe der Taylorschen Reihenentwicklung

$$w_1 + d\,w = f(z_1 + d\,z) = f(z_1) + d\,z\,\frac{f'(z_1)}{1!} + (d\,z)^2\,\frac{f''(z_1)}{2!} + \ldots .$$

[1]) Zum Beispiel R. Hawelka, Vierstellige Tafeln der Kreis- und Hyperbelfunktionen sowie ihrer Umkehrfunktionen im Komplexen. Vieweg & Sohn, Braunschweig 1931.

Bricht man nach dem zweiten Glied ab, so wird

$$w_1 + dw = f(z_1) + dw = f(z_1) + dz\,f'(z_1)$$

oder

$$dw = f'(z_1)\,dz \quad . \; . \; . \; . \; . \; . \; . \; . \; . \; . \; . \quad (3)$$

Wenn also die erste Ableitung von $f$ an der Stelle $z_1$ existiert und eindeutig ist, wird $dz$ proportional $dw$. Da $f'(z_1)$ im allgemeinen eine komplexe Zahl ist, wird $dz$ nach $dw$ um ein bestimmtes Maß — das »Verzerrungsverhältnis« — drehgestreckt. Bei einer analytischen Funktion ist mit $f'$ das Ausmaß dieser Drehstreckung von der Annäherungsrichtung an dem Punkt $z_1$ unabhängig, gilt also in gleicher Weise für alle $dz$ nach jeder Richtung. Zwei oder mehrere Linienelemente der $z$-Ebene, die ein unendlich kleines Vieleck aufziehen, ergeben also ein drehgestrecktes, d. h. ähnliches Vieleck in der $w$-Ebene. Die Winkel des unendlich kleinen Vieleckes bleiben also erhalten (z. B. $\omega = \xi$). Die Abbildung ist im unendlich kleinen **konform**, d. h. winkeltreu.

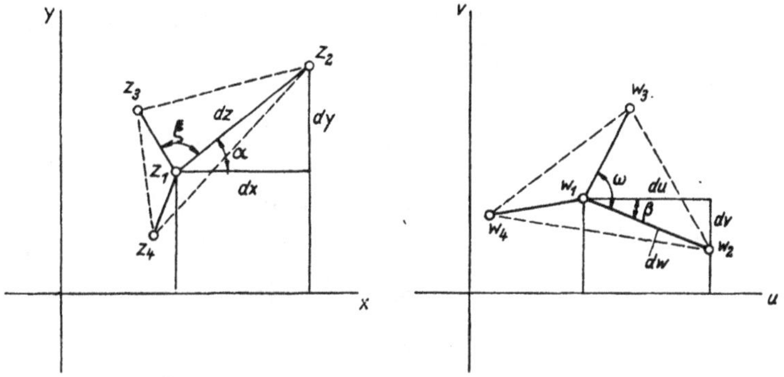


Bild 21. Linienelemente in der $z$- und $w$-Ebene.

Im besonderen werden also auch alle Kurven der $z$-Ebene, die sich rechtwinklig schneiden, in der $w$-Ebene wiederum orthogonale Trajektorien bilden, eine Eigenschaft, die in der Elektrotechnik zur Darstellung der Feld- und Äquipotentiallinien von ausschlaggebender Bedeutung ist.

Als Bedingung für dieses Verhalten ist lediglich die Forderung nach der Existenz von $f'(z)$ für den betrachteten Bereich anzusehen. Ist also $f(z)$ eine analytische Funktion, so beschreibt sie eine bestimmte konforme Abbildung.

Nicht jede analytische Funktion ist eindeutig. Man kann dann aber meist einen Zweig auswählen, der für die Abbildung paßt, wie z. B. den Hauptwert bei der logarithmischen Funktion.

**Schrifttum.**

Wie unter 3a und hierzu noch

Weber, E.: Die konforme Abbildung in der elektrischen Festigkeitslehre. Wissenschaftliche Veröffentlichungen aus dem Siemens-Konzern 1926, Bd. XVII, S. 174.

### d) Integration im Komplexen.

Von besonderer Wichtigkeit ist hier zunächst der Begriff des Linienintegrales, der auch im Reellen schon eine bedeutende Rolle spielt. Ist $w$ eine Funktion von $z$ und damit eine Kurve in der Darstellungsebene, so heißt

$$\int_{z_0}^{z_1} w\, dz$$

das Linienintegral von $w$. Seine Bedeutung ergibt sich unmittelbar aus der Integraldeutung. Geht man längs der Kurve um die Linienelemente $dz$ vom Punkt $z_0$ bis zum Punkt $z_1$ und multipliziert man jedesmal mit dem jeweiligen Funktionswert $w = f(z)$, so ist die Summe dieser Werte das Linienintegral von $w$. Ist $w$ beispielsweise die Komponente einer Kraft in der Richtung des Weges $z$, dann bedeutet $w\, dz$ die beim Durchlaufen des Wegelementes geleistete Arbeit und das Linienintegral die gesamte Arbeit zwischen $z_0$ und $z_1$.

Ist nun im Komplexen die Funktion $w = f(z)$ in einem gegebenen Bereich analytisch und eindeutig, dann läßt sich zeigen, daß das Linienintegral

$$F(z) = \int_{z_0}^{z} f(z)\, dz \quad \ldots\ldots\ldots\ldots \quad (1)$$

vom Verlauf des gewählten Weges unabhängig, also lediglich eine Funktion der oberen Grenze ist. Der Beweis kann durch einen einfachen Grenzübergang von der Liniensumme $\sum_1^n f(z_i)\, \Delta z_i$ zum Linienintegral geführt werden, sei aber hier unterlassen.

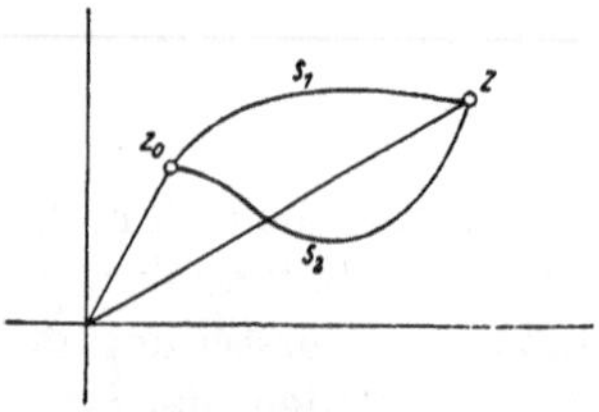

Bild 22. Zum Hauptsatz der Funktionentheorie.

Aus diesem Satz geht unmittelbar der **Cauchysche Integralsatz** oder, wie er auch genannt wird, der **Hauptsatz der Funktionentheorie** hervor:

Ist $f(z)$ in einem gegebenen Bereich analytisch und eindeutig und ist der Bereich von regulären Kurven berandet, so ist das über den ganzen Rand gebildete Linienintegral Null.

Nach Bild 22 ist ja das Umlaufintegral

$$\oint f(z)\, dz = {}^{(s_1)}\!\!\int_{z_0}^{z} f(z)\, dz + {}^{(s_2)}\!\!\int_{z}^{z_0} f(z)\, dz.$$

Voraussetzungsgemäß ist nun aber

$${}^{(s_2)}\!\!\int_{z}^{z_0} f(z)\, dz = -{}^{(s_2)}\!\!\int_{z_0}^{z} f(z)\, dz = -{}^{(s_1)}\!\!\int_{z_0}^{z} f(z)\, dz$$

so daß

$$\oint f(z)\,dz = 0 \quad \ldots\ldots\ldots\ldots \quad (2)$$

wird.

Aus dem Hauptsatz läßt sich eine Formel ableiten, die es gestattet, den Wert einer analytischen Funktion im Inneren eines Bereiches durch den Wert am Rande desselben auszudrücken. Man geht zu diesem Zwecke von der Funktion

$$\frac{f(z)}{z - z_0}$$

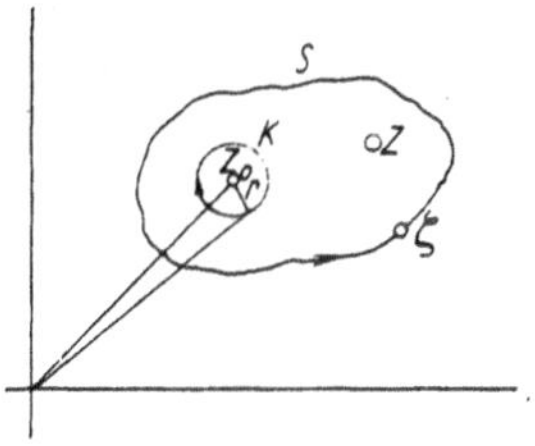

Bild 23. Zur Cauchyschen Integralformel.

aus, worin $z_0$ einen bestimmten Punkt im Inneren des Bereiches bedeutet. Diese Funktion ist bis auf die Stelle $z = z_0$ analytisch. Umgibt man diesen Punkt mit einem kleinen Kreis vom Halbmesser $r$ und schließt man das Innere dieses Kreises vom Bereich der Funktion aus, dann entsteht ein neuer Bereich, in dem die Funktion überall analytisch ist (siehe Bild 23). Es ist dann nach dem Hauptsatz (2)

$$\oint_s \frac{f(z)}{z - z_0}\,dz + \oint_k \frac{f(z)}{z - z_0}\,dz = 0.$$

Setzt man noch

$$r = z - z_0 = \varrho\, e^{j\varphi}$$

$$dz = j\varrho\, e^{j\varphi}\, d\varphi,$$

so wird

$$\oint_k \frac{f(z)}{z - z_0}\,dz = -j\int_0^{2\pi} f(z_0 + \varrho\, e^{j\varphi})\,d\varphi^{1)}.$$

Bildet man nun den Grenzwert für $\varrho \to 0$, so wird

$$\lim_{\varrho \to 0} \int_0^{2\pi} f(z_0 + \varrho\, e^{j\varphi})\,d\varphi = \int_0^{2\pi} f(z_0)\,d\varphi = 2\pi f(z_0)$$

Das erste Integral ist unabhängig von $\varrho$ und bleibt daher beim Grenzübergang unverändert. Es wird also

$$f(z_0) = \frac{1}{2\pi j} \oint \frac{f(z)}{z - z_0}\,dz.$$

Deutet man nun $z_0$ als irgendeinen Punkt im Inneren des Bereiches und $z$ als Punkte der Randkurve und ändert man dementsprechend die

[1]) Das negative Vorzeichen rührt davon her, daß der positive Umlaufsinn auf einer Randkurve immer so zu bestimmen ist, daß der von ihr begrenzte Funktionsbereich links zu liegen kommt. Die Ableitung dieser Forderung sei hier übergangen.

Bezeichnungen auf $z$ und $\zeta$, so erhält man die Cauchysche Integralformel

$$f(z) = \frac{1}{2\pi j} \oint \frac{f(\zeta)}{\zeta - z} \, d\zeta \quad \text{. . . . . . . . . (3)}$$

Man erhält also den Wert der Funktion $f(z)$ in irgendeinem Punkte $z$ des Inneren des Definitionsgebietes, indem man das nach (3) angegebene Umlaufintegral längs der Randlinie $\zeta$ bildet.

Es lassen sich jetzt auch leicht die Ableitungen von $f(z)$ angeben; man findet aus (3) unmittelbar durch Differenzieren

$$f'(z) = \frac{1}{2\pi j} \oint \frac{f(\zeta)}{(\zeta - z)^2} \, d\zeta$$

$$f''(z) = \frac{2}{2\pi j} \oint \frac{f(\zeta)}{(\zeta - z)^3} \, d\zeta$$

$$\vdots$$

$$f^{(n)}(z) = \frac{n!}{2\pi j} \oint \frac{f(\zeta)}{(\zeta - z)^{n+1}} \, d\zeta \quad \text{. . . . . . . (4)}$$

Eine in einem Bereich analytische Funktion besitzt dort also alle Ableitungen beliebig hoher Ordnung. Diese sind selbst wieder analytische Funktionen.

**Schrifttum.** Wie unter 3a.

## e) Potenzreihen.

Im Komplexen versteht man unter einer Potenzreihe die Reihe

$$f(z) = a_0 + a_1 z + a_2 z^2 + \ldots = \sum_0^\infty a_n z^n \quad \text{. . . . . (1)}$$

in welcher die Koeffizienten $a_n$ selbst wieder komplexe, aber konstante Zahlen sind. Es läßt sich dann immer ein Wert $|z| = r$ angeben so, daß für $|z| < r$ die Reihe konvergiert, für $|z| > r$ aber divergiert. Der »Konvergenzradius« $r$ bestimmt dann den Konvergenzkreis der Potenzreihe. Für einen innerhalb des Konvergenzkreises liegenden Bereich konvergiert die Potenzreihe und stellt daher dort eine analytische Funktion vor. In Grenzfällen kann $r$ auch 0 oder $\infty$ werden. Es konvergiert dann die Reihe nur für $z = 0$ oder für alle komplexen Werte von $z$.

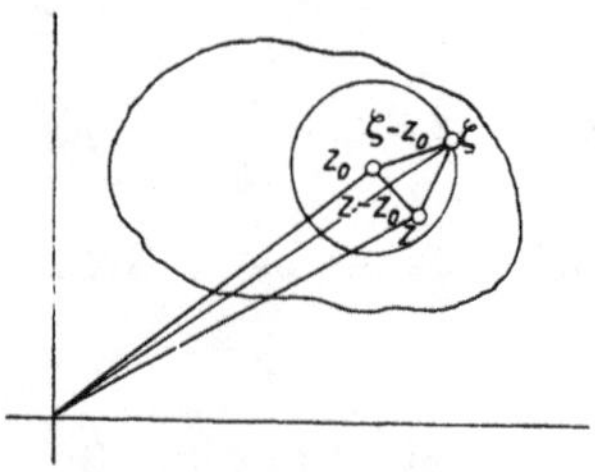

Bild 24. Zur Potenzreihenentwicklung analytischer Funktionen komplexer Veränderlicher.

Es läßt sich nun zeigen, daß jede analytische Funktion einer komplexen Veränderlichen in eine Potenzreihe entwickelt werden kann¹). Ist $z_0$ ein fester Punkt im Inneren des Regularitätsbereiches

¹) Die Entwicklung erfolgt nach E. Weber: Die konforme Abbildung in der elektrischen Festigkeitslehre. A.f.E. 1926, S. 174.

der vorgelegten analytischen Funktion und legt man um diesen Punkt den größtmöglichen Kreis der noch ganz innerhalb dieses Bereiches liegt, so gilt nach Bild 24 für einen Punkt $z$ innerhalb des Kreises

$$|z - z_0| < |\zeta - z_0|,$$

wenn $\zeta$ die Punkte des Kreises um $z_0$ bedeuten. Nun ist aber

$$\frac{1}{\zeta - z} = \frac{1}{(\zeta - z_0) - (z - z_0)} = \frac{1}{\zeta - z_0} \cdot \frac{1}{1 - \frac{z - z_0}{\zeta - z_0}}$$

oder wenn man die Division

$$\frac{1}{1 - \frac{z - z_0}{\zeta - z_0}} = 1 + \left(\frac{z - z_0}{\zeta - z_0}\right) + \left(\frac{z - z_0}{\zeta - z_0}\right)^2 + \dots\dots\dots$$

durchführt:

$$\frac{1}{\zeta - z} = \frac{1}{\zeta - z_0} \sum_0^\infty \left(\frac{z - z_0}{\zeta - z_0}\right)^n.$$

Diese Reihe konvergiert gleichmäßig, da ja nach Obigem

$$\frac{z - z_0}{\zeta - z_0} < 1$$

ist. Multipliziert man noch mit $f(\zeta)$, so wird mit der Gleichung (3) des vorhergehenden Kapitels

$$f(z) = \frac{1}{2\pi j} \oint \frac{f(\zeta)}{\zeta - z} d\zeta = \frac{1}{2\pi j} \oint \frac{f(\zeta)}{\zeta - z_0} \sum_0^\infty \left(\frac{z - z_0}{\zeta - z_0}\right)^n d\zeta$$

oder

$$f(z) = \frac{1}{2\pi j} \sum_0^\infty (z - z_0)^n \oint \frac{f(\zeta)}{(\zeta - z_0)^{n+1}} d\zeta.$$

Die rechte Seite stellt nun tatsächlich eine Potenzreihe für $(z - z_0)$ dar, die der Taylorschen Entwicklung

$$f(z) = f(z_0) + \frac{f'(z_0)}{1!}(z - z_0) + \frac{f''(z_0)}{2!}(z - z_0)^2 + \quad . \; . \; . \quad (2)$$

entspricht. Schreibt man sie in der Form

$$f(z) = a_0 + a_1(z - z_0) + a_2(z - z_0)^2 + \dots\dots = \sum_0^\infty a_n (z - z_0)^n \quad (3)$$

so wird

$$a_n = \frac{1}{2\pi j} \oint \frac{f(\zeta)}{(\zeta - z_0)^{n+1}} d\zeta = \frac{f^{(n)}(z_0)}{n!} \quad . \; . \; . \; . \; . \quad (4)$$

Damit ist bewiesen, daß analytische Funktionen innerhalb des größtmöglichen Kreises um den betrachteten Punkt, der noch im Regularitätsbereich liegt, durch die Taylorsche Reihenentwicklung in gleichmäßig konvergierende Potenzreihen entwickelt werden können. Die Reihe (3) wird auch Laurentsche Reihe genannt.

Einige einfache Reihen elementarer Funktionen seien als Beispiel angeführt; dabei ist durchwegs $z_0 = 0$ gewählt worden. Die Reihen ergeben sich durch unmittelbare Differentiation.

$$(1+z)^m = 1 + mz + \frac{m(m-1)}{2!} z^2 + \dots \quad \text{konvergent für } |z| < 1 \quad . \quad (5)$$

$$\frac{1}{1+z} = 1 - z + z^2 - \dots \quad \text{»} \quad \text{»} \quad |z| < \infty \quad . \quad (6)$$

$$\ln(1+z) = \int\limits_0^z \frac{dz}{1+z} = z - \frac{z^2}{2} + \frac{z^3}{3} - \dots \quad \text{»} \quad \text{»} \quad |z| < 1 \quad . \quad (7)$$

$$\frac{1}{1-z} = 1 + \frac{z}{1!} + \frac{z^2}{2!} + \frac{z^3}{3!} + \dots \quad \text{»} \quad \text{»} \quad |z| < 1 \quad . \quad (8)$$

$$\ln(1-z) = \int\limits_0^z \frac{dz}{1-z} = z + \frac{z^2}{2 \cdot 1!} + \frac{z^3}{3 \cdot 2!} + \dots \quad \text{»} \quad \text{»} \quad |z| < 1 \quad . \quad (9)$$

$$e^z = 1 + \frac{z}{1!} + \frac{z^2}{2!} + \frac{z^3}{3!} + \dots \quad \text{»} \quad \text{»} \quad |z| < \infty \quad . \quad (10)$$

$$\sin z = z - \frac{z^3}{3!} + \frac{z^5}{5!} - \frac{z^7}{7!} + \dots \quad \text{»} \quad \text{»} \quad |z| < \infty \quad . \quad (11)$$

$$\cos z = 1 - \frac{z^2}{2!} + \frac{z^4}{4!} - \frac{z^6}{6!} + \dots \quad \text{»} \quad \text{»} \quad |z| < \infty \quad . \quad (12)$$

**Schrifttum.** Wie unter 3 a.

### f) Singularitäten analytischer Funktionen.

In den bisherigen Betrachtungen wurden lediglich die regulären Bereiche der analytischen Funktionen untersucht, das sind jene, in denen die Ableitung der Funktion eine bestimmte Zahl ist. Alle Stellen, wo die Ableitungen die unbestimmten Werte 0 oder $\infty$ annahmen, mußten ausdrücklich von der Betrachtung ausgeschlossen werden. Auf diese Art wurde ja auch bereits bei der Ableitung der Cauchyschen Integralformel die Stelle $z = z_0$ ausgeschlossen.

Bildet man also von der Funktion

$$f(z) = \sum_0^\infty a_n (z - z_0)^n$$

in der Form der Gleichung (3) des vorigen Kapitels die Ableitung

$$f'(z) = a_1 + \sum_2^\infty n\, a_n (z - z_0)^{n-1},$$

so erkennt man, daß $z = z_0$ eine singuläre Stelle ist, wenn $a_1 = 0$ wird, denn dort ist ja

$$f'(z_0) = a_1.$$

Solche Stellen werden auch Nullstellen genannt. Im allgemeinen können an einer bestimmten Stelle $z = z_0$ des Funktionsbereiches auch mehrere Koeffizienten, etwa $a_0, a_1, a_2 \ldots a_{k-1}$ verschwinden. Diese Stelle heißt dann eine $k$-fache Nullstelle der Funktion $f(z)$. Es werden jetzt $f(z_0)$ und alle Ableitungen $f'(z_0), f''(z_0) \ldots f^{(k-1)}(z_0)$ Null und man kann daher die Potenzreihe auch in der gekürzten Form

$$f(z) = \sum_k^\infty a_n (z - z_0)^n = (z - z_0)^k \sum_k^\infty a_n (z - z_0)^{n-k} \quad \ldots \quad (1)$$

oder

$$f(z) = (z - z_0)^k \varphi(z) \quad \ldots\ldots\ldots \quad (1\text{a})$$

anschreiben. Darin ist $k$ eine natürliche Zahl — nämlich die Ordnung der Nullstelle — und $\varphi(z)$ eine auch im Punkt $z = z_0$ nicht verschwindende, analytische Funktion. Der Punkt $z_0$ heißt auch eine Wurzel $k$-ter Ordnung. Man überzeugt sich leicht durch Differenzieren, daß

$$\varphi'(z_0) = a_{k+1}$$

tatsächlich nicht verschwindet.

In den Anwendungen hat man es häufig mit gebrochenen Funktionen

$$f(z) = \frac{\varphi(z)}{\psi(z)} \quad \ldots\ldots\ldots\ldots \quad (2)$$

zu tun. Hat nun die Nennerfunktion eine $k$-fache Wurzel $z = z_0$, während die Zählerfunktion an der Stelle $z_0$ regulär bleibt, so wird

$$f(z) = \frac{\varphi(z)}{(z - z_0)^k \psi_1(z)} = (z - z_0)^{-k} \Phi(z) \quad \ldots\ldots \quad (3)$$

Man erkennt, daß an der Stelle $z = z_0$ die Funktion und ihre Ableitungen den Wert $\infty$ annehmen. Eine solche Stelle heißt ein Pol, und zwar im hier behandelten Falle ein Pol $k$-ter Ordnung.

Die Gleichung (3) hat grundsätzlich denselben Aufbau wie die Gleichung (1a), lediglich der Exponent $k$ ist negativ. Allgemein kann daher gesagt werden, daß sich die analytische Funktion $f(z)$ in der Umgebung eines Punktes $z = z_0$ durch die Potenzreihe

$$f(z) = (z - z_0)^k \cdot \sum_0^\infty a_n (z - z_0)^n \quad \ldots\ldots\ldots \quad (4)$$

darstellen läßt, wobei

$k > 0$ eine $k$-fache Nullstelle,

$k < 0$ einen Pol $k$-facher Ordnung

festlegt. Ist $k = 0$, so liegt ein regulärer Punkt vor und die Gleichung wird zur Beziehung (3) des vorigen Kapitels.

Noch ein Sonderfall sei an dieser Stelle beschrieben, nämlich das Verhalten der analytischen Funktion im unendlich fernen Punkt. Um hierüber etwas aussagen zu können, führt man die Funktion auf eine mit der reziproken Veränderlichen

$$t = \frac{1}{z}$$

zurück, so daß

$$f(z) = f\left(\frac{1}{t}\right) = g(t).$$

Es soll dann das Verhalten der Funktion $f(z)$ im unendlich fernen Punkt durch das Verhalten der Funktion $g(t)$ im Punkte $t = t_0 = 0$ beschrieben sein. Durch Einsetzen der neuen Funktion und der Substitution

$$z - z_0 = \frac{1}{t - t_0} = \frac{1}{t}$$

für sehr große $z$ und $z_0 = \infty$ in die Gleichung (4) wird zunächst

$$g(t) = t^{-k} \sum_0^{\infty} a_n t^{-n} \quad \dots\dots\dots\dots (5)$$

Dabei sind grundsätzlich zwei Fälle möglich, je nachdem, ob die Summe unendlich oder nur endlich viele Glieder besitzt. Bei endlich vielen Gliedern — etwa $r$ — wird

$$g(t) = t^{-k} \sum_0^{r} a_n t^{-n} = t^{-k-r} \sum_0^{r} a_n t^{r-n} = t^{-k-r} \cdot \varphi(t) \quad \dots\dots (6)$$

$\varphi(t)$ ist jetzt aber regulär, da nur positive Potenzen von $t$ vorkommen. Es liegt dann für $t = 0$ oder $z = \infty$ bei positivem $k$ ein Pol $(k + r)$-ter Ordnung und bei $k = 0$ ein Pol $r$-ter Ordnung vor. Ist $k$ negativ, so sind drei Fälle möglich, je nachdem ob $k < r$, $k > r$ oder $k = r$ ist.

Im ersten Fall liegt ein Pol $(r - k)$-ter Ordnung, im zweiten Fall eine Nullstelle $(k - r)$-ter Ordnung vor, während im dritten Fall die Funktion auch an dieser Stelle regulär ist.

Hat die Summe in der Gleichung (5) unendlich viele Glieder, dann ist es nicht möglich, eine Potenz von $t$ so herauszuheben, daß in der Summe nur positive Potenzen verbleiben und damit eine für $t_0$ reguläre Funktion zu erzeugen. Es bleibt also $g(t)$ für $t = 0$, oder $f(z)$ für $z = \infty$ wesentlich unbestimmt. $z_0$ heißt dann eine wesentlich singuläre Stelle.

Der Cauchysche Integralsatz

$$\oint f(z)\, dz = 0$$

gilt zunächst nur für einen Bereich, der keine singulären Stellen enthält. Er kann aber auch auf einen Bereich mit endlich vielen, also isolierten, singulären Stellen ausgedehnt werden. Sind diese singulären Stellen in den Punkten $z_1, z_2 \ldots z_n$ gelegen, dann kann man um jeden dieser Punkte einen sehr kleinen Kreis legen und damit diese Punkte aus dem Integrationsbereich ausschließen. Im verbleibenden Gebiet ist dann $f(z)$ regulär. Die kleinen Kreise um die singulären Stellen gehören jetzt aber auch zur Berandung dieses Regularitätsgebietes von $f(z)$, und es wird daher nach dem Cauchyschen Integralsatz

$$\oint_S f(z)\,dz - \oint_{K_1} f(z)\,dz - \oint_{K_2} f(z)\,dz - \ldots - \oint_{K_n} f(z)\,dz = 0 \quad . \quad . \quad (7)$$

Dabei ist das erste Integral über die äußere Begrenzung $S$ des Bereiches, die anderen über die kleinen Kreise $K_1$ bis $K_n$ um die singulären Stellen gebildet. Die letzteren erscheinen mit negativem Vorzeichen, da auf ihnen gemäß der Vorschrift, den Integrationsbereich links zu lassen, der verkehrte Umlaufsinn gewählt werden muß.

Da die Funktion jetzt im ganzen Integrationsgebiet regulär ist, kann sie durch eine Laurentsche Reihe dargestellt werden, und man findet für diese im besonderen nach Gleichung (4) des vorhergehenden Kapitels den Koeffizienten des ersten negativen Gliedes mit $n = -1$ und $\zeta = z$

$$a_{-1} = \frac{1}{2\pi j} \oint f(z)\,dz \quad . \quad . \quad . \quad . \quad . \quad . \quad . \quad . \quad . \quad . \quad (8)$$

Daraus wird

$$\oint f(z)\,dz = 2\pi j\, a_{-1} \quad . \quad . \quad . \quad . \quad . \quad . \quad . \quad . \quad . \quad (8a)$$

Liegt also etwa nur eine singuläre Stelle vor, dann gibt die Gleichung (8a) den Wert des Integrals $\oint f(z)\,dz$ an, wenn die singuläre Stelle nicht ausgeschaltet wird. Die Gleichung (8a) bildet also eine Erweiterung des Hauptsatzes auf Gebiete mit singulären Stellen. Der Koeffizient $a_{-1}$ wird das Residuum der Funktion $f(z)$ an der singulären Stelle genannt. Man findet also das Integral $\oint f(z)\,dz$ bei Einschluß einer singulären Stelle $z_0$, indem man $f(z)$ in eine Reihe entwickelt und den Koeffizienten der Potenz $(z - z_0)^{-1}$ mit $2\pi j$ multipliziert.

Sind mehrere singuläre Stellen vorhanden, dann erhält man nach Erweitern der Gleichung (7) mit $\frac{1}{2\pi j}$

$$\frac{1}{2\pi j}\oint_S f(z)\,dz = \frac{1}{2\pi j}\oint_{K_1} f(z)\,dz + \frac{1}{2\pi j}\oint_{K_2} f(z)\,dz + \ldots + \frac{1}{2\pi j}\oint_{K_n} f(z)\,dz$$

oder

$$\oint_S f(z)\,dz = 2\pi j\,[\mathfrak{Res}_{z_1} f(z) + \mathfrak{Res}_{z_2} f(z) + \ldots + \mathfrak{Res}_{z_n} f(z) \quad . \quad . \quad (9)$$

Es ist also das Randintegral der Funktion $f(z)$ gleich der $2\pi j$-fachen Summe der Residuen der Funktion an den von der Randkurve eingeschlossenen singulären Stellen. Werden keine singulären Stellen umschlossen, dann sind die Residuen Null, und es geht die Gleichung (9) in die Cauchysche Integralgleichung über. Der ausgesprochene Satz ist auch unter dem Namen Residuensatz bekannt.

**Schrifttum.** Wie unter 3c).

## E. Einige spezielle Funktionen und Integrale.

### 1. Parameterintegrale.

Ist der Integrand eines bestimmten Integrals eine Funktion der Veränderlichen $x$ und eines Parameters $t$, so ist auch das ausgerechnete Integral eine Funktion des Parameters

$$\int_a^b f(x, t)\, dx = F(t) \quad \ldots \ldots \ldots \ldots (1)$$

Man nennt ein solches Integral Parameterintegral. Parameterintegrale spielen in manchen Wissenschaftszweigen eine bedeutende Rolle.

Wächst der Parameter um $\Delta t$, dann wächst auch im allgemeinen die Funktion $F$ um $\Delta F$, und es wird

$$\Delta F = F(t + \Delta t) - F(t) = \int_a^b [f(x, t + \Delta t) - f(x, t)]\, dx \quad \ldots (2)$$

Der Integrand auf der rechten Seite dieser Gleichung läßt sich mit Hilfe des sog. Mittelwertsatzes umformen. Liegt ganz allgemein

$$a < x < b,$$

$x$ zwischen den Grenzen $a$ und $b$, dann bedeutet offenbar bei Vorlage der Kurvengleichung

$$y = f(x),$$

der Quotient

$$\frac{f(b) - f(a)}{b - a} = \operatorname{tg} \alpha = f'(x) = f'[a + \Theta(b - a)]$$

nichts anderes als die Tangente des Neigungswinkels der Kurvensehne zwischen den Kurvenpunkten $a$ und $b$. Da das Kurvenstück zwischen $a$ und $b$ offenbar eine hierzu parallele Tangente haben muß, kann der Quotient der Ableitung der Funktion im Berührungspunkt dieser Tangente gleichgesetzt werden. Der Berührungspunkt liegt zwischen $a$ und $b$, $\Theta$ ist daher zwischen 0 und 1 gelegen.

Auf die Gleichung (2) angewendet liefert der Mittelwertsatz

$$f(x,t+\Delta t)-f(x,t)=\Delta t\cdot\frac{\partial}{\partial t}f(x,t+\Theta\Delta t),$$

womit

$$\Delta F=F(t+\Delta t)-F(t)=\Delta t\int\limits_a^b\left[\frac{\partial}{\partial t}f(x,t+\Theta\Delta t)\right]dx$$

oder

$$\frac{\Delta F}{\Delta t}=\frac{F(t+\Delta t)-F(t)}{\Delta t}=$$

$$=\int\limits_a^b\left[\frac{\partial}{\partial t}f(x,t)\right]dx+\int\limits_a^b\left[\frac{\partial}{\partial t}f(x,t+\Delta t)-\frac{\partial}{\partial t}f(x,t)\right]dx.$$

Der Grenzübergang $\Delta t\rightarrow 0$ ergibt schließlich

$$\frac{\partial}{\partial t}\int\limits_a^b f(x,t)\,dx=\int\limits_a^b\left[\frac{\partial}{\partial t}f(x,t)\right]dx\quad\ldots\ldots\quad(3)$$

Liegen im allgemeinen $n$ Parameter vor, dann gilt für die Differentiation nach einem derselben

$$\frac{\partial}{\partial t_i}\int\limits_a^b f(x,t_n)\,dx=\frac{\partial}{\partial t_i}\int\limits_a^b f(x,t_1,t_2,\ldots t_n)\,dx=\int\limits_a^b\frac{\partial f}{\partial t_i}dx\quad\ldots\quad(4)$$

## 2. Gammafunktion.

Als Gammafunktion bezeichnet man das Parameterintegral

$$\Gamma(t)=\int\limits_0^\infty x^{t-1}e^{-x}\,dx\quad\ldots\ldots\quad(1)$$

Neben dieser Darstellung von Legendre findet man noch die Gaußsche Darstellung

$$\Pi(t)=\Gamma(t+1)=\int\limits_0^\infty x^t e^{-x}\,dx\quad\ldots\ldots\quad(1\text{a})$$

Es wird auch als Eulersches Integral zweiter Gattung bezeichnet.

Zunächst ist sofort zu erkennen, daß $\Gamma(t)$ für alle Werte des Integrationsbereiches positiv bleibt. Es läßt sich ferner nachweisen, daß das Integral einen endlichen Wert besitzt, obwohl der Integrand an der unteren Grenze unendlich ist. Des weiteren kann man zeigen, daß

$$\int\limits_0^\infty x^{t-1}e^{-x}\,dx=\lim_{n=\infty}\int\limits_0^n\left(1-\frac{x}{n}\right)^n x^{t-1}\,dx$$

ist, woraus durch partielle Integration und nach einer kleinen Umformung

$$\Gamma(t) = \lim_{n=\infty} \frac{n!\, n^t}{t\,(t+1)\,(t+2)\ldots(t+n)} = \lim_{n=\infty} \frac{n!\,(t-1)!\,n^t}{(t+n)!} \quad . \quad . \quad (2)$$

In gleicher Weise findet man

$$\Pi(t) = \Gamma(t+1) = \lim_{n=\infty} \frac{n!\, n^t}{(t+1)\,(t+2)\ldots(t+n)} = \lim_{n=\infty} \frac{n!\,t!\,n^t}{(t+n)!} \quad (3)$$

Es ist also

$$\Gamma(t+1) = t\,\Gamma(t) \quad . \quad . \quad . \quad . \quad . \quad . \quad . \quad . \quad . \quad . \quad . \quad (4)$$

oder

$$\Gamma(t-1) = \frac{\Gamma(t)}{t-1} \quad . \quad . \quad . \quad . \quad . \quad . \quad . \quad . \quad . \quad . \quad (4\text{a})$$

beziehungsweise

$$\Pi(t+1) = (t+1)\,\Pi(t) \quad . \quad . \quad . \quad . \quad . \quad . \quad . \quad . \quad . \quad (4\text{b})$$

Durch wiederholte Anwendung dieser Gleichung wird noch allgemeiner

$$\Gamma(t+n) = (t+n-1)\,(t+n-2)\ldots(t+1)\,t\,\Gamma(t) = \frac{(t+n-1)!}{(t-1)!}\,\Gamma(t) \quad (5)$$

beziehungsweise

$$\Pi(t+n) = (t+n)\,(t+n-1)\ldots(t+1)\,\Pi(t) = \frac{(t+n)!}{t!}\,\Pi(t) \quad (5\text{a})$$

Dabei ist vorausgesetzt, daß $n$ eine ganze positive Zahl ist.

Nunmehr können auch einige spezielle Werte der Gammafunktion angegeben werden. So ist vor allem

$$\Pi(0) = \Gamma(1) = 1 \quad . \quad . \quad . \quad . \quad . \quad . \quad . \quad . \quad . \quad . \quad . \quad (6)$$

was sich ja schon aus Gleichung (1) ergibt. Ist $n$ eine positive ganze Zahl, so wird ferner nach (5), (4) und (6) mit $t = 0$

$$\Gamma(n) = (n-1)! \quad . \quad . \quad . \quad . \quad . \quad . \quad . \quad . \quad . \quad . \quad . \quad (7)$$

Ist $n$ nicht ganz, dann kann die Gleichung (7), die auch identisch ist mit

$$\Pi(n) = n! \quad . \quad . \quad . \quad . \quad . \quad . \quad . \quad . \quad . \quad . \quad . \quad . \quad . \quad (7\text{a})$$

nicht mehr angeschrieben werden, da ja die Fakultät einer gebrochenen Zahl nicht mehr definiert ist. Umgekehrt kann aber die Gammafunktion als erweiterter, verallgemeinerter Definitionsbereich der Fakultät für nicht ganzzahlige Zwischenwerte — Interpolation — aufgefaßt werden. So ist beispielsweise

$$\Pi\left(\frac{1}{2}\right) = \frac{1}{2}\sqrt{\pi} = 0{,}886 \quad . \quad . \quad . \quad . \quad . \quad . \quad . \quad . \quad . \quad . \quad (8)$$

ein »Interpolationswert« zwischen 0! und 1! Ebenso

$$\Pi\left(\frac{3}{2}\right) = \frac{3}{2}\,\Pi\left(\frac{1}{2}\right) = \frac{3}{4}\sqrt{\pi} = 1{,}329 \quad . \quad . \quad . \quad . \quad . \quad . \quad . \quad (9)$$

zwischen 1! und 2! usw.

Man findet ferner

$$\Gamma\left(\frac{1}{2}\right) = \Pi\left(-\frac{1}{2}\right) = 2\,\Pi\left(\frac{1}{2}\right) = \sqrt{\pi} \quad \ldots \ldots \quad (10)$$

und

$$\Gamma\left(-\frac{1}{2}\right) = -\,2\,\Gamma\left(\frac{1}{2}\right) = -\,2\sqrt{\pi} \quad \ldots \ldots \quad (11)$$

Für $t = 0$ wird

$$\Gamma(0) = \infty \quad \ldots \ldots \quad (12)$$

Bei negativem $t$ ergibt sich stets ein Vorzeichenwechsel, wenn eine ganze Zahl überschritten wird. Dabei geht die Funktion durch Unendlich, wie man aus (5) sieht, wenn $t = -n$ gesetzt wird. Es ist dann

$$\Gamma(-n) = (n-1)!\,\Gamma(0) = \infty \quad \ldots \ldots \quad (13)$$

Von Bedeutung sind noch der Logarithmus und die logarithmische Ableitung der Gammafunktion, worauf aber hier nicht näher eingegangen werden soll. Zahlenwerte findet man in der Zahlentafel IV im Anhang.

Ein wichtiger Sonderfall tritt ein, wenn

$$t = \frac{1}{n}$$

und

$$x = t^n$$

gesetzt wird. Dann ist mit

$$dx = n\,t^{n-1}\,dt$$

$$\Gamma\left(\frac{1}{n}\right) = \int_0^\infty n\,t^{1-n} \cdot e^{-t^n} \cdot t^{n-1}\,dt = n\int_0^\infty e^{-t^n}\,dt$$

und

$$\int_0^\infty e^{-t^n}\,dt = \frac{1}{n}\,\Gamma\left(\frac{1}{n}\right) = \Pi\left(\frac{1}{n}\right) \quad \ldots \ldots \quad (14)$$

Ist insbesondere $n = 2$, so wird

$$\int_0^\infty e^{-t^2}\,dt = \frac{1}{2}\sqrt{\pi} \quad \ldots \ldots \quad (15)$$

als Grenzwert für den allgemeineren Fall

$$\int_0^t e^{-t^2}\,dt = \frac{\sqrt{\pi}}{2}\,\Phi(t) \quad \ldots \ldots \quad (16)$$

mit $t$ als oberer Grenze. Die Funktion

$$\Phi(t) = \frac{2}{\sqrt{\pi}}\int_0^t e^{-t^2}\,dt = \frac{2}{\sqrt{\pi}}\left(t - \frac{t^3}{1!\,3} + \frac{t^5}{2!\,5} - \frac{t^7}{3!\,7} + \ldots\right) \quad (17)$$

heißt dann das Gaußsche Fehlerintegral. Es läßt sich, wie schon angegeben, leicht durch eine Reihendarstellung entwickeln (siehe Gleichung (1) des Abschnittes B 3c) und liefert dann die rechte Seite der obigen Gleichung (17). Da für $t = \infty$ nach (15) der Grenzwert $\frac{1}{2}\sqrt{\pi}$ erreicht wird, kann $\Phi(t)$ nicht über 1 anwachsen. Zahlenwerte sind ebenfalls in der Zahlentafel IV angegeben.

**Schrifttum.**

Kiepert-Stegemann: Grundriß der Differential- und Integralrechnung. 14. Aufl. Jaehnke, Leipzig 1920.
Jahnke-Emde: Funktionentafeln. 3. Aufl. B. G. Teubner, Leipzig 1938.
N. Nielsen: Gammafunktionen. B. G. Teubner, Leipzig 1906.

### 3. Elliptische Integrale.

Ein Integral, dessen Integrand eine rationale Funktion der Quadratwurzel aus einer ganzen Funktion der Veränderlichen dritten oder vierten Grades enthält, heißt elliptisches Integral. In vielen Fällen lassen sich elliptische Integrale auf gewisse einfache Normalformen zurückführen. Sie lassen sich aber auch dann elementaranalytisch nicht auswerten. Da einerseits das Gebiet der elliptischen Integrale sehr groß ist und andererseits die Auswertung an Hand ausgezeichneter Zahlentafeln leicht gemacht ist, soll hier nur das Allerwesentlichste über die einfachsten Formen gesagt werden. Es sind dies vor allem das elliptische Integral erster Gattung

$$\int_0^x \frac{dx}{\sqrt{(1-x^2)(1-k^2x^2)}} = \int_0^\varphi \frac{d\varphi}{\sqrt{1-k^2\sin^2\varphi}} = F(k,\varphi) \quad \ldots (1)$$

und zweiter Gattung

$$\int_0^x \frac{\sqrt{1-k^2x^2}}{\sqrt{1-x^2}}\,dx = \int_0^\varphi \sqrt{1-k^2\sin^2\varphi}\cdot d\varphi = E(k,\varphi), \quad \ldots (2)$$

worin

$$x = \sin\varphi$$

gesetzt wurde.

Die Ausführung der Integration gelingt durch Reihenzerlegung. Sie kann hier übergangen werden. Die Zahlenwerte sind in der Zahlentafel V angegeben. Bildet man die Integrale bis zur oberen Grenze $\frac{\pi}{2}$, dann erhält man die vollständigen elliptischen Integrale $F$ und $E$ erster und zweiter Gattung. In der Zahlentafel V ist, wie üblich, der Modul $k$

$$k = \sin\alpha$$

als Sinus eines Winkels $\alpha$ angegeben.

Die Umkehrfunktionen zu den elliptischen Integralen sind die elliptischen Funktionen. Sie lassen sich ebenfalls in Reihen darstellen und sind gut tabuliert.

**Schrifttum.**

Jahnke-Emde: Funktionentafeln. 3. Aufl. B. G. Teubner, Leipzig 1938.

### 4. Besselsche Funktionen.

In vielen Problemen, bei denen eine Rotationssymmetrie um eine Achse vorliegt, treten Differentialgleichungen auf, die nicht durch elementare Funktionen gelöst werden können. Ihre Lösung gelingt mit Funktionen, die dem Wesen des Problems entsprechend Zylinderfunktionen genannt werden. Nach ihrem ersten Bearbeiter werden sie auch Besselsche Funktionen, die entsprechende Differentialgleichung, Besselsche Differentialgleichung genannt. Ihre Anwendung in der theoretischen Elektrotechnik ist in letzter Zeit stark gestiegen, so daß auf sie etwas näher eingegangen werden möge, ohne auch nur angenähert mehr als eine kurze Einleitung in das Gebiet zu geben.

Die Besselsche Differentialgleichung hat die allgemeine Form

$$x^2 \frac{d^2 y}{d x^2} + x \frac{d y}{d x} + (x^2 - \nu^2)\, y = 0 \qquad \ldots \ldots \quad (1)$$

Um zu einer Lösung derselben zu kommen, macht man den Potenzreihenansatz

$$y = a_1 x + a_2 x^2 + \ldots . = \sum_{n=0}^{\infty} a_n x^n.$$

Durch Differenzieren wird daraus

$$\frac{d y}{d x} = \sum_{n=0}^{\infty} n\, a_n x^{n-1}$$

$$\frac{d^2 y}{d x^2} = \sum_{n=0}^{\infty} n\,(n-1)\, a_n x^{n-2}.$$

Setzt man nun diese Werte in die Differentialgleichung ein, so wird

$$\sum_{n=0}^{\infty} n\,(n-1)\, a_n x^n + \sum_{n=0}^{\infty} n\, a_n x^n + \sum_{n=0}^{\infty} a_n x^{n+2} - \nu^2 \sum_{n=0}^{\infty} a_n x^n = 0.$$

Dies läßt sich noch vereinfachen, insbesondere wenn man in der dritten Summe $n$ durch $n-2$ ersetzt. Es wird dann

$$\sum_{n=0}^{\infty} (n^2 - \nu^2)\, a_n x^n + \sum_{n=2}^{\infty} a_{n-2} x^n = 0$$

oder wenn man die ersten beiden Glieder der ersten Summe abspaltet

$$-\nu^2 a_0 + (1-\nu^2)\, a_1 x + \sum_{n=2}^{\infty} [(n^2-\nu^2)\, a_n + a_{n-2}]\, x^n = 0.$$

Diese Gleichung ist für beliebige $x$ nur dann erfüllt, wenn die einzelnen Koeffizienten von $x_n$ Null werden, also

$$\left.\begin{aligned} \nu^2 a_0 &= 0 \\ (1-\nu^2)\, a_1 &= 0 \\ (n^2-\nu^2)\, a_n + a_{n-2} &= 0 \end{aligned}\right\} \quad \ldots\ldots\ldots\ldots \quad (2)$$

Die erste dieser Bedingungen gibt zwei Grundmöglichkeiten $\nu = 0$ oder $a_0 = 0$.

Ist

$$\underline{\nu = 0}$$

dann wird nach der zweiten der Gleichungen (2) auch

$$a_1 = 0$$

und

$$n^2 a_n + a_{n-2} = 0$$

für $n = 2, 3, 4 \ldots$ Es ist dann

$$\begin{aligned} a_0 &= a_0 = \bar{a}_0 \\ a_1 &= 0 \\ a_2 &= -\frac{a_0}{2^2} = \bar{a}_1 \\ a_3 &= 0 \\ a_4 &= -\frac{a_2}{4^2} = +\frac{a_0}{2^2 \cdot 4^2} = \bar{a}_2 = \frac{a_0}{2^4\,(2!)^2} \\ a_5 &= -\frac{a_3}{5^2} = 0 \\ a_6 &= -\frac{a_4}{6^2} = -\frac{a_0}{2^2 \cdot 4^2 \cdot 6^2} = \bar{a}_3 = -\frac{a_0}{2^6 \cdot (3!)^2} \\ &\vdots \end{aligned}$$

und daher mit den quergestrichenen Koeffizienten

$$y = a_0 \sum_{n=0}^{\infty} \frac{(-1)^n}{(n!)^2} \left(\frac{x}{2}\right)^{2n} \quad \ldots\ldots\ldots\ldots \quad (3)$$

Ist $\nu$ nicht Null, dann muß $a_0 = 0$ sein, und es wird nach den Gleichungen (2) entweder $\nu = 1$ oder $a_1 = 0$. Für den ersten Fall ist mit

$$\underline{\nu = 1} \qquad \text{und} \qquad \underline{a_1 \neq 0}$$

und

$$(n^2 - 1)\, a_n + a_{n-2} = 0$$

$$\begin{aligned}
a_0 &= 0\\
a_1 &= a_1 = \bar{a}_0\\
a_2 &= 0\\
a_3 &= -\frac{a_1}{2\cdot 4} = \bar{a}_1\\
a_4 &= 0\\
a_5 &= -\frac{a_3}{4\cdot 6} = \frac{\bar{a}_0}{2\cdot 4\cdot 4\cdot 6} = \bar{a}_2 = \frac{2\,\bar{a}_0}{2^5\cdot 2!\,3!}\\
a_6 &= 0\\
a_7 &= -\frac{a_5}{6\cdot 8} = -\frac{\bar{a}_0}{2\cdot 4\cdot 4\cdot 6\cdot 6\cdot 8} = \bar{a}_3 = -\frac{2\,\bar{a}_0}{2^7\cdot 3!\,4!}\\
&\vdots
\end{aligned}$$

also

$$y = 2\,a_1 \sum_{n=0}^{\infty} \frac{(-1)^n}{n!\,(n+1)!}\left(\frac{x}{2}\right)^{2n+1} \quad \ldots\ldots\ldots \quad (4)$$

Ist schließlich

$$\underline{0 \neq \nu \neq 1} \qquad \text{und} \qquad \underline{a_0 = a_1 = 0,}$$

so wird vorerst für $n = \nu$, $a_n = a_\nu$ und damit auch die höheren Koeffizienten $a_{\nu+2i}$ unbestimmt. Alle übrigen Koeffizienten $a_{\nu+2i-1}$ und jene, deren Zeiger $n$ kleiner als $\nu$ sind, werden zu Null. Mit $a_\nu$ würden sich ergeben

$$\begin{aligned}
a_\nu &= \bar{a}_0\\
a_{\nu+2} &= -\frac{a_\nu}{(\nu+2)^2-\nu^2} = -\frac{a_\nu}{2\,(2\nu+2)} = \bar{a}_1 = -\frac{a_\nu}{2^2\cdot 1!\,(\nu+1)}\\
a_{\nu+4} &= -\frac{a_{\nu+2}}{(\nu+4)^2-\nu^2} = \frac{a_\nu}{2\cdot 4\,(2\nu+2)\,(2\nu+4)} = \bar{a}_2\\
&\vdots \qquad\qquad = \frac{a_\nu}{2^4\,2!\,(\nu+1)\,(\nu+2)}.
\end{aligned}$$

Bei bekanntem $a_\nu$ wäre dann also

$$y = a_\nu\, x^\nu \sum_{n=0}^{\infty} \frac{(-1)^n\,\nu!}{n!\,(\nu+n)!}\left(\frac{x}{2}\right)^{2n} = 2^\nu a_\nu \sum_{n=0}^{\infty} \frac{(-1)^n\,\nu!}{n!\,(\nu+n)!}\left(\frac{x}{2}\right)^{2n+\nu} \quad \ldots \quad (5)$$

Man erkennt, daß (3) und (4) Sonderfälle dieser allgemeineren Lösungsform für $\nu = 0$ und $\nu = 1$ darstellen.

Ist $\nu$ keine ganze Zahl, dann müssen nach (2) alle Koeffizienten verschwinden, und es bestünde dann, neben der trivialen Lösung $y = 0$, keine durch eine Potenzreihe darstellbare Lösung. Diese Vermutung lassen auch die bisher gefundenen Lösungen (3), (4) und (5) erkennen, in denen ja Fakultäten von gebrochenen Zahlen auftreten würden. Es wäre aber denkbar, daß in einem allgemeinen Fall diese Fakultäten durch die entsprechenden Gammafunktionen ersetzt würden. Tatsächlich gelingt auch diese Form der Darstellung, wenn man die Lösung nicht als reine Potenzreihe, sondern als Produkt von $x^\nu$ mit einer Potenzreihe darzustellen versucht. Macht man daher den Ansatz

$$y = x^\nu \sum_{n=0}^{\infty} b_n x^n = \sum_{n=0}^{\infty} b_n x^{\nu+n} \quad \ldots\ldots\ldots (6)$$

und führt man diesen in die Differentialgleichung (1) ein, so erhält man nach dem gleichen Vorgang wie vorhin bei den Koeffizienten $a$ die Bedingungsgleichung

$$[(\nu+1)^2 - \nu^2]\, b_1 x^{\nu+1} + \sum_{n=0}^{\infty} \left\{[(\nu+n)^2 - \nu^2]\, b_n + b_{n-2}\right\} x^{\nu+n} = 0$$

also

$$\left.\begin{aligned} (2\nu+1)\, b_1 &= 0 \\ n\,(2\nu+n)\, b_n + b_{n-2} &= 0 \end{aligned}\right\} \quad \ldots\ldots\ldots (7)$$

Es verschwinden jetzt mit $b_1$ alle Koeffizienten mit ungeradem Zeiger, und es wird

$$\begin{aligned} b_0 &= \bar{b}_0 \\ b_2 &= -\frac{b_0}{2\,(2\nu+2)} = \bar{b}_1 = -\frac{2^\nu \cdot b_0}{2^\nu \cdot 2^2 \cdot 1!\,(\nu+1)} \\ b_4 &= -\frac{b_2}{4\,(2\nu+4)} = \bar{b}_2 = \frac{2^\nu\, b_0}{2^\nu\, 2^4 \cdot 2!\,(\nu+1)\,(\nu+2)} \\ &\vdots \end{aligned}$$

also

$$y = 2^\nu\, b_0 \sum_{n=0}^{\infty} \frac{(-1)^n\, \nu!}{n!\,(\nu+n)!} \left(\frac{x}{2}\right)^{\nu+2n} \quad \ldots\ldots\ldots (8)$$

Nun ist aber nach Gleichung (5a) des Kapitels E 2 über Gammafunktionen

$$\frac{(\nu+n)!}{\nu!} = \frac{\Pi\,(\nu+n)}{\Pi\,(\nu)}$$

und nach Gleichung (7a)

$$n! = \Pi\,(n)$$

Setzt man dies in die Gleichung (8) ein, so erhält man mit

$$y = 2^\nu\, b_0\, \Pi\,(\nu) \sum_{n=0}^{\infty} \frac{(-1)^n}{\Pi\,(n)\, \Pi\,(\nu+n)} \left(\frac{x}{2}\right)^{\nu+2n} \quad \ldots\ldots (9)$$

eine Lösung der allgemeinen Besselschen Differentialgleichung. Man kann diese Lösung noch mit einer beliebigen, von $x$ unabhängigen Zahl multiplizieren, da diese als Konstante aus der Differentialgleichung (1) weggekürzt werden kann. Erweitert man mit $\dfrac{1}{2^\nu\, b_0\, \Pi\,(\nu)}$, so erhält man mit

$$J_\nu(x) = \sum_{n=0}^{\infty} \frac{(-1)^n}{\Pi(n)\,\Pi(\nu+n)} \left(\frac{x}{2}\right)^{\nu+2n}$$
$$= \frac{1}{\Pi(\nu)} \left(\frac{x}{2}\right)^{\nu} \left[1 - \frac{x^2}{2(2\nu+2)} + \frac{x^4}{2\cdot 4(2\nu+2)(2\nu+4)} - \ldots\right] \quad \ldots \quad (10)$$

die als **Besselsche Funktion** $\nu$**-ter Ordnung** bezeichnete Lösung der allgemeinen Besselschen Differentialgleichung. Man nennt dann ferner $x$ das **Argument** und $\nu$ den **Parameter** oder **Index** der Funktion.

Es läßt sich leicht zeigen, daß die durch (10) angegebene Reihe für alle endlichen Werte des Argumentes konvergent ist. Das gilt auch für **komplexe** Argumente. In diesem Falle wird mit

$$x = r\,e^{j\alpha} = r(\cos\alpha + j\sin\alpha)$$

und

$$x^n = r^n e^{jn\alpha} = r^n(\cos n\alpha + j\sin n\alpha)$$

$$J_\nu(r e^{j\alpha}) = \left(\frac{r e^{j\alpha}}{2}\right)^{\nu} \left[\sum_{n=0}^{\infty} \frac{(-1)^n \cos 2n\alpha}{\Pi(n)\,\Pi(\nu+n)} \left(\frac{r}{2}\right)^{2n} + j \sum_{n=0}^{\infty} \frac{(-1)^n \sin 2n\alpha}{\Pi(n)\,\Pi(\nu+n)} \left(\frac{r}{2}\right)^{2n}\right] =$$
$$= \frac{1}{\Pi(\nu)} \left(\frac{r}{2}\right)^{\nu} \left[\cos\nu\alpha - \frac{\cos(\nu+2)\alpha}{2(2\nu+2)} r^2 + \frac{\cos(\nu+4)\alpha}{2\cdot 4\cdot(2\nu+2)(2\nu+4)} r^4 - \ldots\right] +$$
$$+ j \frac{1}{\Pi(\nu)} \left(\frac{r}{2}\right)^{\nu} \left[\sin\nu\alpha - \frac{\sin(\nu+2)\alpha}{2(2\nu+2)} r^2 + \frac{\sin(\nu+4)\alpha}{2\cdot 4\cdot(2\nu+2)(2\nu+4)} r^4 - \ldots\right] \quad \ldots \quad (11)$$

Da diese Reihen sehr rasch konvergieren, können sie wenigstens für nicht zu große Werte des Argumentes bequem zur zahlenmäßigen Berechnung der Besselschen Funktionen herangezogen werden.

Einige spezielle Fälle sind von größerer Bedeutung. So ist beispielsweise

$$J_0(x) = 1 - \frac{1}{(1!)^2}\left(\frac{x}{2}\right)^2 + \frac{1}{(2!)^2}\left(\frac{x}{2}\right)^4 - \frac{1}{(3!)^2}\left(\frac{x}{2}\right)^6 + \ldots \quad \ldots \quad (12)$$

oder

$$J_0(2\sqrt{x}) = 1 - \frac{x}{(1!)^2} + \frac{x^2}{(2!)^2} - \frac{x^3}{(3!)^2} + \ldots \quad \ldots \quad (12a)$$

$$J_1(x) = \frac{x}{2}\left[1 - \frac{1}{1!\,2!}\left(\frac{x}{2}\right)^2 + \frac{1}{2!\,3!}\left(\frac{x}{2}\right)^4 - \frac{1}{3!\,4!}\left(\frac{x}{2}\right)^6 + \ldots\right] \quad (13)$$

oder

$$J_1(2\sqrt{x}) = \sqrt{x}\left(1 - \frac{x}{1!\,2!} + \frac{x^2}{2!\,3!} - \frac{x^3}{3!\,4!} + \ldots\right) \quad \ldots \quad (13a)$$

$$\lim_{x\to 0} J_\nu(x) = \frac{1}{\Pi(\nu)}\left(\frac{x}{2}\right)^{\nu} \quad \ldots \quad (14)$$

$$\lim_{x\to 0} J_0(x) = 1 \quad \ldots \quad (15)$$

$$\lim_{x \to 0} J_1(x) = \frac{x}{2} \quad \dots \dots \dots \dots \quad (16)$$

$$J_{\frac{1}{2}}(x) = \sqrt{\frac{2}{\pi x}} \sin x \quad \dots \dots \dots \dots \quad (17)$$

$$J_0(r e^{j\alpha}) = \left[1 - \frac{\cos 2\alpha}{(1!)^2}\left(\frac{r}{2}\right)^2 + \frac{\cos 4\alpha}{(2!)^2}\left(\frac{r}{2}\right)^4 - \frac{\cos 6\alpha}{(3!)^2}\left(\frac{r}{2}\right)^6 + \dots\right]$$
$$- j\left[\frac{\sin 2\alpha}{(1!)^2}\left(\frac{r}{2}\right)^2 - \frac{\sin 4\alpha}{(2!)^2}\left(\frac{r}{2}\right)^4 + \frac{\sin 6\alpha}{(3!)^2}\left(\frac{r}{2}\right)^6 - \dots\right] \quad \dots \quad (18)$$

$$J_0(j x) = 1 + \frac{1}{(1!)^2}\left(\frac{x}{2}\right)^2 + \frac{1}{(2!)^2}\left(\frac{x}{2}\right)^4 + \frac{1}{(3!)^2}\left(\frac{x}{2}\right)^6 + \dots \dots \quad (19)$$

$$J_0(2 j \sqrt{x}) = 1 + \frac{x}{(1!)^2} + \frac{x^2}{(2!)^2} + \frac{x^3}{(3!)^2} + \dots \dots \dots \quad (19\text{a})$$

$$J_1(r e^{j\alpha}) = \frac{r}{2}\left[\frac{\cos \alpha}{1!} - \frac{\cos 3\alpha}{1!\,2!}\left(\frac{r}{2}\right)^2 + \frac{\cos 5\alpha}{2!\,3!}\left(\frac{r}{2}\right)^4 - \dots\right]$$
$$+ j\frac{r}{2}\left[\frac{\sin \alpha}{1!} - \frac{\sin 3\alpha}{1!\,2!}\left(\frac{r}{2}\right)^2 + \frac{\sin 5\alpha}{2!\,3!}\left(\frac{r}{2}\right)^4 - \dots\right] \quad \dots \quad (20)$$

$$J_1(j x) = j\frac{x}{2}\left[1 + \frac{1}{1!\,2!}\left(\frac{x}{2}\right)^2 + \frac{1}{2!\,3!}\left(\frac{x}{2}\right)^4 + \dots\right] \quad \dots \dots \quad (21)$$

$$J_1(2 j \sqrt{x}) = j\sqrt{x}\left(1 + \frac{x}{1!\,2!} + \frac{x^2}{2!\,3!} + \dots\right) \quad \dots \dots \dots \quad (21\text{a})$$

Da in der Besselschen Differentialgleichung und in den Bestimmungsgleichungen für die Koeffizienten $a$ der Parameter $\nu$ nur im Quadrat vorkommt, kann $\nu$ auch negativ angenommen werden. Es sind dann auch Besselsche Funktionen negativer Ordnung Lösungen der allgemeinen Besselschen Differentialgleichung. Ist dabei $\nu$ nicht ganzzahlig, dann ergeben die Reihen gleicher Ordnung aber mit entgegengesetzen Vorzeichen Funktionen mit völlig verschiedenen Potenzen, Funktionen also, die voneinander nicht linear abhängen. Es sind dann also zwei voneinander unabhängige partikuläre Lösungen der Besselschen Differentialgleichung gefunden. Da diese selbst eine lineare, homogene Differentialgleichung zweiter Ordnung darstellt, ist also

$$y = c_1 J_\nu + c_2 J_{-\nu} \quad (\nu \text{ nicht ganz}) \quad \dots \dots \quad (22)$$

ein vollständiges Integral der Besselschen Differentialgleichung.

Ist $\nu$ hingegen eine ganze Zahl, dann wird wegen

$$\frac{1}{\Pi(-n)} = 0$$

$$J_{-\nu}(x) = \sum_{n=0}^{\infty} \frac{(-1)^n}{\Pi(n)\,\Pi(n-\nu)}\left(\frac{x}{2}\right)^{2n-\nu} = \sum_{n=\nu}^{\infty} \frac{(-1)^n}{\Pi(n)\,\Pi(n-\nu)}\left(\frac{x}{2}\right)^{2n-\nu}.$$

Ersetzt man darin $n - \nu$ durch $n'$ und läßt nachträglich den Strich wieder fort, so wird

$$J_{-\nu}(x) = \sum_{n=0}^{\infty} \frac{(-1)^{\nu+n}}{\Pi(\nu+n)\,\Pi(n)} \left(\frac{x}{2}\right)^{\nu+2n} = (-1)^{\nu} \sum_{n=0}^{\infty} \frac{(-1)^{n}}{\Pi(n)\,\Pi(\nu+n)} \left(\frac{x}{2}\right)^{\nu+2n},$$

also

$$J_{-\nu} = (-1)^{\nu} J_{\nu} \quad (\nu \text{ ganz}) \quad \ldots \ldots \ldots \quad (23)$$

Es sind dann also die Funktionen linear voneinander abhängig und abgesehen vom Vorzeichen einander gleich. Im besonderen ist

$$J_{-1} = -J_1 \quad \ldots \ldots \ldots \ldots \quad (23\text{a})$$

Die Potenzreihe ist nicht die einzige Form, in die die Besselschen Funktionen gebracht werden können. Es gibt vielmehr noch eine Anzahl von Integralformen, die für spezielle Zwecke besonders geeignet erscheinen, auf die aber hier nicht besonders eingegangen werden soll. Lediglich die folgende wichtige Lösungsform

$$Y_{\nu}(x) = \frac{2^{\nu+1} x^{\nu}}{\sqrt{\pi}\,\Pi\left(\nu - \frac{1}{2}\right)} \int_0^{\frac{\pi}{2}} \frac{\cos^{\nu-\frac{1}{2}} \omega \cos\left(x - \frac{2\nu-1}{2}\,\omega\right)}{\sin^{2\nu+1} \omega} e^{-2x\omega t} d\omega \quad (24)$$

möge erwähnt werden, ohne ihre Ableitung vorzunehmen. Sie bildet eine zweite partikuläre Lösung der allgemeinen Besselschen Differentialgleichung, die den Vorteil hat, auch für ganze Parameter eine von $J_{\nu}$ verschiedene Lösung darzustellen. Es ist dann also

$$y + c_1 J_{\nu} + c_2 Y_{\nu} \ldots \ldots \ldots \ldots \quad (25)$$

ein **vollständiges Integral** der Besselschen Differentialgleichung, das für alle $\nu$ gilt. Man nennt $Y_{\nu}$ die **Besselsche Funktion zweiter Art**, zum Unterschied gegen $J_{\nu}$, wofür dann die Bezeichnung **Besselsche Funktion erster Art** gebraucht wird. Es muß dann $Y_{\nu}$ offenbar eine lineare Funktion von $J_{\nu}$ und $J_{-\nu}$ sein, da ja gleichzeitig Gleichung (22) gilt. Tatsächlich liefert eine genauere Untersuchung den Zusammenhang

$$Y_{\nu} = \frac{1}{\sin \nu\pi} J_{-\nu} - \cot \nu\pi \cdot J_{\nu} \quad \ldots \ldots \ldots \quad (26)$$

Ist nun $\nu = \frac{2i+1}{2}$, also die Hälfte einer ungeraden Zahl, dann wird

$$\cot \nu\pi = \cos \frac{2n+1}{2} x = 0$$

und

$$Y_{\nu} = (-1)^{\nu - \frac{1}{2}} J_{-\nu} \ldots \left(\text{für } \nu = \frac{2i+1}{2}\right) \ldots \quad (27)$$

linear von $J_{-\nu}$ abhängig. In diesem Falle ist also die vollständige Lösung durch (22) gegeben. In allen übrigen, insbesondere aber auch für ganze $\nu$ ist die Gleichung (25) zuständig. Ist $\nu$ eine ganze Zahl, dann wird

$$Y_\nu = \frac{J_{-\nu} - \cos \nu\pi\, J_\nu}{\sin \nu\pi} = \frac{J_{-\nu} - (-1)^\nu J_{-\nu}}{\sin \nu\pi} = \frac{0}{0},$$

wenn die Gleichung (23) berücksichtigt wird. Bestimmt man den wahren Wert dieser unbestimmten Form, so erhält man nach längerer Zwischenrechnung eine Potenzreihenentwicklung, aus der der Zahlenwert der zweiten Besselschen Funktion, ähnlich wie es bei den Funktionen erster Art gezeigt wurde, ermittelt werden kann. Zwecks genauerer Besprechung dieser Entwicklungen sei auf das einschlägige Schrifttum verwiesen. Die Zahlenwerte selbst können den bestehenden Tafelwerken entnommen werden. Wichtige Werte sind:

$$Y_0(x) = J_0(x) \ln x + \left(\frac{x}{2}\right)^2 + \frac{1 + \frac{1}{2}}{(2!)^2}\left(\frac{x}{2}\right)^4 + \frac{1 + \frac{1}{2} + \frac{1}{3}}{(3!)^2}\left(\frac{x}{2}\right)^6 + \ldots \quad (28)$$

$$Y_1(x) = J_1(x) \ln x - \frac{1}{x} J_0(x) - \frac{x}{2} + \frac{1 + \frac{1}{2}}{1!\,2!}\left(\frac{x}{2}\right)^3 - \frac{1 + \frac{1}{2} + \frac{1}{3}}{2!\,3!}\left(\frac{x}{2}\right)^5 + \ldots \quad (29)$$

$$\lim_{x \to 0} Y_0(x) = \ln x \quad (30)$$

$$\lim_{x \to 0} Y_1(x) = 0{,}058\, x - \frac{1}{x} \quad (31)$$

Von Bedeutung sind noch die Beziehungen zwischen den einzelnen Besselschen Funktionen und ihren Ableitungen. Zunächst ergibt sich aus Gleichung (10)

$$\frac{d J_\nu(x)}{d x} = J'_\nu(x) = \frac{1}{2} \sum_{n=0}^{\infty} \frac{(-1)^n (\nu + 2n)}{\Pi(n)\, \Pi(\nu + n)} \left(\frac{x}{2}\right)^{\nu + 2n - 1} =$$

$$= \frac{1}{2} \sum_{n=0}^{\infty} \frac{(-1)^n}{\Pi(n)\, \Pi(\nu + n - 1)} \left(\frac{x}{2}\right)^{\nu + 2n - 1} +$$

$$+ \frac{1}{2} \sum_{n=0}^{\infty} \frac{(-1)^n}{\Pi(n-1)\, \Pi(\nu + n)} \left(\frac{x}{2}\right)^{\nu + 2n - 1},$$

wenn man $\nu + 2n$ in $(\nu + n) + n$ zerlegt.

Nun ist aber die erste Summe eine Besselsche Funktion

$$\sum_{n=0}^{\infty} \frac{(-1)^n}{\Pi(n)\, \Pi(\nu - 1 + n)} \left(\frac{x}{2}\right)^{\nu - 1 + 2n} = J_{\nu-1}$$

von der Ordnung $\nu - 1$. In der zweiten Summe sei vorerst $n - 1$ durch $n$ ersetzt. Dann wird

$$\sum_{n=-1}^{\infty} \frac{(-1)^{n+1}}{\Pi(n)\,\Pi(\nu+1+n)} \left(\frac{x}{2}\right)^{\nu+1+2n} = -J_{\nu+1}(x),$$

weil ja das erste Glied der Summe wegen

$$\frac{1}{\Pi(-1)} = 0$$

fortfällt. Damit erhält man aber die wertvolle Beziehung

$$J'_\nu(x) = \frac{J_{\nu-1}(x) - J_{\nu+1}(x)}{2} \quad . \; . \; . \; . \; . \; . \; . \; . \; . \quad (32)$$

Im besonderen Falle $\nu = 0$, wird mit (23a)

$$J'_0(x) = -J_1(x) \quad . \; . \; . \; . \; . \; . \; . \; . \; . \; . \; . \quad (33)$$

Bildet man die Summe zweier Besselscher Funktionen, deren Zeiger sich um 2 unterscheiden, und geht man ähnlich vor wie vorhin, indem man jetzt $n + 1$ durch $n$ ersetzt und die Beziehung

$$\Pi(n-1) = \frac{1}{n}\,\Pi(n)$$

beachtet, so erhält man

$$J_{\nu-1}(x) + J_{\nu+1}(x) = \nu \sum_{n=0}^{\infty} \frac{(-1)^n}{\Pi(n)\,\Pi(\nu+n)} \left(\frac{x}{2}\right)^{\nu+2n-1} = \frac{2\nu}{x} J_\nu(x).$$

Es ist also

$$J_\nu(x) = \frac{x}{2\nu}\left[J_{\nu-1}(x) + J_{\nu+1}(x)\right] \quad . \; . \; . \; . \; . \; . \quad (34)$$

Aus dieser sog. Rekursionsformel der Besselschen Funktionen lassen sich eine Reihe anderer Formeln ableiten. So ergibt beispielsweise die Addition und Subtraktion zur Gleichung (32)

$$J_{\nu-1}(x) = \frac{\nu}{x} J_\nu(x) + J'_\nu(x) \quad . \; . \; . \; . \; . \; . \; . \; . \; . \quad (35)$$

$$J_{\nu+1}(x) = \frac{\nu}{x} J_\nu(x) - J'_\nu(x) \quad . \; . \; . \; . \; . \; . \; . \; . \quad (36)$$

und so weiter. Ähnliche Beziehungen lassen sich auch zu den Besselschen Funktionen zweiter Art finden.

Wertvoll ist es noch, das Verhalten der Besselschen Funktionen für großes Argument zu kennen. Dazu geht man am besten von einer der Gleichung (24) entsprechenden Gleichung

$$J_\nu(x) = \frac{2^{\nu+1} x^\nu}{\sqrt{\pi}\,\Pi\left(\nu - \frac{1}{2}\right)} \int_0^{\frac{\pi}{2}} \frac{\cos^{\nu-\frac{1}{2}}\omega \,\sin\left(x - \frac{2\nu-1}{2}\,\omega\right)}{\sin^{2\nu+1}\omega}\, e^{-2x\cot\omega}\, d\omega \quad (37)$$

aus, deren Ableitung wieder übergangen sei. Setzt man darin $2x \cot \omega = u$ als neue Variable und berücksichtigt man beim Grenzübergang $x \to \infty$, daß $1 + \frac{u^2}{4x^2}$ gegen 1 und $\operatorname{arc\,cot} \frac{u}{2x}$ gegen $\frac{\pi}{2}$ konvergieren, dann wird

$$J_\nu(x) = \sqrt{\frac{2}{\pi x}} \cdot \frac{\sin\left(x - \frac{2\nu - 1}{4}\pi\right)}{\Pi\left(\nu - \frac{1}{2}\right)} \int_0^\infty e^{-u} u^{\nu - \frac{1}{2}} du.$$

Das Integral dieser Gleichung ist aber das Eulersche Integral zweiter Gattung $\Pi\left(\nu - \frac{1}{2}\right)$, so daß nach dem Kürzen mit dem Nenner

$$J_\nu(x) = \sqrt{\frac{2}{\pi x}} \cdot \sin\left(x - \frac{2\nu - 1}{4}\pi\right) \quad \ldots \text{ für } x \to \infty \quad . . (38)$$

Auf genau dieselbe Art erhält man auch

$$Y_\nu(x) = \sqrt{\frac{2}{\pi x}} \cdot \cos\left(x - \frac{2\nu - 1}{4}\pi\right) \quad \ldots \text{ für } x \to \infty \quad . . (39)$$

Überdies liefert die Rekursionsformel (34)

$$J_{\nu-1}(x) = -J_{\nu+1}(x) \quad \ldots \text{ für } x \to \infty \quad . . . . . (40)$$

Es können nun wieder leicht die speziellen Werte angegeben werden:

$$\lim_{x \to \infty} J_0(x) = \sqrt{\frac{2}{\pi x}} \sin\left(x + \frac{\pi}{4}\right) = \sqrt{\frac{2}{\pi x}} \cos\left(x - \frac{\pi}{4}\right) \quad . . . (41)$$

$$\lim_{x \to \infty} J_1(x) = \sqrt{\frac{2}{\pi x}} \sin\left(x - \frac{\pi}{4}\right) = -\sqrt{\frac{2}{\pi x}} \cos\left(x + \frac{\pi}{4}\right) \quad . . (42)$$

$$\lim_{x \to \infty} J_0(jx) = \sqrt{\frac{2}{j\pi x}} \left(\frac{\sin jx}{\sqrt{2}} + \frac{\cos jx}{\sqrt{2}}\right) = \frac{1}{\sqrt{j}} \frac{1}{\sqrt{\pi x}} (j \mathfrak{Sin}\, x + \mathfrak{Cos}\, x)$$
$$= \frac{1}{\sqrt{j}} \frac{1}{2\sqrt{\pi x}} e^x (j + 1) = \frac{1}{\sqrt{j}} \frac{e^x}{\sqrt{2\pi x}} \sqrt{j}$$

oder

$$\lim_{x \to \infty} J_0(jx) = \frac{e^x}{\sqrt{2\pi x}} \quad . . . . . . . . . . (43)$$

ebenso

$$\lim_{x \to \infty} J_1(jx) = j \frac{e^x}{\sqrt{2\pi x}} \quad . . . . . . . . . . (44)$$

In gleicher Weise findet man mit

$$\sqrt[4]{j} = e^{j\frac{\pi}{8}} = \cos\frac{\pi}{8} - j \sin\frac{\pi}{8}$$

und

$$\lim_{x\to\infty}(\sin\sqrt{j}\,x+\cos\sqrt{j}\,x)=\lim_{x\to\infty}\left[\mathfrak{Cof}\,\frac{x}{\sqrt{2}}\left(\sin\frac{x}{\sqrt{2}}+\cos\frac{x}{\sqrt{2}}\right)\right.$$

$$\left.+\,j\,\mathfrak{Sin}\,\frac{x}{\sqrt{2}}\left(\cos\frac{x}{\sqrt{2}}-\sin\frac{x}{\sqrt{2}}\right)\right]=\frac{e^{\frac{x}{\sqrt{2}}}}{\sqrt{2}}\left[\cos\left(\frac{x}{\sqrt{2}}-\frac{\pi}{4}\right)+j\cos\left(\frac{x}{\sqrt{2}}+\frac{\pi}{4}\right)\right]$$

$$\lim_{x\to\infty}J_0(x\sqrt{\pm j})=\frac{e^{\frac{x}{\sqrt{2}}}}{\sqrt{2\pi x}}\left[\cos\left(\frac{x}{\sqrt{2}}-\frac{\pi}{8}\right)\mp j\sin\left(\frac{x}{\sqrt{2}}-\frac{\pi}{8}\right)\right] \qquad (45)$$

und ebenso

$$\lim_{x\to\infty}J_1(x\sqrt{\pm j})=\frac{e^{\frac{x}{\sqrt{2}}}}{\sqrt{2\pi x}}\left[\sin\left(\frac{x}{\sqrt{2}}-\frac{\pi}{8}\right)\pm j\cos\left(\frac{x}{\sqrt{2}}-\frac{\pi}{8}\right)\right] \qquad (46)$$

Für alle weiteren Fälle sei auf das Schrifttum verwiesen. Die Zahlentafel VI zeigt den Verlauf einiger wichtigerer Besselscher Funktionen.

**Schrifttum.**

Jahnke-Emde: Funktionentafeln. 1. bis 3. Aufl. B. G. Teubner, Leipzig 1928, 1938.

P. Schafheitlin: Die Theorie der Besselschen Funktionen. B. G. Teubner. 1908, Bd. 4 der mathematisch-physikalischen Schriften für Ingenieure und Studierende.

## 5. Laplacesche Integrale.

Als Laplacesche Integrale werden Integrale von der Form

$$\mathfrak{L}\{f(t)\}=\int_0^\infty e^{-pt}f(t)\,dt=f_b(p) \quad \ldots\ldots\ldots (1)$$

bezeichnet. Sie werden in neuerer Zeit in steigendem Maße in der theoretischen Elektrotechnik, namentlich bei der Behandlung von Ausgleichsvorgängen, verwendet und scheinen im Kalkül der Laplace-Transformation die Heavisidesche Operatorenrechnung verdrängen zu wollen. Dabei ist vorausgesetzt, daß $t$ positiv und reell ist, während die Funktion $f(t)$ reell oder komplex sein kann. Ferner soll der reelle Teil der im allgemeinen komplexen Zahl $p$ ebenfalls positiv sein und das Integral für ein bestimmtes reelles und positives $p$ konvergieren.

In der Folge mögen einige wichtigere Laplace-Integrale ausgerechnet werden.

1. $f(t)=1$.

Hier wird das Integral

$$\mathfrak{L}\{1\}=\int_0^\infty e^{-pt}\,dt=-\frac{1}{p}\,e^{-pt}\Big|_0^\infty=-\frac{e^{-jp_2t}}{p}\,e^{-p_1t}\Big|_0^\infty$$

konvergent, wenn der reelle Teil $p_1$ von

$$p = p_1 + j\,p_2$$

positiv ist, im Gegenfalle divergent. Es ist dann also

$$\mathfrak{L}\{1\} = \int_0^\infty e^{-pt}\,dt = \frac{1}{p} \text{ für } \Re e\, p > 0 \quad \ldots\ldots \quad (2)$$

2. $f(t) = e^{at}$,

wobei $a$ komplex sein soll

$$\mathfrak{L}\left\{e^{at}\right\} = \int_0^\infty e^{(a-p)\,t}\,dt = \frac{1}{a-p}\,e^{(a-p)\,t}\Big|_0^\infty .$$

Das Integral ist also konvergent, wenn der Realteil von $p$ größer ist als jener von $a$. Dann ist

$$\mathfrak{L}\left\{e^{at}\right\} = \int_0^\infty e^{(a-p)\,t}\,dt = \frac{1}{p-a} \text{ für } \Re e\, p > \Re e\, a \quad \ldots \quad (3)$$

Im besonderen gilt für rein imaginären Exponenten

$$\mathfrak{L}\left\{e^{j\alpha t}\right\} = \int_0^\infty e^{-pt} e^{j\alpha t}\,dt = \frac{1}{p-j\alpha} \quad \ldots\ldots \quad (4)$$

Stellt man hierin $e^{j\alpha t}$ nach dem Eulerschen Satz durch die Winkelfunktionen

$$e^{j\alpha t} = \cos\alpha t + j\sin\alpha t$$

dar, so wird

$$\mathfrak{L}\left\{e^{j\alpha t}\right\} = \mathfrak{L}\left\{\cos\alpha t\right\} + j\,\mathfrak{L}\left\{\sin\alpha t\right\} = \frac{p+j\alpha}{p^2+\alpha^2}$$

und daraus

$$\mathfrak{L}\left\{\cos\alpha t\right\} = \frac{p}{p^2+\alpha^2} \quad \ldots\ldots\ldots\ldots \quad (5)$$

und

$$\mathfrak{L}\left\{\sin\alpha t\right\} = \frac{\alpha}{p^2+\alpha^2} \quad \ldots\ldots\ldots\ldots \quad (6)$$

3. Für die Hyperbelfunktionen wird

$$\mathfrak{L}\left\{\mathfrak{Cof}\,a t\right\} = \int_0^\infty e^{-pt}\,\mathfrak{Cof}\,at\cdot dt = \mathfrak{L}\left\{\frac{1}{2}\left(e^{at}+e^{-at}\right)\right\} = \frac{1}{2}\left(\frac{1}{p-a}+\frac{1}{p+a}\right)$$

oder

$$\mathfrak{L}\left\{\mathfrak{Cof}\,a t\right\} = \int_0^\infty e^{-pt}\,\mathfrak{Cof}\,at\cdot dt = \frac{p}{p^2-a^2} \quad \ldots\ldots \quad (7)$$

und ebenso

$$\mathfrak{L}\left\{\mathfrak{Sin}\,a t\right\} = \int_0^\infty e^{-pt}\,\mathfrak{Sin}\,at\cdot dt = \frac{a}{p^2-a^2} \quad \ldots\ldots \quad (8)$$

wobei $a$ beliebig komplex sein kann.

4. $f(t) = \ln t$.

Differenziert man die Gammafunktion

$$\Gamma(t) = \int_0^\infty x^{t-1} e^{-x}\, d x$$

nach $dt$, so wird

$$\Gamma'(t) = \int_0^\infty x^{t-1} e^{-x} \ln x\, dx$$

und im besonderen

$$\Gamma'(1) = \int_0^\infty e^{-x} \ln x\, d x$$

Setzt man darin jetzt

$$x = p t; \qquad d x = p\, d t,$$

so erhält man

$$\Gamma'(1) = \int_0^\infty e^{-p t} (\ln p + \ln t)\, p\, d t$$

oder

$$\Gamma'(1) = p \ln p \int_0^\infty e^{-p t}\, d t + p \int_0^\infty e^{-p t} \ln t \cdot d t = \ln p + p\, \mathfrak{L}\{\ln t\},$$

woraus

$$\mathfrak{L}\{\ln t\} = \frac{\Gamma'(1)}{p} - \frac{\ln p}{p} \quad \ldots\ldots\ldots\ldots \quad (9)$$

Dabei ist

$$-\Gamma'(1) = 0{,}57722 \quad \ldots\ldots\ldots\ldots \quad (10)$$

gleich der Eulerschen Konstanten.

5. Von größerer Wichtigkeit für die Anwendungen ist ferner das Integral

$$\mathfrak{L}\{J_0(b\sqrt{t^2 - a^2})\} = \int_a^\infty e^{-p t} \cdot J_0(b\sqrt{t^2 - a^2} \cdot d t = \frac{e^{-a\sqrt{p^2+b^2}}}{\sqrt{p^2 + b^2}} \quad \ldots \quad (11)$$

für dessen Ableitung aber auf das Schrifttum verwiesen sei. Ebenso sei an dieser Stelle von weiteren Beispielen Abstand genommen.

Hier sei nur noch ein Satz erwähnt, der ebenfalls für die Anwendungen wichtig ist: Sind zwei Laplace-Integrale $\mathfrak{L}\{f_1(t)\}$ und $\mathfrak{L}\{f_2(t)\}$ für dasselbe $p = p_0$ absolut konvergent, so ergibt das Produkt

$$\mathfrak{L}\{f_1(t)\} \cdot \mathfrak{L}\{f_2(t)\} = \mathfrak{L}\left\{\int_0^t f_1(t - \tau) \cdot f_2(\tau)\, d\tau\right\} \quad \ldots \quad (12)$$

wiederum ein absolut konvergentes Laplace-Integral. Auch der Beweis dieses »Faltungssatzes« sei hier übergangen.

**Schrifttum.**

Droste, H. W.: Die Lösung angewandter Differentialgleichungen mittels Laplacescher Transformation. Neuere Rechenverfahren der Technik 1939, H. 1, S. 5.

### 6. Fouriersche Integrale.

Es sind dies die Integrale von der allgemeinen Form

$$\Phi(t) = \int_{-\infty}^{+\infty} F(\omega)\, e^{j\omega t}\, d\omega \quad \ldots\ldots\ldots \quad (1)$$

Sie sollen später noch im Zusammenhang mit den Fourierschen Reihen besprochen werden, wobei sich auch ihre Bedeutung für die Elektrotechnik offenbaren wird.

Die Gleichung (1) läßt sich auch in der Form schreiben

$$\Phi(t) = \frac{1}{2\pi} \int_0^{\infty} \Phi(\tau)\, d\tau \int_{-\infty}^{+\infty} e^{j\omega(t-\tau)}\, d\omega = \frac{1}{2\pi} \int_0^{\infty}\int_{-\infty}^{+\infty} \Phi(\tau)\, e^{j\omega(t-\tau)}\, d\omega\, d\tau \quad \ldots \quad (2)$$

die auch in die zwei Integrale

$$\left.\begin{aligned} \Psi(\omega) &= \int_0^{\infty} \Phi(\tau)\, e^{-j\omega\tau}\, d\tau \\ \Phi(t) &= \frac{1}{2\pi} \int_{-\infty}^{+\infty} \Psi(\omega)\, e^{j\omega t}\, d\omega \end{aligned}\right\} \quad \ldots\ldots\ldots \quad (3)$$

gespalten werden kann. Man kann auch an Stelle der $e$-Potenz nach dem Eulerschen Satz Kreisfunktionen einführen und erhält so ein Doppelintegral von der Form

$$\Phi(t) = \frac{1}{2\pi} \int_0^{\infty}\int_{-\infty}^{+\infty} \Phi(\tau) \cos\omega(t-\tau)\, d\tau\, d\omega \quad \ldots\ldots \quad (4)$$

wie es häufig in den Anwendungen zu finden ist.

Zur Auswertung spezieller Fourierintegrale sei auf das Schrifttum verwiesen.

**Schrifttum.**

G. Campbell u. R. Foster: Fourier Integrals for practical applications. Bell telephone system Monograph B—584, New York 1931.

## F. Operatorenrechnung.

Es kann nicht Zweck dieses Buches sein, die Operatorenrechnung auch nur angenähert umfassend zu behandeln. Dagegen scheint es aber durchaus geboten, über das Wesen der Operatorenrechnung soweit unterrichtet zu sein, daß deren Zweck und Fähigkeiten klar erkannt werden.

Man kann grundsätzlich jeder Funktion $f(x)$ eine zweite zuordnen, wobei diese Zuordnung nach einem bestimmten Gesetz erfolgt. Beispiele solcher Zuordnungen sind etwa

$$f(x) \ldots \frac{d f(x)}{d x} = D f(x) \ldots \ldots \ldots \ldots \ldots \ldots D$$

$$f(x) \ldots \left(\frac{1}{2} + j \frac{1}{2} \sqrt{2}\right) f(x) = a f(x) \ldots \ldots \ldots \ldots a$$

$$x \ldots \int_0^\infty t^{x-1} e^{-t} dt = \Gamma(x) \ldots \ldots \ldots \ldots \Gamma$$

$$f(x) \ldots \int_0^\infty e^{-px} f(x) dx = \mathfrak{L}\{f(x)\} \ldots \ldots \ldots \ldots \mathfrak{L}$$

$$x \ldots \sum_{n=0}^\infty \frac{(-1)^n}{\Pi(n)\Pi(\nu+n)} \left(\frac{x}{2}\right)^{\nu+2n} = J_\nu(x) \ldots J_\nu$$

usw. usw.

In all diesen Fällen soll mit der gegebenen Funktion eine mehr oder minder komplizierte Rechenoperation vorgenommen werden. Um diese Forderung möglichst einfach ausdrücken zu können, bedient man sich bestimmter Symbole, wie sie in den Beispielen oben rechts nochmals herausgeschrieben sind, die man Operatoren nennt. Der Operator steht also symbolisch an Stelle der gewünschten Rechenoperation und gibt gewissermaßen den Befehl, diese Operation auf die hinter ihm stehende Funktion anzuwenden.

In diesem Sinne ist der Operator zunächst lediglich ein Hilfszeichen zur Vereinfachung der Schreibweise. Zur Operatorenrechnung kommt es erst, wenn man den Operator von der Funktion, auf die er angewendet werden soll, loslöst und gesondert betrachtet wie eine selbständige algebraische Zahl. Es zeigt sich dann, daß man unter gewissen Vorsichtsmaßregeln tatsächlich so verfahren darf und vereinfachende Rechnungen mit den Operatoren nach den Regeln der Algebra vornehmen kann, bevor man noch die geforderten Operationen auf Funktionen anwendet.

Die Operatorenrechnung befaßt sich mit den Rechenregeln, die auf die Operatoren als selbständige Größen angewendet werden dürfen oder müssen.

In der Folge seien einige der wichtigsten Grundregeln der Operatorenrechnung angegeben, die zum Großteil so klar liegen, daß ein Eingehen auf dieselben unterbleiben kann. Große Buchstaben sollen dabei irgendwelche Operatoren bedeuten. Es ist

$$(A + B) f(x) = A f(x) + B f(x) = B f(x) + A f(x) \quad \ldots (1)$$

$$(k A) f(x) = k(A f(x)) \quad \ldots (2)$$

$$A[B f(x)] = (A B) f(x) \neq B[A f(x)] = (B A) f(x) \quad . (3)$$

$$A(B + C) = A B + A C \quad \ldots (4)$$

Ist

$$\left.\begin{aligned} A\,[k\,f(x)] &= k\,[A\,f(x)] \\ A\,[f(x)+g(x)] &= A\,f(x)+A\,g(x) \end{aligned}\right\} \qquad (5)$$

so heißt $A$ ein distributiver Operator. Sie sind die wichtigsten Operatoren und sollen für das Folgende vorausgesetzt werden.

$$A\,[A\,f(x)] = A^2 f(x) \qquad (6)$$

$$A^0 f(x) = f(x)$$

$$A^m A^n = A^n A^m = A^{(m+n)} \qquad (7)$$

Für die Anwendungen besonders wichtig ist der Operator $D$, der die Bildung des ersten Differentialquotienten $\frac{d}{dx}$ fordert. Es gilt dann

$$D\,(u\cdot v) = v\cdot D\,u + u\cdot D\,v \qquad (8)$$

$$D^n\,(u\,v) = v\,D^n\,u + \binom{n}{1} D\,v\cdot D^{n-1}\,u + \binom{n}{2} D^2 v\cdot D^{n-2}\,u \ldots + n\,D^n\,v \quad (9)$$

Nach der Mac-Laurinschen Reihenentwicklung kann man ferner setzen

$$f(D) = f(0) + \frac{D}{1!} f'(0) + \frac{D^2}{2!} f''(0) + \ldots + \frac{D^n}{n!} f^{(n)}(0)$$

und in der Anwendung auf $u\cdot v$

$$\begin{aligned} f(D)\,(u\,v) = f(0)\,(u\,v) &+ \frac{f'(0)}{1!} D\,u\cdot v + \frac{f''(0)}{2!} D^2\,u\cdot v + \ldots \\ &+ \frac{f'(0)}{1!} D\,v\cdot u + \frac{f''(0)}{2!} 2\,D\,u\cdot D\,v + \ldots \\ &+ \frac{f''(0)}{2!} u\cdot D^2 v + \ldots \end{aligned}$$

oder wenn man in der ersten Zeile $v$, in der zweiten $\frac{D\,v}{1!}$, in der dritten $\frac{D^2 v}{2!}$ usf. heraushebt und beachtet, daß die restlichen Summen

$$f(0) + \frac{D\,u}{1!} f'(0) + \frac{D^2\,u}{2!} f''(0) + \frac{D^3\,u}{3!} f'''(0) \ldots = f(D)\,(u)$$

$$D^0\,u\cdot f'(0) + \frac{D\,u}{1!} f''(0) + \frac{D^2\,u}{2!} f'''(0) \ldots = f'(D)\,(u)$$

$$D^0\,u\,f''(0) + \frac{Du}{1!} f'''(0) \ldots = f''(D)\,(u)$$

$$\vdots$$

$$f(D)\,(u\,v) = v\cdot f(D)\,u + \frac{D\,v}{1!}\cdot f'(D)\,u + \frac{D^2\,v}{2!}\cdot f''(D)\,u + \ldots \qquad (10)$$

Von Interesse ist ferner die $e$-Potenz $e^{a\,x}$. Wendet man auf sie die beliebige Operation $f(D)$ an, wobei

$$f(D) = c_0 + c_1 D + c_2 D^2 + \dots$$

als Potenzreihe dargestellt sei, so wird

$$f(D)\, e^{ax} = c_0\, e^{ax} + c_1\, a\, e^{ax} + c_2\, a^2\, e^{ax} + \dots$$

oder

$$f(D)\, e^{ax} = e^{ax} f(a) \quad \dots \dots \dots \dots (11)$$

Ist

$$f(a) = 0,$$

dann spricht man von der Wurzel- oder Stammfunktion. Sie ermöglicht es, das Operatorenpolynom in Wurzelfaktoren zu zerlegen.

Es soll nunmehr noch die Operation

$$f(D)\,(e^{ax} v)$$

untersucht werden. Sie bildet einen Sonderfall zur Form (10) und ergibt mit (11)

$$f(D)\,(e^{ax} v) = v\, e^{ax} f(a) + \frac{D v}{1!}\, e^{ax} f'(a) + \frac{D^2 v}{2!}\, e^{ax} f''(a) + \dots =$$

$$= e^{ax} \left[ f(a) + \frac{D}{1!} f'(a) + \frac{D^2}{2!} f''(a) + \dots \right] v.$$

Der Klammerausdruck ist aber die Taylorsche Reihe für $f(a + D)$, so daß

$$f(D)\,(e^{ax} v) = e^{ax} f(a + D)\, v \quad \dots \dots \dots (12)$$

Dies ist der sog. Verschiebungssatz, der also angibt, wie die $e$-Potenz unverändert vor die Differentialoperation geschoben wird.

Von größerer Bedeutung ist ferner noch die Gleichung

$$D^n \left[ \frac{1}{(n-1)!} \int_{x_0}^{x} (x - t)^{n-1} g(t)\, dt \right] = g(x) \quad \dots \dots (13)$$

Man findet sie leicht, wenn man die Differentiation $n$-mal hintereinander ausführt. Es ist dann

$$D f(x) \quad = \frac{1}{(n-2)!} \int_{x_0}^{x} (x - t)^{n-2} g(t)\, dt$$

$$D^2 f(x) \quad = \frac{1}{(n-3)!} \int_{x_0}^{x} (x - t)^{n-3} g(t)\, dt$$

$$\vdots$$

$$D^{n-1} f(x) = \int_{x_0}^{x} g(t)\, dt$$

$$D^n f(x) \quad = g(x).$$

Neben der Differentialoperation kann auch die Integration in Operatorenform gebracht werden. Definiert man

$$J_{x_0} f(x) = \int_{x_0}^{x} f(t)\, dt \quad \ldots \ldots \ldots \quad (14)$$

so lassen sich leicht die folgenden Sätze ableiten:

$$D^n J_{x_0}{}^n = 1 \quad \ldots \ldots \ldots \quad (15)$$

ferner wenn

$$J_{x_0}(\alpha)\, g(x) = e^{\alpha x} \int_{x_0}^{x} e^{-\alpha t} g(t)\, dt \quad \ldots \ldots \ldots \quad (16)$$

definiert wird

$$J_{x_0}(\alpha)\, g(x) = e^{\alpha x} J_{x_0} [e^{-\alpha x} g(x)] \quad \ldots \ldots \ldots \quad (17)$$

$$(D - \alpha)\, J_{x_0}(\alpha) = 1 \quad \ldots \ldots \ldots \quad (18)$$

beziehungsweise

$$J_{x_0}{}^n(\alpha)\, g(x) = e^{\alpha x} J_{x_0}{}^n [e^{-\alpha x} g(x)] \quad \ldots \ldots \ldots \quad (19)$$

$$(D - \alpha)^n [J_{x_0}{}^n(\alpha)] = 1 \quad \ldots \ldots \ldots \quad (20)$$

$$J_{x_0}{}^n(\alpha)\, J_{x_0}{}^n(\beta) = J_{x_0}{}^n(\beta)\, J_{x_0}{}^n(\alpha) \quad \ldots \ldots \ldots \quad (21)$$

Bezüglich der Ableitungen dieser Gleichungen und der weiteren Regeln der Operatorenrechnung sei auf das Schrifttum verwiesen.

**Schrifttum.**

Forsyth: Lehrbuch der Differentialgleichungen. 2. Aufl. Vieweg, Braunschweig 1912.

## G. Vektorrechnung.

### 1. Allgemeines.

Ist eine Größe durch die Angabe einer Zahl und ihrer Einheit vollständig bestimmt, so nennt man sie eine skalare Größe oder einen Skalar. Eine solche Größe ist beispielsweise die Temperatur. Sie wird etwa durch die Zahl der Celsiusgrade eindeutig und vollständig angegeben.

Hat die zu beschreibende Größe aber noch eine bestimmte Richtung, so muß zur Größenangabe durch eine Zahl noch eine Aussage über die Richtung gemacht werden, damit die Größe vollständig bestimmt ist. Man spricht dann von einer vektoriellen Größe oder einem Vektor. Als Beispiel sei etwa die Kraft genannt, die ja erst durch Angabe ihrer Größe und Richtung einen physikalischen Sinn bekommt. Auch die gegenseitige Lage zweier Punkte im Raum wird durch einen Vektor angegeben. Er ist zum Unterschied von den eben am Beispiel der Kraft beschriebenen »physikalischen« Vektoren eine rein geometrische Größe, ein »Ortsvektor«, hat aber dieselben Bestimmungsstücke.

Streng zu unterscheiden sind hiervon die in der komplexen Rechnung beschriebenen Vektoren, die aus einer geometrischen Deutung der komplexen Zahlen entstanden sind. Sie bilden einen Sonderfall der Ortsvektoren, wenn diese alle in ein und derselben Ebene liegen. Da die Vektoren dann nur mehr zweier Zahlenangaben zu ihrer vollständigen Bestimmung bedürfen, kann man die Koordinaten der Gaußschen Zahlenebene benützen und auf sie die komplexe Rechnung anwenden. Man findet dann neben den hier zu beschreibenden zwei Produkten der allgemeinen Vektorrechnung, die in der ebenen Vektorrechnung nur selten angewendet werden, noch das »komplexe« Produkt, das im Kapitel über die komplexe Rechnung bereits beschrieben wurde und einer Drehstreckung der Vektoren gleichkommt. Auch die Vektordarstellung in der komplexen Wechselstromtechnik bedient sich komplanarer Vektoren. Es wäre recht angenehm, für diese Vektoren eigene Namen zu haben; bis heute ist aber eine treffende Bezeichnung nicht gefunden worden[1]). Andererseits kommt es auch nur ausnahmsweise vor, daß räumliche Vektoren und komplanare Vektoren gleichzeitig in der Rechnung auftreten. Sollte es aber einmal der Fall sein, dann besteht noch immer die Möglichkeit der Unterscheidung durch Zeiger.

In der Folge sollen Vektoren zum Unterschied von Skalaren durch deutsche Buchstaben bezeichnet werden. Der Betrag des Vektors

$$A = |\mathfrak{A}|$$

soll dann durch den gleichen lateinischen Buchstaben gekennzeichnet sein. Einheitsvektoren sind Vektoren mit dem Betrag 1. Insbesondere werden die Einheitsvektoren in den drei Richtungen eines kartesischen Koordinatensystems mit $\mathfrak{i}$, $\mathfrak{j}$, $\mathfrak{k}$ bezeichnet. Es ist dann also

$$|\mathfrak{i}| = |\mathfrak{j}| = |\mathfrak{k}| = 1.$$

In Bildern werden Vektoren durch einen Pfeil bestimmter Länge und Richtung dargestellt.

## 2. Vektoralgebra.

### a) Addition und Subtraktion.

Zunächst sei an die Addition von Vektoren in der komplexen Rechnung erinnert. Der Vorgang läßt sich leicht ins Räumliche übertragen. Man bildet dann die Summe zweier Vektoren, wenn man an den Endpunkt des einen den Anfangspunkt des zweiten anschließt. Die gerichtete Verbindungsstrecke vom Anfang des ersten bis zum Endpunkt des zweiten Vektors wird als Summenvektor definiert. Man erkennt unmittelbar, daß

$$\mathfrak{A} + \mathfrak{B} = \mathfrak{B} + \mathfrak{A}$$

und

$$(\mathfrak{A} + \mathfrak{B}) + \mathfrak{C} = \mathfrak{A} + (\mathfrak{B} + \mathfrak{C})$$

[1]) Der VDE schlägt den Namen »Zeiger« vor. Besser wäre vielleicht das Wort »Strahl«, das nicht mit dem Meßgerät (z. B. Stromzeiger) oder mit »Index« zusammentrifft.

ist und daß man die Summe mehrerer Vektoren

$$\mathfrak{A} + \mathfrak{B} + \mathfrak{C} + \mathfrak{D} = \mathfrak{S} = [(\mathfrak{A} + \mathfrak{B}) + \mathfrak{C}] + \mathfrak{D}$$

durch sukzessives Aneinanderreihen bildet.

Definiert man mit $-\mathfrak{A}$ einen zu $\mathfrak{A}$ entgegengesetzt gerichteten, aber gleich großen Vektor, dann ist die Differenz

$$\mathfrak{A} - \mathfrak{B} = \mathfrak{A} + (-\mathfrak{B})$$

auf die Summenbildung zurückgeführt und bietet daher keinerlei neue Gesichtspunkte. Selbstverständlich ist dann auch

$$\mathfrak{A} + (-\mathfrak{A}) = \mathfrak{A} - \mathfrak{A} = 0.$$

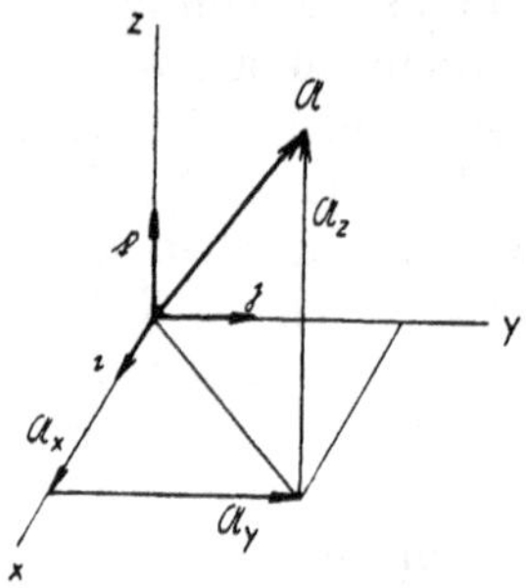

Bild 25. Komponenten eines Vektors.

Die Multiplikation eines Vektors mit $-1$ kehrt also seine Richtung um. Im allgemeinen bedeutet die Multiplikation mit einem skalaren Faktor eine Größenänderung.

Man kann jetzt nach Bild 25 auch einen Vektor als Summe aus seinen kartesischen Koordinaten darstellen. Haben diese die Zahlenwerte $A_x$, $A_y$, $A_z$, so wird mit den Einheitsvektoren $\mathfrak{i}$, $\mathfrak{j}$, $\mathfrak{k}$

$$\mathfrak{A} = \mathfrak{A}_x + \mathfrak{A}_y + \mathfrak{A}_z = A_x \mathfrak{i} + A_y \mathfrak{j} + A_z \mathfrak{k} \quad \ldots\ldots (1)$$

Man sieht, daß eine gleiche Summenbildung auch bei schiefwinkeligen Koordinaten ausreicht.

## b) Multiplikation.

Das Produkt zweier Vektoren muß erst definiert werden. Es sind grundsätzlich zwei verschiedene Produkte in Gebrauch.

Das **skalare oder innere Produkt** wird definiert als das Produkt aus den Beträgen der beiden Vektoren, multipliziert mit dem Kosinus des eingeschlossenen Winkels. Es ist also

$$\mathfrak{A}\mathfrak{B} = A\,B\cos\alpha = A \cdot B\cos\alpha = A\cos\alpha \cdot B = A\,B_A = A_B\,B \quad (1)$$

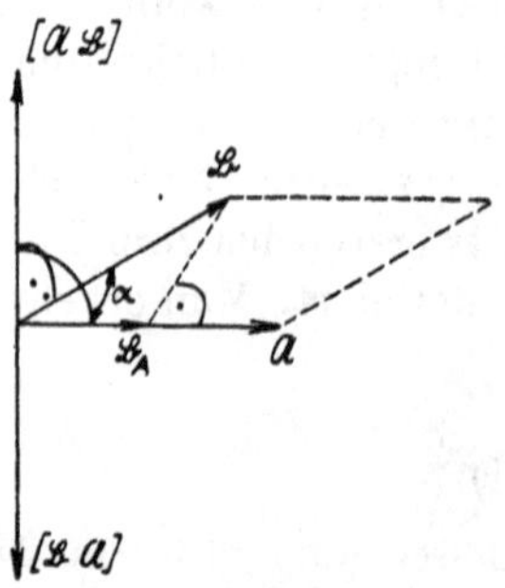

Bild 26. Skalares und Vektorprodukt.

und kann auch als Produkt des Betrages eines Vektors mit der Projektion des anderen auf ihn aufgefaßt werden (siehe Bild 26). Es ist eine skalare Größe und entspricht in der Mechanik beispielsweise der Arbeit, wenn der eine Vektor eine Kraft, der andere den Weg angibt.

Man erkennt auch sofort, daß das kommutative Gesetz

$$\mathfrak{A}\mathfrak{B} = \mathfrak{B}\mathfrak{A}$$

gilt und daß

$$\mathfrak{A}\mathfrak{A} = \mathfrak{A}^2 = A^2 \quad \ldots\ldots (2)$$

$$\mathfrak{i}^2 = \mathfrak{j}^2 = \mathfrak{k}^2 = 1 \quad \ldots\ldots (3)$$

ist. Auch das distributive Gesetz

$$\mathfrak{A}(\mathfrak{B}+\mathfrak{C}) = \mathfrak{A}\mathfrak{B} + \mathfrak{A}\mathfrak{C} \quad \ldots \ldots \ldots (4)$$

wird befolgt. Für die Beträge der Vektorkomponenten findet man jetzt auch

$$A_x = \mathfrak{A}\mathfrak{i}, \; A_y = \mathfrak{A}\mathfrak{j}, \; A_z = \mathfrak{A}\mathfrak{k} \quad \ldots \ldots \ldots (5)$$

Stehen zwei Vektoren senkrecht aufeinander, dann ist ihr skalares Produkt Null. Es ist also insbesondere auch

$$\mathfrak{i}\mathfrak{j} = \mathfrak{j}\mathfrak{k} = \mathfrak{k}\mathfrak{i} = 0 \quad \ldots \ldots \ldots (6)$$

Aus

$$\mathfrak{A}\mathfrak{B} = (A_x\mathfrak{i} + A_y\mathfrak{j} + A_z\mathfrak{k})(B_x\mathfrak{i} + B_y\mathfrak{j} + B_z\mathfrak{k})$$

erhält man damit auch

$$\mathfrak{A}\mathfrak{B} = A_x B_x + A_y B_y + A_z B_z \quad \ldots \ldots \ldots (7)$$

Das skalare Produkt zweier Vektoren ist also der Summe der Produkte der gleichartigen Komponenten gleich.

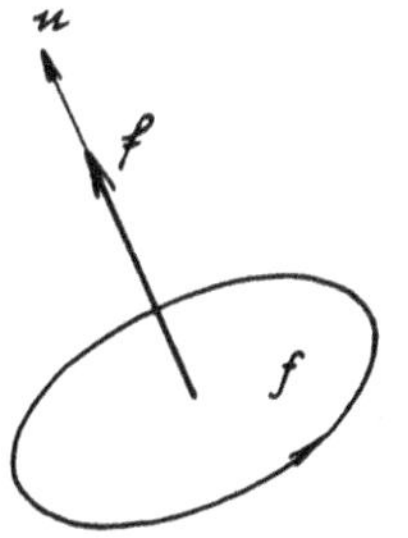

Bild 27. Flächenvektor.

Im Gegensatz zum skalaren Produkt wird das vektorielle Produkt dem Betrag nach durch

$$|[\mathfrak{A}\mathfrak{B}]| = A\,B \sin\alpha \quad \ldots \ldots (8)$$

definiert[1]). Es gibt also den Flächeninhalt des von den beiden Vektoren gebildeten Parallelogrammes an. Nun stellt man aber in der Vektoralgebra Flächenstücke ebenfalls durch Vektoren dar. Ist nach Bild 27 eine geschlossene Kurve gegeben, so kann man nämlich senkrecht auf ihre Fläche einen Vektor $\mathfrak{f}$ auftragen, dessen Betrag gleich dem Inhalt der von der Kurve umrandeten ebenen Fläche ist und dessen Richtung mit dem Umlaufsinn der Kurve eine Rechtsschraubung ergibt. Ist $\mathfrak{n}$ der Einheitsvektor in der Normalrichtung, dann gilt auch

$$\mathfrak{f} = f \cdot \mathfrak{n} \quad \ldots \ldots \ldots (9)$$

Kehrt man den Umlaufsinn der Kurve um, dann ist $\mathfrak{f}$ nach der anderen Seite aufzutragen.

Mit dieser Definition ist also das vektorielle Produkt $[\mathfrak{A}\mathfrak{B}]$ ein Vektor senkrecht auf die durch $\mathfrak{A}$ und $\mathfrak{B}$ bestimmte Ebene. Er ist im Bild 26 obiger Richtungsregel gemäß eingetragen. Man erkennt nun sofort, daß das Vektorprodukt »antikommutativ« ist, nämlich

$$[\mathfrak{B}\mathfrak{A}] = -[\mathfrak{A}\mathfrak{B}] \quad \ldots \ldots \ldots (10)$$

Dagegen gilt das distributive Gesetz

$$[\mathfrak{A}(\mathfrak{B}+\mathfrak{C})] = [\mathfrak{A}\mathfrak{B}] + [\mathfrak{A}\mathfrak{C}] \quad \ldots \ldots \ldots (11)$$

wie man sich leicht durch geometrische Deutung überzeugt.

---

[1]) Die eckigen Klammern sollen stets anzeigen, daß es sich um ein Vektorprodukt handelt.

Für parallele Vektoren ist

$$[\mathfrak{A}\,\mathfrak{B}] = 0$$

also insbesondere auch

$$[\mathfrak{A}\,\mathfrak{A}] = 0 \quad \ldots\ldots\ldots\ldots \quad (12)$$

Für die drei Einheitsvektoren $\mathfrak{i}$, $\mathfrak{j}$, $\mathfrak{k}$ gilt ferner

$$[\mathfrak{i}\,\mathfrak{i}] = [\mathfrak{j}\,\mathfrak{j}] = [\mathfrak{k}\,\mathfrak{k}] = 0 \quad \ldots\ldots\ldots\ldots \quad (13)$$

$$[\mathfrak{i}\,\mathfrak{j}] = \mathfrak{k}, \; [\mathfrak{j}\,\mathfrak{k}] = \mathfrak{i}, \; [\mathfrak{k}\,\mathfrak{i}] = \mathfrak{j} \quad \ldots\ldots\ldots \quad (14)$$

Man findet nunmehr auch leicht

$$[\mathfrak{A}\,\mathfrak{B}] = [(A_x \mathfrak{i} + A_y \mathfrak{j} + A_z \mathfrak{k})(B_x \mathfrak{i} + B_y \mathfrak{j} + B_z \mathfrak{k})] =$$
$$= \mathfrak{i}(A_y B_z - A_z B_y) + \mathfrak{j}(A_z B_x - A_x B_z) + \mathfrak{k}(A_x B_y - A_y B_x).$$

was einfacher in Determinantenform

$$[\mathfrak{A}\,\mathfrak{B}] = \begin{vmatrix} \mathfrak{i} & \mathfrak{j} & \mathfrak{k} \\ A_x & A_y & A_z \\ B_x & B_y & B_z \end{vmatrix} \quad \ldots\ldots\ldots\ldots \quad (15)$$

geschrieben werden kann.

Sind mehrfache Produkte zu bilden, so können beide Produktarten gleichzeitig auftreten, so daß beim Ausrechnen auf die Einzeldefinitionen Rücksicht zu nehmen ist. Bei drei Vektoren sind grundsätzlich drei Fälle möglich.

Im ersten Fall des skalaren Produktes dreier Vektoren ist zu unterscheiden, welches Teilprodukt zuerst zu bilden ist. Man macht dies durch Setzen eines Punktes. Demnach sind die drei Produkte

$$\mathfrak{A} \cdot \mathfrak{B}\,\mathfrak{C}; \; \mathfrak{B} \cdot \mathfrak{A}\,\mathfrak{C}; \; \mathfrak{A}\,\mathfrak{B} \cdot \mathfrak{C}$$

voneinander verschieden und stellen Vektoren in beziehungsweise der Richtung von $\mathfrak{A}$, $\mathfrak{B}$ und $\mathfrak{C}$ dar.

Ein zweiter Fall tritt bei skalarer Multiplikation eines Vektorproduktes auf.

$$V = \mathfrak{A}\,[\mathfrak{B}\,\mathfrak{C}]$$

ist dann — weil ja $[\mathfrak{B}\,\mathfrak{C}]$ den Flächeninhalt des Parallelogrammes $\mathfrak{B}$, $\mathfrak{C}$ angibt — der Rauminhalt des aus $\mathfrak{A}$, $\mathfrak{B}$, $\mathfrak{C}$ gebildeten Parallelepipedes und als skalares Produkt ein Skalar. Man findet leicht, daß

$$\mathfrak{A}\,[\mathfrak{B}\,\mathfrak{C}] = \mathfrak{B}\,[\mathfrak{C}\,\mathfrak{A}] = \mathfrak{C}\,[\mathfrak{A}\,\mathfrak{B}] = \mathfrak{A}\,\mathfrak{B}\,\mathfrak{C} \quad \ldots\ldots \quad (16)$$

Man schreibt dafür auch einfach $\mathfrak{A}\,\mathfrak{B}\,\mathfrak{C}$ (ohne Multiplikationspunkt!). Natürlich ist aber wieder

$$\mathfrak{A}\,\mathfrak{C}\,\mathfrak{B} = -\mathfrak{A}\,\mathfrak{B}\,\mathfrak{C} = \mathfrak{B}\,\mathfrak{A}\,\mathfrak{C}$$

Ist

$$\mathfrak{A}\,\mathfrak{B}\,\mathfrak{C} = 0,$$

dann ist das ein Zeichen dafür, daß die drei Vektoren in ein und derselben Ebene liegen (komplanar sind).

Für die Koordinatenform findet man leicht durch Erweitern von (15) mit $\mathfrak{C} = C_x \mathfrak{i} + C_y \mathfrak{j} + C_z \mathfrak{k}$

$$\mathfrak{A}[\mathfrak{B}\mathfrak{C}] = \begin{vmatrix} A_x & A_y & A_z \\ B_x & B_y & B_z \\ C_x & C_y & C_z \end{vmatrix} \quad (17)$$

Ein drittes sehr wichtiges Produkt ist $[A[\mathfrak{B}\mathfrak{C}]]$. Das ist ein Vektor senkrecht auf $\mathfrak{A}$ und $[\mathfrak{B}\mathfrak{C}]$. Er liegt also selbst in der $\mathfrak{B}$, $\mathfrak{C}$-Ebene, und zwar senkrecht zur Projektion von $\mathfrak{A}$ auf diese Ebene, wie aus Bild 28 leicht zu erkennen ist. Zur Ausrechnung des Produktes wählen wir etwa die $\mathfrak{B}, \mathfrak{C}$-Ebene als $x, y$-Ebene und die Richtung $\mathfrak{C}$ als $x$-Richtung. Dann ist

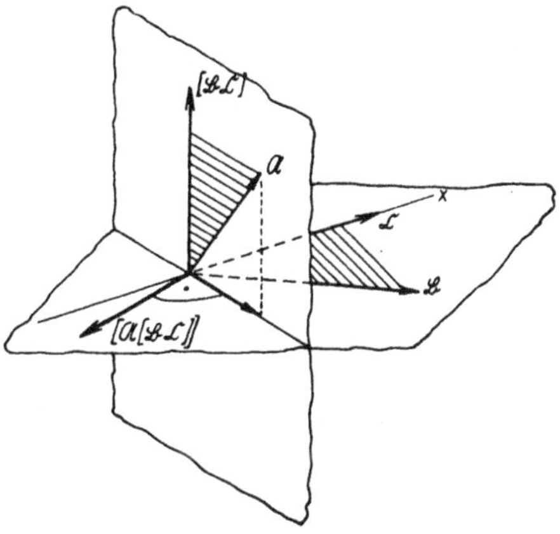


Bild 28. Zum Produkt $[\mathfrak{A}[\mathfrak{B}\mathfrak{C}]]$.

$$\mathfrak{C} = C_x \mathfrak{i}$$
$$\mathfrak{B} = B_x \mathfrak{i} + B_y \mathfrak{j}$$
$$\mathfrak{A} = A_x \mathfrak{i} + A_y \mathfrak{j} + A_z \mathfrak{k}$$

und es wird mit

$$[\mathfrak{B}\mathfrak{C}] = [\mathfrak{i}\mathfrak{i}] B_x C_x + [\mathfrak{j}\mathfrak{i}] B_y C_x = -\mathfrak{k} B_y C_x$$

$$\begin{aligned}[\mathfrak{A}[\mathfrak{B}\mathfrak{C}]] &= \mathfrak{j} A_x B_y C_x - \mathfrak{i} A_y B_y C_x = \\ &= \mathfrak{i} A_x B_x C_x + \mathfrak{j} A_x B_y C_x - \mathfrak{i} A_x B_x C_x - \mathfrak{i} A_y B_y C_x = \\ &= (B_x \mathfrak{i} + B_y \mathfrak{j}) A_x C_x - C_x \mathfrak{i} (A_x B_x + A_y B_y)\end{aligned}$$

oder mit Gleichung (7)

$$[\mathfrak{A}[\mathfrak{B}\mathfrak{C}]] = \mathfrak{B} \cdot \mathfrak{A}\mathfrak{C} - \mathfrak{C} \cdot \mathfrak{A}\mathfrak{B} \quad \ldots \ldots \ldots (18)$$

c) Ortsvektoren.

Wählt man im Raum einen Bezugspunkt $O$, dann kann jeder Punkt des Raumes durch einen vom Bezugspunkt ausgehenden Vektor $\mathfrak{r}$ bestimmt werden. Man nennt in diesem Zusammenhang $P$ den Aufpunkt und $\mathfrak{r}$ einen Radiusvektor oder Ortsvektor. Es ist dann $\mathfrak{r}$ eine Funktion der Koordinaten des Aufpunktes

$$\mathfrak{r} = x\mathfrak{i} + y\mathfrak{j} + z\mathfrak{k} \quad \ldots \ldots \ldots \ldots (1)$$

Die Entfernung ist

$$r = \sqrt{\mathfrak{r}^2} = \sqrt{x^2 + y^2 + z^2}\,.$$

Der Ortsvektor unterscheidet sich von anderen Vektoren dadurch, daß er sich mit einer Änderung des Bezugspunktes ändert. Er dient in vorzüglicher Weise zur Darstellung geometrischer Verhältnisse. So beschreibt beispielsweise die Gleichung

$$(\mathfrak{r} - \mathfrak{r}_1)\,\mathfrak{A} = 0 \quad \ldots \ldots \ldots \ldots \quad (2)$$

eine durch den Punkt $\mathfrak{r}_1$ gehende und auf $\mathfrak{A}$ senkrecht stehende Ebene (siehe Bild 29).

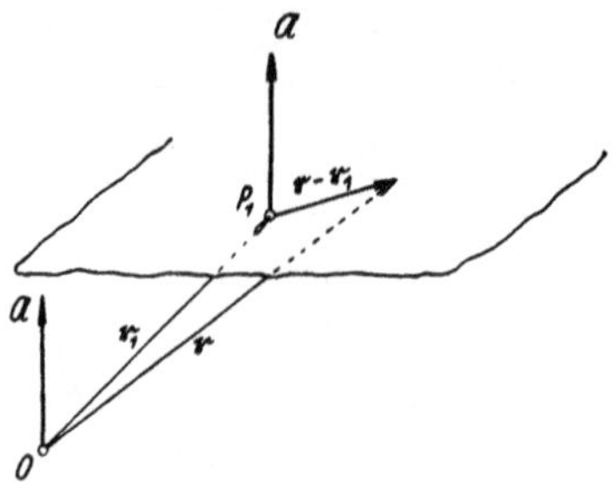

Bild 29. Die Ebene $(\mathfrak{r} - \mathfrak{r}_1)\,\mathfrak{A} = 0$.

$$[(\mathfrak{r} - \mathfrak{r}_1)\,\mathfrak{A}] = 0 \quad \ldots \quad (3)$$

stellt eine durch $\mathfrak{r}_1$ gehende und zu $\mathfrak{A}$ parallele Gerade dar. Eine Gerade durch zwei Punkte ist durch die Gleichung

$$[(\mathfrak{r} - \mathfrak{r}_1)\,(\mathfrak{r} - \mathfrak{r}_2)] = 0 \quad \ldots \quad (4)$$

bestimmt.

Ist $\mathfrak{r}$ eine Funktion einer Veränderlichen, dann beschreibt diese Funktion eine räumliche Kurve. Ist die Veränderliche im besonderen die Zeit $t$, dann wird die Kurve zur Bahn, die ein Punkt in der Zeit durchläuft. Das Wegelement ist dann durch die Änderung $d\mathfrak{r}$ des Radiusvektors gegeben (siehe Bild 30). Das gilt natürlich auch allgemein für Vektoren, die Funktionen einer skalaren Veränderlichen sind. Ist dann beispielsweise die Vektorgröße $\mathfrak{A}$ eine Funktion $\mathfrak{A}(t)$ von $t$, so erleidet der Vektor $\mathfrak{A}$ bei Änderung der Variablen $t$ um $\varDelta t$ eine Änderung

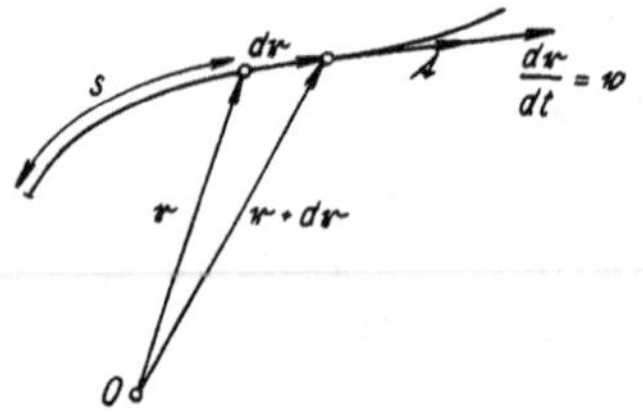

Bild 30. Differentiation nach einer skalaren Veränderlichen.

$$\varDelta\,\mathfrak{A} = \mathfrak{A}(t + \varDelta\, t) - \mathfrak{A}(t).$$

Ist die Funktion stetig, dann läßt sich die Ableitung von $\mathfrak{A}$ nach $t$ definieren durch

$$\frac{d\,\mathfrak{A}}{d\,t} = \lim_{\varDelta t \to 0} \frac{\mathfrak{A}(t + \varDelta\, t) - \mathfrak{A}(t)}{\varDelta\, t} \quad . \quad (5)$$

Das ist ein Vektor in der Richtung $d\mathfrak{A}$, der im allgemeinen selbst wieder eine Funktion von $t$ ist. Im Bild 30 sind die Verhältnisse für einen Radiusvektor eingetragen, dessen Ableitung natürlich die Bahngeschwindigkeit ergibt.

Man arbeitet dann gerne mit dem »Bogenelement« $ds$, wobei $|d\mathfrak{r}| = ds$ ist. Legt man in die Tangentenrichtung einen Einheitsvektor $\mathfrak{t}$, so wird

$$d\,\mathfrak{r} = \mathfrak{t}\,d s \quad \text{oder} \quad \frac{d\,\mathfrak{r}}{d\,s} = \mathfrak{t},$$

womit man zu einfachen Darstellungen der geometrischen Verhältnisse kommt.

## 3. Vektoranalysis.

### a) Funktionen skalarer Veränderlicher.

Im vorigen Kapitel wurde mit Gleichung (5) bereits die Ableitung einer funktional von einer skalaren Veränderlichen abhängigen Vektorgröße definiert. Der auf die normalen Differentiationsmethoden zurückgreifende Grenzübergang läßt sofort die Richtigkeit auch der folgenden Beziehungen erkennen.

$$\frac{d(\mathfrak{A}+\mathfrak{B})}{dt} = \frac{d\mathfrak{A}}{dt} + \frac{d\mathfrak{B}}{dt} \quad \ldots\ldots\ldots\ldots (1)$$

$$\frac{d\,x\mathfrak{A}}{dt} = x\frac{d\mathfrak{A}}{dt} + \mathfrak{A}\frac{dx}{dt} \quad \ldots\ldots\ldots (2)$$

$$\frac{d(\mathfrak{A}\,\mathfrak{B})}{dt} = \mathfrak{A}\frac{d\mathfrak{B}}{dt} + \mathfrak{B}\frac{d\mathfrak{A}}{dt} \quad \ldots\ldots\ldots (3)$$

$$\frac{d[\mathfrak{A}\,\mathfrak{B}]}{dt} = \left[\mathfrak{A}\frac{d\mathfrak{B}}{dt}\right] + \left[\frac{d\mathfrak{A}}{dt}\mathfrak{B}\right] \quad \ldots\ldots (4)$$

ferner

$$\frac{d\mathfrak{A}}{dt} = \frac{d\mathfrak{A}}{dx}\frac{dx}{dt} \quad \ldots\ldots\ldots\ldots (5)$$

wenn

$$x = f(t).$$

In gleicher Weise bildet man die zweiten und höheren Ableitungen und kann dann auch eine Taylorsche Reihenentwicklung vornehmen. Auch bei mehreren Veränderlichen kann man analog vorgehen wie in der gewöhnlichen Analysis.

Für den Übergang zur kartesischen Rechnung benutzt man vor allem die sich aus (1) unmittelbar ergebende Beziehung

$$\frac{d\mathfrak{A}}{dt} = \frac{dA_x}{dt}\mathfrak{i} + \frac{dA_y}{dt}\mathfrak{j} + \frac{dA_z}{dt}\mathfrak{k} \quad \ldots\ldots\ldots (6)$$

Für einen Radiusvektor wird daraus

$$\frac{d\mathfrak{r}}{dt} = \frac{dx}{dt}\mathfrak{i} + \frac{dy}{dt}\mathfrak{j} + \frac{dz}{dt}\mathfrak{k} \quad \ldots\ldots\ldots (7)$$

### b) Ortsfunktionen.

#### α) *Der Gradient.*

Ist eine Größe eine Funktion des Aufpunktes, also vom Orte der Betrachtung abhängig, dann wird sie eine Ortsfunktion genannt. Sie beschreibt dann in dem von ihr erfüllten Raum ein »Feld«. Die Größe selbst kann dabei ein Skalar sein (Temperatur, Potential usw.) oder ein Vektor (Geschwindigkeit, Feldstärke usw.). Danach unterscheidet man skalare Ortsfunktionen (Skalarfelder) und vektorielle Ortsfunktionen (Vektorfelder).

Bei den Ortsfunktionen spielt das Verhalten der Radiusvektoren eine ausschlaggebende Rolle. Geht man vom Punkt $\mathfrak{r}$ in der Richtung des Einheitsvektors $\mathfrak{s}$ um die Strecke $ds$ weiter, so ist der neue Radiusvektor gegeben durch

$$\mathfrak{r} + d\mathfrak{r} = \mathfrak{r} + \mathfrak{s}\, ds$$

Es spielt also der Radiusvektor die Rolle der unabhängig Veränderlichen, so daß die Ortsfunktion als Funktion des Radiusvektors erscheint, beispielsweise das Potential $\varphi$

$$\varphi = \varphi(\mathfrak{r})$$

als Funktion von $\mathfrak{r}$. $\mathfrak{r}$ steht dann als Repräsentant dreier Komponentenangaben nach drei festen Richtungen. Die Bedeutung der Vektorrechnung liegt nun gerade darin, an Stelle dieser dreifachen Abhängigkeit mit der einzelnen von $\mathfrak{r}$ auszukommen.

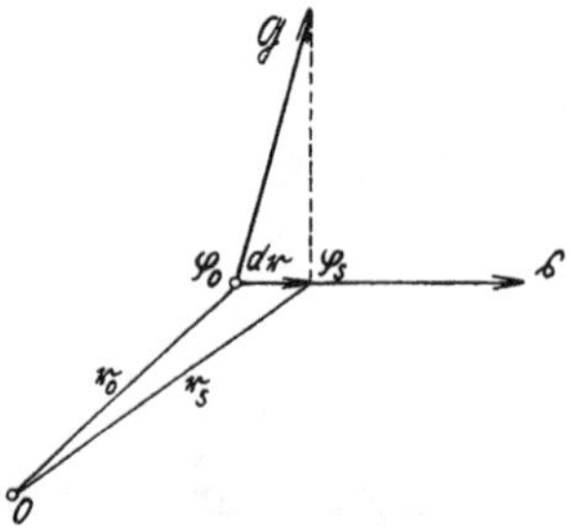

Bild 31. Zur Definition der Richtungsableitung.

Nach Bild 31 wird nun beim Fortschreiten vom Punkt $\mathfrak{r}_0$ nach $\mathfrak{r}_s$ in der Richtung des Einheitsvektors $\mathfrak{s}$, der Skalar $\varphi$ sich von $\varphi_0$ auf $\varphi_s$ ändern. Es ist dann

$$d\varphi = \varphi_s - \varphi_0$$

und man kann den Grenzwert

$$\frac{\vec{\partial}\varphi}{\partial s} = \lim_{ds \to 0} \frac{\varphi_s - \varphi_0}{ds} \quad . \; . \; . \quad (1)$$

als Ableitung des Skalares $\varphi$ in der Richtung $\mathfrak{s}$ definieren. Der Pfeil am Differentialzeichen soll auf das Vorliegen einer »Richtungsableitung« hindeuten und soll diese sichtbar von der gewöhnlichen skalaren Ableitung unterscheiden.

Im allgemeinen wird die Ableitung in verschiedenen Richtungen verschieden ausfallen. Ist aber die Funktion $\varphi(\mathfrak{r})$ stetig und eindeutig, dann erfährt sie dieselbe Änderung unabhängig davon, auf welchem Wege und in wievielen Teilschritten der neue Feldpunkt erreicht wurde. Es läßt sich dann nachweisen, daß unabhängig von der Richtung $\mathfrak{s}$ ein Vektor $\mathfrak{G}$ existiert, derart, daß

$$\mathfrak{G}\,\mathfrak{s} = \frac{\vec{\partial}\varphi}{\partial s} \quad . \; . \; . \; . \; . \; . \; . \; . \; . \; . \; . \; . \quad (2)$$

Es besteht also in jedem Punkte des Skalarfeldes $\varphi$ ein Vektor $\mathfrak{G}$, dessen Projektion auf eine beliebige Richtung $\mathfrak{s}$ die Ableitung der skalaren Funktion in dieser Richtung ergibt. Die Ableitung, d. h. der Anstieg der Funktion je Längeneinheit, ist also in der Richtung

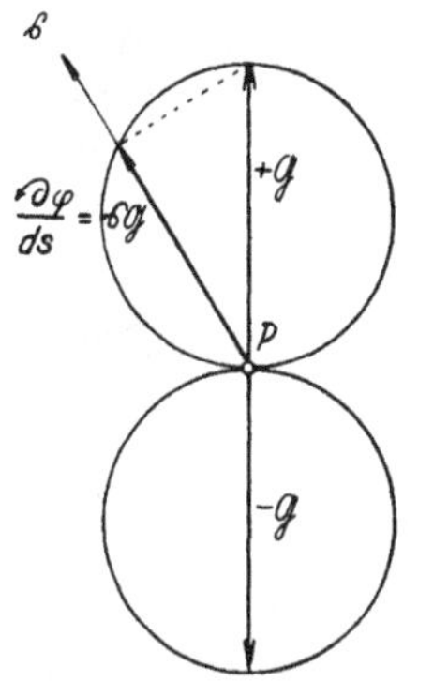


Bild 32. Zusammenhang zwischen Richtungsableitung und Gradient.

von $\mathfrak{G}$ am größten, nämlich $\mathfrak{G}$ selbst. Für alle anderen Richtungen ist mit dem Kosinus des Richtungswinkels zu multiplizieren. In der Normalenrichtung zu $\mathfrak{G}$ ist die Ableitung Null. Der Zusammenhang wird durch Bild 32 noch deutlicher. Danach findet man die Richtungsableitung im Punkt $P$ in irgendeiner Richtung $\mathfrak{s}$ durch Schnitt des Einheitsvektors $\mathfrak{s}$ mit der mit $\mathfrak{G}$ als Durchmesser gezogenen Kugel.

Die Größe $\mathfrak{G}$, die also stets in die Richtung des größten Funktionsanstieges weist, nennt man den Gradienten der Funktionen $\varphi$ und schreibt auch

$$\mathfrak{G} \equiv \operatorname{grad} \varphi \quad \ldots\ldots \quad (3)$$

Für die drei Achsenrichtungen findet man jetzt, da dort die Richtungsableitungen ja mit den partiellen Ableitungen identisch sein müssen

$$\left.\begin{aligned} G_x &= \mathfrak{i}\,\mathfrak{G} \equiv \mathfrak{i} \operatorname{grad} \varphi = \frac{\partial \varphi}{\partial x} \\ G_y &= \mathfrak{j}\,\mathfrak{G} \equiv \mathfrak{j} \operatorname{grad} \varphi = \frac{\partial \varphi}{\partial y} \\ G_z &= \mathfrak{k}\,\mathfrak{G} \equiv \mathfrak{k} \operatorname{grad} \varphi = \frac{\partial \varphi}{\partial z} \end{aligned}\right\} \quad \ldots\ldots \quad (4)$$

oder

$$\mathfrak{G} \equiv \operatorname{grad} \varphi = \mathfrak{i}\frac{\partial \varphi}{\partial x} + \mathfrak{j}\frac{\partial \varphi}{\partial y} + \mathfrak{k}\frac{\partial \varphi}{\partial z} \quad \ldots\ldots \quad (5)$$

Ist nunmehr $\varphi$ in einem Punkt $P_0$ gegeben und dort $\varphi_0$, so findet man in einem um $d\mathfrak{r}$ entfernten Nachbarpunkt

$$\varphi = \varphi_0 + d\mathfrak{r} \operatorname{grad}_0 \varphi \quad \ldots\ldots \quad (6)$$

wenn $\operatorname{grad}_0 \varphi$ im Punkt $P_0$ bekannt ist.

Es ist noch eine andere Definition des Gradienten möglich und wichtig. Bildet man nämlich zunächst das Flächenintegral $\int \varphi d\mathfrak{f}$, so bedeutet das, daß bei etwa gleich groß angenommenen $df$ überall an den Flächennormalen die jeweiligen Werte der skalaren Funktion $\varphi$ aufzutragen sind. Bildet man das Integral über eine geschlossene Fläche, also das »Hüllenintegral«

$$\oint \varphi \, d\mathfrak{f}$$

so ist damit die Verteilung von $\varphi$ an der Oberfläche der Hülle berücksichtigt. Zur Erleichterung des Verständnisses sei $\varphi$ etwa der spezifische Druck in einer Flüssigkeit; die Hülle sei die Oberfläche einer

Kugel. Dann stellt das Hüllenintegral den gesamten Druck auf die Kugeloberfläche dar. Läßt man nun die Kugel immer mehr abnehmen und bildet man schließlich den Grenzwert für $V = 0$, wenn $V$ das Volumen der Kugel bedeutet, so erkennt man unschwer, daß bei der Summenbildung die symmetrisch zur Richtung des größten Druckanstieges angeordneten Teildrucke sich aufheben und als Ergebnis der größte Druckanstieg verbleibt. Es ist also

$$\lim_{V \to 0} \frac{1}{V} \oint \varphi \, d\mathfrak{f} = \operatorname{grad} \varphi \quad \ldots \ldots \ldots \quad (7)$$

Der Beweis gelingt auch streng, wenn man als Hülle etwa einen unendlich kleinen Zylinder mit grad $\varphi$ als Achse wählt und das Hüllenintegral bildet. Der Integrationsanteil über dem Zylindermantel ist dann Null, weil $\varphi$ auf jedem Parallelkreis nach (6) konstant ist. An den beiden Basisflächen wird hingegen

$$\varphi = \varphi_0 \pm \frac{h}{2} \operatorname{grad} \varphi$$

wenn $h$ die Zylinderhöhe bedeutet. Das Hüllenintegral wird also

$$\oint \varphi \, d\mathfrak{f} = \mathfrak{f} \left( \varphi_0 + \frac{h}{2} \operatorname{grad} \varphi \right) - \mathfrak{f} \left( \varphi_0 - \frac{h}{2} \operatorname{grad} \varphi \right) = V \operatorname{grad} \varphi$$

woraus sich (7) ergibt.

Man schreibt auch oft den in der Gleichung (5) geforderten Rechenvorgang in Operatorenform und setzt

$$\nabla = \mathfrak{i} \frac{\partial}{\partial x} + \mathfrak{j} \frac{\partial}{\partial y} + \mathfrak{k} \frac{\partial}{\partial z} \quad \ldots \ldots \ldots \quad (8)$$

Der Operator erhielt den Namen »Nabla«.

Bei zusammengesetzten Ortsfunktionen wird wieder

$$\operatorname{grad} (\varphi + \psi) = \operatorname{grad} \varphi + \operatorname{grad} \psi \quad \ldots \ldots \ldots \quad (9)$$

$$\operatorname{grad} \varphi \psi = \varphi \operatorname{grad} \psi + \psi \operatorname{grad} \varphi \quad \ldots \ldots \ldots \quad (10)$$

$$\operatorname{grad} \varphi (\psi) = \frac{d \varphi}{d \psi} \operatorname{grad} \psi \quad \ldots \ldots \ldots \quad (11)$$

usw.

Man kann jetzt auch die Richtungsableitung (1) auf eine Vektorgröße anwenden. Hat ein Feldvektor in einem bestimmten Aufpunkt den Wert $\mathfrak{A}$ und ändert er sich bei Fortschreiten um $ds$ in der Richtung des Einheitsvektors $\mathfrak{s}$ auf $\mathfrak{A}_s$, dann ist die Ableitung von $\mathfrak{A}$ in der Richtung $\mathfrak{s}$ definiert durch

$$\frac{\partial \mathfrak{A}}{\partial s} = \lim_{ds \to 0} \frac{\mathfrak{A}_s - \mathfrak{A}}{ds} \quad \ldots \ldots \ldots \quad (12)$$

Dafür kann man auch schreiben

$$\frac{\partial \mathfrak{A}}{\partial s} = \mathfrak{s}\,\mathrm{grad}\cdot\mathfrak{A} = \mathfrak{s}\,\nabla\cdot\mathfrak{A} \quad \ldots\ldots\ldots \quad (12\mathrm{a})$$

denn, wenn man die rechte Seite in kartesischen Koordinaten schreibt, wird

$$\mathfrak{s}\,\nabla\cdot\mathfrak{A} = \left(\mathfrak{s}_x\frac{\partial}{\partial x} + \mathfrak{s}_y\frac{\partial}{\partial y} + \mathfrak{s}_z\frac{\partial}{\partial z}\right)\cdot(A_x\mathfrak{i} + A_y\mathfrak{j} + A_z\mathfrak{k}) =$$

$$= \mathfrak{i}\left(\mathfrak{s}_x\frac{\partial A_x}{\partial x} + \mathfrak{s}_y\frac{\partial A_x}{\partial y} + \mathfrak{s}_z\frac{\partial A_x}{\partial z}\right) +$$

$$+ \mathfrak{j}\left(\mathfrak{s}_x\frac{\partial A_y}{\partial x} + \mathfrak{s}_y\frac{\partial A_y}{\partial y} + \mathfrak{s}_z\frac{\partial A_y}{\partial z}\right) +$$

$$+ \mathfrak{k}\left(\mathfrak{s}_x\frac{\partial A_z}{\partial x} + \mathfrak{s}_y\frac{\partial A_z}{\partial y} + \mathfrak{s}_z\frac{\partial A_z}{\partial z}\right) =$$

$$= \mathfrak{i}\cdot\mathfrak{s}\,\mathrm{grad}\,A_x + \mathfrak{j}\cdot\mathfrak{s}\,\mathrm{grad}\,A_y + \mathfrak{k}\cdot\mathfrak{s}\,\mathrm{grad}\,A_z.$$

Das ist aber ein Vektor, dessen Komponenten den Änderungen gleich sind, die die Komponenten des Feldvektors $\mathfrak{A}$ beim Fortschreiten um $\mathfrak{s}$ erleiden. $\mathfrak{s}\,\nabla\cdot\mathfrak{A}$ gibt also die Gesamtänderung des Vektors $\mathfrak{A}$ an, wenn man den Aufpunkt um $\mathfrak{s}$ verschiebt. Die Operation $\nabla\cdot\mathfrak{A} = \mathrm{grad}\cdot\mathfrak{A}$ entspricht also vollkommen der analogen Beziehung im Skalarfeld und wird demgemäß auch Vektorgradient genannt.

Ganz allgemein bedeutet dann $\mathfrak{B}\,\mathrm{grad}\cdot\mathfrak{A}$ die Ableitung des Vektors $\mathfrak{A}$ nach der Richtung von $\mathfrak{B}$, multipliziert mit dem Betrag von $\mathfrak{B}$.

### *β) Die Divergenz.*

Ist die Ortsveränderliche keine skalare, sondern eine vektorielle Größe, dann entsteht ein Vektorfeld. Um auch hier zu einer Ableitung zu kommen, soll wieder vom Flächenintegral $\int \mathfrak{A}\,d\mathfrak{f}$ ausgegangen werden. Sehr anschaulich wird die Bedeutung dieses Integrals, wenn $\mathfrak{A}$ etwa die Geschwindigkeit einer strömenden Flüssigkeit bedeutet. Das skalare Produkt $\mathfrak{A}\,d\mathfrak{f} = A\,df\cos\alpha$ bedeutet dann die Flüssigkeitsmenge, die in der Zeiteinheit durch das Flächenstück $df$ tritt, wofür man auch einfach »Fluß des Vektors $\mathfrak{A}$ durch $df$« sagt. Man spricht dann auch ganz allgemein vom Fluß des Vektors $\mathfrak{A}$ durch eine Fläche, wenn auch $\mathfrak{A}$ nicht die Bedeutung einer Geschwindigkeit hat. Das Flächenintegral stellt also den Fluß durch die ganze Fläche des Integrationsbereiches vor. Von Bedeutung ist insbesondere das Hüllenintegral über eine geschlossene Fläche. Es gibt dann im gewählten Beispiel den Über- oder Unterschuß der austretenden gegenüber der eintretenden Flüssigkeitsmenge in der Zeiteinheit an. Ist dieses Hüllenintegral positiv, dann tritt offenbar mehr Flüssigkeit aus als ein; im Raum innerhalb der Hülle entsteht also Flüssigkeit. Es liegt eine

Quelle vor. Ist das Hüllenintegral negativ, so ist die Quelle negativ, es verschwindet Flüssigkeit in einer Senke. Für die Ergiebigkeit der Quellen findet man ein Maß, wenn man die Hülle auf Null zusammenschrumpfen läßt. Es zeigt dann der Grenzwert

$$\lim_{V \to 0} \frac{1}{V} \oint \mathfrak{A}\, d\mathfrak{f} = \operatorname{div} \mathfrak{A} \quad \ldots \ldots \quad (1)$$

an, wieviel Flüssigkeit je Volumseinheit entsteht oder verschwindet. Diesen Grenzwert, der also eine zweite Form der Ableitung vektorieller Größen darstellt, bezeichnet man mit Divergenz des Vektors $\mathfrak{A}$.

Ist in einem Vektorfeld

$$\operatorname{div} \mathfrak{A} = 0,$$

dann sind keine Quellen vorhanden; das Feld ist »quellenfrei«.

Der Zusammenhang mit der kartesischen Darstellung wird am einfachsten über eine Betrachtung an einem Vektorfeld konstanter Richtung gefunden. Es ist

$$\operatorname{div} \mathfrak{m} A_m = \lim_{V \to 0} \frac{1}{V} \oint \mathfrak{m} A_m\, d\mathfrak{f} = \mathfrak{m} \lim_{V \to 0} \frac{1}{V} \oint A_m\, df$$

oder

$$\operatorname{div} \mathfrak{m} A_m = \mathfrak{m} \operatorname{grad} A_m = \frac{\partial A_m}{\partial m} = \frac{\partial A_m}{\partial m} \quad \ldots \ldots \quad (2)$$

Für den allgemeinen Fall

$$\mathfrak{A} = \mathfrak{i} A_x + \mathfrak{j} A_y + \mathfrak{k} A_z$$

wird also

$$\operatorname{div} \mathfrak{A} = \frac{\partial A_x}{\partial x} + \frac{\partial A_y}{\partial y} + \frac{\partial A_z}{\partial z} \quad \ldots \ldots \quad (3)$$

oder anders geschrieben

$$\operatorname{div} \mathfrak{A} = \mathfrak{i} \frac{\partial \mathfrak{A}}{\partial x} + \mathfrak{j} \frac{\partial \mathfrak{A}}{\partial y} + \mathfrak{k} \frac{\partial \mathfrak{A}}{\partial z} = \nabla \mathfrak{A} \quad \ldots \ldots \quad (3\text{a})$$

Der Operator $\nabla$ kann also wieder verwendet werden, wenn die Differentialzeichen in der symbolischen Multiplikation wie Skalare behandelt werden.

Mit Hilfe des Begriffes der Divergenz gelingt es jetzt auch, ein Raumintegral in ein Flächenintegral zu verwandeln. Es ist dies der Inhalt des Gaußschen Satzes. Ist $\mathfrak{A}$ und div $\mathfrak{A}$ in einem bestimmten Raumteil $V$ stetig und eindeutig und zerlegt man den Raumteil $V$ in unendlich viele Elemente $dv$, so gilt für jedes Element

$$\operatorname{div} \mathfrak{A}\, dv = \oint_{dv} \mathfrak{A}\, d\mathfrak{f}.$$

Integriert man nun über den ganzen Raumteil $V$, so wird

$$\int_V \operatorname{div} \mathfrak{A}\, dv = \oint \mathfrak{A}\, d\mathfrak{f} \quad \ldots \ldots \quad (4)$$

da ja die Summe aller Teilflüsse den Gesamtfluß ergibt. Das Raumintegral der Divergenz eines Vektors über einen gegebenen Raumteil ist also gleich dem Flächenintegral des Vektors über die Hüllfläche des Raumteiles.

Im kartesischen Koordinatensystem nimmt der Gaußsche Satz die Gestalt

$$\iiint \left(\frac{\partial A_x}{\partial x} + \frac{\partial A_y}{\partial y} + \frac{\partial A_z}{\partial z}\right) dx\, dy\, dz =$$
$$= \iint (A_x d_y d_z + A_y d_z d_x + A_z d_x d_y) \qquad (4\,\mathrm{a})$$

an.

Der Gaußsche Satz läßt sofort erkennen, daß in einem quellenfreien Feld ($\operatorname{div} \mathfrak{A} = 0$) der Fluß des Feldvektors durch eine Fläche mit gegebener Randkurve von der Form dieser Fläche unabhängig ist. Nimmt man nämlich zwei Flächen $F_1$ und $F_2$ mit derselben Randkurve an, dann bilden sie eine Hülle, so daß

$$\oint\limits_{F_1+F_2} \mathfrak{A}\, d\mathfrak{f} = \int\limits_{F_1} \mathfrak{A}\, d\mathfrak{f} + \int\limits_{F_2} \mathfrak{A}\, d\mathfrak{f} = 0$$

also bei Umkehr der Normalenrichtung an der einen Fläche

$$\int\limits_{F_1} \mathfrak{A}\, d\mathfrak{f} = \int\limits_{F_2} \mathfrak{A}\, d\mathfrak{f}.$$

*γ) Der Rotor.*

Es ist noch grundsätzlich eine dritte Form der vektoriellen Ableitung möglich. Sie geht vom Linienintegral $\int \mathfrak{A}\, d\mathfrak{s}$ aus. Ist $\mathfrak{A}$ eine Kraft, dann bedeutet das Linienintegral die von der Kraft beim Durchlaufen des Integrationsweges geleistete Arbeit. Bildet man nach Bild 33 das Linienintegral des Feldvektors $\mathfrak{A}$ auf zwei verschiedenen Kurvenstücken $s_1$ und $s_2$ zwischen den Punkten $P_1$ und $P_2$, dann werden die (Arbeits-)Werte im allgemeinen verschieden sein. Geht man andererseits von $P_1$ aus, über den Weg $s_1$ nach $P_2$ und von dort über einen anderen Weg $s_2$ nach $P_1$ zurück, so ist das Integral über die geschlossene Linie, oder das Randintegral der eingeschlossenen Fläche

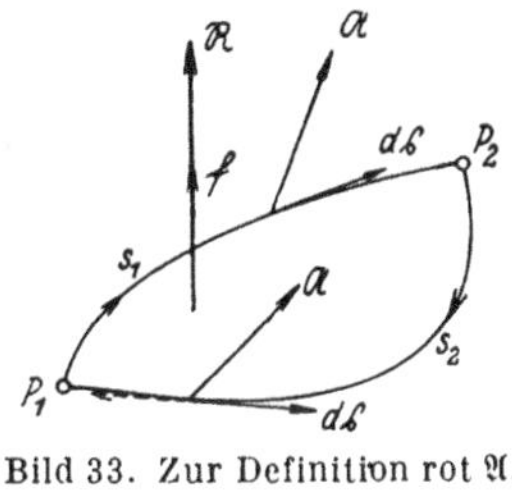

Bild 33. Zur Definition rot $\mathfrak{A}$.

$$\oint \mathfrak{A}\, d\mathfrak{s} = \int\limits_{S_1} \mathfrak{A}\, d\mathfrak{s} - \int\limits_{S_2} \mathfrak{A}\, d\mathfrak{s},$$

weil bei Umkehr der Fortschreitungsrichtung in $s_2$ auch $d\mathfrak{s}$ das Vorzeichen wechselt. Dieses Randintegral stellt also im mechanischen Analogon die Arbeit dar, die durch einmaliges Herumführen im Kraftfeld gewonnen werden könnte. Dies ist nun bekanntlich nur dann der Fall, wenn es sich um ein mit Wirbeln behaftetes Kraftfeld handelt. Das Randintegral ist dann ein Maß für die »Stärke der Wirbelung«. Ein vergleichbares Maß erhält man wieder durch Ermittlung der »spezifischen« Wirbelung beim Umlaufen der Flächeneinheit. Es wird dann

$$\lim_{F \longrightarrow 0} \frac{1}{F} \oint \mathfrak{A}\, d\mathfrak{s} = \mathfrak{R} = \operatorname{rot} \mathfrak{A} \quad \ldots \ldots \ldots \quad (1)$$

ein Ausdruck, der ähnlich wie die Divergenz gebildet ist. Er wird der Rotor des Vektors $\mathfrak{A}$ genannt und gibt also die Wirbelstärke der Flächeneinheit an. Er ist ferner ein Vektor, da sein Wert offenbar von der räumlichen Lage der umfahrenen Fläche und dem Durchlaufsinn der Randkurve abhängt. Da die Lage der Fläche durch die Richtung der Flächennormalen bestimmt ist und sich nachweisen läßt, daß sich dabei das Randintegral mit dem Kosinus des Richtungswinkels ändert, ist der Rotor ein Vektor normal auf das Flächenelement mit dem größten Umlaufintegral. Die Wirbelstärke in jeder anderen Richtung ergibt sich dann aus der Projektion $\mathfrak{R}\mathfrak{n}$ des Rotors auf diese Richtung $\mathfrak{n}$. Man erhält somit eine gleiche Verteilung wie beim Gradienten (siehe Bild 32). Ist

$$\operatorname{rot} \mathfrak{A} = 0,$$

dann ist das Feld wirbelfrei.

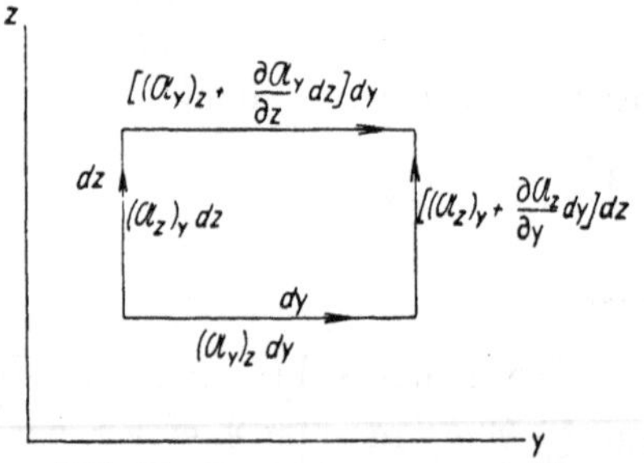


Bild 34. Zur Bildung von $\operatorname{rot}_x \mathfrak{A}$.

Um eine kartesische Darstellung des Rotors zu bekommen, wendet man die Definition (1) auf ein geeignetes Flächenelement an. Ein solches Element in der $yz$-Ebene mit den Seitenlängen $dy$ und $dz$ liefert dann nach Bild 34 die $x$-Komponente des Rotors

$$\operatorname{rot}_x \mathfrak{A} = \frac{\partial A_z}{\partial y} - \frac{\partial A_y}{\partial z}.$$

Ebenso erhält man

$$\operatorname{rot}_y \mathfrak{A} = \frac{\partial A_x}{\partial z} - \frac{\partial A_z}{\partial x}$$

$$\operatorname{rot}_z \mathfrak{A} = \frac{\partial A_y}{\partial x} - \frac{\partial A_x}{\partial y},$$

so daß

$$\operatorname{rot} \mathfrak{A} = \mathfrak{i}\left(\frac{\partial A_z}{\partial y} - \frac{\partial A_y}{\partial z}\right) + \mathfrak{j}\left(\frac{\partial A_x}{\partial z} - \frac{\partial A_z}{\partial x}\right) + \mathfrak{k}\left(\frac{\partial A_y}{\partial x} - \frac{\partial A_x}{\partial y}\right) \quad (2)$$

oder

$$\operatorname{rot} \mathfrak{A} = \begin{vmatrix} \mathfrak{i} & \mathfrak{j} & \mathfrak{k} \\ \frac{\partial}{\partial x} & \frac{\partial}{\partial y} & \frac{\partial}{\partial z} \\ A_x & A_y & A_z \end{vmatrix} \quad \ldots\ldots\ldots \quad (2a)$$

Auch der Operator

$$\nabla = \mathfrak{i}\frac{\partial}{\partial x} + \mathfrak{j}\frac{\partial}{\partial y} + \mathfrak{k}\frac{\partial}{\partial z}$$

kann wieder verwendet werden, wenn man

$$\operatorname{rot} \mathfrak{A} = [\nabla \mathfrak{A}] \quad \ldots\ldots\ldots\ldots \quad (3)$$

definiert, was nach Gleichung (15) des Abschnittes 2b naheliegt.

Zerlegt man eine endliche Fläche in eine unendliche Zahl von Flächenelementen, so gilt für jedes Element $df$ nach (1)

$$\oint \mathfrak{A}\, d\mathfrak{s} = d\mathfrak{f} \cdot \operatorname{rot} \mathfrak{A}$$

Summiert man nun über alle Elemente der Fläche, dann heben sich an den inneren Randkurvenstücken immer die Beträge zweier anliegender Flächenelemente auf, und es bleibt das Linienintegral über die Randkurve der Gesamtfläche übrig. Bezeichnet man diese etwa mit $S$, dann wird also

$$\oint_S \mathfrak{A}\, d\mathfrak{s} = \int_F \operatorname{rot} \mathfrak{A} \cdot d\mathfrak{f} \quad \ldots\ldots\ldots\ldots \quad (4)$$

und damit das Linienintegral in ein Flächenintegral übergeführt. Dieser wichtige Integrationssatz ist unter dem Namen Stockesscher Satz bekannt; er lautet in kartesischen Koordinaten

$$\int (A_x\, dx + A_y\, dy + A_z\, dz) = \iint \left[ \left( \frac{\partial A_z}{\partial y} - \frac{\partial A_y}{\partial z} \right) dy\, dz + \right.$$
$$\left. + \left( \frac{\partial A_x}{\partial z} - \frac{\partial A_z}{\partial x} \right) dx\, dz + \left( \frac{\partial A_y}{\partial x} - \frac{\partial A_x}{\partial y} \right) \right] dx\, dy \quad \ldots\ldots \quad (4a)$$

Der Rotor eines Vektors mit konstanter Richtung

$$\mathfrak{A} = A\,\mathfrak{s},$$

wo $\mathfrak{s}$ einen Einheitsvektor darstellt, ergibt sich aus der Definition zu

$$\operatorname{rot} A\,\mathfrak{s} = \lim_{F \to 0} \frac{1}{F} \oint A\,\mathfrak{s}\, d\mathfrak{r}.$$

Wählt man als Umlauf ein Rechteck mit zwei Seiten $ds$ parallel zu $\mathfrak{s}$ und zwei $dt$ normal zu $\mathfrak{s}$, dann ist

$$\oint A\,\mathfrak{s}\, d\mathfrak{r} = \left( A + \frac{\partial A}{\partial t} dt \right) ds - A\, ds$$

oder

$$\oint A\,\mathfrak{s}\, d\mathfrak{r} = \frac{\partial A}{\partial t} ds\, dt = \frac{\partial A}{\partial t} df.$$

$\frac{\partial A}{\partial t}$ ist aber die Änderung des Betrages quer zur Richtung des Vektors und kann daher auch durch den Gradienten von $A$

$$\frac{\partial A}{\partial t} = [(\mathrm{grad}\, A)\,\mathfrak{s}]$$

dargestellt werden, so daß

$$\mathrm{rot}\, A\,\mathfrak{s} = [(\mathrm{grad}\, A)\,\mathfrak{s}] = -[\mathfrak{s}\,\mathrm{grad}\, A] \quad \text{. . . . . . . (5)}$$

geschrieben werden kann. Ein Vektor konstanter Richtung ist also wirbelfrei, wenn er seinen Betrag quer zur Richtung nicht ändert. Im Gegenfall ist der Rotor durch die Änderung des Vektorbetrages quer zu seiner Richtung bestimmt.

*δ) Einige Hilfssätze.*

Mit Hilfe des Operators $\nabla$ lassen sich nun leicht einige allgemeine Differentiationsregeln anschreiben, die sich analog zu den Regeln der gewöhnlichen Differentialrechnung ergeben. Ihr Beweis sei hier unterdrückt; er ist meistens ganz leicht mit den angeführten Grundgleichungen zu erhalten. Man hat lediglich darauf zu achten, daß $\nabla$ ein Operator ist und sich im allgemeinen auf alle rechts von ihm befindlichen Größen bezieht. Andererseits ist ein Vertauschen von Faktoren manchmal mit einem Vorzeichenwechsel verbunden. Auch die richtige Setzung der Multiplikationszeichen erfordert sorgfältige Beachtung.

Zunächst sei die Bedeutung des Ausdruckes

$$[\mathrm{grad}\,(A\,\mathfrak{s})]$$

untersucht, wo $\mathfrak{A} = A\,\mathfrak{s}$ einen Vektor konstanter Richtung bedeutet. Nach Gleichung (7) des Abschnittes $\alpha$ wird

$$[(\mathrm{grad}\, A\,\mathfrak{s})] = \lim_{V \to 0} \frac{1}{V} \oint [A\,\mathfrak{s}\, d\mathfrak{f}] = -\left[\mathfrak{s} \lim_{V \to 0} \frac{1}{V} \oint A\, d\mathfrak{f}\right] = -[\mathfrak{s}\,\mathrm{grad}\, A],$$

was aber nach Gleichung (5) des vorigen Kapitels auch gleich $\mathrm{rot}\, A\,\mathfrak{s}$ gesetzt werden kann. Da nun aber jeder Vektor aus drei Komponenten konstanter Richtung zusammengesetzt werden kann, gilt allgemein die »räumliche« Ableitung

$$\mathrm{rot}\,\mathfrak{A} = \lim_{V \to 0} \frac{1}{V} \oint [\mathfrak{A}\, d\mathfrak{f}] \quad \text{. . . . . . . . . . (1)}$$

in Entsprechung zu den räumlichen Ableitungen, die den Gradienten und die Divergenz definieren.

Von Bedeutung in dieser Ableitung war auch das Zwischenergebnis

$$[\mathrm{grad}\,(A\,\mathfrak{s})] = [(\mathrm{grad}\, A)\,\mathfrak{s}]$$

das bei den Auswertungen oft nützlich angewendet werden kann.

Es sei nun der Gradient des skalaren Produktes zweier Vektoren gebildet.

$$\operatorname{grad}(\mathfrak{A}\,\mathfrak{B}) = \nabla\cdot\mathfrak{A}\,\mathfrak{B} = \nabla\cdot(\underline{\mathfrak{A}}\,\mathfrak{B}) + \nabla\cdot(\mathfrak{A}\,\underline{\mathfrak{B}}).$$

Das Unterstreichen einzelner Größen soll dabei bedeuten, daß die vorher angegebene Differentialoperation auf diese Größen nicht anzuwenden ist. Es wird dann aus

$$[\mathfrak{B}\operatorname{rot}\mathfrak{A}] = [\mathfrak{B}\,[\nabla\,\mathfrak{A}]] = \nabla\cdot\underline{\mathfrak{B}}\,\mathfrak{A} - \mathfrak{B}\,\nabla\cdot\mathfrak{A}$$

$$\nabla\cdot\mathfrak{A}\,\underline{\mathfrak{B}} = \operatorname{grad}(\mathfrak{A}\,\underline{\mathfrak{B}}) = \mathfrak{B}\,\nabla\cdot\mathfrak{A} + [\mathfrak{B}[\nabla\,\mathfrak{A}]] = \mathfrak{B}\operatorname{grad}\cdot\mathfrak{A} + [\mathfrak{B}\operatorname{rot}\mathfrak{A}] \quad (2)$$

also nach Vertauschung von $\mathfrak{A}$ und $\mathfrak{B}$

$$\nabla\cdot\mathfrak{A}\,\mathfrak{B} = \mathfrak{A}\,\nabla\cdot\mathfrak{B} + [\mathfrak{A}\,[\nabla\,\mathfrak{B}]] + \mathfrak{B}\,\nabla\cdot\mathfrak{A} + [\mathfrak{B}\,[\nabla\,\mathfrak{A}]] \quad . \; . \; (3)$$

oder

$$\operatorname{grad}(\mathfrak{A}\,\mathfrak{B}) = \mathfrak{A}\operatorname{grad}\cdot\mathfrak{B} + \mathfrak{B}\operatorname{grad}\cdot\mathfrak{A} + [\mathfrak{A}\operatorname{rot}\mathfrak{B}] + [\mathfrak{B}\operatorname{rot}\mathfrak{A}] \quad (3a)$$

Man findet ferner leicht

$$\operatorname{div}\varphi\,\mathfrak{A} = \varphi\operatorname{div}\mathfrak{A} + \mathfrak{A}\operatorname{grad}\varphi \quad . \; . \; . \; . \; . \; . \; . \; (4)$$

$$\operatorname{rot}\varphi\,\mathfrak{A} = \varphi\operatorname{rot}\mathfrak{A} - [\mathfrak{A}\operatorname{grad}\varphi] \quad . \; . \; . \; . \; . \; . \; . \; (5)$$

Aus

$$\nabla\,[\mathfrak{A}\,\mathfrak{B}] = \nabla\,[\underline{\mathfrak{A}}\,\mathfrak{B}] + \nabla\,[\mathfrak{A}\,\underline{\mathfrak{B}}] = \mathfrak{B}\,[\nabla\,\mathfrak{A}] - \mathfrak{A}\,[\nabla\,\mathfrak{B}]$$

wird

$$\operatorname{div}[\mathfrak{A}\,\mathfrak{B}] = \mathfrak{B}\operatorname{rot}\mathfrak{A} - \mathfrak{A}\operatorname{rot}\mathfrak{B} \quad . \; . \; . \; . \; . \; . \; . \; . \; (6)$$

Ebenso aus

$$[\nabla\,[\mathfrak{A}\,\mathfrak{B}]] = \nabla\,\mathfrak{B}\cdot\mathfrak{A} - \nabla\,\mathfrak{A}\cdot\mathfrak{B}$$

und

$$\nabla\,\mathfrak{B}\cdot\mathfrak{A} = \nabla\,\underline{\mathfrak{B}}\cdot\mathfrak{A} + \nabla\,\mathfrak{B}\cdot\underline{\mathfrak{A}} = \mathfrak{B}\,\nabla\cdot\mathfrak{A} + \mathfrak{A}\cdot\nabla\,\mathfrak{B}$$

$$\operatorname{rot}[\mathfrak{A}\,\mathfrak{B}] = \mathfrak{B}\operatorname{grad}\cdot\mathfrak{A} + \mathfrak{A}\operatorname{div}\mathfrak{B} - \mathfrak{A}\operatorname{grad}\cdot\mathfrak{B} - \mathfrak{B}\operatorname{div}\mathfrak{A} \quad . \; . \; (7)$$

### *ε) Zweite Ableitungen.*

Man erhält die zweiten Ableitungen durch nochmalige Differentiation. Dabei sind grundsätzlich folgende Möglichkeiten vorhanden.

$$\begin{aligned}
\operatorname{div}\operatorname{grad}\varphi &= \nabla\,\nabla\,\varphi \\
\operatorname{rot}\operatorname{grad}\varphi &= [\nabla\,\nabla\,\varphi] \\
\mathfrak{s}\operatorname{grad}\cdot\operatorname{grad}\varphi &= \mathfrak{s}\,\nabla\cdot\nabla\,\varphi \\
\operatorname{grad}\operatorname{div}\mathfrak{A} &= \nabla\cdot\nabla\,\mathfrak{A} \\
\operatorname{div}\operatorname{rot}\mathfrak{A} &= \nabla\,[\nabla\,\mathfrak{A}] \\
\operatorname{rot}\operatorname{rot}\mathfrak{A} &= [\nabla\,[\nabla\,\mathfrak{A}]].
\end{aligned}$$

Für den ersten Fall findet man

$$\nabla\,\nabla\,\varphi = \nabla\left(i\,\frac{\partial\varphi}{\partial x} + j\,\frac{\partial\varphi}{\partial y} + \mathfrak{k}\,\frac{\partial\varphi}{\partial z}\right) = \frac{\partial^2\varphi}{\partial x^2} + \frac{\partial^2\varphi}{\partial y^2} + \frac{\partial^2\varphi}{\partial z^2}.$$

Es ist also

$$\nabla\,\nabla\,\varphi \equiv \nabla^2\varphi \equiv \triangle\,\varphi = \operatorname{div}\operatorname{grad}\varphi = \frac{\partial^2\varphi}{\partial x^2} + \frac{\partial^2\varphi}{\partial y^2} + \frac{\partial^2\varphi}{\partial z^2} \quad . \; . \quad (1)$$

worin noch für den Operator $\nabla^2$ der Laplacesche Operator $\triangle$ eingeführt wurde. Ist der Vektor $\operatorname{grad}\varphi = \mathfrak{A}$ quellenfrei, dann gilt die Laplacesche Gleichung

$$\triangle\,\varphi = 0 \quad . \; . \; . \; . \; . \; . \; . \; . \; . \; . \; . \; . \quad (2)$$

Man kann diesen Satz auch so aussprechen: Existiert eine skalare Ortsfunktion $\varphi$, die der Laplaceschen Gleichung genügt, dann ist das Vektorfeld grad $\varphi$ quellenfrei.

Für die zweite Ableitungsform erhält man

$$\operatorname{rot}\operatorname{grad}\varphi = \operatorname{rot}\left(\mathfrak{i}\frac{\partial\varphi}{\partial x} + \mathfrak{j}\frac{\partial\varphi}{\partial y} + \mathfrak{k}\frac{\partial\varphi}{\partial z}\right) =$$

$$= \begin{vmatrix} \mathfrak{i} & \mathfrak{j} & \mathfrak{k} \\ \frac{\partial}{\partial x} & \frac{\partial}{\partial y} & \frac{\partial}{\partial z} \\ \frac{\partial\varphi}{\partial x} & \frac{\partial\varphi}{\partial y} & \frac{\partial\varphi}{\partial z} \end{vmatrix}$$

also

$$\operatorname{rot}\operatorname{grad}\varphi = 0 \quad . \; . \; . \; . \; . \; . \; . \; . \; . \; . \; . \; . \quad (3)$$

Kann also ein Feldvektor $\mathfrak{A}$ als Gradient einer skalaren Ortsfunktion dargestellt werden, dann ist sein Feld wirbelfrei. Oder: Der Vektor $\mathfrak{A}$ eines wirbelfreien Feldes ist immer als Gradient $\mathfrak{A} = \operatorname{grad}\varphi$ einer skalaren Ortsfunktion darstellbar.

Für die Richtungsableitung wird

$$\begin{aligned} \mathfrak{s}\operatorname{grad}\cdot\operatorname{grad}\varphi = {} & \mathfrak{i}\left(\mathfrak{s}_x\frac{\partial^2\varphi}{\partial x^2} + \mathfrak{s}_y\frac{\partial^2\varphi}{\partial x\,\partial y} + \mathfrak{s}_z\frac{\partial^2\varphi}{\partial x\,\partial z}\right) + \\ & + \mathfrak{j}\left(\mathfrak{s}_x\frac{\partial^2\varphi}{\partial x\,\partial y} + \mathfrak{s}_y\frac{\partial^2\varphi}{\partial y^2} + \mathfrak{s}_z\frac{\partial^2\varphi}{\partial y\,\partial z}\right) + \\ & + \mathfrak{k}\left(\mathfrak{s}_x\frac{\partial^2\varphi}{\partial x\,\partial z} + \mathfrak{s}_y\frac{\partial^2\varphi}{\partial y\,\partial z} + \mathfrak{s}_z\frac{\partial^2\varphi}{\partial z^2}\right) \quad . \; . \; . \quad (4) \end{aligned}$$

Ähnlich ergibt sich für die Divergenz

$$\begin{aligned} \operatorname{grad}\operatorname{div}\mathfrak{A} = {} & \mathfrak{i}\left(\frac{\partial^2 A_x}{\partial x^2} + \frac{\partial^2 A_y}{\partial x\,\partial y} + \frac{\partial^2 A_z}{\partial x\,\partial z}\right) + \\ & + \mathfrak{i}\left(\frac{\partial^2 A_x}{\partial x\,\partial y} + \frac{\partial^2 A_y}{\partial y^2} + \frac{\partial^2 A_z}{\partial y\,\partial z}\right) + \\ & + \mathfrak{k}\left(\frac{\partial^2 A_x}{\partial x\,\partial z} + \frac{\partial^2 A_y}{\partial y\,\partial z} + \frac{\partial^2 A_z}{\partial z^2}\right) \quad . \; . \; . \; . \; . \quad (5) \end{aligned}$$

Die beiden Ableitungen für den Rotor finden sich schließlich zu

$$\operatorname{div} \operatorname{rot} \mathfrak{A} = \operatorname{div} \begin{vmatrix} \mathfrak{i} & \mathfrak{j} & \mathfrak{k} \\ \frac{\partial}{\partial x} & \frac{\partial}{\partial y} & \frac{\partial}{\partial z} \\ A_x & A_y & A_z \end{vmatrix} = \begin{vmatrix} \frac{\partial}{\partial x} & \frac{\partial}{\partial y} & \frac{\partial}{\partial z} \\ \frac{\partial}{\partial x} & \frac{\partial}{\partial y} & \frac{\partial}{\partial z} \\ A_x & A_y & A_z \end{vmatrix}$$

oder

$$\operatorname{div} \operatorname{rot} \mathfrak{A} = 0 \quad \ldots \ldots \ldots \ldots (6)$$

und

$$\operatorname{rot} \operatorname{rot} \mathfrak{A} = [\nabla [\nabla \mathfrak{A}]] = \nabla \cdot \nabla \mathfrak{A} - \nabla^2 \cdot \mathfrak{A}$$

oder

$$\operatorname{rot} \operatorname{rot} \mathfrak{A} = \operatorname{grad} \operatorname{div} \mathfrak{A} - \nabla \mathfrak{A} \quad \ldots \ldots \ldots (7)$$

Ein Feldvektor, der sich als Rotor eines Ortsvektors darstellen läßt, beschreibt also stets ein quellenfreies Feld.

Zu $\nabla^2 \cdot \mathfrak{A}$ ist noch zu bemerken, daß in kartesischen Koordinaten

$$\nabla^2 \cdot \mathfrak{A} = \mathfrak{i}\, \nabla^2 \cdot A_x + \mathfrak{j}\, \nabla^2 \cdot A_y + \mathfrak{k}\, \nabla^2 \cdot A_z = \mathfrak{i} \triangle A_x + \mathfrak{j} \triangle A_y + \mathfrak{k} \triangle A_z$$

wird. $\nabla^2 \cdot \mathfrak{A} \equiv \triangle \mathfrak{A}$ ist also ein Vektor mit den Komponenten $\triangle A_x$, $\triangle A_y$, $\triangle A_z$. Man findet dies übrigens auch sofort, wenn man die Gleichung (7) in kartesischen Koordinaten abzuleiten versucht.

Schließlich seien noch zwei für die Potentialtheorie wichtige Gleichungen, die Greenschen Sätze angeführt:

$$\oint_F \varphi \operatorname{grad} \psi \, d\mathfrak{f} = \int_V (\varphi \triangle \psi + \operatorname{grad} \varphi \operatorname{grad} \psi)\, dv \quad \ldots \ldots (8)$$

und

$$\oint_F (\varphi \operatorname{grad} \psi - \psi \operatorname{grad} \varphi)\, d\mathfrak{f} = \int_V (\varphi \triangle \psi - \psi \triangle \varphi)\, dv \quad \ldots (9)$$

Den ersten findet man sofort durch Anwendung des Gaußschen Satzes auf die Entwicklung

$$\operatorname{div}(\varphi \operatorname{grad} \psi) = \varphi \triangle \psi + \operatorname{grad} \varphi \operatorname{grad} \psi,$$

den zweiten durch Anwenden des ersten auf die beiden Funktionen des Integranden.

*ζ) Sprungflächen.*

Es kommt öfter vor, daß eine sonst stetige, skalare oder vektorielle Ortsfunktion an bestimmten Flächen eine unstetige Änderung erfährt. Man nennt dann solche Flächen Sprungflächen. Hat der Vektor auf der einen Seite einer solchen Fläche den Wert $\mathfrak{A}_1$, auf der anderen den Wert $\mathfrak{A}_2$, dann ändert er sich an der Fläche sprunghaft um $\mathfrak{A}_2 - \mathfrak{A}_1$. Betrachtet man an der Sprungfläche einen unendlich kleinen Zylinder mit den Basisflächen $df$ und der Höhe $dn$ in der Richtung der Flächennormale, dann kann man den die Divergenz definierenden Grenzwert

$$\operatorname{Div} \mathfrak{A} = \lim_{dn \to 0} \frac{1}{dn\, df} \oint \mathfrak{A}\, d\mathfrak{f}$$

bilden. Er ist

$$\operatorname{Div} \mathfrak{A} = \mathfrak{n}\,(\mathfrak{A}_2 - \mathfrak{A}_1) \quad \ldots \ldots \ldots \ldots (1)$$

weil die Anteile des Zylindermantels bei der Grenzbildung als unendlich klein gegenüber jener der Basisflächen fortfallen, und sei zum Unterschied von der allgemeinen, räumlichen Divergenz div mit Div bezeichnet. Man nennt diese an Sprungflächen auftretende Divergenz die Flächendivergenz. Sie gibt also den Sprung der Normalkomponente des Feldvektors an und damit die Ergiebigkeit der »Flächenquelle« von $\mathfrak{A}$.

In analoger Weise erhält man auch die Ausartung zu rot $\mathfrak{A}$

$$\operatorname{Rot} \mathfrak{A} = [\mathfrak{n}\,(\mathfrak{A}_2 - \mathfrak{A}_1)] \quad \ldots \ldots \ldots \ldots (2)$$

wenn man einen unendlich schmalen Umlauf an der Sprungfläche macht. Der Flächenrotor gibt also den Sprung der Tangentialkomponente des Feldvektors an.

Auch für sprunghafte Änderung eines Skalars kann ein Flächengradient

$$\operatorname{Grad} \varphi = \mathfrak{n}\,(\varphi_2 - \varphi_1) \quad \ldots \ldots \ldots \ldots (3)$$

angegeben werden.

Für die Flächenableitungen gelten ähnliche Gleichungen wie für die räumlichen. Insbesondere lassen sich auch der Gaußsche und Stokessche Satz entsprechend darstellen. Hierzu sei aber auf das einschlägige Schrifttum verwiesen.

### *η) Anwendungen in der Feldtheorie.*

Um ein Vektorfeld anschaulich darzustellen, bedient man sich der Vektorlinien (Feldlinien), die so erhalten werden, daß man längs eines Vektors ein Wegdifferential fortschreitet, von hier ausgehend längs des dort vorhandenen Feldvektors wiederum um ein Wegdifferential weitergeht und dies dauernd wiederholt. Beim Grenzübergang zu verschwindend kleinen Wegstrecken erhält man so die Vektorlinien, deren Tangenten in jedem Punkt also die Richtung des dort gültigen Feldvektors angeben. Da das Wegdifferential längs einer Vektorlinie gleich ist dem Differential des Ortsvektors, so erscheint die Differentialgleichung der Feldlinie gegeben durch

$$[\mathfrak{A}\, d\mathfrak{r}] = 0 = \begin{vmatrix} \mathfrak{i} & \mathfrak{j} & \mathfrak{k} \\ A_x & A_y & A_z \\ dx & dy & dz \end{vmatrix} \quad \ldots \ldots \ldots (1)$$

Nimmt man im Feld des Vektors $\mathfrak{A}$ eine beliebige geschlossene Kurve an, so bilden alle Feldlinien, die durch die Kurve gehen, eine Vektorröhre, die dadurch gekennzeichnet ist, daß der Fluß des Vektors $\mathfrak{A}$ durch die Mantelfläche Null ist ($\mathfrak{A} \perp d\mathfrak{f}$). Daraus folgt, daß der Fluß durch jede Querschnittsfläche der Röhre konstant ist, wenn

$\mathfrak{A}$ ein quellenfreies Feld beschreibt. In einem solchen Felde können die Feldlinien nirgends endigen; sie gehen also ins Unendliche oder sind geschlossene Linien. Ist das Feld nicht quellenfrei, dann entspringen an den Quellen neue Vektorröhren, die an den Senken wiederum verschwinden.

Im wirbelfreien Feld ist der Feldvektor als Gradient einer skalaren Ortsfunktion $\varphi$ darstellbar. Man nennt dann $-\varphi$ das Potential des Feldes, und es wird für irgendeinen Punkt

$$\varphi = \varphi_0 + \int_{r_0}^{r} \mathfrak{A}\, d\mathfrak{r} = \varphi_0 + \int_{r_0}^{r} \operatorname{grad} \varphi\, d\mathfrak{r}, \quad \ldots\ldots \quad (2)$$

wobei das Integral unabhängig vom Weg und nur abhängig von den Endpunkten ist. Die Flächen $\varphi = \text{const}$ in einem solchen Felde heißen Niveau- oder Äquipotentialflächen.

Ist der Feldvektor $\mathfrak{A}$ quellenfrei, dann läßt er sich nach der Gleichung

$$\operatorname{div} \operatorname{rot} \mathfrak{B} = 0$$

stets als Rotor eines anderen Vektors $\mathfrak{B}$ darstellen

$$\mathfrak{A} = \operatorname{rot} \mathfrak{B} \quad \ldots\ldots\ldots\ldots \quad (3)$$

der das Vektorpotential des quellenfreien Vektors $\mathfrak{A}$ genannt wird. Dabei kann aber zu $\mathfrak{B}$ noch irgendein beliebiger wirbelfreier Vektor addiert werden, da er ja bei der Operation (3) herausfällt. Diese Freiheit in der Wahl von $\mathfrak{B}$ wird dazu benutzt, dem Vektorpotential zu seiner eindeutigen Definition noch die Bedingung der Quellenfreiheit aufzuerlegen

$$\operatorname{div} \mathfrak{B} = 0 \quad \ldots\ldots\ldots\ldots \quad (4)$$

Ein stetiger Feldvektor $\mathfrak{A}$ ist im allgemeinen in einem Bereich bestimmt, wenn seine Quellen und Wirbel in diesem Bereich und seine Werte an der Begrenzung desselben bekannt sind. Ein wirbelfreier Vektor $\mathfrak{A}$ ist also durch seine Quellen

$$\operatorname{div} \mathfrak{A} = \varrho$$

bestimmt, während ein quellenfreier Vektor $\mathfrak{A}$ durch seine Wirbel

$$\operatorname{rot} \mathfrak{A} = \mathfrak{B}$$

im Raum definiert wird. Im ersten Fall läßt sich $\mathfrak{A}$ als Gradient aus einem skalaren Potential $\varphi$, im zweiten als Rotor aus einem vektoriellen Potential $\mathfrak{B}$ ableiten. Jedesmal ist also noch das skalare Potential aus den Quellen des wirbelfreien Vektors beziehungsweise das Vektorpotential aus den Wirbeln des quellenfreien Feldvektors zu bestimmen, was je nach der Art der vorliegenden Ortsfunktion durchgeführt werden muß.

**Schrifttum.**

J. Spielrein: Lehrbuch der Vektorrechnung. 2. Aufl. K. Wittwer 1926.

# H. Einige Rechenhilfsmittel.

## 1. Nomographie.

### a) Funktionsleiter.

Die Nomographie ist ein ausgesprochenes Hilfsmittel für numerische Berechnungen, insbesondere dann, wenn ein und dieselbe Rechnung oft mit verschiedenen Zahlenwerten durchzuführen ist. Sie ist demgemäß für den berechnenden und planenden Ingenieur von großer Bedeutung und wird trotz dieser Bedeutung heute noch viel zu wenig angewendet. Aus diesem Grunde und weil sie als rationelles Rechenmittel auch bei der Aufsuchung empirischer Gesetzmäßigkeiten ein schwer zu vermissendes Werkzeug ist, seien ihre Grundzüge in diesem Buche aufgenommen, wenn auch nur so weit, daß der Leser in den Stand versetzt wird, einfache Nomogramme in brauchbarer Form anzufertigen.

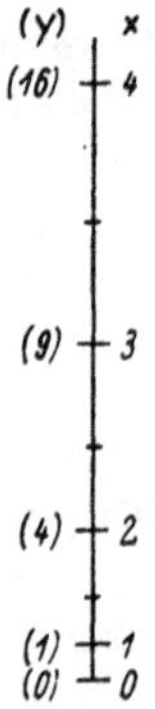

Bild 35. Funktionsleiter für $y = x^2$.

Das Grundelement, dessen sich die Nomographie bedient, ist die Funktionsleiter. Sie ist nichts anderes als die Darstellung der Werte einer Funktion $y = f(x)$ auf einer Zahlengeraden (oder allgemein einer »Zahlenkurve«), wobei zwar die Abstände vom »Nullpunkt« der Zahlengeraden gleich $y$ gemacht, dort aber nicht die Werte von $y$, sondern die der gewählten $x$ notiert werden. Als Beispiel zeigt das Bild 35 die Funktionsleiter für $y = x^2$. In den Abständen 1, 4, 9 ... vom Nullpunkt (eingeklammerte Werte an der linken Skalenseite) werden dann also die Werte $x = 1, 2, 3 \ldots$ angeschrieben. Dabei ist die Entfernung von Ursprung

$$y = l\, x^2,$$

worin $l$ den Maßstab der Darstellung bedeutet.

Es sollen nun in der Folge einige der wichtigsten Funktionsleitern kurz besprochen werden. Die vorhin als Beispiel genannte quadratische Skala ist die einfachste Form einer Potenzleiter, deren allgemeine Gleichung

$$y = l\, x^n \quad \ldots \ldots \ldots \ldots \quad (1)$$

lautet, worin $n$ jede beliebige reelle Zahl und $x$ auch eine Funktion von $x$ sein kann, also

$$y = l \cdot [f(x)]^n \quad \ldots \ldots \ldots \ldots \quad (1\,\mathrm{a})$$

Die Konstruktion der Leiter erfolgt in den einfacheren Fällen durch Auftragen der Abstände $y$, nachdem sie vorher an Hand der bekannten Tafeln — am besten in Tabellenform — ermittelt wurden. Bei weniger gebräuchlichen Funktionen oder Zahlenwerten kann man sich besonderer graphischer Hilfsmittel — z. B. einer Darstellung in einem einfach- oder doppeltlogarithmischen Koordinatensystem — bedienen, auf die hier aber nicht näher eingegangen werden kann.

Ist $n = 1$, dann erhält man die regelmäßige Skala $y = l \cdot x$, über die wohl nichts weiter zu sagen ist. Für alle anderen $n$ behält, bei gleichem Maßstab, der Punkt $x = 1$ seine Lage, während die Punkte 0 und $\infty$ ihre Lage tauschen, wenn $n$ sein Vorzeichen wechselt. Ist $n = -1$, so erhält man eine reziproke Teilung mit $x = 0$ im Unendlichen und $x = \infty$ im Anfangspunkt der Leiter.

Man kann eine vorhandene, für einen bestimmten Bereich entworfene Potenzleiter auch für einen anderen Bereich benutzen, wenn man alle Werte mit einer bestimmten Zahl multipliziert, d. h. die Skala »verziffert«. Eine solche Verzifferung, die für die rasche und einfache zeichnerische Ermittlung von Potenzleitern sehr wertvoll sein kann, ist natürlich bei allen Funktionsleitern anwendbar.

Neben den Potenzleitern spielen in der Nomographie die projektiven Leiter eine überragende Rolle. Sie sind bestimmt durch die linear gebrochenen Funktionen

$$y = \frac{a f(x) + b}{c f(x) + d} \quad . \quad . \quad (2)$$

Zur rechnerischen Darstellung der Leiter kann man zunächst die Division durchführen und erhält

$$y = \frac{a}{c} - \frac{ad - bc}{c^2 f(x) + cd} = A - B(x).$$

Man trägt dann im gewählten Maßstab die Teilungslängen $B(x)$ vom Punkt $A$ aus in negativer Richtung auf, nachdem man sich vorher etwa eine Zahlentafel $x \ldots B(x)$ angelegt hat.

Nach den Regeln der projektiven Geometrie vermittelt nun aber die linear gebrochene Funktion den Zusammenhang zwischen projektiven Punktreihen. Eine projektive Leiter kann daher aus einer anderen stets durch perspektivische Abbildung gewonnen werden. Dazu ist gemäß der vier Konstanten in (2) die Kenntnis dreier zusammengehöriger Werte der verwandten Leiter ausreichend; alle übrigen können durch perspektivische Projektion ermittelt werden. Das im Bild 36 gezeigte Beispiel möge das Verfahren näher erläutern.

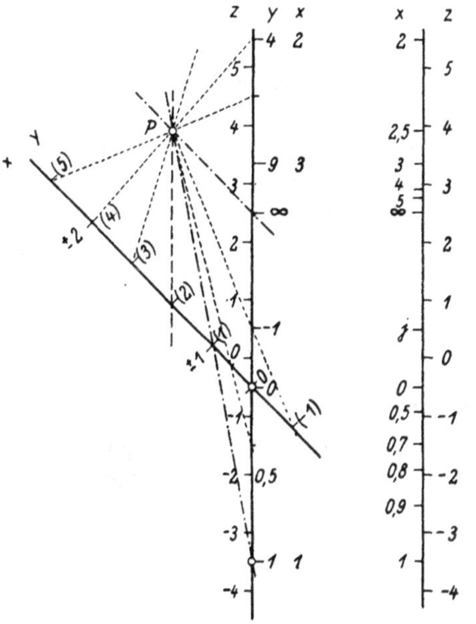


Bild 36. Konstruktion der projektiven Leiter für $z = \dfrac{5x^2 + 2}{2x^2 - 4}$.

Es soll etwa die Leiter für die Funktion

$$z = \frac{5\,x^2 + 2}{2\,x^2 - 4}$$

gezeichnet werden. Setzt man vorerst $x^2 = y$, so ist die Leiter

$$z = \frac{5\,y + 2}{2\,y - 4}$$

aus jeder beliebigen, regulären Leiter durch perspektivische Projektion darstellbar. Drei zusammengehörige Werte sind etwa

$$y = 0 \qquad z = -\frac{1}{2}$$

$$y = 1 \qquad z = -3{,}5$$

$$y = \infty \qquad z = 2{,}5.$$

In einem dieser Punktepaare können die verwandten Leiter zum Schnitt gebracht werden. Wählt man hierfür etwa das erste Paar, dann ist im Bild 36 die reguläre $y$-Leiter im Punkt 0 mit der gesuchten $z$-Leiter im Punkt $z = -\frac{1}{2}$ zum Schnitt zu bringen. Der Neigungswinkel der beiden Leiter ist dabei beliebig. Auf der $z$-Leiter liegen noch — nach Wahl eines Maßstabes — die Punkte $z = -3{,}5$ (für $y = 1$) und $z = 2{,}5$ (für $y = \infty$) fest. Die Verbindungsgeraden $z_{-3,5}\, y_1$ und $z_{2,5}\, y_\infty$ (Parallele zur $y$-Leiter) bestimmen dann den Pol $P$ der Projektion, von wo aus alle übrigen Punkte der $z$-Leiter mit Hilfe der punktiert gezeichneten Projektionsstrahlen ermittelt werden können. Die so erhaltenen Punkte werden aber nach $y$ zu beziffern sein, so daß man schließlich eine »Doppelleiter« mit einer $z$- und einer $y$-Skala erhält, auf der zu jedem Wert von $y$ der zugehörige Wert $z$ abgelesen werden kann. Diese Doppelskala stellt also ein graphisches Rechenbild zur vorgelegten Gleichung dar.

Die Wahl der drei Ausgangspunkte ist völlig frei. Im Bild ist noch das Paar $y = 2$, $z = \infty$ angegeben, das zusammen etwa mit $y = \infty$, $z = 2{,}5$ natürlich denselben Pol $P$ liefert. Man kann selbstverständlich auch die $z$-Werte über den Pol $P$ auf die $y$-Achse projizieren und erhält dann dort die Doppelskala, wo aber jetzt $y$ regulär ist.

Zur ursprünglichen Gleichung zurückkehrend, ist $y$ durch $x^2$ zu ersetzen. Darnach wäre also auf der $y$-Achse nicht $y$, sondern $x$ in den Punkten $y = x^2$ anzuschreiben, was auf der anderen Seite der Leiter geschehen ist. Ausgangspunkt für die Projektion sind dann die Punkte der $x$-Leiter (hier quadratische Potenzleiter), deren Projektionen auf die $z$-Leiter dann aber auch nach $x$ zu beziffern sind, wie es im Bild 36 durch eine weitere $x$-Skala auf der $z$-Leiter geschehen ist. Die so erhaltene Doppelleiter ist seitlich nochmals herausgezeichnet.

Zur Verwendung in den Fluchtlinientafeln wird meist nur die projektive Leiter selbst gebraucht. Es entfällt dann die reguläre $z$-Teilung, und es bleibt nur die projektive $x$-Teilung.

Sehr wertvoll und in weitem Maße in den Anwendungen gebräuchlich sind die logarithmischen Leiter

$$y = l \cdot \log x \quad \ldots\ldots\ldots\ldots \quad (3)$$

Bekanntlich sind ja auch die wichtigsten Skalen der Rechenschieber logarithmische Leiter. Ihre für die Darstellung wesentliche Eigenschaft ist ihr Verhalten bezüglich der Funktionsbereiche je einer Zehnerpotenz. Für jeden solchen Bereich erscheint eine Maßstabslänge $l$. Wird $x$ mit einer Zehnerpotenz multipliziert, dann verschiebt sich die Teilung lediglich in sich selbst; sie reproduziert sich. Grundsätzlich eignet sich also die logarithmische Leiter zur Darstellung großer Bereiche. Sie hat ferner den Vorteil, daß der Ablesefehler entlang der ganzen Leiter konstant bleibt.

Häufig ist es auch erforderlich, eine Funktionsskala auf einem krummlinigen Träger anzuordnen. Man bedient sich dann am besten einer parametrischen Darstellung. In kartesischer Form ergibt

$$\left.\begin{array}{l} x = x(\alpha) \\ y = y(\alpha) \end{array}\right\} \quad \ldots\ldots\ldots\ldots \quad (4)$$

die Kurve und auf ihr die nach dem Parameter $\alpha$ bezifferte Funktionsskala.

### b) Fluchtlinientafeln.

Während eine Gleichung mit zwei Veränderlichen nach dem vorhergehenden Abschnitt durch Doppelleiter dargestellt werden kann, versagt dieses Verfahren bei mehreren Veränderlichen, insbesondere also auch schon bei drei Veränderlichen.

Liegen drei Veränderliche $\alpha$, $\beta$, $\gamma$ vor, die durch eine Gleichung $F(\alpha, \beta, \gamma) = 0$ miteinander verbunden sind, so könnte man diese Beziehung so graphisch darstellen, daß man zunächst eine der Veränderlichen als Parameter betrachtet. Man erhält dann eine nach Werten dieses Parameters bezifferte Kurvenschar, und wenn man dies für die zwei anderen Veränderlichen wiederholt, drei sich schneidende, nach je einer der Veränderlichen bezifferte Kurvenscharen. Die Benutzung der Rechentafel erfolgt dann so, daß man mit den gegebenen Werten zweier Veränderlicher in die Tafel eingeht und im Schnittpunkt der entsprechenden Kurven der zwei Ausgangsscharen abliest, welche Kurve der dritten Schar durch diesen Schnittpunkt geht. Die Tafeln werden meist recht unübersichtlich und verleiten leicht zu Ablesefehlern. Sie lassen sich aber unter Anwendung der Dualitätsgesetze der projektiven Geometrie leicht auf eine wesentlich zweckentsprechendere Form umändern. Den drei Kurvenscharen entsprechen dann im allgemeinen drei bezifferte Kurven, und es wird die Forderung des Schnittes dreier Kurven in einem Punkt durch die Lage dreier Punkte der drei Kurven in einer Geraden (in einer Flucht) ersetzt. Eine solche Tafel, wie sie allgemein etwa das Bild 37 zeigt, wird Fluchtlinientafel oder Nomogramm genannt.

Besonders einfach werden die Fluchtlinientafeln, wenn alle oder einzelne der Kurven zu geraden Funktionsleitern werden. Die für den Ingenieur einfachste Art der Ermittlung der Tafel geschieht dann über eine kartesische Darstellung. Das soll im folgenden in den Grundzügen für die einfachsten Nomogramme geschehen, die nach ihrer Form eingeteilt werden mögen.

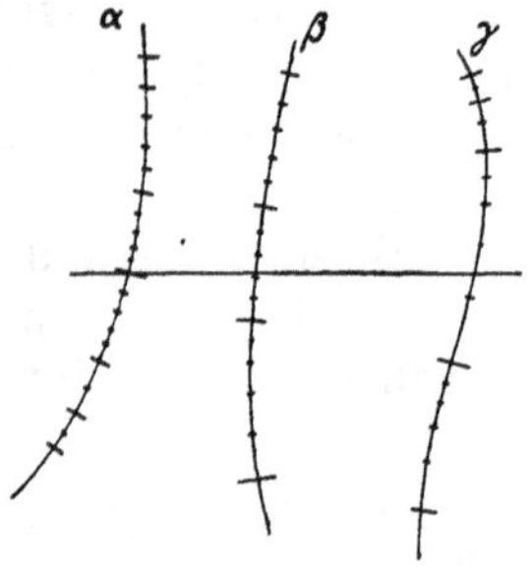


Bild 37. Allgemeine Form einer Fluchtlinientafel.

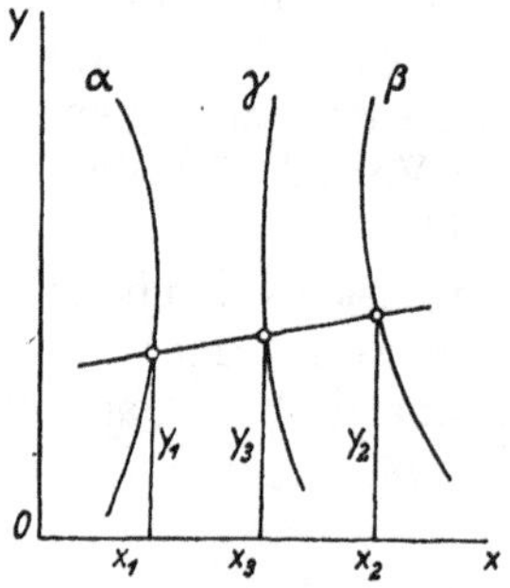


Bild 38. Zur Ableitung der Gleichung des Dreikurvennomogrammes.

Dabei sei zunächst vom allgemeinsten Fall des »Dreikurvennomogrammes« ausgegangen, wie es das Bild 38 zeigt. Die drei krummlinigen Träger dienen zur Abbildung der Funktionen $f_1(\alpha)$, $f_2(\beta)$, $f_3(\gamma)$; ihre Form sei allgemein durch die Parametergleichungen

$$\left.\begin{aligned} x_1 &= m\,\varphi_1(\alpha), & y_1 &= l\,\psi_1(\alpha) \\ x_2 &= m\,\varphi_2(\beta), & y_2 &= l\,\psi_2(\beta) \\ x_3 &= m\,\varphi_3(\gamma), & y_3 &= l\,\psi_3(\gamma) \end{aligned}\right\} \quad \ldots\ldots\ldots \quad (1)$$

gegeben. Es sind dann

$$\left.\begin{aligned} F_1(\varphi_1, \psi_1) &= 0 \\ F_2(\varphi_2, \psi_2) &= 0 \\ F_3(\varphi_3, \psi_3) &= 0 \end{aligned}\right\} \quad \ldots\ldots\ldots\ldots \quad (2)$$

die durch Elimination der Parameter $\alpha$, $\beta$, $\gamma$ erhaltenen Gleichungen der Skalenträger.

Sollen nun drei zusammengehörige Funktionspunkte auf ein und derselben Geraden, der »Suchlinie« liegen, so muß offenbar

$$\frac{y_2 - y_1}{x_2 - x_1} = \frac{y_3 - y_1}{x_3 - x_1}.$$

sein oder die Determinante

$$\begin{vmatrix} 1 & 1 & 1 \\ x_1 & x_2 & x_3 \\ y_1 & y_2 & y_3 \end{vmatrix} = 0 \quad . \quad . \quad . \quad . \quad . \quad . \quad . \quad . \quad . \quad . \quad (3)$$

verschwinden. Durch Einsetzen der Ausdrücke der Gleichungen (1) wird auch

$$\begin{vmatrix} 1 & 1 & 1 \\ \varphi_1(\alpha) & \varphi_2(\beta) & \varphi_3(\gamma) \\ \psi_1(\alpha) & \psi_2(\beta) & \psi_3(\gamma) \end{vmatrix} = 0, \quad . \quad . \quad . \quad . \quad . \quad . \quad (3a)$$

woraus also die Gleichung bestimmt ist, die das Nomogramm darzustellen vermag; sie soll in der Folge die Kenngleichung des Nomogrammes genannt werden. Es sind nun folgende Grundformen von besonderer Wichtigkeit.

1. Das Parallelnomogramm.

Es besteht nach Bild 39 aus drei parallelen, geraden Funktionsleitern. Beim angenommenen Koordinatensystem und den Abständen $c_2$ und $c_3$ wird hier

$$x_1 = 0, \qquad y_1 = l\,\psi_1(\alpha)$$
$$x_2 = m\,c_2, \qquad y_2 = l\,\psi_2(\beta)$$
$$x_3 = m\,c_3, \qquad y_3 = l\,\psi_3(\gamma).$$

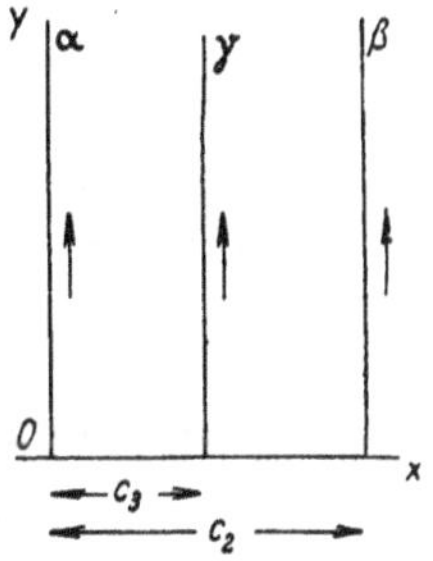

Bild 39. Parallelnomogramm.

Die Kenndeterminante

$$\begin{vmatrix} 1 & 1 & 1 \\ 0 & c_2 & c_3 \\ \psi_1 & \psi_2 & \psi_3 \end{vmatrix} = 0$$

liefert

$$(c_2 - c_3)\,\psi_1 + c_3\,\psi_2 = c_2\,\psi_3.$$

Legt man die Konstanten den Funktionen bei, so erhält man also die Kenngleichung

$$F_1(\alpha) + F_2(\beta) = F_3(\gamma) \quad . \quad . \quad . \quad . \quad . \quad . \quad . \quad . \quad . \quad . \quad (4)$$

und die Trägergleichungen

$$\left.\begin{aligned} x_1 &= 0, & y_1 &= l\,\frac{F_1(\alpha)}{c_2 - c_3} \\ x_2 &= m\,c_2, & y_2 &= l\,\frac{F_2(\beta)}{c_3} \\ x_3 &= m\,c_3, & y_3 &= l\,\frac{F_3(\gamma)}{c_2} \end{aligned}\right\} \quad . \quad . \quad . \quad . \quad . \quad . \quad . \quad . \quad . \quad . \quad (5)$$

Damit können nach Wahl der Konstanten und Maßstäbe die Funktionsleitern in richtiger Lage und Größe gezeichnet werden.

Da das Parallelnomogramm im wesentlichen die Summe zweier Funktionen darstellt, heißt es auch Summennomogramm. Mit Hilfe logarithmischer Funktionsleitern kann mit ihm auch ein Produkt

$$f_1(\alpha) \cdot f_2(\beta) = f_3(\gamma)$$

erfaßt werden, da ja dann

$$\log f_1(\alpha) + \log f_2(\beta) = \log f_3(\gamma)$$

ist, was auf die obige Kenngleichung herauskommt, nur daß die Leiter jetzt logarithmische Skalen tragen.

Für die praktische Ausführung der Tafeln ist der Funktionsbereich maßgebend, der abgebildet werden soll. Aus ihm und der Forderung möglichst günstiger Schnittverhältnisse der Suchgeraden mit den Leitern ergeben sich dann auch die günstigsten Werte für $c_2$ und $c_3$. Es ist hier aber nicht der Ort, darauf näher einzugehen. Wenn die Verhältnisse nicht allzu ungünstig liegen, wählt man die Leiterlängen für $F_1$ und $F_2$ sowie den Abstand $c_2$ nach dem zur Verfügung stehenden Platz und zieht zwei Suchlinien für das gleiche $\gamma$. Durch deren Schnittpunkt geht dann die dritte Funktionsleiter, für die wieder mittels Suchlinien noch zwei weitere Punkte erhalten werden können. Aus den drei Punkten kann dann die ganze Leiter als projektive, logarithmische oder Potenzleiter meist leicht gezeichnet werden. Ähnliche Überlegungen gelten auch für die übrigen Tafeltypen.

2. Das $Z$-Nomogramm.

Für das im Bild 40 gezeigte Nomogramm in $Z$-Form gilt

$$x_1 = 0, \qquad y_1 = l\,\psi_1(\alpha)$$
$$x_2 = m\,c_2, \qquad y_2 = l\,\psi_2(\beta)$$
$$x_3 = m\,\varphi_3(\gamma), \quad y_3 = l\,\psi_3(\gamma) = l\,k_3\,\varphi_3(\gamma).$$

$\frac{l}{m}k_3$ gibt dabei die Tangente des Neigungswinkels der Funktionsleiter für $\gamma$ an. Die Kenndeterminante

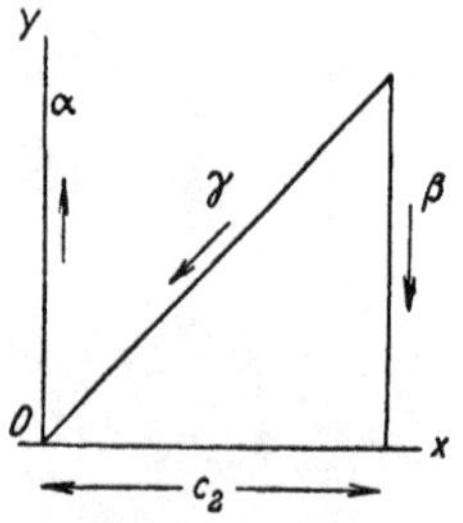


Bild 40. Z-Nomogramm.

$$\begin{vmatrix} 1 & 1 & 1 \\ 0 & c_2 & \varphi_3 \\ \psi_1 & \psi_2 & k_3\varphi_3 \end{vmatrix} = 0$$

ergibt

$$\psi_1\left(\frac{c_2}{\varphi_3} - 1\right) = c_2 k_3 - \psi_2$$

also die Kenngleichung

$$F_1(\alpha) \cdot F_3(\gamma) = F_2(\beta) \quad . \; . \; . \; . \; (6)$$

Die Trägergleichungen werden damit zu

$$\left.\begin{array}{ll} x_1 = 0, & y_1 = l\,F_1(\alpha) \\ x_2 = m\,c_2, & y_2 = l\,[c_2 k_3 - F_2(\beta)] \\ x_3 = m\,\dfrac{c_2}{F_3(\gamma)+1}, & y_3 = l\,\dfrac{c_2 k_3}{F_3(\gamma)+1} \end{array}\right\} \quad \ldots\ldots \quad (7)$$

Auch hier wird man bei der praktischen Konstruktion meist durch willkürliche Annahme der Leitern für $\alpha$ und $\beta$ gemäß der vorliegenden Platzverhältnisse zu annehmbaren Verhältnissen kommen. Eine Erweiterung mit einem Faktor $n$

$$\frac{F_1(\alpha)}{n} \cdot n\,F_3(\gamma) = F_2(\beta)$$

läßt übrigens noch eine weite Variationsmöglichkeit für die Skalenlänge und Unterteilungen zu.

Die Gleichung (6) ist in erster Linie von Bedeutung, wenn die Größe $\gamma$ gesucht ist, also das Problem in der Form

$$F_3(\gamma) = \frac{F_2(\beta)}{F_1(\alpha)}$$

gegeben ist. Wäre $\beta$ gesucht, dann ist es unter Umständen vorteilhaft, die Gleichung auf

$$F_1(\alpha) \cdot \frac{1}{F_2(\beta)} = \frac{1}{F_3(\gamma)}$$

umzuformen, damit die gesuchte Größe $\beta$ auf der mittleren Skala erscheint und dann durch einwandfreiere Schnitte gewonnen wird.

3. Das Strahlennomogramm.

Es wird durch drei durch den Ursprung gehende Gerade gebildet. Es wird dann nach Bild 41

$$\begin{array}{ll} x_1 = 0, & y_1 = l\,\psi_1(\alpha) \\ x_2 = m\,\varphi_2(\beta), & y_2 = l\,\psi_2(\beta) = l\,k_2\,\varphi_2(\beta) \\ x_3 = m\,\varphi_3(\gamma), & y_3 = l\,\psi_3(\gamma) = l\,k_3\,\varphi_3(\gamma). \end{array}$$

Die Kenndeterminante

$$\begin{vmatrix} 1 & 1 & 1 \\ 0 & \varphi_2 & \varphi_3 \\ \psi_1 & k_2\varphi_2 & k_3\varphi_3 \end{vmatrix} = 0$$

liefert mit

$$\frac{k_3 - k_2}{\psi_1} + \frac{1}{\varphi_2} = \frac{1}{\varphi_3}$$

die Kenngleichung

$$\frac{1}{F_1(\alpha)} + \frac{1}{F_2(\beta)} = \frac{1}{F_3(\gamma)} \quad \ldots \quad (8)$$

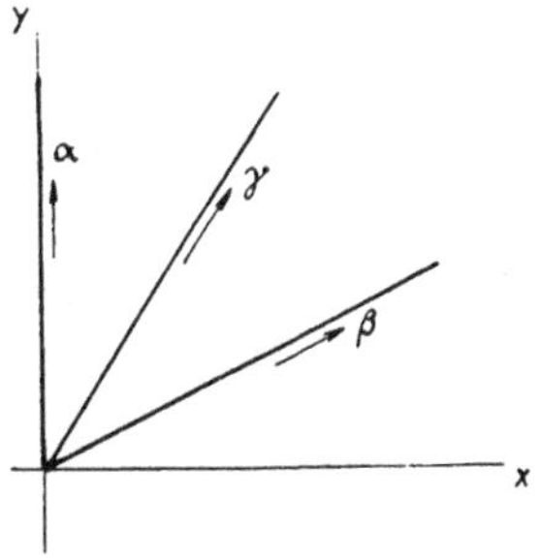

Bild 41. Strahlennomogramm.

und damit die Trägergleichungen

$$\left.\begin{array}{ll} x_1 = 0, & y_1 = l\,(k_3 - k_2)\,F_1(\alpha) \\ x_2 = m\,F_2(\beta), & y_2 = l\,k_2 F_2(\beta) \\ x_3 = m\,F_3(\gamma), & y_3 = l\,k_3 F_3(\gamma) \end{array}\right\} \quad \ldots\ldots (9)$$

Selbstverständlich könnte man die Gleichung (8) auch in einem Parallelnomogramm darstellen, würde dann aber reziproke Skalen bekommen, während diese hier im Strahlennomogramm regulär sind (regulär mit $F$!).

4. Das Schrägnomogramm.

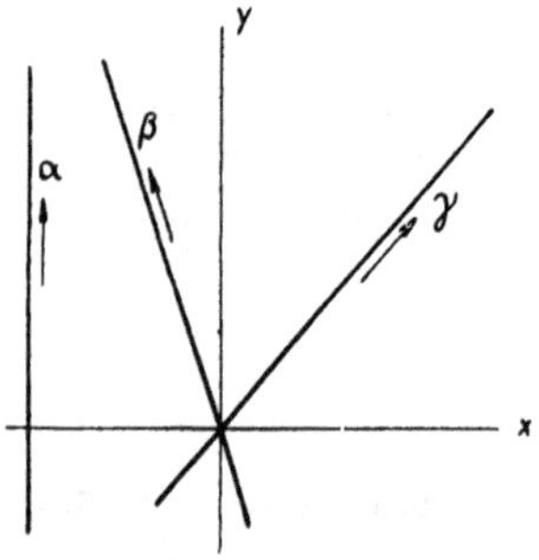

Bild 42. Schrägnomogramm.

Im Schrägnomogramm haben die drei Skalenträger verschiedene Richtung, ohne sich aber in einem gemeinsamen Punkt zu schneiden. Nach Bild 42 wird

$$\begin{array}{ll} x_1 = m\,c_1, & y_1 = l\,\psi_1(\alpha) \\ x_2 = m\,\varphi_2(\beta), & y_2 = l\,\psi_2(\beta) = l\,k_2\,\varphi_2(\beta) \\ x_3 = m\,\varphi_3(\gamma), & y_3 = l\,\psi_3(\gamma) = l\,k_3\,\varphi_3(\gamma) \end{array}$$

ferner

$$\begin{vmatrix} 1 & 1 & 1 \\ c_1 & \varphi_2 & \varphi_3 \\ \psi_1 & k_2\,\varphi_2 & k_3\,\varphi_3 \end{vmatrix} = 0$$

und daraus mit

$$\varphi_3 = \frac{\dfrac{\psi_1 - k_2 c_1}{k_3 - k_2}\,\varphi_2}{\dfrac{\psi_1 - k_2 c_1}{k_3 - k_2} + \varphi_2 - c_1}$$

die Kenngleichung

$$F_3(\gamma) = \frac{F_1(\alpha)\cdot F_2(\beta)}{F_1(\alpha) + F_2(\beta) + A} \quad \ldots\ldots (10)$$

Für die Trägergleichungen findet man dann

$$\left.\begin{array}{ll} x_1 = -\,m\,A, & y_1 = l\,[(k_3 - k_2)\,F_1(\alpha) - k_2\,A] \\ x_2 = m\,F_2(\beta), & y_2 = l\,k_2\,F_2(\beta) \\ x_3 = m\,F_3(\gamma), & y_3 = l\,k_3\,F_3(\gamma) \end{array}\right\} \quad \ldots (11)$$

5. Das Parallel-Kurven-Nomogramm.

Dieses besteht aus einem krummlinigen Träger zwischen zwei parallelen geradlinigen. Aus dem Bild 43 findet man

$$\begin{array}{ll} x_1 = 0, & y_1 = l\,\psi_1(\alpha), \\ x_2 = m\,c_2, & y_2 = l\,\psi_2(\beta), \\ x_3 = m\,\varphi_3(\gamma), & y_3 = l\,\psi_3(\gamma), \end{array}$$

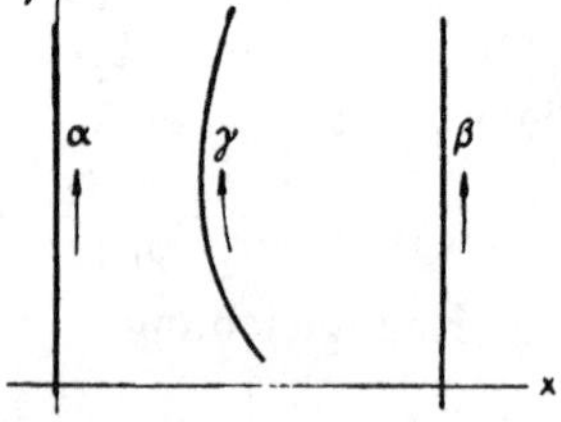

Bild 43. Parallel-Kurven-nomogramm.

womit

$$\begin{vmatrix} 1 & 1 & 1 \\ 0 & c_2 & \varphi_3 \\ \psi_1 & \psi_2 & \psi_3 \end{vmatrix} = 0$$

und

$$\psi_1 = \frac{\psi_2 - c_2 \dfrac{\psi_3}{\varphi_3}}{1 - c_2 \dfrac{1}{\varphi_3}}.$$

Die Kenngleichung ist also

$$F_1(\alpha) = \frac{F_2(\beta) + F_3(\gamma)}{G_3(\gamma)} \quad \ldots\ldots\ldots\ldots \quad (12)$$

und die Trägergleichungen

$$\left.\begin{aligned} x_1 &= 0, & y_1 &= l F_1(\alpha) \\ x_2 &= m c_2, & y_2 &= l F_2(\beta) \\ x_3 &= m \frac{c_2}{1 - G_3(\gamma)}, & y_3 &= l \frac{F_3(\gamma)}{G_3(\gamma) - 1} = -\frac{l}{m} \frac{F_3(\gamma)}{c_2} x_3 \end{aligned}\right\} \quad \ldots \quad (13)$$

Die beiden geradlinigen Träger erhalten also nach $F$ reguläre Skalen.

6. Das Schräg-Kurvennomogramm.

Es ist im Bild 44 dargestellt. Man findet leicht

$$\begin{aligned} x_1 &= 0, & y_1 &= l \psi_1(\alpha) \\ x_2 &= m \varphi_2(\beta), & y_2 &= l \psi_2(\beta) = l k_2 \varphi_2(\beta) \\ x_3 &= m \varphi_3(\gamma), & y_3 &= l \psi_3(\gamma) \end{aligned}$$

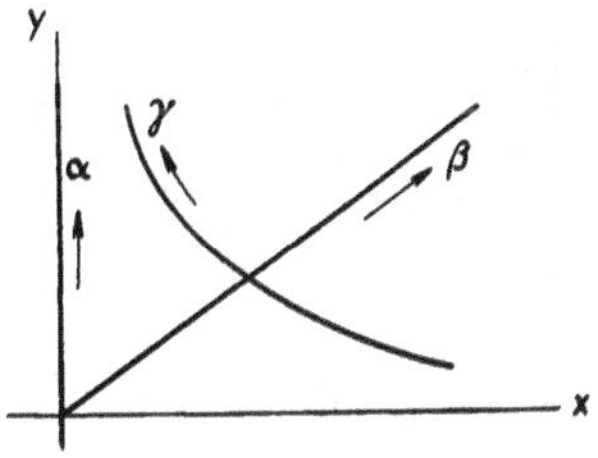

Bild 44. Schräg-Kurvennomogramm.

und aus der Kenndeterminante

$$\begin{vmatrix} 1 & 1 & 1 \\ 0 & \varphi_2 & \varphi_3 \\ \psi_1 & k_2 \varphi_2 & \psi_3 \end{vmatrix} = 0$$

$$\psi_1 = \frac{\varphi_2 (k_2 \varphi_3 - \psi_3)}{\varphi_3 - \varphi_2} = \frac{\varphi_2 (\psi_3 - k_2 \varphi_3)}{\varphi_2 - \varphi_3}.$$

Damit wird die Kenngleichung

$$F_1(\alpha) = \frac{F_2(\beta) \cdot F_3(\gamma)}{F_2(\beta) + G_3(\gamma)} \quad \ldots\ldots\ldots\ldots \quad (14)$$

und die Trägergleichungen

$$\left.\begin{aligned} x_1 &= 0, & y_1 &= l F_1(\alpha) \\ x_2 &= m F_2(\beta), & y_2 &= l k_2 F_2(\beta) \\ x_3 &= -m G_3(\gamma), & y_3 &= l [F_3(\gamma) - k_2 G_3(\gamma)] \end{aligned}\right\} \quad \ldots \quad (15)$$

Läßt man den Träger für $\gamma$ in die $x$-Achse fallen, dann vereinfachen sich mit $k_2 = 0$ die Gleichungen auf

$$F_1(\alpha) = \frac{F_2(\beta) \cdot F_3(\gamma)}{F_2(\beta) - G_3(\gamma)} \quad \ldots \ldots \quad (14\text{a})$$

und

$$\left.\begin{array}{ll} x_1 = 0, & y_1 = l F_1(\alpha) \\ x_2 = m F_2(\beta), & y_2 = 0 \\ x_3 = -m G_3(\gamma), & y_3 = l F_3(\gamma) \end{array}\right\} \quad \ldots \ldots \quad (15\text{a})$$

7. Das Zweikurven-Nomogramm.

Hier wird nach Bild 45

$$\begin{array}{ll} x_1 = 0, & y_1 = l \psi_1(\alpha) \\ x_2 = m \varphi_2(\beta), & y_2 = l \psi_2(\beta) \\ x_3 = m \varphi_3(\gamma), & y_3 = l \psi_3(\gamma), \end{array}$$

somit

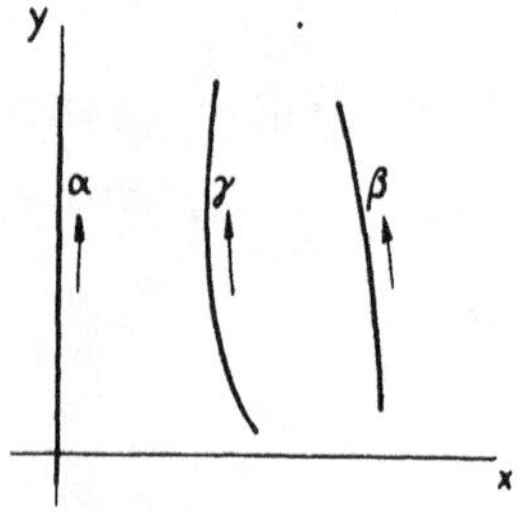


Bild 45. Zweikurven-nomogramm.

$$\begin{vmatrix} 1 & 1 & 1 \\ 0 & \varphi_2 & \varphi_3 \\ \psi_1 & \psi_3 & \psi_3 \end{vmatrix} = 0$$

und

$$\psi_1 = \frac{\frac{\psi_2}{\varphi_2} - \frac{\psi_3}{\varphi_3}}{\frac{1}{\varphi_2} - \frac{1}{\varphi_3}}.$$

Es lautet also die Kenngleichung des Zweikurven-Nomogrammes

$$F_1(\alpha) = \frac{F_2(\beta) + F_3(\gamma)}{G_2(\beta) + G_3(\gamma)} \quad \ldots \ldots \quad (16)$$

Die Trägergleichungen sind

$$\left.\begin{array}{ll} x_1 = 0, & y_1 = l\, F_1(\alpha) \\ x_2 = m \dfrac{1}{G_2(\beta)}, & y_2 = l \dfrac{F_2(\beta)}{G_2(\beta)} \\ x_3 = -m \dfrac{1}{G_3(\gamma)}, & y_3 = l \dfrac{F_3(\gamma)}{G_3(\gamma)} \end{array}\right\} \quad \ldots \ldots \quad (17)$$

c) Einige weitere Bemerkungen.

Die besprochenen Fluchtlinientafeln stellen nur eine Auslese der einfachsten Fälle dar. Die Nomographie läßt eine Unmenge von Weiterungen zu, die aber hier nicht besprochen werden können. Nur einige wichtige Probleme sollen angedeutet werden. Zunächst kann jedes Nomogramm durch weitere in der Weise erweitert werden, daß die Ergebnisleiter als Ausgangsleiter einer neuen Fluchtlinientafel gewählt wird. Auf diese Art können Beziehungen zwischen beliebig vielen Veränderlichen dargestellt werden. Oft ist dabei ein Zwischenergebnis ohne praktische Bedeutung. In diesem Falle wird die Zwischenleiter gar nicht beziffert; man spricht dann von einer Zapfenlinie. So ist beispielsweise die Gleichung

$$F_1(\alpha) \cdot F_2(\beta) = F_3(\gamma) \cdot F_4(\delta)$$

durch ein Doppel-Z-Nomogramm darstellbar, indem sie in die zwei Gleichungen

$$F_1(\alpha) \cdot F_2(\beta) = F \quad \text{und} \quad F_3(\gamma) \cdot F_4(\delta) = F$$

zerlegt wird. Die Zwischenfunktion $F$ wird nicht beziffert, ergibt also eine Zapfenlinie (Bild 46).

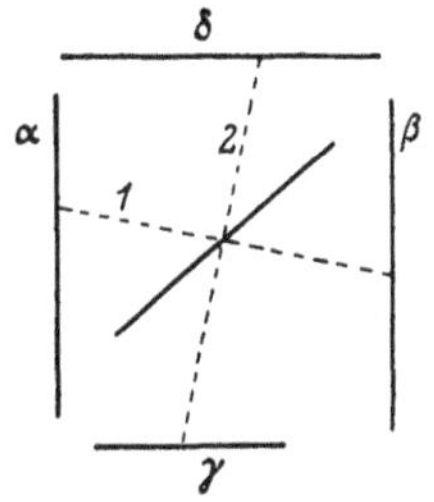

Bild 46. Beispiel eines Doppelnomogramms.

Eine Erweiterung der Fluchtlinientafel ist ferner dadurch möglich, daß eine oder mehrere der Kennfunktionen Funktionen zweier Veränderlicher sind. An Stelle der betreffenden Funktionsleiter tritt dann eine Kurvenschar. So wird beispielsweise die der Kenngleichung (12) entsprechende Gleichung

$$F_1(\alpha_1, \alpha_2) = \frac{F_2(\beta) + F_3(\gamma)}{G_3(\gamma)}$$

durch einen Tafeltypus nach Bild 47 dargestellt. Die Behandlung solcher Tafeln erfolgt ganz analog der bisher beschriebenen. Man kann auf diese Art bis zu sechs Veränderliche durch eine einzige Suchlinie in Beziehung bringen.

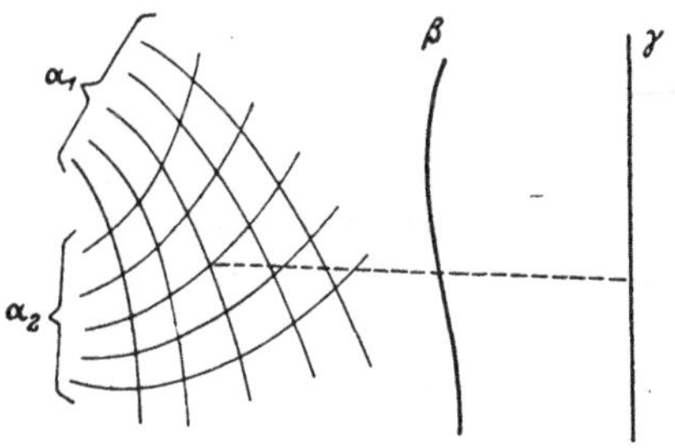

Bild 47. Netzfluchtlinientafel.

Darüber hinaus können auch Tafeln mit besonderen Schlüsseln entworfen werden, sei es, daß an Stelle der Suchgeraden eine Kurve tritt, sei es, daß sie durch andere Ableseeinrichtungen wie Dreistrahl, Strahlenkreuz usw. ersetzt wird. Besonders die Verwendung eines rechten Winkels als Ableseschlüssel ist von praktischer Bedeutung, weil sie durch jedes Dreieck[1]) vorgenommen werden kann. Es läßt sich leicht nachweisen, daß man durch solche Tafeln Funktionen von vier Veränderlichen darstellen kann, da in ihnen eigentlich zwei normale Einfachnomogramme ohne Zapfenlinie in eine Tafel zusammengefügt werden.

Schließlich ist es möglich, vorhandene Tafeln projektiv zu verzerren, um sie handlicher zu machen oder die Ableseverhältnisse zu verbessern.

[1]) Zeichengerät!

Auch komplexe Funktionen lassen sich oft vorteilhaft in nomographischen Tafeln darstellen.

Schließlich sei noch ein Wort über die praktische Ausführung der Rechentafeln angefügt. Es ist vorteilhaft, den Tafeln einen Ableseschlüssel beizugeben, aus dem die Reihenfolge und Art der Ablesungen leicht erkennbar ist. Ferner sollte stets die abgebildete Gleichung und ein Verzifferungsschlüssel vermerkt sein, damit bei Anwendungen über den Darstellungsbereich über den Zahlenwert des Umrechnungsfaktors für das Ableseergebnis keine Zweifel entstehen.

**Schrifttum.**

H. Schwerdt: Lehrbuch der Nomographie. H. Springer, Berlin 1924.

F. Zimmermann: Nomogramme für komplexe Ausdrücke. Archiv f. Elektrotechnik 1938, H. 12, S. 789.

C. Dobbeler: Beispiele für Nomogramme mit vier Veränderlichen. E.T.Z. 1928, H. 12, S. 467.

G. Oberdorfer: Vorschläge zur Vereinheitlichung der Ausführung nomographischer Rechentafeln. Zeitschr. d. Österr. Ing. u. Arch.-V. 1928, H. 3/4, S. 19.

## 2. Graphische Verfahren.

Eine Art der graphischen Darstellungsmöglichkeit von Funktionen wurde bereits in der Nomographie besprochen. Bei zwei Veränderlichen bevorzugt man meist eine Darstellung in kartesischen Koordinaten, weil die Form der Darstellungskurve ein weit anschaulicheres Bild vom Funktionsverlauf gibt als etwa eine Doppelleiter. Über die Darstellung durch Kurven im rechtwinkeligen und Polarkoordinatensystem braucht wohl hier nichts gesagt zu werden; sie erfolgt nach den elementaren Regeln der analytischen Geometrie. Um stark gekrümmte Kurven zu strecken, kann man sich dabei besonderer Maßstäbe in den Koordinatenrichtungen bedienen, wie logarithmischer, projektiver, Exponentialskalen u. dgl. Man erhält dann die bekannten Darstellungen auf einfachem und doppeltem Logarithmenpapier, Exponentialpapier usw. Oft wird es dann möglich sein, eine Kurve in eine Gerade zu strecken, was den Vorteil hat, daß Zwischenpunkte genau interpoliert werden können und eine punktweise Konstruktion der Kurve nicht notwendig ist.

Die Kurvendarstellung gestattet auch die praktische Lösung von Gleichungen komplizierter Form, indem etwa die die Gleichung definierende Kurve gezeichnet und deren Nullstellen aufgesucht werden. Oft gelingt es dabei, durch eine Teilung der Gleichung eine Vereinfachung der Zeichenarbeit zu erreichen. So kann man etwa die Gleichung dritten Grades[1])

$$x^3 + a x^2 + b x + c = 0$$

---

[1]) Eine genaue Besprechung dieses Verfahrens findet man unter W. Zabel, Zeitschr. f. angew. Math. u. Mech. 1926, S. 329. Dort ist auch die ebenso einfache Ermittlung der komplexen Wurzeln beschrieben.

nach der Substitution

$$x = \frac{1}{3}(\xi - a),$$

die sie in die reduzierte Form

$$\xi^3 + 3(3b - a^2)\xi + 2a^3 - 9ab + 27c = 0 = \xi^3 + p\xi + q$$

bringt und der weiteren Substitution

$$\xi = \sqrt[3]{q}\,\eta; \qquad \frac{p}{q}\sqrt[3]{q} = -\lambda,$$

die die reduzierte Gleichung auf die Form

$$\eta^2 + \frac{1}{\eta} = \lambda$$

umwandelt, in die Teilgleichungen

$$\eta^2 + \frac{1}{\eta} = \zeta$$

$$\zeta = \lambda$$

zerlegen. Die erste liefert durch Addition der Parabel $\zeta_1 = \eta^2$ und der gleichseitigen Hyperbel $\zeta_2 = \frac{1}{\eta}$ die im Bild 48 dargestellte Kurve, die ein für alle Male gezeichnet werden kann. Die zweite beschreibt die im Abstand $\lambda$ zur $\eta$-Achse parallele Gerade. Ermittelt man also $\lambda$ (durch direkte Rechnung oder mit Hilfe des im Bild 48 eingetragenen Nomogrammes[1]), so ergeben die Schnittpunkte der $\lambda$-Geraden mit der $\zeta$-Kurve die Wurzeln $\eta$ der substituierten Gleichung, aus denen die zugehörigen $x$ zurückgerechnet werden können. Auch hier ist es natürlich möglich

$$x = \frac{1}{3}\left(\sqrt[3]{q}\cdot\eta - a\right)$$

nomographisch zu ermitteln; eine entsprechende Tafel ist im Bild 48 eingezeichnet. Als Beispiel ist die Lösung der Gleichung

$$x^3 - 1{,}5\,x^2 - 7\,x + 7{,}5 = 0$$

mit

$$p = -69{,}75, \qquad q = 101{,}25$$

eingetragen. Es ergibt sich $\lambda = 3{,}2$ und damit

$$\begin{aligned} \eta_1 &= 0{,}32 & & x_1 = +1 \\ \eta_2 &= -1{,}94 & \text{bzw.} \quad & x_2 = -2{,}5 \\ \eta_3 &- 1{,}61 & & x_3 = +3. \end{aligned}$$

[1]) Die Tafel ist aus Gründen der leichteren Verständlichkeit so einfach wie möglich entworfen; durch Wahl anderer Maßstäbe oder Leitertypen kann sie natürlich für den Gebrauch wesentlich verbessert werden.

Liegen bei einem Problem Gleichungen mit mehreren Veränderlichen vor, dann versagt die einfache Kurvendarstellung. Bei drei Veränderlichen, wo die eine etwa als Funktion

$$z = f(x, y)$$

der beiden anderen aufgefaßt werden kann, sind noch zwei Kurvendarstellungen möglich, nämlich die Angabe in räumlichen Koordinaten und die ebene Darstellung mit Kurvenscharen. Bei der ersteren wird

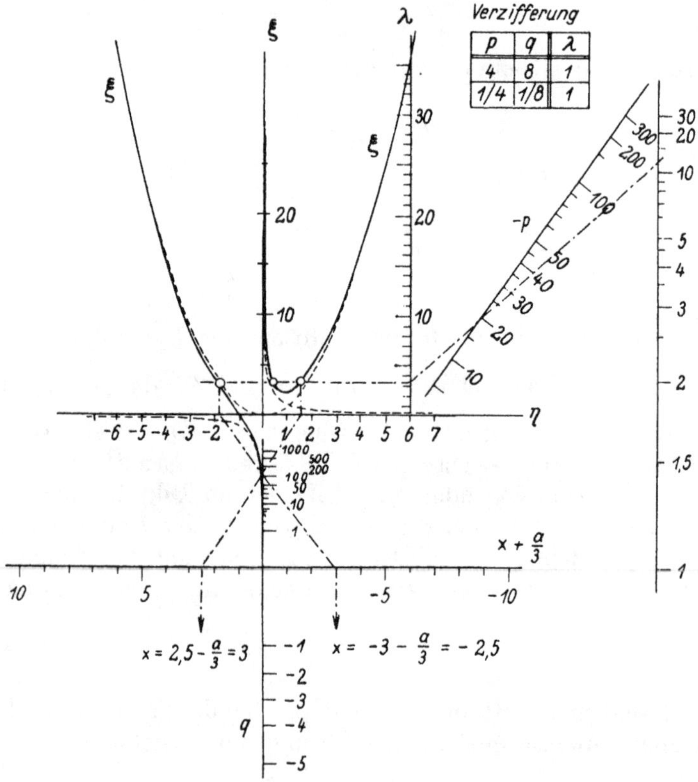


Bild 48. Zur graphischen Lösung der allgemeinen kubischen Gleichung $x^3 + ax^2 + bx + c = 0$.

eine perspektivische Zeichnung der $x, y$-Ebene zu Hilfe genommen und der zu einem Wertepaar $x$, $y$ gehörige Wert von $z$ senkrecht dazu aufgetragen. Man erhält so eine perspektivische Ansicht der Funktion ins Räumliche übertragen, die sehr anschaulich ist und den Verlauf der Funktion leicht überblicken läßt[1]). Man nennt diese Darstellung die Reliefdarstellung[2]). Bei der zweiten Form sieht man zunächst

[1]) Auf diese Weise sind beispielsweise viele Funktionen in Jahnke-Emde: Funktionentafeln. B. G. Teubner 1938 dargestellt.

[2]) Besser wäre vielleicht »Funktionengebirge«.

die eine der Veränderlichen — etwa $z$ — als konstant an. Dann liefert jeder parametrisch gewählte Wert dieser Veränderlichen eine Kurve $z_i = f(x, y)$. Insgesamt erhält man also eine nach Werten der als Parameter gewählten Veränderlichen bezifferte Kurvenschar. Sie entspricht den Schichtlinien der Projektion des Funktionengebirges der vorigen Darstellung auf die $x, y$-Ebene.

Durch besondere Wahl der Maßstäbe kann wieder oft erreicht werden, daß sich die Kurventafeln zu Geradenscharen vereinfachen. Für solche Netztafeln lassen sich dann ähnlich wie in der Nomographie besondere Formen entwickeln, unter denen die Strahlentafeln einen bevorzugten Rang einnehmen. Diesbezüglich sei jedoch auf das einschlägige Schrifttum verwiesen.

**Schrifttum.**

H. Schwerdt: Lehrbuch der Nomographie. H. Springer, Berlin 1924.
J. Runge: Graphische Darstellung in Wissenschaft und Technik. 2. Aufl. W de Gruyter, Leipzig 1931. Sammlung Göschen, Bd. 728.

## 3. Einige weitere Hilfsverfahren.

Hier sollen einige wertvolle rechnerische Hilfsmittel kurz angedeutet werden, die zwar etwas aus dem Rahmen dieses Buches fallen aber doch so wertvoll für die praktischen Auswertungen sind, daß sie erwähnt werden mögen, um vielleicht dadurch zu weitgehenderer Anwendung zu gelangen.

1. Hierher gehört zunächst ein verkürztes Multiplikationsverfahren, das von Ferrol angegeben wurde und bei häufiger auszuführenden Zahlenprodukten wertvolle Zeitersparnisse gibt. Die beiden zu multiplizierenden Zahlen werden untereinander geschrieben und das Produkt nach folgendem Schema (für zwei dreistellige Zahlen) gebildet:

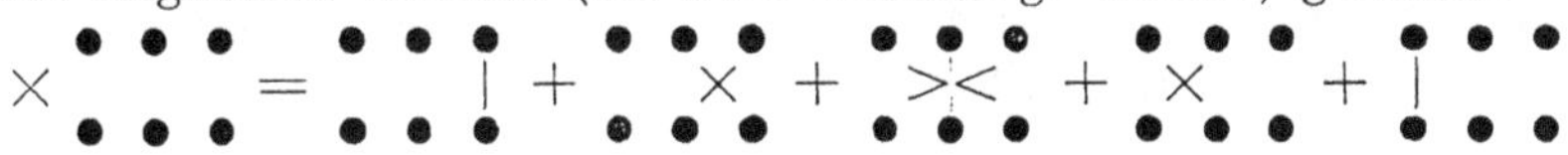

Ein Zahlenbeispiel möge dies erläutern. Das Produkt 4 1 2 2 × 635 wird gebildet aus

4122
· 635 = $2 \cdot 5 = 10$ . . . . . . . . . . . . . . .0, Übertrag 1
$2 \cdot 5 + 2 \cdot 3 + 1 = 17$ . . . . . . . . 70, » 1
$1 \cdot 5 + 2 \cdot 3 + 2 \cdot 6 + 1 = 24$ . . . .470, » 2
$4 \cdot 5 + 1 \cdot 3 + 2 \cdot 6 + 2 = 37$ . . . 7470, » 3
$4 \cdot 3 + 1 \cdot 6 + 3 = 21$ . . . . . .17470, » 2
$4 \cdot 6 + 2 = 26$ . . . . . . . . . .2617470,

welcher Vorgang in einem Zuge

$$\begin{array}{r} 4122 \\ 635 \\ \hline 2617470 \end{array}$$

ohne Zwischenwerte angeschrieben werden kann.

Nach dem gleichen Schema können Zahlen beliebiger Stellenzahl miteinander multipliziert werden.

2. Eine in den elektrischen Berechnungen häufig gestellte Aufgabe ist die Ermittlung des Reziprokwertes zur komplexen Zahl $\mathfrak{B} = a + jb$. Er läßt sich leicht am Rechenschieber errechnen. Aus

$$\frac{1}{\mathfrak{B}} = \mathfrak{B}' = a' + jb' = \frac{1}{a + jb} = \frac{a - jb}{a^2 + b^2} = \frac{a - jb}{r^2}$$

wird

$$a' = \frac{a}{r^2}; \quad b' = -\frac{b}{r^2}$$

und

$$r = \sqrt{a^2 + b^2} = a\sqrt{1 + \left(\frac{b}{a}\right)^2}; \quad r' = \frac{1}{r}.$$

Am Rechenschieber findet man nun $\left(\frac{b}{a}\right)^2$ durch Einstellen von $a$ auf der unteren Zungenteilung über $b$ auf der unteren Stableitung und Ablesen auf der oberen Zungenteilung bei 1 oder 100 der oberen Stabteilung. Zu diesem Wert ist 1 zu addieren und die Zunge auf die neue Zahl zu verschieben. Bei $a$ auf der unteren Zungenteilung erscheint dann auf der unteren Stabteilung der Wert für $r$. Stellt man mit diesem die untere Zungenteilung auf 1 oder 10 der unteren Stabteilung, dann erhält man

bei 1 oder 10 der unteren Zungenteilung $r'$ auf der unteren Stabteilung,
bei $b$ der oberen Zungenteilung $b'$ auf der oberen Stabteilung,
bei $a$ der oberen Zungenteilung $a'$ auf der oberen Stabteilung.

Beispiel: $\mathfrak{B} = 4 + j7$.

Die erste Einstellung liefert 3,06; die zweite Einstellung auf 4,06 ergibt $r = 8{,}06$ und die dritte schließlich

$$r' = 0{,}124, \qquad a' = 0{,}062, \qquad b' = 0{,}108$$

Meist wird man es aber wohl vorziehen, $\mathfrak{B}'$ graphisch zu ermitteln.

3. Zur Nomographie ist noch kurz ein Verfahren anzugeben, das es gestattet, vorhandene Kurventafeln in Leitertafeln umzuwandeln. Dies ist besonders einfach, wenn die Kurventafeln aus Geraden besteht. Man übernimmt dann einfach die Skalenteilungen der beiden Achsen der Netztafel für die Teilungen zweier paralleler Leiter des Nomogrammes. Die dritte Leiter ergibt sich aus entsprechenden Punkten der beiden anderen. Sind die Netzgeraden parallel, dann ergibt sich ein Parallelnomogramm, gehen sie durch einen Punkt, dann erhält man ein $Z$-Nomogramm. Bei beliebiger Lage der Geraden wird die dritte Leiter zu einer Kurve. Liegt eine Kurventafel vor, dann muß vorerst versucht werden, die Kurven in Gerade zu strecken, da sonst eine direkte Umwandlung in eine Leitertafel nicht möglich wird.

4. Ein sehr hübsches Verfahren zur graphischen Integration von Differentialgleichungen gibt Heinrich an. Darnach wird die Lösung einer Differentialgleichung erster Ordnung $F(x, y, y') = 0$ auf die Ermittlung einer Richtungskurve im »Richtungsfeld« $y' = G(x, y)$ zurückgeführt. Diese nach $y'$ aufgelöste Gleichung gibt ja zu jedem Punkt der $x$, $y$-Ebene eine Richtung $y' = \operatorname{tg} \alpha$ an. Die Verbindung all dieser Richtungselemente in einer geschlossenen Kurve ist eine Einzellösung der Differentialgleichung. Man kann nun zwei Funktionsleitern $x$ und $y$ so finden, daß die Verbindungsgeraden je zweier gleich bezeichneter Parameterwerte $x$ die Richtung $\operatorname{tg} \alpha = y'$ für das betreffende $x$ angeben. Im Bild 49 sind die Leiter links angegeben, die sich aus der vorliegenden Differentialgleichung

$$y' = \frac{A_1 f_1(x) + B_1 g_1(y) + C_1}{A_2 f_2(x) + B_2 g_2(y) + C_2}$$

in Parameterdarstellung ergeben zu

$$x_1 = m A_2 f_2(x) \qquad \text{und} \qquad x_2 = -m[B_2 g_2(y) + C_2]$$
$$y_1 = m A_1 f_1(x) \qquad\qquad\qquad y_2 = -m[B_1 g_1(y) + C_1].$$

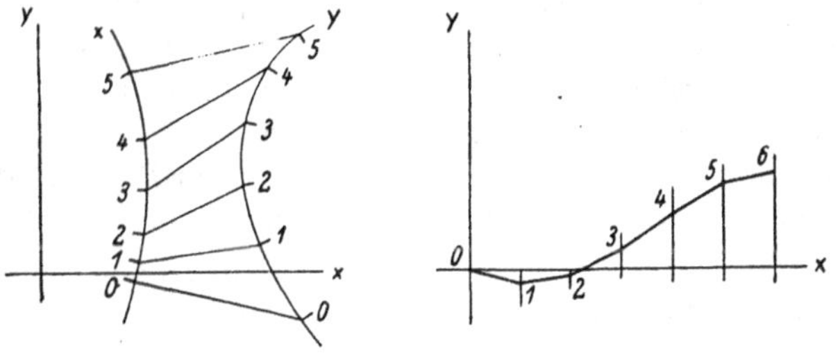


Bild 49. Zur graphischen Integration von Differentialgleichungen erster Ordnung.

Im rechten Teil des Bildes ist dann die Konstruktion der Integralkurve zu ersehen. Vom Punkt $x = 0$ ausgehend wird bis zur Ordinate im Punkt $x = 1$ die Parallele zur Geraden $0 - 0$ der Leitertafel gezogen, dort anschließend bis zur Ordinate im Punkt $x = 2$ die Parallele zu $1 - 1$ und so fort bis die ganze Integralkurve gezeichnet ist.

**Schrifttum.**

Das Ferrolsche neue Rechnungsverfahren. Dr. J. Schmitt, Kolberg i. P.

J. Klinkhammer: Inversion ebener Vektoren mit dem Rechenschieber. E.T.Z. 1928, H. 10, S. 408.

Walther, Dreyer, Schüßler: Ersatz von Kurventafeln durch Leitertafeln. E.T.Z. 1939, H. 3, S. 65.

P. Böning: Über ein graphisches Verfahren zur Integration von Differentialgleichungen der Elektrotechnik. Arch. f. El. 1937, H. 8, S. 545.

# II. Mit der Elektrotechnik in bevorzugtem Maße zusammenhängende Rechenverfahren.

## A. Die komplexe Rechnung in der Wechselstromtechnik.

### 1. Zusammenstellung der wichtigsten Wechselstromgrößen und Richtungsregeln.

Im ersten Band sind vier Grundgrößen der Elektrotechnik besonders definiert worden: elektromotorische Kraft, Spannung, Strom und Widerstand. Während die letzten beiden dem Verständnis keine wesentlichen Schwierigkeiten bereiten, haben die unterschiedlichsten Anwendungen der ersten beiden durch einzelne Autoren zu einer Verwirrung dieser Begriffe geführt, deren Lösung deshalb auf Schwierigkeiten stößt, weil sie vollkommen exakt nicht ganz einfach ist und einer größeren Zahl von Spannungsbegriffen bedarf, die vom Praktiker im allgemeinen abgelehnt wird. Für den Ingenieur ist eine möglichst einfache und dabei ausreichend exakte Anwendung dieser Grundbegriffe wesentlich. Eine dementsprechende Lösung soll im folgenden versucht werden.

Zunächst sei daran erinnert, daß für den heutigen Stand der Elektrotechnik die Auffassung ausreichend ist, daß der elektrische Strom gleichbedeutend ist mit einer entgegengesetzt gerichteten Bewegung von Elektronen. Die grobe Verbildlichung der Elektronen als kleine Kügelchen ähnlich der Tropfen einer Flüssigkeit oder den Teilchen eines Gases ist zwar nicht exakt, leistet aber bei bewußter Wertung als Bild unschätzbare Dienste. Demnach kommt es in dieser bildlichen Flüssigkeit zu einer Druckdifferenz, falls auf sie treibende Kräfte wirken, aber die Teilchen nicht fließen können, weil ihnen der Weg versperrt ist. Ist eine Leitung vorhanden, dann hat der Druck lediglich die »Reibungsverluste« zu überwinden und bestimmt durch seine Größe zusammen mit diesen die Strömungsgeschwindigkeit.

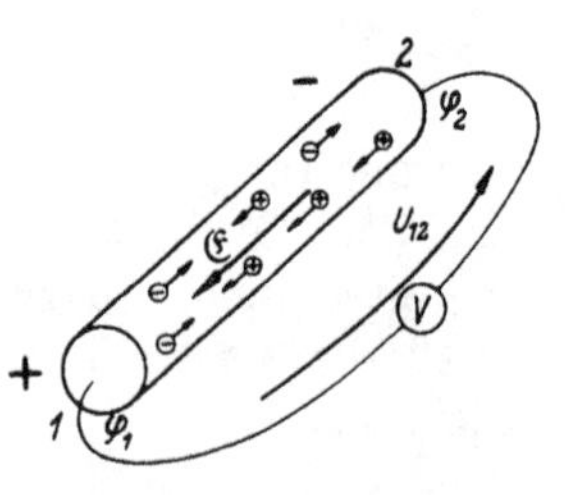

Bild 50. Zur Definition von elektromotorischer Kraft und Spannung.

Auf diese Art ergibt sich folgendes anschauliche Bild der elektrischen Grunderscheinungen. Wirkt in einem Leiter eine Kraft auf die

Elektronen, so werden sich diese verschieben, und falls sie keine weitere Bahn vorfinden, an dem einen Leiterende ansammeln, während das andere einen Mangel an Elektronen aufweisen wird. Nach Bild 50 ist dieser Vorgang schematisch dargestellt, wobei statt eines Mangels an Elektronen der besseren Übersicht halber eine Ansammlung von positiven Teilchen angegeben wurde. Die auf die Einheitsladung wirkende Kraft ist die elektrische Feldstärke $\mathfrak{E}$. Sie entspricht gleichzeitig der Arbeit, die bei der Verschiebung der Einheitsladung auf der Wegeinheit in der Richtung der Feldstärke geleistet wird. Wirkt die Kraft auf der ganzen Länge $l$ des Leiters, dann ist die Gesamtarbeit je Ladungseinheit $\mathfrak{E}l$ (allgemein $\int \mathfrak{E}\, d\mathfrak{s}$). Dieser gesamte, zur Trennung der Elektrizitätsteilchen zur Verfügung stehende Arbeitsbetrag ist die elektromotorische Kraft

$$E = \int \mathfrak{E}\, d\mathfrak{s}.$$

Die durch sie bewirkte Ladungsverschiebung oder, vielleicht besser der durch sie verursachte »Ladungsdruck« kommt darin zum Ausdruck, daß zwischen den Endpunkten des Leiters eine Potentialdifferenz herrscht. Diese Potentialdifferenz (»Druckdifferenz«) kann gemessen werden, wenn außen zwischen den Leiterenden ein Spannungsmesser (»Manometer«) angeschlossen wird. Er mißt die Differenz

$$\varphi_1 - \varphi_2 = U_{12},$$

die man die Spannung zwischen 1 und 2 nennt.

Die Herkunft der ladungstreibenden Kraft kann erstens chemischer Natur sein (galvanische Elemente). Die Angaben sind dann vollständig klar. Eine zweite Möglichkeit ist durch die Erscheinung der Induktion gegeben. Liegt der Leiter in einem Magnetfeld mit der Induktion $\mathfrak{B}$, und wird er mit der Geschwindigkeit $\mathfrak{v}$ bewegt, dann entstehen in ihm solche ladungsverschiebenden Kräfte, die durch die Feldstärke nach der Gleichung

$$\mathfrak{E} = [\mathfrak{v}\,\mathfrak{B}]$$

ausgedrückt werden können. Grob anschaulich kann dies durch das Bild 51 gedeutet werden. Das magnetische Feld ist erzeugt gedacht durch die gezeichneten kleinen Elementarströme. Beim »Eintauchen«des Leiters in diese Elementarstrombahnen erfahren die Elektrizitätsteilchen im Leiter einen »Anstoß« nach vorne[1]).

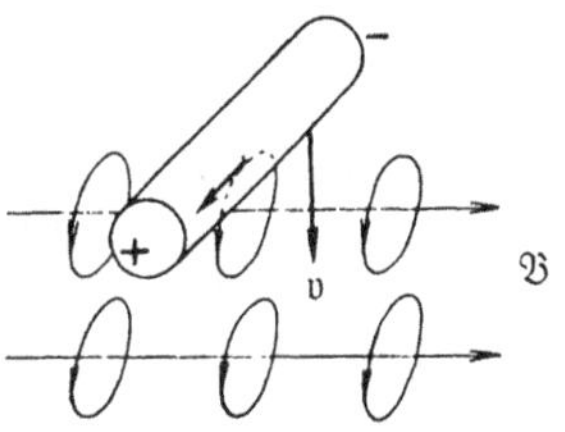

Bild 51. Merkbild für das Induktionsgesetz.

Eine besondere Anordnung tritt ein, wenn der zu einer Schleife gebogene Leiter ein Feld umschließt und sich dieses zeitlich ändert,

1) Der Übersichtlichkeit halber ist nur mit positiven Teilchen gerechnet, um das Merkbild recht anschaulich zu halten.

während der Leiter in Ruhe verharrt. Dann ist die im Leiter auftretende elektromotorische Kraft

$$E = -\frac{d\Phi}{dt} = \oint \mathfrak{E}\, d\mathfrak{s}$$

und mit der Feldrichtung durch eine Rechtsschraube verbunden. Als Merkbild kann eine Überlegung nach Bild 52 Platz greifen, das die Verhältnisse bei Zu- und Abnahme des magnetischen Feldes anschaulich zu machen versucht. Dabei hätte man sich vorzustellen, daß bei einer Feldzunahme nach außen gekrümmte Feldlinien in die Schleife hereingezogen werden und umgekehrt. Das negative Vorzeichen im

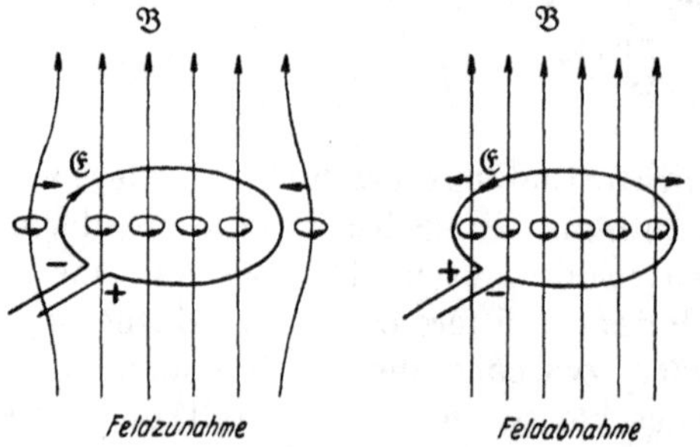


Bild 52. Merkbild für die Induktion in einer Schleife.

Induktionsgesetz stammt also daher, daß die Feldstärke und damit $E$ der Abnahme des Magnetfeldes nach einer Rechtsschraube zugeordnet ist[1]).

Wirkt in einem Leiter eine elektromotorische Kraft und sind die Leiterenden durch einen weiteren Leiter miteinander verbunden, dann können die Elektrizitätsteilchen dem Druck folgen und durch den Außenleiter fließen. Die positiven Teilchen bewegen sich also in der Richtung der elektromotorischen Kraft[2]) vom höheren zum niedrigeren Potential und werden im induzierten Leiterinnern wieder auf das positive Potential gehoben (Pumpe!). Sie bilden einen elektrischen Strom $I$, dessen Richtung im Leiter die Richtung der elektromotorischen Kraft ist. Das Durchfließen des Leiters erfolgt mit Widerstand, es tritt eine Gegenkraft auf, die der Bewegung der Teilchen entgegenwirkt und dem Begriff der Reibung in einer strömenden Flüssigkeit entspricht: Der Leiter hat einen ohmschen Widerstand. Die positiven Teilchen »stauen«

[1]) Ausdrücklich sei bemerkt, daß diese Merkbilder, wenigstens nach den heutigen Kenntnissen der Physik, jeder tatsächlichen Gegebenheit entbehren und nur wegen ihrer außerordentlichen Anschaulichkeit zur Einprägung der Richtungsregeln angeführt wurden.

[2]) In Wirklichkeit fließen die negativen Elektronen nach der entgegengesetzten Richtung, was aber vereinbarungsgemäß denselben Strom $I$ bedeutet.

sich an der Eintrittsstelle des Stromes in den Widerstand; an der Austrittsstelle tritt ein »Unterdruck« auf. Die »gegenelektromotorische Kraft« $E_R$ im Widerstand (»Reibungskraft«) ist also wie bei jeder elektromotorischen Kraft vom niedrigeren zum höheren Potential, also hier dem Strom entgegengesetzt, gerichtet (siehe Bild 53).

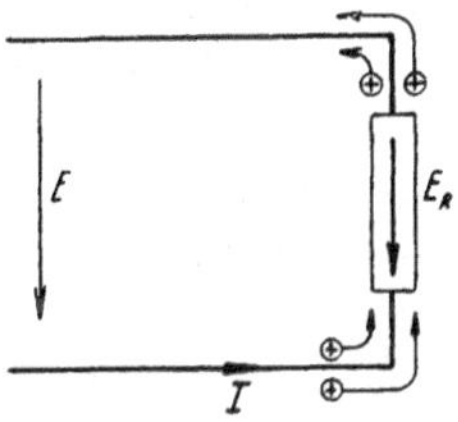


Bild 53. Strömung durch einen Widerstand.

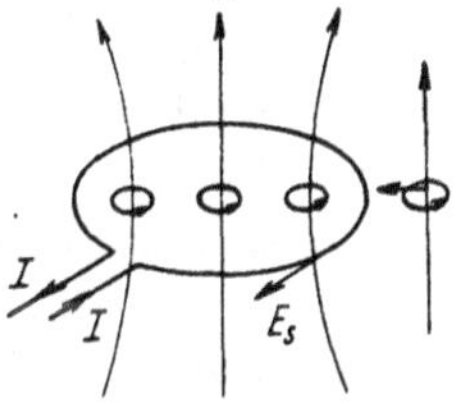


Bild 54. Zur Selbstinduktion.

Fließt ein Strom in einer Windung oder Spule (Bild 54) und steigt etwa sein Wert an, dann entsteht in der Schleife eine elektromotorische Kraft der Selbstinduktion, die den Stromanstieg zu verhindern sucht. Das Merkbild 54 gibt eine Deutung, die dem allgemeinen Induktionsvorgang entspricht. Bei Zuordnung nach einer Rechtsschraube ist also wieder

$$E_s = -\frac{d\Phi}{dt} = -L\frac{dI}{dt},$$

wenn der magnetische Fluß dem Strom proportional angenommen werden kann ($\Phi = L\,I$). Die Selbstinduktionsspannung verhält sich also ähnlich wie die gegenelektromotorische Kraft im Widerstand. Sie wirken der treibenden elektromotorischen Kraft entgegen und lassen einen Strom von solcher Größe zu, daß sie ihr gerade »das Gleichgewicht halten«. Wesentlich für die Ausbildung der Ströme sind also die treibenden und entgegenwirkenden elektromotorischen Kräfte. Ihre Summe muß in einem geschlossenen Stromkreis Null sein.

Da die elektromotorischen Kräfte im Leiterinnern wirken, können sie nicht direkt gemessen werden. Es besteht aber die Möglichkeit, die Potentialdifferenz zwischen irgend zwei Punkten eines Netzes zu messen, die dann elektrische Spannung genannt wird. Die Spannung ist also eine Ergebnisgröße und keine ursächliche, treibende »Kraft«. Verbindet man zwei Punkte eines Netzes, zwischen denen eine Spannung herrscht, durch einen Leiter, dann fließt zwar ein Strom in dem Leiter, aber die treibende Ursache ist nicht etwa die Spannung, sondern die elektromotorische Kraft, die irgendwo im Netz vorhanden ist und durch das »Nachdrücken« der Elektronen die Spannung zwischen den beiden Netzpunkten erzeugt. Wäre diese nicht da, dann würde die Spannung nach der Verbindung mehr oder minder schnell verschwinden (Entladen eines Kondensators), auch wenn das Verbindungsstück hohen Widerstand besäße.

Die Spannungsmessung ist bekanntlich eigentlich eine Strommessung, nämlich jenes Stromes, der durch das Meßgerät fließt und der nach dem Ohmschen Gesetz mit dem Widerstand multipliziert den Zahlenwert der Spannung gibt. Da also durch das Anlegen des Spannungsmessers immer eine geschlossene Stromschleife gebildet wird, muß genau genommen noch die elektromotorische Kraft berücksichtigt werden, die in dieser Schleife induziert wird. Die Spannungsmessung wird damit vom Weg abhängig, den der Meßdraht einnimmt. Bei den meisten Messungen ist allerdings der magnetische Fluß durch die Meßschleife vernachlässigbar klein. In vielen Fällen muß er aber durch Addition der zusätzlich in der Meßschleife induzierten elektromotorischen Kraft berücksichtigt werden.

Ist in einem Netz die Spannung zwischen zwei Netzpunkten gesucht, etwa nach Bild 55 zwischen den Punkten *1* und *2*, dann würde durch das angeschlossene Voltmeter eine geschlossene Schleife *A 1 2 3 E* gebildet werden, in deren Teilstrecken *A 1*, *1 2*, *2 3*, *3 E* gemäß ihren Widerständen gegenelektromotorische Kräfte auftreten, die zusammen mit der treibenden elektromotorischen Kraft $E$ den Wert Null ergeben müssen. Es ist dann durchaus zweckentsprechend, als Spannung zwischen *1* und *2* nicht $U_{12}$, sondern das entgegengesetzte $E_{21}$ einzuführen. Die Zweckmäßigkeit dieser Einführung ergibt sich schon daraus, daß, wenn man an *1* und *2* einen weiteren Stromkreis anschließen würde (gestrichelt gezeichnet), in diesem ein Strom $i$ in der Richtung von $E_{21}$ und nicht etwa $U_{12}$ fließen würde. $U_{12}$ ist eben nicht treibend, sondern »Druckdifferenz« (Manometermessung!).

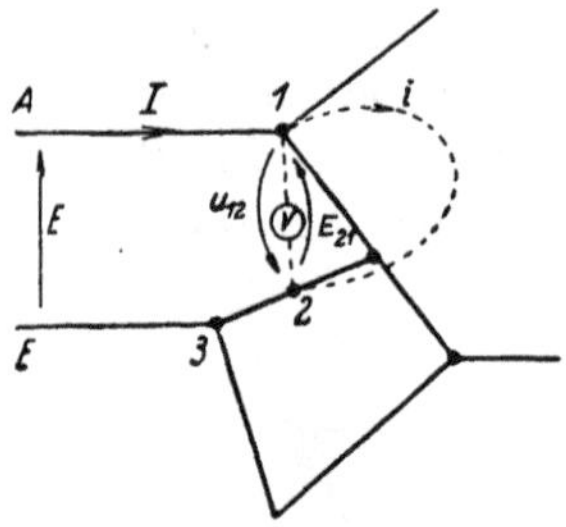

Bild 55. Zum Spannungsbegriff.

Damit wäre aber nun etwas außerordentlich Vorteilhaftes erreicht. Alle Spannungsbegriffe wären nämlich auf im wesentlichen elektromotorische Kräfte zurückgeführt, so daß keine Verwechslungen der Begriffe und damit Vorzeichenfehler auftreten können. Man kann in diesem Falle sogar noch einen Schritt weitergehen und Spannungen und elektromotorische Kräfte unter dem einen Begriff Spannung allein zusammenfassen, wobei dieser aber immer den Sinn einer elektromotorischen Kraft hat, aber im allgemeinen auch mit $U$ bezeichnet werden kann. Die »aufgedrückte« Spannung wäre dann die auf ein Netz geschaltete treibende elektromotorische Kraft, die Widerstandsspannung, die in einem Widerstand auftretende, gegenelektromotorische Kraft, die induktive Spannung die elektromotorische Kraft der Selbstinduktion und die Netzspannung, die verkehrt, also als elektromotorische Kraft genommene Spannung zwischen zwei Netzpunkten. Das Kirchhoffsche Gesetz bekommt dann die einfache Fassung: In einem geschlossenen Stromkreis ist die Summe aller Spannungen Null.

Dabei ist also die Spannung in dem oben erläuterten erweiterten Sinne zu denken. Der Strom fließt immer im Sinne der treibenden Spannungen (elektromotorischen Kräfte).

Die gemachten Überlegungen gelten auch für Wechselstrom. Um die Gleichungen für einen vorliegenden Fall aufzustellen, ist zunächst immer ein Schaltbild (Ersatzschaltbild) zu entwerfen, in welches für die Ströme und Spannungen Zählpfeile einzutragen sind, das sind Angaben der Richtung, in der die betreffende Größe in der Rechnung als positiv einzusetzen ist. Da diese Richtungen in der Wechselstromtechnik ständig wechseln, haben sie keinen physikalischen Sinn. Die Definition der Netzspannung im oben angegebenen Sinn ist hier also völlig unbedenklich. Einen Sinn bekommen die Zählpfeile zunächst nur für die aufgedrückten (eingeprägten) elektromotorischen Kräfte, wenn man ihnen die Richtungsangabe für einen Zeitmoment beilegt, so daß also bei mehreren solchen elektromotorischen Kräften berücksichtigt werden kann, ob sich diese unterstützen oder einander entgegenwirken. Alle anderen Größen (Ströme und Spannungen) sind damit bestimmt. Um aber ihre Werte eindeutig in die Gleichungen setzen zu können, erhalten sie im Schaltbild Zählpfeile, die vollkommen willkürlich gewählt werden können, weil ihnen ja keine physikalische Richtung zukommt und sie, wenn sie gemäß ihrem Momentanwert vielleicht in der falschen Richtung gewählt wurden, aus der Rechnung von selbst mit einem negativen Wert hervorgehen, was besagt, daß ihre wirkliche Richtung im Vergleich zur treibenden elektromotorischen Kraft eben die umgekehrte ist.

Die willkürliche Eintragung der Zählpfeile kann nur für die Ströme und Netzspannungen (Spannungen zwischen irgend zwei Punkten des Netzes, also auch außen gemessen an den Klemmen eines Widerstandes) durchgeführt werden. Die Widerstandsspannungen (gegenelektromotorische Kräfte, Selbstinduktionsspannungen usw.) sind mit den Strömen durch Gleichungen verknüpft und können daher nach Wahl der Zählpfeile für die Ströme in ihrer Richtung nicht mehr frei gewählt werden. Sie ergeben sich vielmehr nach diesen Gesetzen in bestimmter Lage zu den Strömen.

## 2. Die Grundgesetze der komplexen Wechselstromtechnik.

Den Zusammenhang zwischen den Strömen und den Widerstandsspannungen (gegenelektromotorischen Kräften) liefern dem Werte nach die Gleichungen[1])

[1]) Für das ganze Kapitel vgl. auch I. Band, S. 355—374.

$$I_R = \frac{U}{R}; \; I_L = \frac{U}{\omega L}; \; I_C = \frac{U}{\frac{1}{\omega C}} \quad \ldots \ldots \quad (1)$$

worin

$R$ den ohmschen Widerstand,

$\omega L$ den induktiven Widerstand,

$\frac{1}{\omega C}$ den kapazitiven Widerstand

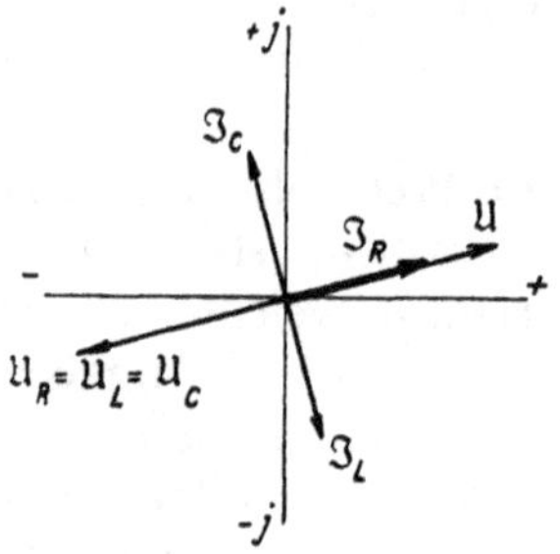

Bild 56. Zur Ableitung der Widerstandsoperatoren.

bedeuten. Das Vektordiagramm für diese drei einfachsten Belastungsfälle zeigt das Bild 56. In der komplexen Rechnung mit den Drehfaktoren $\pm j$ ist also

$$\mathfrak{J}_R = \frac{\mathfrak{U}}{R}; \quad \mathfrak{J}_L = \frac{\mathfrak{U}}{j \omega L}; \quad \mathfrak{J}_C = \frac{\mathfrak{U}}{\frac{1}{j \omega C}}.$$

In den drei Widerständen entstehen Gegenspannungen (gegenelektromotorische Kräfte)

$$\mathfrak{U}_R = \mathfrak{J}_R(-R); \quad \mathfrak{U}_L = \mathfrak{J}_L(-j \omega L); \quad \mathfrak{U}_C = \frac{\mathfrak{J}_C}{-\frac{1}{j \omega C}} \quad . \; . \; (2)$$

Man erhält diese also aus den Strömen durch Multiplikation mit den Widerstandsoperatoren

$$-R$$
$$-j \omega L$$
$$-\frac{1}{j \omega C}.$$

Der allgemeine Vorgang der Lösung eines Problems wird sich also meist wie folgt gestalten:

1. Zeichnen des Schaltbildes (Ersatzschaltbildes).
2. Eintragen der Zählpfeile für die aufgedrückten Spannungen (treibenden elektromotorischen Kräfte), Ströme und gegebenenfalls gewünschten Netzspannungen.
3. Anwendung des ersten Kirchhoffschen Gesetzes $\Sigma \mathfrak{J} = 0$ für die Stromknotenpunkte.
4. Anwendung des zweiten Kirchhoffschen Gesetzes $\Sigma \mathfrak{U} = 0$ für die Netzmaschen. Dabei sind die Widerstandsspannungen durch komplexe Multiplikation der durch die Widerstände fließenden Ströme mit den jeweiligen Widerstandsoperatoren zu bestimmen. Alle beim Durchlaufen einer Masche im umgekehrten Sinn getroffenen Zählpfeile bedeuten, daß die zugehörige Größe mit negativem Vorzeichen einzusetzen ist.

In den meisten Fällen werden auf diese Art die für die Lösung des Problems erforderlichen Gleichungen erhalten, so daß die Lösung nur mehr eine Rechenarbeit bedeutet. Dabei liegt ein Hauptvorteil der komplexen Rechnung darin, daß sie es gestattet, jederzeit auf die graphische Darstellung in einem Vektordiagramm überzugehen, da ja jede komplexe Zahl als Vektor gewertet werden kann. Wie schon im ersten Band erläutert, muß noch grundsätzlich zwischen Zeitvektoren und Operatoren unterschieden werden. Das komplexe Produkt zweier Operatoren (z. B. $R j \omega L$) liefert einen neuen Operator, das Produkt aus einem Zeitvektor mit einem Operator einen Zeitvektor gleicher Winkelgeschwindigkeit (z. B. $\mathfrak{U}_L = \mathfrak{J} j \omega L$), während durch komplexe Multiplikation zweier Zeitvektoren ein Zeitvektor erhalten wird, dessen Winkelgeschwindigkeit gleich der Summe der Teilwinkelgeschwindigkeiten ist. Folgende Gleichungen zeigen das Gesagte unmittelbar

$$\mathfrak{Z}_1 = Z_1 e^{j\zeta_1} \qquad \mathfrak{U} = U e^{j(\omega t + \varphi)}$$

$$\mathfrak{Z}_2 = Z_2 e^{j\zeta_2} \qquad \mathfrak{J} = I e^{j\omega t}$$

$$\mathfrak{Z}_1 \mathfrak{Z}_2 = Z_1 Z_2 e^{j(\zeta_1 + \zeta_2)} = \overline{Z} e^{j\overline{\zeta}} = \overline{\mathfrak{Z}}$$

$$\mathfrak{J} \mathfrak{Z} = I Z e^{j(\omega t + \zeta)} = U e^{j(\omega t + \zeta)} = \mathfrak{U}$$

$$\mathfrak{J} \mathfrak{U} = I U e^{j(2\omega t + \varphi)} \qquad (2\omega!)$$

Die komplexe Multiplikation ist eine Eigentümlichkeit der komplexen Rechnung und vom skalaren und vektoriellen Produkt der allgemeinen Vektorrechnung streng zu unterscheiden. Immerhin können die dort gegebenen Definitionen auch hier verwendet werden. So lassen sich beispielsweise durch die drei Multiplikationen die drei Leistungsbegriffe der Wechselstromtechnik schön ausdrücken.

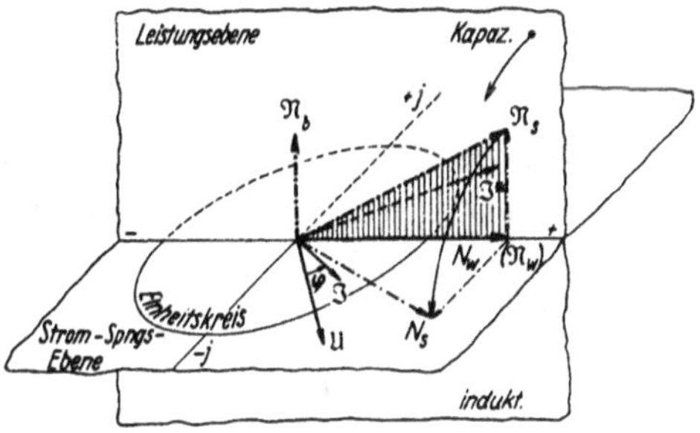


Bild 57. Zur Ermittlung der Leistung.

Das skalare Produkt[1])

$$\mathfrak{U} \cdot \mathfrak{J} = U I \cos\varphi = N_w \,. \quad (3)$$

ergibt die Wirkleistung. Sie ist ein skalarer Zahlenwert ohne Richtung und kann in der komplexen Ebene etwa in der reellen Achse aufgetragen werden (Bild 57).

Das Vektorprodukt

$$|[\mathfrak{U}\mathfrak{J}]| = U I \sin\varphi \quad . \; . \; . \; . \; . \; . \; . \; . \; . \; . \quad (4)$$

entspricht der Blindleistung und stellt nach den Regeln der Vektorrechnung einen Vektor normal auf die komplexe Darstellungsebene dar,

[1]) Hier immer durch einen Punkt zwischen den Faktoren vom komplexen Produkt unterschieden.

und zwar bei kapazitiver Blindleistung nach oben, bei induktiver nach unten gerichtet. Das Heraustreten aus der Darstellungsebene weist sehr schön darauf hin, daß es sich gar nicht um physikalische Leistungen, sondern um eine Rechengröße handelt.

Wirk- und Blindleistung bestimmen dann zusammen in der Vertikalebene durch die reelle Achse die Scheinleistung

$$\mathfrak{N}_s = \mathfrak{N}_w + \mathfrak{N}_b.$$

Während also Wirk- und Blindleistungen einfach skalar addiert werden können, müssen Scheinleistungen vektoriell addiert werden. Ihre Darstellungsvektoren liegen aber in einer Ebene. Man kann sie also wieder komplex behandeln und klappt dazu am besten die »Leistungsebene« nach vorne in die »Strom-Spannungsebene«. Es läßt sich dann auch für die komplexe Ermittlung der Scheinleistung ein Verfahren angeben.

Es ist ja unter dieser Voraussetzung

$$\mathfrak{N}_s = N_w + j\,N_b = U\,I\,(\cos\varphi + j\sin\varphi) = U\,I\,e^{j\varphi}$$

und mit

$$\mathfrak{U} = U\,e^{j(\omega t + \alpha)}$$
$$\mathfrak{I} = I\,e^{j(\omega t + \beta)}$$
$$\varphi = \alpha - \beta$$
$$\mathfrak{N}_s = U\,I\,e^{j(\alpha - \beta)} = U\,e^{j(\omega t + \alpha)}\;I\,e^{-j(\omega t + \beta)} = \mathfrak{U}\,\mathfrak{I}^* \quad . \; . \; . \; (5)$$

Man erhält also den Vektor der Scheinleistung auch durch komplexe Multiplikation des Spannungsvektors mit dem Spiegelbild des Stromvektors. $\mathfrak{N}_s$ ist ein von der Zeit unabhängiger Vektor, also kein Zeitvektor.

Über die weiteren Rechenregeln des komplexen Verfahrens ist alles Erforderliche im ersten Band gesagt worden. Zur Vertiefung der Vorzeichen- und Richtungsregeln soll noch ein kurzes, einfaches Anwendungsbeispiel gebracht werden.

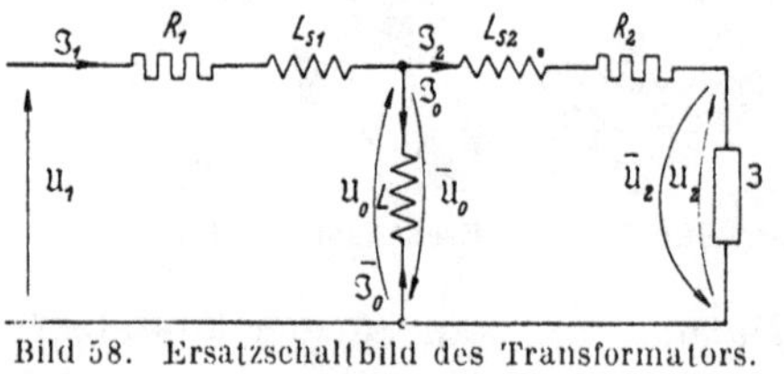

Bild 58. Ersatzschaltbild des Transformators.

Der einphasige Transformator läßt sich leicht auf das im Bild 58 gezeigte Ersatzschaltbild zurückführen. Dabei bedeuten $R_1$, $R_2$ die Wicklungswiderstände, $L_{s1}$, $L_{s2}$ die Induktionskoeffizienten der Streuung und $L$ die Induktivität der Ersatzspule für das gemeinsame Feld. Der Transformator sei mit der Impedanz $\mathfrak{Z}$ belastet. Gesucht ist das Vektordiagramm. Da nur eine aufgedrückte Spannung $\mathfrak{U}_1$ vorhanden ist, können alle Zählpfeile willkürlich gewählt werden. Sie werden etwa in der Richtung der treibenden Spannung $\mathfrak{U}_1$ angenommen. Da für das Vektordiagramm noch die Spannung an den Sekundärklemmen $\mathfrak{U}_2$ und am ideellen Transformatorteil $\mathfrak{U}_0$ von Interesse sind, wurden auch hierfür Zählpfeile willkürlich eingetragen. Die Kirchhoffschen Gesetze liefern folgende Gleichungen

$$\mathfrak{J}_1 = \mathfrak{J}_0 + \mathfrak{J}_2$$
$$\mathfrak{U}_1 + \mathfrak{J}_1(-R_1 - j\omega L_{s1}) + \mathfrak{J}_0(-j\omega L) = 0$$
$$\mathfrak{U}_2 - \mathfrak{J}_2(-R_2 - j\omega L_{s2}) + \mathfrak{J}_0(-j\omega L) = 0$$
$$\mathfrak{U}_2 + \mathfrak{J}_2(-\mathfrak{Z}) = 0$$
$$\mathfrak{U}_0 + \mathfrak{J}_0(-j\omega L) = 0.$$

Ist also $\mathfrak{J}_2$ etwa bekannt, dann wird

$$\mathfrak{U}_0 = \mathfrak{J}_0 j\omega L = \mathfrak{J}_2(R_2 + j\omega L_{s2} + \mathfrak{Z}).$$

Einen der Zeitvektoren kann man immer in der Lage im Vektordiagramm festlegen. Es sei dies hier etwa der Vektor $\mathfrak{U}_0$, der in die imaginäre Achse gelegt werde (siehe Bild 59). Dann ist mit

$$R_2 + j\omega L_{s2} + \mathfrak{Z} = \mathfrak{Z}_2.$$

$\mathfrak{J}_2$ bestimmt aus

$$\mathfrak{J}_2 = \frac{\mathfrak{U}_0}{\mathfrak{Z}_2}.$$

Der Strom $\mathfrak{J}_2$ eilt also der Spannung $\mathfrak{U}_0$ um den Winkel $\zeta_2$ nach, wenn $\mathfrak{U}_0$ von unten nach oben positiv gezählt werden soll.

Nunmehr wird

$$\mathfrak{J}_0 = \frac{\mathfrak{U}_0}{j\omega L},$$

also demselben $\mathfrak{U}_0$ um $90^0$ nacheilend.

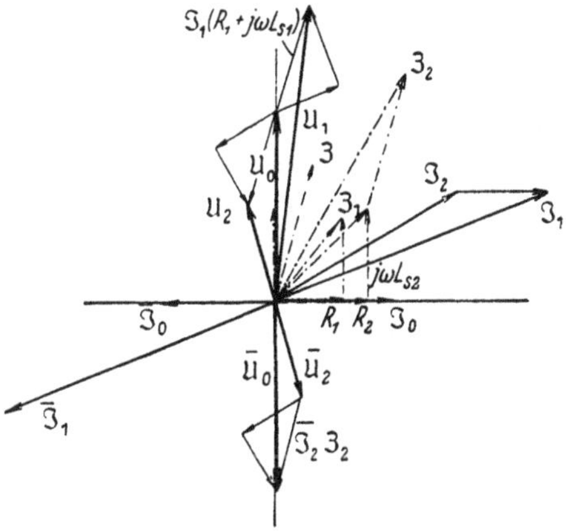

Bild 59. Grundsätzliches Vektorbild des Transformators.

Damit ergibt sich auch durch Addition der beiden Ströme $\mathfrak{J}_1 = \mathfrak{J}_0 + \mathfrak{J}_2$, womit die aufgedrückte Spannung

$$\mathfrak{U}_1 = \mathfrak{U}_0 - \mathfrak{J}_1(R_1 + j\omega L_{s1}).$$

Natürlich kann man auch die Komponenten

$$\mathfrak{J}_1 R_1 \quad \text{und} \quad \mathfrak{J}_1 j\omega L_{s1}$$

getrennt in das Vektordiagramm einzeichnen. Dasselbe gilt sinngemäß für

$$\mathfrak{U}_2 = \mathfrak{U}_0 - \mathfrak{J}_2(R_2 + j\omega L_{s2}).$$

Man erkennt nun sofort, daß, wenn man einen der Richtungspfeile umgekehrt gewählt hätte, man zum im wesentlichen gleichen Vektorbild gekommen wäre. Hätte man beispielsweise $\bar{\mathfrak{J}}_0$ statt $\mathfrak{J}_0$ gewählt, dann wäre der Vektor $\bar{\mathfrak{J}}_0$ im Vektorbild zwar nach der anderen Richtung zu zeichnen gewesen, zur Bestimmung von $\mathfrak{J}_1$ hätte jetzt aber auch $\mathfrak{J}_1 = \mathfrak{J}_2 - \overline{\mathfrak{J}}_0$ geschrieben werden müssen, was dasselbe $\mathfrak{J}_1$ liefert. $\overline{\mathfrak{J}}_0$ mußte natürlich als Vektor verkehrt ausfallen; es soll ja jetzt auch nach der umgekehrten Strömungsrichtung positiv gezählt werden. Die zweimalige Umkehrung läßt den physikalischen Charakter also bestehen. Eine ähnliche Überlegung kann auch bei der Wahl von $\overline{\mathfrak{U}}_0$ oder $\overline{\mathfrak{U}}_2$ statt $\mathfrak{U}_0$ und $\mathfrak{U}_2$ angestellt werden. Will man diese Größen in der umgekehrten Richtung positiv zählen, dann müssen sich auch die entsprechenden Vektoren umkehren, damit der physikalische Charakter erhalten bleibt. Über diesen selbst kann aber kein Zweifel bestehen, wenn man folgendes beachtet.

Sind Strom und treibende Spannung im Vektordiagramm im wesentlichen gleichgerichtet und haben sie im Schaltbild Zählpfeile gleicher Richtung, dann wird der Strom tatsächlich von dieser Spannung geliefert, durchfließt also einen Verbraucher. Dasselbe gilt, wenn sie im Vektorbild und im Schaltbild entgegengesetzte Richtung haben. Liegt aber im Vektorbild wesentlich Opposition vor, während die Zählpfeile gleichgerichtet sind oder umgekehrt, dann fließt der Strom im wesentlichen entgegen der »aufgedrückten« Spannung, entstammt also selbst einer generatorisch wirkenden Anlage. Man kann auch noch einfacher sagen, daß ein Generator vorliegt, wenn die innere elektromotorische Kraft (also nicht die Netzspannung, deren Polarität ja zweideutig ist) mit dem durchfließenden Strom im Vektor- und Schaltbild beide gleich- oder beide entgegengesetzt gerichtet sind; ein Verbraucher dagegen, wenn in einem der beiden Bilder Gegen-, im anderen gleiche Richtung vorliegt.

Die Stromquelle im obigen Beispiel ist Generator, weil $\mathfrak{J}_1$ und $\mathfrak{U}_1$ in beiden Bildern gleichgerichtet ist. Sie wären in beiden Bildern entgegengesetzt gerichtet, wenn $\overline{\mathfrak{J}}_1$ statt $\mathfrak{J}_1$ gewählt wurde. Die Induktivität $L$ ist (wenn man noch einen kleinen ohmschen Widerstand dazu denkt, um nicht gerade $90^0$ Phasenverschiebung zu bekommen) Verbraucher, weil die innere Widerstandsspannung

$$\mathfrak{U}_L = \mathfrak{J}_0(-R - j\omega L)$$

oder

$$\overline{\mathfrak{U}}_L = \overline{\mathfrak{J}}_0(-R - j\omega L)$$

dem Strom $\mathfrak{J}_0$ bzw. $\overline{\mathfrak{J}}_0$ im wesentlichen entgegengesetzt gerichtet ist. Das ändert nichts daran, daß an ihren Klemmen sowohl eine für die Belastung $\mathfrak{Z}$ generatorische Spannung $\mathfrak{U}_0$, als auch die Verbraucherspannung $\overline{\mathfrak{U}}_0$ (die etwa einer durch ein Voltmeter gemessenen Momentanspannung entspricht, wenn $\mathfrak{U}_1$ die gerade gezeichnete Richtung hat) definiert werden kann. Beide Angaben sind gleichwertig und richtig, ebenso die daraus etwa abgeleiteten Vektordiagramme. Das Vektorbild allein ist eben zur Beschreibung des Wechselstromproblems unzureichend; es muß vielmehr immer durch ein Schaltbild mit eingezeichneten Zählpfeilen ergänzt sein.

Welche unterschiedliche Ansichten für das im Grund einfache Problem der Vorzeichen- und Richtungsregeln bestehen, möge der dafür interessierte Leser etwa aus der folgenden Schrifttumsangabe nachlesen.

**Schrifttum.**

M. Landolt: Komplexe Zahlen und Zeiger in der Wechselstromlehre. H. Springer, Berlin 1936.

A. Brunn: Graphische Methoden zur Lösung von Wechselstromproblemen. B. Schwabe & Co., Basel 1938.

Th. Bödefeld: Vorzeichenregeln in der Wechselstromtechnik. E. u. M. 1938, H. 30, S. 381.

## B. Ortskurventheorie.

Die Darstellung sinusförmig veränderlicher Wechselstromgrößen in Vektordiagrammen läßt eine Erweiterung in der Anwendung dieser Diagramme zu. Ist nämlich eine Problemgröße von einer parametrisch veränderlichen (z. B. der Strom in einem Schaltungszweig von dem Widerstand in einem anderen Zweig der Schaltung) abhängig, so gehört zu jedem Wert dieses Parameters ein bestimmter Vektor der gesuchten Größe. Die Endpunkte dieser Vektoren beschreiben eine Kurve, die nach Werten des Parameters beziffert werden kann und Ortskurve genannt wird. Der Wert solcher Ortskurven ist augenscheinlich ein ähnlicher wie der der Kurvendarstellung in kartetischen Koordinaten für Zahlenfunktionen. Die Ortskurve läßt mit einem Blick übersehen, wie sich Größe und Richtung eines Vektors ändert, wenn der Parameter, von dem die Vektorgröße abhängt, die Werte des Definitionsbereiches durchläuft. Da es sich bei den Zeitvektoren der Wechselstromtechnik im allgemeinen nicht um die zeitliche Winkellage, sondern um die Phasenverschiebungen zwischen einzelnen Vektoren dreht, können diese selbst wieder als in der Gaußschen Zahlenebene ruhend angesehen werden. Es ist dann möglich, die komplexe Rechnung auch zur Ermittlung der Ortskurven mit Vorteil heranzuziehen.

Die allgemeinste Form einer Ortskurve mit einem Parameter ist durch die Gleichung

$$\mathfrak{V} = \frac{\mathfrak{A} + p\,\mathfrak{B} + p^2\,\mathfrak{C} + \ldots + p^m\,\mathfrak{D}}{\mathfrak{P} + p\,\mathfrak{Q} + p^2\,\mathfrak{R} + \ldots + p^n\,\mathfrak{Z}} \quad \ldots \ldots \quad (1)$$

gegeben, worin $\mathfrak{A}$, $\mathfrak{B}$ ... $\mathfrak{Z}$ konstante Vektoren bedeuten und $p$ der Parameter ist. Sie liefert die Möglichkeit einer Einteilung der Kurven nach steigender Gliederzahl dieses Ausdruckes.

Die einfachste Form

$$\mathfrak{G} = \mathfrak{A} + p\,\mathfrak{B} \quad \ldots \ldots \ldots \ldots \quad (2)$$

ist die Gleichung einer Geraden. Das Bild 60 zeigt die Ermittlung derselben. Man hat einfach an den Vektor $\mathfrak{A}$ den Vektor $\mathfrak{B}$ $p$-mal anzufügen und auf der so erhaltenen Geraden die Werte für $p$ anzuschreiben. Im Bild ist als Beispiel der gesuchte Vektor $\mathfrak{G}_3$ für $p = +3$ eingetragen. Die Konstruktion ist so einfach, daß auch für die Sonderfälle $\mathfrak{A} = 0$, $\mathfrak{A} = m\mathfrak{B}$, $\mathfrak{B} = B$, $\mathfrak{B} = \pm jB$ wohl nichts mehr hinzugefügt zu werden braucht.

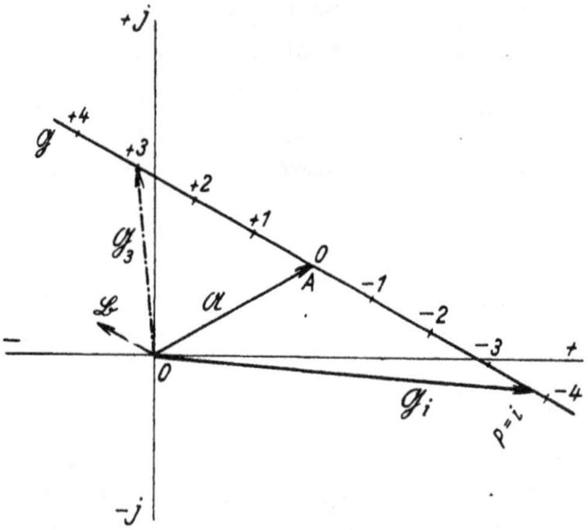

Bild 60. Die Gerade als Ortskurve.

Die Gleichung (2) behält ihre Bedeutung natürlich auch dann bei, wenn $p$ irgendeine Funktion $p = f(p)$ ist. Es ändert sich dann lediglich die Skala auf der Geraden $\mathfrak{G}$, indem diese jetzt eine der Funktion $f(p)$ entsprechende Form annimmt. Damit erhält man dann Geraden mit logarithmischer, projektiver usw. Skalenteilung.

Die zweiteinfachste Form der Entwicklung (1) ist die zu (2) inverse Form

$$\mathfrak{R}_0 = \frac{1}{\mathfrak{A} + p\mathfrak{B}} \quad \ldots \ldots \ldots \ldots \quad (3)$$

Die analytische oder projektive Untersuchung dieser Gleichung zeigt, daß sie einen Kreis durch den Ursprung beschreibt. Dabei ergibt sich, daß der Kreisdurchmesser gleich ist dem reziproken Normalabstand der »Nennergeraden« $\mathfrak{G} = \mathfrak{A} + p\mathfrak{B}$ vom Ursprung und daß der Mittelpunkt auf dem Spiegelbild der Normalen aus dem Ursprung an die Nennergerade bezüglich der reellen Achse liegt. Um den Kreis zu zeichnen, hat man also lediglich das Spiegelbild $\mathfrak{G}^*$ der Nennergeraden und ihre Normale durch den Ursprung zu suchen und auf dieser den halben reziproken Wert des Normalabstandes aufzutragen. Der so erhaltene Punkt ist der Kreismittelpunkt. Die Bezifferung des Kreises findet man dann wie folgt.

Die Nennergerade $\mathfrak{G} = \mathfrak{A} + p\mathfrak{B}$ hätte ihre Bezifferung durch $p$-faches Abtragen des Vektors $\mathfrak{B}$ erhalten. Ihre Inversion bedeutet, daß jeder Vektor $\mathfrak{G}_i$ des durch $\mathfrak{G}$ bestimmten Vektorbüschels bezüglich der reellen Achse zu spiegeln ist (siehe S. 104). Das ganze gespiegelte Büschel wird also erhalten, wenn man die Strahlen aus dem Ursprung an die gespiegelte Nennergerade $\mathfrak{G}^*$ zieht. Auf diesen Strahlen liegen dann auch die gesuchten Vektoren $\mathfrak{R}_{0i}$. Ihre Endpunkte sind schon durch die Peripherie des Kreises gegeben. Das Strahlenbüschel hat also nur mehr die Bedeutung von »Bezifferungsstrahlen« für den Kreis.

Die Ermittlung des Kreises ist im Bild 61 nochmals übersichtlich dargestellt; in der Unterschrift ist die Konstruktion in kurzen Worten wiederholt.

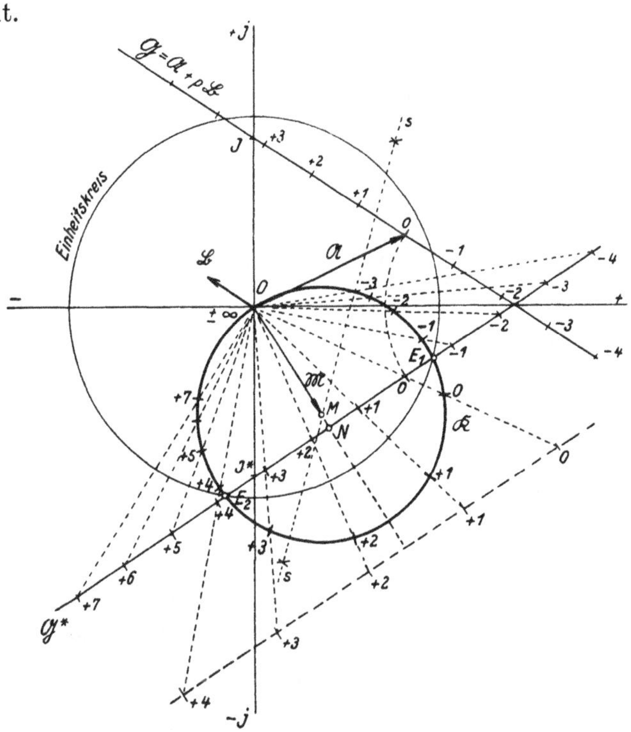


Bild 61. Der Kreis durch den Ursprung.

**Ermittlungsvorschrift für den Kreis durch den Ursprung $\mathfrak{K} = \frac{1}{\mathfrak{A} + p\mathfrak{B}}$.**

1. Zeichnen der Nennergeraden $\mathfrak{G} = \mathfrak{A} + p\mathfrak{B}$ ohne Bezifferung;
2. Ermittlung ihres Spiegelbildes $\mathfrak{G}^*$ und Abtragen der Bezifferung;
3. Ziehen der Normalen $ON$ auf $\mathfrak{G}^*$ und Auftragen des halben Reziprokwertes des Normalabstandes $ON$; ergibt den Kreismittelpunkt $M$ bzw. den Mittelpunktsvektor $\mathfrak{M}$;
4. Zeichnen des Kreises durch $O$ und Beziffern desselben mit Hilfe der Bezifferungsstrahlen und der Bezifferungsgeraden $\mathfrak{G}^*$.

Liegt $\mathfrak{G}^*$ zu nahe an 0, so daß unsichere Schnittpunkte zwischen dem Kreis und den Bezifferungsstrahlen entstehen würden, dann kann man $\mathfrak{G}^*$ auch in $n$-fache Entfernung legen, muß aber die Skaleneinheit demgemäß $n$-fach vergrößern (siehe Bild 61).

Von wesentlicher Bedeutung in der Ortskurvendarstellung ist die Gleichung

$$\mathfrak{K} = \frac{\mathfrak{A} + p\mathfrak{B}}{\mathfrak{C} + p\mathfrak{D}} \quad \ldots \ldots \ldots \quad (4)$$

Sie läßt sich nach Ausführung der Division auf die Form

$$\mathfrak{K} = \mathfrak{L} + \mathfrak{N}\,\mathfrak{K}_0$$

bringen, mit

$$\left.\begin{aligned} \mathfrak{R}_0 &= \frac{1}{\mathfrak{C} + p\,\mathfrak{D}} \\ \mathfrak{L} &= \frac{\mathfrak{B}}{\mathfrak{D}} \\ \mathfrak{N} &= \mathfrak{A} - \mathfrak{C}\,\mathfrak{L} \end{aligned}\right\} \quad \text{. . . . . . . . . . .} \quad (5\text{a})$$

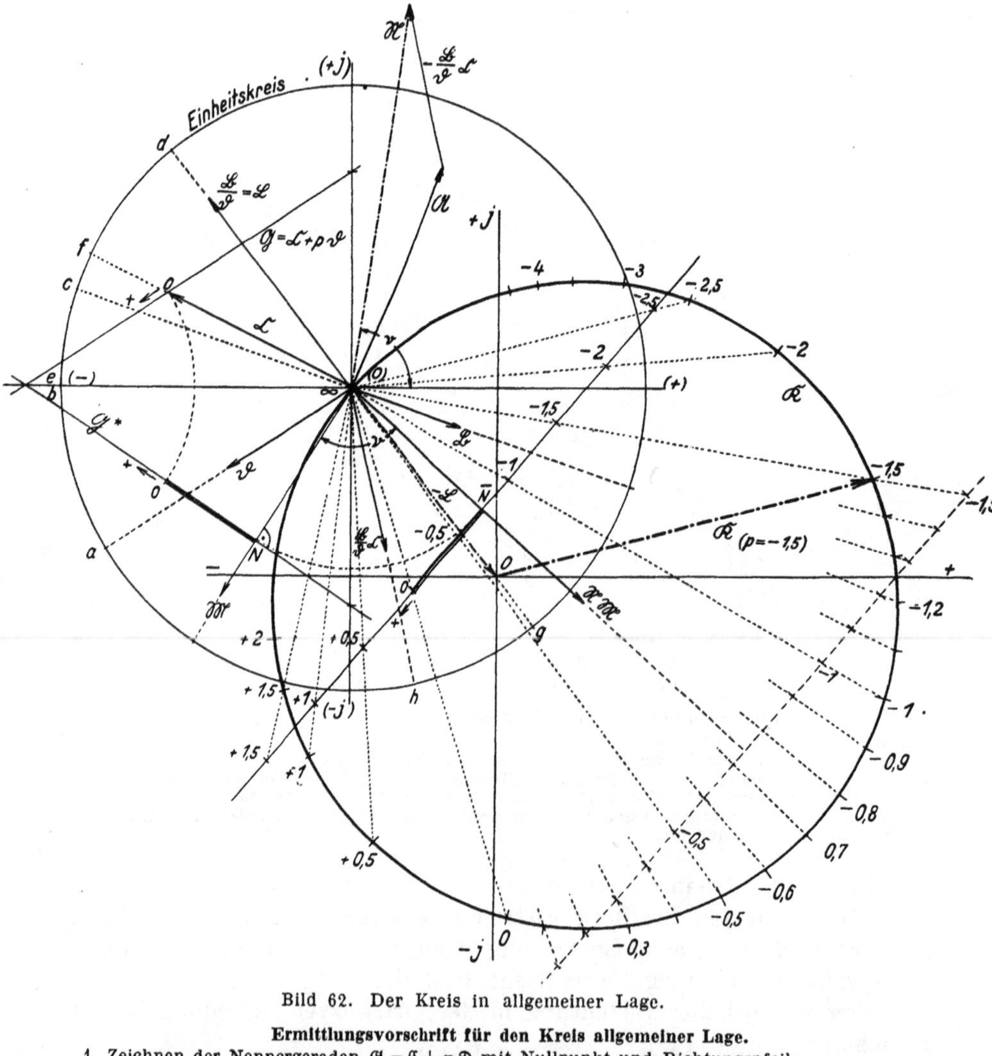


Bild 62. Der Kreis in allgemeiner Lage.

**Ermittlungsvorschrift für den Kreis allgemeiner Lage.**

1. Zeichnen der Nennergeraden $\mathfrak{G} = \mathfrak{C} + p\,\mathfrak{D}$ mit Nullpunkt und Richtungspfeil;
2. Ermittlung des Spiegelbildes $\mathfrak{G}^*$ und des Mittelpunktvektors $\mathfrak{M}$;
3. Ermittlung von $\mathfrak{L} = \frac{\mathfrak{B}}{\mathfrak{D}}$ und $\mathfrak{N} = \mathfrak{A} - \frac{\mathfrak{B}}{\mathfrak{D}}\,\mathfrak{C}$;
4. Durchführung der Drehstreckung $\mathfrak{N}\mathfrak{M}$ und Zeichnen des Kreises $\mathfrak{K}$;
5. Verdrehen der Bezifferungsgeraden $\mathfrak{G}^*$ in die Normallage zu $\mathfrak{N}\mathfrak{M}$ und Ziehen der Bezifferungsstrahlen;

6 Verschieben des Ursprunges um $-\mathfrak{L}$.

Man erkennt also, daß es sich hier um einen Kreis in allgemeiner Lage handelt. Der Kreis $\mathfrak{K}_0$ ist zunächst mit Hilfe des Vektors $\mathfrak{N}$ drehzustrecken, was durch die Drehstreckung des Mittelpunktsvektors $\mathfrak{M}$ und das Mitdrehen der »Bezifferungsgeraden« $\mathfrak{G}^*$ erreicht wird. Die weiters geforderte Addition eines konstanten Vektors $\mathfrak{L}$ kann durch die gleichwertige Verschiebung des Ursprunges um $-\mathfrak{L}$ befriedigt werden.

Diese äußerst einfache und schnell durchführbare Konstruktion des allgemeinen Kreisdiagrammes ist im Bild 62 festgehalten, das wiederum eine entsprechende, kurz gehaltene Ermittlungsvorschrift erhalten hat. Als Beispiel ist der Vektor $\mathfrak{K}$ für $p = -1{,}5$ eingetragen.

Es ist noch eine andere Form der Kreisgleichung möglich. Sie lautet

$$\mathfrak{K} = \mathfrak{A} + \mathfrak{B}\, e^{j\delta} \quad \ldots\ldots\ldots\ldots \quad (6)$$

und ist dann von Bedeutung, wenn der Parameter in $\delta$ enthalten ist. Die Konstruktion ergibt sich unmittelbar aus der Gleichung (6). Es ist hier der Vektor $\mathfrak{B}$ gemäß dem Parameterwert $\delta$ zu drehen und an $\mathfrak{A}$ anzufügen.

Der Kreis kann auch ohne direkte Ermittlung des Mittelpunktsvektors gefunden werden. Es genügt ja zu seiner Konstruktion die Kenntnis dreier Punkte, wozu etwa die besonderen Werte $p = 0, 1, \infty$ gewählt werden können. Aus den drei Punkten

$$\mathfrak{K}_0 = \frac{\mathfrak{A}}{\mathfrak{C}}; \quad \mathfrak{K}_1 = \frac{\mathfrak{A} + \mathfrak{B}}{\mathfrak{C} + \mathfrak{D}}; \quad \mathfrak{K}_\infty = \frac{\mathfrak{B}}{\mathfrak{D}}$$

kann dann der Kreis durch Ziehen der Symmetralen bestimmt werden. Diese Konstruktion ist aber wegen der im allgemeinen schiefen Schnitte der Symmetralen ungenauer. Mit Hilfe des durch $P_\infty$ gehenden »Hauptdurchmessers«, einer dazu senkrechten Geraden und den Strahlen durch $P_0$ und $P_1$ kann dann auch leicht eine Bezifferungsgerade gefunden werden.

Ist $p$ wieder eine Funktion $f(p)$, dann erhält der Kreis eine entsprechend andere Skalenteilung, bleibt aber als solcher natürlich erhalten.

Ortskurven höherer Ordnung entstehen, wenn der Parameter $p$ in höherer Ordnung erscheint. Zu ihrem Studium sei auf das Schrifttum verwiesen.

Ist nicht nur ein Parameter $p$, sondern noch ein zweiter $r$ vorhanden, dann gehört zu jedem $r$ eine Ortskurve. Man erhält also insgesamt Kurvenscharen oder Scharendiagramme. Meist wird es möglich sein, die Problemgleichungen auf eine solche Form zu bringen, daß in den bisher beschriebenen Grundgleichungen einzelne der konstanten Vektoren zu Funktionen des zweiten Parameters werden. Man erhält so beispielsweise die Geradenscharen

$$\mathfrak{G} = \mathfrak{A}(r) + p\,\mathfrak{B} \quad \ldots\ldots\ldots\ldots \quad (7)$$

$$\mathfrak{G} = \mathfrak{A} + p\,\mathfrak{B}(r) \quad \ldots\ldots\ldots\ldots \quad (8)$$

und die häufigeren Kreisscharen

$$\mathfrak{K} = \frac{\mathfrak{A} + r\,\mathfrak{B}}{\mathfrak{C} + p\,\mathfrak{D}} \quad \ldots\ldots\ldots\ldots \quad (9)$$

$$\mathfrak{K} = \frac{\mathfrak{A}(r) + p\,\mathfrak{B}}{\mathfrak{C} + p\,\mathfrak{D}} \quad \ldots\ldots\ldots\ldots \quad (10)$$

Ist $\mathfrak{B}$ eine Funktion von $r$, dann kann durch Erweitern mit $\frac{1}{p}$ wieder die Form (10) erreicht werden. Ferner erhält man bei $\mathfrak{C} = \mathfrak{C}(r)$ die Kreisschar aus der Inversion der wieder der Form (10) entsprechenden Schar

$$\mathfrak{K}^* = \frac{\mathfrak{C}(r) + p\,\mathfrak{D}}{\mathfrak{A} + p\,\mathfrak{B}}.$$

Auf diese Form kommt man auch wieder bei $\mathfrak{D} = \mathfrak{D}(r)$ nach Kürzung durch $p$.

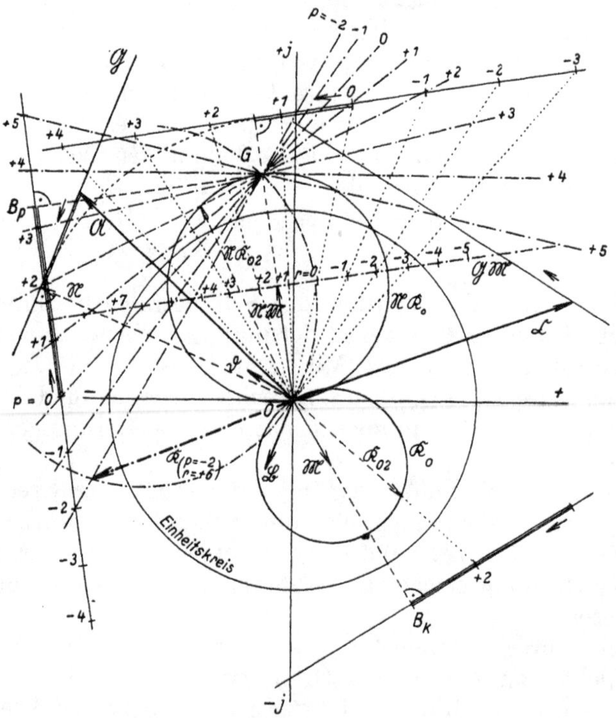


Bild 63. Das Scharendiagramm $\mathfrak{K} = \frac{\mathfrak{A} + r\,\mathfrak{B}}{\mathfrak{C} + p\,\mathfrak{D}}$.

**Ermittlungsvorschrift für die Schar $\mathfrak{K} = \frac{\mathfrak{A} + r\,\mathfrak{B}}{\mathfrak{C} + p\,\mathfrak{D}}$.**

1. Zeichnen der Zählergeraden $\mathfrak{G} = \mathfrak{A} + r\,\mathfrak{B}$ und Ermittlung ihrer Normalen $\mathfrak{N}$;
2. Zeichnen der Nennergeraden $\mathfrak{C} + p\,\mathfrak{D}$ und Ermittlung des Mittelpunktsvektors $\mathfrak{M}$;
3. Ermittlung von $\mathfrak{N}\mathfrak{M}$ und Ziehen der Normalen hiezu, ergibt Mittelpunktsgerade der gesuchten Kreisschar;
4. Beziffern der Mittelpunktsgeraden durch Hereindrehen der Zählergeraden $\mathfrak{G}$;
5. Ermittlung der Bezifferungsgeraden für das $p$ = const.-Geradenbüschel durch Ziehen der Parallelen zu $\mathfrak{N}\mathfrak{M}$ im Abstand $GB_p = OB_k$ vom Gegenpunkt $G$.

Ein weiteres Eingehen auf die Scharendiagramme würde den Rahmen dieses Buches überschreiten, weshalb diesbezüglich auf das Schrifttum verwiesen sei. Um zu zeigen, daß auch solche Scharendiagramme leicht und rasch ermittelt werden können, sei lediglich die Ermittlungsvorschrift für die Form (9) im Bild 63 angegeben, ohne auf die Ableitung der Konstruktionsregeln näher einzugehen.

**Schrifttum.**

O. Bloch: Die Ortskurven der graphischen Wechselstromtechnik. Rascher & Co., Zürich 1917.

G. Oberdorfer: Die Ortskurventheorie der Wechselstromtechnik. R. Oldenbourg, München 1934.

G. Beiner: Zur Theorie der Ortskurven. Arch. f. El. 1938, H. 1, S. 52.

## C. Symmetrische Komponentenrechnung.

Die komplexe Rechnung läßt noch eine sehr übersichtliche Behandlung unsymmetrischer Probleme in symmetrischen Mehrphasensystemen zu. Das Wesentliche ist beim praktisch allein in Frage kommenden Dreiphasensystem zu erkennen, so daß die folgenden Untersuchungen hierauf beschränkt werden mögen. Der Grundgedanke der symmetrischen Komponentenrechnung liegt darin, das vorliegende unsymmetrische Dreiphasensystem so zu zerlegen, daß die Komponenten symmetrische Systeme bilden, mit denen in den gewohnten anschaulichen Verfahren gerechnet werden kann. Im allgemeinen wird also die Zerlegung nur in den linearen oder in erster Annäherung als solche darstellbaren Problemen durchgeführt werden können, bei denen Überlagerungen gestattet sind, eine Beschränkung, die ja der gesamten komplexen Rechnung anhaftet.

Von grundsätzlicher Bedeutung ist bei der symmetrischen Komponentenrechnung die komplexe Zahl

$$a = -\frac{1}{2} + j\frac{1}{2}\sqrt{3} \qquad \text{(1)}$$

Dieser Operator bedingt als Faktor gesetzt eine Verdrehung um $+120^0$. Eine weitere Verdrehung um $120^0$ liefert dann

$$a^2 = -\frac{1}{2} - j\frac{1}{2}\sqrt{3} \qquad \text{(2)}$$

womit

$$1 + a + a^2 = 0 \qquad \text{(3}$$

Man findet ferner leicht

$$\left.\begin{aligned} a^3 &= 1 \\ a^4 &= a \\ a^5 &= a^2 \\ &\vdots \end{aligned}\right\} \qquad \text{(4)}$$

und

$$\left.\begin{aligned} a + a^2 &= -1 \\ a - a^2 &= j\sqrt{3} \end{aligned}\right\} \quad \ldots\ldots\ldots\ldots \quad (5)$$

Sind die drei Größen $\mathfrak{R}$, $\mathfrak{S}$, $\mathfrak{T}$ (es können beispielsweise die Spannungen oder Ströme sein) des unsymmetrischen Systems gegeben, so kann man zunächst einen Ansatz

$$\left.\begin{aligned} \mathfrak{R} &= \mathfrak{R}_0 + \mathfrak{R}_1 + \mathfrak{R}_2 \\ \mathfrak{S} &= \mathfrak{S}_0 + \mathfrak{S}_1 + \mathfrak{S}_2 \\ \mathfrak{T} &= \mathfrak{T}_0 + \mathfrak{T}_1 + \mathfrak{T}_2 \end{aligned}\right\} \quad \ldots\ldots\ldots\ldots \quad (6)$$

machen, indem man jede Größe in drei Komponenten zerlegt. Für diese neun Komponenten stehen dann mit (6) vorerst drei Bestimmungsgleichungen zur Verfügung, und es können also noch sechs weitere Gleichungen willkürlich gewählt werden. Es sollen dies die Abhängigkeiten

$$\begin{aligned} \mathfrak{S}_1 &= a^2\,\mathfrak{R}_1\,; & \mathfrak{S}_2 &= a\,\mathfrak{R}_2\,; & \mathfrak{S}_0 &= \mathfrak{R}_0 \\ \mathfrak{T}_1 &= a\,\mathfrak{R}_1\,; & \mathfrak{T}_2 &= a^2\,\mathfrak{R}_2\,; & \mathfrak{T}_0 &= \mathfrak{R}_0 \end{aligned}$$

sein. Dann kann man aber je drei Komponenten zusammenfassen und als ein Komponentensystem ansehen. Das unsymmetrische System $\mathfrak{R}$, $\mathfrak{S}$, $\mathfrak{T}$ erscheint somit zerlegt in die drei Systeme

$$\left.\begin{aligned} \mathfrak{R}_1 &= \mathfrak{R}_1\,; & \mathfrak{R}_2 &= \mathfrak{R}_2\,; & \mathfrak{R}_0 &= \mathfrak{R}_0 \\ \mathfrak{S}_1 &= a^2\,\mathfrak{R}_1\,; & \mathfrak{S}_2 &= a\,\mathfrak{R}_2\,; & \mathfrak{S}_0 &= \mathfrak{R}_0 \\ \mathfrak{T}_1 &= a\,\mathfrak{R}_1\,; & \mathfrak{T}_2 &= a^2\,\mathfrak{R}_2\,; & \mathfrak{T}_0 &= \mathfrak{R}_0 \end{aligned}\right\} \quad \ldots\ldots \quad (7)$$

die offenbar symmetrisch sind, da sie ja aus je drei gleich großen und um 120° bzw. 0° phasenverschobenen Vektoren bestehen. Setzt man (7) in (6) ein, so erhält man die Beziehungen

$$\left.\begin{aligned} \mathfrak{R} &= \mathfrak{R}_0 + \mathfrak{R}_1 + \mathfrak{R}_2 \\ \mathfrak{S} &= \mathfrak{R}_0 + a^2\,\mathfrak{R}_1 + a\,\mathfrak{R}_2 \\ \mathfrak{T} &= \mathfrak{R}_0 + a\,\mathfrak{R}_1 + a^2\,\mathfrak{R}_2 \end{aligned}\right\} \quad \ldots\ldots\ldots\ldots \quad (8)$$

Mit diesen Gleichungen lassen sich also die Hauptvektoren $\mathfrak{R}$, $\mathfrak{S}$, $\mathfrak{T}$ bestimmen, wenn die Komponentensysteme bekannt sind.

Addiert man die Gleichungen (8) einmal in unveränderter Form, dann nachdem man die zweite mit $a$ und die dritte mit $a^2$ multipliziert hat und schließlich nach Erweiterung der zweiten mit $a^2$ und der dritten mit $a$, so erhält man nach Anwendung von (3) und (4)

$$\left.\begin{aligned} \mathfrak{R}_0 &= \frac{1}{3}\,(\mathfrak{R} + \mathfrak{S} + \mathfrak{T}) \\ \mathfrak{R}_1 &= \frac{1}{3}\,(\mathfrak{R} + a\,\mathfrak{S} + a^2\,\mathfrak{T}) \\ \mathfrak{R}_2 &= \frac{1}{3}\,(\mathfrak{R} + a^2\,\mathfrak{S} + a\,\mathfrak{T}) \end{aligned}\right\} \quad \ldots\ldots\ldots \quad (9)$$

Diese Gleichungen geben also an, wie man die symmetrischen Komponenten aus den Grundvektoren gewinnen kann. Die graphische Ermittlung kann sich unmittelbar an diese Gleichungen anlehnen und ist in den Bildern 64 und 65 dargestellt.

Das wesentliche Ergebnis der symmetrischen Komponentenrechnung ist die Möglichkeit, den Komponentensystemen physikalische Bedeutung beizulegen, so zwar, daß die Undurchsichtigkeit, die alle Unsymmetrieprobleme begleitet, beseitigt erscheint und das Problem meist leicht überblickt werden kann. Dabei ist die Rechnung äußerst einfach; sie folgt den normalen Gesetzen des komplexen Verfahrens und macht im übrigen lediglich noch von den eingangs abgeleiteten Beziehungen (3) bis (7) Gebrauch, wie es etwa auch schon die Ableitungen der Gleichungen (8) und (9) gezeigt haben.

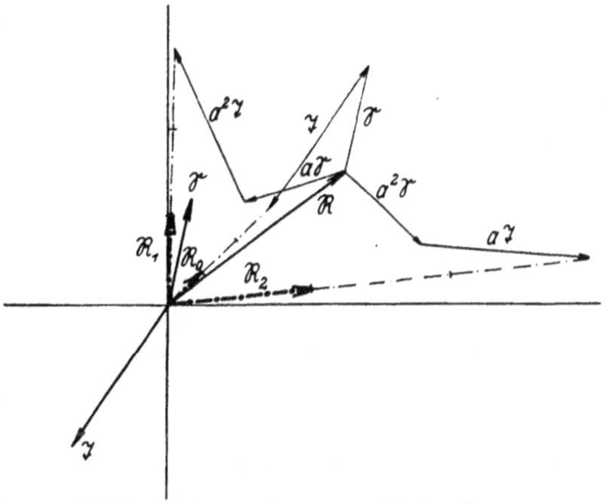

Bild 64. Zerlegung in symmetrische Komponenten.

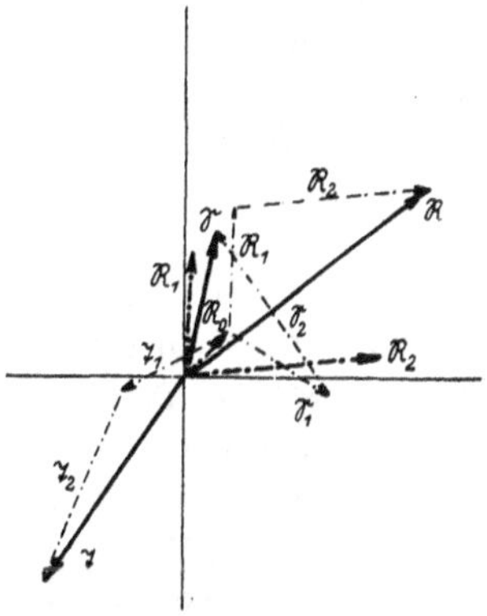

Bild 65. Zusammensetzung symmetrischer Komponenten.

Zur physikalischen Deutung sollen die Systeme einzeln betrachtet werden. Das einfachste ist das erste der unter (8) genannten Systeme. Es besteht aus drei gleich großen, um 120° in der normalen Phasenlage verschobenen Phasenvektoren und entspricht damit den bei symmetrischen Netzen vorhandenen Zuständen. Es ist als Komponentensystem aber auch bei einer vorhandenen Unsymmetrie dem dem Netz etwa aufgedrückten Spannungssystem zugeordnet, läuft daher mit diesem in gleicher Richtung und mit gleicher Geschwindigkeit um. Es läuft also auch gewissermaßen mit den Rotoren der Synchronmaschinen »mit« und wird daher **Mitsystem** genannt. Spannungen, Ströme usw. dieses Systems heißen Mitspannungen, Mitströme usw. Die Mitspannungen arbeiten auf Mitimpedanzen und rufen in ihnen Mitströme hervor. Die Mitimpedanzen sind die normalen Impedanzen bei symmetrischer Speisung.

Das zweite System, das **Gegensystem** genannt wird, besteht ebenfalls aus drei gleich großen und um 120° verschobenen Phasenvektoren. Hier ist aber die Phasenfolge eine andere, indem der Phase $\mathfrak{R}$ nicht die Phase $\mathfrak{S}$, sondern die Phase $\mathfrak{T}$ nacheilt. Von $\mathfrak{R}$ aus gesehen rotiert dieses System in entgegengesetzter Richtung zum Mitsystem. Die Gegenimpedanzen werden also nur dort den Mitimpedanzen gleich sein, wo keinerlei Verkettungen vorhanden sind. Inbsesondere werden auch die Gegenimpedanzen von Synchronmaschinen von den Mitimpedanzen verschieden sein, da das Mitsystem ja im mitlaufenden Polrad ganz andere magnetische Verhältnisse vorfindet als das Gegensystem im mit der doppelten Relativgeschwindigkeit im Gegensinn umlaufenden Rotor.

Ganz neue Gesichtspunkte liefert auch das dritte System, das **Nullsystem**. Es besteht aus drei gleich großen und phasengleichen Vektoren. Die drei Phasen können also zusammengelegt gedacht und wie ein Einphasensystem behandelt werden. Es spielt eine ähnliche Rolle wie das System der dritten Oberwelle aber mit der Grundfrequenz. Insbesondere können also Nullströme nur fließen, wenn sie einen vierten Leiter als Rückschluß zur Verfügung haben. Im Stern geschaltete Systeme müssen also den Nulleiter ausgeführt haben, wenn Nullströme fließen sollen. Im Erdschlußfalle übernimmt die Erde die Rolle des vierten Leiters. In magnetisch verketteten Systemen ist auf die Ausbildung eines Nullsystems auch im magnetischen Kreis zu achten. Bei symmetrischem Normalbetrieb ist dieser Umstand bedeutungslos; er kann aber im Falle eines unsymmetrischen Fehlers (Erdschluß) von wesentlichem Einfluß sein.

Das Nullsystem ist offenbar dort von Bedeutung, wo ein vierter Leiter vorhanden ist, also vor allem bei der unsymmetrischen Belastung in Vierleiteranlagen und bei Erdschlußerscheinungen[1]). Es zeigt sich dann der große Vorteil der symmetrischen Komponentenrechnung darin, daß der physikalische Kern des Problems durch das charakteristische Komponentensystem beschrieben wird (und zwar in symmetrischer Form!) und die anderen Systeme für die grundsätzlichen Überlegungen beiseite geschoben werden können.

Nach dem über die Phasenfolge und den Drehsinn Gesagten, ist sofort zu ersehen, daß Ströme mit Spannungen anderer Komponentensysteme keine Leistungen ergeben können. Die **Gesamtwirkleistung**

$$N_w = N_{w_0} + N_{w_1} + N_{w_2} \quad \dots \dots \dots \quad (10)$$

setzt sich also aus den drei Komponenten-Wirkleistungen

$$\left.\begin{aligned} N_{w_0} &= 3\, U_{R_0} I_{R_0} \cos\varphi_0 = 3\, \mathfrak{U}_{R_0} \cdot \mathfrak{J}_{R_0} \\ N_{w_1} &= 3\, U_{R_1} I_{R_1} \cos\varphi_1 = 3\, \mathfrak{U}_{R_1} \cdot \mathfrak{J}_{R_1} \\ N_{w_2} &= 3\, U_{R_2} I_{R_2} \cos\varphi_2 = 3\, \mathfrak{U}_{R_2} \cdot \mathfrak{J}_{R_2} \end{aligned}\right\} \quad \dots \dots \quad (11)$$

[1]) Siehe Bd. III.

zusammen, was man durch Einsetzen der den Gleichungen (8) entsprechenden Beziehungen für die Ströme und Spannungen und die allgemeine Leistungsgleichung

$$N_w = \mathfrak{U}_R \cdot \mathfrak{J}_R + \mathfrak{U}_S \cdot \mathfrak{J}_S + \mathfrak{U}_T \cdot \mathfrak{J}_T$$

leicht nachweisen kann.

Durch Anwendung der vektoriellen Multiplikation findet man ebenso für die Blindleistung

$$N_b = 3\,(N_{b_0} + N_{b_1} + N_{b_2}) = 3\left\{[\mathfrak{U}_{R_0}\,\mathfrak{J}_{R_0}] + [\mathfrak{U}_{R_1}\,\mathfrak{J}_{R_1}] + [\mathfrak{U}_{R_2}\,\mathfrak{J}_{R_2}]\right\} \quad (12)$$

und in gleicher Weise mit Hilfe des komplexen Produktes die Scheinleistung

$$\mathfrak{N} = 3\,(\mathfrak{N}_0 + \mathfrak{N}_1 + \mathfrak{N}_2) = 3\,(\mathfrak{U}_{R_0}\,\mathfrak{J}^*_{R_0} + \mathfrak{U}_{R_1}\,\mathfrak{J}^*_{R_1} + \mathfrak{U}_{R_2}\,\mathfrak{J}^*_{R_2}) \quad . \quad . \quad (13)$$

**Schrifttum.**

G. Oberdorfer: Das Rechnen mit symmetrischen Komponenten. B. G. Teubner, Leipzig 1929. Band 26 der Sammlung mathematisch-physikalischer Lehrbücher.

## D. Fouriersche Reihenentwicklung.

Ist eine Funktion $f(t)$ innerhalb eines Bereiches endlich, so ist sie nach Fourier dortselbst als trigonometrische Reihe in der Form

$$f(t) = \sum_{n=0}^{\infty} (B_n \cos n\,\omega\,t + A_n \sin n\,\omega\,t) = B_0 + \sum_{n=1}^{\infty} (B_n \cos n\,\omega\,t + A_n \sin n\,\omega\,t) \quad . \quad . \quad (1)$$

darstellbar. Ist die gegebene Funktion periodisch mit der Periode $2\pi$, dann gilt diese Entwicklung auch außerhalb des angenommenen Bereiches. Sie gilt auch dann noch, wenn die Funktion an den Endpunkten des Bereiches unstetig wird. Es braucht dann die Funktion an diesen Stellen nur als arithmetisches Mittel der Grenzwerte definiert zu werden. Die Funktion darf auch innerhalb des Bereiches eine endliche Zahl von Sprungstellen haben. Ein Beweis dieser grundlegenden Sätze sei hier übergangen. Er findet sich in den meisten mathematischen Lehrbüchern.

Die Bedeutung der Entwicklung (1) ist unmittelbar erkennbar. Soll durch $f(t)$ etwa ein Strom dargestellt werden, so sagt die Fouriersche Reihe aus, daß dieser Strom beliebiger Kurvenform stets darstellbar ist durch eine Summe von reinen Sinusschwingungen verschiedener Periodenzahl und Amplitude, wozu noch ein gleichbleibendes »Gleichstromglied« $B_0$ tritt. Für ein und dieselbe Teilschwingungsordnung $n$ sind dann immer zwei um $90^0$ phasenverschobene Sinusschwingungen, nämlich $B_n \cos n\omega t$ und $A_n \sin n\omega t$ vorhanden. Man kann sie auch zu einer einzigen Teilschwingung vereinigen, wenn man setzt

$$B_n = C_n \sin \varphi_n$$
$$A_n = C_n \cos \varphi_n.$$

Dann wird

$$\left.\begin{aligned} C_n &= \sqrt{A_n^2 + B_n^2} \\ \operatorname{tg} \varphi_n &= \frac{B_n}{A_n} \end{aligned}\right\} \quad \ldots\ldots\ldots\ldots \quad (2)$$

und

$$A_n \sin n\,\omega\,t + B_n \cos n\,\omega\,t = C_n (\sin \varphi_n \cos n\,\omega\,t + \cos \varphi_n \sin n\,\omega\,t) =$$
$$= C_n \sin (n\,\omega\,t + \varphi_n),$$

so daß Gleichung (1) auch geschrieben werden kann

$$f(t) = \sum_{n=0}^{\infty} C_n \sin (n\,\omega\,t + \varphi_n) = C_0 \sin \varphi_0 + \sum_{n=1}^{\infty} C_n \sin (n\,\omega\,t + \varphi_n) \quad (3)$$

Für jede Ordnung $n$ kann man also auch eine einzige Sinusschwingung angeben, für die aber noch neben den Amplituden $C_n$ eine bestimmte Phasenlage $\varphi_n$ kennzeichnend ist.

Man nennt nun abgesehen vom Gleichstromglied $C_0 \sin \varphi_0$

$C_1 \sin (\omega t + \varphi_1)$ die Grundschwingung
$C_n \sin (n \omega t + \varphi_n)$ die $n$-te Teilschwingung

der Gesamtschwingung $f(t)$. Die Oberschwingungen werden auch »höhere Harmonische« genannt. Ihre Kreisfrequenzen sind $n \omega t$ und ihre Phasenwinkel $\varphi_n$. Kennt man die einzelnen Glieder der Fourierschen Reihe, dann kann man also die beliebige Funktion $f(t)$ aus lauter Sinusschwingungen zusammensetzen, für die die bekannten Gesetze, insbesondere die der Wechselstromtechnik, Geltung haben.

Es ist also zunächst erforderlich, $C_n$ und $\varphi_n$ oder, was meist einfacher gelingt, $A_n$ und $B_n$ zu bestimmen. Man multipliziert dazu die Gleichung (1) mit $\cos m \omega t\, dt$ und integriert über eine Periode $T$. Dann wird

$$\int_0^T f(t) \cos m\,\omega\,t\,dt = B_0 \int_0^T \cos m\,\omega\,t\,dt +$$
$$+ \sum_{n=1}^{\infty} \int_0^T B_n \cos n\,\omega\,t \cos m\,\omega\,t\,dt + \sum_{n=1}^{\infty} \int_0^T A_n \sin n\,\omega\,t \cos m\,\omega\,t\,dt \quad (4)$$

Die allgemeinen Glieder der beiden Summen werden

$$\int_0^T \cos n\,\omega\,t \cos m\,\omega\,t\,dt = \frac{1}{2} \left[ \int_0^T \cos (n + m)\,\omega\,t\,dt + \int_0^T \cos (n - m)\,\omega\,t\,dt \right.$$

und

$$\int_0^T \sin n\omega t \cos m\omega t\, dt = \frac{1}{2}\left[\int_0^T \sin (n+m)\,\omega t\, dt + \int_0^T \sin (n-m)\,\omega t\, dt\right].$$

Nun ist aber für ganze $\alpha$

$$\int_0^T \cos \alpha t\, dt = \left.\frac{\sin \alpha t}{\alpha}\right|_0^T = 0$$

$$\int_0^T \sin \alpha t\, dt = -\left.\frac{\cos \alpha t}{\alpha}\right|_0^T = 0$$

für alle $\alpha$ bis auf $\alpha = 0$ oder $m = n$.

Es verschwinden also alle Glieder der rechten Seite der Gleichung (4) bis auf

$$\frac{B_n}{2}\int_0^T dt = B_n \frac{T}{2}$$

so daß

$$B_n = \frac{2}{T}\int_0^T f(t) \cos n\omega t\, dt \;.\;.\;.\;.\;.\;.\;.\;.\;.\; (5)$$

In gleicher Weise wird durch Multiplikation der Gleichung (1) mit $\sin m\omega t\, dt$ über

$$\int_0^T \sin n\omega t \sin m\omega t\, dt = \frac{1}{2}\left[\int_0^T \cos (n-m)\,\omega t\, dt - \int_0^T \cos (n+m)\,\omega t\, dt\right]$$

$$\frac{A_n}{2}\int_0^T dt = A_n \frac{T}{2}$$

$$A_n = \frac{2}{T}\int_0^T f(t) \sin n\omega t\, dt \;.\;.\;.\;.\;.\;.\;.\;.\; (6)$$

Schließlich findet man aus (1) durch die Integration

$$\int_0^T f(t)\, dt = B_0 \int_0^T dt = B_0 T$$

also

$$B_0 = \frac{1}{T}\int_0^T f(t)\, dt \;.\;.\;.\;.\;.\;.\;.\;.\;.\;.\; (7)$$

Mit Hilfe der Gleichungen (5) bis (7) können also die »Fourier-Koeffizienten« ermittelt und damit die gegebene Funktion als Summe einer unendlichen Zahl von Sinusschwingungen dargestellt werden. Wenn man will, kann man dann wieder die Sinus- und Kosinusglieder nach den Gleichungen (2) zu einer einzigen Schwingung mit bestimmter Phasenlage zusammensetzen.

Wie schon im ersten Band ausgeführt wurde, zeigen halbperiodensymmetrische Funktionen $f(t)$ bezüglich der Oberwellen noch ein besonderes Verhalten. Sind die Flächen der positiven und negativen Halbwellen gleich, dann ist das Gleichstromglied $B_0 = 0$. Ist ferner die negative Halbwelle das Spiegelbild der positiven bezüglich der Zeitachse, dann entfallen alle Oberwellen gerader Ordnung und ist schließlich Ursprungssymmetrie vorhanden, dann entfallen alle Kosinusglieder und es sind alle Oberwellen zu Beginn der Grundperiode »gleichphasig«

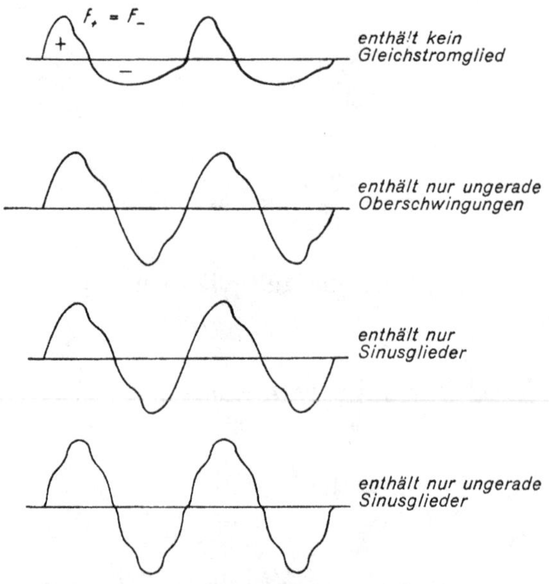


Bild 66. Sonderfälle für mehrwellige Zeitfunktionen.

(siehe die Zusammenstellung Bild 66). Sind beide Symmetrien vorhanden, also negative und positive Halbwelle einander gleich, dann genügt bei der Bestimmung der Koeffizienten nach (5), (6), (7) eine Integration über die Halbperiode. Für den allgemeinen Fall kann die Integration natürlich auch über ein anders gelegtes Intervall der Länge $T$ erfolgen, also insbesondere auch von $-\frac{T}{2}$ bis $+\frac{T}{2}$. Liegt nicht eine Zeitfunktion vor, dann ist $T$ durch $\frac{2\pi}{\omega}$ zu ersetzen, und es wird

$$\left.\begin{aligned} B_0 &= \frac{1}{2\pi}\int_{-\pi}^{+\pi} f(x)\,dx \\ B_n &= \frac{1}{\pi}\int_{-\pi}^{+\pi} f(x)\cos n\,x\,dx \\ A_n &= \frac{1}{\pi}\int_{-\pi}^{+\pi} f(x)\sin n\,x\,dx \end{aligned}\right\} \quad \ldots\ldots\ldots \quad (8)$$

In der Folge sollen noch einige häufig vorkommende, einfache periodische Funktionen in ihre Oberschwingungen zerlegt werden. Es wird beispielsweise für

1. $$f(x) = \begin{cases} +A & \text{für } 0 < x < \pi \\ -A & \text{für } \pi < x < 2\pi \end{cases}$$

$B_0 = 0$
$B_n = 0$

$$A_n = \frac{A}{\pi}\int_0^{\pi} \sin n\,x\,dx - \frac{A}{\pi}\int_{\pi}^{2\pi} \sin n\,x\,dx = \begin{cases} = 0 & \text{für } n \text{ gerade,} \\ = \dfrac{4A}{n\pi} & \text{für } n \text{ ungerade.} \end{cases}$$

Demnach ist

$$f(x) = \frac{4A}{\pi}\left(\sin x + \frac{1}{3}\sin 3\,x + \frac{1}{5}\sin 5\,x + \ldots\ldots\right) \quad . \; . \; . \quad (9)$$

Es kommen also nur ungerade Oberschwingungen vor, deren Scheitelwerte mit den ungeraden Zahlen abnehmen.

Eine zweite, häufige Funktion ist die Dreieckkurve

2. $$f(x) = \begin{cases} \dfrac{2A}{\pi}\,x & \text{für } 0 < x < \dfrac{\pi}{2} \\ 2A - \dfrac{2A}{\pi}\,x & \text{für } \dfrac{\pi}{2} < x < \dfrac{3\pi}{2} \\ -4A + \dfrac{2A}{\pi}\,x & \text{für } \dfrac{3\pi}{2} < x < 2\pi. \end{cases}$$

Wegen der Symmetrie kommen wieder nur $A_n$-Glieder für ungerade $n$ vor. Man findet aus

$$A_n = \frac{2A}{\pi}\left\{\int_0^{\frac{\pi}{2}} \frac{x}{\pi}\sin n\,x\,dx - \int_{\frac{\pi}{2}}^{\frac{3\pi}{2}} \left(\frac{x}{\pi} - 1\right)\sin n\,x\,dx + \int_{\frac{3\pi}{2}}^{2\pi} \left(\frac{x}{\pi} - 2\right)\sin n\,x\,dx\right\}$$

nach leichter Durchrechnung

$$A_n = \pm\frac{8A}{n^2\pi^2}$$

so daß hier

$$f(x) = \frac{8A}{\pi^2}\left(\sin x - \frac{1}{9}\sin 3x + \frac{1}{25}\sin 5x - \ldots\ldots\right) \quad . \; . \; (10)$$

Die sägezahnförmige Kurve

3.
$$f(x) = \frac{A}{\pi}x \quad \text{für} \quad -\pi < x < +\pi$$

hat als ungerade Funktion nur Sinusglieder. Man findet aus

$$A_n = \frac{A}{\pi^2}\int_{-\pi}^{+\pi} x \sin n x \, d x$$

$$A_n = \begin{cases} +\dfrac{2A}{\pi n} & \text{für ungerade } n \\ -\dfrac{2A}{\pi n} & \text{für gerade } n, \end{cases}$$

also

$$f(x) = \frac{2A}{\pi}\left(\sin x - \frac{1}{2}\sin 2x + \frac{1}{3}\sin 3x - \ldots\ldots\right) \quad . \; . \; (11)$$

Schließlich sei noch die Trapezkurve

4.
$$f(x) = \begin{cases} -A & \text{für } -\dfrac{\pi}{2} < x < -\alpha \\ \dfrac{A}{\alpha}x & \text{für } -\alpha < x < +\alpha \\ +A & \text{für } +\alpha < x < +\dfrac{\pi}{2} \end{cases}$$

behandelt. Infolge ihrer Symmetrie sind nur ungerade Sinusglieder zu erwarten. Für die Koeffizienten erhält man bei hier ausreichender Integration über eine Halbperiode

$$A_n = \frac{2A}{\pi}\left\{\int_{-\frac{\pi}{2}}^{-\alpha} - \sin n x \, d x + \frac{1}{\alpha}\int_{-\alpha}^{+\alpha} x \sin n x \, d x + \int_{+\alpha}^{+\frac{\pi}{2}} \sin n x \, d x\right\}$$

woraus

$$A_n = \frac{4A}{\alpha \pi n^2}\sin n\alpha$$

also

$$f(x) = \frac{4A}{\alpha\pi}\left(\sin\alpha\sin x + \frac{1}{9}\sin 3\alpha\sin 3x + \frac{1}{25}\sin 5\alpha\sin 5x + \ldots\right) \quad (12)$$

Für $\alpha = \dfrac{\pi}{2}$ geht dies in die Formel (10) über.

Für die gleichgerichtete Sinuslinie

5. $$f(x) = A \sin x \text{ für } 0 < x < \pi$$

wird noch

$$B_0 = \frac{A}{\pi} \int_0^\pi \sin x \, dx = \frac{2A}{\pi}$$

$$B_n = \frac{2A}{\pi} \int_0^\pi \sin x \cos n x \, dx = \begin{cases} 0 & \text{für ungerade } n \\ -\frac{4A}{\pi(n^2-1)} & \text{für gerade } n \end{cases}$$

$$A_n = \frac{2A}{\pi} \int_0^\pi \sin x \sin n x \, dx = 0$$

und damit

$$f(x) = \frac{4A}{\pi}\left(\frac{1}{2} - \frac{1}{3}\cos 2x - \frac{1}{15}\cos 4x - \frac{1}{35}\cos 6x - \ldots\right) \quad (13)$$

Handelt es sich um zeitliche Sinusschwingungen mit den Kreisfrequenzen $n\omega$, dann ist in den abgeleiteten Gleichungen $x$ durch $\omega t$ zu ersetzen, und es bedeutet dann beispielsweise $f(\omega t)$ etwa den Augenblickswert $i$ eines Stromes mit dem Höchstwert $I_m = A$.

Oft interessiert nur die Größe der etwa vorhandenen Oberwellen und nicht die Phasenlage, obwohl diese auf die Form der Gesamtkurve natürlich einen wesentlichen Einfluß hat. Will man etwa einzelne Oberwellen einer periodischen Funktion bekämpfen oder heraussieben, dann spielt die Phasenlage eine unwesentliche Rolle; dagegen sind der Gehalt an Oberwellen und deren einzelne Amplituden ausschlaggebend. Zu einer übersichtlichen Darstellung gelangt man dann durch Aufzeichnung des Spektrums der Schwingung, indem man die Amplituden der Teilwellen über der Ordnung der Oberwellen oder deren Frequenz aufträgt. So zeigt z. B. das Bild 68 die »Linienspektra« der im Bild 67 gezeichneten und vorhin analysierten Schwingungen.

Vielfach liegt in der Elektrotechnik das Problem so, daß die periodische Kurve empirisch erhalten wurde und nachträglich die enthaltenen Oberwellen bestimmt werden sollen. Es müssen dann numerische oder graphische Verfahren zur Ermittlung herangezogen werden, die die Integration auf eine Summenbildung zurückführen. Es gibt eine Reihe solcher Verfahren, die im Schrifttum leicht erreichbar sind, so daß darauf nicht näher eingegangen sei. Auch mechanische Analysatoren sind entwickelt worden, die eine bequeme Zerlegung in die Oberwellen vornehmen lassen und ähnlich wie die Planimeter bedient werden.

Die Fouriersche Reihenentwicklung gilt zunächst nur in der Anwendung auf einen bestimmten Bereich. Wiederholt sich die Funktion außerhalb dieses Bereiches und ist sie also periodisch mit dem Bereich als Periode, dann gilt die Entwicklung über den gesamten Funktionsverlauf. Man kann nun auch den Bereich selbst unendlich werden lassen und erhält dann eine entsprechende Entwicklung für eine nicht periodische Funktion, von der gewissermaßen nur »eine Periode« betrachtet wird.

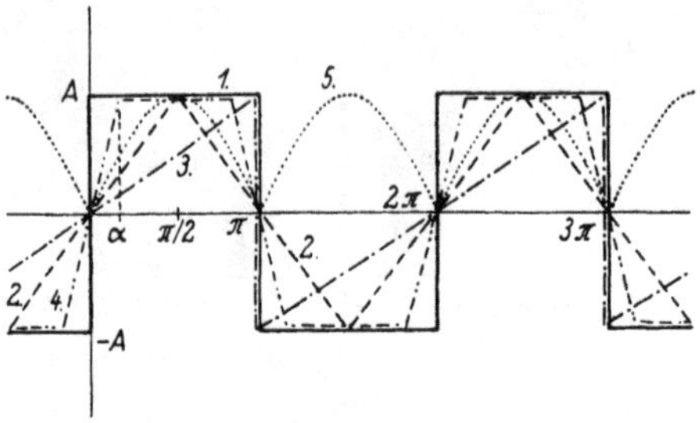


Bild 67. Funktionen, deren harmonische Zerlegung im Text durchgeführt sind.

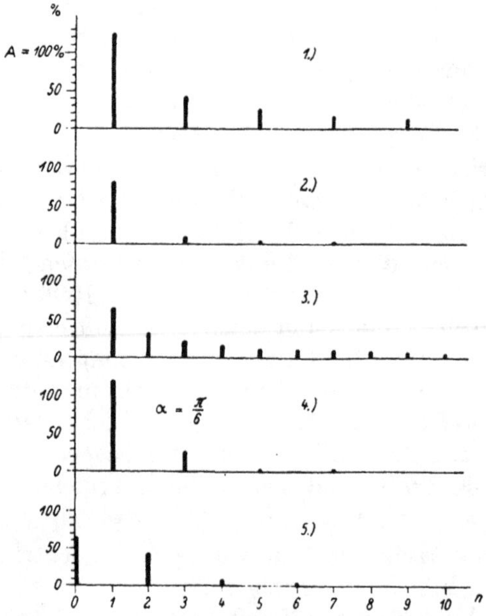


Bild 68. Linienspektra zu den Kurven Bild 67.

Sieht man in der Gleichung (1) $t$ nicht als laufende Veränderliche, sondern als bestimmten Wert der laufenden Veränderlichen $\tau$ an, dann gilt auch (1) für den besonderen Wert $t$. Die Koeffizienten $A_n$ und $B_n$ sind aber natürlich mit der laufenden Variablen $\tau$ zu bilden. Man erhält dann mit (5), (6) und (7), wenn man noch das Integrationsintervall von 0 bis $T$ auf $-\frac{T}{2}$ bis $+\frac{T}{2}$ verschiebt

$$f(t) = \frac{2}{T}\left\{\frac{1}{2}\int_{-\frac{T}{2}}^{+\frac{T}{2}} f(\tau)\,d\tau + \sum_{n=1}^{\infty} \cos n\,\omega\,t \int_{-\frac{T}{2}}^{+\frac{T}{2}} f(\tau)\cos n\,\omega\,\tau\,d\tau + \right.$$

$$\left. + \sum_{n=1}^{\infty} \sin n\,\omega\,t \int_{-\frac{T}{2}}^{+\frac{T}{2}} f(\tau)\sin n\,\omega\,\tau\,d\tau\right\}.$$

Nun ist aber

$$\cos n\,\omega\,t\cos n\,\omega\,\tau + \sin n\,\omega\,t\sin n\,\omega\,\tau = \cos n\,\omega\,(\tau - t)\,,$$

so daß

$$f(t) = \frac{2}{T}\left\{\frac{1}{2}\int_{-\frac{T}{2}}^{+\frac{T}{2}} f(\tau)\,d\tau + \sum_{n=1}^{\infty}\int_{-\frac{T}{2}}^{+\frac{T}{2}} f(\tau)\cos n\,\omega\,(\tau - t)\,d\tau\right\}$$

wird. Führt man die Integrationen aus, dann erhält man Funktionen von $n\omega = n\frac{2\pi}{T}$, die für jeden Wert von $n$, also für $n\omega = \omega_n = 0$, $\frac{2\pi}{T}$, $\frac{4\pi}{T}$, ... berechnet werden müssen. Dabei wurde zur Abkürzung die Kreisfrequenz der $n$-ten Oberschwingung mit $\omega_n$ bezeichnet. Addiert man alle diese Teilfunktionen, dann erhält man den Klammerausdruck in der obigen Formel.

Man kann nun der Entwicklung auch ein graphisches Bild beilegen. Setzt man nämlich

$$\int_{-\frac{T}{2}}^{+\frac{T}{2}} f(\tau)\cos\omega_n\,(\tau - t)\,d\tau = \varphi(\omega_n)$$

dann bedeutet

$$\pi f(t) = \frac{2\pi}{T}\sum_{n=0}^{\infty}\varphi(\omega_n) = \sum_{n=0}^{\infty}\frac{2\pi}{T}\varphi(\omega_n)$$

nichts anderes als die von der Kurve $\varphi(\omega_n)$ mit der Abszissenachse eingeschlossene Fläche, indem alle Flächenelemente $\frac{2\pi}{T}\varphi(\omega_n)$ addiert werden. Läßt man nun $T$ bis ins Unendliche wachsen und bleibt hierbei $\varphi(\omega_n)$ endlich, dann werden die Flächenstreifen mit $\frac{2\pi}{T}$ unendlich schmal und sind jetzt mit $d\omega_n$ zu bezeichnen. Die Summe wird damit zum Integral

$$\pi f(t) = \int_0^\infty \varphi(\omega_n)\, d\omega_n$$

oder

$$f(t) = \frac{1}{\pi}\int_0^\infty d\omega_n \int_{-\infty}^{+\infty} f(\tau)\cos\omega_n(\tau - t)\, d\tau \quad . \; . \; . \; . \; . \quad (14)$$

was der Form (4) der im entsprechenden Kapitel angegebenen Fourierschen Integrale entspricht. Bei der harmonischen Zerlegung einer nicht periodischen Funktion geht also die Fouriersche Reihe in ein Fourier-Integral über. Darin bedeutet

$$\varphi(\omega_n)\, d\omega_n = d\omega_n \int_{-\infty}^{+\infty} f(\tau)\cos\omega_n(\tau - t)\, d\tau =$$

$$= \cos\omega_n t\, d\omega_n \int_{-\infty}^{+\infty} f(\tau)\cos\omega_n\tau\, d\tau + \sin\omega_n t\, d\omega_n \int_{-\infty}^{+\infty} f(\tau)\sin\omega_n\tau\, d\tau$$

eine harmonische Schwingung mit der Periode $\frac{2\pi}{\omega_n}$. Die gegebene Funktion $f(t)$ wird also durch eine unendliche Summe unendlich benachbarter Teilschwingungen beschrieben. Zum Unterschied von der Fourierschen Reihendarstellung, die ein Linienspektrum ergab, liefert das Fourier-Integral ein kontinuierliches Spektrum.

**Schrifttum.**

Lorentz-Joos-Kaluza: Höhere Mathematik für den Praktiker. 5. Aufl. J. A. Barth, Leipzig 1938.

Hort-Thoma: Die Differentialgleichungen der Technik und der Physik. 3. Aufl. J. A. Barth, Leipzig 1939.

Runge-König: Numerisches Rechnen. J. Springer. 1924, Band XI der Grundlehren der mathematischen Wissenschaften in Einzeldarstellungen.

Koehler-Walther: Fouriersche Analyse von Funktionen mit Sprüngen, Ecken und ähnlichen Besonderheiten. Arch. f. El. 1931, Bd. XXV, S. 747.

## E. Darstellung durch Bahnkurven.

Nicht sinusförmige Schwingungen haben den großen Nachteil, daß sie nicht in der einfachen und übersichtlichen Art in Vektordiagrammen dargestellt werden können, wie die rein sinusförmigen. Man kann zwar an den Vektor der Grundwelle die Vektoren der übrigen Oberwellen addieren, da diese aber mit einer anderen — nämlich der ihrer Ordnung zukommenden — Winkelgeschwindigkeit rotieren, kommt diesem Bild keine Bedeutung zu, da es nur für einen bestimmten Augenblick gilt und sich ständig ändert. Immerhin kann man aber den Versuch machen und die Endpunkte des Zeitvektors für verschiedene Zeiten ermitteln und durch eine Kurve miteinander verbinden. Es entsteht dann, wie das Bild 69 für eine aus Grundwelle und dritter Oberwelle bestehende Schwingung zeigt, eine Art Ortskurve mit einer Bezifferung nach Teilabschnitten der Periodendauer der Grundwelle (oder des betreffenden Phasenwinkels $\omega t$). Die Kurve zeigt zwar sehr anschaulich den Einfluß der Oberwelle oder auch der Oberwellen, wenn das Verfahren auf mehrere Oberwellen erweitert wird, wobei sich zu jeder eine Kennkurve ergeben würde; aber die Ermittlung der Kurven wäre um nichts einfacher als die Zeichnung der verzerrten Sinuslinie selbst. Die Darstellung ergäbe aber auch sonst keinerlei Vorteile, da der durch sie beschriebene Zeitvektor sowohl der Größe nach als auch in seiner Winkelgeschwindigkeit dauernd einer Änderung unterworfen ist.

Will man eine solche Kurve aber ähnlich wie den durch einen einwelligen Zeitvektor definierten Kreis als Hilfe zur Zeichnung der Kurve der Augenblickswerte benutzen, dann ist es auch möglich, die Kurve durch einen gleichförmig umlaufenden Vektor bilden zu lassen, dessen Größe sich nach bestimmten Gesetzen ändert. Im rechten Teil des Bildes 69 ist eine solche Bahnkurve gezeichnet, die dasselbe Augenblicksbild liefert, wie das linke Diagramm. In diesem Falle erhält man also einen gleichmäßig rotierenden Zeitvektor veränderlicher Länge, dessen Projektion auf die imaginäre Achse die Momentanwerte liefert. Der offensichtliche Vorteil dieser Darstellung bildet die Möglichkeit, die komplexe Rechnung anwenden zu können. Der darzustellende Vektor kann demnach durch die Gleichung

$$\mathfrak{V} = V(\omega t)\, e^{j\omega t} = X(\omega t) + j\, Y(\omega t) \quad . \ (1)$$

angegeben werden. $\omega$ ist dabei die Kreisfrequenz der Grundschwingung.

Vorgegeben sei etwa die nicht sinusförmige Schwingung

$$y = f(\omega t) \ . \ . \ . \ . \ . \ . \ (2)$$

Dann kann diese also dargestellt werden

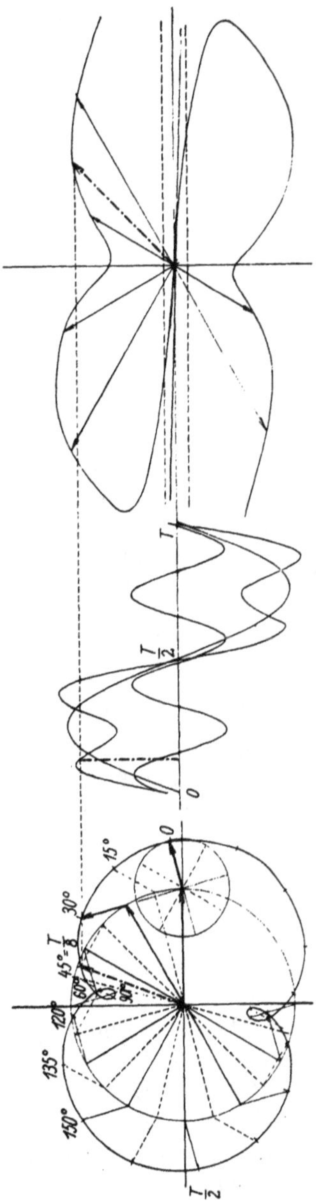


Bild 69. Zur Definition der Bahnkurven.

durch einen mit der Winkelgeschwindigkeit $\omega$ rotierenden Vektor $\mathfrak{V}$ von der Größe

$$V = \frac{y}{\sin \omega t} = \frac{f(\omega t)}{\sin \omega t} \qquad (3)$$

Nach Bild 70 findet man dann, wenn die $y$-Achse mit der imaginären Achse indentifiziert wird

$$\left.\begin{aligned} X(\omega t) &= V \cos \omega t = f(\omega t) \cdot \operatorname{ctg} \omega t \\ Y(\omega t) &= V \sin \omega t = f(\omega t) \end{aligned}\right\} \qquad (4)$$

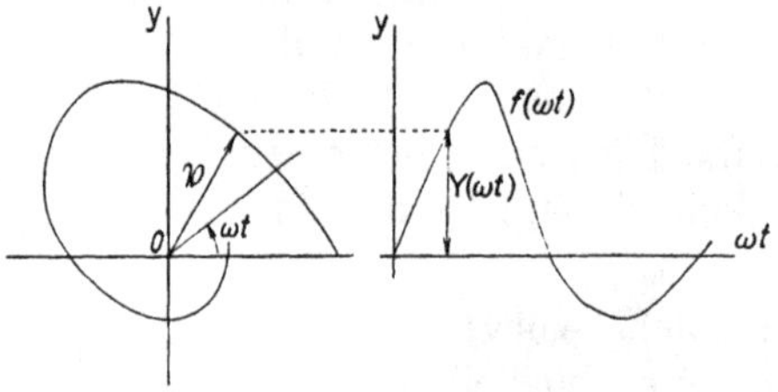


Bild 70. Ermittlung der Zeitkurve aus der Bahnkurve.

Ist $V(\omega t)$ konstant, dann ist die Bahnkurve ein Kreis mit 0 als Mittelpunkt, und es liegt die normale Vektordarstellung für einen einwelligen Zeitvektor vor. In allen anderen Fällen kann man dadurch zu einer Einteilung des Darstellungsgebietes kommen, daß man zunächst bestimmte Bahnkurven annimmt und die zugeordneten Schwingungskurven untersucht.

Von besonderer Bedeutung ist die logarithmische Spirale

$$\mathfrak{V} = A\, e^{(a + j\omega) t} \qquad (5)$$

als Bahnkurve. Sie beschreibt eine exponentiell gedämpfte Sinusschwingung, wie sie bei allen Schaltvorgängen als freie Schwingungen grundsätzlich auftreten.

Ein näheres Eingehen auf die Theorie der Bahnkurven muß hier unterbleiben. Es sei daher diesbezüglich auf das angeführte Schrifttum verwiesen.

Grundsätzlich ebenfalls hierher gehörig ist die Darstellung durch Lissajoussche Figuren. Während aber bei den Bahnkurven die Aufgabe darin bestand, eine gegebene Schwingung $f(\omega t)$ durch graphische Addition einer geeigneten, senkrecht dazu verlaufenden und an und für sich nicht interessierenden zweiten Schwingung als gleichförmige Rotation eines Vektors darzustellen, sind hier beide Teilschwingungen von unmittelbarer Bedeutung. Es werden also wieder zwei senkrecht aufeinander stehende Schwingungen addiert, die jetzt aber beide in ursächlichem, physikalischem Zusammenhang mit dem darzustellenden Problem stehen.

In rechtwinkligen Koordinaten gilt dann also etwa

$$\left.\begin{array}{l} x = A \sin \omega_1 t \\ y = B \sin(\omega_2 t + \varphi) \end{array}\right\} \quad \ldots \ldots \ldots \ldots \quad (6)$$

woraus mit

$$\omega_1 = \omega; \qquad \omega_2 = \omega + \Delta\,\omega \quad \ldots \ldots \ldots \quad (7)$$

durch Eliminieren von $\omega t$, die Gleichung der Lissajousschen Figur

$$y = \frac{A}{B}\left[x \cos [\Delta\,\omega\,t + \varphi) + \sqrt{A^2 - x^2} \cdot \sin(\Delta\,\omega\,t + \varphi)\right] \quad . \; . \quad (8)$$

Besondere Fälle treten ein, wenn $\omega_1 = \omega_2 = \omega$ oder

$$\Delta\,\omega = 0$$

ist. Dann wird die Lissajoussche Figur nach

$$\left(\frac{y}{B}\right)^2 - 2\,\frac{x}{A}\,\frac{y}{B} \cos\varphi + \left(\frac{x}{A}\right)^2 = \sin^2\varphi \quad \ldots \ldots \quad (9)$$

für jedes $\varphi$ zu einer Ellipse. Es entstehen also Ellipsenscharen mit $\varphi$ als Parameter. Sie sind dem Rechteck mit den Seitenlängen $2A$ und $2B$ eingeschrieben (siehe Bild 71). Die Neigung der großen Achse findet man nach Übergang auf Polarkoordinaten

$$x = r \cos\alpha$$

$$y = r \sin\alpha$$

und Aufsuchen des Maximums für $r$ durch Nullsetzen des Differentialquotienten $\frac{dr}{d\alpha}$ zu

$$\operatorname{tg} 2\alpha = \frac{2\,A B \cos\varphi}{A^2 - B^2} \quad . \; . \quad (10)$$

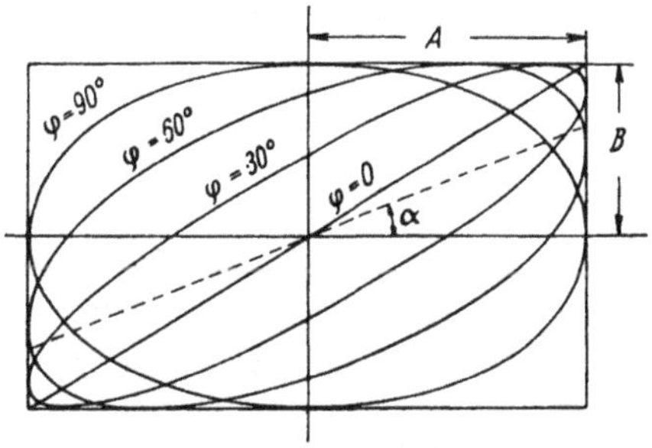

Bild 71. Lissajousche Ellipsen.

Solche Ellipsen erhält man also, wenn man die Ablenkplatten eines Kathodenstrahloszillographen an Strom und Spannung ein und desselben einwelligen Wechselstromkreises legt.

Für $A = B$ ist die Hauptachse unter $45^0$ geneigt ($2\,\alpha = 90^0$).

Sind die beiden Schwingungen in Phase, $\varphi = 0$, dann vereinfacht sich die Gleichung (9) auf

$$\left(\frac{y}{B} - \frac{x}{A}\right)^2 = 0$$

oder

$$y = \frac{B}{A}\,x.$$

Die Schwingung wird dann durch eine schräge Strecke dargestellt. Bei 90gradiger Phasenverschiebung wird $\alpha = 0$, und es gehen die Ellipsen in die Hauptlagen über. Ist gleichzeitig $A = B$, dann wird die Lissajoussche Figur ein Kreis. Vergleichsweise einfache Verhältnisse erhält man auch, wenn $\Delta\omega$ ein ganzzahliges Vielfaches von $\omega$ ist.

Haben die Schwingungen Oberwellen, dann werden die entstehenden Figuren entsprechend verwickelter. Ihre empirische Aufnahme etwa in einer Kathodenstrahlröhre ermöglicht aber eine brauchbare Untersuchung der Kurvenform von Wechselströmen, da sie eine Überlagerung der Lissajousschen Figuren der einzelnen Oberwellen darstellt.

Bei sehr hohen Frequenzen wird die unmittelbare Darstellung einer Schwingung als Funktion der Zeit in normaler Form nicht mehr möglich. Auch hier kann eine Untersuchung mit Lissajousschen Figuren stattfinden, wie Hollmann gezeigt hat. Die beiden Ablenkplatten einer Braunschen Röhre werden dann parallelgeschaltet und an die zu untersuchende Spannung gelegt. Sie ergeben dann Strahlablenkungen

$$x = A \sin \omega t$$
$$y = B \sin (\omega t + \varphi),$$

wenn $\varphi$ den Laufzeitwinkel bedeutet, der durch

$$\varphi = \omega \frac{d}{v}$$

mit dem Plattenpaarabstand $d$ und der Elektronengeschwindigkeit $v$ verbunden ist. Der Zeitunterschied zum Durchlaufen der Strecke zwischen den beiden Ablenkfeldern wirkt also wie eine Phasenverschiebung zwischen den Ablenkfeldern und hat daher das Entstehen Lissajousscher Figuren zur Folge. Aus den so aufgenommenen Figuren kann dann durch geeignete Verfahren der zeitliche Verlauf der Spannung an den Ablenkplatten bestimmt werden, womit diese einer harmonischen Analyse zugänglich gemacht ist.

### Schrifttum.

H. Jordan: Zur Darstellung periodischer Funktionen insbesondere durch Bahnkurven. El. Nachr. Techn. 1938, H. 1, S. 18.

Rein-Wirtz: Radiotelegraphisches Praktikum. 3. Aufl. J. Springer, 1922, S. 254—260.

E. Hollman: Ultradynamische Lissajous-Figuren. Hochfrequenztechn. u. Elektroakustik. 1939, H. 1, S. 19.

# F. Matrizen- und Tensorrechnung.

## 1. Definition und Grundoperationen.

Der Name Matrizenrechnung bezieht sich zunächst auf die Art der Darstellung des zu beschreibenden Gebietes, nämlich der Darstellung durch »Matrizen«. Die Disziplin selbst wäre eigentlich als Tensoranalysis zu bezeichnen, wenn sie in ihrer Gesamtheit betrachtet werden würde. Hier soll lediglich die Anwendung in der Elektrotechnik kurz geschildert werden, weshalb die speziellere Bezeichnung gewählt wurde. Dabei wird es erforderlich sein, etwas mehr auf die Einzelheiten dieser neuen Rechenart einzugehen als es bei den übrigen Kapiteln der Fall war, da das bezügliche Schrifttum noch etwas spärlich und schwer zugänglich ist.

Das Wesentliche der Matrizendarstellung ist durch die Determinantenschreibweise bekannt. Sieht man dabei von der Bedeutung und der Regel zur Ausrechnung des Wertes der Determinante ab, so kann man in ihr vorerst die Zusammenfassung einer bestimmten Zahl von Einzelangaben (»Komponenten«) in einem besonders angeordneten Schema sehen. Alle die in diesem Schema, das man allgemein Matrix nennt, angeordneten Komponenten bestimmen zusammengenommen eine Größe mit bestimmten Eigenschaften, die außer von der Art der Komponenten in erster Linie von deren Anzahl abhängt. Die so definierte Größe kann einen bestimmten physikalischen Charakter haben und statt durch die Matrix auch durch einen einzigen, gegebenenfalls mit Zeigern versehenen Buchstaben angegeben werden.

So ist beispielsweise die komplexe Zahl

$$\mathfrak{Z} = R + j\omega L = \begin{array}{|c|c|} \hline R & j\omega L \\ \hline \end{array}$$

in Matrizendarstellung möglich, wenn ihre beiden »Komponenten« in eine Zeile einer »einreihigen« Matrix geschrieben werden. Zur besseren Unterscheidung der einzelnen Glieder und um Verwechselungen mit Determinanten zu vermeiden, sind dabei die Zeilen und Spalten durch Striche voneinander getrennt, welche Darstellung auch im folgenden beibehalten werden soll.

Ein Vektor $\mathfrak{V}$ ist durch seine drei Komponenten $V_x$, $V_y$, $V_z$ nach drei Richtungen eindeutig bestimmt. Er könnte also durch die einreihige Matrix

$$\mathfrak{V} = \begin{array}{|c|c|c|} \hline V_x & V_y & V_z \\ \hline \end{array}$$

dargestellt werden.

Tensoren im engeren Sinne[1]) sind Größen, deren drei Komponenten Vektoren sind. Sie erfordern zu ihrer eindeutigen Angabe also

[1]) Hierfür findet man auch die Namen Affinor oder Dyade. Zur orientierenden Einführung siehe etwa Hütte, Band I, 26. Aufl., S. 156.

die Kenntnis von $3 \times 3 = 9$ Zahlenwerten und können daher durch eine zweidimensionale Matrix

$$T = \begin{array}{|c|c|c|} \hline a_{11} & a_{12} & a_{13} \\ \hline a_{21} & a_{22} & a_{23} \\ \hline a_{31} & a_{32} & a_{33} \\ \hline \end{array}$$

dargestellt werden. Ihre Anordnung in quadratischer — und nicht etwa einreihiger Form mit neun Elementen — erfolgt wegen der gleichen physikalischen Bedeutung untereinander stehender Zahlen als Komponenten in derselben Richtung.

Im allgemeinsten Fall ist eine Erweiterung über drei auf $n$ Dimensionen möglich, wobei auch noch die Anzahl der Elemente in jeder Reihe beliebig groß sein kann. Bei drei Dimensionen ist eine räumliche Matrizendarstellung noch vorstellbar; die Aufzeichnung in der Schreibebene ist aber nicht mehr durchführbar. Bei mehr als drei Dimensionen versagen dann auch die Vorstellungen der euklidischen Geometrie. Man kann aber stets eine $n$-dimensionale Matrix durch 2dimensionale Matrizen ersetzen und so auch der Darstellung in der Schrift zugänglich machen, wenn man dann nicht überhaupt von einer Buchstabenbezeichnung mit Zeigern Gebrauch machen will.

In diesem Buch sollen im allgemeinen nur ein- und zweidimensionale Matrizen, die der Einfachheit halber 1-Matrix und 2-Matrix (sprich Einsermatrix und Zweiermatrix) genannt werden mögen, besprochen werden. Nur jene einfachen Sätze, die offensichtlich für Matrizen höherer Dimensionen Geltung haben, sollen gleich in allgemeinerer Fassung ausgesprochen werden.

Der Vorteil der Tensorrechnung liegt nun darin, daß sich eine große Zahl von Problemen durch gleiche Tensorformen darstellen lassen und daß eine Verbindung zwischen einzelnen Formen durch vergleichsweise einfache Transformationen möglich wird. Ist die Tensorbeziehung einmal gefunden — und das ist immer das allgemeine Ergebnis der mathematischen Behandlung eines Naturgesetzes — dann kann durch Einsetzen der in Frage kommenden Komponenten das Problem nach den Regeln der Matrizenrechnung mechanisch gefunden werden. Durch die Möglichkeit, die Matrizen mit beliebig vielen Komponenten anzuschreiben, können so vielfach zusammengesetzte Probleme ebenso einfach behandelt werden als ein nicht zusammengesetztes Problem, oft mit Hilfe einer einzigen Gleichung. Die endgültige Ausrechnung der Teilergebnisse erfordert allerdings wieder entsprechende Rechenarbeit; es ist dies aber sozusagen nur mehr die letzte, mechanische Durchrechnung, die keinerlei Einfluß mehr auf den physikalischen Überblick des Hauptrechnungsganges hat. Dies ist der große Vorteil gegenüber den anderen Verfahren, die bei einem vielfach zusammengesetzten Problem von Anfang an mit sehr verwickelten Gleichungen zu tun haben, so daß der physikalische Überblick leicht verlorengeht.

Zum systematischen Einsatz der Matrizen in den Rechnungsgang müssen vorerst Vereinbarungen für die Grundrechenoperationen, also vor allem Addition und Multiplikation getroffen werden. Es soll dies hier gleich unter möglichster Anlehnung an die Bedürfnisse der Elektrotechnik geschehen. Zu diesem Zwecke sei etwa eine aus vier Maschen bestehende Schaltung betrachtet. In jeder Masche wirke im allgemeinen eine Spannung $u_i$ $(i = 1, 2, 3, 4)$. Sie wird ferner von einem Strom $i_i$ durchflossen, dessen Größe durch die Eigenimpedanzen $z_{ii}$ und die gegenseitigen Impedanzen $z_{ij}$ zwischen $i$-ter und $j$-ter Masche bestimmt wird. Die in das Problem eintretenden Größen können nun wie folgt durch Matrizen dargestellt werden:

Die Spannungen werden in die 1-Matrix

$$u = \boxed{u_1 \mid u_2 \mid u_3 \mid u_4} = u_i \quad \ldots\ldots\ldots \quad (1)$$

zusammengefaßt; ebenso die Ströme

$$i = \boxed{i_1 \mid i_2 \mid i_3 \mid i_4} = i_i \quad \ldots\ldots\ldots \quad (2)$$

Für die Impedanzen ist die 2-Matrix

$$z = \begin{array}{|c|c|c|c|} \hline z_{11} & z_{12} & z_{13} & z_{14} \\ \hline z_{21} & z_{22} & z_{23} & z_{24} \\ \hline z_{31} & z_{32} & z_{33} & z_{34} \\ \hline z_{41} & z_{42} & z_{43} & z_{44} \\ \hline \end{array} = z_{ij} \quad \ldots\ldots\ldots \quad (3)$$

erforderlich, da jede Masche außer der eigenen Impedanz $z_{kk}$ noch eine gegenseitige Impedanz $z_{kl}$ zu den drei anderen Maschen hat. Von den in den drei Gleichungen (1) bis (3) gebrauchten Bezeichnungen sind alle üblich. Die ausführlichste ist wohl die Anschreibung der vollständigen Matrix. Zur Verkürzung der Schreibarbeit ist aber oft auch die symbolische Darstellung durch einen Buchstaben mit entsprechenden Zeigern von Vorteil. Liegt kein Zweifel vor, dann können die Zeiger auch fortgelassen werden. Eine $n$-dimensionale Matrix wird dann durch einen Buchstaben mit $n$ Zeigern veranschaulicht. Die 0-Matrix (ohne Zeiger) ist eine einfache Zahl. Sie ist zu unterscheiden von der als Nullmatrix bezeichneten Matrix, deren sämtliche Glieder 0 sind. So lautet beispielsweise die dreireihige 2-Nullmatrix

$$0 = \begin{array}{|c|c|c|} \hline 0 & 0 & 0 \\ \hline 0 & 0 & 0 \\ \hline 0 & 0 & 0 \\ \hline \end{array} \quad \ldots\ldots\ldots \quad (4)$$

Als **Einheitsmatrix** bezeichnet man die Matrix

$$I = \begin{array}{|c|c|c|c|c|} \hline 1 & 0 & 0 & \cdots & 0 \\ \hline 0 & 1 & 0 & & 0 \\ \hline 0 & 0 & 1 & & 0 \\ \hline \vdots & & & \ddots & \\ \hline 0 & 0 & 0 & & 1 \\ \hline \end{array} \quad \ldots\ldots\ldots \quad (5)$$

Wenn nichts weiter vereinbart ist, bedeutet in der symbolischen Darstellung der erste Zeiger stets die Zeile, der zweite die Spalte, der dritte die hintereinander liegenden Lagen.

Die Regeln für die Grundrechenoperationen mit Matrizen erhält man durch die Forderung, daß das gleiche Ergebnis entstehen soll, als wenn man die Rechnung getrennt für alle Komponenten durchführen würde.

Vermehrt man also im gewählten Beispiel die vier Maschenspannungen $u_1, u_2, u_3, u_4$, um je eine weitere Spannung $v_1, v_2, v_3, v_4$, sind also in den Maschen jetzt die Spannungen $u_1 + v_1$, $u_2 + v_2$, $u_3 + v_3$, $u_4 + v_4$ wirksam, so läßt sich dies durch die Matrizenaddition

$$\begin{array}{|c|c|c|c|} \hline u_1 & u_2 & u_3 & u_4 \\ \hline \end{array} + \begin{array}{|c|c|c|c|} \hline v_1 & v_2 & v_3 & v_4 \\ \hline \end{array} = \begin{array}{|c|c|c|c|} \hline u_1 + v_1 & u_2 + v_2 & u_3 + v_3 & u_4 + v_4 \\ \hline \end{array} \quad \ldots (6)$$

darstellen. Ebenso ergibt die Addition einer weiteren Impedanz $\mathfrak{z}'$ in jedem Kreis eine neue Impedanz $\mathfrak{z} + \mathfrak{z}'$, die sich für das ganze Netz durch die Summenmatrix

$$\begin{array}{|c|c|c|c|} \hline \mathfrak{z}_{11} & \mathfrak{z}_{12} & \mathfrak{z}_{13} & \mathfrak{z}_{14} \\ \hline \mathfrak{z}_{21} & \mathfrak{z}_{22} & \mathfrak{z}_{23} & \mathfrak{z}_{24} \\ \hline \mathfrak{z}_{31} & \mathfrak{z}_{32} & \mathfrak{z}_{33} & \mathfrak{z}_{34} \\ \hline \mathfrak{z}_{41} & \mathfrak{z}_{42} & \mathfrak{z}_{43} & \mathfrak{z}_{44} \\ \hline \end{array} + \begin{array}{|c|c|c|c|} \hline \mathfrak{z}'_{11} & \mathfrak{z}'_{12} & \mathfrak{z}'_{13} & \mathfrak{z}'_{14} \\ \hline \mathfrak{z}'_{21} & \mathfrak{z}'_{22} & \mathfrak{z}'_{23} & \mathfrak{z}'_{24} \\ \hline \mathfrak{z}'_{31} & \mathfrak{z}'_{32} & \mathfrak{z}'_{33} & \mathfrak{z}'_{34} \\ \hline \mathfrak{z}'_{41} & \mathfrak{z}'_{42} & \mathfrak{z}'_{43} & \mathfrak{z}'_{44} \\ \hline \end{array} = \begin{array}{|c|c|c|c|} \hline \mathfrak{z}_{11} + \mathfrak{z}'_{11} & \mathfrak{z}_{12} + \mathfrak{z}'_{12} & \mathfrak{z}_{13} + \mathfrak{z}'_{13} & \mathfrak{z}_{14} + \mathfrak{z}'_{14} \\ \hline \mathfrak{z}_{21} + \mathfrak{z}'_{21} & \mathfrak{z}_{22} + \mathfrak{z}'_{22} & \mathfrak{z}_{23} + \mathfrak{z}'_{23} & \mathfrak{z}_{24} + \mathfrak{z}'_{24} \\ \hline \mathfrak{z}_{31} + \mathfrak{z}'_{31} & \mathfrak{z}_{32} + \mathfrak{z}'_{32} & \mathfrak{z}_{33} + \mathfrak{z}'_{33} & \mathfrak{z}_{34} + \mathfrak{z}'_{34} \\ \hline \mathfrak{z}_{41} + \mathfrak{z}'_{41} & \mathfrak{z}_{42} + \mathfrak{z}'_{42} & \mathfrak{z}_{43} + \mathfrak{z}'_{43} & \mathfrak{z}_{44} + \mathfrak{z}'_{44} \\ \hline \end{array} \quad \ldots (6a)$$

ausdrücken läßt.

**Zwei gleichdimensionale Matrizen werden also addiert, indem man die entsprechenden Glieder addiert.**

In der symbolischen Schreibweise ist

$$u_i + v_i = (u_i + v_i)$$

und

$$\mathfrak{z}_{ij} + \mathfrak{z}'_{ij} = (\mathfrak{z}_{ij} + \mathfrak{z}'_{ij}).$$

Man erkennt auch sofort, daß die Addition sowohl dem kommutativen als auch dem assoziativen Gesetz gehorcht.

Die Addition von Matrizen verschiedener Dimension ist nicht möglich. Dagegen hat man häufig gleichdimensionale Matrizen mit verschiedener Gliederzahl zu addieren. In diesem Falle ist die Einstellung der Glieder in die richtige Reihe zu beachten. Um hier Fehler zu vermeiden, ist es vorteilhaft, die Reihen zu bezeichnen, wozu die bei den Komponenten verwendeten Zeiger dienen können. Es sei etwa die Addition der beiden Matrizen

$$A = \begin{array}{|c|c|c|} \multicolumn{1}{c}{1} & \multicolumn{1}{c}{2} & \multicolumn{1}{c}{3} \\ \hline a & b & c \\ \hline \end{array} \quad \text{und} \quad B = \begin{array}{|c|c|} \multicolumn{1}{c}{3} & \multicolumn{1}{c}{4} \\ \hline d & e \\ \hline \end{array}$$

durchzuführen, in denen die Komponenten entsprechende Kennbezeichnungen erhalten haben. Das Ergebnis ist offenbar eine viergliedrige Matrix, da zu den durch die erste Matrix gegebenen drei Gliedern 1 bis 3 noch ein viertes 4 getreten ist. Man schreibt dann am besten

$$A = \begin{array}{|c|c|c|c|} \multicolumn{1}{c}{1} & \multicolumn{1}{c}{2} & \multicolumn{1}{c}{3} & \multicolumn{1}{c}{4} \\ \hline a & b & c & 0 \\ \hline \end{array}; \quad B = \begin{array}{|c|c|c|c|} \multicolumn{1}{c}{1} & \multicolumn{1}{c}{2} & \multicolumn{1}{c}{3} & \multicolumn{1}{c}{4} \\ \hline 0 & 0 & d & e \\ \hline \end{array}$$

und erhält jetzt

$$A + B = \begin{array}{|c|c|c|c|} \multicolumn{1}{c}{1} & \multicolumn{1}{c}{2} & \multicolumn{1}{c}{3} & \multicolumn{1}{c}{4} \\ \hline a & b & c+d & e \\ \hline \end{array}.$$

Soll im eingangs gewählten Beispiel also etwa in der Masche 3 eine zusätzliche Spannung $v_3$ auftreten und das Netz gleichzeitig um eine weitere (fünfte) Masche mit der Spannung $u_5$ erweitert werden, so ist

$$\begin{array}{|c|c|c|c|} \multicolumn{1}{c}{1} & \multicolumn{1}{c}{2} & \multicolumn{1}{c}{3} & \multicolumn{1}{c}{4} \\ \hline u_1 & u_2 & u_3 & u_4 \\ \hline \end{array} + \begin{array}{|c|c|} \multicolumn{1}{c}{3} & \multicolumn{1}{c}{5} \\ \hline v_3 & u_5 \\ \hline \end{array} = \begin{array}{|c|c|c|c|c|} \multicolumn{1}{c}{1} & \multicolumn{1}{c}{2} & \multicolumn{1}{c}{3} & \multicolumn{1}{c}{4} & \multicolumn{1}{c}{5} \\ \hline u_1 & u_2 & u_3 + v_3 & u_4 & u_5 \\ \hline \end{array}$$

zu bilden. Eine entsprechende Addition der 2-Matrizen der Impedanzen liefert

$$\begin{array}{c|c|c|c|c|} \multicolumn{1}{c}{} & \multicolumn{1}{c}{1} & \multicolumn{1}{c}{2} & \multicolumn{1}{c}{3} & \multicolumn{1}{c}{4} \\ \cline{2-5} 1 & \mathfrak{z}_{11} & \mathfrak{z}_{12} & \mathfrak{z}_{13} & \mathfrak{z}_{14} \\ \cline{2-5} 2 & \mathfrak{z}_{21} & \mathfrak{z}_{22} & \mathfrak{z}_{23} & \mathfrak{z}_{24} \\ \cline{2-5} 3 & \mathfrak{z}_{31} & \mathfrak{z}_{32} & \mathfrak{z}_{33} & \mathfrak{z}_{34} \\ \cline{2-5} 4 & \mathfrak{z}_{41} & \mathfrak{z}_{42} & \mathfrak{z}_{43} & \mathfrak{z}_{44} \\ \cline{2-5} \end{array} + \begin{array}{c|c|c|} \multicolumn{1}{c}{} & \multicolumn{1}{c}{3} & \multicolumn{1}{c}{5} \\ \cline{2-3} 3 & \mathfrak{z}'_{33} & \mathfrak{z}_{35} \\ \cline{2-3} 5 & \mathfrak{z}_{53} & \mathfrak{z}_{55} \\ \cline{2-3} \end{array} = \begin{array}{c|c|c|c|c|c|} \multicolumn{1}{c}{} & \multicolumn{1}{c}{1} & \multicolumn{1}{c}{2} & \multicolumn{1}{c}{3} & \multicolumn{1}{c}{4} & \multicolumn{1}{c}{5} \\ \cline{2-6} 1 & \mathfrak{z}_{11} & \mathfrak{z}_{12} & \mathfrak{z}_{13} & \mathfrak{z}_{14} & 0 \\ \cline{2-6} 2 & \mathfrak{z}_{21} & \mathfrak{z}_{22} & \mathfrak{z}_{23} & \mathfrak{z}_{24} & 0 \\ \cline{2-6} 3 & \mathfrak{z}_{31} & \mathfrak{z}_{32} & \mathfrak{z}_{33} + \mathfrak{z}'_{33} & \mathfrak{z}_{34} & \mathfrak{z}_{35} \\ \cline{2-6} 4 & \mathfrak{z}_{41} & \mathfrak{z}_{42} & \mathfrak{z}_{43} & \mathfrak{z}_{44} & 0 \\ \cline{2-6} 5 & 0 & 0 & \mathfrak{z}_{53} & 0 & \mathfrak{z}_{55} \\ \cline{2-6} \end{array}.$$

Sie bedeutet, daß die hinzugekommene Masche nur mit der dritten Masche in Beziehung steht und selbst eine eigene Impedanz $\mathfrak{z}_{55}$ enthält. Die Addition ergibt sich wieder zwanglos durch Ergänzen auf eine fünfreihige Matrix, so daß etwa der zweite Summand die Form

| | 1 | 2 | 3 | 4 | 5 |
|---|---|---|---|---|---|
| 1 | 0 | 0 | 0 | 0 | 0 |
| 2 | 0 | 0 | 0 | 0 | 0 |
| 3 | 0 | 0 | $\mathfrak{z}'_{33}$ | 0 | $\mathfrak{z}_{35}$ |
| 4 | 0 | 0 | 0 | 0 | 0 |
| 5 | 0 | 0 | $\mathfrak{z}_{53}$ | 0 | $\mathfrak{z}_{55}$ |

bekommen hätte.

Die Regeln für die Addition von Matrizen läßt sich sinngemäß auf die Subtraktion übertragen, ohne daß dazu noch etwas zu bemerken wäre.

Die Addition $n$ gleicher Matrizen führt zur Multiplikation einer Matrix mit der Zahl $n$. Eine Matrix wird mit einer Zahl multipliziert, indem man jedes Glied mit der Zahl multipliziert.

Grundsätzlich neue Festlegungen verlangt die Bildung des Produktes zweier Matrizen. Man definiert als Produkt zweier 1-Matrizen die Produktsumme

$$\begin{array}{|c|c|c|}\hline u_1 & u_2 & u_3 \\ \hline\end{array} \times \begin{array}{|c|c|c|}\hline i_1 & i_2 & i_3 \\ \hline\end{array} = u_1 i_1 + u_2 i_2 + u_3 i_3 \quad \ldots \quad (7)$$

oder in symbolischer Form

$$u\,i = \sum_{i=1}^{3} u_i\, i_i \quad \ldots \ldots \quad (7\,a)$$

Man bildet das Produkt zweier 1-Matrizen, indem man die Produkte gleichrangiger Glieder addiert.

Das Produkt ist also eine reine Zahl, im Beispiel (7) ist es die gesamte Leistung des Netzes.

Zur Ableitung des Produktes aus einer 1-Matrix und einer 2-Matrix, sei vom zweimaschigen Netz

$$i = \begin{array}{|c|c|}\hline i_1 & i_2 \\ \hline\end{array}, \qquad \mathfrak{z} = \begin{array}{|c|c|}\hline \mathfrak{z}_{11} & \mathfrak{z}_{12} \\ \hline \mathfrak{z}_{21} & \mathfrak{z}_{22} \\ \hline\end{array}$$

ausgegangen. Die Spannungen in den beiden Netzmaschen sind

$$u_1 = i_1 \mathfrak{z}_{11} + i_2 \mathfrak{z}_{12}$$
$$u_2 = i_2 \mathfrak{z}_{22} + i_1 \mathfrak{z}_{21}$$

oder

$$u = \begin{array}{|c|c|}\hline i_1 \mathfrak{z}_{11} + i_2 \mathfrak{z}_{12} & i_1 \mathfrak{z}_{21} + i_2 \mathfrak{z}_{22} \\ \hline\end{array}\,.$$

Allgemein gilt also

$$\begin{array}{|c|c|c|}\hline a & b & c \\ \hline\end{array} \cdot \begin{array}{|c|c|c|}\hline d & e & f \\ \hline g & h & i \\ \hline k & l & m \\ \hline\end{array} = \begin{array}{|c|c|c|}\hline ad + be + cf & ag + bh + cl & ak + bl + cm \\ \hline\end{array} \quad \ldots \quad (8)$$

Das Produkt einer 1-Matrix mit einer 2-Matrix ist eine 1-Matrix, deren Glieder durch Multiplikation der 1-Matrix mit den Zeilen der 2-Matrix gewonnen werden.

Man kann die Gleichung (8) auch in der folgenden Form schreiben

$$\overrightarrow{\begin{array}{|c|c|c|}\hline d & e & f \\ \hline g & h & i \\ \hline k & l & m \\ \hline \end{array}} \cdot \begin{array}{|c|}\hline a \\ \hline b \\ \hline c \\ \hline \end{array}\downarrow = \begin{array}{|c|}\hline da+eb+fc \\ \hline ga+hb+ic \\ \hline ka+lb+mc \\ \hline \end{array} \quad \ldots\ldots \quad (8a)$$

da es offenbar gleichgültig ist, ob die 1-Matrix in horizontaler oder vertikaler Entwicklung angeschrieben wird. Dagegen stimmt dann die Multiplikationsrichtung, die durch die Pfeile angedeutet ist mit jener der gleich zu besprechenden Multiplikation zweier 2-Matrizen überein. Um die dort gefundene Regel allgemein anwenden zu können, ist es also vorteilhaft, $u = \mathfrak{z}i$ und nicht $u = i\mathfrak{z}$ zu schreiben.

Man findet nun das Produkt zweier 2-Matrizen, wenn man diese in Zeilen und Spalten zerlegt. Es wird

$$\begin{array}{c|c|c|c|}\multicolumn{1}{c}{} & \multicolumn{1}{c}{1} & \multicolumn{1}{c}{2} & \multicolumn{1}{c}{3} \\ \cline{2-4} 1 & a & b & c \\ \cline{2-4} 2 & d & e & f \\ \cline{2-4} 3 & g & h & i \\ \cline{2-4} \multicolumn{4}{c}{\longrightarrow} \end{array} \cdot \begin{array}{c|c|c|c|}\multicolumn{1}{c}{} & \multicolumn{1}{c}{1} & \multicolumn{1}{c}{2} & \multicolumn{1}{c}{3} \\ \cline{2-4} 1 & k & l & m \\ \cline{2-4} 2 & n & o & p \\ \cline{2-4} 3 & q & r & s \\ \cline{2-4} \end{array}\downarrow = \begin{array}{c|c|c|c|}\multicolumn{1}{c}{} & \multicolumn{1}{c}{1} & \multicolumn{1}{c}{2} & \multicolumn{1}{c}{3} \\ \cline{2-4} 1 & ak+bn+cq & al+bo+cr & am+bp+cs \\ \cline{2-4} 2 & dk+en+fq & dl+eo+fr & dm+ep+fs \\ \cline{2-4} 3 & gk+hn+iq & gl+ho+ir & gm+hp+is \\ \cline{2-4} \end{array} \quad \ldots \quad (9)$$

wobei die Pfeile die Richtung der Zerlegung angeben und bei konsequenter Anwendung wieder fortgelassen werden können. Man ordnet also die Teilprodukte

1. Zeile $\times$ 1. Spalte

$$\begin{array}{|c|c|c|}\hline a & b & c \\ \hline \end{array} \cdot \begin{array}{|c|}\hline k \\ \hline n \\ \hline q \\ \hline \end{array} = ak + bn + cq$$

an die Stelle 1,1 (erste Reihe, erste Spalte),

1. Zeile $\times$ 2. Spalte

$$\begin{array}{|c|c|c|}\hline a & b & c \\ \hline \end{array} \cdot \begin{array}{|c|}\hline l \\ \hline o \\ \hline r \\ \hline \end{array} = al + bo + cr$$

an die Stelle 1,2 (erste Reihe, zweite Spalte) der Produktenmatrix an und verfährt so mit allen Reihen.

In der symbolischen Form schreibt man

$$AB = \sum_j A_{ij} B_{jk} = C_{ik} \quad \ldots\ldots\ldots \quad (9a)$$

wobei also $j$ den Zeiger angibt nach dem die Matrizen gespalten werden und über den bei der Produktsummenbildung zu summieren ist. Dieser Zeiger tritt bei beiden Faktoren auf und verschwindet im Produktsymbol.

Zwei 2-Matrizen werden also multipliziert, indem man die Reihen der ersten mit den Spalten der zweiten multipliziert und die so erhaltenen Teilprodukte an die durch die Reihenkennziffern bestimmte Stelle der 2-Matrix des Produktes setzt.

Diese Multiplikation ist offensichtlich nicht mehr kommutativ, also

$$AB \neq BA.$$

Dagegen gilt das assoziative und distributive Gesetz.

Eine eigentliche Division ist in der Matrizenrechnung nicht definiert. Sie kann aber als Produkt mit der reziproken Matrix angesehen werden, wenn diese entsprechend definiert wird, was vor allem für die 2-Matrix möglich ist. Man kommt leicht durch folgende Überlegung zu einer Rechenvorschrift für die reziproken oder inversen Matrizen, wobei die Rechnung für eine dreireihige Matrix ausgeführt sei. Das lineare Gleichungssystem

$$\left.\begin{array}{l} a_{11} x_1 + a_{12} x_2 + a_{13} x_3 = a_1 \\ a_{21} x_1 + a_{22} x_2 + a_{23} x_3 = a_2 \\ a_{31} x_1 + a_{32} x_2 + a_{33} x_3 = a_3 \end{array}\right\} \quad \ldots\ldots\ldots \quad (10)$$

kann als Matrizenprodukt

$$\begin{array}{|c|c|c|}\hline x_1 & x_2 & x_3 \\ \hline\end{array} \cdot \begin{array}{|c|c|c|}\hline a_{11} & a_{12} & a_{13} \\ \hline a_{21} & a_{22} & a_{23} \\ \hline a_{31} & a_{32} & a_{33} \\ \hline\end{array} = \begin{array}{|c|c|c|}\hline a_1 & a_2 & a_3 \\ \hline\end{array} \quad \ldots\ldots \quad (10a)$$

oder

$$x_i \cdot a_{ij} = a_i$$

aufgefaßt werden. Sollen die Unbekannten $x_1$, $x_2$, $x_3$ ermittelt werden, so ist

$$x_i = \frac{a_i}{a_{ij}} = a_{ij}^{-1} \cdot a_i$$

zu bilden, also die reziproke Matrix zu $a_{ij}$ zu suchen. Es ist also der Ansatz

$$\begin{array}{|c|c|c|}\hline x_1 & x_2 & x_3 \\ \hline\end{array} = \begin{array}{|c|c|c|}\hline a_1 & a_2 & a_3 \\ \hline\end{array} \cdot \begin{array}{|c|c|c|}\hline a'_{11} & a'_{12} & a'_{13} \\ \hline a'_{21} & a'_{22} & a'_{23} \\ \hline a'_{31} & a'_{32} & a'_{33} \\ \hline\end{array} \quad \ldots\ldots \quad (11)$$

zu machen, wobei $a'_{ij}$ die gesuchte Matrix vorstellt. Nun ist aber nach der Determinatentheorie

$$\left.\begin{aligned} x_1 &= \frac{D_1}{D} \\ x_2 &= \frac{D_2}{D} \\ x_3 &= \frac{D_3}{D} \end{aligned}\right\} \quad \ldots\ldots\ldots\ldots \quad (12)$$

mit

$$D = \begin{vmatrix} a_{11} & a_{12} & a_{13} \\ a_{21} & a_{22} & a_{23} \\ a_{31} & a_{32} & a_{33} \end{vmatrix}$$

$$D_1 = \begin{vmatrix} a_1 & a_{12} & a_{13} \\ a_2 & a_{22} & a_{23} \\ a_3 & a_{32} & a_{33} \end{vmatrix}, \quad D_2 = \begin{vmatrix} a_{11} & a_1 & a_{13} \\ a_{21} & a_2 & a_{23} \\ a_{31} & a_3 & a_{33} \end{vmatrix}, \quad D_3 = \begin{vmatrix} a_{11} & a_{12} & a_1 \\ a_{21} & a_{22} & a_2 \\ a_{31} & a_{32} & a_3 \end{vmatrix}.$$

Durch Vergleich mit (11) wird damit für $x_1$

$$a_1 a'_{11} + a_2 a'_{12} + a_3 a'_{13} = \frac{1}{D}\left(a_1 \begin{vmatrix} a_{22} & a_{23} \\ a_{32} & a_{33} \end{vmatrix} - a_2 \begin{vmatrix} a_{12} & a_{13} \\ a_{32} & a_{33} \end{vmatrix} + a_3 \begin{vmatrix} a_{12} & a_{13} \\ a_{22} & a_{23} \end{vmatrix}\right)$$

oder

$$a'_{11} = \frac{\begin{vmatrix} a_{22} & a_{23} \\ a_{32} & a_{33} \end{vmatrix}}{D}$$

$$a'_{12} = -\frac{\begin{vmatrix} a_{12} & a_{13} \\ a_{32} & a_{33} \end{vmatrix}}{D}$$

$$a'_{13} = \frac{\begin{vmatrix} a_{12} & a_{13} \\ a_{22} & a_{23} \end{vmatrix}}{D}.$$

Entsprechende Formen erhält man auch durch Vergleich der $x_2$ und $x_3$.

Schreibt man also die Koeffizientenmatrix der Gleichung (10a) mit vertauschten Zeilen und Spalten — sie wird dann **transponierte Matrix** genannt —

$$\begin{array}{|c|c|c|} \hline a_{11} & a_{21} & a_{31} \\ \hline a_{12} & a_{22} & a_{32} \\ \hline a_{13} & a_{23} & a_{33} \\ \hline \end{array},$$

so wird daraus die gesuchte Matrix $a'_{ij}$, wenn man jedes Glied durch seine Unterdeterminante ersetzt und durch die Determinate der ganzen Matrix dividiert. Die so erhaltene Matrix ist die inverse zu $a_{ij}$. Ein einfaches Zahlenbeispiel möge das Verfahren nochmals kurz erläutern. Die zu

$$A = \begin{array}{|c|c|c|} \hline 1 & 2 & 3 \\ \hline 4 & 5 & 6 \\ \hline 7 & 8 & 8 \\ \hline \end{array}$$

inverse Matrix ergibt sich aus der transponierten

$$A_t = \begin{array}{|c|c|c|} \hline 1 & 4 & 7 \\ \hline 2 & 5 & 8 \\ \hline 3 & 6 & 8 \\ \hline \end{array}$$

nach Ersatz der Glieder durch ihre Unterdeterminanten

$$\begin{array}{|c|c|c|} \hline -8 & 8 & -3 \\ \hline 10 & -13 & 6 \\ \hline -3 & 6 & -3 \\ \hline \end{array}$$

und Division durch die Determinante

$$D = \begin{vmatrix} 1 & 4 & 7 \\ 2 & 5 & 8 \\ 3 & 6 & 8 \end{vmatrix} = 3$$

zu

$$A^{-1} = \begin{array}{|c|c|c|} \hline -\frac{8}{3} & \frac{8}{3} & -1 \\ \hline \frac{10}{3} & -\frac{13}{3} & 2 \\ \hline -1 & 2 & -1 \\ \hline \end{array}\,.$$

Das Produkt aus einer 2-Matrix mit ihrer Inversion ergibt immer die Einheitsmatrix

$$A \cdot A^{-1} = A^{-1} \cdot A = I \qquad (13)$$

So findet man auch im obigen Zahlenbeispiel

$$A \cdot A^{-1} = \begin{array}{|c|c|c|} \hline 1 & 2 & 3 \\ \hline 4 & 5 & 6 \\ \hline 7 & 8 & 8 \\ \hline \end{array} \cdot \begin{array}{|c|c|c|} \hline -\frac{8}{3} & \frac{8}{3} & -1 \\ \hline \frac{10}{3} & -\frac{13}{3} & 2 \\ \hline -1 & 2 & -1 \\ \hline \end{array} = \begin{array}{|c|c|c|} \hline 1 & 0 & 0 \\ \hline 0 & 1 & 0 \\ \hline 0 & 0 & 1 \\ \hline \end{array} = I.$$

Einen Sonderfall stellt die *Diagonalmatrix*

$$A = \begin{array}{|c|c|c|} \hline a & 0 & 0 \\ \hline 0 & b & 0 \\ \hline 0 & 0 & c \\ \hline \end{array}$$

dar, deren sämtliche Glieder bis auf die der Hauptdiagonale Null sind. Ihre Inverse

$$A^{-1} = \begin{array}{|c|c|c|} \hline \frac{1}{a} & 0 & 0 \\ \hline 0 & \frac{1}{b} & 0 \\ \hline 0 & 0 & \frac{1}{c} \\ \hline \end{array}$$

ist wieder eine Diagonalmatrix.

## 2. Die zwei Grundprinzipien der Matrizenrechnung.

Der physikalische Charakter einer Matrix in der bisher besprochenen Form ist im wesentlichen derselbe wie der ihrer Komponenten. Die Zusammenfassung mehrerer gleichartiger Gebilde in einen einzigen Ausdruck kann ja das Gebilde selbst nicht verändern, sondern gibt zunächst nur die Möglichkeit einer vereinfachten Darstellung. Bei entsprechender Definition der Rechenverfahren muß man dann mit den zusammengesetzten — symbolischen — Ausdrücken ebenso verfahren können wie mit den Komponenten. Zum Beispiel des mehrmaschigen Netzes heißt das, daß man mit den Matrizen der Spannungen, der Ströme und der Widerstände für das ganze System ebenso zu rechnen hat, wie mit den Größen einer Masche, und zwar jener Masche, die die Netzgrößen in allgemeinster Form enthält. Für die in den anderen Maschen fehlenden Größen erscheinen dann in der Matrix Nullen.

Das erste *Grundprinzip* der Matrizenrechnung lautet demnach:

*Ein zusammengesetztes physikalisches System kann mathematisch so behandelt werden wie das allgemeinste und einfachste Element desselben, wenn man die Größen dieses Elementes durch die entsprechenden Matrizen des Systems ersetzt.*

Im einfachen Beispiel des Maschennetzes ist dann in einer Masche

$$u = \mathfrak{z}\, i; \qquad i = \frac{u}{\mathfrak{z}}.$$

Für das gesamte Netz gilt daher

$$u_i = \mathfrak{z}_{ij}\, i_i \quad \ldots \ldots \ldots \ldots \quad (1)$$

$$i_i = \mathfrak{z}_{ij}^{-1}\, u_i \quad \ldots \ldots \ldots \ldots \quad (2)$$

Schreibt man für $\mathfrak{z}_{ij}^{-1}$ ein neues Symbol

$$\mathfrak{z}_{ij}^{-1} = \mathfrak{y}_{ij} \quad \ldots \ldots \ldots \quad (3)$$

die Admittanz- oder Leitwertmatrix, so wird auch

$$i_i = \mathfrak{y}_{ij} u_i \quad \ldots \ldots \ldots \quad (4)$$

Ausführlicher geschrieben lautet dies für ein angenommenes Dreimaschennetz

$$\begin{vmatrix} u_1 & u_2 & u_3 \end{vmatrix} = \begin{vmatrix} \mathfrak{z}_{11} & \mathfrak{z}_{12} & \mathfrak{z}_{13} \\ \mathfrak{z}_{12} & \mathfrak{z}_{22} & \mathfrak{z}_{23} \\ \mathfrak{z}_{13} & \mathfrak{z}_{23} & \mathfrak{z}_{33} \end{vmatrix} \cdot \begin{vmatrix} i_1 & i_2 & i_3 \end{vmatrix} =$$

$$= \begin{vmatrix} i_1 \mathfrak{z}_{11} + i_2 \mathfrak{z}_{12} + i_3 \mathfrak{z}_{13} & i_1 \mathfrak{z}_{12} + i_2 \mathfrak{z}_{22} + i_3 \mathfrak{z}_{23} & i_1 \mathfrak{z}_{13} + i_2 \mathfrak{z}_{23} + i_3 \mathfrak{z}_{33} \end{vmatrix}$$

$$\ldots \quad (1\text{a})^{1)}$$

$$\begin{vmatrix} i_1 & i_2 & i_3 \end{vmatrix} = \begin{vmatrix} \mathfrak{y}_{11} & \mathfrak{y}_{12} & \mathfrak{y}_{13} \\ \mathfrak{y}_{12} & \mathfrak{y}_{22} & \mathfrak{y}_{23} \\ \mathfrak{y}_{13} & \mathfrak{y}_{23} & \mathfrak{y}_{33} \end{vmatrix} \cdot \begin{vmatrix} u_1 & u_2 & u_3 \end{vmatrix} = \begin{vmatrix} u_1 \mathfrak{y}_{11} + u_2 \mathfrak{y}_{12} + u_3 \mathfrak{y}_{13} \\ u_1 \mathfrak{y}_{12} + u_2 \mathfrak{y}_{22} + u_3 \mathfrak{y}_{23} \\ u_1 \mathfrak{y}_{13} + u_2 \mathfrak{y}_{23} + u_3 \mathfrak{y}_{33} \end{vmatrix} \quad (4\text{a})^{1)}$$

Dabei wurde die Leitwertmatrix nach (3) eingeführt und angenommen, daß die Glieder $\mathfrak{z}_{kl} = \mathfrak{z}_{lk}$, $\mathfrak{y}_{kl} = \mathfrak{y}_{lk}$ sind. Die so erhaltenen Matrizen $\mathfrak{z}_{ij}$ und $\mathfrak{y}_{ij}$, deren symmetrisch zur Hauptdiagonale gelegene Glieder gleich sind, heißen symmetrische Matrizen.

Nach der bisherigen Auffassung bedeuten Matrizen vorerst lediglich eine rationelle Schreibweise für aus vielen Teilen (Komponenten) bestehende Größen. Sie haben daher grundsätzlich die gleichen Eigenschaften wie die Aufbaugrößen. Es lassen sich ihnen aber leicht noch weitere Eigenschaften beilegen, die sich aus der Organisation der Gruppierung ableiten lassen.

Zunächst sei wieder ein mehrmaschiges Netz angenommen, für das die Matrizengleichung

$$u_i = \mathfrak{z}_{ij} i_i \quad \ldots \ldots \ldots \quad (1)$$

gilt. Werden nun die Netzverbindungen irgendwie geändert, so entsteht eine neue Netzkonfiguration, die aber ebensogut als ursprüngliche angesehen werden kann. Sie muß dann durch eine gleiche Beziehung beschrieben werden können

$$u_i' = \mathfrak{z}_{ij}' \cdot i_i' \quad \ldots \ldots \ldots \quad (5)$$

in der die Kennmatrizen aber andere Komponenten besitzen, weshalb sie mit Strichen versehen wurden. Die allgemeine Form der Gleichung ist aber geblieben und bleibt auch bei jeder beliebigen weiteren Schalt-

[1]) Zur Gewöhnung an verschiedene Schreibweisen ist die Ergebnismatrix einmal in horizontaler und das andere Mal in vertikaler Entwicklung angeschrieben.

änderung erhalten. Es läßt sich nachweisen, daß die gestrichenen Matrizen aus den ungestrichenen durch einfache Transformationen gewonnen werden können.

Das zweite Grundprinzip der Matrizenrechnung besagt dementsprechend:

Bei Änderung der Schaltung eines Netzwerkes bleiben Art und Anordnung der es beschreibenden Matrizen erhalten. Ihre neuen Komponenten können aus den alten durch Transformation gewonnen werden.

Durch diese Erkenntnis wächst aber der Begriff der Matrix über ein reines Ordnungsprinzip hinaus und wird zu einer neuen, höheren Größe, die eine physikalische Wesenheit beschreibt, und zwar unabhängig von deren Komponenten. Die Matrix $\mathfrak{z}$ steht dann eben beispielsweise für die Größe »Impedanz« und bleibt stets dieselbe, wie immer auch die Schaltung des Netzes geändert wird. Ihre Komponenten ändern sich freilich bei Änderung der Netzschaltung. Diese Änderung zeigt sich in einer Änderung der Zeiger des Matrixsymbols. Die Matrix $\mathfrak{z}$ wird so zu einer »invarianten« Größe höherer Ordnung, ähnlich wie ein Vektor, der nicht nur das »graphische« Ergebnis dreier Zahlenangaben ist, sondern gegenüber diesen von höherer Ordnung ein physikalisches Phänomen beschreibt (Kraft, Geschwindigkeit usw.), wobei er, selbst invariant, bei Änderung des Bezugssystems seine Komponenten ändert. In diesem Sinne steht beispielsweise $\mathfrak{z}$ für eine unendliche Zahl von Matrizen $\mathfrak{z}_{ij}$, die sich nur durch die Komponenten unterscheiden, ansonsten aber gleichwertig sind. Der Zusammenhang zweier solcher Matrizen wird durch eine 2-Matrix angegeben, die Transformationsmatrix genannt wird. Zu je zwei Bezugssystemen gehört eine bestimmte Transformationsmatrix. Alle Transformationsmatrizen zusammengenommen bestimmen den »Transformationstensor«. Die Gleichungen, nach denen die Komponenten des neuen Systems gefunden werden, heißen Transformationsgleichungen.

Mit Hilfe dieser Erkenntnisse läßt sich nun die Aufgabe der Matrizenrechnung, etwa in Anwendung auf ein elektrisches Netz, wie folgt umschreiben. Gegeben sei irgendeine Netzschaltung (lineares System) mit ihren Impedanzen und aufgedrückten Spannungen. Gesucht seien etwa die Ströme in den einzelnen Impedanzen und Zweigen. Das Netz bestehe aus einer bestimmten Anzahl von Impedanzen und Maschen. Nach dem zweiten Grundprinzip kann das Netz aus einem anderen durch Transformation abgeleitet werden. Man kann also dieses Bezugsnetz so einfach als möglich wählen und läßt es am besten aus einer bestimmten Zahl von einzelnen, für sich bestehenden Zweigen mit je einer der aufgedrückten Spannungen bestehen. Die Impedanzen enthalten dann natürlich auch die gegenseitig auf die anderen Zweige wirkenden

Komponenten. Die Anzahl der Zweige des Bezugsnetzes ist stets dieselbe wie die Anzahl der Impedanzen des gegebenen Netzes. Nach dem ersten Grundprinzip können nun die Matrizengleichungen für das Bezugsnetz aus den normalen Gleichungen der allgemeinsten Masche durch Ersatz der Größen für Spannung, Strom und Widerstand durch die entsprechenden Matrizen aufgestellt werden. Vergleicht man nun die Ströme im gegebenen Netz mit jenen des Bezugsnetzes, so erhält man soviel Gleichungen als Impedanzen vorhanden sind. Die Koeffizienten dieser Gleichungen bestimmen den Transformationstensor $C$. Bezeichnet man die Größen im gegebenen Netz mit einem Strich, jene des Bezugsnetzes ohne einen solchen, so ist also zu setzen

$$i = C \cdot i' \qquad (6)$$

oder

$$i' = C^{-1} \cdot i \qquad (7)$$

Nun bleibt aber die Leistung in beiden Systemen gleich. Es wird also aus

$$N = u \cdot i = u' \cdot i'$$

durch Einsetzen von (6) und Kürzen durch $i'$

$$u' = u \cdot C = C_t \cdot u \text{ [1]} \qquad (8)$$

und

$$u = C_t^{-1} \cdot u' \qquad (9)$$

Aus

$$u = \mathfrak{z}\, i; \qquad u' = \mathfrak{z}' \cdot i'$$

wird ferner durch Einsetzen von (9) und (6)

$$C_t^{-1} \cdot u' = \mathfrak{z} \cdot C \cdot i'$$

und nach Multiplikation mit $C_t$

$$u' = C_t \cdot \mathfrak{z} \cdot C \cdot i' = \mathfrak{z}' \cdot i'$$

also

$$\mathfrak{z}' = C_t \cdot \mathfrak{z} \cdot C \qquad (10)$$

Damit können also alle gewünschten Größen einfach bestimmt werden. Ein weiteres Eingehen auf das Gebiet würde den Umfang dieses Buches weit überschreiten; es sei deshalb auf das angeführte, ausgezeichnete Schrifttum verwiesen. Um das Gesagte aber verständlich zu machen, sei noch ein Beispiel kurz durchbesprochen, das der genannten Literaturstelle entnommen ist.

---

[1]) Man überzeugt sich leicht, daß durch Vertauschen der Faktoren eines Matrizenproduktes der erste durch die transponierte Matrix ersetzt werden muß.

Gegeben sei das im Bild 72 dargestellte Netz. Es besteht aus fünf Impedanzzweigen und hat drei Maschen. Als einfachstes Bezugsnetz

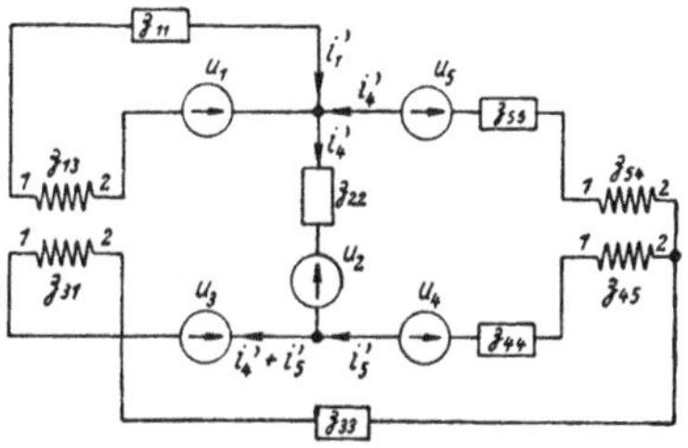

Bild 72. Gegebenes Netzbild.

kann die im Bild 73 gezeichnete Anordnung von fünf getrennten Maschen angesehen werden, wobei hier der Übersicht halber die gegenseitige Beeinflussung noch durch Pfeile angedeutet ist. Für das Bezugsnetz können dann die folgenden Matrizen angegeben werden

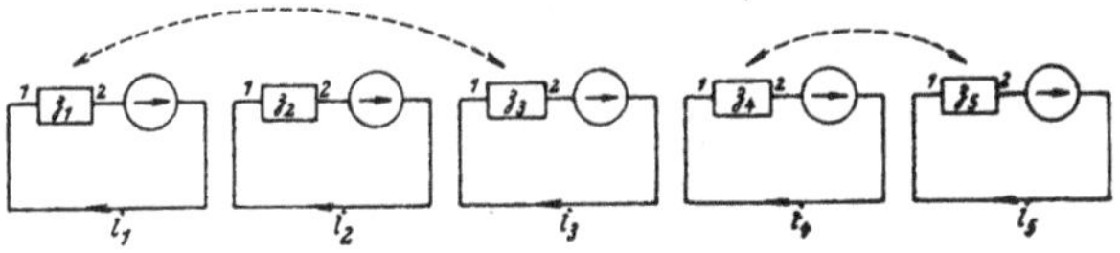

Bild 73. Bezugsnetz zu Bild 72.

$u =$

| | | | | |
|---|---|---|---|---|
| $u_1$ | $u_2$ | $u_3$ | $u_4$ | $u_5$ |

$i =$

| | | | | |
|---|---|---|---|---|
| $i_1$ | $i_2$ | $i_3$ | $i_4$ | $i_5$ |

$\mathfrak{z} =$

| | | | | |
|---|---|---|---|---|
| $\mathfrak{z}_{11}$ | | $\mathfrak{z}_{13}$ | | |
| | $\mathfrak{z}_{22}$ | | | |
| $\mathfrak{z}_{31}$ | | $\mathfrak{z}_{33}$ | | |
| | | | $\mathfrak{z}_{44}$ | $\mathfrak{z}_{45}$ |
| | | | $\mathfrak{z}_{54}$ | $\mathfrak{z}_{55}$ |

[1] .

Als nächster Schritt sind nun im gegebenen Netz willkürlich Strompfeile einzutragen. Die Anzahl dieser Strompfeile ist gleich der Anzahl der Maschen (im vorliegenden Fall also drei), da damit sämtliche übrigen Ströme nach dem Kirchhoffschen Gesetz bestimmt sind. Sie müssen dann auch so gewählt werden, daß sie voneinander unabhängig sind, die übrigen Zweigströme also aus ihnen bestimmt werden können. Im

[1]) Die Nullen der nicht vorhandenen Komponenten können der Einfachheit halber — so wie es auch hier geschehen ist — fortgelassen werden.

vorliegenden Beispiel wurden etwa die Ströme $i'_1$, $i'_4$, $i'_5$ gewählt[1]). Die sich daraus ergebenden übrigen Zweigströme sind ebenfalls im Bild 72 eingetragen. Vergleicht man nun die Ströme in den Impedanzen des gegebenen Netzes mit denen des Bezugsnetzes, so findet man

$$\begin{aligned} i_1 &= -i'_1 \\ i_2 &= \quad +i'_4 \\ i_3 &= \quad +i'_4 + i'_5 \\ i_4 &= \qquad\quad -i'_5 \\ i_5 &= \quad -i'_4, \end{aligned}$$

woraus die Transformationsmatrix

$C =$

| | 1′ | 4′ | 5′ |
|---|---|---|---|
| 1 | —1 | | |
| 2 | | 1 | |
| 3 | | 1 | 1 |
| 4 | | | —1 |
| 5 | | —1 | |

wird. Das ist also hier keine quadratische Matrix. Eine quadratische Transformationsmatrix entsteht nur dann, wenn die Anzahl der Maschen mit der Anzahl der Zweigimpedanzen übereinstimmt. Um die späteren Multiplikationen mit $C$ richtig auszuführen, ist es jetzt erforderlich, die Reihen zu bezeichnen.

Man findet nunmehr leicht nach den Vorschriften (6) bis (10)

$\mathfrak{z} \cdot C =$

| | 1 | 2 | 3 | 4 | 5 |
|---|---|---|---|---|---|
| 1 | $\mathfrak{z}_{11}$ | | $\mathfrak{z}_{13}$ | | |
| 2 | | $\mathfrak{z}_{22}$ | | | |
| 3 | $\mathfrak{z}_{31}$ | | $\mathfrak{z}_{33}$ | | |
| 4 | | | | $\mathfrak{z}_{44}$ | $\mathfrak{z}_{45}$ |
| 5 | | | | $\mathfrak{z}_{54}$ | $\mathfrak{z}_{55}$ |

$\cdot$

| | 1′ | 4′ | 5′ |
|---|---|---|---|
| 1 | —1 | | |
| 2 | | 1 | |
| 3 | | 1 | 1 |
| 4 | | | —1 |
| 5 | | —1 | |

$=$

| | 1′ | 4′ | 5′ |
|---|---|---|---|
| 1 | $-\mathfrak{z}_{11}$ | $\mathfrak{z}_{13}$ | $\mathfrak{z}_{13}$ |
| 2 | | $\mathfrak{z}_{22}$ | |
| 3 | $-\mathfrak{z}_{31}$ | $\mathfrak{z}_{33}$ | $\mathfrak{z}_{33}$ |
| 4 | | $-\mathfrak{z}_{45}$ | $-\mathfrak{z}_{44}$ |
| 5 | | $-\mathfrak{z}_{55}$ | $-\mathfrak{z}_{54}$ |

[1]) Mit Absicht sind hier gerade $i'_2$ und $i'_3$ ausgelassen, um die Allgemeingültigkeit der Entwicklung zu zeigen. Statt $i'_4$ und $i'_5$ hätte man natürlich auch $i'_2$ und $i'_3$ schreiben können. In diesem Falle würde sich

$C =$

| | 1′ | 2′ | 3′ |
|---|---|---|---|
| 1 | —1 | | |
| 2 | | 1 | |
| 3 | | 1 | 1 |
| 4 | | | —1 |
| 5 | | —1 | |

ergeben, was auf dasselbe Ergebnis führt.

und mit

$$C_t = \begin{array}{c|c|c|c|c|c|} & 1 & 2 & 3 & 4 & 5 \\ \hline 1' & -1 & & & & \\ \hline 4' & & 1 & 1 & & -1 \\ \hline 5' & & & 1 & -1 & \\ \hline \end{array}$$

$$\mathfrak{z}' = C_t \cdot (\mathfrak{z} \cdot C) = \begin{array}{c|c|c|c|} & 1' & 4' & 5' \\ \hline 1' & \mathfrak{z}_{11} & -\mathfrak{z}_{13} & -\mathfrak{z}_{13} \\ \hline 4' & -\mathfrak{z}_{31} & \mathfrak{z}_{22} + \mathfrak{z}_{33} + \mathfrak{z}_{55} & \mathfrak{z}_{33} + \mathfrak{z}_{54} \\ \hline 5' & -\mathfrak{z}_{31} & \mathfrak{z}_{33} + \mathfrak{z}_{45} & \mathfrak{z}_{33} + \mathfrak{z}_{44} \\ \hline \end{array}\,.$$

Das ist für $\mathfrak{z}_{kl} = \mathfrak{z}_{lk}$ eine symmetrische Matrix, was immer als Kontrolle für die Richtigkeit der Rechnung angesehen werden kann. Aus Gleichung (8) ergibt sich

$$u' = C_t \cdot u = \begin{array}{c|c|} 1' & -u_1 \\ \hline 4' & u_2 + u_3 - u_5 \\ \hline 5' & u_3 - u_4 \\ \hline \end{array}\,.$$

Das sind die in den einzelnen Maschen wirksamen Spannungen, wenn man den Richtungssinn der gegenseitigen Impedanzen berücksichtigt, was hier automatisch dadurch geschieht, daß man bei Aufstellung der Beziehungen zwischen den Strömen $i$ und $i'$ dieser Forderung nachkommt, indem man die Ströme etwa immer in der Richtung 1—2 der Impedanzen als positiv zählt.

Nunmehr ergeben sich auch die gesuchten Ströme $i'$ aus

$$i' = \mathfrak{y}' \cdot u',$$

wobei

$$\mathfrak{y}' = (\mathfrak{z}')^{-1} = \begin{array}{c|c|c|c|} & 1' & 4' & 5' \\ \hline 1' & \mathfrak{y}_{11} & \mathfrak{y}_{14} & \mathfrak{y}_{15} \\ \hline 4' & \mathfrak{y}_{41} & \mathfrak{y}_{44} & \mathfrak{y}_{45} \\ \hline 5' & \mathfrak{y}_{51} & \mathfrak{y}_{54} & \mathfrak{y}_{55} \\ \hline \end{array}$$

nach den früher gegebenen Regeln ermittelt werden kann. Es ist dann

$$i' = \begin{array}{|c|} \hline -\mathfrak{y}_{11}\, u_1 + \mathfrak{y}_{14}\,(u_2 + u_3 - u_5) + \mathfrak{y}_{15}\,(u_3 - u_4) \\ \hline -\mathfrak{y}_{41}\, u_1 + \mathfrak{y}_{44}\,(u_2 + u_3 - u_5) + \mathfrak{y}_{45}\,(u_3 - u_4) \\ \hline -\mathfrak{y}_{51}\, u_1 + \mathfrak{y}_{54}\,(u_2 + u_3 - u_5) + \mathfrak{y}_{55}\,(u_3 - u_4) \\ \hline \end{array}\,.$$

Nunmehr könnten auch die Bezugsströme

$$i = C \cdot i'$$

berechnet werden, doch sind diese meist ohne Interesse.

Wie das Beispiel zeigt, bringt die Matrizenrechnung gegenüber der normal üblichen wesentliche Vereinfachung und weitaus größere Übersicht.

Es ist durchaus nicht nötig, das Bezugsnetz in der angegebenen Form zu wählen. Man kann vielmehr hierzu irgendein anderes, vielleicht schon berechnetes Netz mit der gleichen Anzahl von Impedanzen verwenden. Der Vorgang ist dann derselbe, nur erhält man zunächst für die Ströme $i$ Gleichungen, die im allgemeinen mehrere dieser Ströme enthalten. Stellt man daraus die einzelnen Ströme $i$ als Funktionen der Ströme $i'$ des zu berechnenden Netzes dar, so ergeben wiederum die Koeffizienten von $i'$ die Matrix des Transformationstensors.

Auf diese Weise kann also ein $n$-Maschennetz in ein beliebiges anderes $n$-Maschennetz transformiert werden. Ganz analog gelingt auch eine Darstellung der Ströme aus überlagerten Maschenströmen, die Berücksichtigung nachträglicher Änderungen von Windungszahlen, die Erfassung besonderer Verkettungen usw. durch entsprechende Transformationstensoren. Hierauf kann aber hier nicht näher eingegangen werden, wenn nicht der Rahmen des Buches weit überschritten würde. Das bisher Gesagte genügt zur ersten Einführung in das Verfahren und zur Lösung einfacherer Aufgaben.

Zur Ergänzung und Gewinnung eines Ausblickes über die weiteren Möglichkeiten der Matrizen- bzw. Tensorrechnung seien im folgenden Kapitel nur noch einige Gebiete kurz angeführt, auf denen die Tensorrechnung mit besonderem Vorteil angewandt werden kann.

## 3. Einige bevorzugte Anwendungsgebiete.

### a) Netztransformation.

Enthält ein Tensor Komponenten, die durch komplexe Zahlen dargestellt werden, dann nimmt er eine noch allgemeinere Form an und wird wohl auch Spinor genannt. Bei den Transformationen spielen dann die konjugierten Tensoren $C^*$ eine Rolle, die aus den ursprünglichen $C$ so erhalten werden, daß man alle Komponenten durch die konjugiert komplexen ersetzt. Es gehört also beispielsweise zum Spannungstensor

$$\mathfrak{u} = \boxed{u_{Rw} + j\,u_{Rb} \;\big|\; u_{Sw} \;\big|\; u_{Tw} - j\,u_{Tb}}$$

der konjugierte

$$\mathfrak{u}^* = \boxed{u_{Rw} - j\,u_{Rb} \;\big|\; u_{Sw} \;\big|\; u_{Tw} + j\,u_{Tb}}\,.$$

Bei der Rechnung mit konjugierten Tensoren gelten die folgenden, unmittelbar einleuchtenden Grundbeziehungen

$$(A^*)^* = A \quad \dots \quad (1)$$

$$(A \cdot B)^* = A^* \cdot B^* \quad \dots \quad (2)$$

$$(A^{-1})^* = (A^*)^{-1} \quad \dots \quad (3)$$

die für die Berechnungen der einzelnen Größen von Bedeutung sind.

Eine wesentliche Rolle spielen die konjugierten Größen bei der Ermittlung der Leistung. Ist

$$\mathfrak{u} = u_w + j\, u_b$$

und

$$\mathfrak{i} = i_w + j\, i_b,$$

dann ist die Wirkleistung

$$n_w = u_w\, i_w + u_b\, i_b,$$

die Blindleistung

$$n_b = u_w\, i_b - u_b\, i_w$$

und daher die Scheinleistung

$$\mathfrak{n} = n_w + j\, n_b = (u_w\, i_w + u_b\, i_b) + j\,(u_w\, i_b - u_b\, i_w).$$

Dies kann auch in der Form

$$\mathfrak{n} = \mathfrak{u}^* \cdot \mathfrak{i} = (u_w - j\, u_b)\,(i_w + j\, i_b)$$

geschrieben werden, wie es ja auch ähnlich bei der komplexen Rechnung abgeleitet wurde.

Liegen mehrere Kreise, Maschen, Phasen u. dgl. eines zusammengesetzten Netzes vor, so gilt analog die Tensorgleichung für die Gesamt-Scheinleistung

$$\mathfrak{n} = u^* \cdot i \quad \text{. . . . . . . . . . . . . (4)}$$

worin jetzt $u$ und $i$ die Spannungs- und Strommatrizen des Netzes darstellen. Werden die Kenngrößen des Netzes wiederum aus einem anderen durch Transformation abgeleitet, so bleibt die Leistung invariant und man erhält aus

$$\mathfrak{n} = u^* \cdot i = u^{*\prime} \cdot i'$$

ähnlich wie bei reellen Komponenten

$$i = C \cdot i' \quad \text{. . . . . . . . . . . . . (5)}$$

$$u^* \cdot C \cdot i' = u^{*\prime} \cdot i'$$

$$u^* \cdot C = u^{*\prime}$$

oder durch Bilden der konjugierten Größen

$$u \cdot C^* = u'$$

woraus durch Vertauschen von $u$ und $C^*$

$$u' = C_t^* \cdot u \quad \text{. . . . . . . . . . . . . (6)}$$

$$u = C_t^{*-1} \cdot u' \quad \text{. . . . . . . . . . . . (7)}$$

War nun

$$u = z\, i \quad \text{. . . . . . . . . . . . . . (8)}$$

so wird weiters

$$C_t^{*-1} \cdot u' = z \cdot C \cdot i'$$

$$u' = C_t^* \cdot z \cdot C \cdot i'$$

und mit dem Ansatz

$$u' = z' \cdot i' \quad \text{. . . . . . . . . . . . . (9)}$$

$$z' = C_t^* \cdot z \cdot C \quad \text{. . . . . . . . . . (10)}$$

Durch Kombination von (7) und (9) und (10) wird ferner

$$u = z \cdot C \cdot i' \quad \ldots \ldots \ldots \ldots \quad (11)$$

b) Symmetrische Komponenten.

Bei der symmetrischen Komponentenrechnung (siehe Kapitel II/C) werden die drei tatsächlich fließenden Ströme $\mathfrak{J}_R$, $\mathfrak{J}_S$, $\mathfrak{J}_T$ durch die Komponentenströme $\mathfrak{J}_0$, $\mathfrak{J}_1$, $\mathfrak{J}_2$ des Null-, Mit- und Gegensystems ersetzt. Die dabei vorgenommene Zerlegung

$$\left.\begin{aligned} \mathfrak{J}_R &= \mathfrak{J}_0 + \mathfrak{J}_1 + \mathfrak{J}_2 \\ \mathfrak{J}_S &= \mathfrak{J}_0 + a^2 \mathfrak{J}_1 + a\, \mathfrak{J}_2 \\ \mathfrak{J}_T &= \mathfrak{J}_0 + a\, \mathfrak{J}_1 + a^2 \mathfrak{J}_2 \end{aligned}\right\} {}^{1)}$$

gilt für das vorliegende, verkettete Netz. Geht man, um zu einfachen Tensortransformationen zu gelangen, wieder von dem einfachsten Falle dreier getrennter Stromkreise aus und sind $\mathfrak{J}_R$, $\mathfrak{J}_S$, $\mathfrak{J}_T$ die Ströme in diesen Kreisen, so ist die Zerlegung in Komponenten größenmäßig noch auf andere Weise frei wählbar, da eine Verkettung der Phasen noch aussteht. Für dieses einfachste Netzgebilde sollen die symmetrischen Komponenten durch die Gleichungen

$$\left.\begin{aligned} \mathfrak{J}_R &= \frac{1}{\sqrt{3}} (\mathfrak{J}_0 + \mathfrak{J}_1 + \mathfrak{J}_2) \\ \mathfrak{J}_S &= \frac{1}{\sqrt{3}} (\mathfrak{J}_0 + a^2 \mathfrak{J}_1 + a\, \mathfrak{J}_2) \\ \mathfrak{J}_T &= \frac{1}{\sqrt{3}} (\mathfrak{J}_0 + a\, \mathfrak{J}_1 + a^2 \mathfrak{J}_2) \end{aligned}\right\} \quad \ldots \ldots \ldots \quad (1)$$

definiert werden, die sich also nur durch den Faktor $\frac{1}{\sqrt{3}}$ von den obigen unterscheiden. Diese Festlegung wurde deshalb getroffen, weil dann die Leistung bei den Transformationen wieder invariant bleibt. Sie liefert also für den Verkettungsfall $\sqrt{3}$-mal zu große Komponenten, wenn von den tatsächlichen Phasengrößen, bzw. $\sqrt{3}$-mal zu kleine Phasenwerte, wenn von den tatsächlich vorhandenen symmetrischen Komponenten ausgegangen wird.

Durch die Gleichungen (1) wird jetzt der »Symmetrietensor«

$$C_\sigma = \frac{1}{\sqrt{3}} \begin{array}{c|c|c|c|} & 0 & 1 & 2 \\ \hline R & 1 & 1 & 1 \\ \hline S & 1 & a^2 & a \\ \hline T & 1 & a & a^2 \\ \hline \end{array} \quad \ldots \ldots \ldots \ldots \quad (2)$$

[1]) Da sich alle Komponenten auf die Phase $R$ beziehen sollen, ist der Einfachheit halber der Zeiger $R$ hier fortgelassen worden.

definiert, der das vorliegende unsymmetrische Stromsystem in die symmetrischen Komponentensysteme transformiert. Diese Komponentenströme sind dann nach Gleichung (5) des vorigen Kapitels bestimmt durch

$$\mathfrak{J}' = \overset{\begin{matrix}0 & 1 & 2\end{matrix}}{\boxed{\mathfrak{J}_0 \mid \mathfrak{J}_1 \mid \mathfrak{J}_2}} = C_\sigma^{-1} \cdot \mathfrak{J} = \frac{1}{\sqrt{3}} \begin{matrix} & R & S & T \\ 0 & 1 & 1 & 1 \\ 1 & 1 & a & a^2 \\ 2 & 1 & a^2 & a \end{matrix} \cdot \begin{array}{|c|}\hline \mathfrak{J}_R \\ \hline \mathfrak{J}_S \\ \hline \mathfrak{J}_T \\ \hline \end{array}$$

oder ausgerechnet

$$\boxed{\mathfrak{J}_0 \mid \mathfrak{J}_1 \mid \mathfrak{J}_2} = \frac{1}{\sqrt{3}} \begin{array}{|c|c|c|} \multicolumn{1}{c}{0} & \multicolumn{1}{c}{1} & \multicolumn{1}{c}{2} \\ \hline \mathfrak{J}_R + \mathfrak{J}_S + \mathfrak{J}_T & \mathfrak{J}_R + a\,\mathfrak{J}_S + a^2\,\mathfrak{J}_T & \mathfrak{J}_R + a^2\,\mathfrak{J}_S + a\,\mathfrak{J}_T \\ \hline \end{array} \quad (3)$$

wie ja zunächst aus der symmetrischen Komponentenrechnung auch bekannt ist.

Der einfachste Belastungsfall liegt nun vor, wenn in jeder Phase eine Impedanz $\mathfrak{z}$ geschaltet ist, die mit den anderen Phasen nicht verkettet ist. Der Impedanztensor hat dann die Form

$$z = \begin{array}{c|c|c|c|} & R & S & T \\ \hline R & \mathfrak{z}_R & & \\ \hline S & & \mathfrak{z}_S & \\ \hline T & & & \mathfrak{z}_T \\ \hline \end{array}$$

und enthält nur die Diagonalglieder. Im allgemeinsten Fall sind auch die anderen Komponenten besetzt. Dabei ergibt sich auch dann noch eine wesentliche Vereinfachung, wenn nur zwei verschiedene gegenseitige Impedanzen auftreten oder diese etwa alle gleich groß sind. Der transformierte Impedanztensor $z'$ wird dann zu einem Diagonaltensor.

Bildet man nun nach Vorschrift

$$z' = C^*_{\sigma t} \cdot z \cdot C_\sigma$$

so wird zunächst

$$z \cdot C_\sigma = \frac{1}{\sqrt{3}} \begin{array}{c|c|c|c|} & 1 & 2 & 3 \\ \hline R & \mathfrak{z}_R & \mathfrak{z}_R & \mathfrak{z}_R \\ \hline S & \mathfrak{z}_S & a^2\,\mathfrak{z}_R & a\,\mathfrak{z}_S \\ \hline T & \mathfrak{z}_T & a\,\mathfrak{z}_T & a^2\,\mathfrak{z}_T \\ \hline \end{array}$$

und mit

$$a^* = a^2$$

$$(a^2)^* = a$$

$$C^*_{\sigma t} = \frac{1}{\sqrt{3}} \begin{array}{c|c|c|c|} & R & S & T \\ \hline 0 & 1 & 1 & 1 \\ \hline 1 & 1 & a & a^2 \\ \hline 2 & 1 & a^2 & a \\ \hline \end{array}$$

$$z' = C^*_{\sigma t} \cdot z \cdot C_\sigma = \frac{1}{3} \begin{array}{c|c|c|c|} & 0 & 1 & 2 \\ \hline 0 & \mathfrak{z}_R + \mathfrak{z}_S + \mathfrak{z}_T & \mathfrak{z}_R + a^2 \mathfrak{z}_S + a \mathfrak{z}_T & \mathfrak{z}_R + a \mathfrak{z}_S + a^2 \mathfrak{z}_T \\ \hline 1 & \mathfrak{z}_R + a \mathfrak{z}_S + a^2 \mathfrak{z}_T & \mathfrak{z}_R + \mathfrak{z}_S + \mathfrak{z}_T & \mathfrak{z}_R + a^2 \mathfrak{z}_S + a \mathfrak{z}_T \\ \hline 2 & \mathfrak{z}_R + a^2 \mathfrak{z}_S + a \mathfrak{z}_T & \mathfrak{z}_R + a \mathfrak{z}_S + a^2 \mathfrak{z}_T & \mathfrak{z}_R + \mathfrak{z}_S + \mathfrak{z}_T \\ \hline \end{array} =$$

$$= \frac{1}{3} \begin{array}{c|c|c|c|} & 0 & 1 & 2 \\ \hline 0 & \mathfrak{z}_0 & \mathfrak{z}_2 & \mathfrak{z}_1 \\ \hline 1 & \mathfrak{z}_1 & \mathfrak{z}_0 & \mathfrak{z}_2 \\ \hline 2 & \mathfrak{z}_2 & \mathfrak{z}_1 & \mathfrak{z}_0 \\ \hline \end{array} \quad \ldots\ldots\ldots\ldots \quad (4)$$

Die Impedanzen

$$\left.\begin{aligned} \mathfrak{z}_0 &= \frac{1}{3}(\mathfrak{z}_R + \mathfrak{z}_S + \mathfrak{z}_T) \\ \mathfrak{z}_1 &= \frac{1}{3}(\mathfrak{z}_R + a\,\mathfrak{z}_S + a^2\,\mathfrak{z}_T) \\ \mathfrak{z}_2 &= \frac{1}{3}(\mathfrak{z}_R + a^2\,\mathfrak{z}_S + a\,\mathfrak{z}_T) \end{aligned}\right\} \quad \ldots\ldots \quad (5)$$

werden dann auch als Null-, Mit- und Gegenimpedanzen bezeichnet. Da in $z'$ alle Plätze der Matrix besetzt sind, ist zu erkennen, daß jede symmetrische Komponente des Stromes Anteile an allen drei symmetrischen Komponenten der Spannung liefert. Nur in dem Sonderfall, wo $z'$ eine Diagonalmatrix hat, liefern die Komponentenströme Spannungen nur zu dem eigenen Komponentensystem, wie das folgende Beispiel zeigt. Der Impedanztensor hätte etwa die Form

$$z = \begin{array}{c|c|c|c|} & R & S & T \\ \hline R & \mathfrak{z} & \mathfrak{z}_{12} & \mathfrak{z}_{12} \\ \hline S & \mathfrak{z}_{12} & \mathfrak{z} & \mathfrak{z}_{12} \\ \hline T & \mathfrak{z}_{12} & \mathfrak{z}_{12} & \mathfrak{z} \\ \hline \end{array} .$$

Die eigenen und gegenseitigen Impedanzen sind also untereinander gleich. Dann wird

$$z \cdot C_\sigma = \frac{1}{\sqrt{3}} \begin{array}{c|c|c|c|} & 0 & 1 & 2 \\ \hline R & \mathfrak{z} + 2\,\mathfrak{z}_{12} & \mathfrak{z} + \mathfrak{z}_{12}\,(a + a^2) & \mathfrak{z} + \mathfrak{z}_{12}\,(a + a^2) \\ \hline S & \mathfrak{z} + 2\,\mathfrak{z}_{12} & a^2\mathfrak{z} + \mathfrak{z}_{12}\,(1 + a) & a\,\mathfrak{z} + \mathfrak{z}_{12}\,(1 + a^2) \\ \hline T & \mathfrak{z} + 2\,\mathfrak{z}_{12} & a\,\mathfrak{z} + \mathfrak{z}_{12}\,(1 + a^2) & a^2\mathfrak{z} + \mathfrak{z}_{12}\,(1 + a) \\ \hline \end{array}$$

und

$$z' = C^*_{\sigma t} \cdot z \cdot C_\sigma = \begin{array}{c|c|c|c|} & 0 & 1 & 2 \\ \hline 0 & \mathfrak{z} + 2\,\mathfrak{z}_{12} & 0 & 0 \\ \hline 1 & 0 & \mathfrak{z} - \mathfrak{z}_{12} & 0 \\ \hline 2 & 0 & 0 & \mathfrak{z} - \mathfrak{z}_{12} \\ \hline \end{array} \,.$$

Mit- und Gegenimpedanzen sind hier gleich und

$$\mathfrak{z}_1 = \mathfrak{z}_2 = \mathfrak{z} - \mathfrak{z}_{12}.$$

In den meisten Fällen hat man es außer einem Netzsystem mit Generatoren zu tun, die ein symmetrisches Spannungssystem liefern. Es ist dann

$$u' = \begin{array}{|c|c|c|} \multicolumn{1}{c}{0} & \multicolumn{1}{c}{1} & \multicolumn{1}{c}{2} \\ \hline 0 & \mathfrak{U}_1 & 0 \\ \hline \end{array} \quad \ldots\ldots\ldots\ldots \quad (6)$$

nämlich nur durch die Mitkomponente gebildet. Der Generator weist im allgemeinen für jedes symmetrische Komponentensystem eine verschiedene Impedanz auf. Infolge der Symmetrie der Wicklungen darf aber angenommen werden, daß die Impedanzmatrix einen Diagonaltensor beschreibt.

Man kann also setzen

$$z' = \begin{array}{c|c|c|c|} & 0 & 1 & 2 \\ \hline 0 & \mathfrak{z}_0 & & \\ \hline 1 & & \mathfrak{z}_1 & \\ \hline 2 & & & \mathfrak{z}_2 \\ \hline \end{array} \quad \ldots\ldots\ldots\ldots \quad (7)$$

womit sich die Phasenimpedanzen aus der Gleichung (10) des vorigen Kapitels zu

$$z = C^{*\,-1}_{\sigma t} \cdot z' \cdot C^{-1}_\sigma \quad \ldots\ldots\ldots\ldots \quad (8)$$

ergeben. Ausgerechnet liefert dies mit

$$C^{*\,-1}_{\sigma t} = \frac{1}{\sqrt{3}} \begin{array}{c|c|c|c|} & 0 & 1 & 2 \\ \hline R & 1 & 1 & 1 \\ \hline S & 1 & a^2 & a \\ \hline T & 1 & a & a^2 \\ \hline \end{array} \quad \ldots\ldots\ldots\ldots \quad (9)$$

$$z' \cdot C_\sigma^{-1} = \frac{1}{\sqrt{3}} \begin{array}{c|c|c|c|} & R & S & T \\ \hline 0 & \mathfrak{z}_0 & \mathfrak{z}_0 & \mathfrak{z}_0 \\ \hline 1 & \mathfrak{z}_1 & a\,\mathfrak{z}_1 & a^2\,\mathfrak{z}_1 \\ \hline 2 & \mathfrak{z}_2 & a^2\,\mathfrak{z}_2 & a\,\mathfrak{z}_2 \\ \hline \end{array}$$

$$z = \frac{1}{3} \begin{array}{c|c|c|c|} & R & S & T \\ \hline R & \mathfrak{z}_0 + \mathfrak{z}_1 + \mathfrak{z}_2 & \mathfrak{z}_0 + a\,\mathfrak{z}_1 + a^2\,\mathfrak{z}_2 & \mathfrak{z}_0 + a^2\,\mathfrak{z}_1 + a\,\mathfrak{z}_2 \\ \hline S & \mathfrak{z}_0 + a^2\,\mathfrak{z}_1 + a\,\mathfrak{z}_2 & \mathfrak{z}_0 + \mathfrak{z}_1 + \mathfrak{z}_2 & \mathfrak{z}_0 + a\,\mathfrak{z}_1 + a^2\,\mathfrak{z}_2 \\ \hline T & \mathfrak{z}_0 + a\,\mathfrak{z}_1 + a^2\,\mathfrak{z}_2 & \mathfrak{z}_0 + a^2\,\mathfrak{z}_1 + a\,\mathfrak{z}_2 & \mathfrak{z}_0 + \mathfrak{z}_1 + \mathfrak{z}_2 \\ \hline \end{array} \qquad (10)$$

Die Phasenspannungen ergeben sich aus

$$u = C_{\sigma t}^{*-1} \cdot u'$$

zu

$$\mathfrak{u} = \frac{1}{\sqrt{3}} \begin{array}{|c|c|c|} R & S & T \\ \hline \mathfrak{U}_1 & a^2\,\mathfrak{U}_1 & a\,\mathfrak{U}_1 \\ \hline \end{array} \quad \ldots\ldots\ldots \quad (11)$$

wie es ja auch hätte gleich angeschrieben werden können. Von Interesse ist hier vor allem der Impedanztensor (10) des Generators, der mit Vorteil in Unsymmetrieproblemen Verwendung findet und auch zur experimentellen Ermittlung der Generatorimpedanzen dienen kann.

### c) Fehlerberechnung in Drehstromanlagen.

Die Tensorrechnung läßt sich auch mit Vorteil auf alle Probleme des Dreiphasenstromes, insbesondere auch auf die Berechnung unsymmetrischer Fehler anwenden. Um dies zu zeigen, sei noch ein Beispiel eines solchen Falles kurz geschildert, das vor allem auch die Erweiterung des Verfahrens auf zusammengesetzte Netze zeigen wird[1].

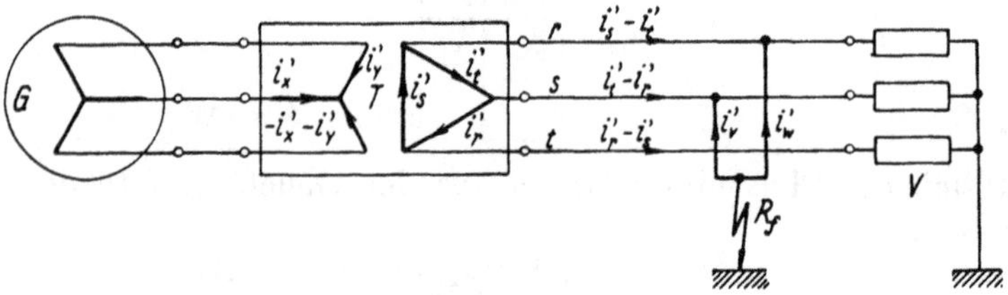


Bild 74. Beispiel eines kombinierten zweipoligen Kurz- und Erdschlusses in einer Drehstromanlage.

Es liege das Netz nach Bild 74 vor, in dem ein Generator $G$ über einen Transformator $T$ einen Verbraucher $V$ speist. Die Schaltung der

[1]) Das Beispiel wurde im wesentlichen dem angeführten Schrifttum entnommen, um unter einem beim Studium desselben eine leichtere Verbindung mit den hier gebrauchten Ausdrucksformen zu erhalten.

einzelnen Anlagenteile ist aus dem Bild ersichtlich. An der dort eingetragenen Stelle soll ferner ein zweipoliger Kurzschluß auftreten, der weiteres mit Erde über den Lichtbogenwiderstand $R_f$ Verbindung haben soll.

Die Anwendung der Tensorrechnung bedeutet wieder die Zurückführung des tatsächlichen Netzes auf ein möglichst einfaches Grundnetz, das im Bild 75 gezeichnet ist und im folgenden erläutert werden soll. Es ist hierin vor allem jeder Anlagenteil durch eine Impedanz ersetzt, die genau so wie es im Beispiel Bild 72 und 73 der Fall war, auf ein noch einfacheres Bezugsnetz mit einzelnen Maschen zurückgeführt werden kann. Der Unterschied besteht nur darin, daß im Netz nach Bild 75 nicht tatsächliche Ströme eingetragen werden können,

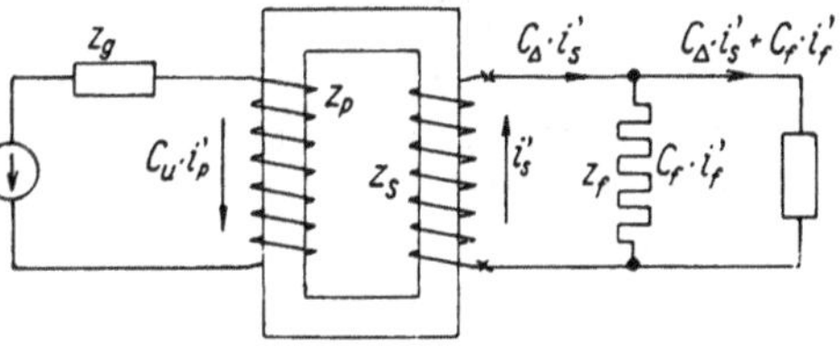


Bild 75. »Tensor«-Netz zu Bild 74.

sondern schon die Tensoren der betreffenden Stromsysteme. Man rechnet also nicht mit einzelnen Strömen, sondern mit den ganzen Stromsystemen. Um dabei die Kirchhoffschen Gesetze anwenden zu können, müssen an allen Stellen, wo durch die Schaltung Änderungen in der Größe und Phasenlage der Ströme auftreten, diese Änderungen in der Rechnung berücksichtigt werden. Dies ist z. B. der Fall beim Übergang von der Sekundärwicklung des Transformators zur abgehenden Leitung. Bezeichnet $i'_s$ die Ströme in den Phasen der Transformatorwicklung, so sind jene in der Leitung gegen diese phasenverschoben und in der Größe verändert. Man könnte sie etwa durch einen anderen Buchstaben (z. B. $i'_L$) bezeichnen, würde aber dann das Kirchhoffsche Gesetz ($i'_s = i'_L$) nicht mehr anwenden dürfen. Man läßt daher die Bezeichnung aufrecht und multipliziert den Stromtensor mit einem »Schaltungs«-Tensor $C_{.f}$, der der Schaltung Rechnung trägt. Zum Zeichen der Schaltungsänderung werden im Tensorschaltbild (Bild 75) an den Stellen dieser Änderungen Kreuze eingezeichnet. Das Kirchhoffsche Gesetz kann dann beibehalten werden, wenn man hinter solchen Kreuzen im Tensorschaltbild den Stromtensor mit dem entsprechenden Schaltungstensor multipliziert, wie es auch im Bild 75 eingetragen ist.

Den Schaltungstensor $C_{.f}$ erhält man nach den Bezeichnungen des Bildes 74 leicht aus den Stromtensoren für die Sekundärwicklung des Transformators

$$i' = \begin{array}{c|c|c} r' & s' & t' \\ \hline i'_r & i'_s & i'_t \end{array}$$

und für die abgehende Leitung

$$i = \boxed{i'_s - i'_t \mid i'_t - i'_R \mid i'_r - i'_s}$$

und der Gleichung

$$i = C_\Delta \cdot i'$$

zu

$$C_\Delta = \begin{array}{c|c|c|c} & r' & s' & t' \\ \hline r & & 1 & -1 \\ s & -1 & & 1 \\ t & 1 & -1 & \end{array} \qquad \ldots\ldots\ldots (1)$$

Es ist im übrigen nur diese eine Stelle, wo eine Schaltungsänderung auftritt. Schreibt man die Ströme in symmetrischer Komponentendarstellung, so wird mit

$$i'_r = i'_{r_0} + i'_{r_1} + i'_{r_2}$$

und

$$i_r = i'_s - i'_t = i'_{r_0} + a^2 i'_{r_1} + a\, i'_{r_2} - i'_{r_0} - a\, i'_{r_1} - a^2 i'_{r_2}$$

auch

$$C_{\Delta_\sigma} = \begin{array}{c|c|c|c} & 0' & 1' & 2' \\ \hline 0 & & & \\ 1 & & a^2 - a & \\ 2 & & & a - a^2 \end{array} \qquad \ldots\ldots (1\,\mathrm{a})$$

An der »Anschlußstelle« des Fehlers tritt ein zusätzlicher Strom, der Fehlerstrom $i_f$ auf, der wieder über einen Tensor $C_f$ von seiner speziellen Kennform in die Dreiphasenschaltung so umgewandelt werden muß, daß die Addition der beiden Teilströme zum Summenstrom

$$C_\Delta \cdot i'_s + C_f \cdot i'_f$$

nach dem verallgemeinerten Kirchhoffschen Gesetz möglich ist. Man erhält aus

$$\begin{aligned} i_u &= 0 \\ i_v &= i'_v \\ i_w &= i'_w \end{aligned}$$

$$C_f = \begin{array}{c|c|c} & v' & w' \\ \hline u & & \\ v & 1 & \\ w & & 1 \end{array} \qquad \ldots\ldots\ldots (2)$$

oder mit symmetrischen Komponenten aus

$$i_u = i_{u_0} + i_{u_1} + i_{u_2} = (-i'_{u_1} - i'_{u_2}) + i'_{u_1} + i'_{u_2}$$

$$C_{f_\sigma} = \begin{array}{c|c|c|} & 1' & 2' \\ \hline 0 & -1 & -1 \\ \hline 1 & 1 & \\ \hline 2 & & 1 \\ \hline \end{array} \qquad \text{(2a)}$$

Schließlich ist noch die Primärschaltung des Transformators zu berücksichtigen. Hier erfolgt keine Größen- und Phasenänderung, da Sternschaltung vorliegt. Dagegen können wegen des Vorhandenseins von nur zwei Maschen die Ströme aus nur zwei Teilströmen zusammengesetzt dargestellt werden. Man erhält mit

$$i' = \begin{array}{|c|c|} x' & y' \\ \hline i'_x & i'_y \\ \hline \end{array}$$

$$i = \begin{array}{|c|c|c|} x & y & z \\ \hline i'_x & i'_y & -i'_x - i'_y \\ \hline \end{array}$$

den entsprechenden Transformationstensor

$$C_u = \begin{array}{c|c|c|} & x' & y' \\ \hline x & 1 & \\ \hline y & & 1 \\ \hline z & -1 & -1 \\ \hline \end{array} \qquad \text{(3)}$$

oder in symmetrischen Komponenten

$$C_{u_\sigma} = \begin{array}{c|c|c|} & 1' & 2' \\ \hline 0 & & \\ \hline 1 & 1 & \\ \hline 2 & & 1 \\ \hline \end{array} \qquad \text{(3a)}$$

Mit Hilfe dieser Transformationstensoren kann nun das ursprüngliche Schaltbild 74 auf das Tensorschaltbild 75 zurückgeführt werden, das nun die gleiche Behandlung erfährt, als ob es sich um ein einfaches Schaltbild handeln würde. Wegen der vorhandenen drei Maschen können drei Ströme frei gewählt werden. Es sind dies die Ströme (Stromtensoren) $i'_p$, $i'_s$ und $i'_f$, bzw. unter Berücksichtigung der Schaltung der von ihnen durchflossenen Zweige

$$C_u \cdot i'_p, \qquad C_\Delta \cdot i'_s, \qquad C_f \cdot i'_f.$$

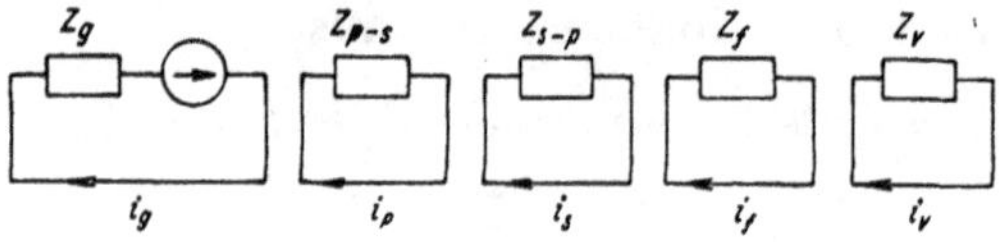


Bild 76. Vergleichsnetz zu Bild 75.

Das ganze Ersatznetz nach Bild 75 entspricht nun einem Vergleichsnetz von fünf Zweigen. (Siehe Bild 76.) Der Impedanztensor hat die Form

$z =$

| | g | p | s | f | v |
|---|---|---|---|---|---|
| g | $z_g$ | | | | |
| p | | | $z_{p-s}$ | | |
| s | | $z_{p-s}$ | | | |
| f | | | | $z_f$ | |
| v | | | | | $z_v$ |

. . . . . . . . (4)

worin

$z_g$ den Impedanztensor des Generators,

$z_{p-s} = z_{pp} + z_{ss} - 2\,z_{ps}$ den resultierenden Impedanztensor des Transformators,

$z_f$ den Widerstandstensor im Fehler und

$z_v$ den Impedanztensor des Verbrauchers

bedeuten. Dabei ist der Widerstandstensor $z_f$ definiert durch

$z_f =$

| | r | s | t |
|---|---|---|---|
| r | | | |
| s | | $R_f$ | $R_f$ |
| t | | $R_f$ | $R_f$ |

$= \frac{1}{3}$

| | 0 | 1 | 2 |
|---|---|---|---|
| 0 | $4\,R_f$ | $-2\,R_f$ | $-2\,R_f$ |
| 1 | $-2\,R_f$ | $R_f$ | $R_f$ |
| 2 | $-2\,R_f$ | $R_f$ | $R_f$ |

. . . (5)

wenn der Fehler als unsymmetrische dreiphasige Belastung aufgefaßt wird und daher in der Phase $r$ keinerlei Impedanz erscheinen kann.

Die Impedanztensoren $z_g$ und $z_v$ sind normale, dreireihige, quadratische Matrizen, die die eigenen und gegenseitigen Impedanzen der drei Phasen des Generators und Verbrauchers enthalten.

Bezieht man nunmehr das Tensornetz auf das Vergleichsnetz mit den »ursprünglichen« Strömen $i_g$, $i_p$, $i_s$, $i_f$, $i_v$, so ergibt sich

$$
\begin{aligned}
i_g &= -\,C_u \cdot i'_p \\
i_p &= +\,C_u \cdot i'_p \\
i_s &= \qquad\quad + \; i'_s \\
i_f &= \qquad\qquad\qquad + C_f \cdot i'_f \\
i_v &= \qquad\quad + C_\Delta \cdot i'_s + C_f \cdot i'_f
\end{aligned}
$$

und damit der Transformationstensor

$$C_1 = \begin{array}{c|c|c|c|} & p' & s' & f' \\ \hline g & -C_u & & \\ \hline p & C_u & & \\ \hline s & & I & \\ \hline f & & & C_f \\ \hline v & & C_{\Delta} & C_f \\ \hline \end{array} \qquad \text{. . . . . . . . . . (6)}$$

der die Verbindung

$$i = C_1 \cdot i' \qquad \text{. . . . . . . . . . . (6a)}$$

herstellt.

Die Anwesenheit des Transformators $T$ ergibt noch eine Bedingungsgleichung, die sich, bei Vernachlässigung der Magnetisierungsströme, aus dem Gleichgewicht der Amperewindungen ableitet. Sind $n_p$ und $n_s$ die Windungszahlen der Primär- und Sekundärwicklung, so muß noch

$$n_p \cdot i_p + n_s \cdot i_s = 0$$

sein, was auch mit den gestrichenen Strömen wie folgt geschrieben werden kann

$$n_p \cdot C_u \cdot i'_p + n_s \cdot i'_s = 0$$

oder

$$i'_s = -n_s^{-1} \cdot n_p \cdot C_u \cdot i'_p = -n \cdot i'_p,$$

wenn

$$n_s^{-1} \cdot n_p \cdot C_u = n$$

gesetzt wird. Man kann auch diese Beziehung durch eine Transformation

$$i' = C_2 \cdot i'' \qquad \text{. . . . . . . . . . . (7a)}$$

darstellen und erhält für $C_2$ aus

$$\begin{aligned} i'_p &= \quad i''_p \\ i'_s &= -n \cdot i''_p \\ i'_f &= \qquad\quad + i''_f \end{aligned}$$

$$C_2 = \begin{array}{c|c|c|} & p'' & f'' \\ \hline p' & I & \\ \hline s' & -n & \\ \hline f' & & I \\ \hline \end{array} \qquad \text{. . . . . . . . . . (7)}$$

Der gesamte Transformationstensor $C$ wird dann aus (6a) und (7a)

$$i = C_1 \cdot C_2 \cdot i'' = C \cdot i'' \qquad \text{. . . . . . . . . (8a)}$$

$C =$

| | $p''$ | $f''$ |
|---|---|---|
| $g$ | $-C_u$ | |
| $p$ | $C_u$ | |
| $s$ | $-n$ | |
| $f$ | | $C_f$ |
| $v$ | $-C_\Delta \cdot n$ | $C_f$ |

. . . . . . . . . . (8)

Damit können nun alle gewünschten Größen berechnet werden.

So ist beispielsweise der Impedanztensor des ganzen Systems

$$z'' = C_t^* \cdot z \cdot C$$

mit

$C_t^* =$

| | $g$ | $p$ | $s$ | $f$ | $v$ |
|---|---|---|---|---|---|
| $p''$ | $-C_{ut}^*$ | $C_{ut}^*$ | $-n_t^*$ | | $-n_t^* \cdot C_{\Delta t}^*$ |
| $f''$ | | | | $C_{ft}^*$ | $C_{ft}^*$ |

. . . (9)

und

$z \cdot C =$

| | $p''$ | $f''$ |
|---|---|---|
| $g$ | $-z_g \cdot C_u$ | |
| $p$ | $-z_{p-s} \cdot n$ | |
| $s$ | $z_{p-s} \cdot C_u$ | |
| $f$ | | $z_f \cdot C_f$ |
| $v$ | $-z_v \cdot C_\Delta \cdot n$ | $z_v \cdot C_f$ |

$z'' =$

| | $p''$ | $f''$ |
|---|---|---|
| $p''$ | $C_{ut}^* \cdot z_g \cdot C_u - C_{ut}^* \cdot z_{p-s} \cdot n - n_t^* \cdot z_{p-s} \cdot C_u + n_t^* \cdot C_{\Delta t}^* \cdot z_v \cdot C_\Delta \cdot n$ | $-n_t^* \cdot C_{\Delta t}^* \cdot z_v \cdot C_f$ |
| $f''$ | $-C_{ft}^* \cdot z_v \cdot C_\Delta \cdot n$ | $C_{ft}^* \cdot (z_f + z_v) \cdot C_f$ |

. . . (10)

Die Ströme ergeben sich aus

$$i'' = z''^{-1} \cdot u'', \quad \ldots \ldots \ldots \ldots (11)$$

worin

$$u'' = C_t^* \cdot u = C_t^* \cdot \begin{array}{c|c|c|c|c} g & p & s & f & v \\ \hline u_g & 0 & 0 & 0 & 0 \end{array} = \begin{array}{c|c} p'' & f'' \\ \hline -C_{ut}^* \cdot u_g & 0 \end{array} \quad \ldots (12)$$

Um die Größen für die einzelnen Phasen zu bekommen, müssen nun allerdings die einzelnen Matrizen ausgewertet werden, was aber rein mechanisch geschehen kann und keiner weiteren Überlegungen bedarf.

Dieses kurz angedeutete Beispiel zeigt wohl deutlich die Verwendbarkeit des Verfahrens bei der Berechnung von Fehlern in Drehstromanlagen. Von einem weiteren Eingehen auf die auch in komplizierten Fällen so übersichtliche Tensorrechnung muß hier Abstand genommen und auf das Schrifttum verwiesen werden.

**Schrifttum:**

G. Kron: Tensor Analysis of Networks, J. Wiley, New York 1939.

## G. Heavisidesche Operatorenrechnung und Laplace-Transformation.

### 1. Heavisidesche Operatorenrechnung.

a) Die Grundlagen des Verfahrens.

Wird in einem stationären Zustand eines Netzes mit konstanten Netzkenngrößen (Widerständen, Selbstinduktivitäten mit linearer Kennlinie, Kapazitäten) eine der zeitabhängigen Veränderlichen (Strom, Spannung) plötzlich geändert, dann strebt das System einem neuen stationären Zustand zu, den es aber nicht sofort, sondern erst nach Ablauf einer bestimmten Zwischenzeit erreicht. Der neue, eingeschwungene Zustand wird nach einem Ausgleichsvorgang erreicht, der insbesondere bei plötzlichen Änderungen der wirkenden Spannung auch als Schaltvorgang bezeichnet wird. Unter den eben genannten Voraussetzungen werden die durch die Maxwellschen Feldgleichungen allgemein berechenbaren Ausgleichsvorgänge durch lineare Differentialgleichungen beschrieben. Die Lösung dieser Differentialgleichungen stellt nun oft sehr erhebliche Anforderungen an das mathematische Rüstzeug des Elektroingenieurs, denen er häufig nicht gewachsen ist. Eine wesentliche Vereinfachung und vor allem auch Übersichtlichkeit der Rechnung bringt hier die Operatorenrechnung, die zwar an und für sich schon lange bekannt, aber durch Heaviside für die Elektrotechnik neuerdings eingeführt wurde[1]).

Ist zunächst das betrachtete System in Ruhe und durch keine Spannung erregt, so wird beim plötzlichen Anbringen einer Ursache $E$ an irgendeiner Stelle des Systems (in unserem Falle meist eine aufgedrückte Spannung), an einer beliebigen anderen Stelle eine zeitlich ablaufende Wirkung $S$ (Strom, Spannung . . .) entstehen, die auf Grund der vorliegenden linearen Gleichungen in der Beziehung

$$S = \frac{E}{H} \qquad \ldots \ldots \ldots \ldots \qquad (1)$$

[1]) Die mit der Operatorenrechnung verbundene symbolische Schreibweise geht auf Leibniz zurück.

stehen. Nimmt man als Ursache eine aufgedrückte Spannung und als Wirkung den Strom in irgendeinem anderen Zweig des Netzes an, dann ist $H$ eine Größe mit der Dimension eines Widerstandes, die aber eine Funktion der Zeit ist. Sie wird die Stammfunktion genannt und hat im allgemeinen Fall (z. B. wenn $S$ die Spannung in einem Netzzweig bedeutet) nicht die Dimension eines Widerstandes.

Die Eigenschaften des Netzes werden wegen der angenommenen Linearität im wesentlichen schon bei Annahme bestimmter, begrenzter Ursachen erkennbar, also etwa dann, wenn dem Netz eine bestimmte Spannung aufgedrückt und der dadurch hervorgerufene erzwungene Zustand betrachtet wird. Die gesuchten Zustandsgrößen ergeben sich dann auch als Lösungen der so entstehenden linearen Differentialgleichungen und können stets durch den Ansatz

$$E = K e^{pt}$$

gewonnen werden. Da dann auch die »Ströme« demselben Exponentialgesetz $e^{pt}$ unterliegen, kann in der Differentialgleichung durch $e^{pt}$ gekürzt werden, und es entsteht eine entsprechende algebraische Gleichung, in der der $n$-te Differentialquotient durch die $n$-te Potenz von $p$ ersetzt ist. Man kann diese Gleichung auch direkt anschreiben, wenn man in den Differentialgleichungen die Operation $\frac{d}{dt}$ durch $p$ oder $\int dt$ durch $\frac{1}{p}$ ersetzt, $p$ also als Differentialoperator ansieht. Ähnlich wie in der komplexen Rechnung ergeben sich dann für die Widerstandsoperatoren $Lp$ und $\frac{1}{Cp}$, wobei $p$ wieder wie eine algebraische Zahl behandelt werden kann.

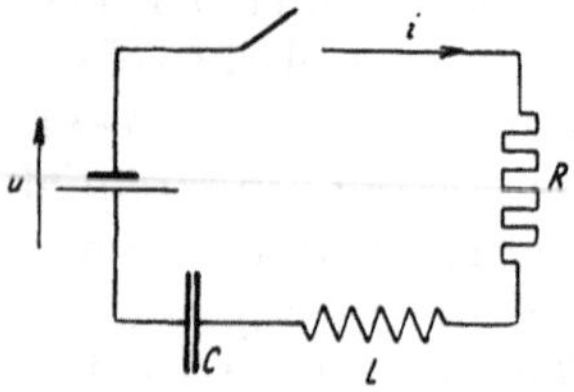

Bild 77. Einschalten eines Schwingungskreises.

Zum besseren Verständnis seien diese grundlegenden Annahmen an einem Beispiel erläutert. Es soll etwa das Verhalten des Schwingungskreises, Bild 77, nach dem plötzlichen Anschalten an eine konstante Spannungsquelle untersucht werden. Ist zunächst die Spannung $u$ beliebig, dann gilt

$$u = R i + L \frac{d i}{d t} + \frac{1}{C} \int i \, d t \quad \ldots \ldots \ldots \quad (2)$$

Im Falle einer angenommenen, erzwungenen Schwingung mit

$$u = U e^{pt}$$

und

$$i = I e^{pt}$$

wird

$$U = R I + L p I + \frac{1}{C p} I = \left(R + L p + \frac{1}{C p}\right) I \quad \ldots \quad (3)$$

Diese Gleichung ergibt sich sofort auch durch Einführen des Differentialoperators in die Differentialgleichung (2) oder Anwendung der Widerstandsoperatoren und Aufstellung des ohmschen Gesetzes

$$i = \frac{u}{R + Lp + \frac{1}{Cp}} \quad . \; . \; . \; (3a)$$

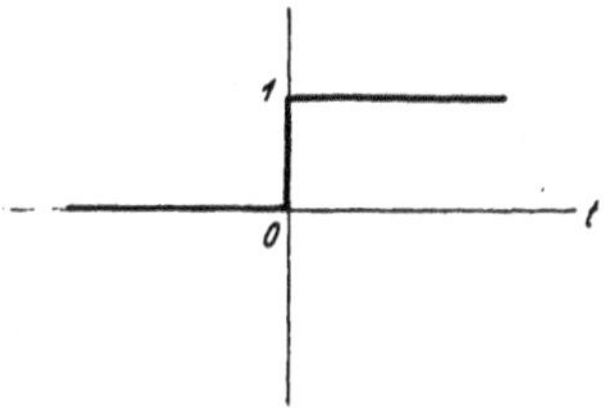


Bild 78. Die Einheitsfunktion.

Um zu einer allgemeinen Lösung der durch das vorliegende Problem bestimmten Differentialgleichungen zu gelangen, geht man zunächst von dem einfachsten Fall aus, daß im Zeitpunkt 0 plötzlich die Spannung 1 angelegt wird und im weiteren Verlauf konstant bleibt. Diese »Einheitsfunktion« oder »Stoßfunktion«, deren Verlauf in Bild 78 gezeichnet ist, kann in den folgenden drei mathematischen Formen dargestellt werden:

$$\mathbf{1} = \frac{1}{2}\left(1 + \frac{2}{\pi}\int_0^{\infty} \frac{\sin \omega t}{\omega}\, d\omega\right) \quad . \; . \; . \; . \; . \; . \; . \; . \; . \; (4)$$

$$\mathbf{1} = \frac{1}{2\pi j}\int_{-\infty}^{+\infty} \frac{e^{j\omega t}}{\omega}\, d\omega \quad . \; . \; . \; . \; . \; . \; . \; . \; . \; . \; . \; . \; (5)$$

$$\mathbf{1} = \frac{1}{2}(1 + \operatorname{sign} t) \quad . \; . \; . \; . \; . \; . \; . \; . \; . \; . \; . \; . \; (6)$$

Für das zu besprechende Verfahren ist zunächst die Gleichung (5) von Bedeutung, die eine bestimmte Art eines Fourierschen Integrals darstellt und auch in der Form

$$\frac{1}{2\pi j}\int_{-j\infty}^{+j\infty} \frac{e^{pt}}{p}\, dp \quad . \; . \; . \; . \; (5a)$$

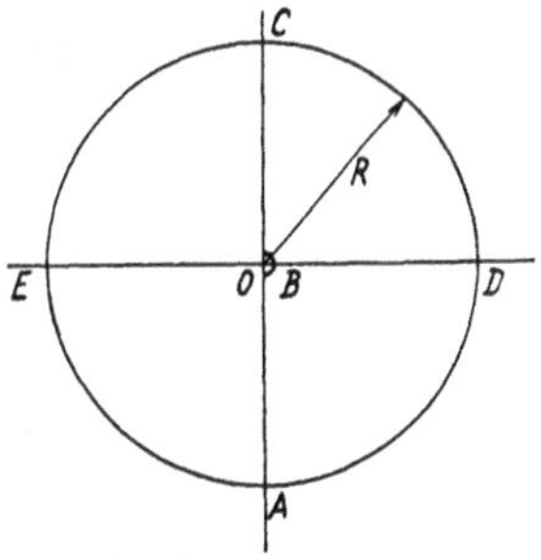


Bild 79. Zur Ableitung der Heavisideschen Formel.

geschrieben werden kann. Darin bedeutet $p$ zunächst eine beliebige komplexe Integrationsvariable.

Zur Auswertung des Integrals (5) oder (5a) ist zu beachten, daß die Funktion

$$f(p) = \frac{e^{pt}}{p}$$

bis auf den Punkt $p = 0$ regulär ist. Der Integrationsweg steht vorerst noch offen. Um die Integrationsgesetze der komplexen Rechnung anwenden zu können, sei zunächst nach Bild 79 ein vom sehr großen Halbmesser $R$ begrenzter Bereich angenommen. Bildet man nun das

Randintegral über die Begrenzungslinie $ABCD$

$$\oint\limits_{ABCDA} f(p)\,d\,p = 0,$$

die die singuläre Stelle $p = 0$ durch Umgehen auf einem sehr kleinen Halbkreis vermeidet, so muß das Integral nach dem Hauptsatz der Funktionentheorie Null sein. Nun wird aber der über dem Bogen $CDA$ gebildete Anteil an diesem Integral Null, wenn $R$ gegen $\infty$ geht und $t$ negativ ist. Es muß dann also auch der Rest, nämlich das Integral[1])

$$_{ABC}\int\limits_{-j\infty}^{+j\infty} f(p)\,d\,p = \int\limits_{\uparrow} \frac{e^{p\,t}}{p}\,d\,p = 0 \qquad \text{für}\, t < 0$$

verschwinden. Bildet man andererseits für positive $t$ das Randintegral

$$\oint\limits_{ABCE} f(p)\,d\,p,$$

so läßt sich nachweisen, daß auch hier für unendlich großes $R$ der Anteil am Bogen $CEA$ Null ist, das übrigbleibende Hakenintegral

$$\int\limits_{\uparrow} f(p)\,d\,p,$$

also gleich dem $2\pi j$-fachen des Residuums der Funktion an der jetzt eingeschlossenen singulären Stelle $p = 0$ wird. Das Residuum ergibt sich aus der Laurentschen Entwicklung der Funktion in der Umgebung der Stelle $p = 0$

$$\frac{e^{p\,t}}{p} = \frac{1}{p}\left(1 + \frac{p\,t}{1!} + \frac{p^2 t^2}{2!} + \ldots\right) = \frac{1}{p} + \frac{t}{1!} + \frac{p\,t^2}{2!} + \ldots$$

zu

$$a_{-1} = 1$$

als Koeffizient der Potenz $(p - 0)^{-1}$. Es ist also

$$\frac{1}{2\pi j}\int\limits_{\uparrow} \frac{e^{p\,t}}{p}\,d\,p = 1 \qquad \text{für } t > 0.$$

Damit ist also nachgewiesen, daß das Fouriersche Integral

$$\frac{1}{2\pi j}\int\limits_{\uparrow} \frac{e^{p\,t}}{p}\,d\,p = \begin{cases} 0 \text{ für } t < 0 \\ 1 \text{ für } t > 0 \end{cases}$$

[1]) Man bezeichnet solche Integrale auch als »Hakenintegrale« und deutet den Integrationsweg am Integralzeichen durch Anbringen eines »Hakens« an.

tatsächlich die Einheitsfunktion darstellt. Dieses Integral kann auch in der Form

$$\int dE$$

geschrieben werden und sagt damit aus, daß auf das System unendlich viele Teilspannungen

$$dE = \frac{dp}{2\pi j p} e^{pt}$$

aufgedrückt werden, die wegen der angenommenen Linearität selbst und in ihren Wirkungen überlagert werden können. Diese Teilspannungen entsprechen in ihrem Aufbau dem ursprünglich gewählten Ansatz. Ihre Wirkungen sind also gemäß Gleichung (1)

$$dS_1 = \frac{dp}{2\pi j p H} e^{pt}$$

und die gesamte Wirkung daher

$$S_1 = \frac{1}{2\pi j} \int\limits_{\curvearrowright} \frac{e^{pt}}{p H(p)} dp \quad . \quad . \quad . \quad . \quad . \quad . \quad . \quad . \quad . \quad (7)$$

Dabei soll der Zeiger 1 andeuten, daß $S_1$ die Folge eines »Einheitsstoßes« ist. $H$ ist dann selbst eine Funktion von $p$, und $p$ somit identisch mit dem Differentialoperator. Als Integrationsweg kommt wieder der Weg $ABCDA$ für negative $t$ und $ABCEA$ für positive $t$ bei unendlich anwachsendem $R$ in Frage. Da nunmehr aber noch die Stammfunktion $H(p)$ hinzugetreten ist, werden im allgemeinen außer der singulären Stelle $p = 0$ noch eine Reihe weiterer singulärer Stellen $p_1, p_2 \ldots p_n$ auftreten, die sich als Wurzeln[1]) der »Stammgleichung«

$$H(p) = (p - p_0)(p - p_1)(p - p_2) \ldots (p - p_n) = 0 \quad . \quad . \quad . \quad (8)$$

ergeben. Da $S$ für negative Zeiten voraussetzungsgemäß Null sein soll, muß für die Stammfunktion gefordert werden, daß ihre Eigenwerte keine positiven reellen Komponenten besitzen.

Das Integral (7) wird dann als Summe der Residuen

$$S_1 = \sum_{n=0}^{n} \mathfrak{Res}\, p_n$$

aller singulärer Stellen gefunden. Die Residuen findet man wieder durch eine Potenzreihenentwicklung nach $(p - p_n)$, aus der der Koeffizient $a_{-1}$ zu entnehmen ist. Nun ist für die $n$-te singuläre Stelle

$$e^{pt} = e^{p_n t} + e^{p_n t} \frac{t}{1!}(p - p_n) + e^{p_n t} \frac{t^2}{2!}(p - p_n)^2 + \ldots$$

[1]) Sie heißen auch »Eigenwerte« der Funktion.

und

$$H(p) = 0 + \frac{H'(p_n)}{1!}(p - p_n) + \frac{H''(p_n)}{2!}(p - p_n)^2 + \dots$$

Bei beliebiger Annäherung von $p_n$ an $p$ kann dann zur Bestimmung von $a_{-1}$ der zweite Summand in der Entwicklung von $H(p)$ vernachlässigt werden und es wird

$$\frac{e^{pt}}{p\,H(p)} = \frac{e^{p_n t}}{p_n H'(p_n)} \frac{1}{(p - p_n)} + \dots$$

mit

$$a_{-1} = \frac{e^{p_n t}}{p_n H'(p_n)}.$$

Dieser Ausdruck umfaßt alle Eigenwerte $n = 1$ bis $n$. Für $n = 0$ oder $p = 0$ wird

$$\frac{e^{pt}}{p\,H(p)} = \frac{1}{H(0)} \frac{1}{(p - 0)},$$

also

$$a_{-1} = \frac{1}{H(0)}.$$

Man findet demnach schließlich die Heavisidesche Formel

$$S_1(t) = \frac{1}{H(0)} + \sum \frac{e^{p_n t}}{p_n H'(p_n)} \quad \dots\dots\dots \quad (9)$$

Damit ergibt sich folgende Regel zur Aufsuchung der gesuchten Funktion $S_1(t)$, wenn das System im Augenblick $t = 0$ von der Einheitsfunktion erregt wird:

»Man stelle zunächst die Differentialgleichungen des Stromkreises auf und ersetze darin $U$ durch $U e^{pt}$ und $I$ durch $I e^{pt}$, worauf sich $e^{pt}$ kürzt und eine Gleichung von der Form $U = HI$ entsteht. Man kann anstatt dessen auch ähnlich wie in der komplexen Behandlung der Wechselstromtechnik von Anfang an mit den Heavisideschen Widerstandsoperatoren $R$, $pL$ und $\frac{1}{pC}$ arbeiten. Aus der erhaltenen Beziehung sucht man nun die Wurzeln der Stammgleichung

$$H(p) = 0$$

und setzt diese in die Gleichung (9) ein.«

Das Verfahren wurde in der Form beschrieben und abgeleitet, in der es meistens im Schrifttum Verwendung findet.

Man hätte aber auch den Ansatz

$$E = U e^{j\omega t}$$

machen können und hätte dann die gewohnten Widerstandsoperatoren

$R$, $j\omega L$, $\frac{1}{j\omega C}$ erhalten. Als Einheitsfunktion hätte dann die Gleichung (5) unverändert beibehalten werden können. Die Ermittlung der Hakenintegrale wäre in ähnlicher Weise zu führen gewesen; sie wären aber längs der reellen Achse von $-\infty$ bis $+\infty$, statt längs der imaginären Achse von $-j\infty$ bis $+j\infty$ zu bilden gewesen. Man hätte dann die Gleichungen

$$\int\limits_{\rightarrow} \frac{e^{j\omega t}}{\omega}\, d\omega = \begin{cases} 0 & \text{für } t < 0 \\ 2\pi j & \text{für } t > 0 \end{cases}$$

erhalten. Der Residiuensatz hätte schließlich auf die Heavisidesche Gleichung in der Form

$$S_1(t) = \frac{1}{H(0)} + \sum \frac{e^{j\omega_n t}}{\omega_n \left(\frac{dH}{d\omega}\right)_{\omega_n}} \quad \text{. . . . . . . (9a)}$$

geführt. Diese Darstellung, die leider im Schrifttum nur wenig benutzt wird[1]), hat den großen Vorteil, daß die Deutung und Verwendung des Operators $p = \frac{d}{dt}$ als selbständige algebraische Zahl, die dem Praktiker das Verfahren immer wieder in ein unnötiges, geheimnisvolles Dunkel hüllen wird, beiseite fällt. Die Stammgleichung

$$H(\omega) = 0$$

liefert jetzt einfach ausgezeichnete Frequenzen (ähnlich den Resonanzfrequenzen), die aller Mystik enthoben sind. In mathematischem Sinn sind natürlich beide Darstellungsformen gleichwertig, so daß gegen die Anwendung der klareren zweiten nichts im Wege steht.

Ein Beispiel möge das Verfahren nochmals veranschaulichen. Es soll der Strom in der Schwingungskreisschaltung gemäß Bild 77 nach dem plötzlichen Anschließen an die konstante Spannung $U$ ermittelt werden. Die Ausgangsgleichung ist nach der komplexen Rechnung

$$\mathfrak{J} = \frac{U}{R + j\omega L + \frac{1}{j\omega C}}.$$

Die Stammgleichung lautet also

$$H(\omega) = R + j\omega L + \frac{1}{j\omega C} = 0.$$

Sie liefert die beiden Wurzeln

$$\omega_{1,2} = j\frac{R}{2L} \pm \sqrt{\frac{1}{LC} - \frac{R^2}{4L^2}}.$$

[1]) Sie wird beispielsweise in konsequenter Weise von Wallot in seinem Buche »Theorie der Schwachstromtechnik« angewandt.

Führt man die Substitutionen[1])

$$\frac{1}{\sqrt{LC}} = \omega_0 \quad \text{Resonanzfrequenz,}$$

$$R\sqrt{\frac{C}{L}} = D \quad \text{Dämpfung}$$

sowie

$$\left.\begin{array}{l} \frac{L}{R} = \tau_L \ \text{induktive} \\ RC = \tau_C \ \text{kapazitive} \end{array}\right\}\text{Zeitkonstante}$$

und

$$\sin\vartheta = \frac{R}{2}\sqrt{\frac{C}{L}} = \frac{D}{2}$$

ein, so ergibt sich

$$\omega_{1,2} = j\frac{1}{2\tau_L} \pm \omega_0 \cos\vartheta \quad \ldots\ldots\ldots \quad (10)$$

Es wird ferner

$$H(0) = \infty$$

und

$$\frac{dH}{d\omega} = jL - \frac{1}{j\omega^2 C}$$

also

$$\omega_n\left(\frac{dH}{d\omega}\right)_{\omega_n} = j\omega_n L - \frac{1}{j\omega_n C}$$

oder gemäß der Stammgleichung und Gleichung (10)

$$\omega_n\left(\frac{dH}{d\omega}\right)_{\omega_n} = R + 2j\omega_n L = R - \frac{L}{\tau_L} \pm j2\omega_0 L\cos\vartheta.$$

Hierin kann man noch

$$\omega_0\cos\vartheta = \omega_e = \sqrt{\frac{1}{LC} - \left(\frac{R}{2L}\right)^2} \quad \ldots\ldots \quad (11)$$

setzen, so daß

$$\omega_n\left(\frac{dH}{d\omega}\right)_{\omega_n} = \pm j2\omega_e L.$$

Damit wird aber schließlich der Strom

$$i = U\left(\frac{e^{-\frac{t}{2\tau_L}+j\omega_e t}}{j2\omega_e L} + \frac{e^{-\frac{t}{2\tau_L}-j\omega_e t}}{-j2\omega_e L}\right) = \frac{U}{\omega_e L}e^{-\frac{t}{2\tau_L}}\frac{e^{j\omega_e t} - e^{-j\omega_e t}}{2j}$$

oder

$$i = \frac{U}{\omega_e L}e^{-\frac{t}{2\tau_L}} \cdot \sin\omega_e t \quad \ldots\ldots\ldots\ldots\ldots \quad (12)$$

[1]) Siehe Band I, Seite 420 und 421.

Der Strom schwingt also gedämpft nach einer Sinusfunktion, wie es das Bild 80 zeigt. Die »Eigenfrequenz« $\omega_e$ dieser Schwingung ist nach Gleichung (11) immer kleiner als die Resonanzfrequenz $\omega_0$ und daher von letzterer zu unterscheiden. Die Abweichung wird aber um so geringer, je kleiner die Dämpfung, also je kleiner $R$ ist. Der Strom setzt nahezu mit dem Höchstwert $I_0 = \frac{U}{\omega_e L}$ ein; seine Amplituden klingen gemäß $e^{-\frac{t}{2\tau_L}}$ gegen Null ab. Die Begrenzungslinien der Amplituden sind im Bild eingetragen. Man kann sie leicht wie folgt finden. Die Tangentenrichtung an die Kurve ergibt sich aus

$$\frac{d}{dt}\left(\frac{U}{\omega_e L} e^{-\frac{t}{2\tau_L}}\right) = -\frac{U}{\omega_e L\, 2\tau_L} e^{-\frac{t}{2\tau_L}}.$$

Für den Ausgangspunkt $t = 0$ ist also

$$\operatorname{tg} \alpha = -\frac{U}{\omega_e L\, 2\tau_L} = -\frac{I_0}{2\tau_L}.$$

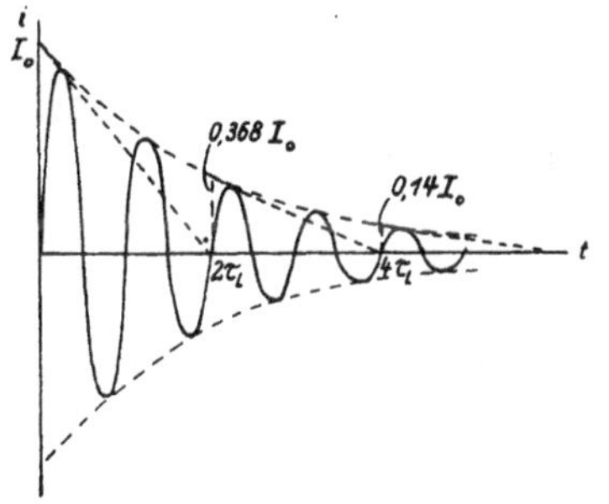


Bild 80. Einschalten eines Schwingungskreises an Gleichspannung.

Man erhält demnach die Tangente, wenn man die doppelte, induktive Zeitkonstante auf der Zeitachse abträgt und mit $I_0$ verbindet. Die Amplitude ist dann nach Ablauf der Zeit $2\,\tau_L$ auf

$$I_{2\tau_L} = \frac{U}{\omega_e L} e^{-1} = 0{,}368\, I_0$$

abgeklungen. Diese Konstruktion kann in gleicher Weise fortgesetzt werden, da die Tangente im neuen Punkt ($t = 2\,\tau_L$)

$$\operatorname{tg} \alpha_1 = -\frac{U e^{-1}}{\omega_e L\, 2\tau_L} = -\frac{0{,}368\, I_0}{2\tau_L} = -\frac{I_1}{2\tau_L}$$

analog gebildet wird. Die Stromamplitude ist dann auf $e^{-2} = 14$ vH und nach einem weiteren Zeitabschnitt $2\,\tau_L$ auf 5 vH des Anfangswertes abgeklungen.

Besonders einfach liegt der Fall, wenn nur eine Spule vorliegt. Die Stammgleichung liefert dann mit

$$R + j\,\omega L = 0$$

eine einzige Wurzel

$$\omega_1 = j\,\frac{R}{L}.$$

Es ist ferner

$$\left(\frac{dH}{d\omega}\right)_{\omega_1} = j\,L$$

und

$$H(0) = R,$$

also

$$i = \frac{U}{R} + \frac{U e^{-\frac{R}{L} t}}{-R}$$

oder

$$i = \frac{U}{R}\left(1 - e^{-\frac{t}{\tau_L}}\right) \quad . \; . \; . \; . \; . \; . \; . \; . \; . \quad (13)$$

Dieser Stromverlauf ist im Bild 81 dargestellt, dem wohl nichts mehr hinzugefügt zu werden braucht. Hier erscheint die Zeitkonstante $\tau_p$ mit ihrem einfachen Wert. Sie ist eine Kenngröße der Spule und gibt an, in welcher Zeit der Strom auf 63,2 vH des Endwertes angestiegen ist. Daraus erscheint die Namensgebung dieser Größe gerechtfertigt. Ein analoger Kennwert beschreibt auch die entsprechende Eigenschaft eines Kondensators.

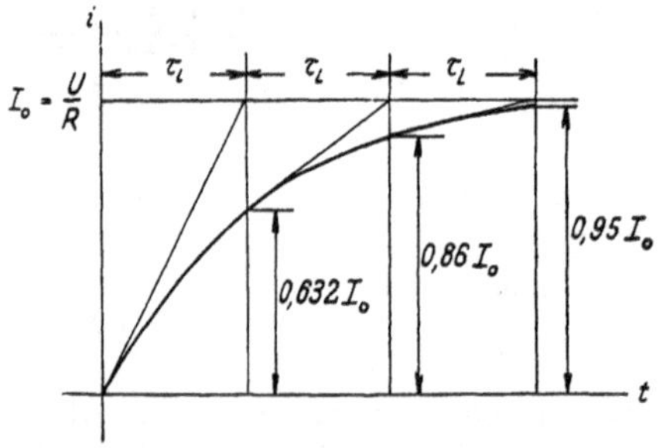


Bild 81. Einschalten einer Spule an Gleichspannung.

Es sind nun noch einige einschränkende Bemerkungen zum Heavisideschen Verfahren zu machen. In der Ableitung der Hakenintegrale wurde angenommen, daß die Funktion $f(p)$ — oder $f(\omega)$ — für unendlich großes $R$ — also unendlich großes $\omega$ — verschwindet. In der Ergebnisgleichung (7) tritt zu dieser Funktion aber noch der Faktor $\frac{1}{H}$. Es darf also für unendlich anwachsendes $\omega$ die Stammfunktion $H$ nicht gegen Null konvergieren. Das ist beispielsweise bei einem reinen Kondensator mit dem Operator $\frac{1}{j\omega C}$ der Fall.

Die zweite Forderung, daß keine der Eigenwerte $p_n$ eine positive reelle Komponente haben soll, wurde bereits früher angegeben. Sie kann für $\omega$ auch durch die Forderung ersetzt werden, daß alle Wurzeln $\omega_n$ nur positive imaginäre Komponenten haben dürfen.

Schließlich ist noch die naheliegende Forderung zu stellen, daß die Stammfunktion eine eindeutige Funktion von $p$ oder $\omega$ sein muß, da ja zu einer bestimmten Erregerfunktion nur eine einzige erzwungene Wirkung möglich sein darf.

Eine Modifikation der Heavisideschen Formel ergibt sich dann, wenn die Stammgleichung mehrfache Wurzeln hat. Diesbezüglich sei auf die Literatur verwiesen.

b) Andere Darstellungen und beliebiger Erregerverlauf.

Die Grundidee der Heavisideschen Rechnung wurde an Hand der folgenden Überlegung gefunden. Drückt man einem linearen System eine Spannung $U e^{j\omega t}$ auf[1]), so wird der Strom in einem bestimmten Zweig des Systems ebenfalls von der Form $S e^{j\omega t}$ sein. Der Zusammenhang dieser beiden Größen ist im erzwungenen, eingeschwungenen Zustand durch die Gleichung

$$S(t) = \frac{U(t)}{H(\omega)} \quad \ldots \ldots \ldots \ldots \quad (1)$$

gegeben. Diese Gleichung kann entweder durch Anwendung der komplexen Rechnung oder durch Aufstellen der Differentialgleichungen für die Momentanwerte gewonnen werden. Im ersten Fall ergibt sich die Stammfunktion $H$ als komplexe Funktion der Kreisfrequenz $\omega$; im zweiten Fall müssen die Differentialquotienten durch den »Operator« $p$ ersetzt werden, der dann wie eine algebraische Zahl zu behandeln ist. Die Stammfunktion erscheint als Funktion dieses Operators $p$. Man erkennt, daß beide Darstellungen identisch sind, da ja lediglich $p$ durch $j\omega$ ersetzt zu werden braucht, das bei der komplexen Rechnung beim Differentieren tatsächlich als Faktor erscheint, ebenso wie $\frac{1}{j\omega}$ beim Integrieren.

Ist das Verhalten bei der erzwungenen Schwingung $U e^{j\omega t}$ bekannt, dann ist es möglich, die »Strom«-Funktionen $S(t)$ auch für beliebige andere Spannungen $E$ zu ermitteln, soferne diese durch Überlagerung aus harmonischen Teilschwingungen zusammengesetzt werden können. Das ist bei periodischen Funktionen durch Fouriersche Reihen, bei nicht periodischen Funktionen durch Fouriersche Integrale möglich. Von besonderer Wichtigkeit ist dabei die Stoßfunktion, die eine zur Zeit $t = 0$ einsetzende und dann gleichbleibende Spannung beschreibt. Für den Einheitsstoß hat sich dafür das Integral

$$\mathbf{1} = \frac{1}{2\pi j} \int_{-\infty}^{+\infty} \frac{e^{j\omega t}}{\omega} d\omega = \frac{1}{2\pi j} \int_{-j\omega}^{+j\omega} \frac{e^{pt}}{p} dp \quad \ldots \ldots \quad (2)$$

ergeben. Für eine andere Spannungshöhe $U$ wäre noch mit $U$ zu multiplizieren, also die Funktion $U \cdot \mathbf{1}$ anzuwenden. Jede Teilwelle im Fourierschen Integral erzeugt eine entsprechende Stromteilwelle gemäß der Grundgleichung (1). Die Summe aller Teilwellen liefert schließlich den gesamten Strom gemäß der Heavisideschen Gleichung

[1]) In Hinkunft soll des Verständnisses halber die Ursache des Ausgleichsvorganges stets als Spannung, die gesuchte Zeitfunktion als Strom bezeichnet werden. In Wirklichkeit können dies beliebige andere physikalische Größen sein.

$$S(t) = \frac{U}{H(0)} + U \Sigma \frac{e^{j\omega_n t}}{\left(\omega \frac{dH}{d\omega}\right)_{\omega_n}} \quad \ldots \ldots \quad (3)$$

Wird der Einheitsstoß aufgedrückt, dann kann $S(t)$ auch als Leitwert aufgefaßt werden $\left(\text{eigentlich } \frac{S(t)}{1}\right)$. Diese Größe heißt dann auch der Übergangsleitwert oder die Übergangsfunktion des untersuchten Zweiges in bezug auf den Zweig, der den Einheitsstoß erhält.

Zur Darstellung der Einheitsfunktion wurde bisher das Fouriersche Integral (2) herangezogen. Manchmal erscheint es vorteilhaft, hierfür die Funktion

$$1 = \frac{1}{2} + \frac{1}{\pi} \int_0^\infty \frac{\sin \omega t}{\omega} d\omega \quad \ldots \ldots \quad (4)$$

zu verwenden (siehe S. 249). Sie zeigt ebenfalls die Überlagerung unendlich vieler Teilwellen der Amplituden

$$\frac{d\omega}{\omega \pi}$$

aber hier noch über dem konstanten Wert $\frac{1}{2}$ [1]. Jeder dieser Teilwellen entspricht dann wieder ein Teilstrom

$$d S_1 = \frac{d\omega}{\omega \pi H(\omega)} \sin \omega t,$$

und es wird

$$S_1(t) = \frac{1}{2 H(0)} + \frac{1}{\pi} \int_0^\infty \frac{\sin \omega t}{\omega H(\omega)} d\omega \quad \ldots \ldots \quad (5)$$

worin $H(0)$ die Stammfunktion für $\omega = 0$ bedeutet. Nun findet man $H(\omega)$ aber aus der Grundgleichung (1) bei eingeschwungenem Dauerzustand mit einer bestimmten Frequenz. $S_1$ und $U$ können daher als Zeitvektoren angegeben werden, die in einem bestimmten komplexen Verhältnis stehen

$$\mathfrak{S}_1(t) = \mathfrak{A}\, \mathfrak{U}(t).$$

Es ist dann der Drehstrecker

$$\mathfrak{A} = A e^{-ja} = e^{-b} \cdot e^{-ja} = e^{-\mathfrak{g}} = \frac{1}{H(\omega)} \quad \ldots \ldots \quad (6)$$

ein Maß für die größen- und dimensionsmäßige Einflußnahme sowie die Winkelverdrehung der Einflußgröße $U$ auf die Ergebnisgröße $S_1$. Man könnte $\mathfrak{A}$ etwa den Übergangsoperator nennen. Er kann sowohl

[1] Zu dieser Darstellung siehe auch K. Küpfmüller: Einführung in die theoretische Elektrotechnik 2. Auflage, H. Springer, 1939.

Dimension haben, als auch dimensionslos sein, je nachdem ob $S$ und $U$ verschiedene oder gleiche Dimensionen haben. Da $a$ und $b$ von der Frequenz abhängen, nennt man diese Größen auch die Frequenzcharakteristiken des Systems. $a$ heißt der Übertragungswinkel, $b$, wenn es dimensionslos ist, die Dämpfung, $A$ wird auch der Übertragungsfaktor genannt.

Führt man den Übergangsoperator ein, dann wird

$$d\,S_1 = \frac{d\,\omega}{\omega\,\pi}\, e^{-b} \sin(\omega\,t - a)$$

und damit der Übergangsleitwert

$$S_1(t) = \frac{1}{2}\, e^{b_0} + \frac{1}{\pi} \int_0^\infty e^{-b}\, \frac{\sin(\omega\,t - a)}{\omega}\, d\,\omega \quad . \;.\; .\; .\; . \quad (7)$$

worin $b_0$ die »Dämpfung« bei $\omega = 0$ bedeutet.

Es soll nunmehr der allgemeinere Fall untersucht werden, daß auf das System nicht eine konstante Stoßspannung, sondern eine beliebig verlaufende Spannung wirkt. Man kann diese Spannung als Summe nacheinander auftretender, kleiner Spannungsstöße auffassen, für die jeweils der Übergangsleitwert einen Anteil an dem Gesamtstrom definiert. Diese Aufspaltung ist im Bild 82 angedeutet. Zur Zeit $t = 0$ tritt plötzlich die Spannung $U(0)$ auf, die sich dann nach Durchlaufen je eines Zeitintervalles $\Delta\,\tau$ um einen Betrag $\Delta_i U$ sprunghaft ändert. Es treten demnach folgende Spannungsstöße auf

$U\left(0 + \frac{\Delta\,\tau}{2}\right)$ im Zeitpunkt $\tau = 0$,

$\Delta_1\, U(\tau)$ im Zeitpunkt $\Delta\,\tau$,

$\Delta_2\, U(\tau)$ im Zeitpunkt $2\,\Delta\,\tau$,

$\vdots$

$\Delta_i\, U(\tau)$ im Zeitpunkt $i\,\Delta\,\tau$.

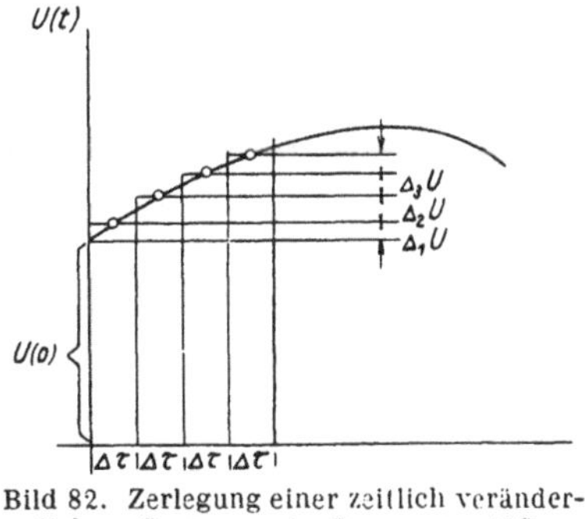

Bild 82. Zerlegung einer zeitlich veränderlichen Spannung in Spannungsstöße.

Nun liefert aber ein im Zeitpunkt $\tau$ einsetzender Spannungsstoß einen Stromanteil, der sich aus dem Übergangsleitwert

$$S_1(t - \tau)$$

ergibt, da er ja genau so ausfallen muß wie beim Einsetzen zur Zeit $t = 0$, aber um die Zeitspanne $\tau$ gegen den Anfangspunkt der Zeitzählung verschoben ist. Es ist einfach wegen des neuen Zeitmaßes in der Übergangsfunktion $t$ durch $t - \tau$ zu ersetzen. Die einzelnen Spannungsstöße liefern also jetzt die folgenden Beiträge zum Gesamtstrom

| | | |
|---|---|---|
| $U\left(0+\frac{\Delta\tau}{2}\right)$ | den Anteil | $U\left(0+\frac{\Delta\tau}{2}\right)\cdot S_1(t)$, |
| $\Delta_1 U(\tau)$ | den Anteil | $\Delta_1 U(\tau)\cdot S_1(t-\Delta\tau)$, |
| $\Delta_2 U(\tau)$ | den Anteil | $\Delta_2 U(\tau)\cdot S_1(t-2\Delta\tau)$, |
| $\vdots$ | | |
| $\Delta_i U(\tau)$ | den Anteil | $\Delta_i U(\tau)\cdot S_1(t-i\Delta\tau)$. |

Werden alle Anteile summiert, dann erhält man den Gesamtstrom, wenn noch der Grenzübergang $\Delta\tau \to 0$ gemacht wird. Da $S_1(t)$, der als bekannt vorausgesetzte Übergangsleitwert, für alle Teilspannungsstöße dieselbe Zeitfunktion darstellt und $i\Delta\tau$ unabhängig davon nur dem verspäteten Einsatz Rechnung trägt, dieses $\Delta\tau$ aber bei der Summation die Rolle der Integrationsvariablen spielt, mußte es durch einen anderen Buchstaben (nämlich $\Delta\tau$ statt $t$) bezeichnet werden.

Der Grenzübergang liefert nun mit $\Delta\tau = d\tau$ und $i\Delta\tau = \tau$

$$\lim_{\Delta\tau\to 0} U\left(0+\frac{\Delta\tau}{2}\right) = U(0)$$

und

$$\lim_{\Delta\tau\to 0} \Delta_i U(\tau) = \lim_{\Delta\tau\to 0}\left[U\left(\tau+\frac{\Delta\tau}{2}\right) - U\left(\tau-\frac{\Delta\tau}{2}\right)\right] = \frac{d}{d\tau}U(\tau)\,d\tau.$$

Es ist daher der gesamte Strom

$$I(t) = U(0)\cdot S_1(t) + \int_0^t S_1(t-\tau)\frac{d}{d\tau}U(\tau)\,d\tau \quad .\ .\ .\ .\ (8)$$

Ersetzt man hierin $\tau$ durch $t-\tau$, so erhält man den gleichwertigen Ausdruck

$$I(t) = U(0)\cdot S_1(t) + \int_0^t S_1(\tau)\frac{d}{d(t-\tau)}U(t-\tau)\,d\tau \quad .\ .\ .\ (8a)$$

Vom rein mathematischen Standpunkt aus sind die beiden Zeitfunktionen $U(t)$ und $S_1(t)$ völlig gleichwertig. Sie können daher auch miteinander vertauscht werden, so daß man noch die weiteren zwei Gleichungen

$$I(t) = S_1(0)\cdot U(t) + \int_0^t U(t-\tau)\cdot\frac{d}{d\tau}S_1(\tau)\,d\tau \quad .\ .\ .\ (8b)$$

und

$$I(t) = S_1(0)\cdot U(t) + \int_0^t U(\tau)\cdot\frac{d}{d(t-\tau)}S_1(t-\tau)\,d\tau \quad .\ (8c)$$

anschreiben kann. Unter diesen vier Gleichungen kann dann jeweils die für den Rechnungsgang günstigste ausgewählt werden.

Zusammen mit der Heavisideschen Gleichung zur Ermittlung der Übergangsfunktion können jetzt allgemeine Fälle rechnerisch behandelt werden. Als einfaches Beispiel sei etwa die Zuschaltung einer Spule an die Wechselspannung

$$U(t) = U\sqrt{2}\sin\omega t$$

untersucht. Für die Spule wurde bereits im vorigen Abschnitt mit der Gleichung (13) der Übergangsleitwert

$$S_1(t) = \frac{1}{R}\left(1 - e^{-\frac{R}{L}t}\right)$$

gefunden. Wählt man nun für die weitere Berechnung etwa die Gleichung (8a), so hat man zu bilden

$$U(0) = 0$$

$$S_1(\tau) = \frac{1}{R}\left(1 - e^{-\frac{R}{L}\tau}\right)$$

$$U(t-\tau) = U\sqrt{2}\cdot\sin\omega(t-\tau)$$

$$\frac{d}{d(t-\tau)}U(t-\tau) = U\sqrt{2}\cdot\omega\cdot\cos\omega(t-\tau)$$

Es wird demnach

$$I(t) = \int_0^t \frac{U\sqrt{2}}{R}\omega\left(1 - e^{-\frac{R}{L}\tau}\right)\cos\omega(t-\tau)\,d\tau =$$

$$= \frac{U\sqrt{2}}{R}\omega\left\{\int_0^t \cos\omega(t-\tau)\,d\tau - \int_0^t e^{-\frac{R}{L}\tau}\cos\omega(t-\tau)\,d\tau\right\}.$$

Hierin ist der erste Summand

$$\int_0^t \cos\omega(t-\tau)\,d\tau = -\frac{\sin\omega(t-\tau)}{\omega}\Bigg|_0^t = \frac{\sin\omega t}{\omega}$$

und der zweite

$$\int_0^t e^{-\frac{R}{L}\tau}\cos\omega(t-\tau)\,d\tau = -\frac{L}{R}e^{-\frac{R}{L}\tau}\cos\omega(t-\tau)\Bigg|_0^t + \frac{\omega L}{R}\int_0^t e^{-\frac{R}{L}\tau}\sin\omega(t-\tau)\,d\tau =$$

$$= -\frac{L}{R}e^{-\frac{R}{L}t} + \frac{L}{R}\cos\omega t + \frac{\omega L}{R}\left\{-\frac{L}{R}e^{-\frac{R}{L}\tau}\sin\omega(t-\tau)\Bigg|_0^t\right.$$

$$\left. - \frac{\omega L}{R}\int_0^t e^{-\frac{L}{R}\tau}\cos\omega(t-\tau)\,d\tau\right\}$$

woraus

$$\int_0^t e^{-\frac{R}{L}\tau} \cos\omega(t-\tau)\,d\tau = \frac{\frac{L}{R}\cos\omega t + \frac{\omega L^2}{R^2}\sin\omega t - \frac{L}{R}e^{-\frac{R}{L}t}}{1+\frac{\omega^2 L^2}{R^2}} =$$

$$= \frac{RL\left(\cos\omega t - e^{-\frac{R}{L}t}\right) + \omega L^2 \sin\omega t}{R^2+\omega^2 L^2}.$$

Für den Strom erhält man also

$$I(t) = U\sqrt{2}\left\{\frac{\sin\omega t}{R} - \frac{\omega L\left(\cos\omega t - e^{-\frac{R}{L}t}\right) + \frac{\omega^2 L^2}{R}\sin\omega t}{R^2+\omega^2 L^2}\right\} =$$

$$= \frac{U\sqrt{2}}{R^2+\omega^2 L^2}\left[R\sin\omega t - \omega L\left(\cos\omega t - e^{-\frac{R}{L}t}\right)\right]$$

oder

$$I(t) = \frac{U\sqrt{2}}{R^2+\omega^2 L^2}\left(R\sin\omega t - \omega L\cos\omega t + \omega L e^{-\frac{R}{L}t}\right). \quad . \quad . \quad (9)$$

Darin sind

$\frac{U\sqrt{2}}{\sqrt{R^2+\omega^2 L^2}} = I_e$ der Höchstwert des eingeschwungenen Stromes,

$\left.\begin{array}{l}\frac{R}{\sqrt{R^2+\omega^2 L^2}} = \cos\varphi \\ \frac{\omega L}{\sqrt{R^2+\omega^2 L^2}} = \sin\varphi\end{array}\right\}$ die Kreisfunktionen des Phasenwinkels des Stromes,

so daß also auch geschrieben werden kann

$$I(t) = I_e\left[\sin(\omega t - \varphi) + \sin\varphi \cdot e^{-\frac{R}{L}t}\right]. \quad . \quad . \quad . \quad . \quad . \quad (9\text{a})$$

Der Strom besteht also aus dem stationären Anteil

$$i' = I_e \sin(\omega t - \varphi) = \frac{U\sqrt{2}}{R^2+\omega^2 L^2}(R\sin\omega t - \omega L\cos\omega t)$$

und dem darübergelagerten Ausgleichsstrom

$$i'' = -I_e \sin\varphi \cdot e^{-\frac{R}{L}t} = \frac{U\sqrt{2}}{R^2+\omega^2 L^2}\,\omega L e^{-\frac{R}{L}t}.$$

Der Stromverlauf ist im Bild 83 dargestellt.

Diese Trennung des Stromes in den stationären (erzwungenen) und den eigentlichen Ausgleichsstrom (freien Anteil) kann man immer durchführen. Schließt man also an die Spannung $e^{j\omega t} = e^{pt}$ an, so ist der Strom im allgemeinen

$$I(t) = \frac{e^{pt}}{H(p)} + y(t) \quad . \quad . \quad . \quad . \quad . \quad . \quad . \quad . \quad . \quad (10)$$

wobei $y(t)$ den eigentlichen Ausgleichsanteil darstellt. Setzt man die Spannung $e^{pt}$ in die Gleichung (8) ein, so findet man nach kurzer Zwischenrechnung und Vergleich mit (10)

$$\frac{1}{p H(p)} = \int_0^\infty S_1(t) \cdot e^{-pt} \cdot dt \quad . \; . \; . \; . \; . \; . \; . \; . \; . \quad (11)$$

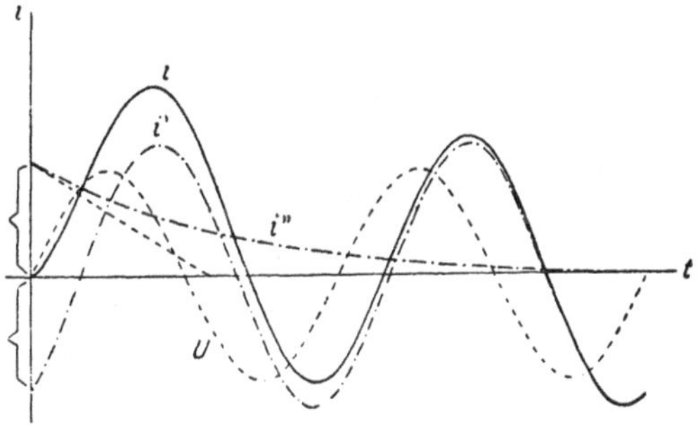


Bild 83. Einschalten einer Spule an Wechselspannung.

Es ist dies die Gleichung, die die Übergangsfunktion $S_1(t)$ der Stammfunktion $H(p)$ zuordnet. In der Literatur findet man auch die Bezeichnung $h(t)$ für die Übergangsfunktion, aber auch $f(t)$, während die Stammfunktion in Anlehnung ihrer häufigen Bedeutung als Impedanz auch durch $Z(p)$ bezeichnet wird. Mit dieser Bezeichnung gilt dann die symbolische »Operatorengleichung«

$$h(t) = \frac{1}{H(p)} \quad . \; . \; . \; . \; . \; . \; . \; . \; . \; . \; . \quad (12)$$

die aber nichts anderes als die ausführlicher geschriebene Integralgleichung (11) bedeutet.

Die wichtigste Aufgabe der Operatorenrechnung ist die Ermittlung der Übergangsfunktion $S_1$. Sie müßte zunächst aus der Gleichung (11) bestimmt werden, wenn für das vorliegende Problem die Stammfunktion bekannt ist. Da aber $S_1$ unter dem Integral erscheint, ist man umgekehrt vorgegangen und hat bekannte Lösungen der Integralgleichung (11) in Stammfunktionen umgedeutet. So entspricht im vorhin besprochenen Fall der Spule beispielsweise dem »Heavisideschen Operator«

$$\frac{1}{H(p)} = \frac{1}{R + j\omega L} = \frac{\frac{1}{L}}{\frac{R}{L} + j\omega} = \frac{1}{R} \frac{\tau_L}{j\omega + \tau_L}$$

der Übergangsleitwert

$$S_1(t) = \frac{1}{R}\left(1 - e^{-\frac{t}{\tau_L}}\right).$$

Die einschlägigen Bücher enthalten eine große Zahl solcher Zuordnungen, so daß die neuerliche Durchrechnung unterbleiben kann.

Für die erstmalige Ermittlung der Übergangsfunktion gibt es verschiedene Wege, von denen einer der wichtigsten bereits im vorigen Kapitel angegeben wurde. Er führte zur Heavisideschen Formel (9).

Ein anderer Weg, dessen Beweis aber hier übergangen sei, führt über eine Potenzreihenentwicklung der reziproken Stammfunktion. Die Entwicklung muß aber nach Potenzen von $\frac{1}{p}$ erfolgen. Ersetzt man dann

$$\frac{1}{p^n} \quad \text{durch} \quad \frac{t^n}{n!} \quad \ldots\ldots\ldots\ldots \quad (13)$$

so erhält man bereits die Übergangsfunktion in einer Reihendarstellung.

Die Heavisidesche Operatorenrechnung kennt nun eine Reihe von Hilfssätzen, die die Lösung der Gleichungen vereinfachen sollen und die zum Großteil Eigentum der allgemeinen Operatorenrechnung sind. Diese können aber im Rahmen dieses Buches keine Berücksichtigung mehr finden. Dagegen soll noch ein kurzes Beispiel die Verwendung der Potenzreihenentwicklung zeigen. Zu diesem Zwecke sei nochmals der Anschluß des Schwingungskreises Bild 77 an eine konstante Spannung $U$ untersucht. Man erhält die Ausgangsgleichung

$$I = \frac{U}{R + L p + \frac{1}{C p}} = \frac{U}{L} \frac{p}{p^2 + p \frac{R}{L} + \frac{1}{L C}}$$

Unter Verwendung der Hilfsgröße

$$\omega_e = \sqrt{\frac{1}{LC} - \left(\frac{R}{2L}\right)^2} \qquad \text{(Eigenfrequenz)}$$

kann man hierfür auch schreiben

$$I(p) = \frac{U}{L} \frac{p}{\left(p + \frac{R}{2L}\right)^2 + \omega_e^2}.$$

Erweitert man dies mit $e^{-\frac{R}{2L}t}$ und wendet man den Verschiebungssatz (siehe S. 141) an, so wird mit $\frac{L}{R} = \tau_L$

$$I(p) = \frac{U}{L} \frac{p}{\left(p + \frac{1}{2\tau_L}\right)^2 + \omega_e^2} e^{-\frac{t}{2\tau_L}} \cdot e^{\frac{t}{2\tau_L}} = \frac{U}{L} e^{-\frac{t}{2\tau_L}} \frac{p - \frac{1}{2\tau_L}}{p^2 + \omega_e^2} e^{\frac{t}{2\tau_L}}$$

Nun gehört aber zu $e^{\frac{t}{2\tau_L}}$ die Operatorengleichung

$$\frac{p}{p-\frac{t}{2\tau_L}},$$

so daß

$$I(p)=\frac{U}{L}e^{-\frac{t}{2\tau_L}}\frac{p}{p^2+\omega_e^2}=\frac{U}{\omega_e L}e^{-\frac{t}{2\tau_L}}\frac{\omega_e}{p}\frac{1}{\left(1+\frac{\omega_e^2}{p^2}\right)}$$

oder wenn man den Bruch in eine Reihe zerlegt

$$I(p)=\frac{U}{\omega_e L}e^{-\frac{t}{2\tau_L}}\left[\frac{\omega_e}{p}-\left(\frac{\omega_e}{p}\right)^3+\left(\frac{\omega_e}{p}\right)^5-\dots\right].$$

Ersetzt man jetzt $\frac{1}{p^n}$ durch $\frac{t^n}{n!}$, so wird

$$I(t)=\frac{U}{\omega_e L}e^{-\frac{t}{2\tau_L}}\left[\frac{\omega_e t}{1!}-\frac{\omega_e^3 t^3}{3!}+\frac{\omega_e^5 t^5}{5!}-\dots\right]=\frac{U}{\omega_e L}e^{-\frac{t}{2\tau_L}}\sin\omega_e t \quad \dots (14)$$

Das ist aber die im vorigen Abschnitt abgeleitete Gleichung (12).

Wird nicht an die konstante Spannung $U$, sondern etwa an eine Wechselspannung

$$U(t)=U\sqrt{2}\sin(\omega t+\varphi)$$

angeschlossen, dann ergibt die Integration einer der Gleichungen (8) nach einigen Zwischenrechnungen

$$I(t)=\frac{U\sqrt{2}}{\sqrt{R^2+\left(\omega L-\frac{1}{\omega C}\right)^2}}\Bigg\{\sin(\omega t+\varphi-\delta)$$

$$+e^{-\frac{t}{2\tau_L}}\left[\frac{1}{2\omega_e\tau_L}\sin(\varphi-\delta)\sin\omega_e t-\frac{\omega_0^2}{\omega\,\omega_e}\cos(\varphi-\delta)\sin\omega_e t\right.$$

$$\left.-\sin(\varphi-\delta)\cos\omega_e t\right]\Bigg\} \quad \dots (15)$$

wobei

$$\operatorname{tg}\delta=\frac{\omega L-\frac{1}{\omega C}}{R}=\omega\,\tau_L\left(1-\frac{\omega_0^2}{\omega^2}\right) \quad \dots\dots (16)$$

Ist $\frac{1}{C}=0$, so wird mit

$$\omega_0=0$$

$$\omega_e=j\frac{1}{2\tau_L}$$

$$I(t) = \frac{U\sqrt{2}}{\sqrt{R^2+\omega^2 L^2}}\Big[\sin(\omega t+\varphi-\delta)+$$

$$+e^{-\frac{t}{2\tau_L}}\sin(\varphi-\delta)\left(-j\sin j\frac{t}{2\tau_L}-\cos j\frac{t}{2\tau_L}\right)\Big]=$$

$$=\frac{U\sqrt{2}}{\sqrt{R^2+\omega^2 L^2}}\Big[\sin(\omega t+\varphi-\delta)+$$

$$+e^{-\frac{t}{2\tau_L}}\sin(\varphi-\delta)\left(\mathfrak{Sin}\frac{t}{2\tau_L}-\mathfrak{Cof}\frac{t}{2\tau_L}\right)\Big]$$

oder mit

$$\mathfrak{Sin}\frac{t}{2\tau_L}-\mathfrak{Cof}\frac{t}{2\tau_L}=-e^{-\frac{t}{2\tau_L}}$$

$$I(t)=\frac{U\sqrt{2}}{\sqrt{R^2+\omega^2 L^2}}\left[\sin(\omega t+\varphi-\delta)-e^{-\frac{t}{\tau_L}}\sin(\varphi-\delta)\right]\quad . \; . \; (17)$$

Diese Gleichung ist identisch mit (9a), wenn

$$\varphi = 0 \qquad \text{und} \qquad \delta=\varphi$$

gesetzt wird.

Ist $\underline{L=0,}$ so erhält man als zweiten Sonderfall mit

$$e^{-\frac{t}{2\tau_L}}\sin\omega_e t = e^{-\frac{R}{2L}t}\,\frac{e^{-\frac{R}{2L}\sqrt{1-\frac{4L}{R^2C}}\cdot t}-e^{+\frac{R}{2L}\sqrt{1-\frac{4L}{R^2C}}\cdot t}}{2j}=$$

$$=\frac{1}{2j}\left[e^{-\frac{R}{2L}\left(2-\frac{2L}{R^2C}\right)t}-e^{-\frac{R}{2L}\frac{2L}{R^2C}t}\right]=\frac{1}{2j}\left[e^{-\left(\frac{R}{L}-\frac{1}{RC}\right)t}-e^{-\frac{1}{RC}t}\right]$$

$$\lim_{L\to 0} e^{-\frac{t}{2\tau_L}}\sin\omega_e t = -\frac{1}{2j}e^{-\frac{1}{RC}t}$$

und

$$\lim_{L\to 0}\frac{\omega_0^2}{\omega\,\omega_e}=\lim_{L\to 0}\frac{1}{\omega L C j\sqrt{\left(\frac{R}{2L}\right)^2-\frac{1}{LC}}}=\frac{2}{j\omega C R}$$

$$I(t)=\frac{U\sqrt{2}}{\sqrt{R^2+\left(\frac{1}{\omega C}\right)^2}}\left[\sin(\omega t+\varphi-\delta)-e^{-\frac{1}{RC}t}\frac{\cos(\varphi-\delta)}{R\omega C}\right]\quad (18)$$

Schließlich sei noch der Sonderfall $\underline{R=0}$ kurz abgeleitet. Es ist jetzt

$$\tau_L=\infty$$

$$\omega_e=\omega_0$$

$$\delta=90^0$$

und damit

$$I(t) = \frac{U\sqrt{2}}{1-\left(\frac{\omega}{\omega_0}\right)^2}\,\omega\, C\left[\cos\varphi\,(\cos\omega t - \cos\omega_0 t) + \sin\varphi\left(\frac{\omega_0}{\omega}\sin\omega_0 t - \sin\omega t\right)\right] \quad (19)$$

**Schrifttum:**

Wagner, K. W.: Über eine Formel von Heaviside zur Berechnung von Einschaltvorgängen (mit Anwendungsbeispielen) Arch. f. El. Bd. 4, S. 159, 1916.

Rothe, Ollendorf, Pohlhausen: Funktionentheorie und ihre Anwendung iu der Technik. J. Springer, 1931.

Wagner, K. W.: Über Begründung und Sinn der Operatorenrechnung nach Heaviside. Zeitschr. f. techn. Phys. Bd. 20, H. 11, S. 301, 1939.

Wagner, K. W.: Operatorenrechnung nebst Anwendungen in Physik und Technik. J. A. Barth, Leipzig, 1940.

## 2. Laplace-Transformation.

Der »Symbolismus« in der Heavisideschen Operatorenrechnung, insbesondere also die Verwendung eines Operators in der Rechnung so, als ob er eine algebraische Zahl wäre, gibt diesem Verfahren eine gewisse Unsicherheit, die dem nicht bestens mathematisch geschulten Theoretiker leicht zu Fehlschlüssen Veranlassung gibt. Es ist dies auch der Grund, warum das Verfahren trotz seiner zweifellosen Eleganz lange nicht die Verbreitung gefunden hat, die seiner Bedeutung eigentlich zukommen müßte. In letzter Zeit ist nun eine neue, exakte Art der Behandlung von Ausgleichsvorgängen bekannt geworden, die keiner symbolischen Rechenoperation bedarf und daher wohl das Interesse weiterer Kreise beanspruchen darf.

Das besonders von Doetsch zu seiner Bedeutung verholfene Verfahren bedient sich vor allem der einseitig unendlichen Laplaceschen Integrale

$$\int_0^\infty f(t)\, e^{-pt}\, dt = \mathfrak{L}\{f(t)\} = f_b(p) \quad \ldots\ldots\ldots \quad (1)$$

die bereits in einem früheren Kapitel kurz behandelt wurden.

Bei den Problemen der Ausgleichsvorgänge handelt es sich zunächst immer um die Integration einer linearen Differentialgleichung mit konstanten Koeffizienten. Diese Differentialgleichung, etwa

$$a_0 f(t) + a_1 \frac{d}{dt} f(t) + a_2 \frac{d^2}{dt^2} f(t) + \ldots\ldots + a_n \frac{d^n}{dt^n} f(t) = g(t) \qquad (2)$$

wird aus den Gleichungen des Ersatzschaltbildes des Problems gewonnen und enthält im allgemeinen eine Störungsfunktion $g(t)$. Der Grundgedanke der Lösung ist nun der, daß die Gleichung vorerst mit $e^{-pt}$ erweitert und in den Grenzen 0 bis unendlich integriert wird, wobei $p$ beliebig komplex, aber mit positivem, reellen Bestandteil sein kann und keinerlei symbolische Bedeutung hat. Man kann dann, wie gleich gezeigt werden soll, alle Summanden der linken Seite der Gleichung (2) als Vielfache des Laplace-Integrals $\mathfrak{L}\{f(t)\}$ darstellen und erhält somit eine Gleichung

$$\mathfrak{L}\{f(t)\} = F\{g(t), p\} \quad \ldots \ldots \ldots \quad (3)$$

Gelingt es jetzt, die Funktion $F$ ebenfalls als $\mathfrak{L}$-Integral anzugeben, dann ist offenbar der Integrand dieses Integrals dem Integranden von $\mathfrak{L}\{f(t)\}$ gleich; damit ist aber die Funktion $f(t)$ bestimmt. Die strenge Beweisführung dieses Verfahrens muß im Rahmen des vorliegenden Buches unterbleiben.

In ausführlicherer Schreibweise erhält man also aus (2)

$$a_0 \int_0^\infty f(t)\, e^{-pt}\, dt + a_1 \int_0^\infty \frac{d}{dt} f(t) \cdot e^{-pt}\, dt + \ldots\ldots + a_n \int_0^\infty \frac{d^n}{dt^n} f(t) \cdot e^{-pt}\, dt = \int_0^\infty g(t) \cdot e^{-pt}\, dt.$$

Nun ist aber

$$\int_0^\infty \frac{d^n}{dt^n} f(t) \cdot e^{-pt}\, dt = \frac{d^{n-1}}{dt^{n-1}} f(t) \cdot e^{-pt} \Big|_0^\infty + p \int_0^\infty \frac{d^{n-1}}{dt^{n-1}} f(t) \cdot e^{-pt}\, dt = -f^{(n-1)}(0) + p \int_0^\infty \frac{d^{n-1}}{dt^{n-1}} f(t) \cdot e^{-pt}\, dt,$$

$$p \int_0^\infty \frac{d^{n-1}}{dt^{n-1}} f(t) \cdot e^{-pt}\, dt = p \frac{d^{n-2}}{dt^{n-2}} f(t) \cdot e^{-pt} \Big|_0^\infty + p^2 \int_0^\infty \frac{d^{n-2}}{dt^{n-2}} f(t) \cdot e^{-pt}\, dt = -p f^{(n-2)}(0) + p^2 \int_0^\infty \frac{d^{n-2}}{dt^{n-2}} f(t) \cdot e^{-pt}\, dt,$$

$$p^2 \int_0^\infty \frac{d^{n-2}}{dt^{n-2}} f(t) \cdot e^{-pt}\, dt = -p^2 f^{(n-3)}(0) + p^3 \int_0^\infty \frac{d^{n-3}}{dt^{n-3}} f(t) \cdot e^{-pt}\, dt,$$

$$\vdots \qquad\qquad \vdots \qquad\qquad \vdots$$

$$p^{n-1} \int_0^\infty \frac{d}{dt} f(t) \cdot e^{-pt}\, dt = -p^{n-1} f(0) + p^n \int_0^\infty f(t) \cdot e^{-pt}\, dt$$

und somit

$$\begin{aligned}
& a_0 \mathfrak{L}\{f(t)\} + \\
& + a_1 p\, \mathfrak{L}\{f(t)\} - a_1 f(0) + \\
& + a_2 p^2 \mathfrak{L}\{f(t)\} - a_2 p f(0) - a_2 f'(0) + \\
& + a_3 p^3 \mathfrak{L}\{f(t)\} - a_3 p^2 f(0) - a_3 p f'(0) - a_3 f''(0) + \\
& \quad \vdots \\
& + a_n p^n \mathfrak{L}\{f(t)\} - a_n p^{n-1} f(0) + \\
& \qquad - a_n p^{n-2} f'(0) - \ldots\ldots - a_n f^{(n-1)}(0) = \mathfrak{L}\{g(t)\}
\end{aligned}$$

oder

$$\mathfrak{L}\{f(t)\} = \frac{1}{N(p)}\Big[\mathfrak{L}\{g(t)\} + \sum_1^n a_i f^{(i-1)}(0) +$$

$$+ p\sum_1^n a_i f^{(i-2)}(0) + \ldots\ldots + p^{n-1} a_n f(0)\Big] \quad (4)$$

worin

$$N(p) = a_0 + a_1 p + a_2 p^2 + \ldots\ldots + a_n p^n = \sum_0^n a_i p^i \quad . \quad . \quad (4\,a)$$

gesetzt wurde.

Man nennt die durch die Laplace-Transformation (1) beschriebene Funktion auch die zur »Originalfunktion« $f(t)$ gehörige »Bildfunktion«.

Die rechte Seite der Gleichung (4) ist jetzt nach dem vorhin Gesagten als $\mathfrak{L}$-Integral darzustellen. Das kann auf verschiedene Art erfolgen. Oft stellt sich die Funktion bereits in diesem ersten Rechnungsgang in einer Form dar, für die ein Laplace-Integral sofort angegeben werden kann. Ist das nicht der Fall, dann gelingt die Darstellung meist über eine »Partialbruchzerlegung oder eine Reihenentwicklung.

Sehr vorteilhaft wird es wieder sein, eine Reihe von Originalfunktionen anzunehmen und die zugehörigen Bildfunktionen auszurechnen. Aus einer auf diese Weise gewinnbaren tabellarischen Zusammenstellung kann dann umgekehrt zu einer durch die transformierte Differentialgleichung vorgegebenen Bildfunktion die entsprechende Originalfunktion entnommen werden. Die Rechnung kann am einfachsten nach der Formel für $\mathfrak{L}\{f^{(n)}(t)\}$ durchgeführt werden, die der letzten Zeile der Entwicklung vor der Gleichung (4) entnommen werden kann. Es ist demnach

$$\mathfrak{L}\{f(t)\} = \frac{1}{p} f(0) + \frac{1}{p^2} f'(0) + \ldots\ldots + \frac{1}{p^n} f^{(n-1)}(0) + \frac{1}{p^n}\mathfrak{L}\{f^{(n)}(t)\} \quad (5)$$

Die Ordnung $n$ braucht dabei nur so groß gewählt zu werden, daß entweder das Laplace-Integral auf der rechten Seite der Gleichung (5) ausgerechnet werden kann oder dieses dem Laplace-Integral der Originalfunktion gleich wird. So wird beispielsweise für

$$f(t) = a t$$

$$\mathfrak{L}\{a t\} = 0 + \frac{1}{p}\mathfrak{L}\{a\} = \frac{1}{p} a \int_0^\infty e^{-pt} dt = \frac{a}{p^2} \quad . \quad . \quad . \quad . \quad (6)$$

Hätte man bis zur zweiten Ordnung differenziert, so wäre mit

$$\mathfrak{L}\{a t\} = \frac{a t}{p}\Big|_{t=0} + \frac{a}{p^2}\Big|_{t=0} + \frac{1}{p^2}\mathfrak{L}\{0\} = \frac{a}{p^2}$$

natürlich dasselbe Ergebnis erschienen.

Ein anderes Beispiel zeigt

$$f(t) = \sin \omega t.$$

Es wird, wenn $n = 2$ gewählt wurde,

$$\mathfrak{L}\{\sin \omega t\} = \frac{\sin \omega t}{p}\bigg|_{t=0} + \frac{\omega \cos \omega t}{p^2}\bigg|_{t=0} - \frac{\omega^2}{p^2}\mathfrak{L}\{\sin \omega t\}$$

oder

$$\mathfrak{L}\{\sin \omega t\} \cdot \left(1 + \frac{\omega^2}{p^2}\right) = \frac{\omega}{p^2}$$

und

$$\mathfrak{L}\{\sin \omega t\} = \frac{\omega}{p^2 + \omega^2} \quad \ldots \ldots \ldots \ldots (7)$$

in Übereinstimmung mit der Gleichung (6) auf der S. 136.

Eine größere Zusammenstellung von $\mathfrak{L}$-Integralen findet man in der am Schlusse dieses Kapitels angeführten Literaturstelle.

Um die Deutung vorgegebener Bildfunktionen zu ermöglichen, können eine ganze Reihe von Hilfssätzen abgeleitet werden, die es gestatten, die Funktion so umzuformen, daß die zugehörige Originalfunktion an Hand bekannter Beziehungen angegeben werden kann. Die wichtigsten dieser Hilfssätze seien ihrer Bedeutung halber kurz angeführt. Ihre Ableitung kann dem Schrifttum entnommen werden. Von Bedeutung sind vor allem

1. der Additionssatz

$$\mathfrak{L}\{a_1 f_1(t) + a_2 f_2(t)\} = a_1 \mathfrak{L}\{f_1(t)\} + a_2 \mathfrak{L}\{f_2(t)\} \quad \ldots (8)$$

2. der Dämpfungssatz

$$\mathfrak{L}\{f(t) \cdot e^{\pm a t}\} = f_b(p \mp a) \quad \ldots \ldots \ldots (9)$$

3. der Verschiebungssatz

$$\mathfrak{L}\{f(t \pm a)\} = e^{\pm a p}\left[\mathfrak{L}\{f(t)\} - \int_0^{\pm a} f(t)\, e^{-p t}\, d t\right] \quad \ldots . (10)$$

4. der Ähnlichkeitssatz

$$\mathfrak{L}\{f(a\, t)\} = \frac{1}{a} \cdot f_b\left(\frac{p}{a}\right) \quad \ldots \ldots \ldots (11)$$

5. der Multiplikationssatz

$$\mathfrak{L}\{t^n f(t)\} = (-1)^n \frac{d^n}{d p^n} \mathfrak{L}\{f(t)\} \quad \ldots \ldots (12)$$

6. der Divisionssatz

$$\mathfrak{L}\left\{\frac{f(t)}{t^n}\right\} = \int_p^\infty d p \int_p^\infty d p \ldots \int_p^\infty \mathfrak{L}\{f(t)\}\, d p \quad \ldots . (13)$$

Ein weiterer wichtiger Satz, der Faltungssatz, wurde bereits auf der S. 137 angeführt.

Von Droste stammt ferner ein für die Behandlung von Ausgleichsvorgängen in Wechselstromkreisen sehr wertvoller Satz, der die einfache Trennung der flüchtigen und dauernden Bestandteile der zeitveränderlichen Größe ermöglicht. Das ist immer dann der Fall, wenn sich die Störungsfunktion zeitlich nach einem Sinusgesetz ändert. Dann läßt sich die Bildfunktion stets als Produkt einer Funktion $h_b(p+a)$ mit dem Faktor $\frac{1}{p-j\omega}$ darstellen. Es ist ja in diesem Falle

$$g(t) = \sin \omega t = \frac{1}{j} \mathfrak{Im}\, e^{j\omega t}$$

und damit nach Gleichung (4) der S. 136

$$\mathfrak{L}\{g(t)\} = \frac{1}{j} \mathfrak{Im} \frac{1}{p-j\omega}.$$

Kann man also setzen

$$f_b(p) = h_b(p+a) \cdot \frac{1}{p-j\omega} = \mathfrak{L}_1 \cdot \mathfrak{L}_2 \quad \ldots \ldots \quad (14)$$

so wird nach dem Dämpfungssatz

$$h_b(p+a) = \mathfrak{L}\{h(t) \cdot e^{-at}\}$$

und nach Gleichung (4) auf der S. 136

$$\frac{1}{p-j\omega} = \mathfrak{L}\{e^{j\omega t}\}$$

und somit nach dem Faltungssatz

$$h_b(p+a) \cdot \frac{1}{p-j\omega} = \mathfrak{L}\left\{\int_0^t h(\tau)\, e^{-a\tau} \cdot e^{j\omega(t-\tau)} \cdot d\tau\right\} =$$

$$= \mathfrak{L}\left\{e^{j\omega} \int_0^t h(\tau)\, e^{-(j\omega+a)\tau} \cdot d\tau\right\}.$$

Hierin kann man noch den Integrationsbereich in die Bereiche Null bis unendlich und $t$ bis unendlich zerlegen. Es ist dann also die Originalfunktion

$$f(t) = e^{j\omega t} \int_0^\infty h(\tau)\, e^{-(j\omega+a)\tau} \cdot d\tau - e^{j\omega t} \int_t^\infty h(\tau)\, e^{-(j\omega+a)\tau} \cdot d\tau.$$

Das erste Integral ist ein $\mathfrak{L}$-Integral mit dem Parameter $j\omega + a$ und der zugehörigen Bildfunktion $h_b(j\omega + a)$. Damit läßt sich aber die Originalfunktion auch in der Form

$$f(t) = e^{j\omega t} \cdot h_b(j\omega + a) - e^{j\omega t} \int_t^\infty h(\tau)\, e^{-(j\omega+a)\tau} \cdot d\tau \quad . . \quad (15)$$

anschreiben, worin jetzt der erste Summand wegen des Fehlens von $t$ den eingeschwungenen Dauerzustand bedeutet, während der zweite Summand den mit $t = \infty$ verschwindenden, flüchtigen Ausgleichszustand beschreibt.

Wählt man also eine Darstellung nach (14), dann kann man die beiden Bestandteile von vorneherein einfach trennen. Vor allem ist es aber auch möglich, sofort die Gleichung für die eigentliche Ausgleichsfunktion anzuschreiben, wenn der eingeschwungene Zustand bekannt ist.

Ein Beispiel möge das Verfahren verdeutlichen. Wegen der Vergleichsmöglichkeiten sei wieder die Spule mit Widerstand gewählt, die an Wechselspannung geschaltet wird. Die Ermittlung werde zunächst noch allgemein durchgeführt. Die Ausgangsgleichung

$$R \cdot I(t) + L \frac{d}{dt} I(t) = U\sqrt{2} \sin \omega t$$

ist eine lineare Differentialgleichung erster Ordnung. Es wird dann nach Gleichung (4)

$$\mathfrak{L}\{f(t)\} = \frac{\mathfrak{L}\{g(t)\} + a_1 f(0)}{a_0 + a_1 p} = [\mathfrak{L}\{g(t)\} + a_1 f(0)] \frac{1}{a_0 + a_1 p}$$

also nach dem Faltungssatz

$$\mathfrak{L}\{f(t)\} = \mathfrak{L}\left\{\int_0^t g(\tau) \cdot \frac{e^{-\frac{a_0}{a_1}(t-\tau)}}{a_1} \cdot d\tau + a_1 f(0) \cdot \frac{e^{-\frac{a_0}{a_1}t}}{a_1}\right\}$$

oder

$$f(t) = \frac{1}{a_1} \int_0^t g(\tau) \cdot e^{-\frac{a_0}{a_1}(t-\tau)} \cdot d\tau + f(0) \cdot e^{-\frac{a_0}{a_1}t} \quad \ldots \quad (16)$$

Diese Gleichung gilt noch allgemein für beliebige Störungsfunktionen. Ist nun

$$U(t) = g(t) = U\sqrt{2} \sin \omega t = U\sqrt{2} \frac{\mathfrak{Im}}{j} e^{j\omega t},$$

so wird nach (16)

$$I(t) = \frac{1}{L} \int_0^t U(\tau) \cdot e^{-\frac{R}{L}(t-\tau)} \cdot d\tau + I(0) \cdot e^{-\frac{R}{L}t}.$$

Nun ist aber die Bildfunktion in ihrem ersten Teil

$$\frac{\mathfrak{L}\{g(t)\}}{a_0 + a_1 p} = \frac{\mathfrak{Im}}{j} \frac{U\sqrt{2}}{(p - j\omega)(a_0 + a_1 p)} = \frac{U\sqrt{2}}{a_1} \frac{\mathfrak{Im}}{j} \frac{1}{(p - j\omega)\left(p + \frac{a_0}{a_1}\right)}$$

oder nach dem Aufteilungssatz (15)

$$\frac{\mathfrak{L}\{g(t)\}}{a_0+a_1 p}=\mathfrak{L}\left\{\frac{U\sqrt{2}}{a_1}\cdot\frac{\mathfrak{Im}}{j}\left[\frac{e^{j\omega t}}{j\omega+\frac{a_0}{a_1}}-e^{j\omega t}\int\limits_t^\infty e^{-\left(j\omega+\frac{a_0}{a_1}\right)\tau}\cdot d\tau\right]\right\},$$

worin

$$e^{j\omega t}\int\limits_t^\infty e^{-\left(j\omega+\frac{a_0}{a_1}\right)\tau}\cdot d\tau=e^{j\omega t}\frac{e^{-\left(j\omega+\frac{a_0}{a_1}\right)t}}{j\omega+\frac{a_0}{a_1}}=a_1\frac{e^{-\frac{a_0}{a_1}t}}{j\omega a_1+a_0}.$$

Mithin wird das »Faltungsintegral« aus der Gleichung (16), das ja dem ersten Teil der Bildfunktion entspricht

$$\int\limits_0^t g(\tau)\cdot e^{-\frac{a_0}{a_1}(t-\tau)}\cdot d\tau=\frac{U\sqrt{2}}{j}\,\mathfrak{Im}\,\frac{e^{j\omega t}-e^{-\frac{a_0}{a_1}t}}{a_0+j\omega a_1},$$

im besonderen Fall des Beispieles, also gleich

$$\frac{U\sqrt{2}}{j}\,\mathfrak{Im}\,\frac{e^{j\omega t}-e^{-\frac{R}{L}t}}{R+j\omega L}$$

und somit der gesamte Strom

$$I(t)=U\sqrt{2}\,\frac{1}{j}\,\mathfrak{Im}\left[\frac{e^{j\omega t}-e^{-\frac{R}{L}t}}{R+j\omega L}\right]+I(0)\cdot e^{-\frac{R}{L}t}.$$

In reeller Form ergibt dies

$$I(t)=\frac{U\sqrt{2}}{\sqrt{R^2+\omega^2L^2}}\left[\sin\left(\omega t-\operatorname{arctg}\frac{\omega L}{R}\right)+\right.$$
$$\left.+\sin\left(\operatorname{arctg}\frac{\omega L}{R}\right)\cdot e^{-\frac{R}{L}t}\right]+I(0)\cdot e^{-\frac{R}{L}t}$$

natürlich in Übereinstimmung mit der Gleichung (9a) des vorigen Kapitels, in der $I(0)=0$ angenommen war.

Das Beispiel, das bis zum Schluß den Fall der Differentialgleichung erster Ordnung in ganz allgemeiner Form behandelte, zeigt am besten, mit welcher Klarheit die Laplace-Transformation arbeitet. Noch deutlicher würde dies bei verwickelteren Fällen zutage treten, doch muß hier auf das Schrifttum verwiesen werden.

**Schrifttum:**

Droste, H. W.: Die Lösung angewandter Differentialgleichungen mittels Laplacescher Transformation statt durch Heavisidesche Operatorenrechnung. Neumeyer-Mittlg., Nr. 8, 1939.

Droste, H. W.: Ein Satz der Laplaceschen Funktionstransformation über die Aufteilung in Dauer- und Ausgleichsvorgang bei Gleich- und Wechselstrom und der Ausgleichssatz der komplexen Umwandlung. Elektr. Nachr. Techn. Bd. 16, H. 10, S. 253, 1939.

# III. Selbständige Theorien der Elektrotechnik.

## A. Die Zweipoltheorie.

In elektrischen Problemen treten häufig Gebilde auf, die durch das Vorhandensein einer bestimmten Anzahl von Klemmen (»Polen«) gekennzeichnet sind, von denen immer je zwei zu einem Stromkreis zusammengehören. Das wichtigste solche Gebilde ist der vier Klemmen besitzende »Vierpol«, der im nächsten Kapitel untersucht werden wird. Die einfachste Form bildet der Zweipol. Man kann ihn etwa nach Bild 84 darstellen. Was das gezeichnete Rechteck dabei enthält, ist zunächst völlig gleichgültig. Wesentlich sind vielmehr nur die beiden Klemmen 1 und 2, die denselben Strom in entgegengesetzter Richtung führen. Es ist also

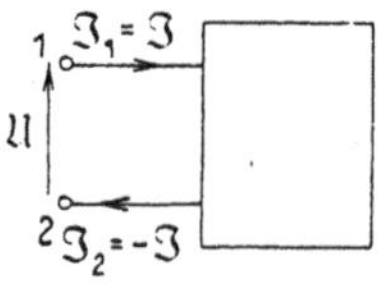

Bild 84. Zweipol.

$$\sum \mathfrak{J} = \mathfrak{J}_1 + \mathfrak{J}_2 = \mathfrak{J} - \mathfrak{J} = 0.$$

Der Zweipol kann demnach durch irgendwelche einzelnen Widerstände, durch eine beliebige Kombination solcher oder durch Stromquellen, Elektronen- oder Gasentladungsröhren usw. gebildet werden. Der Vorteil einer eigenen Zweipoltheorie liegt darin, daß man von dem besonderen Inhalt des Zweipoles unabhängig wird und allgemein gültige Eigenschaften überblickt, die jedem, durch einen Zweipol darstellbarem Gebilde zukommen. Dieser Vorteil ist bei den Zweipolen nicht allzusehr ausgeprägt und wird erst in der Vierpoltheorie voll zur Geltung kommen. Immerhin ist aber eine kurze Besprechung der Zweipoltheorie schon als Einführung zur Vierpoltheorie durchaus gerechtfertigt.

Man teilt die Zweipole in zwei Hauptgruppen ein: aktive und passive Zweipole. Passive Zweipole sind solche, bei denen keine inneren elektromotorischen Kräfte auftreten, die also keine Stromquellen enthalten. Im Gegensatz hierzu sind in aktiven Zweipolen auch innere elektromotorische Kräfte vorhanden. In den folgenden Untersuchungen sollen vorerst passive Zweipole behandelt werden.

Enthält der Zweipol lediglich stromunabhängige, aber beliebig geschaltete Widerstände, dann gelten die Kirchhoffschen Gesetze und es werden die Ströme in den einzelnen Zweigen durch lineare Gleichungen dargestellt. Man spricht dann von einem linearen Zweipol. Alle weiteren Untersuchungen sollen sich auf lineare Zweipole beschränken.

Besteht der Zweipol aus $n$ Maschen mit den eigenen Impedanzen $\mathfrak{z}_{ii}$ und gegenseitigen (Kopplungs-)Impedanzen $\mathfrak{z}_{ij}$, so gilt für die erste Masche, die zu den Klemmen des Zweipoles gehört und an eine Spannung $\mathfrak{U}$ angeschlossen sei

$$\mathfrak{z}_{11}\mathfrak{J}_1 + \mathfrak{z}_{12}\mathfrak{J}_2 + \mathfrak{z}_{13}\mathfrak{J}_3 + \cdots + \mathfrak{z}_{1n}\mathfrak{J}_n = \mathfrak{U} \qquad (1)$$

Alle anderen Maschen enthalten keine eingeprägten Spannungen; sie werden daher durch weitere $n-1$ Gleichungen von der Form

$$\sum_{j=1}^{n} \mathfrak{z}_{ij}\mathfrak{J}_j = 0 \qquad (i = 2, 3, \ldots n) \qquad (2)$$

beschrieben. Aus diesen insgesamt $n$ Gleichungen lassen sich die Ströme $\mathfrak{J}_2$ bis $\mathfrak{J}_n$ eliminieren, so daß die Linearität

$$\mathfrak{J}\mathfrak{Z} = \mathfrak{U} \qquad (3)$$

bestehen bleibt, wobei für $\mathfrak{J}_1 = \mathfrak{J}$ gesetzt wurde. Da $\mathfrak{U}$ die außen aufgedrückte Spannung und $\mathfrak{J}$ den Strom in den Klemmen des Zweipoles bedeutet, kann $\mathfrak{Z}$ auch als die von außen gemessene Impedanz des Zweipoles gewertet werden. Sie ist die »Grundkonstante« des Zweipoles. Die Gleichung (3) heißt auch dessen »Grundgleichung«.

Wird auf die Ströme und Spannungen im Zweipol selbst kein Wert gelegt, interessiert also nur das äußere Verhalten (Strom $\mathfrak{J}$ in Abhängigkeit von der Spannung $\mathfrak{U}$), dann kann der Zweipol ersetzt werden durch einen Scheinwiderstand $\mathfrak{Z}$, der der Grundkonstanten des Zweipoles gleichkommt. (Es ist dies nichts anderes als der an anderer Stelle definierte Ersatzwiderstand einer beliebigen, linearen Widerstandsschaltung). Jeder passive, lineare Zweipol verhält sich nach außen also wie ein Scheinwiderstand und ist gemäß diesem durch ein Vektordiagramm darstellbar.

Liegt ein aktiver, linearer Zweipol mit inneren elektromotorischen Kräften vor, dann enthalten einige oder alle der Gleichungen (2) auf der rechten Seite Spannungsgrößen $\mathfrak{U}_i$. Durch Eliminieren der Ströme $\mathfrak{J}_2$ bis $\mathfrak{J}_n$ wird dann eine lineare Beziehung zwischen der Klemmenspannung $\mathfrak{U}$ und dem Strom $\mathfrak{J}$ in der Klemmenmasche entstehen, die die Form

$$\mathfrak{U} = \mathfrak{A} + \mathfrak{B}\mathfrak{J}$$

haben muß, wobei $\mathfrak{A}$ eine Funktion der inneren elektromotorischen Kräfte und $\mathfrak{B}$ eine Funktion der inneren Widerstände darstellt. Die Bedeutung dieser beiden »Grundkonstanten« des aktiven, linearen Zweipoles geht aus den zwei wichtigsten Belastungsfällen, Leerlauf und Kurzschluß, hervor. Im Leerlauf wird mit $\mathfrak{J} = 0$, die Konstante $\mathfrak{A}$ der Spannung $\mathfrak{U}$ gleich. Diese Spannung soll etwa mit $\mathfrak{U}_i$ bezeichnet werden

$$\mathfrak{A} = \mathfrak{U}_i$$

Im Kurzschluß ist $\mathfrak{U} = 0$ und $\mathfrak{J} = \mathfrak{J}_K$, also

$$\mathfrak{B} = -\frac{\mathfrak{U}_i}{\mathfrak{J}_K} = -\mathfrak{Z}_i.$$

Das Verhältnis $\frac{\mathfrak{U}_i}{\mathfrak{J}_K}$ ist dabei als Scheinwiderstand $\mathfrak{Z}_i$ definiert worden. Die obige Gleichung erhält somit die endgültige Form

$$\mathfrak{U} = \mathfrak{U}_i - \mathfrak{Z}_i \mathfrak{J} \quad \ldots \ldots \quad (4)$$

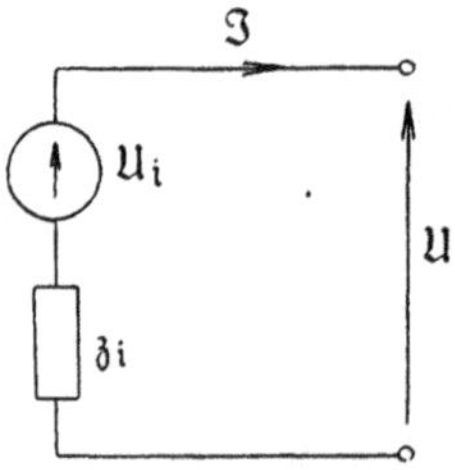


Bild 85. Ersatzschaltbild für einen aktiven, linearen Vierpol.

Sie läßt eine Deutung in der Richtung einer Ersatzschaltung zu. Der aktive, lineare Zweipol kann offenbar durch eine Stromquelle mit der »inneren«, elektromotorischen Kraft $\mathfrak{U}_i$ und dem »inneren« Scheinwiderstand $\mathfrak{Z}_i$ ersetzt werden (Bild 85). Diese Ersatzstromquelle folgt ebenfalls dem Gesetz (4). In Anlehnung daran wird der aktive, lineare Zweipol auch als »lineare Zweipolquelle« bezeichnet. Die Gleichung (4) ist dann die Grundgleichung der Zweipolquelle, während $\mathfrak{U}_i$ und $\mathfrak{Z}_i$ deren Grundkonstante genannt werden.

Wird eine Zweipolquelle mit einem Zweipol belastet, dann gelten beide Grundgleichungen (3) und (4), und es wird

$$\mathfrak{J} = \frac{\mathfrak{U}_i}{\mathfrak{Z} + \mathfrak{Z}_i} \quad \ldots \ldots \ldots \ldots \quad (5)$$

und

$$\mathfrak{U} = \frac{\mathfrak{Z}}{\mathfrak{Z} + \mathfrak{Z}_i} \mathfrak{U}_i \quad \ldots \ldots \ldots \ldots \quad (6)$$

Aus diesen Beziehungen läßt sich ein unter Umständen sehr vorteilhaftes Verfahren zur Bestimmung des Stromes in einem beliebigen Zweig eines linearen, geschlossenen Netzes ableiten (Helmholtz).

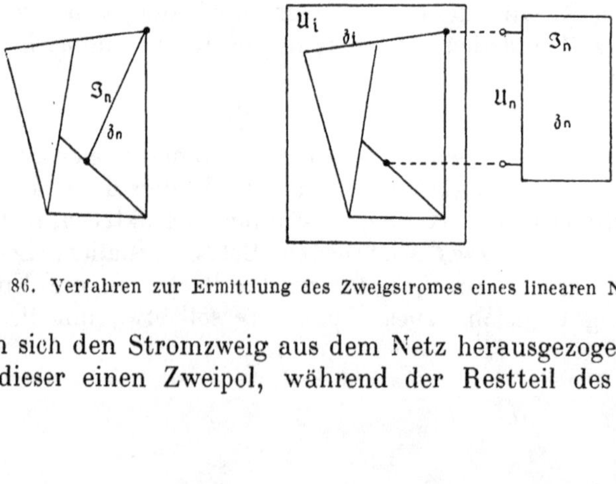


Bild 86. Verfahren zur Ermittlung des Zweigstromes eines linearen Netzes.

Denkt man sich den Stromzweig aus dem Netz herausgezogen (Bild 86), so bildet dieser einen Zweipol, während der Restteil des Netzes als speisende Zweipolquelle erscheint. Es ist dann nach Gleichung (5) und (6)

$$\mathfrak{J}_n = \frac{\mathfrak{U}_i}{\mathfrak{Z}_n + \mathfrak{Z}_i}$$

$$\mathfrak{U}_n = \frac{\mathfrak{Z}_n}{\mathfrak{Z}_n + \mathfrak{Z}_i}\,\mathfrak{U}_i.$$

Dazu findet man $\mathfrak{U}_i$ an den offenen Klemmen, wenn man den Zweipol — also den betreffenden Netzteil — fort denkt, und $\mathfrak{Z}_i$, wenn man die Klemmen kurzschließt und den Quotienten

$$\mathfrak{Z}_i = \frac{\mathfrak{U}_i}{\mathfrak{J}_K}$$

aus $\mathfrak{U}_i$ und dem so entstehenden Kurzschlußstrom $\mathfrak{J}_K$ bildet.

Die Stromgleichung (5) erlaubt die Ermittlung des Stromes für beliebige Belastungen und innere Widerstände. Um den Einfluß von Variationen dieser Größen überblicken zu können, kann man leicht ein Ortskurvendiagramm entwerfen. Man stellt dann der Einfachheit halber besser den Reziprokwert

$$\frac{1}{\mathfrak{J}} = \frac{1}{U_i}\,(\mathfrak{Z}_i + \mathfrak{Z})$$

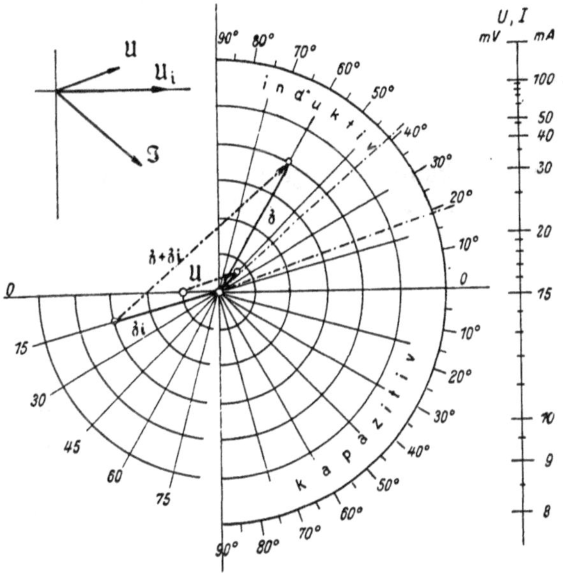


Bild 87. Ortsdiagramm der mit einem Zweipol belasteten Zweipolquelle (Polarform).

dar. Dabei kann $\mathfrak{U}_i$ zunächst 1 gesetzt werden, da es nur den Zahlenwert des Stromes (Maßstab!) beeinflußt. Die Belastungsimpedanz $\mathfrak{Z}$

kann sowohl in der Größe als auch im Richtungswinkel variieren. Sie kann also durch

$$\mathfrak{Z} = p\, z_1\, e^{j\zeta}$$

angegeben werden[1]) und wäre damit durch die im Bild 87 gezeigte Halbkreisschar gegeben. Dieses Kreisdiagramm wäre mit dem Ursprung 0 an $\mathfrak{Z}_i$ anzuschließen. Anstatt dessen kann auch — wie gezeichnet — $\mathfrak{Z}_i$ umgekehrt von 0 aus zurück aufgetragen und nach veränderlicher Größe und Richtungswinkel beziffert werden. Die Verbindungslinie des dem vorliegenden Problem entsprechenden $\mathfrak{Z}_i$-Punktes mit dem Endpunkt von $\mathfrak{Z}$ ist dann ein Maß für $\frac{1}{\mathfrak{J}}$ · Man braucht die Strecke nur mit dem im Bild seitlich angegebenen reziproken Maßstab messen, um $I$ zu erhalten. Verschiebt man die Strecke parallel durch den Ursprung, dann läßt sich auch außen am Winkelkreis die Phasenlage des Stromes ablesen. Infolge der reziproken Darstellung liegt der induktive Quadrant hier oben. Als Beispiel ist eingetragen

$$\mathfrak{Z}_i = 3\, e^{j\frac{\pi}{12}}\,\text{Ohm}$$

$$\mathfrak{Z} = 4\, e^{j\frac{\pi}{3}}\,\text{Ohm}$$

Damit wird bei einer Spannung von 1 Volt ein Strom von

$$I = 0{,}156\,\text{Amp}$$

mit einer Phasenlage von

$$\varphi = 41^0$$

abgelesen.

Das Diagramm kann auch gleich zur Ermittlung der Spannung $\mathfrak{U}$ verwendet werden. Es ist dann mit

$$\mathfrak{Z} = \frac{1}{p}\,\mathfrak{Z}_i\, e^{j\alpha} \qquad \left(p = \frac{z_i}{z}\right)$$

$$\frac{1}{\mathfrak{U}} = \frac{1}{U_i}\,(1 + p e^{-j\alpha}).$$

Das ist aber die gleiche Form wie früher mit $\mathfrak{Z}_i = 1$ und $\zeta = \alpha$. Statt von $\mathfrak{Z}_i$ ist also vom Punkt $U$ im Abstand 1 vom Ursprung auszugehen. Das endgültige Vektordiagramm ist im Bild links oben vermerkt.

Oft werden die Impedanzen in der Komponentenform gegeben sein. Es ist dann

$$\mathfrak{Z} = z_1 + j\, z_2,$$

worin Wirk- und Blindkomponente variieren können. Das wiederum

[1]) $z_1$ ist eine beliebig gewählte Einheit, z. B. 1 Ohm.

leicht ableitbare Ortsdiagramm ist im Bild 88 dargestellt, dem wohl nichts mehr hinzuzufügen ist.

Noch eine wichtige Beziehung läßt sich für die Leistung ableiten. Die vom Belastungszweipol aufgenommene Scheinleistung ist

$$\mathfrak{N}_s = \mathfrak{U}\,\mathfrak{J}^* = U_i \frac{\mathfrak{Z}}{\mathfrak{Z}_i + \mathfrak{Z}} \frac{U_i}{\mathfrak{Z}_i^* + \mathfrak{Z}^*} = U_i^2 \frac{\mathfrak{Z}}{(\mathfrak{Z}_i + \mathfrak{Z})(\mathfrak{Z}_i^* + \mathfrak{Z}^*)}.$$

Setzt man nun

$$\mathfrak{Z} = e^{2\mathfrak{a}}\,\mathfrak{Z}_i; \quad \mathfrak{a} = b + j\,a,$$

so wird

$$\mathfrak{Z}^* = e^{2\mathfrak{a}^*}\,\mathfrak{Z}_i^*$$

und

$$\mathfrak{N}_s = \frac{U_i^2}{\mathfrak{Z}_i^*} \frac{e^{2\mathfrak{a}}}{(1 + e^{2\mathfrak{a}})(1 + e^{2\mathfrak{a}^*})}.$$

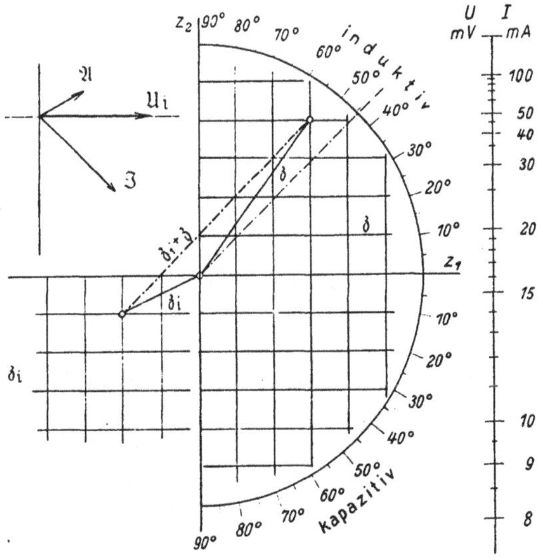


Bild 88. Ortsdiagramm der mit einem Zweipol belasteten Zweipolquelle (Komponentenform).

Dividiert man Zähler und Nenner durch $4\,e^{\mathfrak{a}}\,e^{\mathfrak{a}^*}$, so wird mit

$$\frac{e^{\mathfrak{a}}}{e^{\mathfrak{a}^*}} = e^{j2a}$$

$$\mathfrak{N}_s = \frac{U_i^2}{4\,\mathfrak{Z}_i^*} \frac{e^{j2a}}{\mathfrak{Cof}\,\mathfrak{a} \cdot \mathfrak{Cof}\,\mathfrak{a}^*}.$$

Der Betrag von $\mathfrak{N}_s$ wird damit

$$N_s = \frac{U_i^2}{2\,z_i} \frac{1}{\mathfrak{Cof}\,2\,b + \cos 2\,a} \quad \dots\dots\dots \quad (7)$$

da ja

$$\mathfrak{Cof}\,\mathfrak{a}\cdot\mathfrak{Cof}\,\mathfrak{a}^* = (\mathfrak{Cof}\,b\cos a + j\,\mathfrak{Sin}\,b\sin a)(\mathfrak{Cof}\,b\cos a - j\,\mathfrak{Sin}\,b\sin a) =$$
$$= \mathfrak{Cof}^2 b\cos^2 a + \mathfrak{Sin}^2 b\sin^2 a = \frac{1}{4}[(\mathfrak{Cof}\,2b+1)(1+\cos^2 a) +$$
$$+ (\mathfrak{Cof}\,2b - 1)(1-\cos 2a)] = \frac{1}{2}(\mathfrak{Cof}\,2b + \cos 2a)$$

ist. Man erhält also ein Maximum an abgegebener Scheinleistung, wenn die beiden Kosinusfunktionen ihren Kleinstwert annehmen. Für die Hyperbelfunktion ist das 1, also

$$\mathfrak{Cof}\,2b = 1$$

oder

$$e^{2b} = 1; \qquad b = 0.$$

Zur Ermittlung des Minimums der Kreisfunktion ist zu beachten, daß der Richtungswinkel von $\mathfrak{Z}$ zwischen $+\frac{\pi}{2}$ und $-\frac{\pi}{2}$ liegen muß. 2 a ist nun als imaginärer Teil des Exponenten von $e$ der Drehwinkel des Drehstreckers $e^{2\mathfrak{a}}$, so daß

$$-\frac{\pi}{2} \leq \zeta_i + 2a \leq +\frac{\pi}{2}$$

sein muß, wenn $\zeta_i$ der Richtungswinkel von $\mathfrak{Z}_i$ ist. Das Minimum liegt also bei

$$\zeta_i + 2a = -\frac{\pi}{2} = \zeta,$$

womit

$$\cos 2a = \cos\left(\zeta_i + \frac{\pi}{2}\right) = -\sin\zeta_i$$

und der Höchstwert der von der Zweipolquelle lieferbaren Scheinleistung

$$N_{s\,max} = \frac{U_i^2}{2z_i}\,\frac{1}{1-\sin\zeta_i} \quad \dots\dots\dots\dots (8)$$

wird. Dieser Höchstwert tritt also auf, wenn

$$\mathfrak{Z} = \mathfrak{Z}_i\,e^{-j\left(\zeta_i + \frac{\pi}{2}\right)} \quad \dots\dots\dots\dots (9)$$

ist oder

$$z = z_i$$

und rein kapazitiv. Die Scheinleistung ist dann also reine Blindleistung.

Eine ähnliche Untersuchung kann für die maximal abgebbare Wirkleistung gemacht werden. Hier ist

$$N_w = \mathfrak{U}\cdot\mathfrak{J} = U\,I\cos\varphi = U_i\frac{\mathfrak{Z}}{\mathfrak{Z}+\mathfrak{Z}_i}\cdot\frac{U_i}{\mathfrak{Z}+\mathfrak{Z}_i}$$

oder mit dem vorhin eingeführten Drehstrecker $e^{2\mathfrak{a}}$

$$N_w = \frac{U_i^2}{4} \frac{e^{\mathfrak{a}}}{\mathfrak{Cos}\,\mathfrak{a}} \cdot \frac{e^{\mathfrak{a}}}{\mathfrak{Z}\,\mathfrak{Cos}\,\mathfrak{a}}.$$

Zur Ausführung des »skalaren« Produktes sind die Beträge zu multiplizieren und das Produkt mit dem Kosinus des gegenseitigen Winkels zu erweitern. Der Betrag von

$$\frac{e^{\mathfrak{a}}}{\mathfrak{Cos}\,\mathfrak{a}} \quad \text{ist} \quad \frac{e^b}{\sqrt{\mathfrak{Cos}^2 b \cos^2 a + \mathfrak{Sin}^2 b \sin^2 a}},$$

der gegenseitige Winkel der Richtungswinkel von $\frac{1}{\mathfrak{Z}}$, der mit $\zeta$ bezeichnet werden soll. Es wird also

$$N_w = \frac{U_i^2}{4z} \frac{e^{2b}}{\mathfrak{Cos}^2 b \cos^2 a + \mathfrak{Sin}^2 b \sin^2 a} \cos\zeta$$

oder gemäß der Entwicklung auf der vorhergehenden Seite

$$N_w = \frac{U_i^2}{2z_i} \frac{\cos\zeta}{\mathfrak{Cos}\,2b + \cos 2a} = N_s \cos\zeta \quad \ldots\ldots \quad (11)$$

was ja auch unmittelbar hätte angeschrieben werden können. Das Maximum dieses Ausdruckes ist zunächst wieder an die eine Bedingung

$$\mathfrak{Cos}\,2b = 1; \quad e^{2b} = 1; \quad b = 0$$

geknüpft. Es ist dann

$$N_w = \frac{U_i^2}{2z_i} \frac{\cos\zeta}{1 + \cos 2a} = \frac{U_i^2}{2z_i} \frac{\cos\zeta}{1 + \cos(\zeta - \zeta_i)}$$

da ja voraussetzungsgemäß

$$\zeta_i + 2a = \zeta$$

ist. Das Maximum erhält man durch Nullsetzen des Differentialquotienten des rechten Bruches. Es wird

$$-[1 + \cos(\zeta - \zeta_i)] \sin\zeta + \cos\zeta \sin(\zeta - \zeta_i) = 0$$

oder

$$\sin\zeta + \sin\zeta\cos\zeta\cos\zeta_i + \sin^2\zeta\sin\zeta_i = \sin\zeta\cos\zeta\cos\zeta_i - \cos^2\zeta\sin\zeta_i$$

woraus sich

$$\sin\zeta + \sin\zeta_i = 0$$

und

$$\zeta = -\zeta_i \quad \ldots\ldots\ldots\ldots \quad (12)$$

als zweite Höchstwertbedingung ergibt. Die größte Wirkleistung wird also erhalten, wenn

$$z = z_i$$

und der Richtungswinkel der Belastung entgegengesetzt gleich wird dem Richtungswinkel der inneren Impedanz der Zweipolquelle (also $\mathfrak{Z} = \mathfrak{Z}_i^*$ ist). Die Höchstleistung ist dann

$$N_{w\,\max} = \frac{U_i^2}{4\,z_i}\,\frac{1}{\cos\zeta_i} \quad \ldots\ldots\ldots\ldots \quad (13)$$

Würde die Zweipolquelle mit einem Widerstand

$$\mathfrak{Z} = \mathfrak{Z}_i$$

belastet werden, dann wäre mit $2a = 0$

Die Scheinleistung

$$\overline{N}_s = \frac{U_i^2}{4\,z_i} \quad \ldots\ldots\ldots\ldots \quad (14)$$

und die Wirkleistung

$$\overline{N}_w = \frac{U_i^2}{4\,z_i}\cos\zeta_i \quad \ldots\ldots\ldots\ldots \quad (15)$$

Es verhalten sich also

$$\frac{N_{s\,\max}}{\overline{N}_s} = \frac{2}{1 - \sin\zeta_i} \quad \ldots\ldots\ldots\ldots \quad (16)$$

und

$$\frac{N_{w\,\max}}{\overline{N}_w} = \frac{1}{\cos^2\zeta_i} \quad \ldots\ldots\ldots\ldots \quad (17)$$

## B. Die Vierpoltheorie.

### 1. Definitionen.

Vierpole sind elektrische Gebilde mit vier Klemmen, von denen jeweils zwei zusammengehören. Die zwei so entstehenden Klemmenpaare bilden die »Eingangs«- und »Ausgangs«-Klemmen. Vom Vierklemmengebilde unterscheidet sich der Vierpol also vor allem durch die Stromgleichungen (Bild 89).

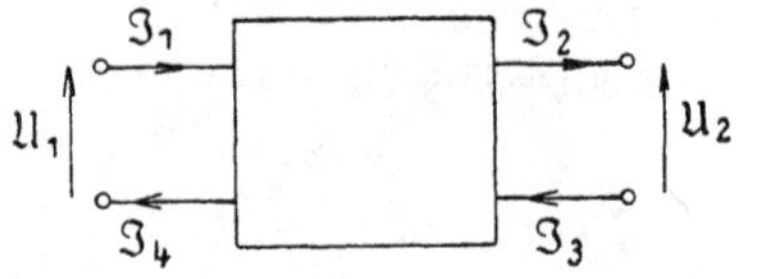


Bild 89. Vierklemmengebilde und Vierpol.

Vierklemmengebilde:

$$\sum \mathfrak{J} = \mathfrak{J}_1 + \mathfrak{J}_2 + \mathfrak{J}_3 + \mathfrak{J}_4 = 0$$

Vierpol:

$\mathfrak{J}_1 + \mathfrak{J}_4 = 0$ Eingangskreis,

$\mathfrak{J}_2 + \mathfrak{J}_3 = 0$ Ausgangskreis.

Der Vierpol nimmt also über seine Eingangsklemmen Scheinleistung auf und gibt über die Ausgangsklemmen Scheinleistung ab. Die Differenz wird innerhalb des Vierpoles verbraucht (oder erzeugt).

Über den Wert einer eigenen Vierpoltheorie gilt das in der Zweipoltheorie Gesagte in verstärktem Ausmaße, weil sehr viele Anordnungen der Stark- und Schwachstromtechnik als Vierpole aufgefaßt und damit einer einheitlichen, weitgehende Vergleiche zulassenden Betrachtungsweise zugänglich gemacht werden können.

Aktive Vierpole sind wieder Vierpole mit inneren elektromotorischen Kräften. Fehlen diese, dann spricht man von passiven Vierpolen. Sind die Ströme und Spannungen nach linearen Gleichungen voneinander abhängig, gelten also die Kirchhoffschen Gesetze, dann heißen die Vierpole linear. Bleiben schließlich die Ströme unverändert, wenn man Eingangs- und Ausgangsklemmen miteinander vertauscht — den Vierpol also verkehrt anschließt —, dann liegt ein symmetrischer Vierpol vor.

## 2. Passive, lineare Vierpole.

### a) Grundgleichungen.

#### α) Die Vierpolgleichungen.

Im allgemeinsten Fall hat der Vierpol $n$ Maschen, von denen jede eigene Impedanzen und beliebige gegenseitige Impedanzen zu den anderen Maschen hat. Im Bild 90 ist ein Beispiel eines solchen Vierpoles mit vier Maschen gezeichnet. Die eigenen Impedanzen können zu einer gesamten Maschenimpedanz $\mathfrak{Z}_{ii}$ (Eigenimpedanz der $i$-ten Masche) zusammengefaßt werden. Die gegenseitigen Impedanzen können durch ohmsche Widerstände (im Bild 90 beispielsweise zwischen Masche 1 und 4), Induktivitäten (im Bilde 90 beispielsweise zwischen Masche 1 und 3), Kapazitäten (im Bilde 90 beispielsweise zwischen Masche 1 und 2) oder irgendeine Kombination dieser Widerstände (im Bilde 90 beispielsweise zwischen Masche 2 und 3 oder 2 und 4 oder 3 und 4) gebildet werden. Sie können wieder zu je einer gesamten Kopplungsimpedanz $\mathfrak{Z}_{ij}$ (zwischen $i$-ter und $j$-ter Masche) zusammengefaßt werden. Es ergeben sich dann für einen Vierpol mit $n$ Maschen durch Anwenden der Kirchhoffschen Gesetze die $n$ linearen Gleichungen

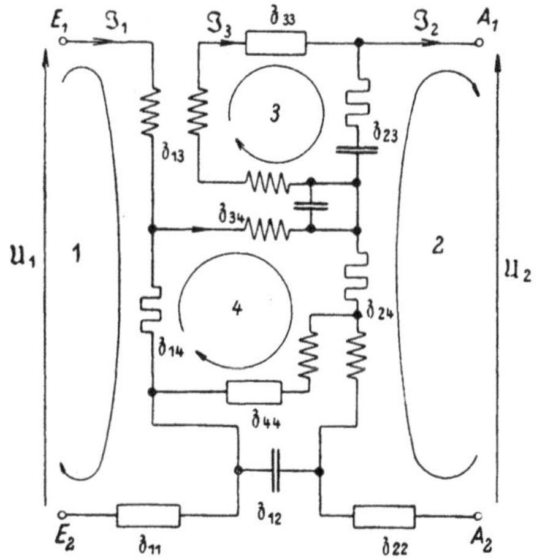

Bild 90. Viermaschiger Vierpol.

$$
\begin{aligned}
&\text{Masche } 1\text{:} \quad \mathfrak{Z}_{11}\mathfrak{J}_1 + \mathfrak{Z}_{12}\mathfrak{J}_2 + \mathfrak{Z}_{13}\mathfrak{J}_3 + \ldots + \mathfrak{Z}_{1n}\mathfrak{J}_n = \mathfrak{U}_1 \\
&\text{Masche } 2\text{:} \quad \mathfrak{Z}_{21}\mathfrak{J}_1 + \mathfrak{Z}_{22}\mathfrak{J}_2 + \mathfrak{Z}_{23}\mathfrak{J}_3 + \ldots + \mathfrak{Z}_{2n}\mathfrak{J}_n = -\mathfrak{U}_2 \\
&\text{Masche } 3\text{:} \quad \mathfrak{Z}_{31}\mathfrak{J}_1 + \mathfrak{Z}_{32}\mathfrak{J}_2 + \mathfrak{Z}_{33}\mathfrak{J}_3 + \ldots + \mathfrak{Z}_{3n}\mathfrak{J}_n = 0 \\
&\vdots \\
&\text{Masche } n\text{:} \quad \mathfrak{Z}_{n1}\mathfrak{J}_1 + \mathfrak{Z}_{n2}\mathfrak{J}_2 + \mathfrak{Z}_{n3}\mathfrak{J}_3 + \ldots + \mathfrak{Z}_{nn}\mathfrak{J}_n = 0
\end{aligned}
$$

Diese $n$ Gleichungen enthalten außer den $n$ Strömen noch die Eingangs- und Ausgangsspannung als Unbekannte, somit insgesamt $n + 2$ Veränderliche. Es können demnach $n - 2$ der Variablen eliminiert und das System auf zwei lineare Gleichungen zurückgeführt werden. Im allgemeinen interessieren nur die Größen an den Eingangs- und Ausgangsklemmen. Eliminiert man daher die Ströme $\mathfrak{J}_3$ bis $\mathfrak{J}_n$, so erhält man schließlich die beiden linearen Gleichungen

$$\mathfrak{J}_1 = \mathfrak{A}_2 \mathfrak{J}_2 + \mathfrak{C}_2 \mathfrak{U}_2$$
$$\mathfrak{J}_2 = \mathfrak{A}_1 \mathfrak{J}_1 - \mathfrak{C}_1 \mathfrak{U}_1$$

mit den Grundkonstanten $\mathfrak{A}_1$, $\mathfrak{A}_2$, $\mathfrak{C}_1$, $\mathfrak{C}_2$, die Funktionen von $\mathfrak{Z}_{ii}$ und $\mathfrak{Z}_{ij}$ sind. In diesen Gleichungen sind der Eingangsstrom $\mathfrak{J}_1$ als Funktion der Ausgangsgrößen $\mathfrak{J}_2$, $\mathfrak{U}_2$ und der Ausgangsstrom $\mathfrak{J}_2$ als Funktion der Eingangsgrößen $\mathfrak{J}_1$, $\mathfrak{U}_1$ dargestellt. Durch eine einfache Umformung erhält man ähnliche Gleichungen für die Spannungen, nämlich

$$\mathfrak{U}_1 = \mathfrak{A}_1 \frac{\mathfrak{C}_2}{\mathfrak{C}_1} \mathfrak{U}_2 + \frac{\mathfrak{A}_1 \mathfrak{A}_2 - 1}{\mathfrak{C}_1} \mathfrak{J}_2$$

$$\mathfrak{U}_2 = \mathfrak{A}_2 \frac{\mathfrak{C}_1}{\mathfrak{C}_2} \mathfrak{U}_1 - \frac{\mathfrak{A}_1 \mathfrak{A}_2 - 1}{\mathfrak{C}_2} \mathfrak{J}_1$$

oder mit

$$\left.\begin{aligned} \mathfrak{A}_3 &= \mathfrak{A}_2 \frac{\mathfrak{C}_1}{\mathfrak{C}_2}; & \mathfrak{B}_1 &= \frac{\mathfrak{A}_1 \mathfrak{A}_2 - 1}{\mathfrak{C}_2} \\ \mathfrak{A}_4 &= \mathfrak{A}_1 \frac{\mathfrak{C}_2}{\mathfrak{C}_1}; & \mathfrak{B}_2 &= \frac{\mathfrak{A}_1 \mathfrak{A}_2 - 1}{\mathfrak{C}_1} \end{aligned}\right\} \quad \ldots \ldots \ldots (1)$$

$$\left.\begin{aligned} \mathfrak{U}_1 &= \mathfrak{A}_4 \mathfrak{U}_2 + \mathfrak{B}_2 \mathfrak{J}_2 \\ \mathfrak{U}_2 &= \mathfrak{A}_3 \mathfrak{U}_1 - \mathfrak{B}_1 \mathfrak{J}_1 \end{aligned}\right\} \quad \ldots \ldots \ldots \ldots \ldots (2)$$

*β) Vierpole mit eindeutigen Kopplungswiderständen.*

Sind die Grundkonstanten lineare Funktionen der Wechselstromwiderstände $R$, $\omega L$, $\frac{1}{\omega C}$, was ja meist der Fall sein wird, dann werden die Kopplungswiderstände eindeutig

$$\mathfrak{Z}_{ij} = \mathfrak{Z}_{ji},$$

also unabhängig von der Wirkungsrichtung $i$-te Masche zur $j$-ten Masche oder umgekehrt. Eine einfache Nachrechnung der Grundgleichungen ergibt dann, daß die Grundkonstanten $\mathfrak{C}_1$ und $\mathfrak{C}_2$ einander gleich werden

$$\mathfrak{C}_1 = \mathfrak{C}_2 = \mathfrak{C}.$$

Nach den Gleichungen (1) wird dann aber auch

$$\mathfrak{A}_3 = \mathfrak{A}_2; \quad \mathfrak{A}_4 = \mathfrak{A}_1; \quad \mathfrak{B}_1 = \mathfrak{B}_2 = \mathfrak{B} = \frac{\mathfrak{A}_1 \mathfrak{A}_2 - 1}{\mathfrak{C}}.$$

Die dritte dieser Beziehungen liefert die wichtige Bedingungsgleichung

$$\mathfrak{A}_1 \mathfrak{A}_2 - \mathfrak{B}\mathfrak{C} = 1 \qquad (1)$$

für die Grundkonstanten des Vierpoles.

Für die Grundgleichungen findet man jetzt

$$\mathfrak{U}_2 = \mathfrak{A}_2 \mathfrak{U}_1 - \mathfrak{B}\mathfrak{J}_1 \qquad (2)$$

$$\mathfrak{J}_2 = \mathfrak{A}_1 \mathfrak{J}_1 - \mathfrak{C}\mathfrak{U}_1 \qquad (3)$$

beziehungsweise

$$\mathfrak{U}_1 = \mathfrak{A}_1 \mathfrak{U}_2 + \mathfrak{B}\mathfrak{J}_2 \qquad (4)$$

$$\mathfrak{J}_1 = \mathfrak{A}_2 \mathfrak{J}_2 + \mathfrak{C}\mathfrak{U}_2 \qquad (5)$$

Es ist also $\mathfrak{B}\mathfrak{J}_1$, bzw. $\mathfrak{B}\mathfrak{J}_2$ eine Art »Spannungsabfall«, $\mathfrak{C}\mathfrak{U}_1$ bzw. $\mathfrak{C}\mathfrak{U}_2$ eine Art »Stromverlust« im Vierpol.

Die Konstanten $\mathfrak{A}_1$, $\mathfrak{A}_2$, die dimensionslos und reine Drehstrecker sind, heißen die äußeren Grundkonstanten, die Konstanten $\mathfrak{B}$ und $\mathfrak{C}$, die die Dimensionen eines Widerstandes bzw. eines Leitwertes haben, die inneren Grundkonstanten des Vierpoles.

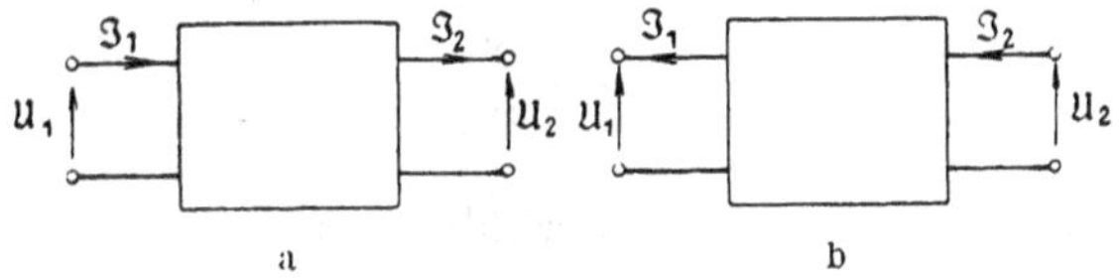


Bild 91. Gerade und umgekehrte Speisung eines Vierpoles.

Die Gleichungen (2) bis (5) hatten die Schaltung nach Bild 91a zur Voraussetzung, in der der Vierpol von »vorne« gespeist wurde. Bei rückwärtiger Speisung nach Bild 91b wird mit $\mathfrak{U}_1$, $\mathfrak{J}_1$ als Ausgangs- und $\mathfrak{U}_2$, $\mathfrak{J}_2$ als Eingangsgrößen, sowie der wegen der geänderten Speisungsrichtung notwendigen Vertauschung von $\mathfrak{A}_1$ und $\mathfrak{A}_2$ aus (2) und (3)

$$\mathfrak{U}_1 = \mathfrak{A}_1 \mathfrak{U}_2 - \mathfrak{B}\mathfrak{J}_2 \qquad (4a)$$

$$\mathfrak{J}_1 = \mathfrak{A}_2 \mathfrak{J}_2 - \mathfrak{C}\mathfrak{U}_2 \qquad (5a)$$

bzw. aus (4) und (5)

$$\mathfrak{U}_2 = \mathfrak{A}_2 \mathfrak{U}_1 + \mathfrak{B}\mathfrak{J}_1 \qquad (2a)$$

$$\mathfrak{J}_2 = \mathfrak{A}_1 \mathfrak{J}_1 + \mathfrak{C}\mathfrak{U}_1 \qquad (3a)$$

Ist $\mathfrak{A}_1 = \mathfrak{A}_2 = \mathfrak{A}$, dann erhält man dieselben Strom- und Spannungs»verluste«, unabhängig davon, von welcher Seite aus der Vierpol gespeist wird. Der Vierpol heißt dann symmetrisch.

### *γ) Leerlauf und Kurzschluß.*

Eine wichtige Kenngröße des Vierpoles ist sein auf der Eingangsseite gemessener Scheinwiderstand. Dieser Eingangswiderstand wird nach den Gleichungen (4) und (5) des vorigen Kapitels

$$\mathfrak{W}_1 = \frac{\mathfrak{U}_1}{\mathfrak{J}_1} = \frac{\mathfrak{A}_1 \mathfrak{U}_2 + \mathfrak{B}\,\mathfrak{J}_2}{\mathfrak{A}_2 \mathfrak{J}_2 + \mathfrak{C}\,\mathfrak{U}_2}.$$

Er ist also abhängig von der Belastung. Wird diese durch einen Zweipol mit dem Scheinwiderstand $\mathfrak{W}$ gebildet (Bild 92), so gilt

$$\mathfrak{U}_2 = \mathfrak{J}_2 \mathfrak{W}$$

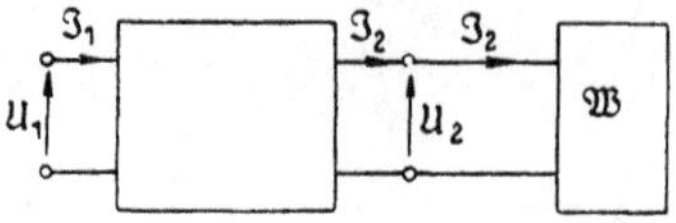


Bild 92. Durch einen Zweipol belasteter Vierpol.

und es wird

$$\mathfrak{W}_1 = \frac{\mathfrak{B} + \mathfrak{A}_1 \mathfrak{W}}{\mathfrak{A}_2 + \mathfrak{C}\,\mathfrak{W}} \quad . \; . \; . \; (1)$$

Das ist also im Ortskurvendiagramm mit

$$\mathfrak{W} = W e^{j\Omega} = x w e^{j y \omega} \quad . \; . \; . \; (2)$$

eine Kreisschar gemäß der beiden Parameter $x$ und $y$.

Besondere Fälle sind der Leerlauf mit $\mathfrak{W} = \infty$ und der Kurzschluß mit $\mathfrak{W} = 0$. Es werden dann die Eingangswiderstände

$$\mathfrak{W}_{10} = \frac{\mathfrak{A}_1}{\mathfrak{C}} \quad . \; . \; . \; . \; . \; . \; . \; . \; . \; . \; . \; . \; . \; (3)$$

$$\mathfrak{W}_{1k} = \frac{\mathfrak{B}}{\mathfrak{A}_2} \quad . \; . \; . \; . \; . \; . \; . \; . \; . \; . \; . \; . \; . \; (4)$$

Bei rückwärtiger Speisung erhält man

$$\mathfrak{W}_2 = \frac{\mathfrak{U}_2}{\mathfrak{J}_2} = \frac{\mathfrak{A}_2 \mathfrak{U}_1 + \mathfrak{B}\,\mathfrak{J}_1}{\mathfrak{A}_1 \mathfrak{J}_1 + \mathfrak{C}\,\mathfrak{U}_1}$$

und mit

$$\mathfrak{U}_1 = \mathfrak{J}_1 \mathfrak{W}$$

$$\mathfrak{W}_2 = \frac{\mathfrak{B} + \mathfrak{A}_2 \mathfrak{W}}{\mathfrak{A}_1 + \mathfrak{C}\,\mathfrak{W}} \quad . \; . \; . \; . \; . \; . \; . \; . \; . \; . \; . \; (1\,a)$$

woraus

$$\mathfrak{W}_{20} = \frac{\mathfrak{A}_2}{\mathfrak{C}} \quad . \; . \; . \; . \; . \; . \; . \; . \; . \; . \; . \; . \; (3\,a)$$

$$\mathfrak{W}_{2k} = \frac{\mathfrak{B}}{\mathfrak{A}_1} \quad . \; . \; . \; . \; . \; . \; . \; . \; . \; . \; . \; . \; (4\,a)$$

*δ) Ermittlung der Grundkonstanten.*

Aus den Gleichungen des vorigen Kapitels lassen sich leicht die Grundkonstanten als Funktion der Leerlauf- und Kurzschlußwiderstände darstellen. Sie können dann also aus Leerlauf und Kurzschlußversuchen leicht gemessen werden, auch wenn die innere Schaltung des Vierpoles unbekannt ist. Die Messung hat sich allerdings auch auf die Phasenwinkel zu erstrecken, da ja die Größen der Gleichungen komplex sind.

Man findet zunächst

$$\frac{\mathfrak{W}_{10}}{\mathfrak{W}_{1k}} = \frac{\mathfrak{W}_{20}}{\mathfrak{W}_{2k}} = \frac{\mathfrak{A}_1 \mathfrak{A}_2}{\mathfrak{B}\mathfrak{C}} = \frac{1 + \mathfrak{B}\mathfrak{C}}{\mathfrak{B}\mathfrak{C}}$$

und daraus

$$\mathfrak{B}\mathfrak{C} = \frac{\mathfrak{W}_{1k}}{\mathfrak{W}_{10} - \mathfrak{W}_{1k}} = \frac{\mathfrak{W}_{2k}}{\mathfrak{W}_{20} - \mathfrak{W}_{2k}}$$

$$\mathfrak{A}_1 \mathfrak{A}_2 = \frac{\mathfrak{W}_{10}}{\mathfrak{W}_{10} - \mathfrak{W}_{1k}} = \frac{\mathfrak{W}_{20}}{\mathfrak{W}_{20} - \mathfrak{W}_{2k}}.$$

Andererseits ist

$$\frac{\mathfrak{A}_1}{\mathfrak{A}_2} = \frac{\mathfrak{W}_{10}}{\mathfrak{W}_{20}} = \frac{\mathfrak{W}_{1k}}{\mathfrak{W}_{2k}}$$

und

$$\frac{\mathfrak{B}}{\mathfrak{C}} = \mathfrak{W}_{10}\,\mathfrak{W}_{2k} = \mathfrak{W}_{20}\,\mathfrak{W}_{1k}$$

so daß

$$\mathfrak{A}_1 = \frac{\mathfrak{W}_{10}}{\sqrt{\mathfrak{W}_{20}\,(\mathfrak{W}_{10} - \mathfrak{W}_{1k})}} = \sqrt{\frac{\mathfrak{W}_{10}}{\mathfrak{W}_{20} - \mathfrak{W}_{2k}}} \quad \ldots \ldots \; (1)$$

$$\mathfrak{A}_2 = \frac{\mathfrak{W}_{20}}{\sqrt{\mathfrak{W}_{10}\,(\mathfrak{W}_{20} - \mathfrak{W}_{2k})}} = \sqrt{\frac{\mathfrak{W}_{20}}{\mathfrak{W}_{10} - \mathfrak{W}_{1k}}} \quad \ldots \ldots \; (2)$$

$$\mathfrak{B} = \mathfrak{W}_{1k}\sqrt{\frac{\mathfrak{W}_{20}}{\mathfrak{W}_{10} - \mathfrak{W}_{1k}}} = \mathfrak{W}_{2k}\sqrt{\frac{\mathfrak{W}_{10}}{\mathfrak{W}_{20} - \mathfrak{W}_{2k}}} \quad \ldots \; (3)$$

$$\mathfrak{C} = \frac{1}{\sqrt{\mathfrak{W}_{20}\,(\mathfrak{W}_{10} - \mathfrak{W}_{1k})}} = \frac{1}{\sqrt{\mathfrak{W}_{10}\,(\mathfrak{W}_{20} - \mathfrak{W}_{2k})}} \quad \ldots \; (4)$$

Die erforderlichen Leerlauf- und Kurzschlußmessungen sind dabei in jedem Falle möglich, auch wenn der Vierpol örtlich sehr langgestreckt ist (lange Leitung).

Es ist noch eine andere Darstellung der Grundkonstanten angebbar, die sich auf Strom- und Spannungsmessungen gründet. Aus den Grundgleichungen wird für Leerlauf ($\mathfrak{J}_2 = 0$)

$$\mathfrak{U}_{10} = \mathfrak{A}_1\,\mathfrak{U}_2$$

$$\mathfrak{J}_{10} = \mathfrak{C}\,\mathfrak{U}_2$$

und bei rückwärtiger Speisung

$$\mathfrak{U}_{20} = \mathfrak{A}_2\,\mathfrak{U}_1$$

$$\mathfrak{J}_{20} = \mathfrak{C}\,\mathfrak{U}_1.$$

Aus diesen Leerlaufsgrößen wird demnach

$$\mathfrak{A}_1 = \frac{\mathfrak{U}_{10}}{\mathfrak{U}_2} \quad \ldots\ldots\ldots\ldots\ldots\ldots \quad (5)$$

$$\mathfrak{A}_2 = \frac{\mathfrak{U}_{20}}{\mathfrak{U}_1} \quad \ldots\ldots\ldots\ldots\ldots\ldots \quad (6)$$

$$\mathfrak{C} = \frac{\mathfrak{J}_{10}}{\mathfrak{U}_2} = \frac{\mathfrak{J}_{20}}{\mathfrak{U}_1} \quad \ldots\ldots\ldots\ldots\ldots \quad (7)$$

Die Messung muß sich wieder über die Phasenwinkel erstrecken. Eine mögliche Schaltung zur Messung beispielsweise der Konstanten $\mathfrak{C}$ zeigt das Bild 93. Neben Strom- und Spannungsmesser ist noch ein Wattmeter angeordnet, das die fiktive Leistung $U_2 I_{10} \cos(\mathfrak{U}_2, \mathfrak{J}_{10})$ angibt, aus der die »Wirk«-Spannung $U_2 \cos(\mathfrak{U}_2, \mathfrak{J}_{10})$ ermittelt werden

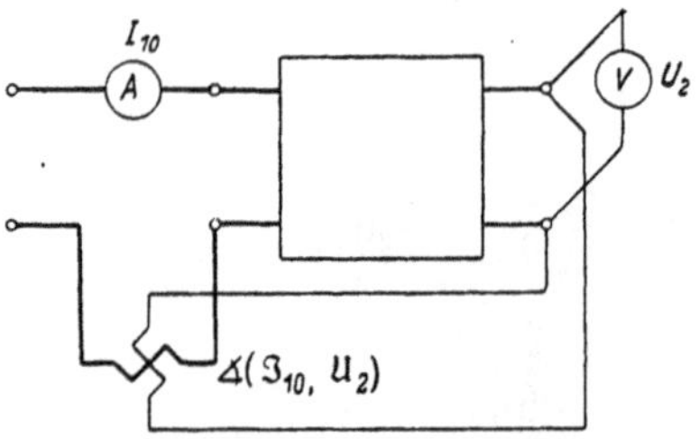


Bild 93. Messung der Vierpolkonstanten $\mathfrak{C}$ aus einem Leerlaufversuch.

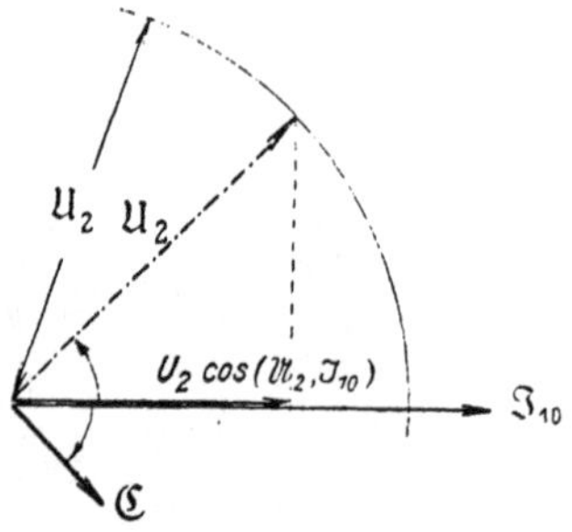


Bild 94. Vektordiagramm zu Bild 93.

kann. Die Bestimmung von $\mathfrak{C}$ kann dann nach Bild 94 wie folgt geschehen. Man zeichnet zunächst den Stromvektor $\mathfrak{J}_{10}$. Aus der Spannungsmessung ergibt sich ferner für den Endpunkt der Spannung $\mathfrak{U}_2$ ein Kreis mit dem Halbmesser $U_2$. Die »Wirkkomponente« dieser Spannung $U_2 \cos(\mathfrak{U}_2, \mathfrak{J}_{10})$ ist aus der Leistungsmessung bekannt und kann in der Richtung $\mathfrak{J}_{10}$ eingetragen werden. Die Normale dazu schneidet im gezeichneten Kreis den Endpunkt für $\mathfrak{U}_2$ ab. Jetzt ist nur mehr $\frac{I_{10}}{U_2}$ in der Spiegelbildrichtung zu $\mathfrak{U}_2$ aufzutragen.

Die Ermittlung der Grundkonstanten kann aber ebensogut mit Hilfe einer Kurzschlußmessung erfolgen. Es ist dann mit $\mathfrak{U}_2 = 0$

$$\mathfrak{U}_{1k} = \mathfrak{B}\mathfrak{J}_2$$

$$\mathfrak{J}_{1k} = \mathfrak{A}_2\mathfrak{J}_2$$

und bei rückwärtiger Speisung

$$\mathfrak{U}_{2k} = \mathfrak{B}\mathfrak{J}_1$$

$$\mathfrak{J}_{2k} = \mathfrak{A}_1\mathfrak{J}_1$$

womit

$$\mathfrak{A}_1 = \frac{\mathfrak{J}_{2k}}{\mathfrak{J}_1} \quad \ldots\ldots\ldots\ldots\ldots \quad (8)$$

$$\mathfrak{A}_2 = \frac{\mathfrak{J}_{1k}}{\mathfrak{J}_2} \quad \ldots\ldots\ldots\ldots\ldots \quad (9)$$

$$\mathfrak{B} = \frac{\mathfrak{U}_{1k}}{\mathfrak{J}_2} = \frac{\mathfrak{U}_{2k}}{\mathfrak{J}_1} \quad \ldots\ldots\ldots\ldots \quad (10)$$

Die Messung hat wieder ähnlich zu erfolgen, wie vorhin ausgeführt wurde. Das Bild 95 zeigt beispielsweise eine Meßanordnung für $\mathfrak{A}_2$, das Bild 96 das zugehörige Vektordiagramm.

Macht man Leerlauf- und Kurzschlußversuch, dann ergeben sich Kontrollen für die Messung.

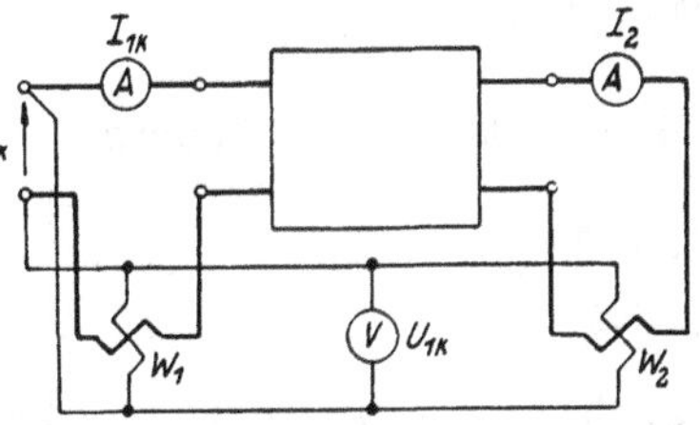


Bild 95. Messung der Vierpolkonstanten $\mathfrak{A}_2$ aus einem Kurzschlußversuch.

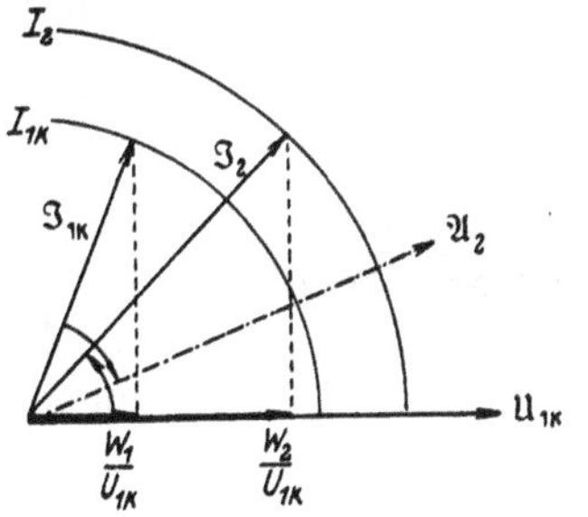


Bild 96. Vektordiagramm zu Bild 95.

*ε) Kernwiderstand, Kernleitwert, Dualismus.*

Wie schon früher festgestellt wurde, hat $\mathfrak{C}$ die Dimension eines Leitwertes. Man bezeichnet die reziproke Größe

$$\mathfrak{M} = \frac{1}{\mathfrak{C}} \quad \ldots\ldots\ldots\ldots\ldots \quad (1)$$

als den Kernwiderstand des Vierpoles. Die Messung erfolgt wie die von $\mathfrak{C}$.

In ähnlicher Weise definiert man den Kernleitwert $\mathfrak{L}$ als die reziproke Größe zu $\mathfrak{B}$

$$\mathfrak{L} = \frac{1}{\mathfrak{B}} \quad \ldots\ldots\ldots\ldots\ldots \quad (2)$$

Ihre Messung schließt sich der von $\mathfrak{B}$ an.

Leitwerte werden stets dann mit Vorteil angewendet, wenn Kurzschlußprobleme vorliegen. Man verwendet dann auch gerne die Kurzschlußleitwerte

$$\mathfrak{L}_{1k} = \frac{1}{\mathfrak{W}_{1k}} = \frac{\mathfrak{A}_2}{\mathfrak{B}} \quad \ldots\ldots\ldots\ldots \quad (3)$$

$$\mathfrak{L}_{2k} = \frac{1}{\mathfrak{W}_{2k}} = \frac{\mathfrak{A}_1}{\mathfrak{B}} \quad \ldots\ldots\ldots\ldots \quad (4)$$

Mit Hilfe der Kernkenngrößen lassen sich die Grundgleichungen wie folgt umformen. Zunächst wird durch Einsetzen der Gleichung (1) dieses Abschnittes sowie der Gleichungen (3) und (3a) des Abschnittes $\gamma$ in die Grundgleichung (1) des Abschnittes $\beta$

$$\mathfrak{B} = (\mathfrak{A}_1 \mathfrak{A}_2 - 1)\,\mathfrak{M} = \frac{\mathfrak{W}_{10}\mathfrak{W}_{20}}{\mathfrak{M}} - \mathfrak{M} = (\mathfrak{W}_{10}\mathfrak{W}_{20} - \mathfrak{M}^2)\,\mathfrak{C}.$$

Setzt man dies in die Grundgleichungen (4) und (5) des Abschnittes $\beta$ ein, so wird

$$\mathfrak{U}_1 = \mathfrak{W}_{10}\mathfrak{C}\,\mathfrak{U}_2 + (\mathfrak{W}_{10}\mathfrak{W}_{20} - \mathfrak{M}^2)\,\mathfrak{C}\,\mathfrak{J}_2$$

$$\mathfrak{J}_1 = \mathfrak{W}_{20}\mathfrak{C}\,\mathfrak{J}_2 + \mathfrak{C}\,\mathfrak{U}_2$$

Zur Vereinfachung definiert man nun die Größe

$$\sqrt{\mathfrak{W}_{10}\mathfrak{W}_{20} - \mathfrak{M}^2} = \mathfrak{Z} = \sqrt{\frac{\mathfrak{B}}{\mathfrak{C}}} \quad \ldots\ldots\ldots \quad (5)[1]$$

die den Namen Wellenwiderstand erhielt. Damit ändern sich die Grundgleichungen auf

$$\mathfrak{M}\,\mathfrak{U}_1 = \mathfrak{W}_{10}\,\mathfrak{U}_2 + \mathfrak{Z}^2\,\mathfrak{J}_2 \quad \ldots\ldots\ldots\ldots \quad (6)$$

$$\mathfrak{M}\,\mathfrak{J}_1 = \mathfrak{W}_{20}\,\mathfrak{J}_2 + \mathfrak{U}_2 \quad \ldots\ldots\ldots\ldots \quad (7)$$

In gleicher Weise kann nun aber auch mit den Leitwerten gearbeitet werden. Es ist dann

$$\mathfrak{C} = (\mathfrak{A}_1 \mathfrak{A}_2 - 1)\,\mathfrak{L} = \frac{\mathfrak{L}_{1k}\mathfrak{L}_{2k}}{\mathfrak{L}} - \mathfrak{L} = (\mathfrak{L}_{1k}\mathfrak{L}_{2k} - \mathfrak{L}^2)\,\mathfrak{B}$$

und

$$\mathfrak{J}_1 = \mathfrak{L}_{1k}\mathfrak{B}\,\mathfrak{J}_2 + (\mathfrak{L}_{1k}\mathfrak{L}_{2k} - \mathfrak{L}^2)\,\mathfrak{B}\,\mathfrak{U}_2$$

$$\mathfrak{U}_1 = \mathfrak{L}_{2k}\mathfrak{B}\,\mathfrak{U}_2 + \mathfrak{B}\,\mathfrak{J}_2$$

Setzt man hier

$$\sqrt{\mathfrak{L}_{1k}\mathfrak{L}_{2k} - \mathfrak{L}^2} = \mathfrak{Y} = \sqrt{\frac{\mathfrak{C}}{\mathfrak{B}}} \quad \ldots\ldots\ldots \quad (8)$$

so wird schließlich

$$\mathfrak{L}\,\mathfrak{J}_1 = \mathfrak{L}_{1k}\,\mathfrak{J}_2 + \mathfrak{Y}^2\,\mathfrak{U}_2 \quad \ldots\ldots\ldots\ldots \quad (9)$$

$$\mathfrak{L}\,\mathfrak{U}_1 = \mathfrak{L}_{2k}\,\mathfrak{U}_2 + \mathfrak{J}_2 \quad \ldots\ldots\ldots\ldots \quad (10)$$

$\mathfrak{Y}$ heißt der Wellenleitwert des Vierpoles. Die Gleichungspaare (6), (7) und (9), (10) sind völlig gleichwertig. Sie enthalten einerseits die

Widerstandsparameter $\mathfrak{W}_{10}$, $\mathfrak{W}_{20}$, $\mathfrak{M}$, $\mathfrak{Z}$,

andererseits die

Leitwertparameter $\mathfrak{L}_{1k}$, $\mathfrak{L}_{2k}$, $\mathfrak{L}$, $\mathfrak{Y}$

---

[1]) Über die Bezeichnung des Wellenwiderstandes herrscht noch keine Einigkeit. Meist wird er mit $\mathfrak{Z}$ oder Z bezeichnet. Um eine Verwechslung mit einer gewöhnlichen Impedanz zu vermeiden, wird hier der Buchstabe $\mathfrak{Z}$ gewählt.

und entsprechen einander »dual«. Sie geben Veranlassung zur Aufstellung einer »Widerstandstheorie« bzw. einer »Leitwertstheorie«. In diesem Dualismus entsprechen einander folgende Größen

$$\mathfrak{U} \;\ldots\ldots\; \mathfrak{J}$$
$$\mathfrak{J} \;\ldots\ldots\; \mathfrak{U}$$
$$\mathfrak{M} \;\ldots\ldots\; \mathfrak{L}$$
$$\mathfrak{W}_0 \;\ldots\ldots\; \mathfrak{L}_k$$
$$\mathfrak{Z} \;\ldots\ldots\; \mathfrak{Y}$$

wie sofort ein Vergleich der Gleichungen (6), (7) mit den Gleichungen (9), (10) ergibt.

Ein Vergleich der Beziehungen (5) und (8) liefert ferner den Zusammenhang

$$\mathfrak{Y} = \frac{1}{\mathfrak{Z}} \quad \ldots\ldots\ldots\ldots \quad (11)$$

und damit

$$\mathfrak{L} = \frac{\mathfrak{M}}{\mathfrak{Z}^2} = \mathfrak{Y}^2 \mathfrak{M} \quad \ldots\ldots\ldots\ldots \quad (12)$$

sowie

$$\mathfrak{M} = \frac{\mathfrak{L}}{\mathfrak{Y}^2} = \mathfrak{Z}^2 \mathfrak{L} \quad \ldots\ldots\ldots\ldots \quad (12a)$$

### *ζ) Der Wellenwiderstand.*

Die im vorigen Abschnitt abgeleitete Größe $\mathfrak{Z}$ wird genauer der mittlere Wellenwiderstand genannt. Sie läßt sich mit Hilfe der Leerlauf- und Kurzschlußwiderstände auch in den folgenden Formen schreiben

$$\mathfrak{Z} = \sqrt{\mathfrak{W}_{10}\mathfrak{W}_{2k}} = \sqrt{\mathfrak{W}_{20}\mathfrak{W}_{1k}} = \sqrt{\frac{\mathfrak{W}_{20}}{\mathfrak{W}_{10}}}\sqrt{\mathfrak{W}_{10}\mathfrak{W}_{1k}} = \sqrt{\frac{\mathfrak{W}_{10}}{\mathfrak{W}_{20}}}\sqrt{\mathfrak{W}_{20}\mathfrak{W}_{2k}} \quad (1)$$

Man bezeichnet nun auch

$$\mathfrak{Z}_1 = \sqrt{\mathfrak{W}_{10}\mathfrak{W}_{1k}} \quad \ldots\ldots\ldots\ldots \quad (2)$$

und

$$\mathfrak{Z}_2 = \sqrt{\mathfrak{W}_{20}\mathfrak{W}_{2k}} \quad \ldots\ldots\ldots\ldots \quad (3)$$

als die »äußeren« Wellenwiderstände. Führt man ferner die Symmetriefaktor genannte Hilfsgröße

$$\mathfrak{s} = \sqrt{\frac{\mathfrak{W}_{20}}{\mathfrak{W}_{10}}} \quad \ldots\ldots\ldots\ldots \quad (4)$$

ein, so wird auch

$$\mathfrak{Z}_1 = \frac{\mathfrak{Z}}{\mathfrak{s}} \quad \ldots\ldots\ldots\ldots \quad (5)$$

$$\mathfrak{Z}_2 = \mathfrak{Z}\,\mathfrak{s} \quad \ldots\ldots\ldots\ldots \quad (6)$$

und

$$\mathfrak{Z} = \sqrt{\mathfrak{Z}_1 \mathfrak{Z}_2} \quad . \; . \; . \; . \; . \; . \; . \; . \; . \; . \; . \; . \quad (7)$$

Es ist außerdem

$$\frac{\mathfrak{Z}_1}{\mathfrak{Z}_2} = \mathfrak{z}^{-2} = \frac{\mathfrak{W}_{10}}{\mathfrak{W}_{20}} \quad . \; . \; . \; . \; . \; . \; . \; . \; . \; . \; . \quad (8)$$

Die Begründung des Namens »Wellenwiderstand« wird sich später bei der Besprechung der Kettenleiter ergeben.

### b) Einige weitere Kenngrößen.

#### *α) Der Eingangswiderstand.*

Der Eingangswiderstand wurde bereits im Abschnitt $a/\gamma$ abgeleitet. Mit Hilfe der Leerlauf- und Kurzschlußwiderstände stellt er sich noch in folgenden Formen dar

$$\mathfrak{W}_1 = \mathfrak{W}_{10} \frac{\mathfrak{W}_{2k} + \mathfrak{W}}{\mathfrak{W}_{20} + \mathfrak{W}} = \frac{\mathfrak{W}_{20} \mathfrak{W}_{1k} + \mathfrak{W}_{10} \mathfrak{W}}{\mathfrak{W}_{20} + \mathfrak{W}} \quad . \; . \; . \; . \; . \quad (1)$$

Erweitert man mit $\mathfrak{W}_{10}$ und führt man den Wellenwiderstand ein, so wird auch

$$\mathfrak{W}_1 = \mathfrak{W}_{10} \frac{\mathfrak{Z}^2 + \mathfrak{W}_{10} \mathfrak{W}}{\mathfrak{Z}^2 + \mathfrak{M}^2 + \mathfrak{W}_{10} \mathfrak{W}} \quad . \; . \; . \; . \; . \; . \; . \; . \quad (2)$$

#### *β) Übersetzungsverhältnisse.*

Führt man nochmals den Belastungswiderstand $\mathfrak{W}$ aus

$$\mathfrak{U}_2 = \mathfrak{J}_2 \mathfrak{W}$$

in die Grundgleichungen des Vierpoles ein, so erhält man

für die Spannungen

$$\mathfrak{U}_1 = \mathfrak{U}_2 \left( \mathfrak{A}_1 + \frac{\mathfrak{B}}{\mathfrak{W}} \right)$$

und für die Ströme

$$\mathfrak{J}_1 = \mathfrak{J}_2 (\mathfrak{A}_2 + \mathfrak{C} \mathfrak{W})$$

Damit läßt sich ein Spannungsübersetzungsverhältnis[1]) $\mathfrak{u}_1$ bei vorderseitiger Speisung definieren

$$\mathfrak{u}_1 = \frac{\mathfrak{U}_2}{\mathfrak{U}_1} = \frac{\mathfrak{W}}{\mathfrak{B} + \mathfrak{A}_1 \mathfrak{W}} = \frac{\mathfrak{M} \mathfrak{W}}{\mathfrak{Z}^2 + \mathfrak{W}_{10} \mathfrak{W}} = \frac{\mathfrak{M} \mathfrak{W}}{\mathfrak{W}_{10} (\mathfrak{W}_{20} + \mathfrak{W}) - \mathfrak{M}^2} =$$

$$= \frac{\mathfrak{W} \sqrt{\mathfrak{W}_{10} (\mathfrak{W}_{20} - \mathfrak{W}_{2k})}}{\mathfrak{W}_{10} (\mathfrak{W}_{2k} + \mathfrak{W})} = \frac{\mathfrak{W} \sqrt{\mathfrak{W}_{20} (\mathfrak{W}_{10} - \mathfrak{W}_{1k})}}{\mathfrak{W}_{20} \mathfrak{W}_{1k} + \mathfrak{W}_{10} \mathfrak{W}} \quad . \; . \; . \; . \quad (1)$$

---

[1]) Im Schrifttum meist mit $\mathfrak{v}$ bezeichnet.

In gleicher Weise ergibt sich ein Stromübersetzungsverhältnis

$$\mathfrak{i}_1 = \frac{\mathfrak{J}_2}{\mathfrak{J}_1} = \frac{1}{\mathfrak{A}_2 + \mathfrak{C}\,\mathfrak{W}} = \frac{\mathfrak{M}\,\mathfrak{W}_{10}}{\mathfrak{Z}^2 + \mathfrak{M}^2 + \mathfrak{W}_{10}\,\mathfrak{W}} = \frac{\mathfrak{M}}{\mathfrak{W}_{20} + \mathfrak{W}} =$$

$$= \frac{\sqrt{\mathfrak{W}_{10}\,(\mathfrak{W}_{20} - \mathfrak{W}_{2k})}}{\mathfrak{W}_{20} + \mathfrak{W}} = \frac{\sqrt{\mathfrak{W}_{20}\,(\mathfrak{W}_{10} - \mathfrak{W}_{1k})}}{\mathfrak{W}_{20} + \mathfrak{W}} \quad \ldots\ldots\ldots (2)$$

Diese Werte gelten, wie schon erwähnt, bei eingangsseitiger Speisung. Bei rückwärtiger Speisung erhält man in gleicher Weise entsprechende Übersetzungsverhältnisse $\mathfrak{u}_2$ und $\mathfrak{i}_2$. Wie man sieht, sind die Übersetzungsverhältnisse von der Belastung abhängig. Sie streben im Extremfall des Leerlaufs und Kurzschlusses den Grenzwerten

$$\mathfrak{u}_{10} = \frac{1}{\mathfrak{A}_1} = \frac{\mathfrak{M}}{\mathfrak{W}_{10}}$$

und

$$\mathfrak{i}_{1k} = \frac{1}{\mathfrak{A}_2} = \frac{\mathfrak{M}}{\mathfrak{W}_{20}}$$

zu.

Von Interesse ist noch das Übersetzungsverhältnis der Scheinleistungen. Es ergibt sich zu

$$\mathfrak{n}_s = \frac{\mathfrak{U}_2\,\mathfrak{J}_2}{\mathfrak{U}_1\,\mathfrak{J}_1} = \frac{\mathfrak{W}}{(\mathfrak{B} + \mathfrak{A}_1\,\mathfrak{W})\,(\mathfrak{A}_2 + \mathfrak{C}\,\mathfrak{W})} = \frac{\mathfrak{M}^2\,\mathfrak{W}_{10}\,\mathfrak{W}}{(\mathfrak{Z}^2 + \mathfrak{W}_{10}\,\mathfrak{W})\,(\mathfrak{Z}^2 + \mathfrak{M}^2 + \mathfrak{W}_{10}\,\mathfrak{W})} =$$

$$= \frac{\mathfrak{M}^2\,\mathfrak{W}}{(\mathfrak{W}_{20} + \mathfrak{W})\,[\mathfrak{W}_{10}\,(\mathfrak{W}_{20} + \mathfrak{W}) - \mathfrak{M}^2]} = \frac{\mathfrak{W}_{20}\,(\mathfrak{W}_{10} - \mathfrak{W}_{1k})\,\mathfrak{W}}{(\mathfrak{W}_{20} + \mathfrak{W})\,(\mathfrak{W}_{20}\,\mathfrak{W}_{1k} + \mathfrak{W}_{10}\,\mathfrak{W})} =$$

$$= \frac{(\mathfrak{W}_{20} - \mathfrak{W}_{2k})\,\mathfrak{W}}{(\mathfrak{W}_{20} + \mathfrak{W})\,(\mathfrak{W}_{2k} + \mathfrak{W})} \quad \ldots\ldots\ldots\ldots\ldots\ldots\ldots\ldots\ldots (3)$$

### *γ) Kopplung.*

Man kann noch eine weitere Übersetzung definieren. Schließt man nämlich den Vierpol an eine Zweipolquelle mit der elektromotorischen Kraft $\mathfrak{E}$ und dem inneren Widerstand $\mathfrak{W}_i$ an, dann ist zunächst

$$\mathfrak{U}_1 = \mathfrak{E} - \mathfrak{J}_1\,\mathfrak{W}_i$$

und damit

$$\mathfrak{E} - \mathfrak{J}_1\,\mathfrak{W}_i = \mathfrak{A}_1\,\mathfrak{U}_2 + \mathfrak{B}\,\mathfrak{J}_2$$

$$\mathfrak{J}_1 = \mathfrak{C}\,\mathfrak{U}_2 + \mathfrak{A}_2\,\mathfrak{J}_2,$$

woraus

$$\mathfrak{E} = \mathfrak{U}_2\,(\mathfrak{A}_1 + \mathfrak{C}\,\mathfrak{W}_i) + \mathfrak{J}_2\,(\mathfrak{B} + \mathfrak{A}_2\,\mathfrak{W}_i)$$

oder

$$\mathfrak{U}_2 = \frac{1}{\mathfrak{A}_1 + \mathfrak{C}\,\mathfrak{W}_i}\,\mathfrak{E} - \frac{\mathfrak{B} + \mathfrak{A}\,\mathfrak{W}_i}{\mathfrak{A}_1 + \mathfrak{C}\,\mathfrak{W}_i}$$

was auch in der Form

$$\mathfrak{U}_2 = \frac{\mathfrak{M}}{\mathfrak{W}_{10} + \mathfrak{W}_i}\,\mathfrak{E} - \left(\mathfrak{W}_{20} - \frac{\mathfrak{M}^2}{\mathfrak{W}_{10} - \mathfrak{W}_i}\right)\mathfrak{J}_2 \quad . \; . \; . \; . \; (1)$$

geschrieben werden kann.

Setzt man nun

$$\mathfrak{e}_1 = \frac{\mathfrak{M}}{\mathfrak{W}_{10} + \mathfrak{W}_i} \quad . \; . \; . \; . \; . \; . \; . \; . \; . \; . \; . \; (2)$$

$$\mathfrak{Z}_i = \mathfrak{W}_{20} - \mathfrak{e}_1\,\mathfrak{M} \quad . \; . \; . \; . \; . \; . \; . \; . \; . \; . \; (3)$$

so erhält man

$$\mathfrak{U}_2 = \mathfrak{e}_1\,\mathfrak{E} - \mathfrak{J}_2\,\mathfrak{Z}_i \quad . \; . \; . \; . \; . \; . \; . \; . \; . \; . \; (1\,a)$$

$\mathfrak{e}_1$ ist dann die »Übersetzung der elektromotorischen Kraft« der Zweipolquelle, während $\mathfrak{Z}_i$ als »innerer Widerstand« der Kombination Zweipolquelle + Vierpol definiert werden kann. Die Vereinigung einer Zweipolquelle mit einem Vierpol kann also aufgefaßt werden als neue Zweipolquelle mit der elektromotorischen Kraft $\mathfrak{e}_1\mathfrak{E}$ und dem inneren Widerstand $\mathfrak{Z}_i$ (Bild 97).

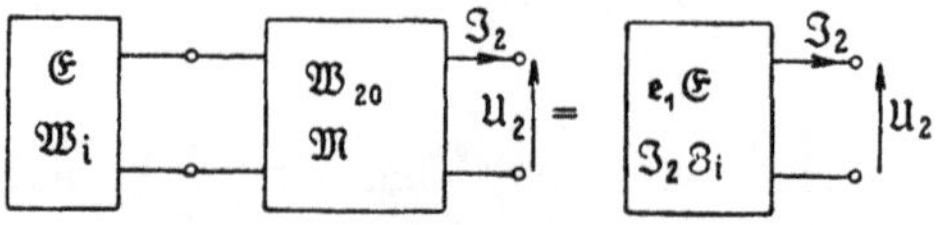


Bild 97. Gleichwertigkeit einer Zusammenschaltung von einer Zweipolquelle und einem Vierpol mit einer Zweipolquelle.

Ist $\mathfrak{W}_i$ klein gegenüber $\mathfrak{W}_{10}$, dann wird

$$\mathfrak{e}_1 = \frac{\mathfrak{M}}{\mathfrak{W}_{10}} = \frac{1}{\mathfrak{A}_1} = \mathfrak{u}_{10}.$$

Es kann jetzt der Ausgangsstrom $\mathfrak{J}_2$ auch aus der treibenden elektromotorischen Kraft der Zweipolquelle und der EMK-Übersetzung ermittelt werden. Es wird mit den Gleichungen (1 a), (2), (3) des vorigen und (2) des Abschnittes $\beta$

$$\mathfrak{J}_2 = \frac{\mathfrak{U}_2}{\mathfrak{W}} = \frac{\mathfrak{e}_1\,\mathfrak{E}}{\mathfrak{W}} - \mathfrak{J}_2\,\frac{\mathfrak{Z}_i}{\mathfrak{W}}$$

$$\mathfrak{J}_2 = \frac{\mathfrak{e}_1\,\mathfrak{E}}{\mathfrak{Z}_i + \mathfrak{W}} = \frac{\mathfrak{e}_1\,\mathfrak{E}}{\mathfrak{W}_{20} - \mathfrak{e}_1\,\mathfrak{M} + \mathfrak{W}} = \frac{\mathfrak{e}_1\,\mathfrak{E}}{\dfrac{\mathfrak{M}}{\mathfrak{i}_1} - \mathfrak{e}_1\,\mathfrak{M}}$$

oder

$$\mathfrak{J}_2 = \frac{\mathfrak{E}}{\mathfrak{M}}\,\frac{\mathfrak{e}_1\,\mathfrak{i}_1}{1 - \mathfrak{e}_1\,\mathfrak{i}_1} = \frac{\mathfrak{E}}{\mathfrak{M}}\,\frac{\mathfrak{k}^2}{1 - \mathfrak{k}^2} = \frac{\mathfrak{e}_1\,\mathfrak{E}}{\mathfrak{W}_{20} + \mathfrak{W}}\,\frac{1}{1 - \mathfrak{k}^2} \quad . \; . \; (4)$$

Dabei wurde die Größe

$$\mathfrak{k} = \sqrt{\mathfrak{e}_1\,\mathfrak{i}_1} \quad . \; . \; . \; . \; . \; . \; . \; . \; . \; . \; . \; . \; (5)$$

neu eingeführt, die man **komplexe Kopplung** nennt.

Je kleiner die Übersetzungsverhältnisse, desto »loser« ist die Kopplung.

Manchmal findet man auch den Ausdruck

$$\mathfrak{k} = \sqrt{\mathfrak{u}_{10}\,\mathfrak{i}_{1k}} = \frac{1}{\sqrt{\mathfrak{A}_1\,\mathfrak{A}_2}} \quad \ldots\ldots\ldots \quad (6)$$

als Kopplung bezeichnet, der die Rückwirkung der Eingangs- und Ausgangsseite kennzeichnet ($\mathfrak{u}_{10}$ die Rückwirkung der Spannung im Leerlauf, $i_{1k}$ die Rückwirkung des Stromes im Kurzschluß).

### c) Ausgezeichnete Belastungsfälle.

#### *α) Belastung mit dem Wellenwiderstand.*

Macht man den Belastungswiderstand gleich dem Wellenwiderstand des Vierpoles

$$\mathfrak{W} = \mathfrak{Z},$$

dann wird der Eingangswiderstand

$$\mathfrak{W}_1 = \frac{\mathfrak{Z}^2 + \mathfrak{W}_{10}\,\mathfrak{Z}}{\mathfrak{Z} + \mathfrak{W}_{20}} = \mathfrak{Z}\,\frac{\mathfrak{W}_{10} + \mathfrak{Z}}{\mathfrak{W}_{20} + \mathfrak{Z}} \quad \ldots\ldots\ldots \quad (1)$$

Die Übersetzungsverhältnisse vereinfachen sich auf

$$\mathfrak{u}_1 = \frac{\mathfrak{M}}{\mathfrak{W}_{10} + \mathfrak{Z}} \quad \ldots\ldots\ldots \quad (2)$$

und

$$\mathfrak{i}_1 = \frac{\mathfrak{M}}{\mathfrak{W}_{20} + \mathfrak{Z}} \quad \ldots\ldots\ldots \quad (3)$$

Mit Hilfe des Symmetriefaktors wird auch

$$\mathfrak{W}_1 = \frac{\mathfrak{Z}}{\mathfrak{s}^2}\,\frac{\sqrt{\mathfrak{Z}^2 + \mathfrak{M}^2} + \mathfrak{s}\,\mathfrak{Z}}{\sqrt{\mathfrak{Z}^2 + \mathfrak{M}^2} + \dfrac{\mathfrak{Z}}{\mathfrak{s}}} \quad \ldots\ldots\ldots \quad (4)$$

Um diesen Belastungszustand, dessen besondere Eigenschaften vornehmlich beim symmetrischen Vierpol zutage treten, zu erreichen, kann man die Belastung dem Vierpol oder den Vierpol der Belastung »anpassen«, indem man eben eine der Größen $\mathfrak{W}$ und $\mathfrak{Z}$ so ändert, daß $\mathfrak{W} = \mathfrak{Z}$ wird.

#### *β) Belastung mit dem Ausgangswellenwiderstand.*

Belastet man den Vierpol mit dem Ausgangswellenwiderstand $\mathfrak{Z}_2 = \sqrt{\mathfrak{W}_{20}\,\mathfrak{W}_{2k}}$, so wird

$$\mathfrak{W}_1 = \mathfrak{W}_{10} \frac{\mathfrak{W}_{2k} + \sqrt{\mathfrak{W}_{20}\mathfrak{W}_{2k}}}{\mathfrak{W}_{20} + \sqrt{\mathfrak{W}_{20}\mathfrak{W}_{2k}}} = \frac{\mathfrak{W}_{10}}{\mathfrak{W}_{20}} \frac{\sqrt{\mathfrak{W}_{2k}} + \sqrt{\mathfrak{W}_{20}}}{\frac{1}{\sqrt{\mathfrak{W}_{2k}}} + \frac{1}{\sqrt{\mathfrak{W}_{20}}}} = \sqrt{\frac{\mathfrak{W}_{10}}{\mathfrak{W}_{20}}}\sqrt{\frac{\mathfrak{W}_{10}}{\mathfrak{W}_{20}}}\sqrt{\mathfrak{W}_{20}\mathfrak{W}_{2k}}$$

oder

$$\mathfrak{W}_1 = \mathfrak{Z}\sqrt{\frac{\mathfrak{W}_{10}}{\mathfrak{W}_{20}}} = \mathfrak{Z}\sqrt{\frac{\mathfrak{Z}_2}{\mathfrak{Z}_1}} = \frac{\mathfrak{Z}}{\mathfrak{s}} = \mathfrak{Z}_1 \quad \ldots\ldots \quad (1)$$

Der Eingangswiderstand wird dann also dem Eingangswellenwiderstand gleich.

Für die Übersetzungsverhältnisse erhält man die Ausdrücke

$$\mathfrak{u}_1 = \frac{\mathfrak{M}}{\mathfrak{W}_{10} + \mathfrak{Z}_1} = \frac{\mathfrak{M}\,\mathfrak{s}}{\mathfrak{W}_{10}\,\mathfrak{s} + \mathfrak{Z}} \quad \ldots\ldots\ldots \quad (2)$$

und

$$\mathfrak{i}_1 = \frac{\mathfrak{M}}{\mathfrak{W}_{20} + \mathfrak{Z}_2} = \frac{\mathfrak{M}}{\mathfrak{W}_{20} + \mathfrak{Z}\,\mathfrak{s}} \quad \ldots\ldots\ldots \quad (3)$$

Wird der Vierpol von rückwärts gespeist, so findet man durch Tauschen der Zeiger

$$\mathfrak{u}_2 = \frac{\mathfrak{M}}{\mathfrak{W}_{20} + \mathfrak{Z}_2} = \mathfrak{i}_1 \quad \ldots\ldots\ldots\ldots \quad (4)$$

$$\mathfrak{i}_2 = \frac{\mathfrak{M}}{\mathfrak{W}_{10} + \mathfrak{Z}_1} = \mathfrak{u}_1 \quad \ldots\ldots\ldots\ldots \quad (5)$$

Das Übersetzungsverhältnis der Scheinleistungen

$$\mathfrak{n}_s = \mathfrak{u}_1\,\mathfrak{i}_1 = \frac{\mathfrak{M}^2}{(\mathfrak{W}_{10} + \mathfrak{Z}_1)(\mathfrak{W}_{20} + \mathfrak{Z}_2)} = \mathfrak{u}_2\,\mathfrak{i}_2 \quad \ldots\ldots \quad (6)$$

wird hier unabhängig von der Richtung des Leistungsflusses. Es kann auch in der Form

$$\mathfrak{n}_s = \frac{\sqrt{\mathfrak{W}_{10}} - \sqrt{\mathfrak{W}_{1k}}}{\sqrt{\mathfrak{W}_{10}} + \sqrt{\mathfrak{W}_{1k}}} = \frac{\sqrt{\mathfrak{W}_{20}} - \sqrt{\mathfrak{W}_{2k}}}{\sqrt{\mathfrak{W}_{20}} + \sqrt{\mathfrak{W}_{2k}}} \quad \ldots\ldots \quad (7)$$

angeschrieben werden, wie man sich leicht überzeugt, wenn man die entsprechenden Ausdrücke für den Kernwiderstand und die Wellenwiderstände einsetzt.

### d) Der lineare, symmetrische Vierpol.

Wenn

$$\mathfrak{A}_1 = \mathfrak{A}_2 = \mathfrak{A}$$

ist, ergeben sich eine Reihe von Vereinfachungen in den Hauptgleichungen. Zunächst wird aus der Grundgleichung der Vierpolkonstanten

$$\mathfrak{A} = \sqrt{1 + \mathfrak{B}\mathfrak{C}} \quad \ldots\ldots\ldots\ldots\ldots \quad (1)$$

Für die Leerlauf- und Kurzschlußwiderstände erhält man

$$\mathfrak{W}_{10} = \mathfrak{W}_{20} = \frac{\mathfrak{A}}{\mathfrak{C}} = \mathfrak{W}_0 \quad \ldots \ldots \ldots \ldots \quad (2)$$

$$\mathfrak{W}_{1k} = \mathfrak{W}_{2k} = \frac{\mathfrak{B}}{\mathfrak{A}} = \mathfrak{W}_k \quad \ldots \ldots \ldots \ldots \quad (3)$$

Der Eingangswiderstand wird

$$\mathfrak{W}_1 = \frac{\mathfrak{B} + \mathfrak{A}\,\mathfrak{W}}{\mathfrak{A} + \mathfrak{C}\,\mathfrak{W}} = \mathfrak{W}_2 \quad \ldots \ldots \ldots \ldots \quad (4)$$

Die Wellenwiderstände sind alle gleich

$$\mathfrak{Z}_1 = \mathfrak{Z}_2 = \mathfrak{Z} = \sqrt{\frac{\mathfrak{B}}{\mathfrak{C}}} \quad \ldots \ldots \ldots \ldots \quad (5)$$

Der Symmetriefaktor wird 1

$$\mathfrak{s} = 1 \quad \ldots \ldots \ldots \ldots \quad (6)$$

Für die Übersetzungsverhältnisse erhält man

$$\mathfrak{u}_1 = \frac{\mathfrak{W}}{\mathfrak{B} + \mathfrak{A}\,\mathfrak{W}} = \mathfrak{u}_2 \quad \ldots \ldots \ldots \ldots \quad (7)$$

$$\mathfrak{i}_1 = \frac{1}{\mathfrak{A} + \mathfrak{C}\,\mathfrak{W}} = \mathfrak{i}_2 \quad \ldots \ldots \ldots \ldots \quad (8)$$

$$\mathfrak{u}_{10} = \mathfrak{i}_{1k} = \frac{1}{\mathfrak{A}} = \frac{\mathfrak{M}}{\mathfrak{W}_0} \quad \ldots \ldots \ldots \ldots \quad (9)$$

Es sind also alle Größen unabhängig vom Ort der Speisung des Vierpoles.

Bei Abschluß mit dem Wellenwiderstand wird noch

$$\mathfrak{W}_1 = \frac{\mathfrak{B} + \mathfrak{A}\,\mathfrak{Z}}{\mathfrak{A} + \mathfrak{C}\,\mathfrak{Z}} = \mathfrak{Z}\,\frac{\mathfrak{B} + \mathfrak{A}\,\mathfrak{Z}}{\mathfrak{C}\,\mathfrak{Z}^2 + \mathfrak{A}\,\mathfrak{Z}}$$

oder

$$\mathfrak{W}_1 = \mathfrak{Z} \quad \ldots \ldots \ldots \ldots \quad (10)$$

Für die Stromquelle liegt also dieselbe Belastung vor, ob der Vierpol da ist oder nicht. Es ist also

$$\frac{\mathfrak{U}_1}{\mathfrak{J}_1} = \frac{\mathfrak{U}_2}{\mathfrak{J}_2} = \mathfrak{Z} \quad \ldots \ldots \ldots \ldots \quad (11)$$

womit aber selbstverständlich noch nicht gesagt ist, daß etwa die Ströme und Spannungen am Eingang und Ausgang gleich sind. Es ist vielmehr

$$\mathfrak{U}_1 \neq \mathfrak{U}_2$$

$$\mathfrak{J}_1 \neq \mathfrak{J}_2$$

und der Vierpol für die Belastung von Einfluß, indem an ihr andere

Strom- und Spannungswerte auftreten, als wenn er nicht vorhanden wäre. Nur das Verhältnis Spannung zu Strom bleibt erhalten. Die Spannungen und Ströme stehen dagegen in der Beziehung der Übersetzungsverhältnisse

$$\mathfrak{u}_1 = \frac{\mathfrak{Z}}{\mathfrak{B} + \mathfrak{A}\,\mathfrak{Z}} = \frac{\mathfrak{M}}{\mathfrak{W}_0 + \mathfrak{Z}}$$

$$\mathfrak{i}_1 = \frac{\mathfrak{Z}}{\mathfrak{C}\,\mathfrak{Z}^2 + \mathfrak{A}\,\mathfrak{Z}} = \frac{\mathfrak{M}}{\mathfrak{W}_0 + \mathfrak{Z}}$$

also

$$\mathfrak{u}_1 = \mathfrak{u}_2 = \mathfrak{i}_1 = \mathfrak{i}_2 = \mathfrak{u} = \mathfrak{i} = \frac{\mathfrak{Z}}{\mathfrak{B} + \mathfrak{A}\,\mathfrak{Z}} = \frac{1}{\mathfrak{A} + \mathfrak{C}\,\mathfrak{Z}} \quad . \; . \; . \quad (12)$$

Es ist also gemäß dem Vektordiagramm Bild 98

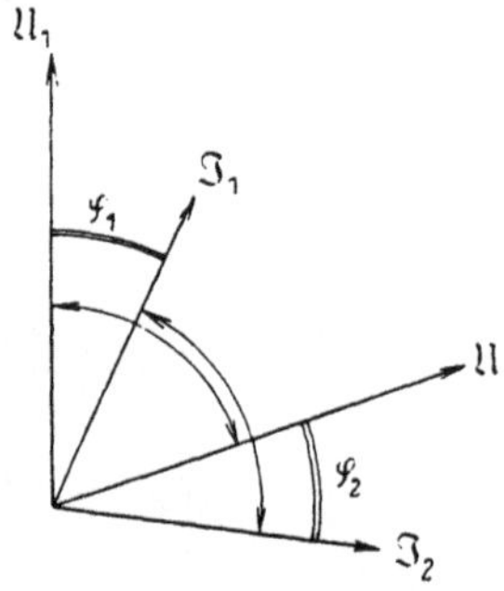

Bild 98. Vektordiagramm des symmetrischen, mit dem Wellenwiderstand belasteten Vierpoles.

$$\frac{\mathfrak{U}_2}{\mathfrak{U}_1} = \frac{\mathfrak{I}_2}{\mathfrak{I}_1} = \mathfrak{u} = \mathfrak{i}$$

und

$$\varphi_2 = \varphi_1.$$

Neben dem direkten Strom- und Spannungsverhältnis wird mit Vorteil auch ein logarithmisches Maß verwendet, indem der Ansatz

$$\frac{\mathfrak{U}_2}{\mathfrak{U}_1} = \frac{\mathfrak{I}_2}{\mathfrak{I}_1} = e^{-\mathfrak{g}} \quad . \; . \; . \; . \quad (13)$$

gemacht wird, worin die komplexe Größe

$$\mathfrak{g} = b + j\,a = \ln \frac{\mathfrak{U}_1}{\mathfrak{U}_2} = \ln \frac{\mathfrak{I}_1}{\mathfrak{I}_2} \quad . \quad (14)$$

das Übertragungsmaß genannt wird. Ihr reeller Bestandteil, das Dämpfungsmaß

$$b = \ln \frac{U_1}{U_2} = \ln \frac{I_1}{I_2} \quad . \; . \; . \; . \; . \; . \; . \; . \quad (14\,a)$$

gibt an, wie stark der Eingangswert zahlenmäßig auf den Ausgangswert abgesunken ist, wie stark er also beim Durchgang durch den Vierpol »gedämpft« wurde. Der imaginäre Bestandteil

$$a = \sphericalangle (\mathfrak{U}_1, \mathfrak{U}_2) = \sphericalangle (\mathfrak{I}_1, \mathfrak{I}_2) \quad . \; . \; . \; . \; . \; . \quad (14\,b)$$

ist ein Maß für die Drehung des Spannungs- und Stromvektors beim Durchgang durch den Vierpol. Er gibt die Phasenverschiebung der Ausgangsgrößen zu den Eingangsgrößen an und wird demgemäß Winkelmaß genannt.

Als Einheit für die Dämpfung wird 1 Neper definiert. Die Dämpfung hat dann den Wert 1 Neper, wenn das Verhältnis der Eingangsgrößen zu den Ausgangsgrößen den Betrag $e$ oder der natürliche Logarithmus dieses Verhältnisses den Wert 1 hat[1]).

Unter Verwendung des Übertragungsmaßes erhält man für das Übersetzungsverhältnis der Scheinleistungen

$$\mathfrak{n}_s = \left(\frac{\mathfrak{M}}{\mathfrak{W}_0 + \mathfrak{Z}}\right)^2 = \mathfrak{u}^2 = e^{-2\mathfrak{g}} \quad \ldots \ldots \quad (15)$$

Das Übertragungsmaß ist nach der Gleichung

$$e^{-\mathfrak{g}} = \frac{\mathfrak{M}}{\mathfrak{W}_0 + \mathfrak{Z}} = \sqrt{\frac{\mathfrak{W}_0 - \mathfrak{Z}}{\mathfrak{W}_0 + \mathfrak{Z}}} = \sqrt{\frac{\mathfrak{Z} - \mathfrak{W}_k}{\mathfrak{Z} + \mathfrak{W}_k}} = \sqrt{\frac{\sqrt{\mathfrak{W}_0} - \sqrt{\mathfrak{W}_k}}{\sqrt{\mathfrak{W}_0} + \sqrt{\mathfrak{W}_k}}} \quad (16)$$

eine Konstante des symmetrischen Vierpoles. Es kann demnach ebenfalls zur Darstellung der Grundgrößen herangezogen werden.

Man findet zunächst aus (16)

$$e^{\mathfrak{g}} = \mathfrak{W}_0 \mathfrak{C} + \mathfrak{Z}\mathfrak{C} = \mathfrak{A} + \sqrt{\mathfrak{B}\mathfrak{C}} = \mathfrak{A} + \sqrt{\mathfrak{A}^2 - 1}$$

oder

$$e^{2\mathfrak{g}} = 2\mathfrak{A}^2 - 1 + 2\mathfrak{A}(e^{\mathfrak{g}} - \mathfrak{A})$$

woraus

$$e^{2\mathfrak{g}} - 2\mathfrak{A} e^{\mathfrak{g}} + 1 = 0$$

oder

$$e^{\mathfrak{g}} - 2\mathfrak{A} + e^{-\mathfrak{g}} = 0$$

ist. Man findet daraus

$$\mathfrak{A} = \frac{e^{\mathfrak{g}} + e^{-\mathfrak{g}}}{2} = \mathfrak{Cof}\,\mathfrak{g} = \frac{\mathfrak{W}_0}{\mathfrak{M}} = \frac{\mathfrak{W}_0}{\sqrt{\mathfrak{W}_0^2 - \mathfrak{Z}^2}} \quad \ldots \quad (17)$$

Der Kernwiderstand wird damit

$$\mathfrak{M} = \frac{1}{\mathfrak{C}} = \frac{\mathfrak{W}_0}{\mathfrak{Cof}\,\mathfrak{g}}$$

oder auch

$$\mathfrak{M}^2 = \frac{\mathfrak{W}_0^2}{\mathfrak{Cof}^2\,\mathfrak{g}} = \frac{\mathfrak{Z}^2 + \mathfrak{M}^2}{\mathfrak{Cof}^2\,\mathfrak{g}} = \frac{\mathfrak{Z}^2}{\mathfrak{Cof}^2\,\mathfrak{g} - 1}$$

woraus

$$\mathfrak{M} = \frac{\mathfrak{Z}}{\mathfrak{Sin}\,\mathfrak{g}}.$$

Es wird ferner der Eingangswiderstand

$$\mathfrak{W}_1 = \frac{\mathfrak{Z}^2 + \mathfrak{W}_0 \mathfrak{W}}{\mathfrak{W}_0 + \mathfrak{W}} = \mathfrak{Z}\,\frac{\mathfrak{Z} + \mathfrak{W}\,\mathfrak{Ctg}\,\mathfrak{g}}{\mathfrak{Z}\,\mathfrak{Ctg}\,\mathfrak{g} + \mathfrak{W}} = \mathfrak{Z}\,\frac{\mathfrak{Z}\,\mathfrak{Sin}\,\mathfrak{g} + \mathfrak{W}\,\mathfrak{Cof}\,\mathfrak{g}}{\mathfrak{Z}\,\mathfrak{Cof}\,\mathfrak{g} + \mathfrak{W}\,\mathfrak{Sin}\,\mathfrak{g}} \quad (18)$$

---

[1]) Es ist dann also

$$0{,}69\ \mathrm{N} = 2$$
$$2{,}30\ \mathrm{N} = 10.$$

für kleine Dämpfungen bis etwa $b = 0{,}1\ N$ gilt angenähert

$$e^b = 1 + b$$

Für die Übersetzungsverhältnisse erhält man

$$\mathfrak{e}_1 = \frac{\mathfrak{M}}{\mathfrak{W}_0 + \mathfrak{W}_i} = \frac{\mathfrak{Z}}{\mathfrak{Z}\,\mathfrak{Cof}\,\mathfrak{g} + \mathfrak{W}_i\,\mathfrak{Sin}\,\mathfrak{g}} \quad . \; . \; . \; . \; . \; (19)$$

$$\mathfrak{i}_1 = \frac{1}{\mathfrak{A} + \mathfrak{C}\,\mathfrak{W}} = \frac{1}{\mathfrak{Cof}\,\mathfrak{g} + \dfrac{\mathfrak{W}}{\mathfrak{W}_0}\,\mathfrak{Cof}\,\mathfrak{g}} = \frac{\mathfrak{Z}}{\mathfrak{Z}\,\mathfrak{Cof}\,\mathfrak{g} + \mathfrak{W}\,\mathfrak{Sin}\,\mathfrak{g}} \quad . \; (20)$$

$$\mathfrak{u}_1 = \frac{\mathfrak{W}}{\mathfrak{B} + \mathfrak{A}\,\mathfrak{W}} = \frac{\mathfrak{W}}{\mathfrak{Z}\,\mathfrak{Sin}\,\mathfrak{g} + \mathfrak{W}\,\mathfrak{Cof}\,\mathfrak{g}} \quad . \; . \; . \; . \; . \; . \; . \; . \; . \; (21)$$

Damit wird aus Gleichung (4) des Abschnittes b/γ

$$\mathfrak{J}_2 = \frac{\mathfrak{E}}{\mathfrak{Z}}\,\mathfrak{Sin}\,\mathfrak{g}\,\frac{1}{\dfrac{(\mathfrak{Z}\,\mathfrak{Cof}\,\mathfrak{g} + \mathfrak{W}_i\,\mathfrak{Sin}\,\mathfrak{g})\,(\mathfrak{Z}\,\mathfrak{Cof}\,\mathfrak{g} + \mathfrak{W}\,\mathfrak{Sin}\,\mathfrak{g})}{\mathfrak{Z}^2}} =$$

$$= \mathfrak{E}\,\frac{1}{\mathfrak{Z}\,\mathfrak{Sin}\,\mathfrak{g} + \dfrac{\mathfrak{W}\,\mathfrak{W}_i}{\mathfrak{Z}}\,\mathfrak{Sin}\,\mathfrak{g} + (\mathfrak{W} + \mathfrak{W}_i)\,\mathfrak{Cof}\,\mathfrak{g}}$$

oder

$$\mathfrak{J}_2 = \frac{\mathfrak{E}}{(\mathfrak{W}_i + \mathfrak{W})\,\mathfrak{Cof}\,\mathfrak{g} + \left(\mathfrak{Z} + \dfrac{\mathfrak{W}\,\mathfrak{W}_i}{\mathfrak{Z}}\right)\mathfrak{Sin}\,\mathfrak{g}} \quad . \; . \; . \; . \; . \; (22)$$

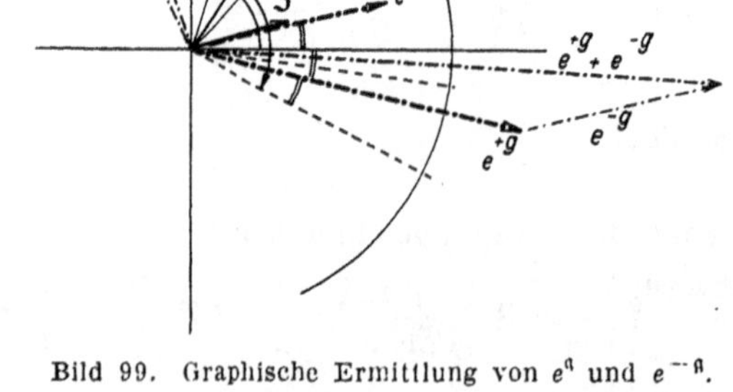


Bild 99. Graphische Ermittlung von $e^{\mathfrak{g}}$ und $e^{-\mathfrak{g}}$.

Man kann das Übertragungsmaß auch leicht aus einer graphischen Konstruktion ermitteln. So zeigt z. B. das Vektorbild 99 die Bestimmung nach Gleichung (16), der wohl nichts mehr hinzuzufügen ist. Die einzelnen Ermittlungsschritte sind kurz angedeutet: Bilden der Größen

$\mathfrak{W}_0 + \mathfrak{Z}$ und $\mathfrak{W}_0 - \mathfrak{Z}$, Division und Wurzelziehen ergibt $e^{+g}$ und damit auch $e^{-g}$. Zur Kontrolle ist noch $e^{+g} + e^{-g}$ nach Gleichung (17) eingetragen.

Wird die Belastung dem Vierpol angepaßt

$$\mathfrak{W} = \mathfrak{Z},$$

so ergibt sich

$$\mathfrak{J}_2 = \frac{\mathfrak{E}}{(\mathfrak{W}_i + \mathfrak{Z})} e^{-\mathfrak{g}} \quad \ldots\ldots\ldots\ldots (22\text{a})$$

Wird auch noch der speisende Zweipol angepaßt ($\mathfrak{W}_i = \mathfrak{Z}$), so vereinfacht sich diese Gleichung noch weiter auf

$$\mathfrak{J}_2 = \frac{\mathfrak{E}}{2\,\mathfrak{Z}} e^{-\mathfrak{g}} \quad \ldots\ldots\ldots\ldots (22\text{b})$$

Wenn der Vierpol nicht symmetrisch ist, dann wäre mit

$$\ddot{\mathfrak{u}} = \sqrt{\frac{\mathfrak{A}_2}{\mathfrak{A}_1}} = \sqrt{\frac{\mathfrak{W}_{20}}{\mathfrak{W}_{10}}}$$

und wenn man

$$\mathfrak{Cof}\,\mathfrak{g} = \sqrt{\mathfrak{A}_1 \mathfrak{A}_2} = \frac{\sqrt{\mathfrak{W}_{10} \mathfrak{W}_{20}}}{\mathfrak{M}} \quad \ldots\ldots\ldots (23)$$

definiert

$$\frac{1}{\ddot{\mathfrak{u}}} \mathfrak{Cof}\,\mathfrak{g} = \frac{\mathfrak{W}_{10}}{\mathfrak{M}} = \mathfrak{A}_1$$

und

$$\ddot{\mathfrak{u}}\, \mathfrak{Cof}\,\mathfrak{g} = \frac{\mathfrak{W}_{20}}{\mathfrak{M}} = \mathfrak{A}_2.$$

Die Grundgleichungen hätten dann die Form

$$\left.\begin{aligned} \mathfrak{U}_1 &= \frac{\mathfrak{U}_2}{\ddot{\mathfrak{u}}} \mathfrak{Cof}\,\mathfrak{g} + \mathfrak{J}_2 \mathfrak{Z}\, \mathfrak{Sin}\,\mathfrak{g} \\ \mathfrak{J}_1 &= \mathfrak{J}_2 \ddot{\mathfrak{u}}\, \mathfrak{Cof}\,\mathfrak{g} + \frac{\mathfrak{U}_2}{\mathfrak{Z}} \mathfrak{Sin}\,\mathfrak{g} \end{aligned}\right\} \quad \ldots\ldots\ldots (24)$$

wobei

$$\mathfrak{Z} = \sqrt{\mathfrak{Z}_1 \mathfrak{Z}_2}$$

den mittleren Wellenwiderstand bedeutet.

### e) Zusammenstellung der Vierpolkenngrößen.

Um eine Übersicht über die vielen möglichen und bisher gewonnenen Kenngrößen und Darstellungsarten zu gewinnen, seien diese in den folgenden Tafeln systematisch geordnet. Zum erleichterten Aufsuchen der Ableitungen im Text sind zu den Gleichungen die Seitenzahlen angegeben, auf denen man die Ableitungen nachschlagen kann.

**Tafel 1.**

Darstellung durch die Grundkonstanten $\mathfrak{A}_1$, $\mathfrak{A}_2$, $\mathfrak{B}$, $\mathfrak{C}$.

Grundgleichungen: $\mathfrak{U}_1 = \mathfrak{A}_1 \mathfrak{U}_2 + \mathfrak{B} \mathfrak{J}_2$

$$\mathfrak{J}_1 = \mathfrak{A}_2 \mathfrak{J}_2 + \mathfrak{C} \mathfrak{U}_2$$

$$\mathfrak{A}_1 \mathfrak{A}_2 - \mathfrak{B} \mathfrak{C} = 1$$

| Größe | Gleichung | Seite |
|---|---|---|
| Leerlaufwiderstand | $\mathfrak{W}_{10} = \frac{\mathfrak{A}_1}{\mathfrak{C}}$ | 286 |
| | $\mathfrak{W}_{20} = \frac{\mathfrak{A}_2}{\mathfrak{C}}$ | 286 |
| Kurzschlußwiderstand | $\mathfrak{W}_{1k} = \frac{\mathfrak{B}}{\mathfrak{A}_2}$ | 286 |
| | $\mathfrak{W}_{2k} = \frac{\mathfrak{B}}{\mathfrak{A}_1}$ | 286 |
| Kernwiderstand | $\mathfrak{M} = \frac{1}{\mathfrak{C}}$ | 289 |
| Kernleitwert | $\mathfrak{L} = \frac{1}{\mathfrak{B}}$ | 289 |
| (mittlerer) Wellenwiderstand | $\mathfrak{Z} = \sqrt{\frac{\mathfrak{B}}{\mathfrak{C}}}$ | 290 |
| äußere Wellenwiderstände | $\mathfrak{Z}_1 = \sqrt{\frac{\mathfrak{A}_1 \mathfrak{B}}{\mathfrak{A}_2 \mathfrak{C}}}$ | 291 |
| | $\mathfrak{Z}_2 = \sqrt{\frac{\mathfrak{A}_2 \mathfrak{B}}{\mathfrak{A}_1 \mathfrak{C}}}$ | 291 |
| Symmetriefaktor | $\mathfrak{s} = \sqrt{\frac{\mathfrak{A}_2}{\mathfrak{A}_1}}$ | 291 |
| Eingangswiderstand | $\mathfrak{W}_1 = \frac{\mathfrak{B} + \mathfrak{A}_1 \mathfrak{W}}{\mathfrak{A}_2 + \mathfrak{C} \mathfrak{W}}$ | 285 |
| Spannungsübersetzung | $\mathfrak{u}_1 = \frac{\mathfrak{W}}{\mathfrak{B} + \mathfrak{A}_1 \mathfrak{W}}$ | 292 |
| Stromübersetzung | $\mathfrak{i}_1 = \frac{1}{\mathfrak{A}_2 + \mathfrak{C} \mathfrak{W}}$ | 293 |

**Tafel 2.**

Darstellung durch die Leerlaufwiderstände und den Kernwiderstand

$\mathfrak{W}_{10}, \mathfrak{W}_{20}, \mathfrak{M}$

Grundgleichungen $\mathfrak{M}\,\mathfrak{U}_1 = \mathfrak{W}_{10}\,\mathfrak{U}_2 + (\mathfrak{W}_{10}\,\mathfrak{W}_{20} - \mathfrak{M}^2)\,\mathfrak{J}_2$

$\mathfrak{M}\,\mathfrak{J}_1 = \mathfrak{W}_{20}\,\mathfrak{J}_2 + \mathfrak{U}_2$

| Größe | Gleichung | Seite |
|---|---|---|
| Grundkonstante des Vierpoles | $\mathfrak{A}_1 = \frac{\mathfrak{W}_{10}}{\mathfrak{M}}$ | 286 |
| | $\mathfrak{A}_2 = \frac{\mathfrak{W}_{20}}{\mathfrak{M}}$ | 286 |
| | $\mathfrak{B} = \frac{\mathfrak{W}_{10}\,\mathfrak{W}_{20} - \mathfrak{M}^2}{\mathfrak{M}}$ | 290 |
| | $\mathfrak{C} = \frac{1}{\mathfrak{M}}$ | 289 |
| Kurzschlußwiderstände | $\mathfrak{W}_{1k} = \frac{\mathfrak{W}_{10}\,\mathfrak{W}_{20} - \mathfrak{M}^2}{\mathfrak{W}_{20}}$ | 286 |
| | $\mathfrak{W}_{2k} = \frac{\mathfrak{W}_{10}\,\mathfrak{W}_{20} - \mathfrak{M}^2}{\mathfrak{W}_{10}}$ | 286 |
| Kernleitwert | $\mathfrak{L} = \frac{\mathfrak{M}}{\mathfrak{W}_{10}\,\mathfrak{W}_{20} - \mathfrak{M}^2}$ | 289 |
| (mittlerer) Wellenwiderstand | $\mathfrak{Z} = \sqrt{\mathfrak{W}_{10}\,\mathfrak{W}_{20} - \mathfrak{M}^2}$ | 290 |
| äußere Wellenwiderstände | $\mathfrak{Z}_1 = \sqrt{\frac{\mathfrak{W}_{10}}{\mathfrak{W}_{20}}\,(\mathfrak{W}_{10}\,\mathfrak{W}_{20} - \mathfrak{M}^2)}$ | 291 |
| | $\mathfrak{Z}_2 = \sqrt{\frac{\mathfrak{W}_{20}}{\mathfrak{W}_{10}}\,(\mathfrak{W}_{10}\,\mathfrak{W}_{20} - \mathfrak{M}^2)}$ | 291 |
| Symmetriefaktor | $\mathfrak{s} = \sqrt{\frac{\mathfrak{W}_{20}}{\mathfrak{W}_{10}}}$ | 291 |
| Eingangswiderstand | $\mathfrak{W}_1 = \frac{\mathfrak{W}_{10}\,\mathfrak{W}_{20} - \mathfrak{M}^2 + \mathfrak{W}_{10}\,\mathfrak{W}}{\mathfrak{W}_{20} + \mathfrak{W}}$ | 292 |
| Spannungsübersetzung | $\mathfrak{u}_1 = \frac{\mathfrak{M}\,\mathfrak{W}}{\mathfrak{W}_{10}\,(\mathfrak{W}_{20} + \mathfrak{W}) - \mathfrak{M}^2}$ | 292 |
| Stromübersetzung | $\mathfrak{i}_1 = \frac{\mathfrak{M}}{\mathfrak{W}_{20} + \mathfrak{W}}$ | 293 |

**Tafel 8.**

Darstellung durch Leerlauf-, Kern- und Wellenwiderstand $\mathfrak{W}_{10}, \mathfrak{M}, \mathfrak{Z}$

Grundgleichungen: $\mathfrak{M}\,\mathfrak{U}_1 = \mathfrak{W}_{10}\,\mathfrak{U}_2 + \mathfrak{Z}^2\,\mathfrak{J}_2$

$$\mathfrak{M}\,\mathfrak{J}_1 = \mathfrak{W}_{20}\,\mathfrak{J}_2 + \mathfrak{U}_2$$

| Größe | Gleichung | Seite |
|---|---|---|
| Grundkonstante des Vierpoles | $\mathfrak{A}_1 = \frac{\mathfrak{W}_{10}}{\mathfrak{M}}$ | 286 |
| | $\mathfrak{A}_2 = \frac{\mathfrak{Z}^2 + \mathfrak{M}^2}{\mathfrak{M}\,\mathfrak{W}_{10}} = \frac{\mathfrak{W}_{20}}{\mathfrak{M}}$ | 286 |
| | $\mathfrak{B} = \frac{\mathfrak{Z}^2}{\mathfrak{M}}$ | 290 |
| | $\mathfrak{C} = \frac{1}{\mathfrak{M}}$ | 289 |
| Ausgangs-Leerlaufwiderstand | $\mathfrak{W}_{20} = \frac{\mathfrak{Z}^2 + \mathfrak{M}^2}{\mathfrak{W}_{10}}$ | 293 |
| Kurzschlußwiderstände | $\mathfrak{W}_{1k} = \frac{\mathfrak{Z}^2\,\mathfrak{W}_{10}}{\mathfrak{Z}^2 + \mathfrak{M}^2}$ | 289 |
| | $\mathfrak{W}_{2k} = \frac{\mathfrak{Z}^2}{\mathfrak{W}_{10}}$ | 289 |
| Kernleitwert | $\mathfrak{L} = \frac{\mathfrak{M}}{\mathfrak{Z}^2}$ | 289 |
| äußere Wellenwiderstände | $\mathfrak{Z}_1 = \frac{\mathfrak{W}_{10}\,\mathfrak{Z}}{\sqrt{\mathfrak{Z}^2 + \mathfrak{M}^2}}$ | 291 |
| | $\mathfrak{Z}_2 = \frac{\mathfrak{Z}}{\mathfrak{W}_{10}}\sqrt{\mathfrak{Z}^2 + \mathfrak{M}^2}$ | 291 |
| Symmetriefaktor | $\mathfrak{z} = \frac{\sqrt{\mathfrak{Z}^2 + \mathfrak{M}^2}}{\mathfrak{W}_{10}}$ | 291 |
| Eingangswiderstand | $\mathfrak{W}_1 = \mathfrak{W}_{10}\,\frac{\mathfrak{Z}^2 + \mathfrak{W}_{10}\,\mathfrak{W}}{\mathfrak{Z}^2 + \mathfrak{M}^2 + \mathfrak{W}_{10}\,\mathfrak{W}}$ | 292 |
| Spannungsübersetzung | $\mathfrak{u}_1 = \frac{\mathfrak{M}\,\mathfrak{W}}{\mathfrak{Z}^2 + \mathfrak{W}_{10}\,\mathfrak{W}}$ | 292 |
| Stromübersetzung | $\mathfrak{i}_1 = \frac{\mathfrak{M}\,\mathfrak{W}_{10}}{\mathfrak{Z}^2 + \mathfrak{M}^2 + \mathfrak{W}_{10}\,\mathfrak{W}}$ | 293 |

**Tafel 4.**

Darstellung durch die Leerlauf- und Kurzschlußwiderstände $\mathfrak{W}_{10}$, $\mathfrak{W}_{20}$, $\mathfrak{W}_{1k}$, $\mathfrak{W}_{2k}$

Grundgleichungen: $\sqrt{\frac{\mathfrak{W}_{20}-\mathfrak{W}_{2k}}{\mathfrak{W}_{10}}}\,\mathfrak{U}_1 = \mathfrak{U}_2 + \mathfrak{W}_{2k}\mathfrak{J}_2$

$$\sqrt{\mathfrak{W}_{10}(\mathfrak{W}_{20}-\mathfrak{W}_{2k})}\,\mathfrak{J}_1 = \mathfrak{W}_{20}\mathfrak{J}_2 + \mathfrak{U}_2$$

$$\frac{\mathfrak{W}_{10}}{\mathfrak{W}_{20}} = \frac{\mathfrak{W}_{1k}}{\mathfrak{W}_{2k}}$$

| Größe | Gleichung | Seite |
|---|---|---|
| Grundkonstante des Vierpoles | $\mathfrak{A}_1 = \frac{\mathfrak{W}_{10}}{\sqrt{\mathfrak{W}_{20}(\mathfrak{W}_{10}-\mathfrak{W}_{1k})}} = \sqrt{\frac{\mathfrak{W}_{10}}{\mathfrak{W}_{20}-\mathfrak{W}_{2k}}}$ | 287 |
| | $\mathfrak{A}_2 = \frac{\mathfrak{W}_{20}}{\sqrt{\mathfrak{W}_{10}(\mathfrak{W}_{20}-\mathfrak{W}_{2k})}} = \sqrt{\frac{\mathfrak{W}_{20}}{\mathfrak{W}_{10}-\mathfrak{W}_{1k}}}$ | 287 |
| | $\mathfrak{B} = \mathfrak{W}_{1k}\sqrt{\frac{\mathfrak{W}_{20}}{\mathfrak{W}_{10}-\mathfrak{W}_{1k}}} = \mathfrak{W}_{2k}\sqrt{\frac{\mathfrak{W}_{10}}{\mathfrak{W}_{20}-\mathfrak{W}_{2k}}}$ | 287 |
| | $\mathfrak{C} = \frac{1}{\sqrt{\mathfrak{W}_{20}(\mathfrak{W}_{10}-\mathfrak{W}_{1k})}} = \frac{1}{\sqrt{\mathfrak{W}_{10}(\mathfrak{W}_{20}-\mathfrak{W}_{2k})}}$ | 287 |
| Kernwiderstand | $\mathfrak{M} = \sqrt{\mathfrak{W}_{20}(\mathfrak{W}_{10}-\mathfrak{W}_{1k})} = \sqrt{\mathfrak{W}_{10}(\mathfrak{W}_{20}-\mathfrak{W}_{2k})}$ | 289 |
| Kernleitwert | $\mathfrak{L} = \frac{\sqrt{\mathfrak{W}_{10}-\mathfrak{W}_{1k}}}{\mathfrak{W}_{1k}\sqrt{\mathfrak{W}_{20}}} = \frac{\sqrt{\mathfrak{W}_{20}-\mathfrak{W}_{2k}}}{\mathfrak{W}_{2k}\sqrt{\mathfrak{W}_{10}}}$ | 289 |
| (mittlerer) Wellenwiderstand | $\mathfrak{Z} = \sqrt{\mathfrak{W}_{10}\mathfrak{W}_{2k}} = \sqrt{\mathfrak{W}_{20}\mathfrak{W}_{1k}}$ | 291 |
| äußere Wellenwiderstände | $\mathfrak{Z}_1 = \sqrt{\mathfrak{W}_{10}\mathfrak{W}_{1k}}$ <br> $\mathfrak{Z}_2 = \sqrt{\mathfrak{W}_{20}\mathfrak{W}_{2k}}$ | 291 |
| Symmetriefaktor | $\mathfrak{s} = \sqrt{\frac{\mathfrak{W}_{20}}{\mathfrak{W}_{10}}}$ | 291 |
| Eingangswiderstand | $\mathfrak{W}_1 = \mathfrak{W}_{10}\frac{\mathfrak{W}_{2k}+\mathfrak{W}}{\mathfrak{W}_{20}+\mathfrak{W}} = \frac{\mathfrak{W}_{20}\mathfrak{W}_{1k}+\mathfrak{W}_{10}\mathfrak{W}}{\mathfrak{W}_{20}+\mathfrak{W}}$ | 292 |
| Spannungsübersetzung | $\mathfrak{u}_1 = \frac{\mathfrak{W}}{\mathfrak{W}_{2k}+\mathfrak{W}}\sqrt{\frac{\mathfrak{W}_{20}-\mathfrak{W}_{2k}}{\mathfrak{W}_{10}}} = \frac{\mathfrak{W}\sqrt{\mathfrak{W}_{20}(\mathfrak{W}_{10}-\mathfrak{W}_{1k})}}{\mathfrak{W}_{20}\mathfrak{W}_{1k}+\mathfrak{W}_{10}\mathfrak{W}}$ | 292 |
| Stromübersetzung | $\mathfrak{i}_1 = \frac{\sqrt{\mathfrak{W}_{10}(\mathfrak{W}_{20}-\mathfrak{W}_{2k})}}{\mathfrak{W}_{20}+\mathfrak{W}} = \frac{\sqrt{\mathfrak{W}_{20}(\mathfrak{W}_{10}-\mathfrak{W}_{1k})}}{\mathfrak{W}_{20}+\mathfrak{W}}$ | 293 |

**Tafel 5.**

## Symmetrischer Vierpol

Darstellung durch den Wellenwiderstand $\mathfrak{Z}$ und das Übertragungsmaß $\mathfrak{g}$.

Grundgleichungen: $\mathfrak{U}_1 = \mathfrak{U}_2 \,\mathfrak{Cos}\,\mathfrak{g} + \mathfrak{J}_2 \,\mathfrak{Z}\,\mathfrak{Sin}\,\mathfrak{g}$

$$\mathfrak{J}_1 = \mathfrak{J}_2 \,\mathfrak{Cos}\,\mathfrak{g} + \frac{\mathfrak{U}_2}{\mathfrak{Z}}\,\mathfrak{Sin}\,\mathfrak{g}$$

$$\mathfrak{W}_{10} = \mathfrak{W}_{20} = \mathfrak{W}_0; \quad \mathfrak{W}_{1k} = \mathfrak{W}_{2k} = \mathfrak{W}_k$$

| Größe | Gleichung | Seite | Bei Anpassung |
|---|---|---|---|
| Über-tragungs-maß | $e^{-\mathfrak{g}} = \frac{\mathfrak{M}}{\mathfrak{W}_0 + \mathfrak{Z}} = \sqrt{\frac{\mathfrak{W}_0 - \mathfrak{Z}}{\mathfrak{W}_0 + \mathfrak{Z}}} = \sqrt{\frac{\mathfrak{Z} - \mathfrak{W}_k}{\mathfrak{Z} + \mathfrak{W}_k}} = \sqrt{\frac{\sqrt{\mathfrak{W}_0} - \sqrt{\mathfrak{W}_k}}{\sqrt{\mathfrak{W}_0} + \sqrt{\mathfrak{W}_k}}}$ | 299 | |
| | $\mathfrak{Tg}\,\mathfrak{g} = \frac{\mathfrak{Z}}{\mathfrak{W}_0} = \frac{\mathfrak{W}_k}{\mathfrak{Z}} = \sqrt{\frac{\mathfrak{W}_k}{\mathfrak{W}_0}}$ | 299 | |
| Grund-konstante des Vier-poles | $\mathfrak{A} = \mathfrak{Cos}\,\mathfrak{g}$ | 299 | |
| | $\mathfrak{B} = \mathfrak{W}_k \,\mathfrak{Cos}\,\mathfrak{g} = \mathfrak{Z}\,\mathfrak{Sin}\,\mathfrak{g}$ | 296 | |
| | $\mathfrak{C} = \frac{1}{\mathfrak{W}_0}\,\mathfrak{Cos}\,\mathfrak{g} = \frac{1}{\mathfrak{Z}}\,\mathfrak{Sin}\,\mathfrak{g}$ | 299 | |
| Kern-widerstand | $\mathfrak{M} = \frac{\mathfrak{W}_0}{\mathfrak{Cos}\,\mathfrak{g}} = \frac{\mathfrak{Z}}{\mathfrak{Sin}\,\mathfrak{g}}$ | 289 | |
| Wellen-widerstand | $\mathfrak{Z} = \mathfrak{W}_0 \,\mathfrak{Tg}\,\mathfrak{g} = \mathfrak{W}_k \,\mathfrak{Cot}\,\mathfrak{g}$ | 291 | |
| Leerlauf-widerstand | $\mathfrak{W}_0 = \mathfrak{Z}\,\mathfrak{Cot}\,\mathfrak{g}$ | 289 | |
| Kurzschluß-widerstand | $\mathfrak{W}_k = \mathfrak{Z}\,\mathfrak{Tg}\,\mathfrak{g}$ | 296 | |
| Eingangs-widerstand | $\mathfrak{W}_1 = \mathfrak{Z}\,\frac{\mathfrak{Z}\,\mathfrak{Sin}\,\mathfrak{g} + \mathfrak{W}\,\mathfrak{Cos}\,\mathfrak{g}}{\mathfrak{Z}\,\mathfrak{Cos}\,\mathfrak{g} + \mathfrak{W}\,\mathfrak{Sin}\,\mathfrak{g}}$ | 299 | $\mathfrak{W}_1 = \mathfrak{Z}$ |
| Spannungs-übersetzung | $\mathfrak{u}_1 = \frac{\mathfrak{W}}{\mathfrak{Z}\,\mathfrak{Sin}\,\mathfrak{g} + \mathfrak{W}\,\mathfrak{Cos}\,\mathfrak{g}}$ | 300 | $\mathfrak{u}_1 = e^{-\mathfrak{g}}$ |
| Strom-übersetzung | $\mathfrak{i}_1 = \frac{\mathfrak{Z}}{\mathfrak{Z}\,\mathfrak{Cos}\,\mathfrak{g} + \mathfrak{W}\,\mathfrak{Sin}\,\mathfrak{g}}$ | 300 | $\mathfrak{i}_1 = e^{-\mathfrak{g}}$ |
| Kopplung | $\mathfrak{k} = \frac{\mathfrak{Z}}{\sqrt{(\mathfrak{Z}\,\mathfrak{Cos}\,\mathfrak{g} + \mathfrak{W}_i\,\mathfrak{Sin}\,\mathfrak{g})(\mathfrak{Z}\,\mathfrak{Cos}\,\mathfrak{g} + \mathfrak{W}\,\mathfrak{Sin}\,\mathfrak{g})}}$ | 294 | $\mathfrak{k} = \frac{1}{\sqrt{\left(\mathfrak{Cos}\,\mathfrak{g} + \frac{\mathfrak{W}_i}{\mathfrak{Z}}\,\mathfrak{Sin}\,\mathfrak{g}\right) e^{\mathfrak{g}}}}$ |

**Tafel 6.**

Ausgezeichnete Belastungsfälle.

| Belastungswiderstand $\mathfrak{W} =$ | $\mathfrak{Z}$ | $\mathfrak{Z}_2$ | $\infty$ Leerlauf | 0 Kurzschluß |
|---|---|---|---|---|
| Eingangswiderstand $\mathfrak{W}_1 =$ | $\mathfrak{Z}\,\frac{\mathfrak{W}_{10}+\mathfrak{Z}}{\mathfrak{W}_{20}+\mathfrak{Z}}$ | $\mathfrak{Z}_1$ | $\mathfrak{W}_{10}$ | $\frac{\mathfrak{Z}^2}{\mathfrak{W}_{20}} = \mathfrak{W}_{1k}$ |
| Spannungsübersetzung $\mathfrak{u}_1 =$ | $\frac{\mathfrak{M}}{\mathfrak{W}_{10}+\mathfrak{Z}}$ | $\frac{\mathfrak{M}}{\mathfrak{W}_{10}+\mathfrak{Z}_1}$ | $\frac{\mathfrak{M}}{\mathfrak{W}_{10}} = \frac{1}{\mathfrak{A}_1}$ | 0 |
| Stromübersetzung $\mathfrak{i}_1 =$ | $\frac{\mathfrak{M}}{\mathfrak{W}_{20}+\mathfrak{Z}}$ | $\frac{\mathfrak{M}}{\mathfrak{W}_{20}+\mathfrak{Z}}$ | 0 | $\frac{\mathfrak{M}}{\mathfrak{W}_{20}} = \frac{1}{\mathfrak{A}_2}$ |

## f) Ersatzschaltungen.

### α) *Die T-Schaltung.*

In den meisten Fällen, in denen überhaupt ein Bedürfnis zur Anwendung einer eigenen Vierpoltheorie vorliegt, ist der Zustand im Inneren des Vierpoles ohne oder von nur nebensächlichem Interesse. Es handelt sich dann gewöhnlich um die Kenntnis der äußeren Größen an den Eingangs- und Ausgangsklemmen. Damit entsteht aber sofort die Frage, ob der vorliegende Vierpol beliebiger Schaltung nicht durch einen mit einfacher Schaltung ersetzt werden kann, der hinsichtlich der Verhältnisse an seinen Klemmen dem ersteren gleichwertig ist. Tatsächlich sind drei solche, einfachste Schaltungen möglich und gebräuchlich.

Die erste, die T-Schaltung oder Sternschaltung zeigt das Bild 100. Sie besteht in der Hintereinanderschaltung zweier »Längsimpedanzen« $\mathfrak{Z}_1$ und $\mathfrak{Z}_2$, zwischen denen der »Querleitwert« $\mathfrak{Y}$ angeschlossen ist. Die Anwendung des Kirchhoffschen Gesetzes auf den Eingangs- und Ausgangskreis liefert

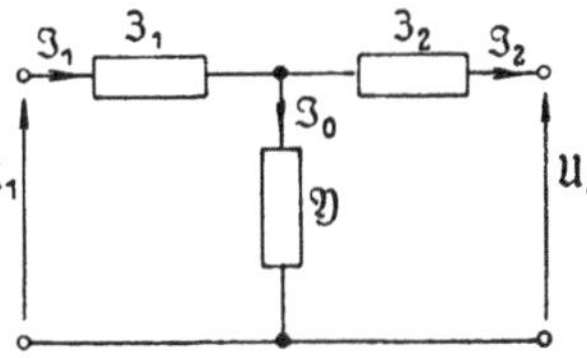


Bild 100. Die *T*-Schaltung.

$$\mathfrak{U}_1 - \mathfrak{J}_1\mathfrak{Z}_1 - (\mathfrak{J}_1 - \mathfrak{J}_2)\frac{1}{\mathfrak{Y}} = 0$$

und

$$\mathfrak{U}_2 + \mathfrak{J}_2\mathfrak{Z}_2 - (\mathfrak{J}_1 - \mathfrak{J}_2)\frac{1}{\mathfrak{Y}} = 0,$$

woraus

$$\mathfrak{U}_2 = \mathfrak{J}_1\frac{1}{\mathfrak{Y}} + \left(\mathfrak{Z}_2 + \frac{1}{\mathfrak{Y}}\right)\mathfrak{Y}\left[\mathfrak{U}_1 - \mathfrak{J}_1\left(\mathfrak{Z}_1 + \frac{1}{\mathfrak{Y}}\right)\right] = 0$$

oder geordnet

$$\mathfrak{U}_2 = (1 + \mathfrak{Y}\mathfrak{Z}_2)\,\mathfrak{U}_1 - (\mathfrak{Z}_1 + \mathfrak{Z}_2 + \mathfrak{Y}\mathfrak{Z}_1\mathfrak{Z}_2)\,\mathfrak{J}_1 \quad \ldots . \quad (1)$$

In gleicher Weise wird

$$\mathfrak{J}_2 = (1 + \mathfrak{Y}\mathfrak{Z}_1)\,\mathfrak{J}_1 - \mathfrak{Y}\,\mathfrak{U}_1 \quad \ldots\ldots\ldots \quad (2)$$

Vergleicht man dies mit den Grundgleichungen (2) und (3), Abschnitt a/β des allgemeinen Vierpoles, so erkennt man, daß Äquivalenz besteht, wenn die Grundkonstanten $\mathfrak{A}$, $\mathfrak{B}$, $\mathfrak{C}$ mit den Konstanten der T-Schaltung nach folgenden Gleichungen zusammenhängen

$$\left.\begin{aligned} \mathfrak{A}_1 &= 1 + \mathfrak{Y}\,\mathfrak{Z}_1 \\ \mathfrak{A}_2 &= 1 + \mathfrak{Y}\,\mathfrak{Z}_2 \\ \mathfrak{B} &= \mathfrak{Z}_1 + \mathfrak{Z}_2 + \mathfrak{Y}\,\mathfrak{Z}_1\,\mathfrak{Z}_2 \\ \mathfrak{C} &= \mathfrak{Y} \end{aligned}\right\} \quad \ldots\ldots\ldots \quad (3)$$

Umgekehrt wird daraus

$$\left.\begin{aligned} \mathfrak{Y} &= \mathfrak{C} \\ \mathfrak{Z}_1 &= \frac{\mathfrak{A}_1 - 1}{\mathfrak{C}} \\ \mathfrak{Z}_2 &= \frac{\mathfrak{A}_2 - 1}{\mathfrak{C}} \end{aligned}\right\} \quad \ldots\ldots\ldots\ldots \quad (4)$$

Damit kann also jeder Vierpol, dessen Grundkonstante bekannt sind, durch einen Ersatzvierpol in T-Schaltung dargestellt werden.

Man erhält jetzt auch leicht die weiteren Beziehungen

$$\begin{aligned} \mathfrak{W}_{10} &= \mathfrak{Z}_1 + \frac{1}{\mathfrak{Y}} \\ \mathfrak{W}_{20} &= \mathfrak{Z}_2 + \frac{1}{\mathfrak{Y}} \\ \mathfrak{W}_{1k} &= \mathfrak{Z}_1 + \frac{\mathfrak{Z}_2}{1 + \mathfrak{Y}\,\mathfrak{Z}_2} \\ \mathfrak{W}_{2k} &= \mathfrak{Z}_2 + \frac{\mathfrak{Z}_1}{1 + \mathfrak{Y}\,\mathfrak{Z}_1} \\ \mathfrak{M} &= \frac{1}{\mathfrak{Y}} \\ \mathfrak{L} &= \frac{1}{\mathfrak{Z}_1 + \mathfrak{Z}_2 + \mathfrak{Y}\,\mathfrak{Z}_1\,\mathfrak{Z}_2} \end{aligned}$$

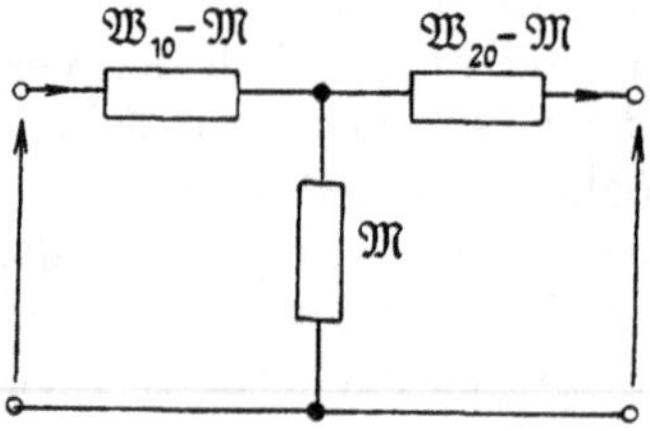


Bild 101. Die Rolle des Kernwiderstandes in der *T*-Schaltung.

Diese Gleichungen lassen auch eine Auffassung der Ersatzschaltung nach Bild 101 zu, wonach der Kernwiderstand zum Querglied und die Differenzen aus Leerlauf- und Kernwiderstand zu den Längsgliedern werden.

Wesentliche Vereinfachungen sind wieder beim symmetrischen Vierpol vorhanden. Es ist dann

$$\mathfrak{Z}_1 = \mathfrak{Z}_2 = \mathfrak{Z} = \frac{\mathfrak{Z}_l}{2} \quad \ldots\ldots\ldots\ldots \quad (5)$$

wobei $\mathfrak{Z}_l$ den gesamten Längswiderstand bedeutet.

Der Wellenwiderstand wird jetzt

$$\mathfrak{Z} = \sqrt{\mathfrak{W}_{10}\,\mathfrak{W}_{2k}} = \sqrt{\frac{(1 + \mathfrak{Y}\,\mathfrak{Z})\,(2\,\mathfrak{Z} + \mathfrak{Y}\,\mathfrak{Z}^2)}{\mathfrak{Y}\,(1 + \mathfrak{Y}\,\mathfrak{Z})}}$$

oder

$$\mathfrak{Z} = \sqrt{\mathfrak{Z}\,(\mathfrak{Z} + 2\,\mathfrak{M})} \quad \ldots\ldots\ldots\ldots \quad (6)$$

Dies läßt sich auch in der Form

$$\mathfrak{Z} = \sqrt{\frac{\mathfrak{Z}}{\mathfrak{Y}}}\sqrt{2 + \mathfrak{Z}\,\mathfrak{Y}} = \sqrt{\frac{\mathfrak{Z}_l}{\mathfrak{Y}}}\sqrt{1 + \frac{\mathfrak{Z}_l\,\mathfrak{Y}}{4}} \quad \ldots\ldots \quad (6a)$$

schreiben.

Für das Übertragungsmaß erhält man ferner

$$\mathfrak{Cof}\ \mathfrak{g} = 1 + \mathfrak{Y}\,\mathfrak{Z} = 1 + \frac{\mathfrak{Y}\,\mathfrak{Z}_l}{2} \quad \ldots\ldots\ldots \quad (7)$$

und gemäß Tafel 5

$$e^{\mathfrak{g}} = \frac{\mathfrak{W}_0 + \mathfrak{Z}}{\mathfrak{M}} = 1 + \mathfrak{Y}\,\mathfrak{Z} + \sqrt{\mathfrak{Y}\,\mathfrak{Z}\,(2 + \mathfrak{Y}\,\mathfrak{Z})} \quad \ldots\ldots \quad (8)$$

Für die Kopplung findet man beim nicht symmetrischen Vierpol den einfachen Ausdruck

$$\bar{\mathfrak{k}} = \frac{1}{\sqrt{(1 + \mathfrak{Y}\,\mathfrak{Z}_1)\,(1 + \mathfrak{Y}\,\mathfrak{Z}_2)}} \quad \ldots\ldots\ldots \quad (9)$$

oder

$$\bar{\mathfrak{k}} = \frac{\frac{1}{\mathfrak{Y}}}{\sqrt{\left(\mathfrak{Z}_1 + \frac{1}{\mathfrak{Y}}\right)\left(\mathfrak{Z}_2 + \frac{1}{\mathfrak{Y}}\right)}} = \frac{\mathfrak{Z}_{12}}{\sqrt{(\mathfrak{Z}_{11} + \mathfrak{Z}_{12})\,(\mathfrak{Z}_{22} + \mathfrak{Z}_{12})}}.$$

Er ist also das Verhältnis des Koppelwiderstandes zum geometrischen Mittelwert der Gesamtwiderstände des Eingangs- und Ausgangskreises.

Man setzt noch gerne

$$\left.\begin{aligned} \mathfrak{Y}\,\mathfrak{Z}_1 &= \mathfrak{t}_1 \\ \mathfrak{Y}\,\mathfrak{Z}_2 &= \mathfrak{t}_2 \end{aligned}\right\} \quad \ldots\ldots\ldots\ldots\ldots \quad (10)$$

und nennt $\mathfrak{t}_1$ und $\mathfrak{t}_2$ den primären und sekundären Streufaktor. Es wird dann

$$\bar{\mathfrak{k}} = \frac{1}{\sqrt{(1 + \mathfrak{t}_1)\,(1 + \mathfrak{t}_2)}} = \frac{1}{\sqrt{1 + \mathfrak{t}_g}} \quad \ldots\ldots \quad (11)$$

wenn noch mit

$$\mathfrak{t}_g = \mathfrak{t}_1 + \mathfrak{t}_2 + \mathfrak{t}_1\,\mathfrak{t}_2 \quad \ldots\ldots\ldots\ldots \quad (12)$$

der Gesamtstreufaktor definiert wird.

Bei der symmetrischen T-Schaltung wird

$$\mathfrak{t}_1 = \mathfrak{t}_2 = \mathfrak{t} = \mathfrak{Y}\,\mathfrak{Z} \quad \ldots\ldots\ldots\ldots \quad (13)$$

und

$$\bar{\mathfrak{k}} = \frac{1}{1 + \mathfrak{Y}\,\mathfrak{Z}} = \frac{1}{1 + \mathfrak{t}} \quad \ldots\ldots\ldots\ldots \quad (14)$$

Die gewonnenen Kenngrößen der T-Schaltung sollen wieder in einer Tafel übersichtlich geordnet werden. Die Tafel 7 gibt die Gleichungen für die unsymmetrische, Tafel 8 für die symmetrische T-Schaltung.

**Tafel 7.**

Die unsymmetrische $T$-Schaltung.

Grundgleichungen: $\mathfrak{U}_2 = (1 + \mathfrak{Y}\,\mathfrak{Z}_2)\,\mathfrak{U}_1 - (\mathfrak{Z}_1 + \mathfrak{Z}_2 + \mathfrak{Y}\,\mathfrak{Z}_1\,\mathfrak{Z}_2)\,\mathfrak{J}_1$

$\mathfrak{J}_2 = (1 + \mathfrak{Y}\,\mathfrak{Z}_1)\,\mathfrak{J}_1 - \mathfrak{Y}\,\mathfrak{U}_1$

| Größe | Aus dem Schaltbild | Aus der Messung |
|---|---|---|
| Grundkonstante des Vierpoles | $\mathfrak{A}_1 = 1 + \mathfrak{Y}\,\mathfrak{Z}_1$ | $\mathfrak{A}_1 = \dfrac{\mathfrak{U}_{10}}{\mathfrak{U}_2}$ |
| | $\mathfrak{A}_2 = 1 + \mathfrak{Y}\,\mathfrak{Z}_2$ | $\mathfrak{A}_2 = \dfrac{\mathfrak{U}_{20}}{\mathfrak{U}_1}$ |
| | $\mathfrak{B} = \mathfrak{Z}_1 + \mathfrak{Z}_2 + \mathfrak{Y}\,\mathfrak{Z}_1\,\mathfrak{Z}_2$ | $\mathfrak{B} = \dfrac{\mathfrak{U}_{1k}}{\mathfrak{J}_2} = \dfrac{\mathfrak{U}_{2k}}{\mathfrak{J}_1}$ |
| | $\mathfrak{C} = \mathfrak{Y} = \dfrac{1}{\mathfrak{M}}$ | $\mathfrak{C} = \dfrac{\mathfrak{J}_{10}}{\mathfrak{U}_2} = \dfrac{\mathfrak{J}_{20}}{\mathfrak{U}_1}$ |
| Kernwiderstand | $\mathfrak{M} = \dfrac{1}{\mathfrak{Y}}$ | $\mathfrak{M} = \dfrac{\mathfrak{U}_2}{\mathfrak{J}_{10}} = \dfrac{\mathfrak{U}_1}{\mathfrak{J}_{20}}$ |
| Leerlaufwiderstände | $\mathfrak{W}_{10} = \mathfrak{Z}_1 + \mathfrak{M}$ | $\mathfrak{W}_{10} = \dfrac{\mathfrak{U}_{10}}{\mathfrak{J}_{10}}$ |
| | $\mathfrak{W}_{20} = \mathfrak{Z}_2 + \mathfrak{M}$ | $\mathfrak{W}_{20} = \dfrac{\mathfrak{U}_{20}}{\mathfrak{J}_{20}}$ |
| Kurzschlußwiderstände | $\mathfrak{W}_{1k} = \mathfrak{Z}_1 + \dfrac{\mathfrak{M}\,\mathfrak{Z}_2}{\mathfrak{M} + \mathfrak{Z}_2}$ | $\mathfrak{W}_{1k} = \dfrac{\mathfrak{U}_{1k}}{\mathfrak{J}_{1k}}$ |
| | $\mathfrak{W}_{2k} = \mathfrak{Z}_2 + \dfrac{\mathfrak{M}\,\mathfrak{Z}_1}{\mathfrak{M} + \mathfrak{Z}_1}$ | $\mathfrak{W}_{2k} = \dfrac{\mathfrak{U}_{2k}}{\mathfrak{J}_{2k}}$ |
| $T$-Glieder | $\mathfrak{Z}_1 = \mathfrak{W}_{10} - \mathfrak{M} =$ <br> $= \mathfrak{W}_{10} - \sqrt{\mathfrak{W}_{20}\,(\mathfrak{W}_{10} - \mathfrak{W}_{1k})}$ | $\mathfrak{Z}_1 = \dfrac{\mathfrak{U}_{10} - \mathfrak{U}_2}{\mathfrak{J}_{10}}$ |
| | $\mathfrak{Z}_2 = \mathfrak{W}_{20} - \mathfrak{M} =$ <br> $= \mathfrak{W}_{20} - \sqrt{\mathfrak{W}_{10}\,(\mathfrak{W}_{20} - \mathfrak{W}_{2k})}$ | $\mathfrak{Z}_2 = \dfrac{\mathfrak{U}_{20} - \mathfrak{U}_1}{\mathfrak{J}_{20}}$ |
| | $\mathfrak{Y} = \dfrac{1}{\mathfrak{M}}$ | $\mathfrak{Y} = \dfrac{\mathfrak{J}_{10}}{\mathfrak{U}_2} = \dfrac{\mathfrak{J}_{20}}{\mathfrak{U}_1}$ |
| Wellenwiderstand | $\mathfrak{Z} = \sqrt{\dfrac{\mathfrak{B}}{\mathfrak{C}}} = \sqrt{\mathfrak{W}_{10}\,\mathfrak{W}_{20} - \mathfrak{M}^2} =$ <br> $= \sqrt{\dfrac{\mathfrak{Z}_1 + \mathfrak{Z}_2 + \mathfrak{Y}\,\mathfrak{Z}_1\,\mathfrak{Z}_2}{\mathfrak{Y}}}$ | |

**Tafel 8.**

Die symmetrische $T$-Schaltung

$$\mathfrak{Z}_1 = \mathfrak{Z}_2 = \mathfrak{Z} = \frac{\mathfrak{Z}_l}{2}$$

| Größe | Gleichung |
|---|---|
| Wellenwiderstand | $\mathfrak{Z} = \sqrt{\mathfrak{Z}(\mathfrak{Z}+2\,\mathfrak{M})} = \sqrt{\frac{\mathfrak{Z}}{\mathfrak{Y}}}\sqrt{2+\mathfrak{Y}\,\mathfrak{Z}}$ |
| Übertragungsmaß | $\mathfrak{Cof}\,\mathfrak{g} = 1+\mathfrak{Y}\,\mathfrak{Z} = 1+\frac{\mathfrak{Y}\,\mathfrak{Z}_l}{2}$ |
| | $e^{\mathfrak{g}} = 1+\mathfrak{Y}\,\mathfrak{Z}+\sqrt{\mathfrak{Y}\,\mathfrak{Z}\,(2+\mathfrak{Y}\,\mathfrak{Z})}$ |
| Längsimpedanzen | $\mathfrak{Z} = \mathfrak{Z}\,\mathfrak{Tg}\,\frac{\mathfrak{g}}{2} = \sqrt{\frac{\mathfrak{Z}}{\mathfrak{Y}}}\sqrt{2+\mathfrak{Z}\,\mathfrak{Y}}$ |
| Querleitwert | $\mathfrak{Y} = \frac{\mathfrak{Sin}\,\mathfrak{g}}{\mathfrak{Z}} = \mathfrak{Y}\,\mathfrak{Sin}\,\mathfrak{g}$ |

*β. Die $\Pi$-Schaltung.*

Eine zweite, ebenso einfache Ersatzschaltung zeigt das Bild 102.

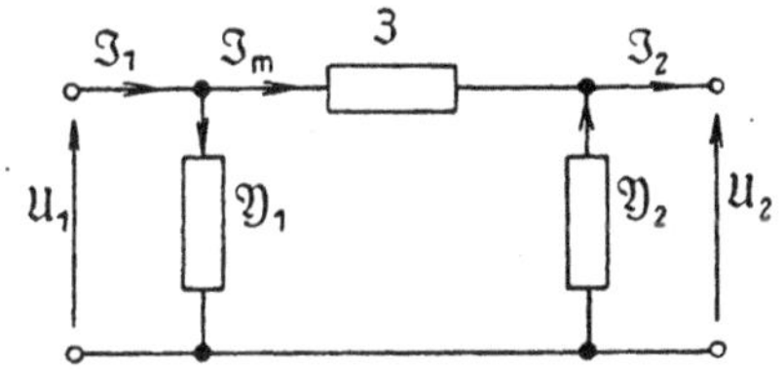


Bild 102. Die $\Pi$-Schaltung.

Sie wird $\Pi$-Schaltung oder Dreieckschaltung genannt und hat einen Längswiderstand $\mathfrak{Z}$ und Querleitwerte $\mathfrak{Y}_1$ und $\mathfrak{Y}_2$. Die Kirchhoffschen Gesetze liefern

$$\mathfrak{I}_1 - \mathfrak{I}_m = \mathfrak{U}_1\,\mathfrak{Y}_1$$

$$\mathfrak{I}_2 - \mathfrak{I}_m = -\,\mathfrak{U}_2\,\mathfrak{Y}_2$$

$$\mathfrak{I}_m\,\mathfrak{Z} - \frac{\mathfrak{I}_1 - \mathfrak{I}_m}{\mathfrak{Y}_1} - \frac{\mathfrak{I}_2 - \mathfrak{I}_m}{\mathfrak{Y}_2} = 0,$$

woraus

$$\mathfrak{I}_m = \mathfrak{I}_1 - \mathfrak{Y}_1\,\mathfrak{U}_1 = \frac{\mathfrak{Y}_2\,\mathfrak{I}_1 + \mathfrak{Y}_1\,\mathfrak{I}_2}{\mathfrak{Y}_1 + \mathfrak{Y}_2 + \mathfrak{Y}_1\,\mathfrak{Y}_2\,\mathfrak{Z}}$$

und

$$\mathfrak{I}_2 = (1 + \mathfrak{Y}_2\,\mathfrak{Z})\,\mathfrak{I}_1 - (\mathfrak{Y}_1 + \mathfrak{Y}_2 + \mathfrak{Y}_1\,\mathfrak{Y}_2\,\mathfrak{Z})\,\mathfrak{U}_1 \quad \ldots \quad (1)$$

Damit wird ferner

$$\mathfrak{U}_2 = (1 + \mathfrak{Y}_1 \mathfrak{Z})\, \mathfrak{U}_1 - \mathfrak{Z}\, \mathfrak{J}_1 \quad \ldots\ldots\ldots\ldots \quad (2)$$

Die Dreieckschaltung ist also dem allgemeinen Vierpol gleichwertig, wenn

$$\left.\begin{aligned} \mathfrak{A}_1 &= 1 + \mathfrak{Y}_2 \mathfrak{Z} \\ \mathfrak{A}_2 &= 1 + \mathfrak{Y}_1 \mathfrak{Z} \\ \mathfrak{B} &= \mathfrak{Z} \\ \mathfrak{C} &= \mathfrak{Y}_1 + \mathfrak{Y}_2 + \mathfrak{Y}_1 \mathfrak{Y}_2 \mathfrak{Z} \end{aligned}\right\} \quad \ldots\ldots\ldots\ldots \quad (3)$$

Die beiden Hauptgleichungen (1) und (2) entsprechen vollkommen den diesbezüglichen Gleichungen (1) und (2) der im vorigen Kapitel beschriebenen T-Schaltung. Es sind lediglich die Ströme durch die Spannungen sowie die Impedanzen durch die entsprechenden Leitwerte und umgekehrt die Spannungen durch die Ströme und die Leitwerte durch Impedanzen ersetzt. Die Gleichungspaare sind dual verwandt. In diesem Sinne besteht also auch eine duale Verwandtschaft zwischen der $T$-Schaltung und der $\Pi$-Schaltung.

Ist der Vierpol in seiner allgemeinen Form gegeben und sollen die Konstanten der Ersatz-$\Pi$-Schaltung bestimmt werden, so findet man leicht aus den Gleichungen (3)

$$\left.\begin{aligned} \mathfrak{Z} &= \mathfrak{B} \\ \mathfrak{Y}_1 &= \frac{\mathfrak{A}_2 - 1}{\mathfrak{B}} \\ \mathfrak{Y}_2 &= \frac{\mathfrak{A}_1 - 1}{\mathfrak{B}} \end{aligned}\right\} \quad \ldots\ldots\ldots\ldots \quad (4)$$

Man erhält ferner durch einfaches Einsetzen in die entsprechenden Bestimmungsgleichungen

$$\mathfrak{W}_{10} = \frac{1 + \mathfrak{Y}_2 \mathfrak{Z}}{\mathfrak{Y}_1 + \mathfrak{Y}_2 + \mathfrak{Y}_1 \mathfrak{Y}_2 \mathfrak{Z}} \quad \text{oder} \quad \mathfrak{L}_{10} = \mathfrak{Y}_1 + \frac{\mathfrak{Y}_2}{1 + \mathfrak{Y}_2 \mathfrak{Z}}$$

$$\mathfrak{W}_{20} = \frac{1 + \mathfrak{Y}_1 \mathfrak{Z}}{\mathfrak{Y}_1 + \mathfrak{Y}_2 + \mathfrak{Y}_1 \mathfrak{Y}_2 \mathfrak{Z}} \quad \text{oder} \quad \mathfrak{L}_{20} = \mathfrak{Y}_2 + \frac{\mathfrak{Y}_1}{1 + \mathfrak{Y}_1 \mathfrak{Z}}$$

$$\mathfrak{W}_{1k} = \frac{\mathfrak{Z}}{1 + \mathfrak{Y}_1 \mathfrak{Z}} \quad \text{oder} \quad \mathfrak{L}_{1k} = \mathfrak{Y}_1 + \frac{1}{\mathfrak{Z}} = \mathfrak{Y}_1 + \mathfrak{L}$$

$$\mathfrak{W}_{2k} = \frac{\mathfrak{Z}}{1 + \mathfrak{Y}_2 \mathfrak{Z}} \quad \text{oder} \quad \mathfrak{L}_{2k} = \mathfrak{Y}_2 + \frac{1}{\mathfrak{Z}} = \mathfrak{Y}_2 + \mathfrak{L}$$

$$\mathfrak{M} = \frac{1}{\mathfrak{Y}_1 + \mathfrak{Y}_2 + \mathfrak{Y}_1 \mathfrak{Y}_2 \mathfrak{Z}} \quad \text{oder} \quad \mathfrak{L} = \frac{1}{\mathfrak{Z}}.$$

Die Rolle des Kernleitwertes erlaubt nach den obigen Gleichungen wiederum eine Schaltungsdeutung nach Bild 103.

Bei symmetrischem Vierpol wird

$$\mathfrak{Y}_1 = \mathfrak{Y}_2 = \mathfrak{Y} = \frac{\mathfrak{Y}_q}{2} \quad \ldots \ldots \ldots \ldots (5)$$

$\mathfrak{Y}_q$ ist dann der gesamte Querleitwert.

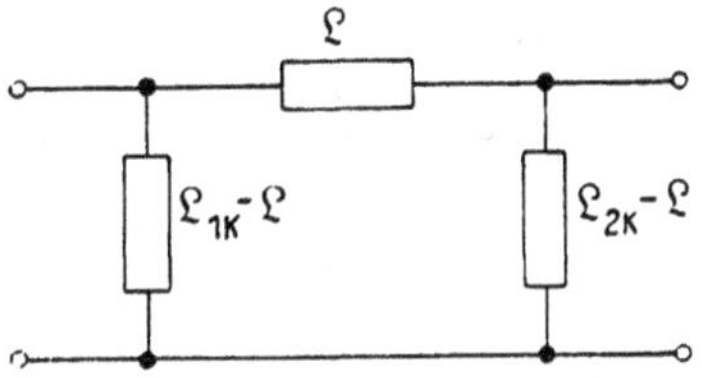


Bild 103. Die Rolle des Kernleitwertes in der *Π*-Schaltung.

Damit erhält man für den Wellenwiderstand

$$\mathfrak{Z} = \sqrt{\frac{\mathfrak{M}}{\mathfrak{L}}}$$

oder den Wellenleitwert

$$\mathfrak{W} = \sqrt{\mathfrak{Y}(\mathfrak{Y} + 2\,\mathfrak{L})} \quad \ldots \ldots \ldots \ldots (6)$$

Man kann auch wieder schreiben

$$\mathfrak{W} = \sqrt{\frac{\mathfrak{Y}}{\mathfrak{Z}}}\sqrt{2 + \mathfrak{Y}\mathfrak{Z}} = \sqrt{\frac{\mathfrak{Y}_q}{\mathfrak{Z}}}\sqrt{1 + \frac{\mathfrak{Y}_q\mathfrak{Z}}{4}} \quad \ldots . (6a)$$

oder

$$\mathfrak{Z} = \sqrt{\frac{\mathfrak{Z}}{\mathfrak{Y}}}\frac{1}{\sqrt{2 + \mathfrak{Y}\mathfrak{Z}}} = \sqrt{\frac{\mathfrak{Z}}{\mathfrak{Y}_q}}\frac{1}{\sqrt{1 + \frac{\mathfrak{Y}_q\mathfrak{Z}}{4}}} \quad \ldots . (6b)$$

Es ist ferner

$$\mathfrak{Cof}\,\mathfrak{g} = 1 + \mathfrak{Y}\mathfrak{Z} = 1 + \frac{\mathfrak{Y}_q\mathfrak{Z}}{2} \quad \ldots \ldots . (7)$$

und

$$e^{\mathfrak{g}} = 1 + \mathfrak{Y}\mathfrak{Z} + \sqrt{\mathfrak{Y}\mathfrak{Z}(2 + \mathfrak{Y}\mathfrak{Z})} \quad \ldots \ldots . (8)$$

Zur Ermittlung des Übertragungsmaßes erhält man also dieselben Gleichungen wie bei der T-Schaltung. Es ist nur

bei der *T*-Schaltung $\mathfrak{Y} = \mathfrak{Y},\ \mathfrak{Z} = \frac{\mathfrak{Z}_l}{2}$,

bei der *Π*-Schaltung $\mathfrak{Y} = \frac{\mathfrak{Y}_q}{2},\ \mathfrak{Z} - \mathfrak{Z}$.

Die erhaltenen Kenngrößen der *Π*-Schaltung sind in den beiden folgenden Tafeln 9 und 10 zusammengestellt.

**Tafel 9.**

Die unsymmetrische $\Pi$-Schaltung.

Grundgleichungen: $\mathfrak{J}_2 = (1 + \mathfrak{Y}_2 \mathfrak{Z})\, \mathfrak{J}_1 - (\mathfrak{Y}_1 + \mathfrak{Y}_2 + \mathfrak{Y}_1 \mathfrak{Y}_2 \mathfrak{Z})\, \mathfrak{U}_1$

$\mathfrak{U}_2 = (1 + \mathfrak{Y}_1 \mathfrak{Z})\, \mathfrak{U}_1 - \mathfrak{Z}\, \mathfrak{J}_1$

| Größe | Aus dem Schaltbild | Aus der Messung |
|---|---|---|
| Grundkonstante des Vierpoles | $\mathfrak{A}_1 = 1 + \mathfrak{Y}_2 \mathfrak{Z}$ | wie bei der $T$-Schaltung |
| | $\mathfrak{A}_2 = 1 + \mathfrak{Y}_1 \mathfrak{Z}$ | |
| | $\mathfrak{B} = \mathfrak{Z}$ | |
| | $\mathfrak{C} = \mathfrak{Y}_1 + \mathfrak{Y}_2 + \mathfrak{Y}_1 \mathfrak{Y}_2 \mathfrak{Z}$ | |
| Kernleitwert | $\mathfrak{L} = \frac{1}{\mathfrak{Z}}$ | $\mathfrak{L} = \frac{\mathfrak{J}_2}{\mathfrak{U}_{1k}} = \frac{\mathfrak{J}_1}{\mathfrak{U}_{2k}}$ |
| Leerlaufleitwerte | $\mathfrak{L}_{10} = \mathfrak{Y}_1 + \frac{\mathfrak{Y}_2}{1 + \mathfrak{Y}_2 \mathfrak{Z}}$ | $\mathfrak{L}_{10} = \frac{\mathfrak{J}_{10}}{\mathfrak{U}_{10}}$ |
| | $\mathfrak{L}_{20} = \mathfrak{Y}_2 + \frac{\mathfrak{Y}_1}{1 + \mathfrak{Y}_1 \mathfrak{Z}}$ | $\mathfrak{L}_{20} = \frac{\mathfrak{J}_{20}}{\mathfrak{U}_{20}}$ |
| Kurzschlußleitwerte | $\mathfrak{L}_{1k} = \mathfrak{Y}_1 + \mathfrak{L}$ | $\mathfrak{L}_{1k} = \frac{\mathfrak{J}_{1k}}{\mathfrak{U}_{1k}}$ |
| | $\mathfrak{L}_{2k} = \mathfrak{Y}_2 + \mathfrak{L}$ | $\mathfrak{L}_{2k} = \frac{\mathfrak{J}_{2k}}{\mathfrak{U}_{2k}}$ |
| $\Pi$-Glieder | $\mathfrak{Y}_1 = \mathfrak{L}_{1k} - \mathfrak{L} = \mathfrak{L}_{1k} - \sqrt{\mathfrak{L}_{2k}(\mathfrak{L}_{1k} - \mathfrak{L}_{10})}$ | $\mathfrak{Y}_1 = \frac{\mathfrak{J}_{1k} - \mathfrak{J}_2}{\mathfrak{U}_{1k}}$ |
| | $\mathfrak{Y}_2 = \mathfrak{L}_{2k} - \mathfrak{L} = \mathfrak{L}_{2k} - \sqrt{\mathfrak{L}_{1k}(\mathfrak{L}_{2k} - \mathfrak{L}_{20})}$ | $\mathfrak{Y}_2 = \frac{\mathfrak{J}_{2k} - \mathfrak{J}_1}{\mathfrak{U}_{2k}}$ |
| | $\mathfrak{Z} = \frac{1}{\mathfrak{L}}$ | $\mathfrak{Z} = \frac{\mathfrak{U}_{1k}}{\mathfrak{J}_2} = \frac{\mathfrak{U}_{2k}}{\mathfrak{J}_1}$ |
| Wellenleitwert | $\mathfrak{Y} = \sqrt{\frac{\mathfrak{Y}_1 + \mathfrak{Y}_2 + \mathfrak{Y}_1 \mathfrak{Z}_2 \mathfrak{Z}}{\mathfrak{Z}}}$ | |

**Tafel 10.**

Die symmetrische $\Pi$-Schaltung

$$\mathfrak{Y}_1 = \mathfrak{Y}_2 = \mathfrak{Y} = \frac{\mathfrak{Y}_a}{2}$$

| Größe | Gleichung |
|---|---|
| Wellenleitwert | $\mathfrak{W} = \sqrt{\mathfrak{Y}(\mathfrak{Y} + 2\mathfrak{L})} = \sqrt{\frac{\mathfrak{Y}}{\mathfrak{Z}}}\sqrt{2 + \mathfrak{Y}\mathfrak{Z}}$ |
| Übertragungsmaß | $\mathfrak{Cof}\,\mathfrak{g} = 1 + \mathfrak{Y}\mathfrak{Z} = 1 + \frac{\mathfrak{Y}_a \mathfrak{Z}}{2}$ |
| | $e^{\mathfrak{g}} = 1 + \mathfrak{Y}\mathfrak{Z} + \sqrt{\mathfrak{Y}\mathfrak{Z}(2 + \mathfrak{Y}\mathfrak{Z})}$ |
| Querleitwerte | $\mathfrak{Y} = \mathfrak{W}\,\mathfrak{Tg}\,\frac{\mathfrak{g}}{2}; \quad \frac{1}{\mathfrak{Y}} = \mathfrak{z}\,\mathfrak{Cof}\,\frac{\mathfrak{g}}{2}$ |
| Längswiderstand | $\mathfrak{Z} = \mathfrak{z}\,\mathfrak{Sin}\,\mathfrak{g}$ |

*γ) Die X-Schaltung.*

Eine dritte noch übliche Ersatzschaltung ist die im Bild 104 dargestellte $X$-Schaltung, auch Kreuzschaltung genannt.

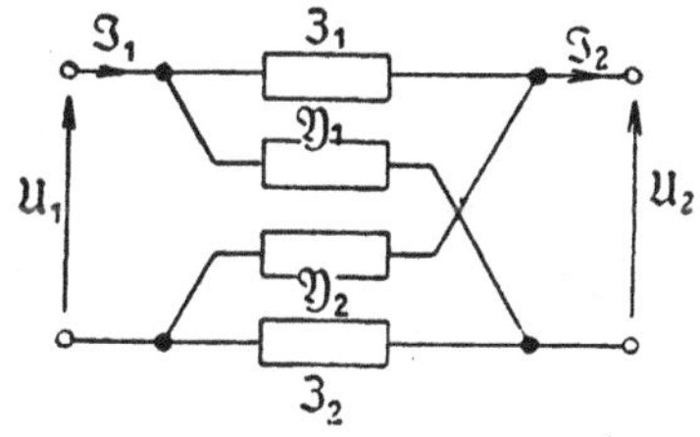


Bild 104. Die $X$-Schaltung.

Hier liefern die Kirchhoffschen Gesetze die Bedingungsgleichungen

$$\left.\begin{aligned}
\mathfrak{A}_1 &= \frac{(1 + \mathfrak{Y}_1\mathfrak{Z}_2)(1 + \mathfrak{Y}_2\mathfrak{Z}_1)}{1 - \mathfrak{Y}_1\mathfrak{Y}_2\mathfrak{Z}_1\mathfrak{Z}_2} \\
\mathfrak{A}_2 &= \frac{(1 + \mathfrak{Y}_1\mathfrak{Z}_1)(1 + \mathfrak{Y}_2\mathfrak{Z}_2)}{1 - \mathfrak{Y}_1\mathfrak{Y}_2\mathfrak{Z}_1\mathfrak{Z}_2} \\
\mathfrak{B} &= \frac{\mathfrak{Z}_1 + \mathfrak{Z}_2 + \mathfrak{Z}_1\mathfrak{Z}_2(\mathfrak{Y}_1 + \mathfrak{Y}_2)}{1 - \mathfrak{Y}_1\mathfrak{Y}_2\mathfrak{Z}_1\mathfrak{Z}_2} \\
\mathfrak{C} &= \frac{\mathfrak{Y}_1 + \mathfrak{Y}_2 + \mathfrak{Y}_1\mathfrak{Y}_2(\mathfrak{Z}_1 + \mathfrak{Z}_2)}{1 - \mathfrak{Y}_1\mathfrak{Y}_2\mathfrak{Z}_1\mathfrak{Z}_2}
\end{aligned}\right\} \quad \ldots\ldots \quad (1)$$

woraus bei Symmetrie

$$\left.\begin{aligned}
\mathfrak{Z}_1 &= \mathfrak{Z}_2 = \mathfrak{Z} \\
\mathfrak{Y}_1 &= \mathfrak{Y}_2 = \mathfrak{Y} \\
\mathfrak{A}_1 &= \mathfrak{A}_2 = \mathfrak{A} = \frac{1+\mathfrak{Y}\mathfrak{Z}}{1-\mathfrak{Y}\mathfrak{Z}} \\
\mathfrak{B} &= \frac{2\mathfrak{Z}}{1-\mathfrak{Y}\mathfrak{Z}} \\
\mathfrak{C} &= \frac{2\mathfrak{Y}}{1-\mathfrak{Y}\mathfrak{Z}}
\end{aligned}\right\} \quad \ldots\ldots\ldots\ldots \quad (2)$$

und

$$\left.\begin{aligned}
\mathfrak{W}_{10} &= \mathfrak{W}_{20} = \frac{1+\mathfrak{Y}\mathfrak{Z}}{2\mathfrak{Y}} \\
\mathfrak{W}_{1k} &= \mathfrak{W}_{2k} = \frac{2\mathfrak{Z}}{1+\mathfrak{Y}\mathfrak{Z}}
\end{aligned}\right\} \quad \ldots\ldots\ldots\ldots \quad (3)$$

sowie

$$\left.\begin{aligned}
\mathfrak{M} &= \frac{1-\mathfrak{Y}\mathfrak{Z}}{2\mathfrak{Z}} = \frac{1}{2}\left(\frac{1}{\mathfrak{Y}}-\mathfrak{Z}\right) \\
\mathfrak{L} &= \frac{1-\mathfrak{Y}\mathfrak{Z}}{2\mathfrak{Z}} = \frac{1}{2}\left(\frac{1}{\mathfrak{Z}}-\mathfrak{Y}\right)
\end{aligned}\right\} \quad \ldots\ldots\ldots \quad (4)$$

$$\mathfrak{z} = \sqrt{\frac{\mathfrak{Z}}{\mathfrak{Y}}} \quad \ldots\ldots\ldots\ldots\ldots\ldots\ldots \quad (5)$$

$$\left.\begin{aligned}
\mathfrak{Cos}\,\mathfrak{g} &= \frac{1+\mathfrak{Y}\mathfrak{Z}}{1-\mathfrak{Y}\mathfrak{Z}} \\
\mathfrak{Tg}\,\mathfrak{g} &= \frac{2\sqrt{\mathfrak{Y}\mathfrak{Z}}}{1+\mathfrak{Y}\mathfrak{Z}} \\
e^{-\mathfrak{g}} &= \frac{1-\sqrt{\mathfrak{Y}\mathfrak{Z}}}{1+\sqrt{\mathfrak{Y}\mathfrak{Z}}}
\end{aligned}\right\} \quad \ldots\ldots\ldots\ldots \quad (6)$$

Es wird ferner nach kurzer Zwischenrechnung

$$\left.\begin{aligned}
\mathfrak{Z} &= \mathfrak{z}\,\mathfrak{Tg}\,\frac{\mathfrak{g}}{2} \\
\mathfrak{Y} &= \frac{\mathfrak{Tg}\,\frac{\mathfrak{g}}{2}}{\mathfrak{z}}
\end{aligned}\right\} \quad \ldots\ldots\ldots\ldots \quad (7)$$

Eine Zusammenstellung der erhaltenen Werte enthält die folgende Tafel 11.

**Tafel 11.**

Die $X$-Schaltung.

| Größe | Gleichung bei unsymmetrischem Vierpol | Gleichung bei symmetrischem Vierpol |
|---|---|---|
| Grundkonstante des Vierpoles | $\mathfrak{A}_1 = \frac{(1+\mathfrak{Y}_1\mathfrak{Z}_2)(1+\mathfrak{Y}_2\mathfrak{Z}_1)}{1-\mathfrak{Y}_1\mathfrak{Y}_2\mathfrak{Z}_1\mathfrak{Z}_2}$ | $\mathfrak{A}_1 = \mathfrak{A}_2 = \mathfrak{A} = \frac{1+\mathfrak{Y}\mathfrak{Z}}{1-\mathfrak{Y}\mathfrak{Z}}$ |
| | $\mathfrak{A}_2 = \frac{(1+\mathfrak{Y}_1\mathfrak{Z}_1)(1+\mathfrak{Y}_2\mathfrak{Z}_2)}{1-\mathfrak{Y}_1\mathfrak{Y}_2\mathfrak{Z}_1\mathfrak{Z}_2}$ | |
| | $\mathfrak{B} = \frac{\mathfrak{Z}_1+\mathfrak{Z}_2+\mathfrak{Z}_1\mathfrak{Z}_2(\mathfrak{Y}_1+\mathfrak{Y}_2)}{1-\mathfrak{Y}_1\mathfrak{Y}_2\mathfrak{Z}_1\mathfrak{Z}_2}$ | $\mathfrak{B} = \frac{2\mathfrak{Z}}{1-\mathfrak{Y}\mathfrak{Z}}$ |
| | $\mathfrak{C} = \frac{\mathfrak{Y}_1+\mathfrak{Y}_2+\mathfrak{Y}_1\mathfrak{Y}_2(\mathfrak{Z}_1+\mathfrak{Z}_2)}{1-\mathfrak{Y}_1\mathfrak{Y}_2\mathfrak{Z}_1\mathfrak{Z}_2}$ | $\mathfrak{C} = \frac{2\mathfrak{Y}}{1-\mathfrak{Y}\mathfrak{Z}}$ |
| Symmetriefaktor | $\mathfrak{s} = \sqrt{\frac{(1+\mathfrak{Y}_1\mathfrak{Z}_1)(1+\mathfrak{Y}_2\mathfrak{Z}_2)}{(1+\mathfrak{Y}_1\mathfrak{Z}_2)(1+\mathfrak{Y}_2\mathfrak{Z}_1)}}$ | $\mathfrak{s} = 1$ |
| Leerlaufwiderstand | | $\mathfrak{W}_0 = \frac{1+\mathfrak{Y}\mathfrak{Z}}{2\mathfrak{Y}}$ |
| Kurzschlußwiderstand | | $\mathfrak{W}_k = \frac{2\mathfrak{Z}}{1+\mathfrak{Y}\mathfrak{Z}}$ |
| Kernwiderstand | | $\mathfrak{M} = \frac{1-\mathfrak{Y}\mathfrak{Z}}{2\mathfrak{Y}}$ |
| Wellenwiderstand | | $\mathfrak{S} = \sqrt{\frac{\mathfrak{Z}}{\mathfrak{Y}}}$ |
| Übertragungsmaß | | $\mathfrak{Cof}\,\mathfrak{g} = \frac{1+\mathfrak{Y}\mathfrak{Z}}{1-\mathfrak{Y}\mathfrak{Z}}$ <br> $e^{\mathfrak{g}} = \frac{1+\sqrt{\mathfrak{Y}\mathfrak{Z}}}{1-\sqrt{\mathfrak{Y}\mathfrak{Z}}}$ |
| Längswiderstand | | $\mathfrak{Z} = \mathfrak{S}\,\mathfrak{Tg}\,\frac{\mathfrak{g}}{2}$ |
| Querleitwert | | $\mathfrak{Y} = \frac{\mathfrak{Tg}\,\frac{\mathfrak{g}}{2}}{\mathfrak{S}}$ |

Eine Verbindung der Gleichungen (3) und (4) liefert

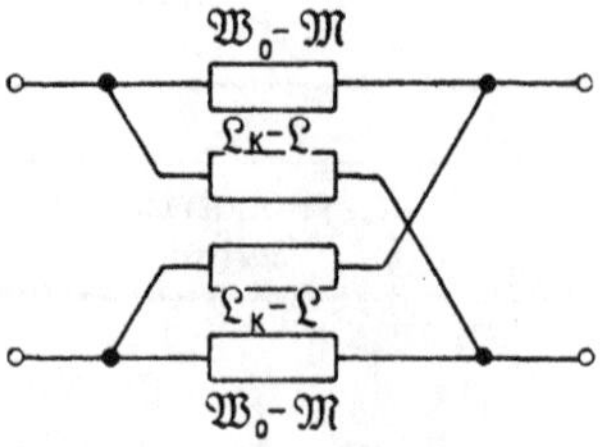


Bild 105. Die Rolle der Kernkenngrößen in der symmetrischen $X$-Schaltung.

$$\mathfrak{W}_0 + \mathfrak{M} = \frac{1}{\mathfrak{Y}}$$

$$\mathfrak{W}_0 - \mathfrak{M} = \mathfrak{Z}$$

$$\mathfrak{L}_k + \mathfrak{L} = \frac{1}{\mathfrak{Z}}$$

$$\mathfrak{L}_k - \mathfrak{L} = \mathfrak{Y}.$$

Damit kann also der Vierpol mit Hilfe der Kernkenngrößen wieder nach Bild 105 dargestellt werden.

### *δ) Umwandlungen der Ersatzschaltungen.*

Es besteht häufig das Bedürfnis, eine $T$-Schaltung in eine gleichwertige $\Pi$-Schaltung oder $X$-Schaltung umzuwandeln, wobei die Frage nach den neuen Konstanten auftritt. Diese findet man leicht durch Vergleich der Beziehungen (3) bzw. (1) der drei Ersatzschaltungen. Zunächst wird für die Stern- und Dreieckschaltung unter der Voraussetzung der Gleichwertigkeit

$$\mathfrak{A}_1 = 1 + \mathfrak{Y}\,\mathfrak{Z}_1 = 1 + \mathfrak{Y}_2\,\mathfrak{Z}$$

$$\mathfrak{A}_2 = 1 + \mathfrak{Y}\,\mathfrak{Z}_2 = 1 + \mathfrak{Y}_1\,\mathfrak{Z}$$

$$\mathfrak{B} = \mathfrak{Z}_1 + \mathfrak{Z}_2 + \mathfrak{Y}\,\mathfrak{Z}_1\,\mathfrak{Z}_2 = \mathfrak{Z}$$

$$\mathfrak{C} = \mathfrak{Y} = \mathfrak{Y}_1 + \mathfrak{Y}_2 + \mathfrak{Y}_1\,\mathfrak{Y}_2\,\mathfrak{Z}$$

woraus

$$\left.\begin{aligned} \mathfrak{Z} &= \mathfrak{Z}_1 + \mathfrak{Z}_2 + \mathfrak{Y}\,\mathfrak{Z}_1\mathfrak{Z}_2 \\ \mathfrak{Y}_1 &= \frac{\mathfrak{Y}\,\mathfrak{Z}_2}{\mathfrak{Z}_1 + \mathfrak{Z}_2 + \mathfrak{Y}\,\mathfrak{Z}_1\mathfrak{Z}_2} \\ \mathfrak{Y}_2 &= \frac{\mathfrak{Y}\,\mathfrak{Z}_1}{\mathfrak{Z}_1 + \mathfrak{Z}_2 + \mathfrak{Y}\,\mathfrak{Z}_1\mathfrak{Z}_2} \end{aligned}\right\} \text{Umwandlung einer gegebenen } T\text{-Schaltung in eine gleichwertige } \Pi\text{-Schaltung} \qquad (1)$$

Umgekehrt wird

$$\left.\begin{aligned} \mathfrak{Y} &= \mathfrak{Y}_1 + \mathfrak{Y}_2 + \mathfrak{Y}_1\mathfrak{Y}_2\,\mathfrak{Z} \\ \mathfrak{Z}_1 &= \frac{\mathfrak{Y}_2\,\mathfrak{Z}}{\mathfrak{Y}_1 + \mathfrak{Y}_2 + \mathfrak{Y}_1\mathfrak{Y}_2\,\mathfrak{Z}} \\ \mathfrak{Z}_2 &= \frac{\mathfrak{Y}_1\,\mathfrak{Z}}{\mathfrak{Y}_1 + \mathfrak{Y}_2 + \mathfrak{Y}_1\mathfrak{Y}_2\,\mathfrak{Z}} \end{aligned}\right\} \text{Umwandlung einer gegebenen } \Pi\text{-Schaltung in eine gleichwertige } T\text{-Schaltung} \qquad (2)$$

Für die Kreuzschaltung erhält man auf die gleiche Weise

$$\left.\begin{aligned}
\mathfrak{Y} &= \frac{\mathfrak{Y}_1 + \mathfrak{Y}_2 + \mathfrak{Y}_1 \mathfrak{Y}_2 (\mathfrak{Z}_1 + \mathfrak{Z}_2)}{1 - \mathfrak{Y}_1 \mathfrak{Y}_2 \mathfrak{Z}_1 \mathfrak{Z}_2} \\
\mathfrak{Z}_1 &= \frac{\dfrac{\mathfrak{Z}_1}{\mathfrak{Y}_1} + \dfrac{\mathfrak{Z}_2}{\mathfrak{Y}_2} + 2\,\mathfrak{Z}_1 \mathfrak{Z}_2}{\dfrac{1}{\mathfrak{Y}_1} + \dfrac{1}{\mathfrak{Y}_2} + \mathfrak{Z}_1 + \mathfrak{Z}_2} \\
\mathfrak{Z}_2 &= \frac{\dfrac{\mathfrak{Z}_1}{\mathfrak{Y}_2} + \dfrac{\mathfrak{Z}_2}{\mathfrak{Y}_1} + 2\,\mathfrak{Z}_1 \mathfrak{Z}_2}{\dfrac{1}{\mathfrak{Y}_1} + \dfrac{1}{\mathfrak{Y}_2} + \mathfrak{Z}_1 + \mathfrak{Z}_2}
\end{aligned}\right\}\ \text{Umwandlung einer gegebenen } X\text{-Schaltung in eine gleichwertige } T\text{-Schaltung} \qquad (3)$$

und

$$\left.\begin{aligned}
\mathfrak{Z} &= \frac{\mathfrak{Z}_1 + \mathfrak{Z}_2 + \mathfrak{Z}_1 \mathfrak{Z}_2 (\mathfrak{Y}_1 + \mathfrak{Y}_2)}{1 - \mathfrak{Y}_1 \mathfrak{Y}_2 \mathfrak{Z}_1 \mathfrak{Z}_2} \\
\mathfrak{Y}_1 &= \frac{\dfrac{\mathfrak{Y}_1}{\mathfrak{Z}_2} + \dfrac{\mathfrak{Y}_2}{\mathfrak{Z}_1} + 2\,\mathfrak{Y}_1 \mathfrak{Y}_2}{\dfrac{1}{\mathfrak{Z}_1} + \dfrac{1}{\mathfrak{Z}_2} + \mathfrak{Y}_1 + \mathfrak{Y}_2} \\
\mathfrak{Y}_2 &= \frac{\dfrac{\mathfrak{Y}_1}{\mathfrak{Z}_1} + \dfrac{\mathfrak{Y}_2}{\mathfrak{Z}_2} + 2\,\mathfrak{Y}_1 \mathfrak{Y}_2}{\dfrac{1}{\mathfrak{Z}_1} + \dfrac{1}{\mathfrak{Z}_2} + \mathfrak{Y}_1 + \mathfrak{Y}_2}
\end{aligned}\right\}\ \text{Umwandlung einer gegebenen } X\text{-Schaltung in eine gleichwertige } \Pi\text{-Schaltung} \qquad (4)$$

wobei links vom Gleichheitszeichen die Kenngrößen der $T$- und $\Pi$-Schaltung, rechts nur jene der $X$-Schaltung stehen.

Die Gleichungen vereinfachen sich wieder sehr beim symmetrischen Vierpol. Es ist dann

$$\left.\begin{aligned}
\mathfrak{Z}^{\Pi} &= \mathfrak{Z}^{T} (2 + \mathfrak{Y}^{T} \mathfrak{Z}^{T}) \\
\mathfrak{Y}^{\Pi} &= \frac{\mathfrak{Y}^{T}}{2 + \mathfrak{Y}^{T} \mathfrak{Z}^{T}}
\end{aligned}\right\} \quad \ldots\ldots\ldots \quad (1\,\mathrm{a})$$

$$\left.\begin{aligned}
\mathfrak{Y}^{T} &= \mathfrak{Y}^{\Pi} (2 + \mathfrak{Y}^{\Pi} \mathfrak{Z}^{\Pi}) \\
\mathfrak{Z}^{T} &= \frac{\mathfrak{Z}^{\Pi}}{2 + \mathfrak{Y}^{\Pi} \mathfrak{Z}^{\Pi}}
\end{aligned}\right\} \quad \ldots\ldots\ldots \quad (2\,\mathrm{a})$$

$$\left.\begin{aligned}
\mathfrak{Y}^{T} &= \frac{2\,\mathfrak{Y}^{X}}{1 - \mathfrak{Y}^{X} \mathfrak{Z}^{X}} \\
\mathfrak{Z}^{T} &= \mathfrak{Z}^{X}
\end{aligned}\right\} \quad \ldots\ldots\ldots \quad (3\,\mathrm{a})$$

$$\left.\begin{aligned}
\mathfrak{Z}^{\Pi} &= \frac{2\,\mathfrak{Z}^{X}}{1 - \mathfrak{Y}^{X} \mathfrak{Z}^{X}} \\
\mathfrak{Y}^{\Pi} &= \mathfrak{Y}^{X}
\end{aligned}\right\} \quad \ldots\ldots\ldots \quad (4\,\mathrm{a})$$

Nunmehr findet man auch umgekehrt die einfachen Beziehungen

$$\left.\begin{aligned} \mathfrak{Z}^X &= \mathfrak{Z}^T \\ \mathfrak{Y}^X &= \frac{\mathfrak{Y}^T}{2+\mathfrak{Y}^T\,\mathfrak{Z}^T} \end{aligned}\right\} \quad \ldots\ldots\ldots\ldots \quad (5)$$

und

$$\left.\begin{aligned} \mathfrak{Y}^X &= \mathfrak{Y}^{\Pi} \\ \mathfrak{Z}^X &= \frac{\mathfrak{Z}^{\Pi}}{2+\mathfrak{Y}^{\Pi}\,\mathfrak{Z}^{\Pi}} \end{aligned}\right\} \quad \ldots\ldots\ldots\ldots \quad (6)$$

zur Umwandlung einer gegebenen, symmetrischen $T$-Schaltung bzw. einer symmetrischen $\Pi$-Schaltung in die gleichwertige, symmetrische $X$-Schaltung.

### g) Betriebseigenschaften der Ersatzschaltungen.

Zunächst sei die für Ersatzschaltungen meist vorteilhaftere $T$-Schaltung untersucht. Dabei werde angenommen, daß dem Vierpol eingangsseitig eine konstante Spannung $\mathfrak{U}_1$ aufgedrückt werde, daß er also an eine Zweipolquelle konstanter Klemmenspannung angeschlossen sei. Ausgangsseitig kann der Vierpol entweder durch einen variablen Widerstand $\mathfrak{W}$ belastet oder ebenfalls an eine Zweipolquelle mit konstanter Klemmenspannung angeschlossen werden. Im ersten Fall hängt die Spannung $\mathfrak{U}_2$ vom Belastungswiderstand ab, im zweiten Fall ist $\mathfrak{U}_2$ konstant.

Für den ersten Fall der »einseitigen Speisung« erhält man dann mit

$$\mathfrak{W} = W e^{j\varphi_2}$$

worin also der Parameter $W$ die zahlenmäßig variable Größe der Belastung und $\varphi_2$ deren Phasenwinkel angibt, aus den Grundgleichungen der Vierpoltheorie

$$\begin{aligned} \mathfrak{U}_1 &= \mathfrak{J}_2\,(\mathfrak{A}_1\,\mathfrak{W} + \mathfrak{B}) \\ \mathfrak{J}_1 &= \mathfrak{J}_2\,(\mathfrak{A}_2 + \mathfrak{C}\,\mathfrak{W}) \end{aligned}$$

und durch Division

$$\mathfrak{J}_1 = \mathfrak{U}_1\,\frac{\mathfrak{A}_2+\mathfrak{C}\,\mathfrak{W}}{\mathfrak{B}+\mathfrak{A}_1\,\mathfrak{W}} = U_1\,\frac{\mathfrak{A}_2+W\,\mathfrak{C}\,e^{j\varphi_2}}{\mathfrak{B}+W\,\mathfrak{A}_1\,e^{j\varphi_2}} \quad \ldots\ldots \quad (1)$$

Nach dem Einsetzen in die zweite der obigen Gleichungen wird damit

$$\mathfrak{J}_2 = \mathfrak{U}_1\,\frac{1}{\mathfrak{B}+\mathfrak{A}_1\,\mathfrak{W}} = U_1\,\frac{1}{\mathfrak{B}+W\,\mathfrak{A}_1\,e^{j\varphi_2}} \quad \ldots\ldots \quad (2)$$

In der Querverbindung $\mathfrak{Y}$ fließt dann der Strom

$$\mathfrak{J}_0 = \mathfrak{J}_1 - \mathfrak{J}_2 = \mathfrak{U}_1\,\frac{\mathfrak{A}_2-1+\mathfrak{C}\,\mathfrak{W}}{\mathfrak{B}+\mathfrak{A}_1\,\mathfrak{W}} = U_1\,\frac{\mathfrak{A}_2-1+W\,\mathfrak{C}\,e^{j\varphi_2}}{\mathfrak{B}+W\,\mathfrak{A}_1\,e^{j\varphi_2}} \quad (3)$$

Bei variablem Belastungswiderstand ergeben sich also für die Ströme

Kreise als Ortskurven. Bleibt $\varphi_2$ konstant, ändert sich der Belastungswiderstand also lediglich der Größe nach, dann ergibt

$$\mathfrak{K}_0 = \frac{1}{\mathfrak{B} + W\,\mathfrak{A}_1\,e^{j\varphi_2}}$$

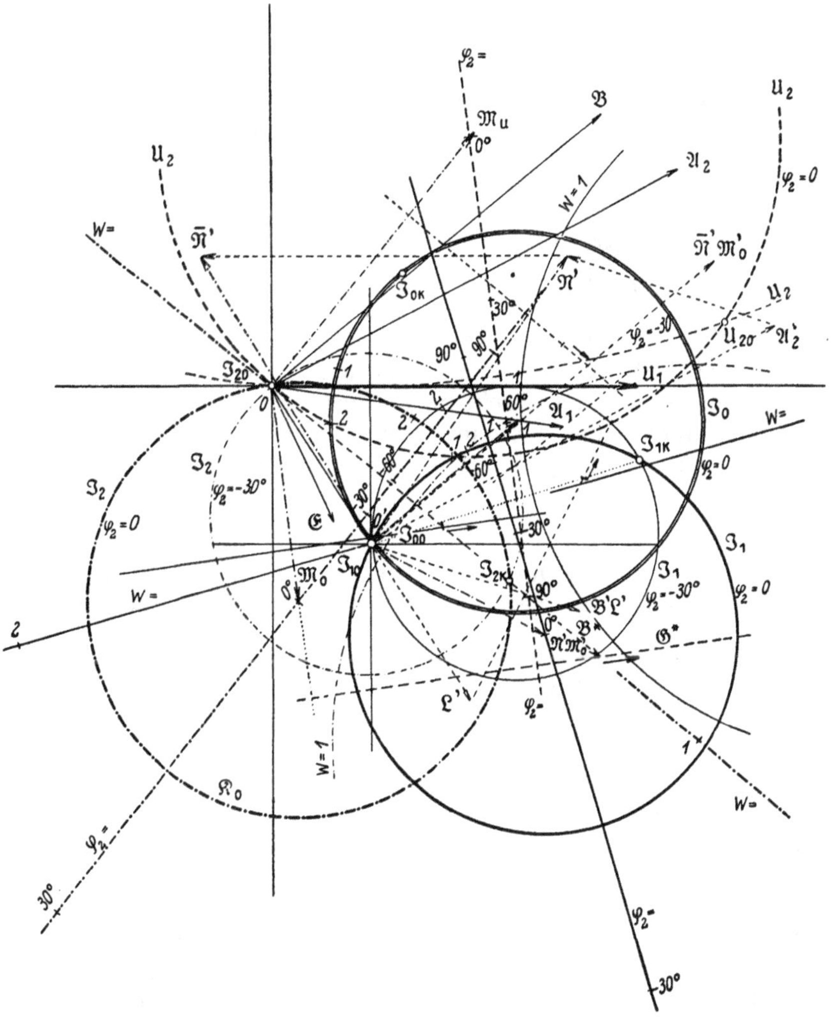


Bild 106. Ortskurven für die $T$-Schaltung, wenn die Belastung durch $\mathfrak{W} = We^{j\varphi_2}$ gegeben ist.

nach den Regeln der Ortskurventheorie den im Bild 106 dargestellten Kreis durch den Ursprung 0. Er ist für die Annahme $\varphi_2 = 0$ mit $\mathfrak{K}_0$ bezeichnet und bildet gleichzeitig die Ortskurve für $\frac{\mathfrak{J}_2}{U_1}$, also im entsprechenden Maßstab auch die Ortskurve des Ausgangsstromes $\mathfrak{J}_2$ (für $U_1 = 1$). Der Leerlauf- und Kurzschlußpunkt mit $\mathfrak{W} = \infty$ und $\mathfrak{W} = 0$ sind besonders hervorgehoben.

Für den Eingangsstrom $\mathfrak{J}_1$ erhält man einen Kreis allgemeiner Lage. Man hat zu seiner Ermittlung laut Vorschrift zunächst zu bilden

$$\mathfrak{L} = \frac{\mathfrak{C}}{\mathfrak{A}_1}.$$

Da später der Diagrammursprung um $-\mathfrak{L}$ verschoben werden soll, sei hier umgekehrt der Hilfsursprung $0'$ im Abstand $\mathfrak{L}$ gewählt.

Es ist nun

$$\mathfrak{N}' = \mathfrak{A}_2' - \mathfrak{L}'\,\mathfrak{B}'$$

zu bilden[1]) und der Mittelpunktsvektor $\mathfrak{N}'\,\mathfrak{M}_0'$ zu zeichnen. Damit kann der Kreis für $\frac{\mathfrak{J}_1}{U_1}$ gezogen werden, auf dem wieder die Leerlauf- und Kurzschlußpunkte vermerkt wurden.

In gleicher Weise findet man auch den Kreis des Querstromes $\mathfrak{J}_0$, dessen Konstruktion also nicht mehr ausführlich beschrieben werden muß. Sie unterscheidet sich von der vorhergehenden nur dadurch, daß im Drehstrecker $\mathfrak{N}$ $\mathfrak{A}_2'$ durch $\mathfrak{A}_2' - 1$ ersetzt ist, also $\overline{\mathfrak{N}}'$ zu

$$\overline{\mathfrak{N}}' = \mathfrak{N}' - 1$$

erhalten wird.

Damit sind alle Ströme für beliebig große Belastung mit $\varphi_2 = 0$ sofort auffindbar. Von Bedeutung ist noch der Kreis der Ausgangsspannung $\mathfrak{U}_2$

$$\mathfrak{U}_2 = \mathfrak{J}_2\,\mathfrak{W} = \mathfrak{U}_1 \frac{\mathfrak{W}}{\mathfrak{B} + \mathfrak{A}_1\,\mathfrak{W}} = U_1 \frac{1}{\mathfrak{A}_1 + \frac{1}{W}\,\mathfrak{B}\,e^{-j\varphi_2}} \quad . \quad . \quad . \quad (4)$$

Er geht durch den Ursprung und ist ähnlich zu ermitteln wie der Kreis des Ausgangsstromes. Seine Teilung geht aber aus der Reziprokteilung $\frac{1}{W}$ hervor.

Für jeden anderen Phasenwinkel $\varphi_2$ des Belastungswiderstandes ergeben sich dieselben Konstruktionen. Für allgemein veränderliche Belastung erhält man also für die Ströme und Spannungen Kreisscharen als Ortskurven. Dabei gehen alle Kreise für $\mathfrak{J}_2$ und $\mathfrak{U}_2$ durch den Ursprung. Es genügt also, deren Mittelpunkte zu kennen. Da aber $\mathfrak{L}$ von $\mathfrak{W}$ unabhängig ist, müssen auch die Kreise für $\mathfrak{J}_2$ und $\mathfrak{J}_0$ durch einen festen Punkt, nämlich $0'$ gehen, so daß auch hier die Kenntnis der Mittelpunkte zur Konstruktion der Kreise ausreicht. Nun ist aber noch

[1]) Die Striche bedeuten, daß diese Vektoren aus dem Hilfsursprung $0'$ zu ziehen sind.

$$\mathfrak{J}_{1k} = U_1 \frac{\mathfrak{A}_2}{\mathfrak{B}}$$

und

$$\mathfrak{J}_{0k} = U_1 \frac{\mathfrak{A}_2 - 1}{\mathfrak{B}}$$

sowie

$$\mathfrak{J}_{2k} = \frac{U_1}{\mathfrak{B}}$$

und

$$\mathfrak{U}_{20} = \frac{U_1}{\mathfrak{A}_1}$$

unabhängig von $\mathfrak{W}$, so daß also für jeden Kreis bei Variation von $\varphi_2$ zwei Punkte (Leerlauf- und Kurzschlußpunkt) unverändert bleiben. Die Kreismittelpunkte müssen also auf den Symmetralen dieser zwei Punkte liegen. Ihre Bezifferung ist leicht zu ermitteln. Sie geht von der Überlegung aus, daß bei Variation von $\varphi_2$ alle Geraden $\mathfrak{G}^*$ durch den Punkt $\mathfrak{B}^*$ gehen müssen, also ein Geradenbüschel mit diesem Punkt als Träger bilden. Alle $\mathfrak{M}_0$ bilden daher das Normalenbüschel dazu durch den Ursprung und können somit leicht mit Hilfe einer um $90^0$ gegen $\mathfrak{G}^*$ verdrehten Bezifferungsgeraden in ihrer Richtung bestimmt werden[1]. Damit wären also alle Kreise in Abhängigkeit von $\varphi_2$ sofort angebbar.

In Abhängigkeit von $W$ erhält man ebenfalls Kreisscharen, die man findet, wenn man $W$ konstant setzt und $\varphi_2$ variieren läßt. Im wesentlichen ist dabei der reziproke Kreis zu

$$\mathfrak{B} + W \mathfrak{A}_1 e^{j\varphi_2}$$

zu suchen[1]. Bei jedem $W$ liegt dann der Mittelpunkt auf der Geraden $x\mathfrak{B}^*$. Man erhält so für jeden Kreis noch eine zweite, nach $W$ bezifferte Mittelpunktsgerade, womit dann alle Betriebsvektoren für irgendeinen Belastungswiderstand $\mathfrak{W}$ sofort ermittelt werden können. Im Bild sind beispielsweise die Ströme und Spannungen für $W = 1$ und $\varphi_2 = -30^0$ eingezeichnet.

Häufig wird der Belastungswiderstand nicht durch Größe und Phasenwinkel, sondern durch seine Wirk- und Blindkomponente gegeben sein. Es ist dann

$$\mathfrak{W} = W_w + j W_b \quad \text{. . . . . . . . . . . . . . (5)}$$

zu setzen, womit

$$\mathfrak{J}_1 = U_1 \frac{\mathfrak{A}_2 + W_w \mathfrak{C} + W_b j \mathfrak{C}}{\mathfrak{B} + W_w \mathfrak{A}_1 + W_b j \mathfrak{A}_1} \quad \text{. . . . . . . (6)}$$

$$\mathfrak{J}_2 = U_1 \frac{1}{\mathfrak{B} + W_w \mathfrak{A}_1 + W_b j \mathfrak{A}_1} \quad \text{. . . . . . . (7)}$$

[1]) Eine ausführliche Beschreibung entnehme man G. Oberdorfer: Die Ortskurventheorie der Wechselstromtechnik. R. Oldenbourg, München 1934.

$$\mathfrak{J}_0 = U_1 \frac{\mathfrak{A}_2 - 1 + W_w \mathfrak{C} + W_b j \mathfrak{C}}{\mathfrak{B} + W_w \mathfrak{A}_1 + W_b j \mathfrak{A}_1} \quad \ldots\ldots \quad (8)$$

$$\mathfrak{U}_2 = U_1 \frac{W_w + W_b j}{\mathfrak{B} + W_w \mathfrak{A}_1 + W_b j \mathfrak{A}_1} \quad \ldots\ldots\ldots \quad (9)$$

Das sind wieder Kreisscharen, deren Konstruktion ähnlich wie vorhin durchzuführen ist, hier aber nicht nochmals beschrieben werden möge.

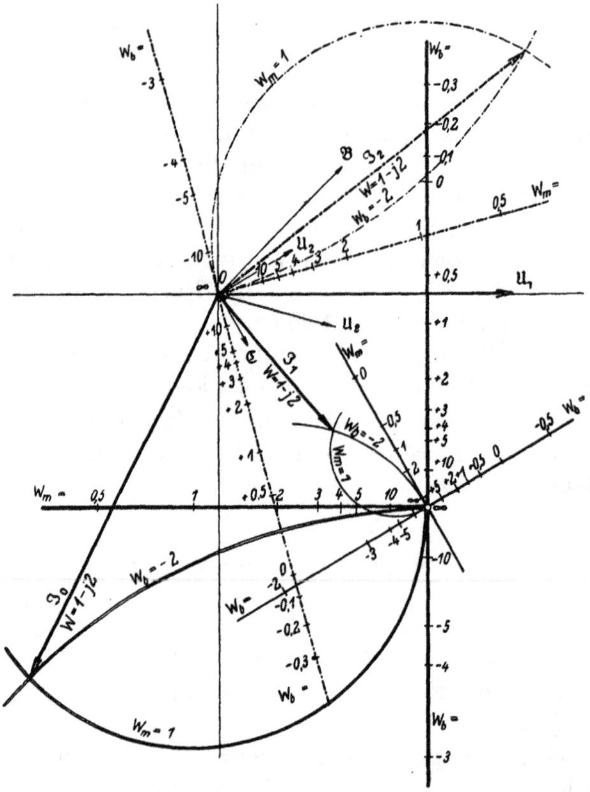

Bild 107. Ortskurven für die $T$-Schaltung, wenn die Belastung durch $\mathfrak{W} = W_w + j W_b$ gegeben ist.

Das Ergebnis ist in Bild 107 niedergelegt. Für jede Kreisschar sind wieder gemäß der zwei Parameter $W_w$ und $W_b$ zwei Mittelpunktsgerade angegeben.

Für die beiderseitig gespeiste $T$-Schaltung, bei der also auch $\mathfrak{U}_2$ festgehalten wird, kann

$$\frac{\mathfrak{U}_2}{\mathfrak{U}_1} = \mathfrak{v} = v\, e^{j\delta} \quad \ldots\ldots\ldots\ldots \quad (10)$$

die Sekundärspannung[1]) also ins Verhältnis zur Primärspannung gesetzt werden. Die Grundgleichungen des Vierpoles liefern dann

$$\mathfrak{J}_2 \mathfrak{B} = \mathfrak{U}_1 (1 - \mathfrak{A}_1 \mathfrak{v})$$

und

$$\mathfrak{J}_1 = \mathfrak{U}_1 \frac{\mathfrak{A}_2}{\mathfrak{B}} (1 - \mathfrak{A}_1 \mathfrak{v}) + \mathfrak{C} \mathfrak{v} \mathfrak{U}_1$$

woraus

$$\mathfrak{J}_1 = \mathfrak{U}_1 \frac{\mathfrak{A}_2 - \mathfrak{v}}{\mathfrak{B}} = U_1 \frac{\mathfrak{A}_2 - v e^{j\delta}}{\mathfrak{B}} \quad \ldots\ldots \quad (11)$$

$$\mathfrak{J}_2 = \mathfrak{U}_1 \frac{1 - \mathfrak{A}_1 \mathfrak{v}}{\mathfrak{B}} = U_1 \frac{1 - v \mathfrak{A}_1 e^{j\delta}}{\mathfrak{B}} \quad \ldots\ldots \quad (12)$$

und

$$\mathfrak{J}_0 = \mathfrak{J}_1 - \mathfrak{J}_2 = \mathfrak{U}_1 \frac{\mathfrak{A}_2 - 1 + \mathfrak{v}(\mathfrak{A}_1 - 1)}{\mathfrak{B}} = \frac{\mathfrak{A}_2 - 1 + v(\mathfrak{A}_1 - 1) e^{j\delta}}{\mathfrak{B}} \quad (13)$$

Das ergibt bei konstamtem $v$ Kreise allgemeiner Lage. Für andere Werte von $v$ entstehen konzentrische Kreise. Die Punkte mit gleichem $\delta$ liegen auf Geraden, bilden also Geradenbüschel mit den Kreismittelpunkten als Träger. Das Bild 108 zeigt die Verhältnisse für drei Werte von $\mathfrak{v}$ ($v$ und $\delta$).

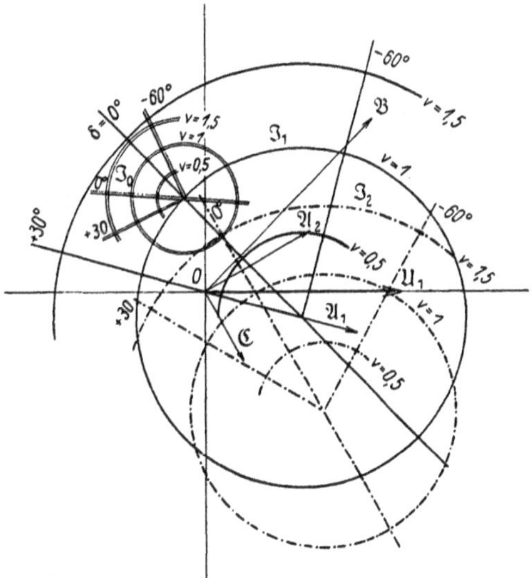


Bild 108. Ortskurven für die beiderseitig gespeiste $T$-Schaltung.

Bei der $\Pi$-**Schaltung** gelten zunächst dieselben Gleichungen für $\mathfrak{J}_1$ und $\mathfrak{J}_2$. Dagegen gibt es zwei Querströme und noch eine Längsspannung. Das vollständige Vektorbild wird damit auch wesentlich verwickelter. Überall dort, wo es also auf die Darstellung der Strom-

[1]) Die Bezeichnung »Ausgangsspannung« ist jetzt nicht ganz gerechtfertigt.

und Spannungsverhältnisse ankommt, wird daher die Ersatzschaltung in $T$-Form meist vorzuziehen sein, um so mehr, als diese auch stets eine leichte Verdeutlichung im Vergleich zum grundsätzlichen Verhalten eines Transformators (vorzugsweise einseitige Speisung) oder einer Übertragungsleitung (vorzugsweise beiderseitige Speisung) zuläßt.

### h) Leistungsdiagramme.

Die an den Ausgangsklemmen des Vierpoles abgegebene Scheinleistung ist

$$\mathfrak{N}_{2s} = \mathfrak{U}_2 \mathfrak{J}_2^* = \mathfrak{J}_2 \mathfrak{W} \mathfrak{J}_2^* = I_2^2 \mathfrak{W} \quad . \; . \; . \; . \; . \; . \; . \; . \; (1)$$

oder durch $U_1$ ausgedrückt

$$\mathfrak{N}_{2s} = \frac{U_1^2}{(|\mathfrak{B} + \mathfrak{A}_1 \mathfrak{W}|)^2} \mathfrak{W}.$$

Nun ist aber¹)

$$\mathfrak{J}_1 - \mathfrak{J}_{10} = U_1 \frac{\mathfrak{A}_1 (\mathfrak{A}_2 + \mathfrak{C} \mathfrak{W}) - \mathfrak{C} (\mathfrak{B} + \mathfrak{A}_1 \mathfrak{W})}{(\mathfrak{B} + \mathfrak{A}_1 \mathfrak{W}) \mathfrak{A}_1} = \frac{U_1}{\mathfrak{A}_1 (\mathfrak{B} + \mathfrak{A}_1 \mathfrak{W})}$$

ebenso

$$\mathfrak{J}_{1k} - \mathfrak{J}_1 = U_1 \frac{\mathfrak{A}_2 (\mathfrak{B} + \mathfrak{A}_1 \mathfrak{W}) - \mathfrak{B} (\mathfrak{A}_2 + \mathfrak{C} \mathfrak{W})}{(\mathfrak{B} + \mathfrak{A}_1 \mathfrak{W}) \mathfrak{B}} = U_1 \frac{\mathfrak{W}}{\mathfrak{B} (\mathfrak{B} + \mathfrak{A}_1 \mathfrak{W})}$$

und

$$\mathfrak{J}_{1k} - \mathfrak{J}_{10} = U_1 \frac{\mathfrak{A}_1 \mathfrak{A}_2 - \mathfrak{B} \mathfrak{C}}{\mathfrak{A}_1 \mathfrak{B}} = \frac{U_1}{\mathfrak{A}_1 \mathfrak{B}}.$$

Daraus folgt nun aber

$$\frac{(\mathfrak{J}_1 - \mathfrak{J}_{10})(\mathfrak{J}_{1k} - \mathfrak{J}_1)}{(\mathfrak{J}_{1k} - \mathfrak{J}_{10})} = U_1 \frac{\mathfrak{W}}{(\mathfrak{B} + \mathfrak{A}_1 \mathfrak{W})^2}.$$

Ein Vergleich mit dem obigen Ausdruck für die Scheinleistung $\mathfrak{N}_{2s}$ zeigt, daß deren Betrag durch

$$N_{2s} = U_1 \frac{|(\mathfrak{J}_1 - \mathfrak{J}_{10})| \cdot |(\mathfrak{J}_{1k} - \mathfrak{J}_1)|}{|(\mathfrak{J}_{1k} - \mathfrak{J}_{10})|} \quad (1)$$

dargestellt werden kann. Dieser Wert läßt sich aber leicht ermitteln, wenn man den Kurzschlußpunkt mit dem Leerlaufpunkt verbindet. Nach Bild 109 schneidet dann die Normale aus einem beliebigen Betriebspunkt $P$ auf den Kreishalbmesser aus dem Leerlaufpunkt $P_0$, auf der Verbindungslinie $P_0 P_k$ einen Punkt $B$ ab, der ein Dreieck $P_0 B P$ bestimmt, das dem Drei-

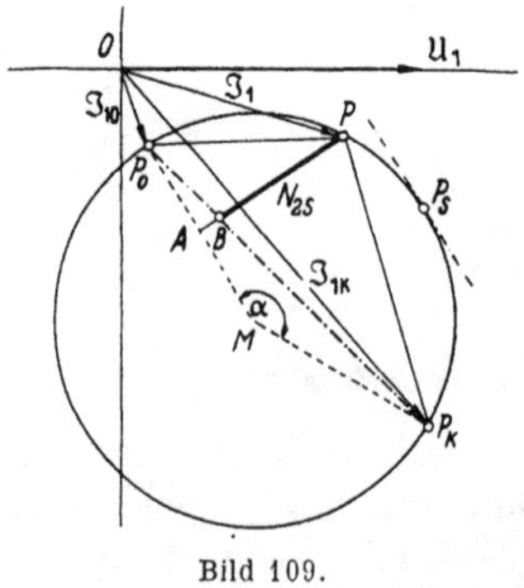


Bild 109.
Konstruktion der Leistungslinie.

¹) Siehe auch im Schrifttum unter Werners.

eck $P_0 P P_k$ ähnlich ist. (Gemeinsamer Winkel bei $P_0$ und Gleichheit der Winkel $P_0 B P$ und $P_0 P P_k$, nämlich $\pi - \frac{\alpha}{2}$)

Es besteht also das Streckenverhältnis

$$\frac{\overline{BP}}{\overline{PP_k}} = \frac{\overline{P_0 P}}{\overline{P_0 P_k}}$$

oder

$$\overline{BP} = \overline{PP_k} \frac{\overline{P_0 P}}{\overline{P_0 P_k}} = \frac{|(\mathfrak{J}_{1k} - \mathfrak{J}_1)| \cdot |(\mathfrak{J}_1 - \mathfrak{J}_{10})|}{|(\mathfrak{J}_{1k} - \mathfrak{J}_{10})|}.$$

Mithin ist

$$N_{2s} = U_1 \cdot \overline{BP} \quad \ldots \ldots \ldots \ldots (2)$$

Die im Strommaßstab gemessene Strecke $\overline{BP}$ — auch »Leistungslinie« genannt — gibt also mit $U_1$ multipliziert die sekundär abgegebene Scheinleistung an. Die parallele Tangente zu $\overline{P_0 M}$ liefert den Betriebspunkt $P_s$ größter Scheinleistungsabgabe.

Für viele Zwecke ist wieder das Verhältnis der Eingangs- zur Ausgangsleistung von Bedeutung. Man findet hierfür leicht einen passenden Ausdruck, wenn man das Übertragungsmaß und den Wellenwiderstand des Vierpoles einführt. Aus den Grundgleichungen ergibt sich dann mit Einführung des Belastungswiderstandes $\mathfrak{W}$

$$\mathfrak{U}_1 = \mathfrak{U}_2 \left(\mathfrak{Cof}\, \mathfrak{g} + \frac{\mathfrak{Z}}{\mathfrak{W}} \mathfrak{Sin}\, \mathfrak{g}\right)$$

$$\mathfrak{J}_1 = \mathfrak{J}_2 \left(\mathfrak{Cof}\, \mathfrak{g} + \frac{\mathfrak{W}}{\mathfrak{Z}} \mathfrak{Sin}\, \mathfrak{g}\right)$$

woraus

$$\mathfrak{N}_{s1} = \mathfrak{U}_1 \mathfrak{J}_1^* = \mathfrak{U}_2 \mathfrak{J}_2^* \left(\mathfrak{Cof}\, \mathfrak{g} + \frac{\mathfrak{Z}}{\mathfrak{W}} \mathfrak{Sin}\, \mathfrak{g}\right) \left(\mathfrak{Cof}\, \mathfrak{g}^* + \frac{\mathfrak{W}^*}{\mathfrak{Z}^*} \mathfrak{Sin}\, \mathfrak{g}^*\right).$$

Die Ermittlung des vektoriellen Leistungsverhältnisses $\frac{\mathfrak{N}_{s1}}{\mathfrak{N}_{s2}}$ führt hier auf ziemlich unübersichtliche Gleichungen. Will man nur das Zahlenverhältnis $\frac{N_{s1}}{N_{s2}}$ bestimmen, dann wird der Vorgang wesentlich einfacher, wenn man zunächst das komplexe Produkt

$$\mathfrak{U}_1 \mathfrak{J}_1 = \mathfrak{U}_2 \mathfrak{J}_2 \left[\mathfrak{Sin}^2 \mathfrak{g} + \mathfrak{Cof}^2 \mathfrak{g} + \mathfrak{Sin}\, \mathfrak{g}\, \mathfrak{Cof}\, \mathfrak{g} \left(\frac{\mathfrak{Z}}{\mathfrak{W}} + \frac{\mathfrak{W}}{\mathfrak{Z}}\right)\right]$$

bildet[1]) und dann die Zahlenwerte $|\mathfrak{U}_1 \mathfrak{J}_1|$ und $|\mathfrak{U}_2 \mathfrak{J}_2|$ miteinander vergleicht. Führt man noch die Verhältnisse

$$\frac{\mathfrak{W}}{\mathfrak{Z}} = e^{2\mathfrak{v}} \quad \text{und} \quad \frac{\mathfrak{W}_1}{\mathfrak{Z}} = e^{2\mathfrak{w}} \quad \ldots \ldots \ldots (3)$$

---

[1]) Siehe Schrifttum unter Skalicky.

ein, so wird

$$\frac{N_{s1}}{N_{s2}} = \frac{|\mathfrak{Cof}\,\mathfrak{v}|^2}{|\mathfrak{Cof}\,\mathfrak{w}|^2}\, e^{2b},$$

worin $b$ die Vierpoldämpfung und $\mathfrak{v}$ und $\mathfrak{w}$ bzw. ein Maß für das Verhältnis des Belastungs- und Eingangswiderstandes zum Wellenwiderstand bedeuten. Setzt man noch

$$\frac{N_1}{N_2} = e^{2n} \quad \ldots\ldots\ldots\ldots \quad (5)$$

so wird

$$n = \frac{1}{2} \ln \frac{N_1}{N_2} = b + \ln |\mathfrak{Cof}\,\mathfrak{v}| - \ln |\mathfrak{Cof}\,\mathfrak{w}| \quad \ldots\ldots \quad (6)$$

auch die Betriebsdämpfung genannt. Eine Untersuchung ɹəqn̤ die kleinstmögliche Dämpfung zeigt, daß diese nicht bei vektorieller Anpassung der Belastung, $\mathfrak{W} = \mathfrak{Z}$, eintritt, wo sie der Vierpoldämpfung gleich wird ($n = b$), sondern, daß sie vielmehr bei jedem anderen Richtungswinkel von $\mathfrak{W}$ kleiner ist als $b$, wenn nur eine skalare Anpassung ($|\mathfrak{W}| = |\mathfrak{Z}|$) vorhanden ist. Die kleinste Betriebsdämpfung tritt dann auf, wenn der Betrag des Richtungswinkels des Belastungswiderstandes $\mathfrak{W}$ um $\frac{\pi}{2}$ größer ist als der Betrag des Richtungswinkels des Vierpol-Wellenwiderstandes $\mathfrak{Z}$.

**Schrifttum.**

R. Feldtkeller: Einführung in die Vierpoltheorie der elektrischen Nachrichtentechnik. S. Hirzel, Leipzig 1937 (vorzugsweise für Fernmeldetechniker).

P. Werners: Energieübertragung und Umwandlung mit Wechselstrom (einheitliche Theorie der Leitungen, Transformatoren und Maschinen). B. G. Teubner, Leipzig 1935 (vorzugsweise für Starkstromtechniker).

M. Skalicky: Leistung und Dämpfung in Abschlußwiderständen. E.T.Z. Bd. 60, S. 1203 (1939).

J. Wallot: Theorie der Schwachstromtechnik. J. Springer, Berlin 1932.

## C. Homogene Kettenleiter.

### 1. Allgemeines.

Werden zwei oder mehrere Vierpole hintereinander geschaltet, so erhält man eine »Kette« von Vierpolen oder einen »Kettenleiter«. Sind dabei die Teilvierpole verschieden, so gelten zunächst für jeden die abgeleiteten Grundgleichungen. Man kann aus ihnen alle Zwischenspannungen und Ströme eliminieren und erhält dann eine Beziehung zwischen den Eingangsgrößen des ersten und den Ausgangsgrößen des letzten Vierpoles. Diese Beziehung hat wieder den Aufbau der Vierpolgrundgleichungen mit Konstanten, die sich in ziemlich verwickelter Form aus den Grundkonstanten der Teilvierpole zusammensetzen. Der ganze Kettenleiter kann damit wieder als Vierpol aufgefaßt werden.

Er ist im allgemeinen ein unsymmetrischer Vierpol, auch dann, wenn die Teilvierpole symmetrisch, aber untereinander nicht gleich sind. Wesentlich einfacher werden die Gleichungen, wenn die Vierpole einander angepaßt sind. Man erhält dann beispielsweise für zwei Vierpole aus den beiden Grundgleichungspaaren

$$\left.\begin{aligned} \mathfrak{U}_1 &= \frac{\mathfrak{U}_2}{\mathfrak{z}_I}\,\mathfrak{Cof}\,\mathfrak{g}_I + \mathfrak{J}_2\,\mathfrak{Z}_I\,\mathfrak{Sin}\,\mathfrak{g}_I \\ \mathfrak{J}_1 &= \mathfrak{J}_2\,\mathfrak{z}_I\,\mathfrak{Cof}\,\mathfrak{g}_I + \frac{\mathfrak{U}_2}{\mathfrak{Z}_I}\,\mathfrak{Sin}\,\mathfrak{g}_I \end{aligned}\right\}$$

und

$$\left.\begin{aligned} \mathfrak{U}_2 &= \frac{\mathfrak{U}_3}{\mathfrak{z}_{II}}\,\mathfrak{Cof}\,\mathfrak{g}_{II} + \mathfrak{J}_3\,\mathfrak{Z}_{II}\,\mathfrak{Sin}\,\mathfrak{g}_{II} \\ \mathfrak{J}_2 &= \mathfrak{J}_3\,\mathfrak{z}_{II}\,\mathfrak{Cof}\,\mathfrak{g}_{II} + \frac{\mathfrak{U}_3}{\mathfrak{Z}_{II}}\,\mathfrak{Sin}\,\mathfrak{g}_{II} \end{aligned}\right\}$$

nach Einführen der Anpassungsbedingung

$$\mathfrak{Z}_{2I} = \mathfrak{Z}_{1II}$$

für den resultierenden Ersatzvierpol

$$\mathfrak{Z} = \sqrt{\mathfrak{Z}_{1I}\,\mathfrak{Z}_{2II}}$$

$$\mathfrak{z} = \sqrt{\frac{\mathfrak{Z}_{2II}}{\mathfrak{Z}_{1I}}}$$

$$\mathfrak{Cof}\,\mathfrak{g} = \mathfrak{Cof}\,\mathfrak{g}_I\,\mathfrak{Cof}\,\mathfrak{g}_{II} + \mathfrak{Sin}\,\mathfrak{g}_I\,\mathfrak{Sin}\,\mathfrak{g}_{II}$$

wie man sich leicht durch Nachrechnen überzeugt, wenn man aus den Grundgleichungen $\mathfrak{U}_2$ und $\mathfrak{J}_2$ eliminiert. Es ist dann

$$\left.\begin{aligned} \mathfrak{Z}_1 &= \mathfrak{Z}_{1I} \\ \mathfrak{Z}_2 &= \mathfrak{Z}_{2II} \\ \mathfrak{g} &= \mathfrak{g}_I + \mathfrak{g}_{II} \end{aligned}\right\} \quad \ldots\ldots\ldots\ldots \quad (1)$$

Es addieren sich also die Übertragungsmaße und somit auch die Dämpfungs- und Winkelmaße.

Sind die Teilvierpole symmetrisch und untereinander gleich, dann liegt mit

$$\mathfrak{Z}_{1I} = \mathfrak{Z}_{2I} = \mathfrak{Z}_{1II} = \mathfrak{Z}_{2II} = \mathfrak{Z}_{1III} = \ldots\ldots = \mathfrak{Z}$$

die Anpassung von selbst vor und der Kettenleiter hat einen Wellenwiderstand

$$\mathfrak{Z} = \mathfrak{Z}_I$$

der gleich dem Wellenwiderstand eines Teilvierpoles ist, also unabhängig von der Anzahl der Kettenglieder bleibt. Das Übertragungsmaß ist dagegen bei $n$ Gliedern $n$-mal so groß wie dasjenige eines Teilvierpoles. Es lauten dann die Grundgleichungen

$$\left.\begin{aligned}\mathfrak{U}_1 &= \mathfrak{U}_2 \operatorname{Cos} n\,\mathfrak{g} + \mathfrak{J}_2 \mathfrak{Z} \operatorname{Sin} n\,\mathfrak{g} \\ \mathfrak{J}_1 &= \mathfrak{J}_2 \operatorname{Cos} n\,\mathfrak{g} + \frac{\mathfrak{U}_2}{\mathfrak{Z}} \operatorname{Sin} n\,\mathfrak{g}\end{aligned}\right\} \quad \ldots\ldots\ldots (2)$$

Belastet man einen solchen Kettenleiter mit einem Widerstand, der dem Wellenwiderstand gleich ist

$$\mathfrak{W} = \mathfrak{Z},$$

so ist der Eingangswiderstand jedes Teilvierpoles, der gleichzeitig auch den Belastungswiderstand des vorhergehenden Teilvierpoles bildet, dem Wellenwiderstand gleich. Die Belastung der speisenden Zweipolquelle ist dann dieselbe, ob der Kettenleiter vorhanden ist oder nicht. Für die Belastung ist der Kettenleiter aber von Einfluß, da sich ja die Übertragungsmaße addieren. Es wird daher die Dämpfung und Phasenverschiebung gegenüber den Eingangsgrößen mit wachsender Gliederzahl ansteigen. Das gesamte Übertragungsmaß ist dann $n\mathfrak{g}$ bei einem Kettenleiter mit $n$ Gliedern und dem Übertragungsmaß $\mathfrak{g}$ in jedem Teilvierpol.

Macht man die Teilvierpole sehr klein, bezieht man sie also etwa auf die Längeneinheit des Kettenleiters, so bezeichnet man das Übertragungsmaß $\gamma$ der Längeneinheit auch als Fortpflanzungskonstante oder Leitungsbelag des Kettenleiters. Das gesamte Übertragungsmaß für die Länge $l$ des Kettenleiters ist dann

$$\mathfrak{g} = \gamma l \quad \ldots\ldots\ldots\ldots (3)$$

Die Fortpflanzungskonstante besteht wieder aus einem reellen und einem imaginären Bestandteil

$$\gamma = \beta + j\alpha \quad \ldots\ldots\ldots\ldots (4)$$

die die Bezeichnungen Dämpfungskonstante oder Dämpfungsbelag bzw. Phasenkonstante oder Phasenbelag erhalten haben. Das gesamte Dämpfungsmaß des Kettenleiters ist dann

$$b = \beta l \quad \ldots\ldots\ldots\ldots (5)$$

im Gegensatz zu $nb$ beim $n$-gliedrigen Kettenleiter, das gesamte Winkelmaß

$$a = \alpha l \quad \ldots\ldots\ldots\ldots (6)$$

im Gegensatz zu $na$ beim $n$-gliedrigen Kettenleiter.

## 2. Reaktanzvierpole und Siebketten.

Besondere Verhältnisse liegen stets dann vor, wenn die Einzelwiderstände möglichst reine Blindwiderstände sind. Man kann dann die Wirkwiderstände in erster Annäherung vernachlässigen und deren Einfluß gegebenenfalls in einer Korrektur nachträglich berücksichtigen. Da sich beim Kettenleiter die Kenngrößen $\mathfrak{Z}$ und $\mathfrak{g}$ aus denen der Teilvierpole einfach ermitteln lassen, genügt es, das Verhalten der Vierpole selbst zu untersuchen. Das gilt in besonderem Maße bei Gleichheit der Vierpole und noch mehr bei Symmetrie derselben, also für homogene, symmetrische Reaktanz-Kettenleiter.

Sind nun $\mathfrak{Y}$ und $\mathfrak{Z}$ rein imaginär, dann muß für das $T$- und das $\Pi$-Glied

$$\mathfrak{Cof}\,\mathfrak{g} = 1 + \mathfrak{Y}\,\mathfrak{Z} = \mathfrak{A} = A\,(\omega)$$

reell und im allgemeinen eine Funktion der Frequenz sein. Nun ist aber

$$\mathfrak{Cof}\,\mathfrak{g} = \mathfrak{Cof}\,(b + j\,a) = \mathfrak{Cof}\,b \cos a + j\,\mathfrak{Sin}\,b \sin a,$$

so daß

$$\mathfrak{Cof}\,b \cdot \cos a = A \quad \ldots\ldots\ldots\ldots \quad (1)$$

$$\mathfrak{Sin}\,b \cdot \sin a = 0 \quad \ldots\ldots\ldots\ldots \quad (2)$$

wird. Diese beiden Gleichungen ergeben zwei Lösungsbereiche, nämlich für $\mathfrak{Sin}\,b = 0$ oder $\sin a = 0$.

Ist

$$\mathfrak{Sin}\,b = 0 \qquad \text{oder} \qquad b = 0,$$

so wird

$$\mathfrak{Cof}\,b = 1$$

und

$$-1 < \cos a = A\,(\omega) < +1,$$

da ja der Kreiskosinus zwischen den Grenzen $+1$ und $-1$ bleibt. Solange also die Funktion $A\,(\omega)$ innerhalb dieser Grenzen bleibt, ist mit $b = 0$ keinerlei Dämpfung vorhanden. Schwingungen der zugehörigen Frequenzen können also den Vierpol bzw. Kettenleiter ungehindert passieren; sie werden ohne Dämpfung »durchgelassen«. Man nennt diesen Bereich daher den Durchlaßbereich.

Der zweite Bereich ist gekennzeichnet durch

$$\sin a = 0 \qquad \text{oder} \qquad a = 0, \pi, 2\pi \ldots$$

Es ist dann

$$\cos a = \pm 1$$

und

$$-1 > \pm\,\mathfrak{Cof}\,b = A\,(\omega) > +1$$

also Dämpfung vorhanden. Die Schwingungen der zugehörigen Frequenzen werden also je nach dem Funktionsverlauf von $A$ und der Anzahl der Kettenglieder mehr oder minder stark gedämpft, ihr Durchgang also unter Umständen sehr stark eingeschränkt. Diese Frequenzen liegen im »Sperrbereich«. Dadurch, daß einzelne Frequenzen gesperrt und andere bevorzugt durchgelassen werden, können die Reaktanz-Kettenleiter in der $T$- und $\Pi$-Schaltung zum Aussieben einzelner Frequenzen oder Frequenzbereiche dienen, weshalb sie auch Siebketten oder Frequenzfilter genannt werden. Aufgabe der Filtertheorie ist es, für bestehende Schaltungen die Grenzfrequenzen zwischen Durchlaß und Sperrbereich zu finden oder geeignete Schaltungen zur Erreichung bestimmter Durchlaß- und Sperrgebiete ausfindig zu machen.

Die Grenzfrequenzen findet man nach dem oben Gesagten aus der Gleichung

$$\mathfrak{Cof}\,\mathfrak{g} = 1 + \mathfrak{Y}\mathfrak{Z} = \pm 1$$

also aus den Bedingungsgleichungen

$$\mathfrak{Y}\mathfrak{Z} = 0 \quad \ldots\ldots\ldots\ldots \quad (3)$$

und

$$\mathfrak{Y}\mathfrak{Z} = -2 \quad \ldots\ldots\ldots\ldots \quad (4)$$

Die Ermittlung sei für einige einfache Fälle abgeleitet.

Das $T$-Glied mit den Längswiderständen

$$\mathfrak{Z} = \frac{j\omega L}{2}$$

und dem Querleitwert

$$\mathfrak{Y} = j\omega C$$

ergibt beispielsweise nach (3) und (4) die Grenzfrequenzen

$$\omega = 0$$

und

$$\omega_0 = \frac{2}{\sqrt{LC}} \quad \ldots\ldots\ldots\ldots \quad (5)$$

wovon die erste bedeutungslos ist. Alle $\omega$, für die

$$-1 < A < +1$$

wird, liegen dann im Durchlaßbereich, alle übrigen im Sperrbereich. Die Dämpfung im Sperrbereich findet man aus

$$\pm\,\mathfrak{Cof}\,b = A = 1 - \frac{\omega^2 LC}{2} = 1 - 2\left(\frac{\omega}{\omega_0}\right)^2 \quad \ldots\ldots \quad (6)$$

Es werden also alle tiefen Frequenzen bis $\omega_0$ durchgelassen, die höheren »gesperrt«. Es liegt ein sog. Tiefpaß vor. Die Verhältnisse sind im Bild 110 oben wiedergegeben.

Die gleiche Wirkung hat die Dreieckschaltung mit

$$\mathfrak{Z} = j\omega L \quad \text{und} \quad \mathfrak{Y} = \frac{j\omega C}{2}.$$

Es ergeben sich dann dieselben Gleichungen für $\omega_0$ und $\mathfrak{Cof}\,b$ wie vorhin, wenn auch die beiden Vierpole einander nicht äquivalent sind, wie die Gleichungen im Abschnitt $\delta$ der Vierpoltheorie zeigen. Es läßt sich aber leicht nachweisen, daß auch der äquivalente $\Pi$-Vierpol dieselbe Dämpfungskurve besitzt. Für diesen erhält man nämlich

$$\mathfrak{Z} = \frac{j\omega L}{2}\left(2 - \frac{\omega^2 LC}{2}\right)$$

und

$$\mathfrak{Y} = \frac{j\,\omega\,C}{2 - \dfrac{\omega^2 L\,C}{2}}$$

so daß das Produkt

$$\mathfrak{Z}\,\mathfrak{Y} = -\,\frac{\omega^2 L\,C}{2}$$

wieder denselben Wert erhält, wie vorhin.

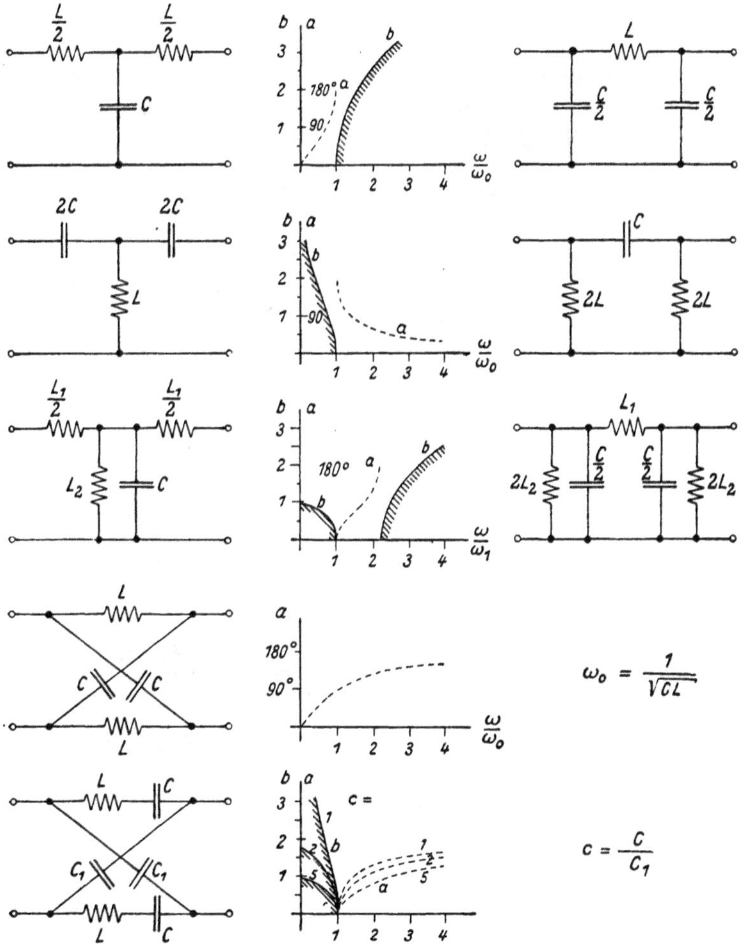


Bild 110. Dämpfungskurven einfacher Siebkettenglieder.

Für die Sternschaltung mit

$$\mathfrak{Z} = \frac{1}{2\,j\,\omega\,C}$$

und

$$\mathfrak{Y} = \frac{1}{j\,\omega\,L}$$

(zweite Reihe in Bild 110) erhält man die Grenzfrequenz

$$\omega_0 \doteq \frac{1}{2\sqrt{L\,C}} \quad . \; . \; . \; . \; . \; . \; . \; . \; . \; . \; . \; . \quad (7)$$

und die Gleichung für die Dämpfung

$$\pm \mathfrak{Cof}\, b = 1 - \frac{1}{2\,\omega^2\,L\,C} = 1 - 2\left(\frac{\omega_0}{\omega}\right)^2 \quad . \; . \; . \; . \; . \quad (8)$$

Hier erstreckt sich also der Sperrbereich auf die Frequenzen $\omega < \omega_c$. Es liegt also ein »Hochpaß« vor. Dasselbe Ergebnis liefert wiederum die Dreieckschaltung mit

$$\mathfrak{Z} = \frac{1}{j\,\omega\,C} \quad \text{und} \quad \mathfrak{Y} = \frac{1}{2\,j\,\omega\,L}$$

sowie natürlich die äquivalente Dreieckschaltung.

Als drittes Beispiel sei schließlich die Sternschaltung mit

$$\mathfrak{Z} = \frac{j\,\omega\,L_1}{2}$$

und

$$\mathfrak{Y} = j\,\omega\,C + \frac{1}{j\,\omega\,L_2} = \frac{1 - \omega^2\,L_2\,C}{j\,\omega\,L_2}$$

behandelt, die in der dritten Zeile des Bildes 110 dargestellt ist. Sie ist offenbar gleichwertig mit der Dreieckschaltung mit

$$\mathfrak{Z} = j\,\omega\,L_1$$

und

$$\mathfrak{Y} = \frac{j\,\omega\,C}{2} + \frac{1}{2\,j\,\omega\,L_2} = \frac{1 - \omega^2\,L_2\,C}{2\,j\,\omega\,L_2}.$$

Hier ergeben sich aus (3) und (4) zwei Grenzfrequenzen, nämlich aus

$$\frac{L_1}{2\,L_2}(1 - \omega_1^2\,L_2\,C) = 0$$

$$\omega_1 = \frac{1}{\sqrt{L_2\,C}} \quad . \; . \; . \; . \; . \; . \; . \; . \; . \; . \; . \; . \quad (9)$$

und aus

$$\frac{L_1}{2\,L_2}(1 - \omega_2^2\,L_2\,C) = -2$$

$$\omega_2 = \frac{1}{\sqrt{L_2\,C}}\sqrt{1 + 4\frac{L_2}{L_1}} \quad . \; . \; . \; . \; . \; . \; . \; . \quad (10)$$

Es wird ferner die Dämpfung

$$\pm \mathfrak{Cof}\, b = 1 + \frac{L_1}{2\,L_2}(1 - \omega^2 L_2 C) = 1 + $$
$$+ \frac{L_1}{2\,L_2}\left[1 - \left(\frac{\omega}{\omega_1}\right)^2\right] = 1 + 2\,\frac{1 - \left(\frac{\omega}{\omega_1}\right)^2}{\omega_2{}^2 L_2 C - 1}$$

oder

$$\pm \mathfrak{Cof}\, b = 1 - 2\,\frac{\left(\frac{\omega}{\omega_1}\right)^2 - 1}{\left(\frac{\omega_2}{\omega_1}\right)^2 - 1} = 1 - \frac{\left(\frac{\omega}{\omega_1}\right)^2 - 1}{2\,\frac{L_2}{L_1}} \quad \text{. . . . . . . . . . (11)}$$

Für alle $\omega$ des Bereiches

$$\omega_1 < \omega < \omega_2$$

liegt also ein Durchlässigkeitsbereich vor, außerhalb dieses Bereiches eine Sperrzone. Es wird also nur ein gewisses »Frequenzband« durchgelassen. Man spricht in diesem Falle daher von einem Bandpaß oder Bandfilter.

Für das Kreuzglied wird schließlich aus der Grenzbedingung

$$\mathfrak{Cof}\, \mathfrak{g} = \frac{1 + \mathfrak{Y}\mathfrak{Z}}{1 - \mathfrak{Y}\mathfrak{Z}} = \pm 1$$
$$\mathfrak{Y}\mathfrak{Z} = 0 \quad \text{. . . . . . . . . . . . . . (12)}$$

Hier erhält man also nur eine einzige Gleichung für die Grenzfrequenzbestimmung. Tritt dabei $\omega$ in irgendeiner Potenz in $\mathfrak{Y}$ und $\mathfrak{Z}$ nur als Faktor auf, dann ist die Grenzfrequenz

$$\omega_0 = 0$$

und es läßt das Kreuzglied alle Schwingungen ohne Dämpfung durch. Dagegen findet eine Phasendrehung statt, die durch

$$\cos a = \frac{1 + \mathfrak{Y}\mathfrak{Z}}{1 - \mathfrak{Y}\mathfrak{Z}} \quad \text{. . . . . . . . . . . (13)}$$

gegeben ist. Man benutzt daher Kreuzglieder gerne zur Herstellung bestimmter Phasendrehungen. Als Beispiel sei das Kreuzglied mit

$$\mathfrak{Z} = j\omega L$$

und

$$\mathfrak{Y} = j\omega C$$

untersucht. Mit

$$\mathfrak{Y}\mathfrak{Z} = -\omega^2 LC = 0$$

wird $\overline{\omega}_0 = 0$ und $b = 0$ für alle Frequenzen. Für das Winkelmaß erhält man

$$\cos a = \frac{1 - \omega^2 L C}{1 + \omega^2 L C} = \frac{1 - \left(\frac{\omega}{\omega_0}\right)^2}{1 + \left(\frac{\omega}{\omega_0}\right)^2} \quad \text{. . . . . . (14)}$$

worin noch die Eigenfrequenz

$$\omega_0 = \frac{1}{\sqrt{L C}}$$

des aus $L$ und $C$ gebildeten Teilschwingungskreises (ist aber nicht Grenzfrequenz!) als Bezugsfrequenz eingeführt wurde.

Ein zweites Beispiel behandle das Kreuzglied mit

$$\mathfrak{Z} = j\omega L + \frac{1}{j\omega C}$$

und

$$\mathfrak{Y} = j\omega C_1.$$

Hier wird aus

$$\mathfrak{Y}\mathfrak{Z} = -\omega^2 L C_1 + \frac{C_1}{C} = 0$$

$$\omega_0 = \frac{1}{\sqrt{LC}} \quad \text{(15)}$$

Die Grenzfrequenz ist also unabhängig von $C_1$ [1]).

Die Dämpfung erhält man aus

$$\mathfrak{Cof}\, b = \frac{1 - \omega^2 L C_1 + \frac{C_1}{C}}{1 + \omega^2 L C_1 - \frac{C_1}{C}} = \frac{\frac{C}{C_1} + \left[1 - \left(\frac{\omega}{\omega_0}\right)^2\right]}{\frac{C}{C_1} - \left[1 - \left(\frac{\omega}{\omega_0}\right)^2\right]} \quad \text{(16)}$$

Das Kreuzglied verhält sich also wie ein Hochpaß.

Für die Phasendrehung im Durchlaßbereich ist nur $\mathfrak{Cof}\, b$ durch $\cos \alpha$ zu ersetzen. Ihr Verlauf ist im Bild 110 gestrichelt eingetragen.

Sind die Wirkwiderstände (Verluste) nicht vernachlässigbar, dann ist $\mathfrak{A}$ komplex und

$$\mathfrak{Cof}\, \mathfrak{g} = A_1 + j A_2 = \mathfrak{Cof}\, b \cos a + j\, \mathfrak{Sin}\, b \sin a$$

Man hat also zu setzen

$$\mathfrak{Cof}\, b \cdot \cos a = A_1$$

und

$$\mathfrak{Sin}\, b \cdot \sin a = A_2,$$

woraus nach Quadrieren und Subtrahieren

$$\mathfrak{Cof}^2 b - \mathfrak{Sin}^2 b = 1 = \frac{A_1^2}{\cos^2 a} - \frac{A_2^2}{\sin^2 a} = \frac{A_1^2}{1 - \sin^2 a} - \frac{A_2^2}{\sin^2 a}$$

oder

$$\sin^4 a - (1 - A_1^2 - A_2^2) \sin^2 a - A_2^2 = 0$$

und

$$\sin^2 a = \frac{1}{2}(1 - A_1^2 - A_2^2) + \sqrt{\frac{1}{4}(1 - A_1^2 - A_2^2)^2 + A_2^2} \quad \text{(17)}$$

Da $a$ reell sein muß, der zweite Summand in der Gleichung (17) aber stets größer als der erste ist, darf die Wurzel nur mit dem positiven Vorzeichen genommen werden. Die Dämpfung findet man jetzt aus

$$\mathfrak{Sin}\, b = \frac{A_2}{\sin a} \quad \text{(18)}$$

[1]) Für $C_1 = 0$ liegt ja ein reiner Reihenschwingkreis vor!

Von Bedeutung ist wieder die Frequenzabhängigkeit. Als Beispiel sei die Drosselkette nach Bild 110 oben besprochen, wenn die Spulen mit Widerstand behaftet sind. Dabei sei angenommen: $R = 400\,\Omega$, $L = 0{,}1\,H$, $C = 0{,}2 \cdot 10^{-6}\,F$. Es ist dann

$$\mathfrak{Z} = \frac{R + j\omega L}{2}$$

$$\mathfrak{Y} = j\omega C$$

und

$$\mathfrak{Cof}\,\mathfrak{g} = 1 + (R + j\omega L)\frac{j\omega C}{2} = \mathfrak{A} = 1 + j\frac{RC}{2}\omega - \frac{LC}{2}\omega^2.$$

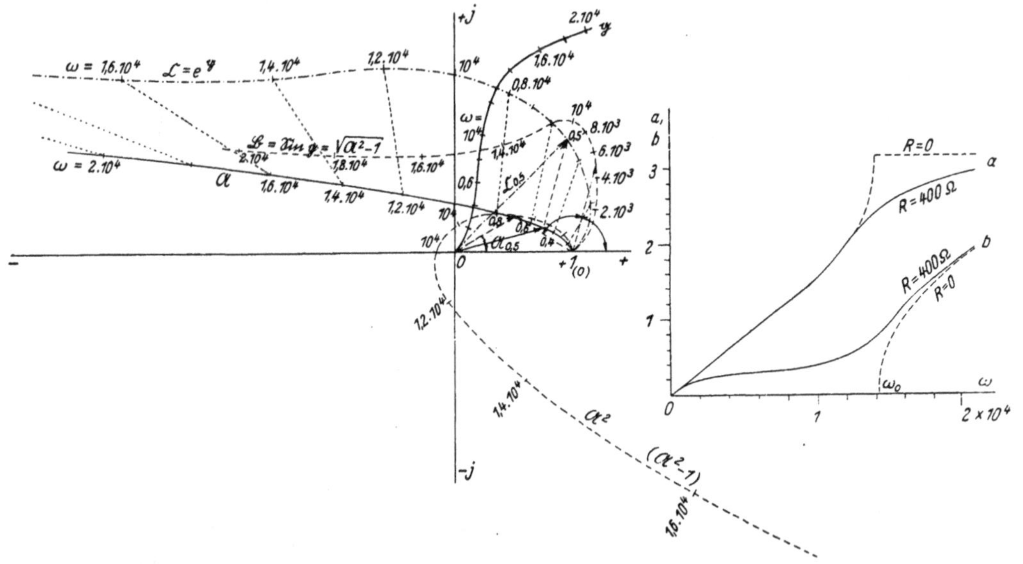


Bild 111. Übertragungs-, Dämpfungs- und Winkelmaß der verlustbehafteten Drosselkette in Abhängigkeit von der Kreisfrequenz.

Das gibt in Abhängigkeit von $\omega$ die im Bild 111 dünn ausgezogene Parabel. Daraus ist $\mathfrak{g}$ nur schwer mit Hilfe von Tabellen und durch Versuch ermittelbar. Man geht daher am besten so vor, daß man zunächst

$$\mathfrak{Sin}\,\mathfrak{g} = \sqrt{\mathfrak{Cof}^2\,\mathfrak{g} - 1} = \sqrt{\mathfrak{A}^2 - 1}$$

ermittelt, was am einfachsten graphisch geschieht und für den Punkt $\omega = 5 \cdot 10^3 \frac{1}{s}$ eingetragen ist. Man erhält so die Linie $\mathfrak{B} = \mathfrak{Sin}\,\mathfrak{g}$. Die strichpunktiert gezeichnete Summenkurve

$$\mathfrak{A} + \mathfrak{B} = \mathfrak{Cof}\,\mathfrak{g} + \mathfrak{Sin}\,\mathfrak{g} = e^{\mathfrak{g}} = \mathfrak{C}$$

liefert nun $e^{\mathfrak{g}}$. Man hat jetzt nur mehr den Logarithmus

$$\mathfrak{g} = \ln \mathfrak{C} = \ln |\mathfrak{C}| + j\gamma = b + ja$$

zu bilden, um das Übertragungsmaß beziehungsweise das Dämpfungs- und Winkelmaß zu erhalten. Die beiden letzteren Größen sind im Bild rechts nochmals über der Kreisfrequenz aufgetragen. Zum Vergleich sind die Kurven bei verlustloser Kette strichliert hinzugefügt. Eine ausgesprochene Grenzfrequenz tritt jetzt also nicht mehr auf.

Bei dieser Gelegenheit sei auch der Frequenzgang des Wellenwiderstandes untersucht. Hier wird aus

$$\mathfrak{Z} = \sqrt{\mathfrak{W}_0\,\mathfrak{W}_K}$$

mit

$$\mathfrak{W}_0 = \frac{R}{2} + \frac{j\,\omega L}{2} + \frac{1}{j\,\omega C} = \frac{1 + j\,\omega C\left(\frac{R}{2} + j\frac{\omega L}{2}\right)}{j\,\omega C}$$

und

$$\mathfrak{W}_K = \left(\frac{R}{2} + \frac{j\,\omega L}{2}\right) + \frac{1}{\dfrac{1}{\dfrac{R}{2} + \dfrac{j\,\omega L}{2}} + j\,\omega C}$$

$$= \frac{j\,\omega C\left(\frac{R}{2} + \frac{j\,\omega L}{2}\right)^2 + (R + j\,\omega L)}{1 + j\,\omega C\left(\frac{R}{2} + \frac{j\,\omega L}{2}\right)}$$

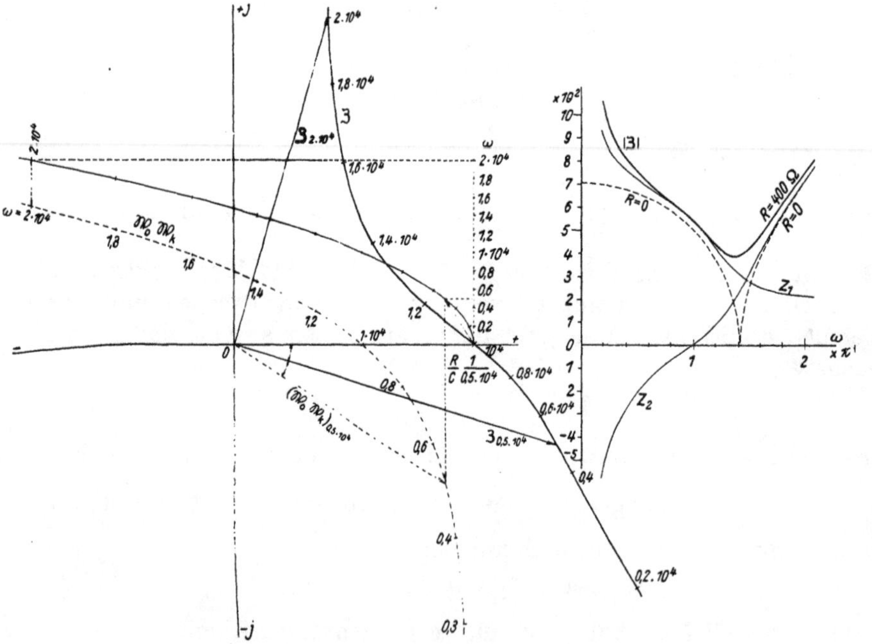


Bild 112. Frequenzabhängigkeit des Wellenwiderstandes $\mathfrak{Z} = Z_1 + j\,Z_2$ der verlustbehafteten Drosselkette.

$$\mathfrak{W}_0 \mathfrak{W}_K = \frac{j\omega C\left(\frac{R}{2}+\frac{j\omega L}{2}\right)^2 + (R+j\omega L)}{j\omega C} = \left(\frac{R}{2}+\frac{j\omega L}{2}\right)^2 + \frac{R+j\omega L}{j\omega C}$$

$$\mathfrak{W}_0 \mathfrak{W}_K = \left[\left(\frac{L}{C}+\frac{R^2}{4}\right) + j\frac{RL}{2}\omega - \frac{L^2}{4}\omega^2\right] - j\frac{R}{C}\frac{1}{\omega} \quad . \; . \; . \; . \; . \; . \; (19)$$

Das ist nach den Regeln der Ortskurventheorie die Summe aus einer Parabel und einer Geraden, deren Ermittlung im Bild 112 gezeigt ist. Durch Wurzelziehen erhält man $\mathfrak{Z}$, dessen Betrag, reelle und imaginäre Komponente wieder rechts über $\omega$ aufgetragen ist. Zum Vergleich ist auch der Wellenwiderstand bei der verlustfreien Kette eingezeichnet.

Der Kondensator ist in obiger Entwicklung als verlustlos angenommen. Die Berücksichtigung von Ableitungsverlusten bietet keine grundsätzlichen Schwierigkeiten. Es ist lediglich $j\omega C$ durch $G + j\omega C$ zu ersetzen.

Das gleiche Verfahren führt auch bei der Kondensatorkette zum Ziel. Hier ist

$$\mathfrak{Z} = \frac{1}{2j\omega C}$$

$$\mathfrak{Y} = \frac{1}{R + j\omega L},$$

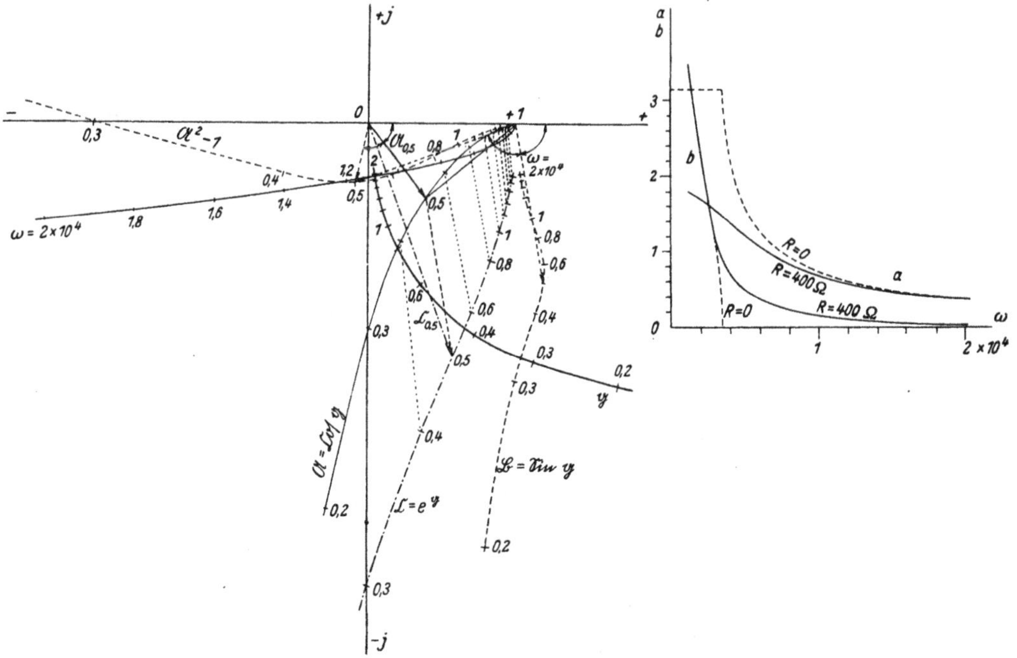


Bild 113. Übertragungs-, Dämpfungs- und Winkelmaß der verlustbehafteten Kondensatorkette in Abhängigkeit von der Kreisfrequenz.

also

$$\mathfrak{Cof}\,\mathfrak{g} = 1 + \frac{1}{2\,j\,\omega\,C\,(R + j\,\omega\,L)} = 1 + \frac{1}{2\,j\,C\,R\,\omega - 2\,C\,L\,\omega^2}$$

Die graphische Ermittlung erfolgt sinngemäß zum Vorgang bei der Drosselkette und ist im Bild 113 festgehalten. Zum Vergleich sind wieder die Werte für die verlustfreie Kette eingetragen.

Zur Ermittlung des Wellenwiderstandes erhält man jetzt

$$\mathfrak{W}_0 = \frac{1}{2\,j\,\omega\,C} + R + j\,\omega\,L = \frac{1 + 2\,j\,\omega\,C\,(R + j\,\omega\,L)}{2\,j\,\omega\,C}$$

$$\mathfrak{W}_K = \frac{1}{2\,j\,\omega\,C} + \frac{1}{\dfrac{1}{R + j\,\omega\,L} + 2\,j\,\omega\,C} = \frac{1 + 4\,j\,\omega\,C\,(R + j\,\omega\,L)}{2\,j\,\omega\,C\,[1 + 2\,j\,\omega\,C\,(R + j\,\omega\,L)]}$$

und somit

$$\mathfrak{W}_0\,\mathfrak{W}_K = \frac{1 + 4\,j\,\omega\,C\,(R + j\,\omega\,L)}{-\,4\,\omega^2\,C^2} = \frac{L}{C} - j\,\frac{R}{C}\,\frac{1}{\omega} - \frac{1}{4\,C^2}\,\frac{1}{\omega^2} \quad . \; . \; . \; (20)$$

Die Konstruktion ist im Bild 114 durchgeführt.

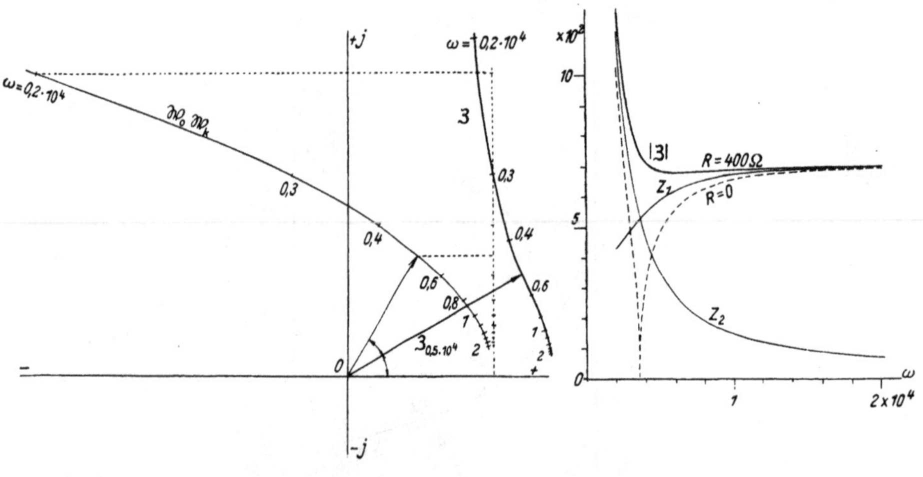


Bild 114. Frequenzabhängigkeit des Wellenwiderstandes $\mathfrak{Z} = Z_1 + j\,Z_2$ der verlustbehafteten Kondensatorkette.

Ist die Kette verlustfrei, dann lassen sich die Gleichungen (19) und (20) mit Hilfe der Grenzfrequenzen in besonders übersichtliche Form bringen. Aus (19) wird zunächst

$$\mathfrak{W}_0\,\mathfrak{W}_K = \frac{R + j\,\omega\,L}{j\,\omega\,C}\left[1 + \frac{j\,\omega\,C}{2}\left(\frac{R}{2} + \frac{j\,\omega\,L}{2}\right)\right]$$

und mit $R = 0$ und Verwendung der Beziehung (5)

$$\mathfrak{Z} = \sqrt{\frac{L}{C}}\sqrt{1-\left(\frac{\omega}{\omega_0}\right)^2} \quad \ldots\ldots\ldots\ldots \quad (21)$$

In gleicher Weise wird aus (20)

$$\mathfrak{W}_0\,\mathfrak{W}_K = \frac{R+j\omega L}{j\omega C}\left[1+\frac{1}{4\,j\omega C\,(R+j\omega L)}\right],$$

woraus

$$\mathfrak{Z} = \sqrt{\frac{L}{C}}\sqrt{1-\left(\frac{\omega_0}{\omega}\right)^2} \quad \ldots\ldots\ldots\ldots \quad (22)$$

Ähnliche Gleichungen findet man auch für die Dreieckschaltung, nämlich

$$\mathfrak{Z} = \sqrt{\frac{L}{C}}\,\frac{1}{\sqrt{1-\left(\frac{\omega}{\omega_0}\right)^2}} \quad \ldots\ldots\ldots\ldots \quad (23)$$

für die Drosselkette und

$$\mathfrak{Z} = \sqrt{\frac{L}{C}}\,\frac{1}{\sqrt{1-\left(\frac{\omega_0}{\omega}\right)^2}} \quad \ldots\ldots\ldots\ldots \quad (24)$$

für die Kondensatorkette. Die Abhängigkeiten (21) bis (24) sind im Bild 115 zusammengestellt.

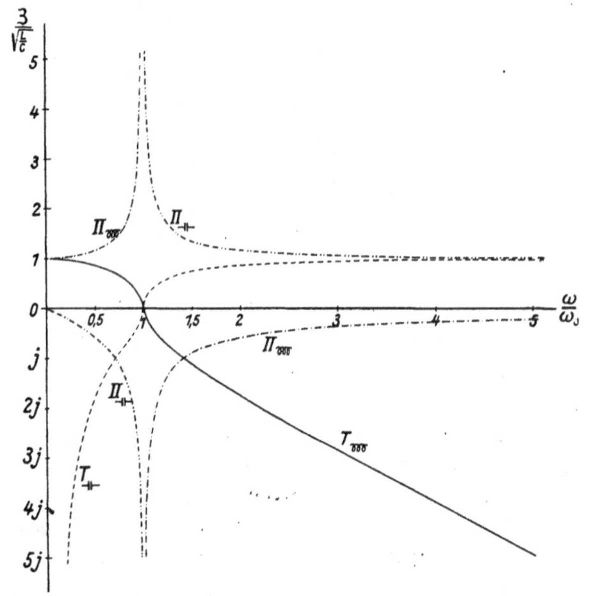


Bild 115. Frequenzabhängigkeit des Wellenwiderstandes bei verlustlosen Ketten.

# D. Die konforme Abbildung in der Elektrostatik.

## 1. Die Grundgleichungen der konformen Abbildung.

Die Grundgleichungen der konformen Abbildung wurden bereits im ersten Teil dieses Bandes abgeleitet. Es genügt also zunächst, die für die weitere Verwendung wichtigen Formeln nochmals anzuführen.

Der Grundgedanke der konformen Abbildung liegt in der Zuordnung der Punkte

$$w = u + j v \qquad \text{in der } w\text{-Ebene}$$

zu Punkten

$$z = x + j y \qquad \text{in der } z\text{-Ebene}$$

mit Hilfe einer Abbildungsfunktion

$$w = f(z).$$

Wie im ersten Teil gezeigt wurde, ist diese Abbildung konform, wenn die Funktion $f(z)$ analytisch ist. Das ist der Fall, wenn die Cauchy-Riemannschen Differentialgleichungen

$$\frac{\partial u}{\partial x} = \frac{\partial v}{\partial y}$$

$$-\frac{\partial u}{\partial y} = \frac{\partial v}{\partial x}$$

erfüllt sind.

Aus diesen Gleichungen ergeben sich durch nochmalige Differentiation nach $x$ bzw. $y$ und Eliminieren von $\frac{\partial^2 v}{\partial x \partial y}$ bzw. $\frac{\partial^2 u}{\partial x \partial y}$ die zwei Differentialgleichungen zweiter Ordnung

$$\frac{\partial^2 u}{\partial x^2} + \frac{\partial^2 u}{\partial y^2} = \Delta u = 0 \quad \ldots\ldots\ldots\ldots \quad (1)$$

$$\frac{\partial^2 v}{\partial x^2} + \frac{\partial^2 v}{\partial y^2} = \Delta v = 0 \quad \ldots\ldots\ldots\ldots \quad (2)$$

Die Laplacesche Differentialgleichung $\Delta = 0$ gilt also getrennt sowohl für den reellen als auch den imaginären Teil der Abbildungsfunktion bzw. der Bildgröße $w$. Einer solchen Differentialgleichung genügt aber auch das Potential $\varphi$ im elektrostatischen Feld, wie im Band I (S. 73) nachgewiesen wurde. Handelt es sich also um ein zweidimensionales Potentialfeld, dann kann das Potential durch den reellen oder imaginären Bestandteil einer komplexen analytischen Funktion dargestellt werden. Identifiziert man beispielsweise $u$ mit dem Potential, dann ergibt $u =$ konst. die Äquipotentiallinien des elektrostatischen Feldes. $v =$ konst. sind damit die Feldlinien, wenn sich $u$- und $v$-Linien unter $90^0$ durchsetzen.

Für die Feld- und Äquipotentiallinien eines ebenen Feldes erhält man demnach aus

$$w = f(z) = u + j\,v = \varphi(x, y) + j\,\psi(x, y) \quad \ldots\ldots (3)$$

die Kurvengleichungen

$$\left.\begin{aligned} u &= \varphi(x, y) = c_1 \\ v &= \psi(x, y) = c_2 \end{aligned}\right\} \quad \ldots\ldots\ldots\ldots (4)$$

mit $u$ und $v$ als Parameter. Sie ergeben die Feld- und Äquipotentiallinien in der $z$-Ebene. In der $w$-Ebene sind $u = c_1$ und $v = c_2$ Gerade parallel zu den beiden Achsen, also orthogonale Trajektoren. Die durch (4) definierten Kurven durchkreuzen sich daher ebenfalls rechtwinkelig und sind also tatsächlich die gesuchten Feldlinien.

Die wesentliche Aufgabe der konformen Abbildung wird also die Auffindung entsprechender Abbildungsfunktionen $\varphi(x, y)$ und $\psi(x, y)$ oder $f(z)$ sein, mit deren Hilfe die vielleicht schwer überblickbare Feldform auf einfachere Fälle zurückgeführt werden kann. Auch hier ist zunächst der einfachere Weg der, vorgegebene einfachere Funktionen abbildungstechnisch zu untersuchen, d. h. nachzusehen, welche Abbildungen sie beschreiben. Auf einer höheren Stufe der Erkenntnis wird man dann erst versuchen, zu gegebenen Abbildungen die zugehörigen Abbildungsfunktionen zu suchen.

## 2. Abbildungstheoretische Deutung einfacher analytischer Funktionen.

### a) Ganze, lineare Funktionen.

Die Deutung der ganzen linearen Funktion

$$w = f(z) = a\,z + b \quad \ldots\ldots\ldots\ldots (1)$$

erfolgt am einfachsten durch Betrachtung ihrer Sonderfälle.

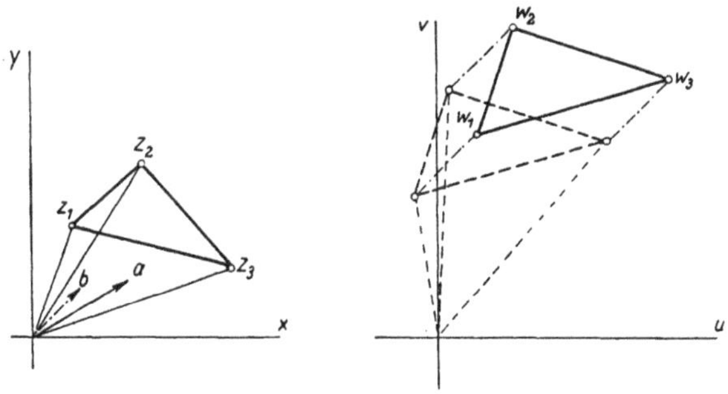


Bild 116. Deutung der Funktion $f(z) = az + b$.

Ist $a = 1$, so bedeutet $w = z + b$ eine Parallelverschiebung um $b$.

Ist andererseits $b = 0$, so wird durch

$$w = a\,z = z\,|a|\,e^{j\alpha}$$

eine Drehstreckung beschrieben. Sie ist eine reine Drehung, wenn $|a| = 1$ ist und eine reine Streckung für $\alpha = 0$.

Insgesamt bedeutet also die Funktion (1) eine Drehstreckung und Parallelverschiebung, wie sie etwa im Bild 116 angegeben ist.

b) Die Reziprokfunktion.

Die Deutung der Funktion

$$w = \frac{1}{z} \quad \ldots \ldots \ldots \ldots \ldots (1)$$

erfolgt am besten nach einer Umwandlung in Polarkoordinaten. Es sind dann

$$w = |w|\,e^{j\beta}$$
$$z = |z|\,e^{j\alpha}$$

und daher

$$|w|\,e^{j\beta} = \frac{1}{|z|}\,e^{-j\alpha}$$

also

$$|w| = \frac{1}{|z|} \quad \ldots \ldots \ldots \ldots \ldots (2)$$

und

$$\beta = -\alpha \quad \ldots \ldots \ldots \ldots \ldots (3)$$

also Ergebnisse, die aus dem komplexen Verfahren in der Wechselstromtechnik bereits bekannt sind.

Ist $|z| = 1$ (das ergibt den Einheitskreis), dann erhält man das Spiegelbild an der reellen Achse. Für alle anderen Zahlenwerte von $z$ erfolgt gleichzeitig eine Streckung nach reziproken Radien. Diese Abbildungsform nennt man auch Inversion.

Das Bild 117 zeigt zwei inverse Dreiecke, wobei die $w$-Ebene in die $z$-Ebene hineingelegt wurde. Das Dreieck mit den geraden Seiten geht in ein Dreieck mit Kreisbogenseiten über.

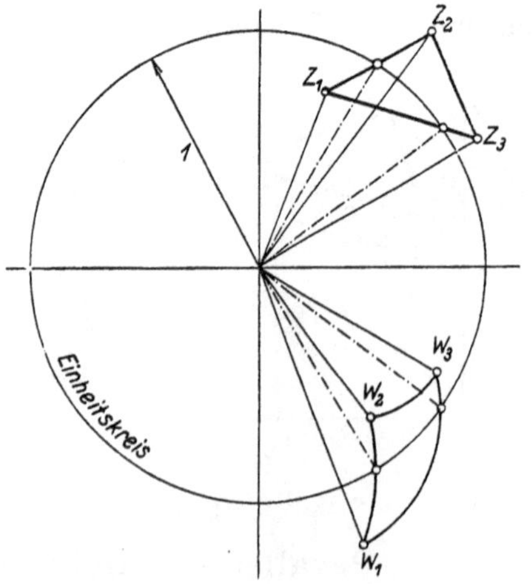

Bild 117. Inversion.

Bemerkenswert ist noch der Umstand, daß der Einheitskreis

$$z = e^{j\alpha}$$

bei der Inversion in sich selbst übergeht. Alle Punkte einer Figur, die am Einheitskreis liegen, befinden sich also nach der Inversion wieder am Einheitskreis (siehe Abbildung). Der Punkt $z = 0$ rückt ins Unendliche ($w = \infty$). Der unendlich ferne Punkt kommt in den Ursprung zu liegen.

Ist allgemeiner

$$w = \frac{a}{z} + b \quad \ldots\ldots\ldots\ldots \quad (4)$$

so ist die invertierte Figur noch drehzustrecken und um $b$ parallel zu verschieben.

c) Die Funktion $w = z + \frac{1}{z}$.

Die Funktion

$$w = f(z) = z + \frac{1}{z} \quad \ldots\ldots\ldots\ldots \quad (1)$$

hat die Eigenschaft, daß zu jedem Wert von $w$ zwei Werte von $z$ gehören. Die Zuordnung ist also nicht mehr eindeutig; die $z$-Ebene wird »auf eine zweiblättrige Riemannsche Fläche über der $w$-Ebene« abgebildet.

Um das Verhalten der Abbildungsfunktion zu studieren, trennt man, wie anfangs dieses Kapitels angegeben, in die beiden Bestandteile $\varphi(x, y)$ und $\psi(x, y)$. Es wird dann aus

$$w = u + jv = x + jy + \frac{x - jy}{x^2 + y^2}$$

$$u = x\left(1 + \frac{1}{x^2 + y^2}\right) \quad \ldots\ldots\ldots\ldots \quad (2)$$

$$v = y\left(1 - \frac{1}{x^2 + y^2}\right) \quad \ldots\ldots\ldots\ldots \quad (3)$$

Diese Funktionen können sofort zur Darstellung der Feldlinien herangezogen werden. Faßt man beispielsweise $v$ als das Potential auf, so gibt die Gleichung (3) die Äquipotentiallinien in der $z$-Ebene an. Sie sind in der $w$-Ebene durch die Geraden parallel zur $u$-Achse dargestellt. $u = c_1$ liefert dann die $\mathfrak{E}$- oder $\mathfrak{D}$-Linien.

Man hätte auch nach Polarkoordinaten entwickeln können, was oft für die Zeichnung der Linien vorteilhafter ist. Dann wäre mit

$$z = r e^{j\varrho}$$

$$w = u + jv = r e^{j\varrho} + \frac{1}{r} e^{-j\varrho} = r(\cos\varrho + j\sin\varrho) + \frac{1}{r}(\cos\varrho - j\sin\varrho)$$

und

$$u = \left(r + \frac{1}{r}\right) \cos \varrho \quad \ldots \ldots \ldots \ldots \quad (4)$$

$$v = \left(r - \frac{1}{r}\right) \sin \varrho \quad \ldots \ldots \ldots \ldots \quad (5)$$

Das auf diese Weise erhaltene Feldbild ist einschließlich der Bezugs-$w$-Ebene im Bild 118 dargestellt. Wie man erkennt, ergeben sich die Feldlinien eines in ein homogenes, elektrostatisches Feld gebrachten leitenden Zylinders.

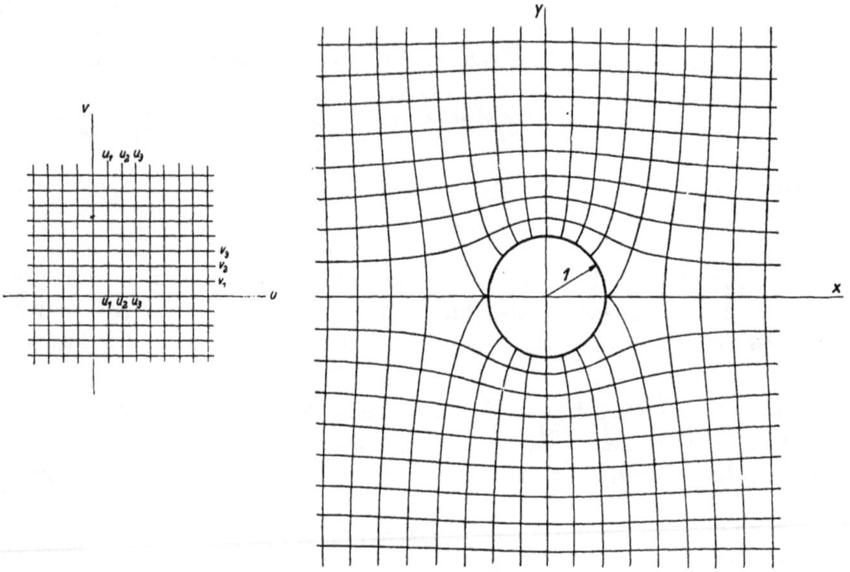


Bild 118. Feldbild der Abbildungsfunktion $f(z) = z + \frac{1}{z}$.

Wird $u$ als Potential aufgefaßt, dann entsteht das Feldbild einer Strömung um einen zylindrischen Nichtleiter. Die $v$-Linien sind dann die Strömungslinien.

### d) Linear gebrochene Funktionen.

Die linear gebrochene Funktion

$$w = \frac{a z + b}{c z + d} \quad \ldots \ldots \ldots \ldots \ldots \quad (1)$$

ergibt nach Ausführung der Division

$$w = \frac{a}{c} + \frac{b c - a d}{c} \cdot \frac{1}{c z + d} = A + \frac{B}{\zeta} \quad \ldots \ldots \quad (2)$$

wobei vorausgesetzt sei, daß die Determinante

$$\begin{vmatrix} a & b \\ c & d \end{vmatrix} \neq 0$$

von Null verschieden ist. Damit ist die Funktion aber auf eine frühere zurückgeführt. Für

$$\zeta = c z + d \quad \dots \dots \dots \dots \quad (3)$$

ist also eine Inversion, Drehstreckung und Parallelverschiebung vorzunehmen, nachdem nach Gleichung (3) schon vorher eine Drehstreckung und Parallelverschiebung durchzuführen war.

Es läßt sich nachweisen, daß bei dieser Abbildung Kreise in Kreise und Gerade in Kreise übergehen (vergleiche mit der Ortskurventheorie!). In Ausnahmefällen werden auch Kreise durch Gerade und Gerade durch Gerade abgebildet.

### e) Die Funktion $w = a z^m + b$.

In der Funktion

$$w = a z^m + b \quad \dots \dots \dots \dots \quad (1)$$

haben die Konstanten $a$ und $b$ wiederum die Bedeutung einer Drehstreckung und Parallelverschiebung. Es genügt also offenbar, zunächst die einfachere Funktion

$$\overline{w} = z^m \quad \dots \dots \dots \dots \quad (2)$$

zu untersuchen. Sie ist überall eindeutig und analytisch. Ihre Ableitung verschwindet lediglich im Punkt $z = 0$. Für alle anderen Punkte ist die Abbildung also eindeutig und konform.

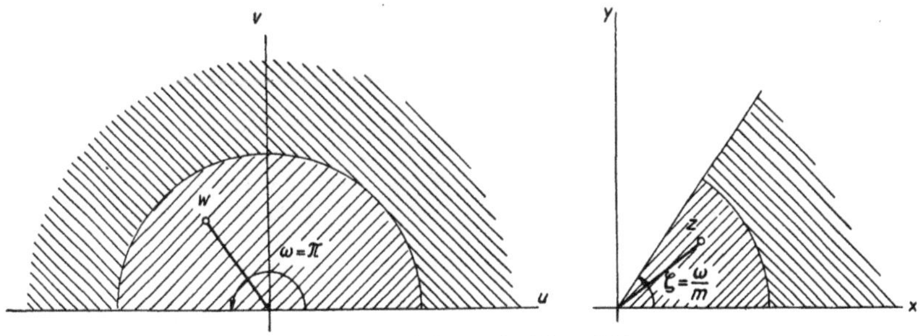


Bild 119. Die Abbildungsfunktion $f(z) = z^m$.

Setzt man

$$z = |z|\, e^{j\zeta}$$

und

$$w = |w|\, e^{j\omega},$$

so wird

$$|w|\, e^{j\omega} = |z|^m\, e^{j m \zeta}$$

also

$$|w| = |z|^m \quad \dots \dots \dots \dots \quad (3)$$

und

$$\omega = m\,\zeta \quad \dots \dots \dots \dots \quad (4)$$

In der Folge soll

$$0 \leq \omega \leq \pi$$

angenommen werden. Es wird dann der Sektor mit dem Öffnungswinkel $\zeta = \frac{\omega}{m}$ der $z$-Ebene auf die obere Halbebene $\omega$ abgebildet. Alle innerhalb des Einheitskreises der $z$-Ebene gelegenen Punkte und Figuren bleiben wieder innerhalb des Einheitskreises der $w$-Ebene. Die Abbildungsverhältnisse sind grundsätzlich im Bild 119 angegeben.

Hat die Funktion die allgemeine Form der Gleichung (1), dann muß noch eine Drehstreckung und Parallelverschiebung erfolgen. Die Abbildung ist dann wieder konform bis auf den Punkt $z = 0$.

Als Beispiel sei etwa die Funktion

$$w = z^3 \quad \ldots\ldots\ldots\ldots \quad (5)$$

betrachtet. Es ist dann

$$u + j v = (x + j y)^3 = x^3 + 3 j x^2 y - 3 x y^2 - j y^3$$

und damit

$$\left.\begin{aligned} u &= x (x^2 - 3 y^2) \\ v &= y (3 x^2 - y^2) \end{aligned}\right\} \quad \ldots\ldots\ldots\ldots \quad (6)$$

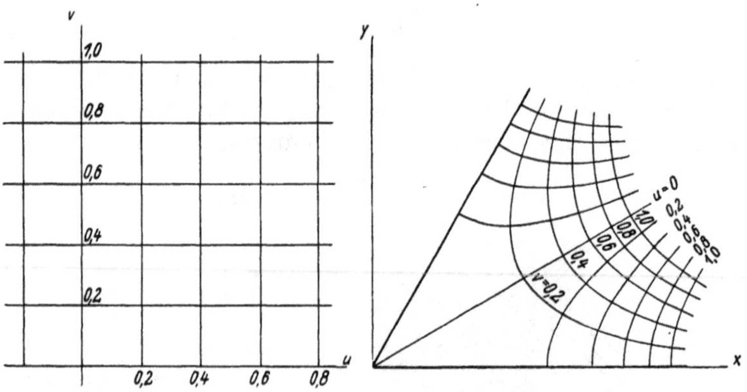


Bild 120. Elektrostatisches Feld in einer einspringenden Ecke.

Deutet man darin wieder $v$ als Potential, so erhält man mit $v = \varphi = c_1$ und $u = c_2$ die Äquipotential- und Feldlinien des elektrostatischen Feldes in einer einspringenden Ecke mit dem Öffnungswinkel $\frac{\pi}{3} = 60^0$. Nähere Einzelheiten zeigt das Bild 120.

## f) Die Funktion $w = \ln z$.

Zur Deutung der Funktion

$$w = \ln z \quad \ldots\ldots\ldots\ldots \quad (1)$$

geht man am besten von der Polardarstellung

$$z = |z| \, e^{j\alpha}$$

aus. Es ist dann nach dem ersten Teil des Buches

$$u = \ln |z| = \ln \sqrt{x^2 + y^2} \quad \ldots \ldots \ldots \quad (2)$$

$$v = \alpha \quad \ldots \ldots \ldots \ldots \ldots \ldots \ldots \quad (3)$$

Gibt man hier dem $u$ die Bedeutung des Potentials, dann erhält man als Äquipotentialflächen

$$x^2 + y^2 = c_1 = e^{2u}$$

konzentrische Kreise, während die Feldlinien durch ein Strahlenbüschel durch deren Mittelpunkt gebildet werden. Ein Vergleich mit dem entsprechenden Kapitel des ersten Bandes zeigt, daß es sich um das Feld in der Umgebung eines geraden, zylindrischen Leiters handelt.

Diese einfachen Beispiele könnten noch beliebig lange fortgesetzt werden. Diesbezüglich sei auf das Schrifttum verwiesen.

### 3. Abbildung der oberen Halbebene auf einen konvexen, polygonalen Bereich.

Während das bisherige Verfahren eine Reihe von stetigen Abbildungsfunktionen liefert, die nachträglich auf ein besonderes elektrostatisches Feld bezogen werden können, liegt meistens die Aufgabe umgekehrt. Es soll das Feld bei gegebener Leiterform ermittelt werden, wozu man es etwa konform auf eine bekannte Feldform zurückführt. Als grundlegende Aufgabe tritt hierbei zunächst das Bedürfnis auf, die obere Hälfte der $z$-Ebene auf einen polygonalen Bereich (einen durch ein Polygon begrenzten Bereich) der $w$-Ebene abzubilden. Dieses Problem sei nun an Hand des Bildes 121 grundsätzlich behandelt.

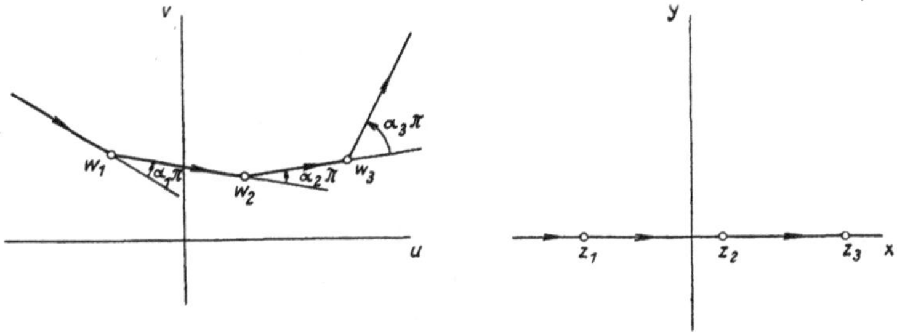


Bild 121. Zur Abbildung der oberen Halbebene auf einen polygonalen Bereich.

Die Abbildungsfunktion führt zunächst die $x$-Achse in den polygonalen Zug der $w$-Ebene über, wobei die Punkte $w_1, w_2, w_3 \ldots w_n$ den Punkten $z_1, z_2, z_3 \ldots z_n$ der $z$-Ebene entsprechen. Die diesen Bedingungen gerecht werdende Funktion wurde von H. A. Schwarz angegeben und lautet

$$w = f(z) = C \int \frac{dz}{(z - z_1)^{\alpha_1} (z - z_2)^{\alpha_2} \ldots\ldots (z - z_n)^{\alpha_n}} + C_1 \quad . \quad . \quad (1)$$

Sie wird auch häufig in der Differentialform

$$\frac{dw}{dz} = \frac{C}{(z - z_1)^{\alpha_1}(z - z_2)^{\alpha_2} \ldots\ldots (z - z_n)^{\alpha_n}} \quad \ldots\ldots \quad (1a)$$

angegeben. Ihre Ableitung sei hier übergangen.

In der Gleichung (1) bedeuten $\alpha_i$ die Polygonwinkel (siehe Bild) und $C$ und $C_1$ Konstante. Die Integration der Gleichung kann in einem beliebigen Punkt der oberen Halbebene begonnen und auf irgendeinem Weg innerhalb der Halbebene durchgeführt werden, sie muß aber die den Polygoneckpunkten entsprechenden Punkte $z_1, z_2 \ldots z_n$ ausschließen, da diese Unstetigkeitsstellen der Funktion sind.

Es läßt sich leicht nachweisen, daß die Schwarzsche Funktion tatsächlich die gewünschte Abbildung vermittelt. Zunächst ist ja $\frac{dw}{dz}$ selbst wieder eine komplexe Zahl, also etwa in der Form

$$\frac{dw}{dz} = a e^{j a \pi}$$

darstellbar. Ebenso kann man den allgemeinen Ansatz

$$C = c e^{j \gamma \pi}$$

machen.

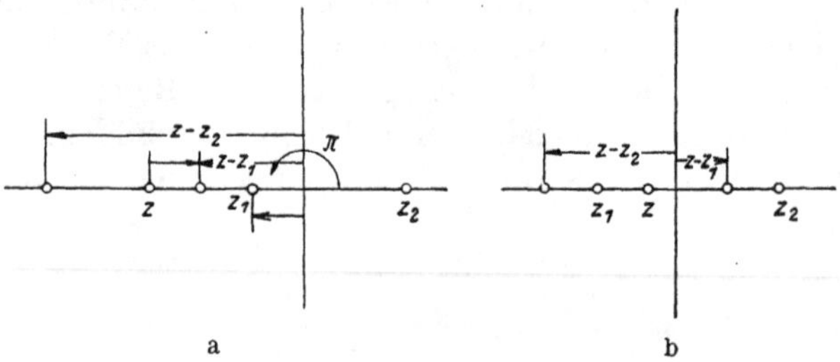


Bild 122. Zur Ableitung von $z - z_i$.

Durchläuft $z$ die $x$-Achse, so entspricht dies in der $w$-Ebene vorerst einem Linienzug, der wegen der Stetigkeit der Abbildungsfunktion $f(z)$ bis auf die Punkte $z_n$ stetig sein muß. Auf dem Stück

$$-\infty < z < z_1$$

ist nun

$$(z - z_1) = |z - z_1| \, e^{j \pi}$$

wie leicht dem Bild 122a entnommen werden kann. Auf gleiche Weise findet man für die übrigen Punkte

$$(z - z_n) = |z - z_n| \, e^{j \pi}.$$

Es ist also

$$(z - z_n)^{-\alpha_n} = (|z - z_n|)^{-\alpha_n} e^{-j \alpha_n \pi}.$$

Für die zweite Teilstrecke

$$z_1 < z < z_2$$

wird dagegen (siehe Bild 122b)

$$(z - z_1) = |z - z_1|\, e^0 = |z - z_1|$$
$$(z - z_2) = |z - z_2|\, e^{j\pi}$$
$$\vdots$$
$$(z - z_n) = |z - z_n|\, e^{j\pi}$$

also

$$(z - z_n)^{-a_1} = (|z - z_n|)^{-a_1} \qquad \text{für } n = 1$$
$$(z - z_n)^{-a_n} = (|z - z_n|)^{-a_n} e^{-j a_n \pi} \quad \text{für } n > 1.$$

Führt man diese Untersuchung für alle weiteren Intervalle durch, so wird schließlich allgemein

$$(z - z_n)^{-a_n} = \begin{cases} (|z - z_n|)^{-a_n} & \text{für } z < z_n \\ (|z - z_n|)^{-a_n} e^{-j a_n \pi} & \text{für } z > z_n \end{cases}$$

und es gilt für ein beliebiges Intervall

$$z_{i-1} < z < z_i$$

$$\frac{dw}{dz} = c\, e^{j\gamma\pi}\, \Pi\, (|z - z_i|)^{-a_i} \Big|_{z_1}^{z_{i-1}} \cdot \Pi\, (|z - z_i|)^{-a_i} e^{-j a_i \pi} \Big|_{z_i}^{z_n}$$

und ebenso für das benachbarte Intervall

$$z_i < z < z_{i+1}$$

$$\frac{dw}{dz} = c\, e^{j\gamma\pi}\, \Pi\, (|z - z_i|)^{-a_i} \Big|_{z_1}^{z_i} \cdot \Pi\, (|z - z_i|)^{-a_i} e^{-j a_i \pi} \Big|_{z_{i+1}}^{z_n}.$$

Diese beiden Gleichungen können auch in der Form

$$\frac{dw}{dz} = c\, e^{j\gamma\pi}\, \Pi\, (|z - z_i|)^{-a_i} \Big|_{z_1}^{z_n} \cdot e^{-j\pi \sum_{a_i}^{a_n} a_i}$$

beziehungsweise

$$\frac{dw}{dz} = c\, e^{j\gamma\pi}\, \Pi\, (|z - z_i|)^{-a_i} \Big|_{z_1}^{z_n} \cdot e^{-j\pi \sum_{a_{i+1}}^{a_n} a_i}$$

geschrieben werden. Man erkennt daraus, daß innerhalb eines jeden Bereiches $z_i$ bis $z_{i+1}$ die Richtung in der $w$-Ebene, nämlich

$$e^{j\pi(\gamma - \Sigma a_i)}$$

unverändert bleibt. Die Abbildung beschreibt also in der $w$-Ebene eine Gerade. Beim Übergang vom Bereich $z_{i-1}$ bis $z_i$ zum Bereich $z_i$ bis $z_{i+1}$ springt dagegen $\frac{dw}{dz}$ gemäß dem Faktor

$$\frac{e^{-j\pi \sum_{a_{i+1}}^{a_n} a_i}}{e^{-j\pi \sum_{a_i}^{a_n} a_i}} = e^{j a_i \pi} \qquad \text{. . . . . . . . . . . (2)}$$

Die Richtung der Geraden in der $w$-Ebene hat sich also im Punkt $w_i$ sprungweise um den Winkel $\alpha_i \pi$ geändert, der also als Außenwinkel im somit entstehenden Polygon des Bildes 121 erscheint.

Zur Aufstellung der endgültigen Abbildungsfunktion ist noch die Kenntnis der Konstanten $C$ und $C_1$ erforderlich. Sie ergeben sich aus den Anfangsbedingungen des Problems. Es läßt sich nachweisen, daß man hierzu auf der reellen Achse der $z$-Ebene drei Punkte frei wählen kann, womit gleichzeitig das Maßstabsverhältnis der aufeinander abzubildenden Bereiche bestimmt ist. Die übrigen Punkte $z_i$ und die Konstanten müssen aus den Besonderheiten der vorliegenden Aufgabe errechnet werden, wozu meist eine Integration über einen bestimmten Weg im Abbildungsgebiet durchgeführt werden muß. Allgemeine Angaben hierüber lassen sich schwer machen; man muß vielmehr von Fall zu Fall den geeigneten Weg suchen. Worauf es dabei ankommt, soll ein Beispiel zeigen.

Ist das Polygon geschlossen, so muß

$$\sum \alpha_i = 2 \quad \ldots \ldots \ldots \ldots \quad (3)$$

sein, da ja dann insgesamt der volle Winkel $2\pi$ erreicht werden muß.

## 4. Anwendungsbeispiel.

Ein Anwendungsbeispiel soll die theoretische Einführung der vorhergehenden Abschnitte erläutern und Gelegenheit geben, Vorsichtsmaßregeln zur Vermeidung von Fehlern anzugeben.

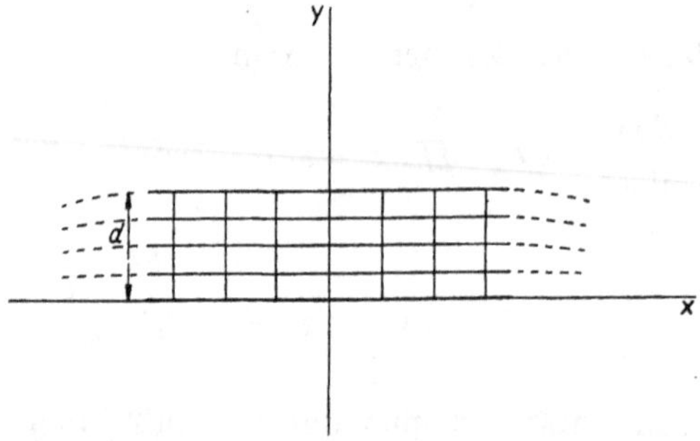


Bild 123. Feld eines unendlich ausgedehnten Plattenkondensators.

Zweck der konformen Abbildung ist die Zurückführung verwickelter Feldbilder auf einfache, bekannte Fälle. Der einfachste Fall eines elektrostatischen Feldes ist der unendlich ausgedehnte Plattenkondensator mit dem homogenen Feld des Bildes 123. Man wird also trachten, den vorliegenden Fall von nach einem beliebigen Polygon geformten Elektroden auf einen unendlich ausgedehnten Plattenkondensator zurückzuführen. Das geht nun nicht direkt, weil zunächst durch das Schwarzsche Theorem nur die Abbildung auf die ganze obere Halbebene ermöglicht wird. Nun kann aber der Plattenkondensator ebenfalls als Polygon angesehen werden; nämlich als Eineck mit im Unendlichen befindlichem Eckpunkt. Man kann also die Halbebene als vermittelnde Abbildung für den Plattenkondensator und das vorgelegte Polygon wählen, wodurch die beiden letzteren in gegenseitige Beziehung gebracht werden, wenn die beiden Teilabbildungen auf die vermittelnde Halbebene zusammenfallen.

Es entsteht somit vorerst die Zwischenaufgabe, den unendlich ausgedehnten Plattenkondensator auf die obere Halbebene abzubilden. Dazu sei der Kondensator in die $z$-Ebene

$$z = x + jy$$

verlegt, während die vermittelnde Halbebene durch die Punkte

$$t = r + js$$

beschrieben werden möge. Die Einzelheiten der Abbildungsbereiche können dem Bild 124 entnommen werden. Der Richtungssinn auf der Randkurve des Abbildungsbereiches ist nach den Regeln der komplexen Rechnung stets so zu wählen, daß der Abbildungsbereich immer links bleibt. Er ist im Bild links eingetragen. Punkte im Unendlichen werden dabei wie Punkte im Endlichen behandelt.

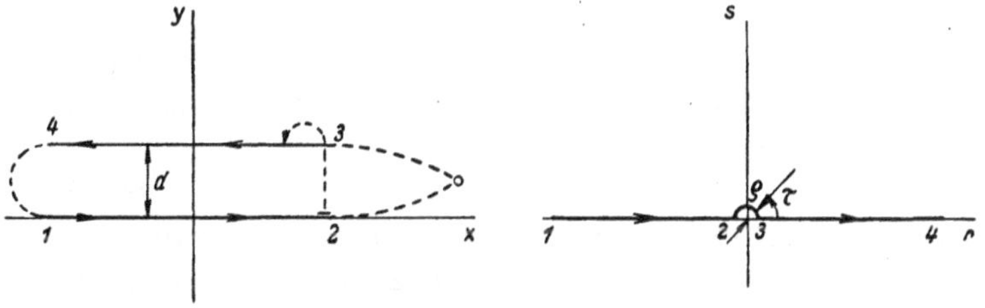


Bild 124. Zur Abbildung des unendlich ausgedehnten Plattenkondensators auf die obere Halbebene.

Im vorliegenden Beispiel des Plattenkondensators liegt insofern ein Sonderfall vor, als das Polygon nur einen Eckpunkt hat, nämlich den unendlich fernen Punkt mit dem Öffnungswinkel $\alpha\pi = \pi$. Es ist also $\alpha = 1$ und damit die Abbildungsfunktion bestimmt aus

$$\frac{dz}{dt} = \frac{C}{(t - t_1)^{\alpha_1}}.$$

Hierin ist noch die Wahl von $t_1$ frei. Am einfachsten werden die Verhältnisse, wenn dieser Punkt, der dem Punkt $z = \infty$ entspricht, in den Ursprung der $t$-Ebene gelegt wird. Dann ist aber

$$t_1 = 0 \quad \text{und} \quad \alpha_1 = 1,$$

also

$$\frac{dz}{dt} = \frac{C}{t}$$

und

$$z = C \int \frac{1}{t} dt + C_1 = C \ln t + C_1 \quad . \; . \; . \; . \; . \; . \; . \; . \; (1)$$

Zur Bestimmung der Konstanten ist eine Integration längs eines Weges im Abbildungsbereich vorzunehmen, dessen entsprechende Teile in beiden Abbildungsebenen bekannt sind. Zur vollständigen Klarstellung sei die Gleichung für $z$ noch auf einem anderen, formalen Weg ermittelt. Nach einer früheren Angabe dürfen drei Punkte der $z$-Ebene willkürlich drei Punkten der $t$-Ebene zugeordnet werden. Die Wahl dieser drei Punkte erfolgt nach Zweckmäßigkeitsgründen. Ist sie getroffen, dann sind auch die Außenwinkel des Polygons in diesen drei Punkten bestimmt, und es können die entsprechenden Werte in die Schwarzsche Differentialgleichung eingesetzt werden. Für den vorliegenden Fall sind etwa die folgenden Punkte gewählt worden:

| | | | |
|---|---|---|---|
| $z_1 = -\infty$ | $z_2 = +\infty$ | $z_3 = +\infty + jd$ | $z_4 = -\infty + jd$ |
| $t_1 = -\infty$ | $t_2 = -0$ | $t_3 = +0$ | $t_4 = +\infty$ |
| $\alpha_1 = 0$ | $\alpha_2 = \alpha_3 = 1$ | | $\alpha_4 = 0$ |

wobei Punkt 2 und 3 im Unendlichen bzw. in $t = 0$ zusammenfallen.

Dazu ist zu bemerken, daß die Auffassung des Abbildungsbereiches als Eineck stets beibehalten werden muß. Darnach stellt sich der Punkt im positiv Unendlichen als Eckpunkt ($z_2$, $z_3$) des Eineckes dar, während im negativ Unendlichen die obere Linie als stetig in die untere übergehend anzusehen ist. Der Richtungswechsel um den Winkel $\pi$ ($\alpha = 1$) erfolgt also nur im Eckpunkt im positiv unendlich entfernten Punkt. Das unendlich ferne Polygonstück von $z_2$ nach $z_3$ wird in der Abbildung auf den Punkt $t = 0$ (von $-0$ bis $+0$) zusammengedrängt.

Mit $\alpha_1 = \alpha_4 = 0$ erhält man nunmehr aus der Schwarzschen Differentialgleichung

$$\frac{dz}{dt} = \frac{C}{1 \cdot (t - t_2)^1 \cdot 1} = \frac{C}{t}$$

ein Ergebnis, das man auch bekommt, wenn man die unendlich fernen Punkte der $t$-Ebene der vorhin gemachten Zusammenstellung einfach fortläßt, da sie ja nicht in die Abbildungsfunktion kommen.

Zur Ermittlung der Konstanten integriert man jetzt etwa von $z_2$ nach $z_3$, was einer Integration in der $t$-Ebene von $-0$ nach $+0$ entspricht. Der Ursprung selbst ist dabei als singulärer Punkt auszuschließen. Er werde mit einem Halbkreis von beliebig kleinem Halbmesser $\varrho$ umlaufen. Die Integration ist dann also von $-\varrho$ bis $+\varrho$ zu erstrecken, und es wird für diesen Integrationsweg

$$t = \varrho \, e^{j\tau}$$

wenn $\tau$ den jeweiligen Richtungswinkel von $t$ bedeutet. Damit wird aber

$$\int_{z_2}^{z_3} dz = z_3 - z_2 = j\,d = \int_{\tau=\pi}^{\tau=0} \frac{C}{t}\,dt = C(\ln\varrho + j\tau)\Big|_{\tau=\pi}^{\tau=0} = -C\,j\,\pi.$$

Es ist also

$$C = -\frac{d}{\pi} \quad \ldots \ldots \ldots \ldots \quad (2)$$

Weiteres muß noch für $t = 0$, also den Punkt 3, entsprechend

$$z_3 = \infty + jd$$

werden. Nach Gleichung (1) wird aber für diesen Punkt

$$z_3 = -C\,\infty + C_1 = +\,\infty + C_1$$

woraus

$$C_1 = jd$$

und somit allgemein

$$z = -\frac{d}{\pi}\ln t + j\,d \quad \ldots \ldots \ldots \ldots \quad (3)$$

Daraus ergibt sich umgekehrt

$$\ln t = \frac{\pi}{d}(j\,d - z) = -\frac{\pi}{d}z + j\,\pi$$

oder

$$t = e^{-\frac{\pi}{d}z + j\pi} = -e^{-\frac{\pi}{d}z} = -e^{-\frac{\pi}{d}(x+jy)} \quad \ldots \ldots \quad (4)$$

Man erhält also in Polarform für

$$t = |t|\,e^{j\tau}$$

$$|t| = e^{-\frac{\pi}{d}x}$$

$$\tau = -\frac{\pi}{d}y + \pi = \pi\left(1 - \frac{y}{d}\right)$$

also für die konforme Zwischenabbildung

$$x = -\frac{d}{\pi}\ln|t| = -\frac{d}{2\pi}\ln(r^2 + s^2)$$

$$y = \frac{d}{\pi}(\pi - \tau) = d\left(1 - \frac{\tau}{\pi}\right)$$

oder mit

$$\operatorname{tg}\tau = \frac{s}{r}$$

$$\left.\begin{aligned} x &= -\frac{d}{2\pi}\ln(r^2 + s^2) \\ y &= d\left(1 - \frac{\operatorname{arctg}\frac{s}{r}}{\pi}\right) \end{aligned}\right\} \quad \ldots \ldots \ldots \ldots \quad (5)$$

Für konstantes $x$

$$x = k_1$$

ist $|t|$ und damit auch $t^2 = r^2 + s^2$ konstant. Den zur $y$-Achse der $z$-Ebene parallelen Geraden $x = k_1$ entsprechen also in der $t$-Ebene konzentrische Kreise um den Ursprung.

Die zur $x$-Achse parallelen Geraden $y = k_2$ liefern andererseits mit der dadurch bedingten Konstanz von $\operatorname{arctg}\frac{s}{r} = \tau$ in der $t$-Ebene Gerade durch den Ursprung. Die Verhältnisse in den beiden Abbildungsebenen können nunmehr an Hand des Bildes 125 sehr leicht überblickt werden.

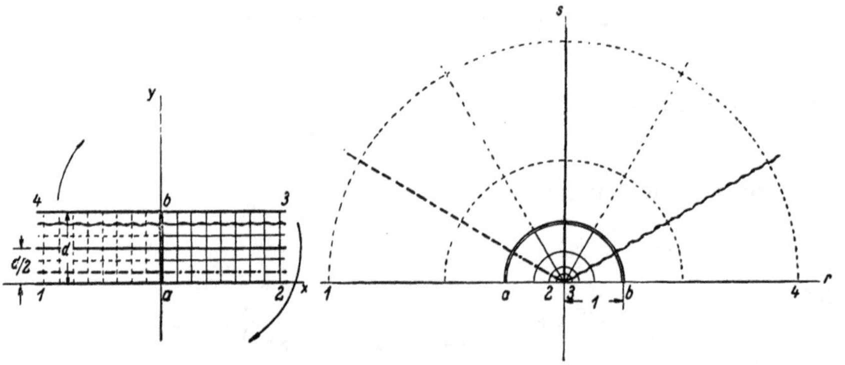


Bild 125. Entfaltung des $z$-Bereiches zur $t$-Halbebene.

Einige zusammengehörige Linien sind dabei besonders angemerkt. Die Gerade $x = 0$ ($y$-Achse) geht mit

$$r^2 + s^2 = 1$$

in den Einheitskreis über. Die im negativen Quadranten der $z$-Ebene befindlichen Geraden parallel zur $y$-Achse werden zu den Kreisen außerhalb des Einheitskreises. Sie sind im Bild gestrichelt gezeichnet. Die Geraden mit positivem, konstantem $x$ werden zu den Kreisen innerhalb des Einheitskreises. Sie sind im Bild schwach voll ausgezogen. Ähnlich liegen die Verhältnisse für die zur $x$-Achse parallelen Geraden. Drei unter ihnen sind in der Zeichnung besonders hervorgehoben. Eine Grenzgerade ist die Gerade im Abstand $\frac{d}{2}$ von der $x$-Achse. Für diese wird aus Gleichung (5) $\tau = \frac{\pi}{2}$. Sie wird also bei der Abbildung zur $s$-Achse. Alle Geraden oberhalb dieser Grenzgeraden ergeben in der $t$-Ebene Strahlen im ersten Quadranten, die Geraden unterhalb $\frac{d}{2}$ Strahlen im zweiten Quadranten.

Man kann sich das Bild in der $t$-Ebene also recht gut so vorstellen, daß die obere Begrenzungsgerade 3 bis 4 des $z$-Bereiches im Sinne der eingetragenen Pfeile gekippt wird, wobei der Punkt 4 nach rechts ins Unendliche wandert, während der Punkt 3 auf den Punkt 2 zu liegen kommt. Die Punkte 2 und 3 werden dann noch infolge eines von rechts her kommenden Zusammendrückens in den Ursprung bewegt. Bei dieser Zusammenschiebung wird die mit Doppelstrichen gezeichnete Linie noch um die Einheit nach links verschoben, wo sie dann den Ausgangspunkt zum Einheitskreis bildet. Bei der ganzen Entfaltung und Deformation gehen alle $x$-(Feld-) und $y$-(Äquipotential-)linien mit und bilden das neue, strahlenförmige Feldbild.

Die Zwischenaufgabe erscheint damit gelöst, und es ist nur mehr erforderlich, die Abbildung des polygonalen Bereiches auf die $t$-Ebene durchzuführen, was nach den Regeln des vorhergehenden Kapitels geschehen kann. Dabei müssen zwei der Abbildungspunkte auf die Punkte $t = + \infty$ und $t = - \infty$ geführt werden, damit die Ebene vollständig ausgefüllt ist. Der dritte Punkt ist dann frei wählbar. Der für die endgültige Lösung erforderliche Differentialquotient $\frac{dw}{dz}$ ergibt sich schließlich zu

$$\frac{dw}{dz} = \frac{dw}{dt} \frac{dt}{dz} = -\frac{\pi}{d} t \frac{dw}{dt} \quad . \; . \; . \; . \; . \; . \; . \; . \; . \quad (6)$$

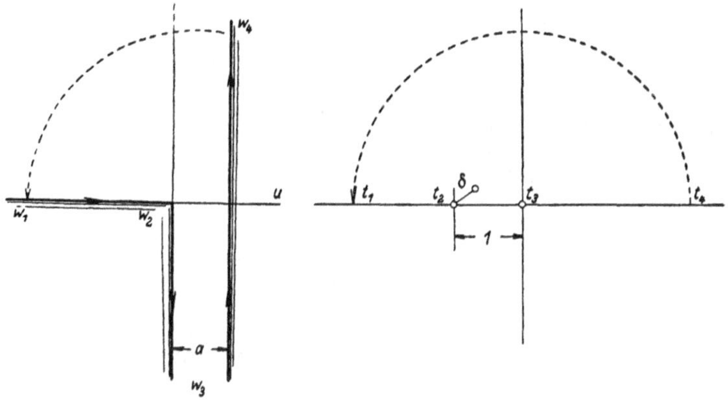


Bild 126. Beispiel für das Feld einer Ecke.

Als Beispiel sei nunmehr das Feld an der im Bild 126 dargestellten Ecke ermittelt, wie sie an den verschiedensten Hochspannungsgeräten häufig anzutreffen ist. Es liegen drei Eckpunkte vor, die im Bild mit $w_1$ bis $w_4$ bezeichnet sind. Der Punkt $w_4$ soll dabei im Unendlichen stetig in den Punkt $w_1$ übergehen. Zur Darstellung in der $t$-Ebene werden folgende Zuordnungen gewählt:

| $w_1 = -\infty$ | $w_2 = 0$ | $w_3 = -j\infty$ | $w_4 = a + j\infty$ |
|---|---|---|---|
| $t_1 = -\infty$ | $t_2 = -1$ | $t_3 = 0$ | $t_4 = +\infty$ |
| $\alpha_1 = \frac{3}{2}$ | $\alpha_2 = -\frac{1}{2}$ | $\alpha_3 = +1$ | $\alpha_4 = 0$ |

Die entsprechenden Punkte in der $t$-Ebene sind im rechten Teil des Bildes 126 vermerkt.

Damit ergibt sich nun die Abbildungsfunktion nach der Gleichung (1a) des vorhergehenden Kapitels zu

$$\frac{dw}{dt} = \frac{C}{(t+1)^{-\frac{1}{2}}\, t} = C\frac{\sqrt{t+1}}{t} \quad \dots \dots \dots (7)$$

Da neben dem unendlich fernen Punkt $t_1$ bzw. $t_4$ noch zwei Punkte frei wählbar waren, konnten für $t_2$ und $t_3$ bestimmte Werte — nämlich $-1$ und $0$ — frei gewählt werden.

Zur Bestimmung der Konstanten $C$ ist eine passend gewählte Integration vorzunehmen. Hiezu sei das sich im Unendlichen bei $w_3$ befindliche Wegstück $a$ gewählt, das sich in der $t$-Ebene als unendlich kleiner Halbkreis um den Punkt $t_3$ abbildet. Der Punkt $t_3$ ist ja als singulärer Punkt von der Integration auszuschließen. Ordnet man dem Halbkreis wieder einen Halbmesser $\varrho$ zu und ist der Richtungswinkel von $t$ gleich $\tau$, so wird

$$\int_{w_3} dw = a = C\int_{\tau=\pi}^{\tau=0} \frac{1}{t}\, dt = C \ln t \Big|_{\tau=\pi}^{\tau=0}$$

da ja $|t| = \varrho$ gegen 1 vernachlässigt werden darf, wenn es gegen Null geht.

Mit

$$\ln t = \ln |t| + j\tau = \ln \varrho + j\tau$$

wird schließlich

$$a = Cj(0 - \pi) = -jC\pi \quad \dots \dots \dots (8)$$

Es ist also

$$C = j\frac{a}{\pi} \quad \dots \dots \dots \dots \dots (8\,a)$$

und damit die vollständige Differentialgleichung der Abbildungsfunktion

$$\frac{dw}{dt} = j\frac{a\sqrt{t+1}}{\pi t} \quad \dots \dots \dots \dots (9)$$

Diese Gleichung läßt sich leicht integrieren und liefert dann

$$w = j\frac{a}{\pi}\int \frac{\sqrt{t+1}}{t}\, dt = j\frac{a}{\pi}\int \frac{t+1}{t\sqrt{t+1}}\, dt =$$

$$= j\frac{a}{\pi}\left(\int \frac{dt}{\sqrt{t+1}} + \int \frac{dt}{t\sqrt{t+1}}\right).$$

Nun ist aber

$$\int \frac{dt}{\sqrt{t+1}} = 2\sqrt{t+1} + C_1$$

und mit

$$t + 1 = x^2$$
$$dt = 2\,x\,dx$$

$$\int \frac{dt}{t\sqrt{t+1}} = 2\int \frac{dx}{x^2-1} = -2\,\mathfrak{Ar}\mathfrak{Tg}\,x + C_2 =$$
$$= -\ln\frac{1+x}{1-x} + C_2 = -\ln\frac{1+\sqrt{t+1}}{1-\sqrt{t+1}} + C_2,$$

so daß

$$w = j\frac{a}{\pi}\left(2\sqrt{t+1} - \ln\frac{1+\sqrt{t+1}}{1-\sqrt{t+1}}\right) + C_3$$

Die Konstante $C_3$ ermittelt sich aus den Grenzbedingungen. So gilt vor allem für den Punkt 2

$$w_2 = 0; \qquad t_2 = -1,$$

womit

$$0 = j\frac{a}{\pi}(0 - \ln 1) + C_3$$

also

$$C_3 = 0$$

wird. Die vollständige Abbildungsfunktion lautet also

$$w = j\frac{a}{\pi}\left(2\sqrt{t+1} - \ln\frac{1+\sqrt{t+1}}{1-\sqrt{t+1}}\right) \quad . \; . \; . \; . \; . \; . \quad (10)$$

Man kann nun leicht die Äquipotential- und Feldlinien ermitteln, wenn man bedenkt, daß den Äquipotentiallinien $y =$ konst. der $z$-Ebene Strahlen konstanter Richtung in der $t$-Ebene entsprechen und ebenso den Feldlinien $x =$ konst. der $z$-Ebene, konzentrische Kreise in der $t$-Ebene. Man erhält demnach Punkte der Äquipotentiallinien, wenn man bei der Wahl von $t$, $\tau$ konstant setzt und nur den Betrag $|t|$ ändert und Punkte der Feldlinien, wenn man $|t|$ konstant hält und $\tau$ ändert.

Die Lösungen der Differentialgleichung für $w$ enthalten meist mehrdeutige Funktionen. Es empfiehlt sich also, das errechnete Ergebnis zu verifizieren. Für das besprochene Beispiel ergibt sich

1. für positive und reelle $t$

$$\sqrt{t+1} = m > 1$$

$$\ln\frac{1+m}{1-m} = \ln\frac{m+1}{m-1} + \ln(-1) = \ln\frac{m+1}{m-1} + j\pi$$

also

$$w = a + j\frac{a}{\pi}\left(2m - \ln\frac{m+1}{m-1}\right).$$

Das ist eine Gerade parallel zur imaginären Achse im Abstand $+a$, wie es dem linken Teil des Bildes 126 entspricht. $t = 0$ oder $m = 1$, $(t_3)$ liefert dabei den unendlich fernen Punkt $w_3 = a - j\,\infty$, während $t = +\infty$ oder $m = \infty$, $(t_4)$ den unendlich fernen Punkt $w_4 = a + j\,\infty$ beschreibt.

2. Für $-1 < t < 0$ und reell ist

$$0 < m < 1$$

und

$$w = j\frac{a}{\pi}\left(2m - \ln\frac{1+m}{1-m}\right) = -j\frac{a}{\pi}\left(\ln\frac{1+m}{1-m} - 2m\right).$$

Das ist aber die negative imaginäre Achse gemäß der einen Seite der gegebenen Ecke. $t = 0$, $(m = 1)$ liefert dabei den Punkt $w_3 = -j\,\infty$, während $t = -1$, $(m = 0)$ auf den Punkt $w_2 = 0$ führt.

3. Für $t < -1$ wird schließlich

$$\sqrt{t+1} = j\sqrt{-t-1} = jn$$

$$\ln\frac{1+jn}{1-jn} = \ln\frac{1-n^2+j2n}{1+n^2} = \ln 1 + j\,\mathrm{arc\,tg}\frac{2n}{1-n^2} = jp$$

und

$$w = j\frac{a}{\pi}\,(j2n - jp) = -\frac{a}{\pi}\,(2n - p).$$

Das ist aber ein Teil der negativen $x$-Achse. Da $n$ zwischen 0, $(t = -1)$ und $\infty$ läuft, $p$ zwischen 0 und $\varkappa\,\pi$, wird der Abschnitt von $w_2 = 0$ bis $w_1 = -\infty$ beschrieben.

Die Verifikation liefert also das Elektrodenbild, so daß die Gleichung (10) tatsächlich zur zahlenmäßigen Auswertung geeignet ist.

Für diese Berechnung sei kurz der Vorgang an Hand eines Zahlenbeispieles angedeutet. Zur Vereinfachung sei angenommen, daß $a = \pi$ ist. Dann ist also in der Gleichung (10) im wesentlichen nur der Klammerausdruck zu ermitteln. Das geschieht am einfachsten graphisch, wie es etwa das Bild 127 zeigt, das für $|t| = 2$ entworfen ist. Zunächst ist $\sqrt{t+1}$ zu suchen, wenn $\tau$ veränderlich angenommen wird. Man erhält dann nach dem vorhin Gesagten eine Feldlinie. Nach der zweiten der Gleichungen (5) findet man, daß man $\tau$ nach

$$\tau = \pi - \frac{\pi}{d}\,y$$

nach einer regulären Teilung verändern kann. Führt man die Abbildung im besonderen auf einen Kondensator mit dem Plattenabstand

$d = \pi$ zurück, dann sind mit $\tau = \pi - y$ die Supplementwinkel zu $y$ zu wählen. Es sollen die Winkel

$$0^0,\quad 30^0,\quad 60^0,\quad 90^0,\quad 120^0,\quad 150^0,\quad 180^0$$

der Berechnung zugrunde gelegt werden. Demgemäß ist an die Strecke $1 = 0A$ im Bild 127 eine Strecke 2 unter den genannten Winkeln anzufügen und aus den Schlußstrecken die Quadratwurzel zu ziehen, was nach der komplexen Rechnung einer Halbierung des Richtungswinkels und Auftragen des Betrages der Wurzel gleichkommt. Die so erhaltene, strichliert gezeichnete Zwischenkurve $m$ ergibt mit ihren reellen und imaginären Koordinaten und nach Multiplikation mit 2 bereits den ersten Summanden der Gleichung (10). Die Werte werden am besten in eine Tabelle eingetragen, wie es die untenstehende Zusammenstellung angibt.

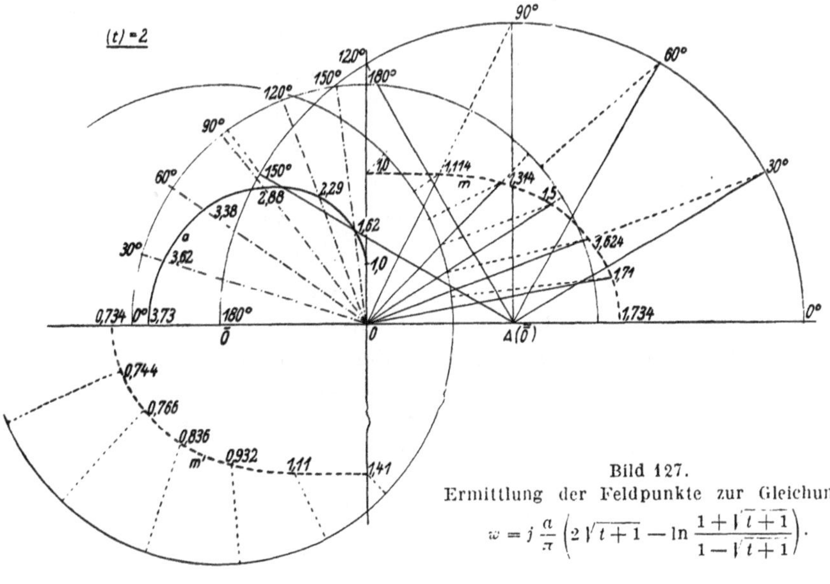

Bild 127.
Ermittlung der Feldpunkte zur Gleichung
$w = j\frac{a}{\pi}\left(2\sqrt{t+1} - \ln\frac{1+\sqrt{t+1}}{1-\sqrt{t+1}}\right).$

Für den zweiten Summanden in der Gleichung (10) ist vorerst $1 + \sqrt{t+1}$ und $1 - \sqrt{t+1}$ zu bilden. Das geschieht am einfachsten durch Anfügen einer weiteren Einheitsstrecke nach links, unter Erhalt eines neuen Ursprunges $\bar{0}$. Von diesem aus gesehen bedeutet die Kurve $m$ bereits die Funktion $1 + \sqrt{t+1}$. Die Richtungswinkel zu den berechneten Kurvenpunkten sind auf einen Winkelkreis bezogen und dort vermerkt.

Zeichnet man ferner die zu $m$ bezüglich 0 symmetrische Kurve $m'$, so beschreibt diese wiederum von $\bar{0}$ aus gesehen die zweite Funktion

$1-\sqrt{t+1}$[1]). Auch hier wurden die Richtungswinkel auf einem Winkelkreis vermerkt. Der Quotient

$$\frac{1+\sqrt{t+1}}{1-\sqrt{t+1}}$$

ist nun leicht ermittelt, wenn man nach Vorschrift der komplexen Rechnung die Zahlenwerte dividiert und unter der Differenz der Richtungswinkel aufträgt. Geschieht dies von 0 aus, so erhält man die Kurve $a$, an der die Zahlenwerte der errechneten Punkte eingetragen sind. Nach der Vorschrift

$$\ln a = \ln |a| + j\alpha$$

hat man also nur mehr den Logarithmus dieser Zahlenwerte aufzuschlagen und die Richtungswinkel im Bogenmaß abzumessen. Diese Werte sind ebenfalls in der Zahlentafel eingetragen.

| | $\tau$ | $2\sqrt{t+1}$ | $\ln\|a\|$ | $j\alpha$ | $u+jv$ |
|---|---|---|---|---|---|
| $\|t\| = 2$ | 0° | 3,47 | 1,32 | $j$ 3,14 | 3,14 + $j$ 2,15 |
| | 30° | 3,36 + $j$ 0,60 | 1,29 | $j$ 2,85 | 2,25 + $j$ 2,07 |
| | 60° | 3,04 + $j$ 1,12 | 1,22 | $j$ 2,53 | 1,41 + $j$ 1,82 |
| | 90° | 2,54 + $j$ 1,58 | 1,06 | $j$ 2,23 | 0,65 + $j$ 1,48 |
| | 120° | 1,84 + $j$ 1,86 | 0,83 | $j$ 1,94 | 0,08 + $j$ 1,01 |
| | 150° | 1,0 + $j$ 1,98 | 0,49 | $j$ 1,70 | — 0,28 + $j$ 0,52 |
| | 180° | $j$ 2,00 | 0 | $j$ 1,52 | — 0,43 |

Nunmehr kann die nach Gleichung (10) geforderte Differenz und Erweiterung mit $j$ gebildet werden, worauf die in der letzten Spalte angeführten Koordinaten $u$ und $v$ der gesuchten Kurvenpunkte erhalten werden. Die Feldlinie kann damit für $|t| = 2$ gezeichnet werden.

In gleicher Weise muß man für andere Werte von $|t|$ vorgehen. Die Wahl dieser Werte ist aber nicht beliebig, wenn das Feldbild auch quantitativ richtig sein soll. Nach der ersten der Gleichungen (5) gehört vielmehr zu einer gleichmäßigen Variation von $x$ (entsprechend dem homogenen Feld des Plattenkondensators in der $z$-Ebene) nach

$$|t| = e^{-\frac{\pi}{d}x}$$

eine exponentielle Veränderung von $|t|$. Man wählt also beispielsweise mit Vorteil die Reihe $|t| = \left(\frac{1}{2}\right)^n$ mit variablem $n$, also etwa

$$|t| = 0{,}125;\quad 0{,}25;\quad 0{,}5;\quad 1;\quad 2;\quad 4;\quad 8;\quad 16 \text{ usw.}$$

[1]) Man hätte auch einen weiteren Ursprung $\bar{\bar{0}}$ in der Entfernung 1 rechts von 0 (zusammenfallend mit $A$) wählen können und sich damit das Zeichnen von $m'$ ersparen können, da jetzt die Kurve $m$ von $\bar{\bar{0}}$ aus die Funktion $-(1-\sqrt{t+1})$ beschreibt. Des klareren Überblickes halber wurde aber von dieser zeichnerischen Vereinfachung Abstand genommen.

Auf diese Weise wurden auch im vorliegenden Beispiel die Feldlinien ermittelt; sie sind im Bild 128 eingetragen.

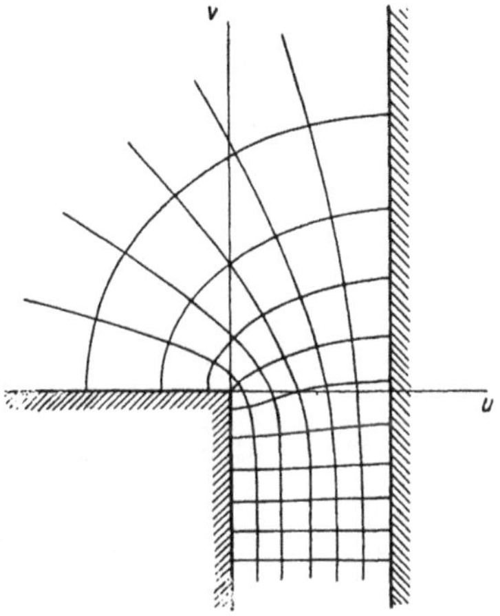


Bild 128. Feldbild der Ecke.

Oft handelt es sich nur darum, die Feldstärke zu berechnen, insbesondere um ihre Höchstwerte zu finden, die ja für die dielektrische Beanspruchung maßgebend sind. Zur direkten Ermittlung der Feldstärke geht man am besten von deren Komponentendarstellung

$$\mathfrak{E}_w = \mathfrak{E}_u + j\,\mathfrak{E}_v$$

aus. Dabei ist nach früherem

$$\mathfrak{E}_u = -\frac{\partial \varphi}{\partial u}$$

$$\mathfrak{E}_v = -\frac{\partial \varphi}{\partial v}.$$

Wenn das Potential, wie es ja der Aufgabe zugrunde gelegt wurde, mit $y$ identifiziert wird[1]), so kann man auch schreiben

$$\mathfrak{E}_w = -\frac{\partial y}{\partial u} - j\frac{\partial y}{\partial v}.$$

Nun ist aber andererseits auch

$$\frac{\partial z}{\partial u} = \frac{\partial x}{\partial u} + j\frac{\partial y}{\partial u}$$

und mit

$$\frac{\partial x}{\partial u} = \frac{\partial y}{\partial v}$$

$$\frac{\partial z}{\partial u} = \frac{\partial y}{\partial v} + j\frac{\partial y}{\partial u}$$

oder

$$j\frac{\partial z}{\partial u} = -\frac{\partial y}{\partial u} + j\frac{\partial y}{\partial v} = \mathfrak{E}_w^*$$

worin $\mathfrak{E}_w^*$ der zu $\mathfrak{E}_w$ konjugiert komplexe Wert darstellt.

Da die Abbildungsfunktion analytisch ist, kann ferner

$$\frac{dz}{dw} = \lim_{\Delta w \to 0} \frac{\Delta z}{\Delta w} = \frac{\partial z}{\partial u}$$

gesetzt werden, weil es dann ja gleichgültig ist, auf welchem Wege die Annäherung an den Funktionspunkt erfolgt. Sie kann also vor allem auch auf der reellen Achse geschehen.

[1]) Die entsprechende Ebene ist jetzt die $z$-Ebene; deshalb darf nicht etwa $v$ mit dem Potential identifiziert werden.

Es wird also schließlich

$$\mathfrak{E}_w^* = j \frac{dz}{dw} \quad \ldots\ldots\ldots\ldots (11)$$

und damit sofort aus dem Differentialsatz (9) bestimmbar.

Man hat jetzt nur noch $\frac{dw}{dz}$ nach Gleichung (6) zu ermitteln und erhält

$$\frac{dw}{dz} = -\frac{\pi}{d} t \frac{dw}{dt} = -\frac{\pi}{U} t \frac{dw}{dt}$$

worin $d$ durch

$$d = y_2 - y_1 = \varphi_2 - \varphi_1 = U$$

ersetzt worden ist.

Für die Feldstärken erhält man also zunächst die allgemein gültige Gleichung

$$\mathfrak{E}_w^* = -j \frac{U}{\pi t} \frac{1}{\frac{dw}{dt}} \quad \ldots\ldots\ldots\ldots (12)$$

Im vorliegenden Beispiel wird im besonderen mit der Gleichung (9)

$$\mathfrak{E}_w^* = -j \frac{U}{\pi t} \frac{\pi}{ja} \frac{t}{\sqrt{t+1}} = -\frac{U}{a\sqrt{t+1}} \quad \ldots\ldots (13)$$

oder

$$\mathfrak{E}_w^* = -\frac{U}{a\sqrt{|t|e^{j\,t}+1}} \quad \ldots\ldots\ldots\ldots (13\,a)$$

Will man nunmehr etwa die Feldstärke in unmittelbarer Umgebung der Ecke $w_2$ bestimmen, so kann man im Bild der Ecke, $t_2$, die unendlich benachbarten Punkte durch

$$t_2 = -1 + \delta$$

ausdrücken, wobei $\delta$ eine beliebig kleine, komplexe Zahl mit positivem Imaginärteil ist. Man kann dann $\delta$ gegen 1 vernachlässigen und erhält aus Gleichung (13)

$$\mathfrak{E}^{w_2} = -\frac{U}{a\sqrt{\delta}} \quad \ldots\ldots\ldots\ldots (14)$$

**Schrifttum.**


L. Bieberbach: Einführung in die konforme Abbildung, Sammlung Göschen. 1915.

Rothe, Ollendorf, Pohlhausen: Funktionentheorie und ihre Anwendung in der Technik. J. Springer, Berlin. 1931.

E. Weber: Die konforme Abbildung in der elektrischen Festigkeitslehre. Arch. f. Elektrotechn. 1926, Heft 2, S. 174.

K. Küpfmüller, Einführung in die theoretische Elektrotechnik 2. Auflage. J. Springer, Berlin 1939, S. 108 bis 116.

Tafel I.

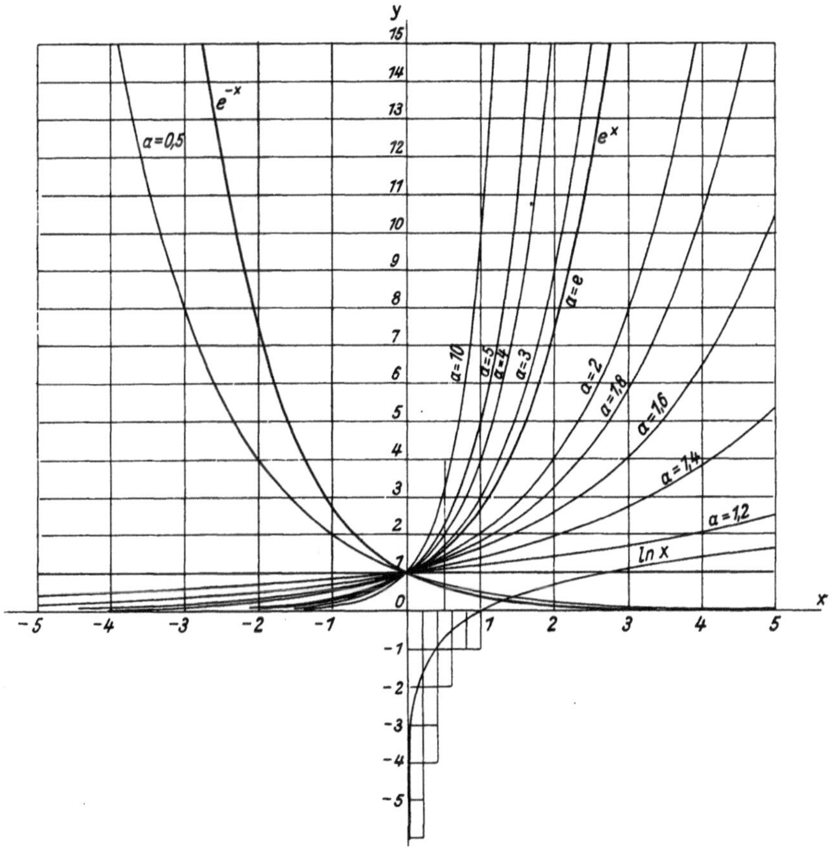


Die Funktionen $a^x$, $e^x$ und ln $x$.

**Tafel II.**

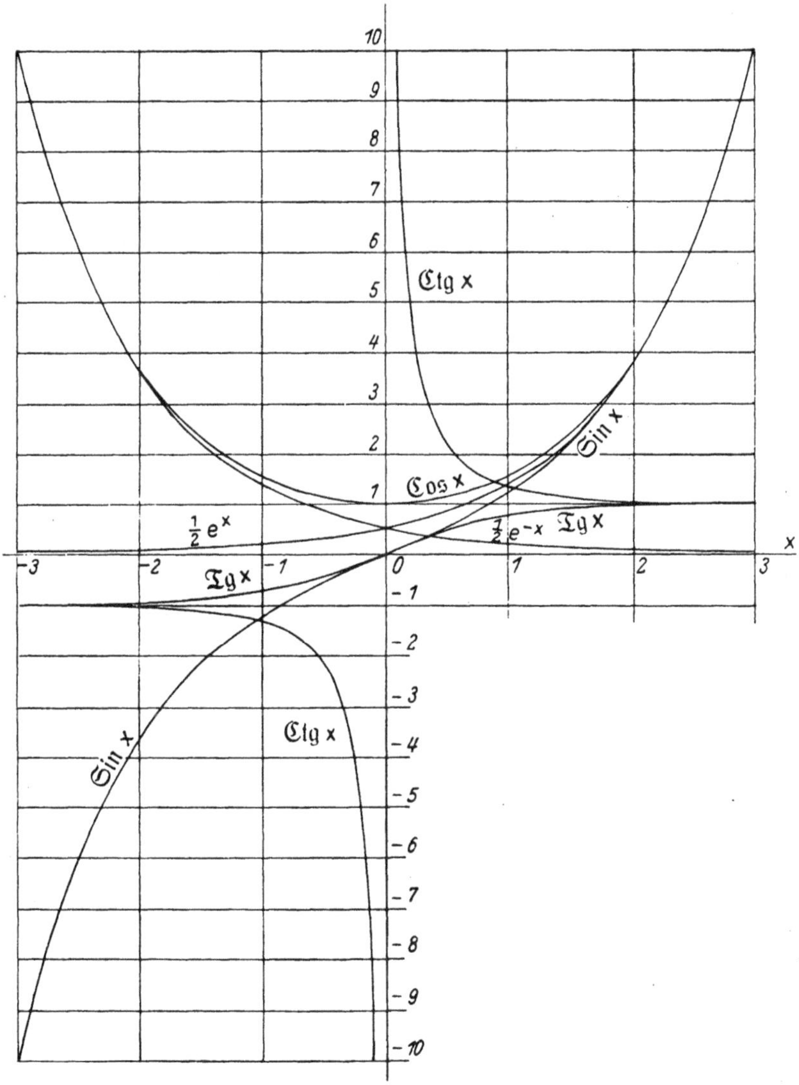


Hyperbelfunktionen.

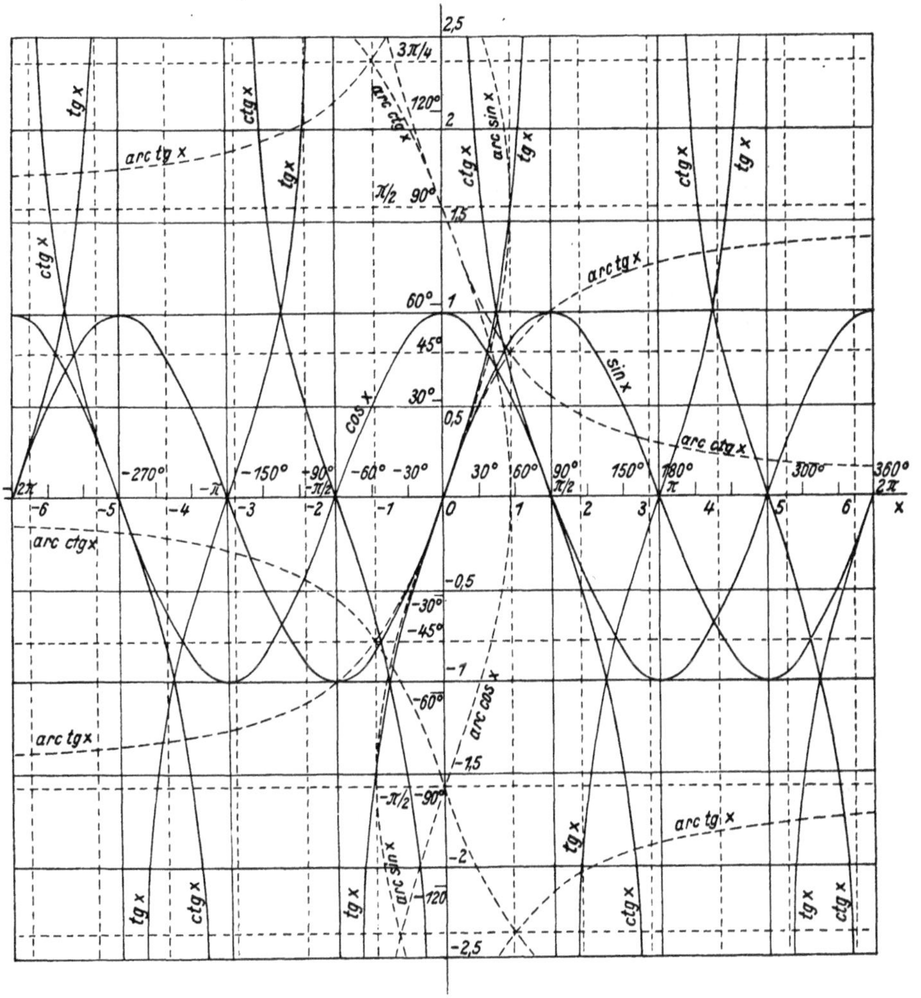


Kreisfunktionen.

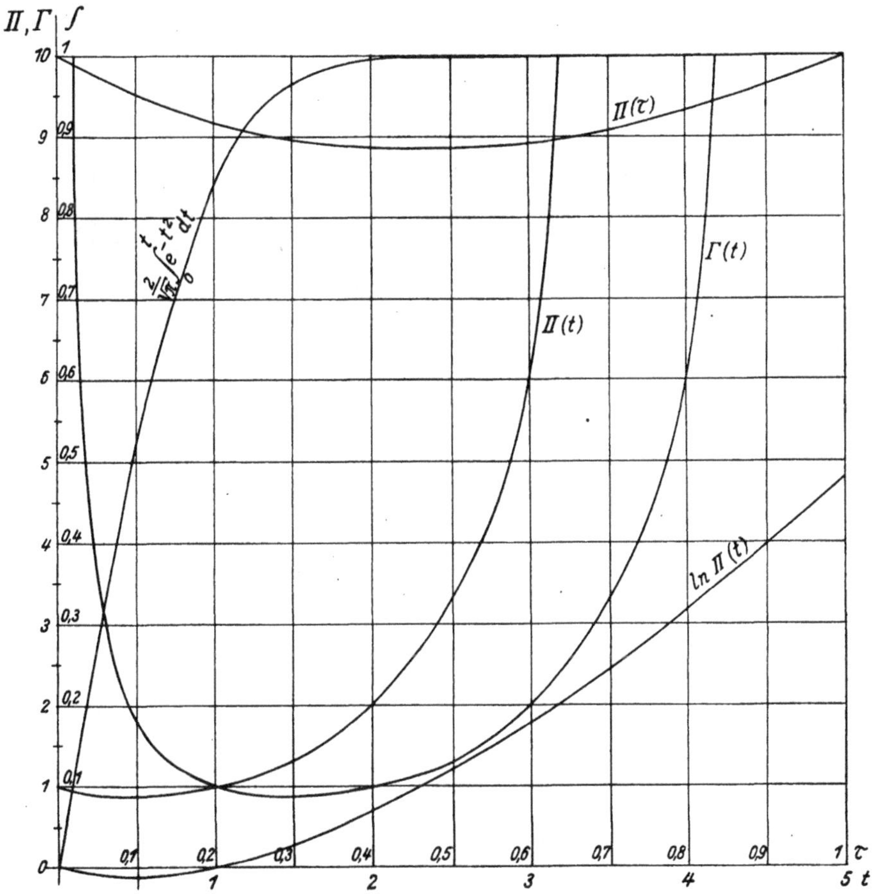


Gammafunktionen und Gaußsches Fehlerintegral.

Tafel V.

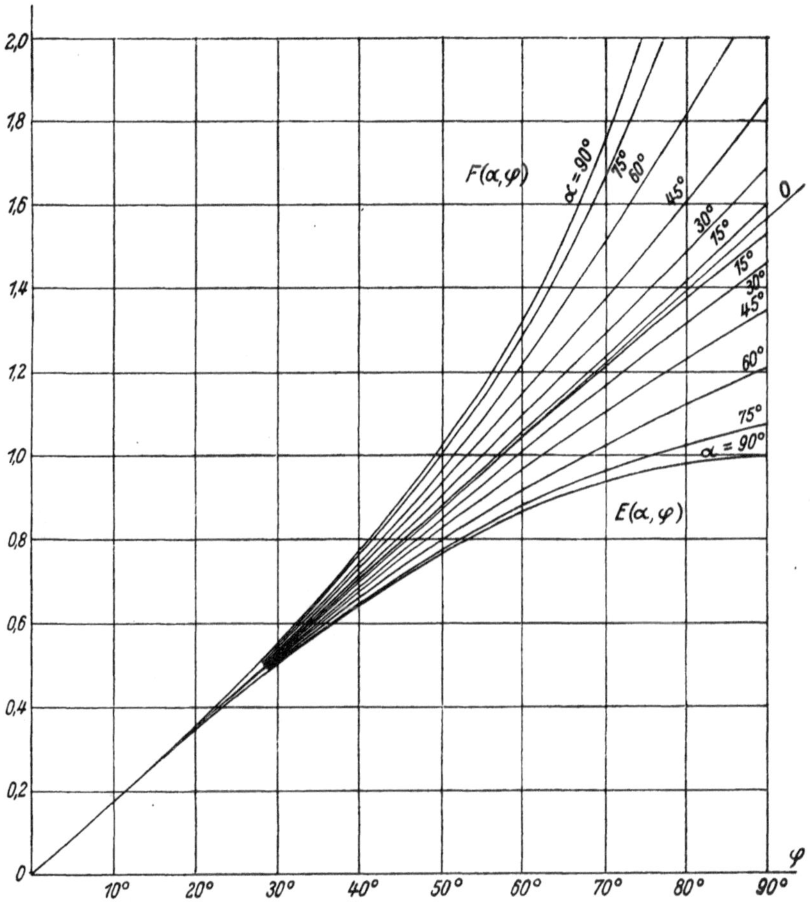


Vollständige elliptische Integrale erster und zweiter Gattung.

# Tafel VI.

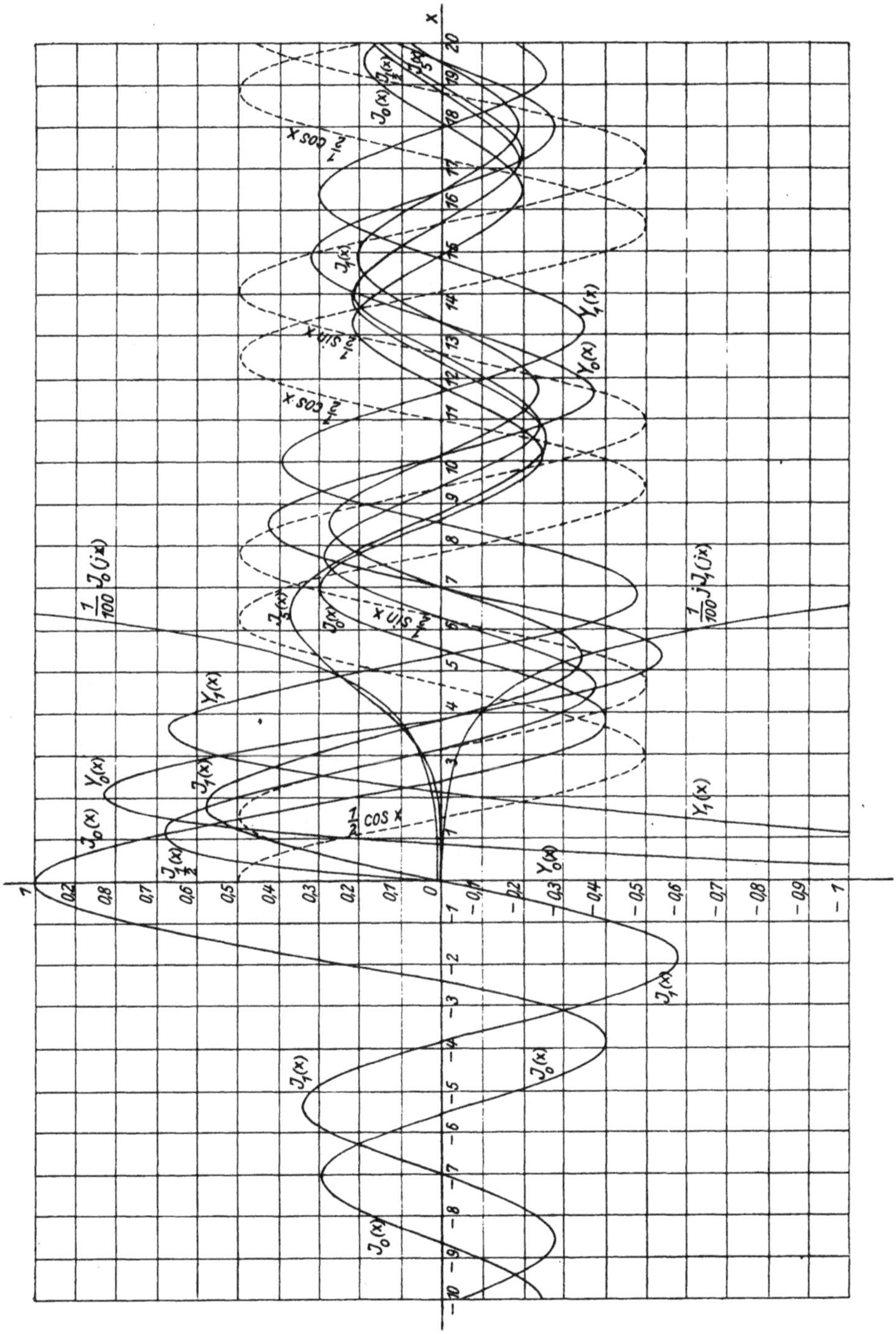


Besselsche Funktionen.

# Sachverzeichnis.

# Lehrbuch der Elektrotechnik

**Von Prof. Dr.-Ing. Günther Oberdorfer**

**Band I: Die wissenschaftlichen Grundlagen**

460 Seiten, 272 Abb. Gr.-8°. 1939. In Leinen RM. 19.50

Inhalt: Die wichtigsten elektrotechnischen Grundbegriffe — Das elektrische Feld — Das magnetische Feld — Das elektromagnetische Feld.

**Band III: Technische Anwendungen**

In Vorbereitung

„Meßtechnik": Man möchte meinen, daß es genügend — und zwar gute — Lehrbücher der Elektrotechnik gibt. Wenn man aber einen Blick in das Buch von Oberdorfer getan hat, wird man eines Besseren belehrt. Man fühlt sofort, daß man einen Stoff gereicht bekommt, der in dieser Form und Bearbeitung bisher einfach fehlte... Es wäre uns vieles leichter geworden und manche Enttäuschungen und langwieriges Suchen erspart geblieben, wenn wir während unserer Studienzeit über das vorliegende Buch verfügt hätten. Aber auch dem bewanderten Fachgenossen vermag das Buch, besonders als Nachschlagewerk, eine schätzenswerte Hilfe zu sein.

„Elektrotechnische Berichte": Ein Buch, das jedem wertvolle Dienste leistet, der in die Elektrotechnik tiefer eindringen will, ohne sich zu spezialisieren.

**R. OLDENBOURG · MÜNCHEN 1 UND BERLIN**

www.ingramcontent.com/pod-product-compliance
Lightning Source LLC
Chambersburg PA
CBHW081526190326
41458CB00015B/5470
*9783486775051*